Vollständige und umfassende
theoretisch-praktische Anweisung
der
# gesammten Kochkunst.

Ein
auf dreißigjährige Erfahrung gegründetes
## Lehr- und Hülfsbuch
für
die größten herrschaftlichen Tafeln, so wie für die
Haushaltungen aller Stände;
mit
besonders lehrreichen Nachweisungen über die für die Kochkunst
dargebotenen Natur-Erzeugnisse
in
folgerechter Tafelordnung mit deutschen und französischen Benennungen
zusammengestellt und bearbeitet
von

L. F. Jungius,
Mundkoch Sr. Majestät des Königs von Preußen.

In drei Bänden.

Zweiter Band.

Berlin,
bei G. Reimer.
1838.

# Zweiter Band.

## I. Abschnitt.

## Eingangschüsseln. Feine Fleischspeisen.
## Entrées.

Ihrer Benennung nach, müßte bei einem stattfindenden Diner oder einer Mittagstafel mit dieser Art Speisen der Anfang oder Eingang gemacht werden, dies ist jedoch nicht der Fall. Sie erscheinen bei einem Diner, welches auf französische Art servirt wird, nach den Wechselschüsseln (Relevés I. Bd. VI. Abschn.), und bei einer auf deutsche Art angerichteten Mittagstafel werden sie erst nach den Gemüsen (I. Bd. VIII. Abschn.) aufgetischt. Wahrscheinlich hat die französische Küche durch diese Benennung den Eingang der feinern Fleischspeisen bezeichnen wollen. — Was nun die Speisen selbst betrifft, so gehören sie mit wenigen Ausnahmen der feinern oder höhern Kochkunst an; sie bilden hierin einen wesentlichen, weit umfassenden und ausgedehnten Wirkungskreis und erfordern sowol bei der Anordnung als Ausführung in ihrer Bereitung Geschicklichkeit und Talent. Wenn gleich der französischen Küche, aus welcher diese köstlichen Gerichte abstammen, in andern Zweigen der Kochkunst manches Tadelnswerthe trifft, so steht sie in Beziehung der Entrées ausgezeichnet da, und es wird von derselben auf die Bereitung dieser Art Speisen viel Fleiß verwandt und ohne durchblickende Knickerei manches Vortreffliche geliefert.

Die Entrées (feine Fleischspeisen) finden bei den Franzosen die meisten Verehrer, bedingen bei ihnen das Ausgezeichnete der Tafel und geben den Werth derselben an, besonders wenn die Bereitung dieser Speisen, in Verbindung mit einem schönen glanzvollen Aeußern, mit Geschmack und Kunst ausgeführt ist. Daß hierdurch der Beweis gegeben wird, daß sie die Kochkunst aus dem richtigen Gesichtspunkte auffassen, ist nicht zu leugnen; denn allemal bleibt es eine schwierige Aufgabe, aus beinahe allen Theilen der verschiedenartigsten Thiergattungen, sie mögen aus Schlachtvieh, hohem und niederm

Wildprett, zahmem oder wildem Geflügel bestehen, solche Gerichte herzustellen, die sowol hinsichtlich ihres eleganten Aeußern, ihrer formellen Behandlungsweise, als auch ihres Charakters und Geschmacks, nichts zu wünschen übrig lassen; so daß in dieser Beziehung die herrlichsten sehr von einander abweichenden Produktionen entstanden sind, welche demzufolge als der Typus der feinern Kochkunst betrachtet werden können: Einen der ausgezeichnetsten Künstler in diesem Fache fand ich bei meiner Anwesenheit in Paris 1814 -- 1815 in dem Chef de cuisine (Küchenvorsteher) der damals in sehr gutem Ruf stehenden Beauvillier'schen Küche (Restauration à la grande traverne de Londres). Wenn, wie bemerkt worden, dieser Theil der Kochkunst der französischen Küche angehört so sind nichts desto weniger hierin in den Küchen der größten deutschen Häuser viele Verbesserungen entstanden, und aus diesen wieder viele durchaus deutschen Gerichte hervorgegangen. Es wird daher in diesem Abschnitte und zwar in geregelten Abtheilungen die Bereitung der Eingangspeisen in allen ihren Theilen und Zweigen gelehrt werden, in der Bearbeitung nach dem im I. Bande aufgestellten System hinsichtlich des Bedarfsquantums der Ingredienzien möglichst genau fortgefahren und als nothwendige Vorrichtung der einfachen Produkte bis zu ihrer Zusammensetzung die möglichst kürzesten und besten Anweisungen gegeben werden. Auch in diesem Bande schreitet die Reihefolge der Gerichte nach ihrer Verwandtschaft und der bestehenden großen Tafelordnung fort, so wie ebenfalls bei jedem Abschnitte eine allgemeine Ansicht derselben als Vorbereitung vorausgeschickt ist. In Beziehung der in diesem Abschnitte so vielfältig vorkommenden französischen Benennungen wird es allerdings höchst schwierig sein, diese in's Deutsche zu übersetzen, es werden daher diese Benennungen, in sofern die Uebersetzung durchaus nicht möglich, in deutschen Lettern bezeichnet, wobei freilich dem der französischen Sprache Unkundigen deren richtige Aussprache noch immer schwierig bleiben muß.

Wo bei den Abtheilungen die eigenschaftliche Abhandlung fehlt, ist diese bereits als schon einmal aufgeführt zu betrachten und im I. Bande VI. Abschnitt (Wechselschüsseln) zu finden.

---

## I. Abth.: Rind. **Boeuf.**

### Verzierte Rindergaumenpopietten. **Popiettes de palais de boeuf à la Conti.**

Die gelungene Bereitungsart dieser Eingangschüssel (Entrée) fordert eine unbedingte Auswahl des Hauptingredienzes, welches in 12 bis 14 Stück großen weißen und im ganzen Zustande befindlichen, sauber geputzten Rindergaumen enthalten ist; diese werden demzufolge nach sorgsamem Auswässern, in heißem Wasser steif gemacht, hierauf die, die obere Seite bedeckenden Häute sowol als die auf der untern und an den Seiten befindlichen unsauberen Theile sorgfältig abgenommen und demnächst eine Nacht in Wasser gethan. Zunächst dieser Auswässerung werden die Rindergaumen 5 Minuten blanchirt und in einer weißen Fettbrühe (I. Band II. Absch. Art. Blanc) in nicht zu weichem Zustande gekocht, hierauf aus der halb verkühlten Brühe zum Abtropfen genommen und sofort zwischen einer Serviette leicht gepreßt. An diese Verfahrungsmethode hat sich die Anfertigung eines von einigen Pfunden magern Kalbfleisches mit den erforderlichen Ingredienzien in zarter aber haltbarer Eigenschaft zusammengesetzten einfachen Kalbfleischfüllsels, (I. Band Einleitung) und ein von $\frac{1}{2}$ Pfd. Fisch in fester Qualität bereitet aber weiß gehaltener Fischfarce, gleichzeitig angeschlossen; dieser wird zur Hälfte mit Spinatmatte (I. Bd. II. Absch.) grün gefärbt, demnächst zur grünen und weißen Wurst geformt und abgekocht, und von dieser Farce und einigen schwarzen Trüffeln 1 Zoll breite und $\frac{1}{8}$ Zoll stark ausgezackte (gezähnte) halbmondförmige Scheibchen geschnitten. Diese Scheibchen werden mit 10 Stück in der Länge durchgeschnittenen rothen Krebsschwänzen in die unterdeß, besonders von der inwendigen Seite recht sauber abgedrückte und nachgeputzte und in $2\frac{1}{2}$ Zoll breite und wenigstens 4 Zoll lange ganz gleichförmige Stücke geschnittenen, und mit $\frac{1}{4}$ Zoll dick Farce bestrichenen und zunächst fest in sich aufgerollten Rindergaumen mittelst vier bis sechs auf der obern Seite in gleichmäßigen Abweichungen angebrachten schrägen Einschnitten in treffenden Schattirungen auf die Art gesteckt, daß der ausgezackte Theil deutlich hervortritt; wobei zuförderst zu bemerken, daß, wie oben angedeutet, die Rindergaumen recht fest aufgerollt, an den Seiten mit Farce gut ausgefüllt und zunächst mit einem wiederholentlich heiß benäßten Messer recht platt geebnet, die Enden der Gaumenstücke dünn auslaufend geschnitten und mit Farce fest angeschlossen werden, auch die Gaumen bei dieser Operation sich nicht in vollkommen kalten und demzufolge spröden Zustande befinden. Das Auseinandergehen und somit ihre schöne Form verlierend, beim Kochen der Popietten zu verhüten, werden sie zwischen den Verzierungen mit starken Zwirnsfäden einige Male umwickelt und sofort in einer mit allen würzhaften Ingredienzien und $\frac{1}{4}$ Bout. geschwängerten fetten Braise (I. Band Einleit.) mit einer Papierscheibe oben bedeckt, auf einem geringen Feuer recht vorsichtig gesotten und nächstdem entweder rücksichtlich des Salzes in ihrer abgefetteten, durchgegossenen, mit ganz wenig Jus vermischten und kurzgekochten Brühe oder in einer besonders dazu aufgelöseten Glace (Taschenbouillon I. Bd. Einleit.) nach Beseitigung der Zwirnsfäden recht schön aber dünnflüssig glacirt, sofort in einer mit einem aufgesetzten Krustenrand (Crout: en balustrade IV. Absch. I. Bd.) versehenen Schüssel elegant angerichtet und in den mittlern Raum eine mit $\frac{1}{4}$ Qrt. Madeira, ganz wenig Cayennepfeffer und Fleischessenz (I. Bd. Einl.) oder ein Theil der eingekochten Popiettenbrühe und etwas Citronensaft trefflich im Geschmack gehobenen spanischen Sauce (I. Band II. Absch.) aufgetischt.

## Einfache Rindergaumenpopietten. Popiettes de palais de boeuf à l'Espagnole.

In der Bereitungsart von den vorstehenden dadurch abweichend, daß sie nicht eingeschnitten und nicht verziert, sondern im aufgerollten glatten Zustande in einer mit etwas Malaga geschwängerten Braise (I. Bd. Einl.) treffend gesotten, nach Beseitigung der Fäden auf die eine oder andere vorhin bezeichnete Weise glacirt, in eine mit einem geschmackvollen Teigrand (I. Bd. IV. Absch.) versehenen Schüssel kranzförmig oder flach angerichtet und in die Mitte eine mit ¼ Qrt. Malaga, und einem Stückchen Zucker treffend eingekochte und mit etwas Citronensäure abgeschärfte klare spanische Sauce gefüllt, in welche die in ¼ Zoll starke Würfeln geschnittenen sauberen Rindergaumenabgänge und eine gleiche Quantität ebenso geschnittener Trüffeln gemischt werden.

In gleicher Bereitungsart des Hauptingredienzes kommt diese Eingangschüssel noch vor als:

## Rinderpopietten mit Matrosenragout. Popiettes de palais de boeuf en malelote.

bei welcher die inhaltigen Bestandtheile des Matrosenragouts (I. Bd. III. Absch.) aus ½ Pfd. magern Speck, 25 bis 30 Stück kleinen weißen Zwiebeln, mit den in Stücken geschnittenen saubern Abgängen der Rindergaumen, einem Theil eingeschwitzter Champignons und ein Dutzend Theelöffel Fischknefs zusammengesetzt, und so mit sämmtlichen Ingredizien in eine mit Medoc oder Malaga bereitete Sauce treffend gemischt werden. Das Anrichten erfolgt in einem geschmackvoll aufgesetzten Fleuronsrand (I. Band IV. Absch.). Die Siedezeit sämmtlicher Rindergaumenpopietten ist in 30 bis 40 Minuten beendet und wird diese demzufolge nach der bestimmten Tafelzeit so geregelt, daß die Popietten im verkühlten Zustande von den Fäden geschieden, zunächst sauber beputzt und glacirt werden können.

## Gratin von Rindergaumenpopietten. Gratin de palais de boeuf.

In Beziehung des formellen Aeußern der Popietten selbst, unterscheiden sie sich von den vorstehenden durch eine kleinere (2 Zoll breite) und mehr flachere Gestalt, sind auch von jenen dadurch abweichend, daß sie, nachdem sie in der Anfertigung beendet sind, nicht mehr gekocht werden. Dem zufolge müssen die Rindergaumen in einer kräftigen schmackhaften Braise ihre Kochart beschließen, ferner in beinahe verkühltem Zustande auf einer Serviette gut abgetropft und damit sie dünner ausfallen, auf der inwendigen Seite etwas abgeschnitten werden. Die Zusammenstellung des Gratinfüllsels wird jedesmal von dem Hauptingredienz bedingt, was im Laufe dieses ausgedehnten Abschnittes bei denen darüber sprechenden Artikeln erörtert werden soll. Zu diesem, so wie jedem anderen Gratinfüllsel, überhaupt zu allen Speisen die gebacken werden, und deren Bestandtheile Füllsel enthalten, muß die Farce stets zart und fein, dabei nahrhaft oder gehörig mit Fettheile vermischt, und von ausgezeichnetem Geschmack sein. Der aus 2 bis 3 Pfd. magern Kalbfleisch (wovon 2 Drittheile geschwitzt), $\frac{3}{8}$ bis $\frac{1}{2}$ Pfd. fetten Speck, dem dritten Theil des Fleischvolumens mit Bouillon bereiteter Semmelpannade, 6 Stück gehackten und geschwitzten Charlotten, einem halben Eßlöffel voll Sardellenbutter, $\frac{1}{4}$ Pfd. geriebenem Parmesankäse, Salz, Muskatennuß, 2 Theelöffel voll feinen trockenen Kräutern und die Hälfte so viel feinem gestoßenen gemengten Gewürz, bestehende Gratinfüllsel wird wie die einfache Kalbfleischfarce (I. Bd. Einl.) zusammengesetzt und nachdem die Popietten bereits gefüllt, durch Vermischung mit der erforderlichen Quantität dick eingekochter Sauce oder der Schaum- und Fettheile von früher bereiteter Sauce zu dem möglichsten Grad von Feinheit gesteigert, von welcher Eigenschaft man sich durch eine gebackene Probe zu überzeugen sucht. Mit diesem Füllsel und den mit den Enden nach außen und innen gelegten Popietten wird auf eine der Hitze widerstehenden Schüssel, ein $1\frac{3}{4}$ hoher $\frac{1}{2}$ Zoll von dem innern Schüsselrand abweichender Kranz auf die Art aufgesetzt, daß die Popietten nicht durchaus mit Farcen gedeckt, alles recht glatt geordnet und geebnet und in die Mitte mittelst eines 3 Zoll im Durchmesser haltenden Ausstechers (I. Bd. Einl.) ein Raum gebildet wird. Um dem Gratin seine schöne Form zu erhalten, wird das Ganze noch mit dünnen Speckscheiben gedeckt, außerhalb mit einem doppelten Papierrand versehen, 40 bis 45 Minuten vor dem Speisen in etwas kochendem Wasser in einem nicht stark erhitzten Ofen gebacken, und bei zu stark erfolgtem Andrang der Hitze von oben noch mit Papier gedeckt. Nach Absonderung des ausgetretenen Fettes, Beseitigung des Ausstechers, Speckes und Papierrandes, wird der Gratin außerhalb mit kleinen geschmackvollen Butterteigkrusten (Fleurons IV. Absch. I. Bd.) garnirt und in den mittlern Raum eine mit Malaga im Geschmack trefflich gehobene spanische Sauce (I. Bd. II. Absch.) gefüllt.

## Rinderzungenstücke auf französische Art. Filets de langue de boeuf à la Française.

Das Hauptingredienz besteht aus einer besonders großen Ochsenzunge, oder zwei dergleichen kleinen, welche nach erhaltener Verkochung von der äußern Haut gesondert, demnächst in einer kurzen mit allen gewürzhaften Ingredienzien belegten Braise (I. Band Einl.) im getroffenen weichen Zustande gesotten, darin ziemlich kurz eingeschmort, hierauf verkühlt ausgehoben und in einer Serviette ganz leicht gepreßt werden. Wenn die Zunge ganz kalt geworden, werden, so weit es sich thun läßt von derselben 2 Zoll breite, $2\frac{1}{2}$ lange und $\frac{1}{4}$ Zoll starke cotelettförmige ganz gleichmäßige Stücke geschnitten, welche an die obern breiten Hälften mit von 1 Pfd. schwarzen

Trüffeln, ½ Zoll langen und ¼ Zoll starken geschnittenen Nagelformen damenbrettartig durchspickt und hierauf in der unterdeß vom Fett geschiedenen, durchgegossenen und mit einer mit etwas Jus eingekochten Brühe rücksichtlich der enthaltenen Salztheile recht schön glacirt, oder mit einer besonders dazu aufgelöseten Glace bestrichen. Mit dieser Arbeit ist zugleich die Anfertigung einer in gleicher Form und gleicher Quantität als die Zungenstücke geschnittenen Semmelkruste verbunden, welche in goldgelber Farbe in Butter gebacken mit den glacirten Zungenstücken wechselweise in schönen Kranz angerichtet werden, worauf in den in der Mitte entstandenen Raum ein im Geschmack trefflich gehaltener Champignonspüree oder Haschee,. auch eine Haschee-Sauce (I. Bd. II. Absch.) gefüllt wird.

## Rinderzungenstücke mit Matrosenragout. Filets de langue de boeuf en matelote.

Sie werden nach Angabe des vorhergehenden Artikels statt mit Trüffelnägeln mit Cornichons gespickt und wie die vorigen mit einem vortrefflich bereiteten Matrosenragout, (I. Bd. III. Absch.), dessen Inhalt mit den Rindergaumenpopietten übereinstimmend ist, angerichtet. Eben so werden diese Rinderzungenstücken ungespickt, mit einem schmackhaft bereiteten Gurkenragout (I. Bd. III. Absch.) aufgetischt.

## Rinderzungenstücke in Papilloten (Papierwickeln). Langue de boeuf en papillotes.

Wenn nach bekannter Vorbereitung nach dem Garmachen in einer Braise die Rinderzungenstücke in die bezeichneten, aber um einen geringen Theil kleineren cotelettförmigen Stücke recht sauber geschnitten sind, werden sie mit einer recht dick eingekochten Papilloten-Sauce, (I. Bd. II. Absch.) worunter ein Theil gehackter Trüffeln und ein Theil der eingekochten Braise gekommen ist, auf allen Seiten bestrichen, und nach Vorschrift des Artikels: Hühner-Coteletten in Papilloten (I. Bd. V. Absch.) in eigends von feinem steifem Papier dazu geschnittene Papierstücke mit der Abweichung eingewikkelt, daß sie wegen Mangel des Stieles ganz darin eingeschlossen werden. Nach dem Bestreichen der Papilloten mit Oel erfolgt rücksichtlich der Tafelzeit auf einem gleichmäßigen Kohlenfeuer wiederholentlich das 10 Minuten lange Rösten und sofort das Anrichten mit einer etwas seimig gemachten und abgeschärften Jus.

## Gratin von Rinderzunge. Langue de boeuf en gratin.

Nach erfolgter Vorkochung, Abziehen der Haut und dem Garmachen der Zunge in einer schmackhaften Braise, werden die von derselben in ovaler oder ganz runder passender Form etwas dick geschnitenen Zungenstücke mittelst Einschnitten auf die beste Hälfte mit halbmondförmigen glatten oder gezackten Trüffelscheiben besteckt und sofort in der weiteren Bereitungsart das bei dem Artikel: Gratin von Rindergaumenpopietten angegebene Verfahren genau beobachtet. In den mittlern Raum wird eine braune italienische oder braune Sardellen-Sauce gefüllt und der Gratin mit kleinen halbmondförmigen Fleurons rund herum garnirt.

## Rindermaulragout. Mufle de boeuf en ragout.

Bei dem Aufenthalt auf dem Lande gebieten es oft die Umstände, daß hinsichtlich des Küchenzettels zu außerordentlichen Mitteln geschritten werden muß, und so habe ich in dieser Hinsicht zuweilen das Rindermaul mit Erfolg angewendet. Mich damals auf einem luxuriösen Schlosse befindend, wurde dieses Gericht vermöge der dazu brauchenden Ingredienzien zu einer Lieblingsspeise des feinschmeckenden Tischherren gesteigert. Das Ochsenmaul wird im unausgeschlachteten Zustande, dicht hinter der Spalte sammt dem Gaumen abgehauen, hierauf von einander gespalten und sorgfältig flammirt (gesengt), nächstdem durch wiederholtes Wechseln mit frischem Wasser warm gewässert und nachdem es tüchtig blanchirt, von allen unsauberen Theilen und Häuten gereinigt und aus den Knochen genommen ist, in einer mit allen gewürzhaften Ingredienzien belegten Fettbrühe, mit einer Papierscheibe bedeckt, in getroffenem weichen Zustande gekocht, wobei das Verdampfen der Brühe zuletzt mit $\frac{1}{4}$ Qrt. Madeira und etwa eben so viel Rheinwein ergänzt wird. Das Rindermaul wird hierauf in beinahe verkühltem Zustande aus der Brühe gehoben, auf einer Serviette abgetropft, und nachdem es ganz kalt geworden, in 1 Zoll lange und $\frac{3}{4}$ Zoll breite saubere Stücken geschnitten; zuvörderst schließt sich an diese Kochmethode die Anfertigung einer guten braunen Sauce, welche mit der unterdeß abgefetteten durchgegossenen und eingekochten Brühe mit noch etwas Madeira, Rheinwein und Cayennepfeffer vortrefflich im Geschmack gehoben und zu dem erforderlichen Volumen eingekocht, mit Citronensaft geschärft, hierauf mit dem bezeichneten Rindermaul, einer Mandel Theelöffelknefs und ein Theil eingeschwitzter Champignons im richtigen Verhältniß vermischt wird. Das Anrichten erfolgt mit kleinen geschmackvollen Fleurons oder Croutons, auch kleinen Croquetten, oder großen weißen Eßlöffelknefs, in welchem letzteren Falle keine Knefs in dem Ragout genommen werden.

## Timbal von Rinder-Amouretten. Timbale des amourettes de boeuf.

An die Ausführung dieser Speise knüpft sich die unbedingte Auswahl von 3 Pfd. der besten Rinderamouretten, welche ihre Vorbereitung nach Angabe des Artikels: Ragout von Kalbsamouretten (I. Bd. III. Absch.) erhalten. Gleichzeitig wird von $1\frac{1}{2}$ Pfd. Kalbsmilch, 1 Pfd. Trüffeln, 4 Stück Rindergaumen, eingeschwitzten Champignons und den Abgängen der Amouretten, in kurzer, recht bindender weißer Sauce ein gemischtes Ragout (I. Bd. III. Absch.) auf die Art angefertigt, daß die Fleischbestandtheile als das größere Quantum dominirend hervortreten, und von 1 Pfd. Fisch eine haltbare Farce (I. Band Einleit.) gemacht. Nachdem dies genügend ausgeführt, wird eine sogenannte Timbalform (Kuppelform I. Bd. Einleit.) reichlich mit klarer Butter ausgestrichen und hierauf mit den in recht langen Stücken gehaltenen und den Umständen nach in der Länge gespaltenen Amouretten in ihrer ganzen Ausdehnung schneckenförmig auf die Art ausgelegt, daß die Amouretten mit der Farc zusammengehalten, die Enden jedesmal fest aneinander gefügt, doch dabei nicht aus ihrer Lage gebracht oder verschoben werden, und nachdem alles noch mit Farce inwendig glatt geebnet, wird die Form mit dem bezeichneten Ragout fest gefüllt, zunächst mit den übrigen Farcen oben geschlossen, und mit einer gefetteten Papierscheibe gedeckt. Die Forme wird asdann im kochenden Wasser in einen mäßig erhitzten Ofen mit Rücksicht der Tafelzeit 1½ bis 1¾ Stunden gestellt, nach dieser Zeit bei dem Anrichten behutsam umgestürzt und unten an die Seiten der Speise etwas flüssige weiße Sauce gefüllt.

## Rinder-Amouretten-Timbal nach Toulouser Art. Timbale des amourettes de boeuf à la Toulouse.

Die Bereitungsart wiederholt sich in vorstehender Angabe mit dem Unterschiede, daß die dazu zu brauchende Fischfarce durch eine in gleicher Eigenschaft bereiteten Kalbfleischfarcen ersetzt und das weiße Ragout durch ein in recht kurzer dicker brauner Sauce schmackhaft bereitetes Toulouser Ragout (I. Bd. III. Absch.) vertreten wird, dessen inhaltige Bestandtheile aus 1½ U. Trüffeln, 6 Artischockenböden, ein Theil Geflügellebern und eingeschwitzten Champignons zusammengesetzt sind. Die Anrichtmethode haben beide Timbals miteinander gemein, doch wird bei diesem zum Unterfüllen braune flüßige Sauce angewendet.

## Ochsenbrägen (Gehirn). Cervelle de boeuf.

Als Schluß der in diesem Lehrbuche im I. Bd. VI. Absch. I. Abthl. so mannigfach vorkommenden Anweisungen über Bereitungsarten der zergliederten Theile dieses nützlichen Thieres, erscheint noch die Bereitungsweise von dessen Brägen. An Zartheit und Wohlgeschmack steht er hinter dem Kalbsbrägen und fordert seine Zubereitung eine vor allem würzhafte und besonders scharfe Marinade, in welche derselbe nach Absonderung aller häutigen und blutfaserigen Theile und nach erhaltener kurzer Verkochung (Blanchiren) eine Stunde gekocht, in verkühltem Zustande aus der Brühe genommen und abgekropft und sofort in saubere Stücke geschnitten in feinen Kräutern, gest. Pfeffer, Citronensaft und dem noch fehlenden Salz geschwitzt und bei dem Anrichten mit einer pikanten wohl mit Sardellenbutter vermischten Küchenmeister-Sauce (I. Bd. II. Absch.)

überzogen wird. Als Auszeichnung werden die kleineren Stücke scharf marinirt in eine Klare (I. Bd. II. Absch.) getaucht, hierauf ausgebacken und die angerichtete Speise damit garnirt. In gleicher Eigenschaft bereitet wird der Ochsenbrägen noch mit einer Zwiebel-Sauce nach spanischer Art (I. Bd. IV. Absch. Art. Espagnole) auch in Semmel und Eier pannirt und gebraten und mit einer scharfen Jus aufgetischt; doch ist zu bemerken, daß der Ochsenbrägen auf vornehmen Tafeln nicht erscheint, im nördlichen Deutschland wenig und nur von der niedern Klasse gespeist und in der Zubereitung aus ganz richtigen Ursachen der Kalbsbrägen vorgezogen wird.

---

# II. Abth.: Kalb. Veau.

## Saute von Kalb. Sauté de veau.

Alle unter diesen, aus der französischen Küche abstammenden, schwer zu übersetzenden Namen, vorkommende Gerichte gehören vermöge ihrer Eigenschaft zu den feinern Eingangschüsseln (Entrées), indem sie nur aus den zartesten Fleischtheilen bestehen, welche nach der mehr oder weniger enthaltenden zarten und wohlschmeckenden Eigenschaft derjenigen Thierart, von welcher sie bereitet werden, rücksichtlich ihrer Feinheit classifizirt werden. Die Kalbs-Sautes werden von den Filets (I. Bd. VI. Absch. II. Abth.) und von ganz jungen Kälbern auch von dem Rückenzartfleisch dieses Thieres gemacht. Nach Absonderung aller häutigen und sehnigen Theile von 4 Zartfilets oder 2 Rückenfilets, von der Keule bis zum Rippenstück mit Einschluß dreier Rippen genommen, werden Scheiben geschnitten, welche bis zu $\frac{1}{8}$ Zoll dick glatt geplattet (applatissirt) hierauf in ovaler oder ganz runder Form abgerundet und zunächst in ein flaches Geschirr (Platfond, Schwung-, Springcasserolle Einl.) mit geklärter frischer Butter und etwas Salz geordnet werden. Eben so werden eine gleiche Quantität und in gleicher Form von frischen Semmelkrusten (Croutons) geschnitten, die goldgelb aber nicht hart gebacken, kurz vor dem Anrichten in etwas frischer Butter heiß durchgeschwungen und mit den gleichzeitig auf einem raschen Feuer auf beiden Seiten angebratenen und zunächst mit Glace bestrichenen Kalbfleischstückchen im schönen Kranz wechselweise angerichtet werden. Das Anbraten, was mit der Benennung sautiren (sottiren) bezeichnet wird, muß stets vor dem Speisen auf die Art geschehen, daß es rasch ausgeführt, damit der Fleischsaft nicht ausläuft, und dadurch ein Hart- und Trockenwerden veranlaßt, auch daß dies kleine Fleischgericht sogleich gespeist wird. In den mittlern Raum dieser Schüssel kommt ein vortrefflich bereitetes Trüffel- oder Champignons-Haschee (I. Bd. II. Absch.)

## Kalbs-Saute mit Bechamelle. Saulé de veau à la bechamelle.

Die Bereitungsart ist mit der vorhergehenden so weit übereinstimmend, als das Trüffelhaschee durch eine mit weißer Kalbfleischessenz und guter Sahne bereitete Bechamelle-Sauce (I. Bd. II. Absch.) ersetzt wird.

## Deutsche Kalbsschnittchen. Sauté de veau à l'Allemande.

Das Hauptingredienz besteht aus einer weißen kleinen Kalbkeule von 9 bis 10 Pfd., welche wiederholentlich begossen mit einem Papierüberwurf am Spieß recht saftig aber dabei gar gebraten wird, und nachdem sie ganz kalt geworden, werden von den besten Fleischtheilen derselben 18 bis 20, 2¼ Zoll lange, 1¾ Zoll breite und ⅙ Zoll dicke, cotelettförmige Stücke geschnitten, deren breitere Hälften mit ¼ Zoll starken, nagelförmigen, möglichst schwarzen Trüffelstücken damenbrettartig durchspickt und in frische Butter gesetzt werden. Das übrige Fleisch wird gleichfalls aus Haut und Sehnen, und entweder in kleine nur 1 Zoll große, ganz dünne Blattstückchen (Blanquett) geschnitten oder grobkörnig gehackt und mit den eben so gehackten Trüffelabgängen und mit einer Fleischessenz und Rheinwein zu den erforderlichen Volumen eingekochten, mit 6 Eierdottern Liaison (Einl. I. Bd.) gebundener und mit 1 Theelöffel voll Sardellenbutter und Citronensaft abgeschärften weißen Sauce im richtigen Verhältniß vermischt. Von dem Sautiren der vorstehenden Speisen abweichend werden die Kalbsbratenschnitte auf einem gelinden Feuer scharf heiß gemacht, nächstdem mit einer blonden flüssigen Glace bestrichen und mit dem Blanquett oder Haschee auf die Art kranzförmig angerichtet, daß die Trüffeln deutlich hervortreten.

## Gratinirte Kalbsschnittchen. Sauté de veau gratinée.

Wenn durch die Jahreszeit und Umstände bedingt, Mangel an feinem Wild und Wildgeflügel eintritt, werden zur Abwechselung des Küchenzettels die Kalbschnitte in die Reihe der Gratins aufgenommen. Das formelle Aeußere derselben unterscheidet sich nur von den vorstehenden durch eine etwas kleinere Form und wird von den übrigen feingehackten Bratenabgängen, dem dritten Theil dieses Volumens, gehackte und durchgestrichene Geflügellebern, ⅜ Pfd. fetten Speck oder Butter, 2 Eßlöffel voll Semmelbrei, eben so viel kurzgekochte Sauce, einigen gehackten und geschwitzten Charlotten und Petersilie, ½ Eßlöffel voll Sardellenbutter, etwas Parmesankäse, Kräuter, Gewürz und Salz ein Füllsel zusammengesetzt, der tüchtig gerieben und mit den Kalbsbratenschnitten nach Angabe des Artikels: Gratin von Rindergaumenpopietten, auf eine Schüssel ein breiter Bund geformt, der in der weitern Bereitung ganz nach Vorschrift des zuletzt genannten Artikels beendet und angerichtet wird.

## Kleine Zartfilets von Kalb nach französischer Art. Filets mignous de veau à la Française.

Außerdem daß sie, wie bereits bemerkt, ihre Anwendung als Saute finden, werden sie noch auf französische und Conti-Art bereitet. Bei der ersteren Bereitungsart werden von einem jeden der 6 bis 7 Stück ausgeschnittenen Zartfilets 2 Stücke gemacht, diese möglichst rund abgeplattet und in eine länglich runde Form gebracht, die eine Hälfte derselben mit feinen Speckfäden und die andere mit eben solchen Trüffeln gespickt, sofort mit einer gewürzhaften Fettbrühe (Braise) zum dritten Theil angefüllt und um die gespickten Theile recht kraus hervortreten zu lassen, bei von unten und oben gleichmäßig eindringender Hitze (Bratofen) gesotten, hierauf in ihrer eigenen gefetteten und mit etwas Jus eingekochten Brühe, oder mit einer besonders dazu aufgelösten Glace mit dem Pinsel schön glacirt und muß im ersteren Fall, so wie bei allen Sachen, die in ihrer Brühe glacirt werden, auf das Salzen Rücksicht genommen werden. Das Anrichten der verschiedenartig gespickten Zartfilets erfolgt wechselweise in Kranz (miroton) in einer mit einem gefärbten Teigrand (I Bd. IV. Abschn.) versehenen Schüssel und wird die Mitte mit einem schmackhaften Champignons-Haschee ausgefüllt. Bei allen auf diese Art gar gemachten Fleischstücken wird jedesmal ein Theil der abgefetteten und kurzgekochten Brühe in die Sauce genommen.

## Kleine Zartfilets von Kalb nach Conti. Filets mignons de veau à la Conti.

So werden gewöhnlich ein großer Theil feiner Fleischarten genannt, die auf mancherlei Weise gestaltet und behandelt, auf der glatten Oberfläche mittelst schräger Einschnitte mit verschiedenen Ingredienzen, in die mannigfachsten Schattirungen verziert werden. An die, nach vorstehender Anweisung geschehene formelle Vorbereitungsweise der Zartfilets schließt sich diese Verzierungsmethode; sie wird mit, nach verhältnißmäßiger Größe der Fleischstücke, dazu geschnittenen glatten oder gezackten Trüffeln, Cornichons und vorgekochten rothfarbigen Mohrrübenscheibchen und in der Länge durchgeschnittenen Krebsschwänzen auf die Art ausgeführt, daß die Ingredienzen in die schräg angebrachte Einschnitte fest eingedrückt, der obere ausgezackte Theil derselben aber unbedeckt bleibt. Die Siedeart wiederholt sich in der vorhergehenden Angabe, so wie bei dem Glaciren und der Anrichtemethode nach derselben Vorschrift verfahren wird. Als Schluß der Bereitung füllt man den innern Raum mit einem Trüffel- oder Champignons-Haschee (Liebesäpfel) oder einer gut im Geschmack gehaltenen spanischen Sauce aus. (I. Band II. Abschnitt.)

## Glacirte Kalbs-Popietten als Eingangsschüssel. Popiettes de veau glacés pour Entrée.

In Beziehung der Bereitungsart der Popietten selbst geben die beiden ersten Artikel I. Band VII. Abschnitt den sichersten Commentar;

doch erschienen sie als Eingangsschüssel aufgetischt nur im glacirten und verzierten, höchst selten im pannirten Zustande (am Spieß), müssen recht gleichförmig und elegant und des kranzförmigen Anrichtens wegen in mehr länglicher und platter Form als diejenigen zu Gemüsegarnirungen bestimmt, zubereitet werden. Die recht sauber geschnittenen und glacirten Kalbspopietten werden in einer mit einem geschmackvoll aufgesetzten Semmelkrustenrand oder einem verzierten auch gefärbten Teigrand versehenen Schüssel, sauber angerichtet, der mittlere Raum mit einer trefflich im Geschmack und in nicht zu flüssiger Substanz gehaltenen Champignonspüree (I. Bd. II. Absch.) ausgefüllt und können die Popietten vor dem Auftragen, noch einmal mit Glace bestrichen werden.

## Verzierte Kalbspopietten. Popiettes de veau à la Conti.

Diese unterscheiden sich von den übrigen wesentlich; statt daß die pannirten (am Spieß) Popietten von einer dünnen Speckscheibe umschlossen werden, erhalten diese einen viel dünnern Speckstreifen von der inwendigen Seite auf diese wird die Farce gestrichen und nachdem sie fest aufgerollt, an den Seiten ausgefüllt und eine plattrunde Form erhalten haben, werden sie nach Conti-Art verziert, hierauf zwischen den Verzierungen mit Zwirnfäden umwickelt und auf die bekannte Weise wie die übrigen doch nicht mit von oben zu stark einwirkender Hitze gekocht. Das etwa nöthige Geradeschneiden an den Seiten muß höchst behutsam, und das Glaciren mit einer blonden flüssigen Glace geschehen, damit die Nüancirungen der eingesteckten Ingredienzien so wenig abgestoßen als gedeckt werden. Bei dem Anrichten erhalten die Popietten einen Kranz von kleinen Fleurons oder dreieckigen pannirten Semmelkrusten, auch einen ausgestochenen Teigrand und in der Mitte eine Essenz oder spanische Sauce.

## Pannirte Kalbspopietten als Eingangsschüssel. Popiettes à la broché pour Entrée.

Die Anfertigungsmethode wiederholt sich ganz mit dem im vorvorhergehenden Artikel angedeuteten Verfahren hinsichtlich der Form nach Angabe des ersten Artikels I. Band VII. Abschnitt, und werden die schön gebratenen Popietten in einen fein gekniffenen Teigrand, oder einen fein aufgesetzten Fleuronsrand angerichtet und in die Mitte ein Kapern- oder Gurkenragout. (I Bd. III Absch.) gefüllt.

## Blanquette von Kalb (Blankette). Blanquette de veau.

Die bei der Kochkunst vorkommenden Gerichte unterscheiden sich in ihrer Mannigfaltigkeit sowohl durch die Verschiedenheit ihrer inhaltigen Bestandtheile als die mit diesen Ingredienzien vermischte Sauce. Was die Bereitungsweise des formellen Aeußeren der zum Blanquette bestimmten Fleischtheile betrifft, so bleiben sich diese mit wenigen Abweichungen einander gleich; sie bestehen aus 1 Zoll großen ganz dünnen blattartigen Scheibchen, welche aus ganz kalt gewordenen gebratenen, geschmorten oder bräsirten (in einer gewürzhaften Fettbrühe gekochten) Zart-Fleischarten geschnitten werden. Zum einfachen Blanquette von Kalb werden diese Blattscheibchen von einer mit einem Papier-Ueberwurf am Spieß gebratenen kleinern weißen Kalbskeule von 8 bis 10 Pfd. oder besser von einem größern Exemplare dieser Fleischart das nöthige Bedarfsquantum nach Absonderung aller braunen, häutigen und sehnigen Theile, geschnitten und mit ¼ Qrt. Rheinwein und Fleischessenz zu dem nöthigen Volumen in ziemlich dickflüssiger aber durchaus nicht dicker Substanz eingekochter, hierauf mit 6 bis 8 Eierdottern mit Rheinwein als Bindungsmittel, bereiteten Liaison gebundenen und mit etwas Sardellenbutter und Citronensäure abgeschärften weißen fließenden Sauce in richtigem Verhältniß, so daß Fleischblättchen und Sauce zu gleichmäßigen Bestandtheilen hervortreten, verwischt. Das einfache Blanquette erhält als Garnitur Leberneßchen, verlorene oder Minuten-Eier, auch alle Arten von Semmelkrusten, gebackene oder glacirte Kalbsmilch und endlich auch ausgebackene Kalbsamouretten oder dergleichen Sardellen (I. Bd. IV. Absch.) welche um das zu zwei Drittheilen angerichtete Blanquette in schönen Kranz gelegt und der mittlere Raum mit dem übrigen Blanquette ausgefüllt wird. Zu dieser Art von Speisen gehören noch:

## Kalbsblanquette mit Kräutern. Blanquette de veau à la poulette.

Ist in der Zubereitung nur dadurch abweichend, daß die Sauce mit geschwitzten feinen Kräutern (Champignons, Peters. und Chalotten) eingekocht, und etwas stärker mit Sardellenbutter und Citronensäure im piquanten Geschmack gehoben wird. Die Garnirung erfolgt mit gefüllten Semmelkrusten, Croquetten oder kleinen Crakowis von Pilzen. (I. Bd. IV. Abschn.)

## Kalbsblanquette mit Champignons. Blanquelle de veau aux champignons.

Besteht in dem dritten oder vierten Theil des inhaltigen Fleischvolumen, aus eingeschwitzten eben so geschnittenen Champignons und wird die Sauce durch Auskochung aller Champignonsabgänge mit dieser gewürzhaften Pilzart im Geschmack stark geschwängert und zum Umlegen eine von den vorstehend angedeuteten Garnituren gewählt.

## Gemischtes Blanquette. Blanquelle de veau mêlée.

Dessen Inhalt besteht aus Kalbsbratenblättchen zur Hälfte und die andere Hälfte aus eben so geschnittener Kalbsmilch, Trüffeln und Champignons, welche mit der Sauce im richtigen Verhältniß vermischt und mit Fleurons oder in einen aufgesetzten Krustenrand angerichtet werden.

## Hachee von Kalb. Hachée de veau (Hachis).

Die Bereitungsart wird in sofern von dem Hammelhachee-Artikel commentirt, als die Sauce zum Kalbshaschee mit einer trefflich in Geschmack und Substanz gehaltenen weißen Sauce vermischt wird; die Garnirung haben beide Hascheearten mit einander gleich.

## Emince von Kalb (Eminze). Emincé de veau.

So wie sich das Blanquette durch ein gelblich weißes, zart aussehendes Aeußere auszeichnet, eben so muß im entgegengesetzten Falle das Emince in glänzend brauner Farbe erscheinen, doch sind die Fleischbestandtheile desselben sowohl hinsichtlich des Formellen als der Fleischart selbst, mit dem Blanquette übereinstimmend. Die Mischung des Emince ist gewöhnlich einfach und nur bei außerordentlichen Veranlassungen mit weich geschmorten frischen Gurkenstücken, auch mit eben so geschnittenen blanchirten Aziagurken verbunden. Wenn also eine nach Vorschrift der im ersten Bande II. Absch. enthaltenen Artikels die nöthige Quantität im sauern und süßen Geschmack trefflich nüancirten kräftigen Eminceе-Sauce angefertigt ist, wird sie mit dem nöthigen Theil in kleine dünne Blattstückchen geschnittenen Zartfleisch einer gebratenen Kalbskeule einfach oder in Verbindung des vierten Theils des Fleischvolumen geschmorten Gurkenscheibchen zu gleichen Bestandtheilen vermischt, bei welchem Verfahren Vorsichtigkeit zu empfehlen ist, daß die dazu bestimmten Gurkenscheibchen nicht zu weich geschmort, auch bei der Vermischung und dem Umschwingen nicht entzwei gemacht werden, wodurch diese Speise bedeutend an ihren Werth verlieren dürfte. Als Garnitur eignen sich besonders verzierte Lebernetzchen, farcirte Gurkenstücke, verlorne oder Minuten-Eier, auch alle Arten Semmelkrusten, Croquetten und Fleurons.

## Kalbs-Coteletten als Eingangsspeise. (Entrée) Cotelettes de veau pour Entrée.

Auf diese Art aufgetischt, können nun die besten Exemplare dieser Fleischart und zwar von dem hintern Theil des Rippenstückes gebraucht werden, sie erscheinen bald in sauber und krausgespickten oder auf Dreuxart bereiteten und bald in gefüllten und einfach sautirten Zustande und werden nach Anweisung ihrer Artikel, I. Bd. VI. u. VII. Abschn. auf die bestmöglichste Weise angefertigt, mit einer blonden flüssigen Glace überzogen, zu 15 bis 16 Stück mit den Stielen nach oben im schönen Kranz (miroton) angerichtet und in den mittleren Raum ein vortrefflich im Geschmack gehaltenes Champignonspüree oder Haschee, auch ein Haschee von Morcheln oder Trüffeln gefüllt (I. Bd. II. und III. Absch.).

## Gefüllte Kalbs-Coteletten. Cotelettes de veau en surprise.

Wenn diese von Lamm bereitete Cotelettart als kleines Vorgericht (Hors d'oeuvre I. Bd. V. Abschn.) ihren Platz findet, so werden sie in gleicher Eigenschaft von Kalb angefertigt, gewöhnlich als Eingangsspeise (Entrée) aufgetischt. Beide Bereitungsarten sind in so fern mit einander gleich, als sich die Kalbs-Coteletten in gefülltem Zustande vermöge ihrer eigentthümlichen Beschaffenheit durch ihre größere Gestalt unterscheiden, welche in oben eingedrückter eirunder Form von 2½ Zoll Länge und 1¾ Zoll Breite besteht; auch werden diese Art Kalbs-Coteletten zuweilen mit einem ganz kleinen Farcerand (von den Abgängen bereitet) an den Seiten herum umgeben und die Mitte wie gewöhnlich mit dem Salpicon belegt. Im schönen Kranz zu 15 bis 16 Stück angerichtet, werden sie in der Mitte mit einem schmackhaften etwas seimigen Jus gegeben.

## Sautirte Kalbs-Coteletten. Colelelles de veau sautés.

Sie werden im einfachen ganzen dünnen Zustande in frischer Butter mit oder ohne Kräuter auf beiden Seiten scharf aber unfarbig angebraten, nächstdem sauber glacirt, mit den Stielen nach oben schön kranzartig angerichtet und mit einem Trüffel oder Champignonspüree oder Haschee aufgetischt.

## Kleine Fricandeaus als Eingangsspeise (Entrée). Pelils Fricandeaux pour Enlrée.

Ebenso wie die Coteletten müssen sich die nach Vorschrift ihrer Artikel I. Bd. VII. Abschn. bereiteten Fricandeaus oder Grenadins von Kalb durch ein sehr wohlgefälliges Aeußere auszeichnen, wenn sie den Rang als Eingangsspeise würdig ausfüllen sollen. Sie werden im sauber und kraus gespickten auch schön glacirten Zustande in einen ganz niedrigen Teig- oder Krustenrand dicht an einander reihend angerichtet und in die Mitte, ein Musserons- ein Mazedonierragout (I. Bd. III. Abschn.), auch ein Püree oder Haschee von Champignons, auch wohl eine einfache Essenz- oder spanische Sauce (I Bd. II. Abschn.) gefüllt.

## Einfaches Kalbfleisch-Frikassee. Fricassée de veau.

Bei der Zubereitung dieser Speise haben die Brüste wegen der enthaltenden Knorpel den Vorzug, sie kann jedoch auch aus ökonomischen Rücksichten von Blatt- und Halsstücken in dem erforderlichen Bedarfsquantum gemacht werden. Als Auszeichnung in der Zubereitung werden von 1 bis 2 Kalbsbrüsten (4 bis 6 Pfd.) der Brustknochen von der Knorpellage ausgeschnitten, nach sorgfältigem Auswässern, Ausdrücken der Luft enthaltenen porösen Theile 20 bis 25 Minuten blanchirt (I Bd. Einl.) demnächst ausgekühlt und abgetrocknet und von den von den Rippen getrennten Knorpelstücken fingerdicke schräge Stücke geschnitten, welche nach Abgang der oberen Haut und der überflüssigen Knochen mit den aus den Rippenstükken eben so geschnittenen Fleischstücken in ¼ Pfd. Butter mit etwas gest. Pfeffer geschwitzt mit 4 bis 6 Eßlöffeln voll Mehl bestäubt, und wenn es die Zeit gestattet mit der von den Fleisch und Knochenabgängen, auch allen gewürzhaften Ingredienzen mit dem Brühwasser erfolgte Auskochung aufgefüllt und mit dem nöthigen Salz 3 bis 4 Stunden unter Absonderung der Schaum- und Fettheile vorsichtig gekocht. Wenn das Kalbfleisch weich, die Brühe zugleich mit etwas Wein zu der nöthigen Einkochung gelangt ist, wird sie mit 5 bis 6 Eierdottern als Bindungsmittel gebunden, und mit einem halben Eßlöffel voll Sardellenbutter und dem Saft von 1 bis 2 Citronen abgeschärft. Wenn diese Bereitungsart durch Loskochen der kleinern Knochen und faserigen Theile nicht erwünscht genug ausfallen sollte, werden die Fleischstücke mittelst eines Schaumlöffels aus der Sauce in ein anderes Geschirr gehoben, hierauf die Sauce auf die bezeichnete Weise beendet und durch ein Handtuch oder Sieb wieder mit den Fleischstücken vermischt. Das einfache Frikassee wird bei dem Anrichten mit Mark- oder andern Klößen umlegt und kommt durch Vermischung mancherlei sowohl vegetabilischer als animalischer Substanzen auf verschiedene von einander abweichende Weise bereitet vor.

## Kalbfleisch-Frikassee mit Majoran. Fricassée de veau au marjolaine.

Es unterscheidet sich vom ersteren durch eine Beimischung von gehacktem frischen oder getrockneten Majoran und geh. Petersilie und ½ Pfd. aus Haut und Knochen und in 1½ Zoll groß dickscheibig geschnittenem in der Pfanne braun angebratenen und hierauf bei dem Frikassee gekochten magern Speck, wodurch eine unbedeutende Verringerung des Hauptingredienzes veranlaßt wird. Auch dürfen die vorhin bezeichneten Kräuter nur eine kurze Zeit in dem Frikassee kochen, es wird mit 4 bis 6 Eierdottern gebunden und zufolge der Haussitte oder dem Geschmack des Tischherrn nur ganz wenig mit Citronensaft geschärft oder besser im rein angemessenen Majorangeschmack angerichtet und mit 15 bis 20 Stück kleinen runden, mit etwas Majoran vermischten Speck- oder Semmelklößen umlegt. (I. Bd. Einleit.)

## Kalbfleisch-Fricassee mit Kräutern. Fricassée de veau á la poulette.

In der Zubereitung von vorstehenden dadurch abweichend, daß es statt mit Majoran mit feinen geschwitzten Kräutern (Peters. Champig., Schnittlauch, Estragon, Körbel) zu der bestimmten Zeit vermischt und nach dem Verbinden mit 6 Eierdottern mit einem guten Theil Sardellenbutter und Citronensaft abgeschärft und sofort beim Anrichten mit kleinen Kalbfleischklößen garnirt wird. (I Bd. Einl.)

## Kalbfleisch-Frikassee mit Blumenkohl. Fricassée de veau aux choux-fleurs.

## Kalbfleisch-Frikassee mit Selleri. Fricassée de veau au céleri.

## Kalbfleisch Frikassee mit Spargel. Fricassée de veau aux asperges.

Die Bereitungsmethode dieser drei Arten beruht vorzüglich auf die vegetabilischen Ingredienzien, mit welchen die Fricassees belegt werden. Hierzu werden 3 — 6 Stauden Blumenkohl genommen, diese in beliebige Rosen geschnitten, hierauf in Wasser vorgekocht, in leichte Brühe mit etwas Butter in getroffenen aber durchaus nicht zu weichen Zustande gesotten und entweder mit dem einfachen Frikassee behutsam vermischt oder dasselbe im Kranz damit garnirt und mit etwas Frikassee-Sauce überzogen. Der in ½ Zoll starke oder größere Würfelform geschnittene Sellerie erhält gleichfalls eine Vorkochung in Wasser und wird rücksichtlich seiner kurzen Siedezeit entweder in dem Frikassee oder allein mit besonderer Aufmerksamkeit gekocht, und sofort mit dem einfachen Frikassee in genaue Verbindung gebracht oder ein ähnliches Verfahren wie bei dem vorhergehenden beobachtet. Der Spargel wird vom Kopfende an, so weit er weich ist, in 1 Zoll lange ausgeschälte Stücken geschnitten, in Wasser in getroffener Weiche gesotten, demnächst mit einem Stückchen Butter kurzeingeschwitzt, mit dem einfachen Frikassee vermengt, auch von der Brühe derjenigen mit dem Frikassee vermischten Pflanzenart, wird etwas unter die Sauce genommen und wenn die Garnirung nicht mit den bezeichneten Ingredienzien geschehen soll, den Umständen gemäß mit Semmelkrusten ausgeführt.

## Deutsch bürgerliches Fricassee. Fricassée de veau à la Bourgeoise.

Das von der Zahl der respektiven Tischgesellschaft und der Haushaltsökonomie abhängige Bedarfsquantum von Kalbfleisch erleidet mit mehr oder weniger Beobachtung der äußerlich gefälligen Formen die bei dem Artikel: einfaches Kalbfleisch-Frikassee angegebene Vorbereitung, wird entweder mit der von den Knochen und Fleischabgängen mit allen gewürzhaften Ingredienzen gezogenen Brühe, oder mit Auffüllung des bewußten Brühwassers (Blanchirwasser) mit ganzen Wurzelstücken, ganzen mit Nelken gespickten Zwiebeln, und einem Bouquet von Basilikum, Timian und 2 Lorbeerblättern treffend gesotten und im Laufe dieser Zeit, wenn nämlich diese Ingredienzen bereits aus dem Frikassee genommen, mit ½ Metze vorbereiteten Morcheln, (I. Bd. II. Abschn. Art. Morcheln) oder wenn dies die Jahrzeit nicht gestattet mit dergleichen trockenen Schwammgewächsen, ferner etwas eingeschwitzten Champignons, späterhin mit ½ bis 1 Pfd. blanchirter Kalbsmilch zusammengekocht. Wenn das Kalbfleisch weich ist, wird die Ueberlerung desselben aus der Sauce in ein anderes Geschirr vorgenommen, und wenn die Sauce zu der nöthigen

Einkochung gebracht, demnächst mit 4 Eierdottern gebunden, mit Sardellenbutter und Citronensaft geschärft und mit etwas recht rother Krebsbutter vermischt ist, wird sie mit den Fleischingredienzien, zu welchen während der Zeit noch ein Dutzend kleiner runder Kalbfleischklöße oder eine gleiche Quantität ebenso geformter Krebsklöße (I. Bd. Einl.) gekommen sind, in genaue Verbindung gebracht und das Frikassee in treffende Mischungen angerichtet.

## Klein bürgerliches Frikassee. Fricassée à la paysanne.

Richtet sich die Bereitung rücksichtlich der mehr oder weniger strengen Haushaltsökonomie nach Angabe des einfachen Frikassees, wird von 2 bis 4 Pfd. Kalbfleisch nach derselben Koch-Methode mit Belegung von gewürzhaften Ingredienzien und dem Brühwasser bereitet, im Laufe der Siedezeit mit etwas Essig und gehackter Petersilie vermengt, sofort mit einigen, mit etwas Flüssigkeit und möglichst etwas Citronensaft gerührten Eierdottern gebunden und mit gewöhnlichen Speckklößen gespeist.

## Deutsch bürgerliches Pupeton. Fricassée de veau en poupeton.

Zu dieser Speise wird ein Deutsch bürgerliches Kalbfleischfrikassee nach Anweisung dessen Artikels bereitet, welches aber reich in bindender Sauce gehalten und recht schmackhaft mit den dort aufgeführten Ingredienzien angefertigt werden muß. Gleichzeitig wird von ¾ bis 1 Pfd. Reiß mit fetter Fleischbrühe eine krause feste Masse gekocht, welche mit einer Handvoll geriebenen Parmesankäse und einigen Eierdottern vermengt worden; zunächst wird au feiner zu dem Frikassee passenden, die Hitze aushaltender Schüssel, beinahe einen Zoll breit vom innern Schüsselrand entfernt und zwar in erhabener Form, aber mit Zurücklassung von einem guten Theil Sauce, das indeß kalt gewordene Frikassee geordnet und der leer gebliebene Raum mit einem Theil des Schüsselrandes von dem zu einem glatten Kranz geformten gekochten Reis eingenommen, welcher als Auszeichnung mit von anderm Reis gemodelten Formen geschmackvoll belegt, hierauf mit einem Eierdotter verbundener Krebsbutter bestrichen, das Frikassee selbst aber mit einer doppelten Papierscheibe gut gedeckt und in einen ziemlich stark erhitzten Ofen der Reis in goldbrauner Farbe gebacken wird. In gleicher Ofenhitze werden von dem noch übrigen Reis geschmackvoll geformte und mit der bezeichneten Krebsbutter bestrichene Models gebacken, mit welchen das gebackene Frikassee nach Beseitigung der Papierscheiben und reichlicher Ueberfüllung der noch übrigen Sauce passend belegt wird.

## Deutsch bürgerliche warme Schüsselpastete. Paté chaud de veau sur le plat.

Die Bestandtheile derselben kommen ebenfalls in einem schmackhaft bereiteten deutsch bürgerlichen Frikassee vor, welches ohne Krebsklöße, aber mit einer größern Quantität Kalbfleischklößen und Krebsschwänzen, auch mit kleinen Theelöffeln Fischknefs (I. Bd. Einl.) vermengt werden kann, und muß das Ganze ebenfalls in reichhaltiger Sauce angefertigt sein. Hieran schließt sich die Bereitung der, das Frikassee als Schüsselpastete umgebenden Hülle, bestehend aus einem nach Angabe des Artikels: kleine Pastetchen mit Salpicon (I. Bd. V. Abschn.) von 1 Pfd. harter Butter und 1 Pfd. feinem Mehl 4 bis 5 mal geschlagenen Butterteig, dessen gelungene Ausführung der warmen Schüsselpastete einen großen Theil ihres Werthes verleiht. Sobald das Frikassee mit den rohgelassenen Klößen nach vorstehender Anweisung. aber bis dicht an den Schüsselrand, auf einer großen silbernen oder einer anderen der Hitze widerstehenden Schüssel geordnet, auch der Boden derselben vorher mit dem Kalbfleischklößenfarce dünn bestrichen ist, wird das Frikassee nebst dem Schüsselrande mit einer von dem Butterteig $\frac{1}{4}$ Zoll dick geschnittenen Platte complet bedeckt, so weit der Schüsselrand reicht mit Eiern bestrichen und mit einem von Butterteig geschnittenen Rand belegt, hierauf wird der inwendige als Deckel zu betrachtende Teig mit kleinen Models geschmackvoll verziert; auch kann erforderlichenfalls der äußere Rand durch Eindrücken mit dem Messer als Portionstücke bei dem Vorlegen betrachtet, bezeichnet werden, und nachdem hierauf das Ganze vorsichtig bestrichen worden, muß die Pastete in ziemlich stark erhitztem Ofen in schöner Farbe gebacken, hierauf dicht am innern Rand aufgeschnitten und der Deckel abgehoben, demnächst mit der übrigen Sauce reichlich überzogen und mit dem Deckel wieder bedeckt werden.

## Braun Kalbfleisch nach bürgerlicher Art. Poitrine de veau au roux.

Brust- und Blattstück in dem erforderlichen Bedarfsquantum von 2 bis 4 Pfd. werden nach sorgfältiger Vorbereitung in saubere Stücke geschnitten, in Mehl reichlich gewendet, zunächst in einem flachen Geschirr mit Butter braun gebraten und in Auffüllung von etwas brauner Jûs und leichter Fleischbrühe mit Belegung von gewürzhaften in ganzen Stücken gelassenen Ingredienzien und dem nöthigen Salz gekocht, nach Beseitigung der bezeichneten Ingredienzien und möglichster Absonderung der Schaum- und Fettheile, und wenn die Sauce mit etwas Wein zu der erforderlichen Einkochung gelangt ist, wird sie mit einem Tassenkopf voll Kapern, einigen dicken Citronenscheiben und einem Stückchen Zucker unter wiederholtem Begießen des Fleisches eingeprögelt.

## Kalbs-Tendrons (Brustknorpelstücke) als Eingangsspeise. Tendrons de veau pour Entrée.

Dieser Fleischtheil ist schon einige Male im ersten Bande berührt worden, er besteht aus dem sogenannten Brustkerne. Die schöne Eigenschaft der aus demselben geschnittenen Knorpelstücken beruht auf dem großen und guten Zustande der Kalbsbrust, welche von einem vollkommen ausgebildeten Saugkalbe genommen werden muß. Nach Absonderung des kleinen Brust- und der Rippenknochen unterliegen zufolge des Bedarfsquantums eine auch zwei Kalbsbrüste einer sorgsamen Auswässerung, Ausdrücken der Luft enthaltenden Poren, einer beinahe halbstündlichen Verkochung (blanchiren) und nach der vollkommenen Auskühlung, einer mehrstündigen leichten Presse. Hieran schließt sich das Ausschneiden der Tendrons, welche als Eingangsspeise aus daumdicken schrägen Stücken bestehen, von welchen die obere Haut und die die Tendrons an ihrem schönen Aeußern hindernden losen Fleischtheile sorgfältig abgenommen, die Knorpelstücke sofort in einer gewürzhaften schmackhaften Braise (I. Bd. Einl.) in getroffener Weiche gesotten und damit ziemlich eingeschmort werden. Die in der Bereitung so weit vorgeschrittenen Fleischstücke werden rücksichtlich des Salzes in ihrer eigenen Brühe oder mit besonders dazu aufgelösetem Taschenbouillon glacirt und mit einem sorgfältig bereiteten Mazedonier-Ragout (I. Bd. III. Abschn.) im möglichst schönen Kranz angerichtet.

## Kalbs-Tendrons mit Ravigote. Tendrons de veau à la ravigote,

werden in gleicher Zubereitung in der Mitte mit einer in etwas dicker Substanz gehaltenen weißen oder grünen warmen Ravigotn angerichtet, erhalten wohl auch bei außerordentlichen Veranlassungen einen verzierten gekniffenen Teig oder einen aufgesetzten Croutonsrand; noch erscheinen sie als Eingangsspeise, besonders bei Abendtafeln als:

## Kalbs-Tendrons auf Villeroi-Art. Tendrons de veau à la Villeroi.

Sie werden hiezu etwas kleiner geschnitten, erleiden die vorstehende Vorbereitung und eine gleiche Behandlnugsweise aller auf diese Art bezeichneten Gerichte. (I. Bd. V. Abschn.) Nach vorsichtiger Herausnahme aus ihrer Brühe wird diese abgefettet und durchgegossen und mit ihr und der nöthigen Mehlschwitze eine recht dicke Sauce bereitet, welche mit 5 bis 6 Eierdottern gebunden, mit Sardellenbutter und Citronensaft abgeschärft, hierauf über die unterdeß kalt gewordenen Fleischstücke gestrichen und platt geebnet, welche sofort mit geriebener weißer Semmel bestreut, zunächst mit Eiern und Semmel mit etwas geriebenen Parmesan vermischt, pannirt, und rücksichtlich der Speisezeit in stark erhitztem Backfett ausgebacken und mit einer mit blanchirten Estragonblätterstückchen vermischten klaren Sauce (I. Bd II. Abschn.) angerichtet werden.

## Kalbs-Tendrons nach St. Menehould. Tendrons de veau à la St. Ménehoûld.

Sie unterscheiden sich von den vorhergehenden, daß, statt dem Bestreichen mit Sauce, ein gleiches mit einem Theil der Tendrons

Brühe und den dazu erforderlichen Ingredienzien bereiteten Kräutern St. Menehouldmasse (I. Bd. II. Abschn.) beobachtet wird, welche recht schmackhaft angefertigt, die Tendronsstücke platt und etwas dick bestrichen auf einem mit fetter Brühe belegten flachen Geschirr geordnet, hierauf mit einer Mischung von geriebenem Parmesankäse und etwas Semmel bestreut zunächst mit Krebsbutter bespritzt und 10 Minuten vor der Tafelzeit in einem ziemlich stark erhitzten Ofen goldgelb gebacken und mit einer klaren Estragon-Sauce, an welche der andere Kalbstendronfond gekommen, aufgetischt werden.

## Kalbsmilch auf Dauphin-Art. Ris de veau à la Dauphin.

Zu den feinern Eingangspeisen gehörend, bedarf die Anfertigung derselben einer besondern Aufmerksamkeit, auch das Hauptingredienz muß in den besten Exemplaren dieses drüsenartigen Fleischtheils genommen werden. Am besten ausführbar ist die Zubereitung, wenn von einer großen Quantität gut ausgewässerter und blanchirter (I. Bd. III. Abschn.) Kalbsmilch (4 bis 5 Pfd.) 12 bis 14 möglichst gleichförmige oval runde Stücke geschnitten, welche in kochendem Wasser noch etwas nachgesteift und auf ihrer ganzen Oberfläche mit 1 Zoll langen fein geschnittenen Faden von schwarzen Perigeux-Trüffeln sauber gespickt werden. Die so weit in der Bereitung vorgeschrittenen Kalbsmilchstücken, müssen auf ein flaches Geschirr mit einer sie nicht vollkommen deckenden schmackhaften Fettflüssigkeit, bei von oben und unten gleichmäßig einwirkender Hitze (Bratofen) mit einem Papierblatte gedeckt 15 bis 20 Minuten gestellt, und die kraus hervortretende Oberfläche und Außenseiten mit einer flüssigen blonden Glace blank glacirt, zur Zeit in einen geschmackvoll aufgesetzten Semmelkrusten- oder Teigrand dicht aneinander reihend angerichtet und in der Mitte mit einer vortrefflichen Supreme (gehobenen Sauce) oder mit einem von den Trüffelabgängen mit Champagner bereiteten Haschee aufgetragen werden. Die von den Kalbsmilchstücken zurückgebliebenen kleineren Stücke und Abgänge werden zu einer andern Speise benutzt und zweckmäßig angewendet.

## Kalbsmilch-Grenadins. Grenadins de ris de veau.

In der Vorbereitung und dem formellen Aeußern den vorstehenden gleich, besteht der Unterschied in der Spickmethode, welche statt mit schwarzen Trüffeln mit eben so geschnittenen Speckfäden ausgeführt wird. Nachdem sie wie die vorigen gar gemacht und glacirt sind, werden sie wie diese auch mit einer ähnlichen Sauce angerichtet.

## Kalbsmilch nach englischer Art. Ris de veau à l'Anglaise.

Bestehen aus 15 bis 16 Stücken der besten vorbereiteten Kalbsmilch, welche nach vorhergegangener Absiedung in einer schmackhaften kurzen Braise in kalt gewordenem Zustande in ½ Pfd. geklärter mit feinen Kräutern (Champig., Chalott., Petersilie) geschwitzter und mit einem ganzen Ei und 2 Eierdottern verbundener Butter gewendet und mit geriebener weißer Semmel und Parmesankäse gut pannirt, hierauf auf einem bestrichenen flachen Geschirr geordnet und sofort vorsichtig im Ofen oder in einer Tortenpfanne gebacken werden. Als Beiguß erhalten sie bei dem Anrichten in der Mitte ein Champignonspüree und werden als Auszeichnung in einem ausgestochenen Teigrand gegeben.

## Kalbsmilch in Süpreme. **Ris de veau au sûpreme.**

Die geschmackvolle Ausführung dieser Eingangsspeise nimmt in individueller Beziehung besonders das Talent in Anspruch, daß die in einer guten Braise gekochten, demnächst in saubere und gleichmäßige platt eiförmige Stücke geschnittene Kalbsmilch, auf den mit einem bis zur weißesten Eigenschaft gesteigerten zarten Fischfarce I. Bd. Einl.) bestrichenen Oberfläche und Außenseiten mit den geeignetesten und passendsten Models von ganz schwarzen Trüffeln geschmackvoll verziert werden. Nachdem dies gelungen ausgeführt ist, werden die Kalbsmilchstücke mit feinen Speckscheiben und einem Papierblatte sorgfältig gedeckt, in einen mäßig heißen Ofen 10 Minuten gestellt und mit einer Süpreme-Sauce (I. Bd. II. Abschn.) in einem geschmackvoll aufgesetzten Krustenrand angerichtet.

## Kalbsmilchspießchen in Aspic. (Kalte Speise). **Ris de veau en hatelets.**

Wenn, wie im vorhergehenden Artikel bemerkt worden, die Zubereitungen der feinen warmen Eingangsschüsseln in individueller Beziehung das Talent besonders in Anspruch nehmen, so fordern es die Anfertigungen der kalten Eingangspeisen nicht minder; alle bei dieser Art von Speisen aufgewandte Verzierungen müssen gewählt und in gefälligen Nüancen erscheinen, aber niemals durch bizarre Farbenmischung überladen und entstellt werden, dabei im modernen eleganten Geschmack gearbeitet, die Decorirung nicht bunt, sondern einfach und correkt und nur aus zwei bis drei Farben bestehen. Zu den Kalbsmilchspießchen werden 4 bis 5 Stück eigends zu diesen Speisen bestimmte kleine Hatelerformen gebraucht, welche aus 4 bis 4½ Zoll langen, 1¼ Zoll hohen und oben 1¼ Zoll weiten, unten etwas enger, fein wellenförmig aus englischem Zinn oder verzinntem Kupfer gearbeiteten Formen bestehen. Die an den Enden bis zur Hälfte eingeschnittenen Oeffnungen, worin die mit den Fleischingredienzien besteckten kleinen Spießchen gelegt und hierauf zugeklebt werden und wovon die Formen ihren Namen bekommen haben, sind von der modernen Küche als zwecklos verworfen und werden demgemäß die Fleischingredienzen ohne Spieße in die Formen gelegt. Die gelungene Ausführung dieser kalten Eingangspeise erfordert 1 Qrt. des klarsten Spiegelgallerts (Aspic. I. Bd. Einl.) 2 ℔. in der Braise gekochte und nach dem Maaßstabe der Formen in Scheibenstückchen geschnittene Kalbsmilch, ferner eine gleiche Quantität eben so geformter Trüffeln und Champignons und 1 Qrt recht weiß und zart gehaltener Mayonaisen-Sauce. (I. Bd. II. Abschn.) Die Formen werden ganz dünn mit Spiegelgallert ausgegossen und wenn der Aspic auf dem Eisen fest geworden, in den wellenförmigen Vertiefungen mit kleinen gewählten Models von schwarzen Trüffeln, grün gefärbter Farce oder Cornichons und vorgekochten rothfarbigen Mohrrüben geschmackvoll belegt, wobei jedes einzelne Stück vor dem Einlegen zum Festkleben in Aspic getaucht und das Ganze hierauf mit Spiegelgallert (Aspic) begossen wird. Wenn mit allen Formen diese Arbeit so weit vorgeschritten, und der Aspic ganz fest geworden ist, werden die Kalbsmilch-, Trüffeln- und Champignonsstücke einzeln durch die Mayonaisen-Sauce auf die Art gezogen, daß sie vollkommen damit bedeckt und hierauf abwechselnd in die Formen geordnet, doch so, daß die Kalbsmilch 2 Drittheile des Ganzen bildet, auch die Mayonaise nicht die Seiten der Formen berührt, sofort mit Aspic zugegossen und nachdem der Inhalt auf dem Eisen fest geworden, werden die Formen einen Augenblick in warmes Wasser gehalten, auf einen flachen benäßten Deckel ausgestürzt und auf einer ovalen Schüssel angerichtet. Das Einlegen der Ingredienzien muß nicht flach, sondern aufgestellt erfolgen.

## Kalbsbrägen mit kalter Ravigote. Cervelles de veau en ravigote froide.

Die Auswässerung, Absonderung der faserigen Blutgefäße ist bei den im I. Bande vorkommenden Kalbsbrägengerichten oft berührt worden (V. und VI. Abschn.). Nachdem 3 Kalbsbrägen blanchirt sind, werden sie in leichter Brühe oder Wasser, $\frac{1}{4}$ Qrt Essig, dem nöthigen Salz, $\frac{1}{4}$ Qrt. Wein, allen gewürzhaften Ingredienzien und Citronenscheiben eine halbe Stunde gekocht, hierauf in verkühltem Zustande aus der Brühe gehoben, zunächst eine jede Hälfte in der Länge ein Mal durchgeschnitten und mehrere Stunden in 8 Eßlöffel voll Oel und eben so viel französischem Essig und Pfeffer marinirt. Die aus einer kalten grünen Ravigote bestehende Sauce (I. Bd. II. Abschn.) muß wohlschmeckend und in zarter dickflüssiger Substanz angefertigt sein, mit dieser, die aus der Marinade genommenen Kalbsbrägenstücke, reichlich überzogen und einen Zoll breit vom innern Rand der Schüssel entfernt angerichtet und der dadurch an den Seiten leer gebliebene Raum mit elegant ausgestochenen Aspic-Croutons (I. Bd. IV. Abschn.) im schönen Kranz ausgefüllt werden.

## Verzierter Kalbsbrägen mit Mayonaise. Cervelles de veau en mayonaise décoré.

Der nach vorstehender Angabe bereitete Kalbsbrägen wird, nachdem er geschnitten und marinirt gewesen, stückweise mit einer in weißester Eigenschaft gerührter Mayonaisen-Sauce (I. Bd. II. Abschn.) glatt überzogen oder hierauf mit Trüffeln, grünen oder rothen Fischfarcemodels in passenden Schattirungen geschmackvoll belegt; die zu Verzierungen bestimmte Fischfarce muß in fester Eigenschaft gemacht, hierauf der erforderliche Theil mit Spinatmatte (I. Band II. Abschn.) grün und eine gleiche Quantität mit Alkermes (I. Band II. Abschnitt.) roth gefärbt zur dicken Wurst geformt in Wasser gekocht, nach erfolgtem Auskühlen in Scheiben geschnitten und die gewünschten Models davon ausgestochen oder geschnitten werden. Die verzierten Kalbsbrägenstücke werden nunmehr mit so weit verkühltem schon im spinnenden Zustande befindlichen Aspic wiederholentlich begossen (im Spiegel begossen), bis sich ein glänzender Spiegel darauf gebildet hat, hierauf in einer Schüssel mit dünn begossenem und darauf kalt gewordenen Aspic angerichtet, und der in der Mitte und an den Seiten gelassen egeringe Raum ersterer, mit Mayonaisen Sauce uud letzterer mit einer Guirlande von $\frac{1}{4}$ Zoll dick und breiten und $\frac{3}{4}$ Zoll langen elegant geschnittenen Aspic-Croutons, ausgefüllt.

## Kalbsbrägen mit Remoulade. Cervelles de veau en remoulade.

Die Bereitungsart wiederholt sich in der Angabe des Artikels Kalbsbrägen mit Ravigote und sind beide nur in Beziehung der Sauce, welche in einer schmackhaften Remoulade besteht, von einander abweichend.

## Kalbsbrägen auf Tartarenart. Cervelles de veau à la Tartare.

Derselbe muß besonders weiß und im ganzen Zustande vorbereitet sein und nachdem er gesotten, in recht gleichmäßige, der Länge nach getheilte glatte Viertel geschnitten, hierauf gut marinirt und wohl abgetropft werden. Auf der Oberfläche und glatten Außenseiten erhält derselbe ein von feinen Sardellenstreifen geflochtenes Gitter, dessen Seiten mit Kapern und in lange Vierecke geschnittenen grünen Estragonblättern und unten herum mittelst Aspic einen Rand von hartgekochten durchgestrichenen oder gehackten Eidottern belegt werden. Die mit den Brägenstücken so weit vorgeschrittene Bereitung wird mit dem Begießen im Spiegel (Art. verzierter Kalbsbrägen) beendet und werden die so bereiteten Kalbsgehirne in einer mit Aspic begossenen Schüssel und in der Mitte mit einer Remouladen- oder Tartaren-Sauce angerichtet.

## Kalbsbrägen in Aspic. Cervelles de veau en aspic.

Erfordert eine sogenannte Stürzforme (I. Bd. Einl.) welche $\frac{1}{8}$ Zoll dick mit Aspic (Spiegelgallert) begossen und wenn dieser fest geworden, mit Eintauchen in Spiegelgallert mit Krebsschwänzen, Kapern, Cornichons und Estragonblättern passend belegt; wenn diese Decorirung $\frac{1}{4}$ Zoll dick mit Aspic bedeckt und dies fest geworden ist, werden die Kalbsbrägenstücke durch Ravigoten- oder Mayonaisen-Sauce gezogen und in die Form, ohne die Seiten zu berühren, gelegt. Nachdem die Form mit Aspic gefüllt und ganz kalt geworden, wird sie rücksichtlich der Speisezeit, mittelst Eintauchen in warmes Wasser auf eine zu derselben passende Schüssel gestürzt.

## Kalbsbrägen mit holländischer Sauce. Cervelles de veau à la Hollandaise.

Als Eingangspeise wird der Kalbsbrägen auch warm aufgetischt, doch bleibt sich dessen Vorbereitung und Kochmethode mit der vorstehenden in sofern gleich, als die Brühe durch Beimischung von etwas guter Fleischbrühe und Wein noch veredelt und im Geschmack gehoben werden kann. Die von ½ Pfd. frischer Butter mit den dazu erforderlichen Ingredienzien angefertigte holländische Sauce wird sowol auf abgeschlagene als abgerührte Art gemacht (I. Bd. II. Abschn.) und werden die aus der Brühe gehobenen und abgetropften Kalbsbrägen mit dieser Sauce beim Anrichten überzogen. — In gleicher Behandlung werden die Kalbsbrägen auch bei dem Anrichten mit einer pikanten Küchenmeister-Sauce aufgetischt. Noch kommen sie vor als:

## Kalbsbrägen mit Parmesankäse. Cervelles de veau au parmesan.

wobei sie nach erfolgtem Abtropfen mit einer Kräuter-St. Menehouldmasse überzogen, mit einer Mischung von geriebenem Parmesankäse und etwas Semmel bestreuet, sofort mit Krebsbutter gedeckt und rücksichtlich der Speisezeit, auf einem, mit Fettbrühe begossenen flachen Geschirr, gebacken werden. Als Beiguß paßt eine weiße Sardellen- oder Küchenmeister-Sauce.

## Kalbszungen in Gratin. Langues de veau en gratin.

Das in 6 bis 8 Stücken bestehende Hauptingredienz unterliegt einer sorgfältigen Vorbereitung und dem Garmachen in einer schmackhaften Braise. Wenn die Zungen in der Länge gespalten, werden von den breitern hintern Seiten, oben abgerundete gleichförmige Stücke geschnitten und die spitzen Enden derselben zu dem Farce benutzt; nächstdem wird im Verfolg der weitern Bereitung, hinsichtlich der Zungenstücke das bei dem Artikel: Gratin von Rinderzunge angegebene Verfahren beobachtet und das Ganze nach Vorschrift des Artikels: Gratin von Rindergaumenpopietten beendet.

## Kalbszungen mit Rosinen. Langues de veau au ragout de raisins.

werden nach erhaltener Vorbereitung in einer guten Braise gekocht und entweder die Spitzen abgeschnitten und im gespaltenen

Zustande im Kranz angerichtet, hierauf mit etwas von der Ragout-Sauce glänzend überzogen, in der Mitte ein von ½ Pfd. Rosinen mit Malaga vortrefflich im Geschmack gehaltenes Rosinenragout (I. Bd. III. Abschn.) gefüllt und das Ganze außerhalb mit dreieckigen Semmelkrusten, auch von den Zungenspitzen bereiteten kleinen runden etwas geplatteten Croquetten garnirt, oder die Zungen werden in 1 Zoll große und ¼ Zoll dicke Stücke geschnitten und mit dem Rosinenragout genau vermischt, wozu alsdann statt der großen Rosinen, Korinthen genommen werden. Außerdem werden die Kalbszungen noch gegeben als:

## Kalbszungen mit Madeira. Langues de veau au vin de madère.

Die Zubereitung des Hauptingredienzes selbst schließt sich an die im vorstehenden Artikel zuerst angeführte Methode und werden die Zungen mit einer vortrefflich bereiteten braunen Sauce, welche mit guter Fleischessenz, ¼ Qrt. Madeira, der Hälfte so viel Rheinwein und etwas Cayennepfeffer zu dem nöthigen Volumen eingekocht und ganz wenig abgeschärft worden, glänzend überzogen. Das Anrichten erfolgt entweder in einem aufgesetzten Semmelkrustenrand oder die Schüssel wird mit dergleichen Croutons, Fleurons oder auf eine andere beliebige Art garnirt.

## Kalbsschweife. Queues de veau.

Sie erscheinen selten in den deutschen Küchen, nehmen auch in Frankeich, als Eingangspeise bereitet, nur einen untergeordneten Rang ein, kommen entweder in braunem oder weißem Ragout nach Mazedonier Art vor, und müssen als Hauptbedingniß in dem Bedarfsquantum von 8 bis 10 Stück von großen Kälbern genommen werden. Sie werden dicht an der Kroupe ab, und zu 2 Zoll lang in den Gelenken durchgeschnitten, erleiden eine geringe Auswässerung und Verkochung, werden hierauf in ¼ Pfd. Butter geschwitzt, mit 4 bis 5 Eßlöffel voll Mehl bestäubt und mit der, von den Spitzen und Abgängen der Schweife mit gewürzhaften Ingredienzien gekochten Brühe, mit dem nöthigen Salz gesotten. Gleichzeitig läßt man ¼ Qrt. in Volumen enthaltenen grünen Erbsen in Butter weichschwitzen, eine gleiche Quantität abgezogene Saubohnen in etwas Butter, Zucker und Brühe weich schmoren und eben so viel in ¼ Zoll starke Würfelform geschnittene Mohrrüben auf gleiche Weise gar werden. — Wenn nach dessen Erfolg Schaum und Fettstoff von der Sauce abgesondert und die Schweife weich sind, werden die Vegetabilien mit diesen und einem Theil blanchirter und gröblich gehackter Petersilie vermischt und mit vier bis fünf Eierdottern gebunden und Citronensaft abgeschärft. Bei dem Anrichten werden die Schweife in der Quere rund herum, die Außenseiten mit kleinen Zwiebeln oder Maronen belegt und die übrige Sauce in die Mitte gefüllt. Das braune Ragout weicht in der Bereitung dadurch ab, daß die zur Ausfüllung bestimmte Auskochung mit Jus vermischt, das Ragout zuletzt mit etwas braune Sauce gebunden und mit einem Tassenkopf voll Kapern durchgeprögelt und mit Citronensaft abgeschärft wird. Die Garnitur besteht aus Croutons oder Croquetten, auch gebackenen Amouretten. (I. Bd. VI. Abschn.)

## Kalbsgekröse nach französischer Art. Fraise de veau à la Française.

Sie bedürfen einer besonderen aufmerksamen reinen Answässerung, werden im Bedarfsquantum von 2 Stück im Wasser blanchirt und abgekühlt und hierauf in hinlänglicher Auffüllung von etwas fetter Brühe und Wasser mit Wurzelstücken, Zwiebeln, einigen gemengten Gewürzkörnern, einem Bouquet von Basilicum, Majoran, Timian, Lorbeerblatt und Salz gekocht, nach dem Ausheben und Verkühlen in daumengroße krause Stücke geschnitten, diese in ¼ Pfd. Butter gehackte Champignons, Petersilie, Schnittlauch, Charlotten, etwas Pfeffer und etwas Wein kurz eingeschwitzt und sofort mit ¼ Qrt. mit der indeß abgefetteten und durchgegossenen Gekrösenbrühe und Wein eingekochten und mit Citronensaft abgeschärften braunen Sauce behutsam vermischt. Bei dem Anrichten wird diese Speise mit gefüllten Semmelkrusten oder mit den, von den Abgängen bereiteten kleinen Croquetten garnirt.

## Kalbsgekröse nach deutscher Art. Fraise de veau à l'Allemande.

Vorrichtung uud Kochart der Gekröse nach vorstehender Angabe, auch erfolgt das Schneiden derselben wohl auf gleiche Weise, aber in etwas kleineren Stücken. Während der Zeit des Auskühlens der Gekröse wird ein Theil gehackter grüner Majoran und Schnittlauch (wenn es die Jahreszeit erlaubt, sonst ungeschwitzter trockener), ferner Petersilie und etwas Chalotten in ¼ Pfd. Butter geschwitzt, mit 4 bis 5 Eßlöffeln voll Mehl geröstet und zunächst von diesen Ingredienzien mit der unterdeß abgefetteten und durchgegossenen Gekrösenbrühe, etwas Bouillon und ein wenig gestoßenem Pfeffer, eine dickflüssige Sauce gekocht, welche zu der erforderlichen Einkochung gelangt, mit 4 bis 5 Eierdottern Liaison gebunden, mit etwas Citronensaft abgeschärft und mit dem geschnittenen Kalbsgekröse in gleichmäßige Bestandtheile vermischt wird. Umlegt wird diese Speise mit, aus Haut und Sehnen und in dicke Scheiben geschnittener, mit Semmel und etwas Mehl gewendeter und hierauf in Butter gebratener Kalbsleber, auch wol statt dessen mit kleinen runden Speckklößen (I. Bd. Einl.) garnirt.

## Kalbsgekröse nach italienischer Art. Fraise de veau à l'Italienne.

Die in krause Stücken geschnittenen und gekochten Gekröse werden mit Petersilie, Chalotten, ein ganz wenig Knoblauch, Estragon,

Pfeffer, Salz, ¼ Qrt. Essig, eben soviel Wein und einem Stück Butter oder feinem Oel kurz eingeschmort und vor dem Anrichten mit etwas seimiger Jus vermischt. Sie können mit unpannirten Semmelkrusten umlegt werden.

## Kalbsgeschlinge. Mou de veau.

Erfordert ebenfalls eine aufmerksame Säuberung, sofortiges Blanchiren und Auskühlen und wird hierauf die, im ersten Artikel der Kalbsgekröse angedeutete Kochmethode, angewendet. Nachdem dies erfolgt ist, das Geschlinge in seiner Brühe verkühlt, ausgehoben und abgetropft ist, wird es nach Absonderung aller sehnigen und knorpeligen Theile in ein Zoll große dünne Scheibchen geschnitten und während der Zeit des Verkühlens der Geschlinge eine Sauce nach Angabe des Artikels: Kalbsgekröse nach deutscher Art angefertigt, welche erforderlichen Falls noch mit etwas Sardellenbutter und Wein im Geschmack gehoben werden, sofort mit den geschnittenen Geschlingen vermischt, und bei dem Anrichten nach vor vorhergehenden Artikel mit gebratener Kalbsleber umlegt wird. Rücksichtlich des Bedarfs gilt die Gekrösenquantums-Angabe wenn die Geschlinge klein sind.

## Gehackte Kalbsgeschlinge. Mou de veau en hachée.

In der Bereitungsart von den vorhergehenden nur dadurch abweichend, daß das Geschlinge statt in kleine Blattscheiben geschnitten, grobkörnig gehackt wird. Sowol bei den Geschlingen als Gekrösen müssen die Saucen einen nicht strengen, sondern angenehmen Kräutergeschmack, dabei lindernd und zu dem nöthigen Volumen eingekocht und die Mischung mit dem Fleisch im gleichmäßigen treffenden Verhältniß harmoniren. Das Haschee wird ebenfalls mit gebratener Leber, auch mit gefüllten Semmelkrusten garnirt.

## Kalbsnieren. Rognons de veau.

Deren Bereitungsart. I. Bd. V. Abschn. Art.: Hammel- oder Kalbsnieren auf der Rost.

## Kalbskopf. Tête de veau.

Die Bereitungsart desselben ist in einen großen Theil der im I. Bande enthaltenen Abschnitten verzweigt. I. Bd. V. Abschn. und VI. Abschn. II. Abtheil.

## Kalbsleber. Kalbsfüße. Foie de veau. Pieds de veau.

Erstere I. Bd. VI. Abschn. II. Abth., letztere in demselben Bande V. Abschn.

# III. Abth.: Hammel. Mouton.

## Pain von Hammel nach spanischer Art. Pain de mouton à l'Espagnole.

Aus einer 5 bis 6 Pfd. schweren Hammelkeule wird die untere Nuß ausgeschnitten und der übrige Theil am Spieß gebraten, oder mit allen gewürzhaften Ingredienzien gedämpft. (I. Bd. VI. Abschn.) Wenn dies ganz kalt geworden, wird das aus Sehnen und Knochen genommene Fleisch mit der obern braunen Haut fein gehackt und mit ¼ Qrt. von dem Fond, und einem Theil recht dunkler Jus mit Mehlschwitze bereiteter recht brauner dicken Sauce durchgestrichen, dies und das gleichzeitig eben so behandelte roh ausgeschnittene Hammelfleisch, der vierte Theil des Fleischvolumens gehackter Speck, 2 Eßlöffel voll Trüffel: und ein Drittheil so viel Sardellenbutter, Muskatnuß, Salz, 4 Eßlöffel voll geriebenem Parmesankäse, und eben so viel mit dunklem Jus bereitete Semmelpannade werden im Mörser rasch durcheinander und genau in Verbindung gebracht und diese Masse in einer wol mit Butter ausgestrichenen, mit Trüffeln und Cornichons oder Krebsschwänzen und hart gekochten weißen Eiern, in geschmackvoller Verzierung ausgelegten großen Cylinderform, mit der Vorsicht fest und voll eingedrückt, daß diese Verzierungen nicht verschoben, auch die Fleischmasse keine Poren bildet. Eine Stunde vor der Speisezeit wird die Form auf einem flachen Geschirr mit kochendem Wasser in einen mäßig heißen Ofen gestellt, nach dieser Zeit auf eine passende Schüssel vorsichtig gestürzt, der Pain mit einer flüssigen Sauce leicht überzogen aber nicht gedeckt, und in den durch den Cylinder entstandenen Raum, eine mit Malaga und Fleischessenz trefflich im Geschmack gehobene etwas dickflüssige spanische Sauce (I. Bd. II. Abschn.), oder statt dessen von einer ähnlichen Sauce zusammengesetztes Cardiragout (I. Bd. III. Abschn.) gefüllt. Eben so erscheint diese Speise als:

## Pain von Hammel mit Trüffelragout. Pain de mouton au ragout de truffes.

Hierbei werden die Verzierungen in der Form lediglich mit Trüffeln ausgeführt und der mittlere Raum mit einem vortrefflichen Trüffelragout angefüllt. Ein anderes Mal besteht der Beiguß, der Jahreszeit nach, aus einem schmackhaften Gurkenragout (I. Bd. III. Abschn.), kommt auch wohl mit Azia, Cornichons oder Mousserons vor. Noch zeigt sich diese Eingangschüssel als:

## Pain von Hammel in Haricot. Pain de mouton en haricot.

wobei die Form mit kleinen weißen Zwiebeln, abgekochten

und abgezogenen Saubohnen und kleinen Models von Mohrrüben ausgelegt wird, die Painmasse in etwas warmen Zustande, ohne die Vegetabilien zu verschieben, eingelegt, und so weiter nach vorhergehender Vorschrift verfahren wird. Nach den Umstürzen wird der mittlere Raum von einem schmackhaften, von Teltower Rüben bereiteten weißen Rübenragout, eingenommen. (I. Bd. III. Achschn.)

## Haschee von Hammel. Hachée de mouton. (Hachis.) (Gehäcke.)

Diese, in ihren Bestandtheilen einfache Speise, erfordert dennoch ein gewisses Talent, um die Sauce in treffender Farbe und Geschmack, auch angemessener Substanz anzufertigen, ferner die Mischung derselben mit dem Fleische im richtigen Verhältniß zu ordnen und auszuführen. Das einfache Haschee besteht aus dem nöthigen Bedarfsquantum gebratenen oder geschmorten, im kalten Zustande aus Haut und Knochen genommenen und hierauf grobkörnig gehackten Fleisch einer Hammelkeule und einer mit Rheinwein, ein Stückchen Zucker und dem Fond (Brühe) der geschmorten Hammelkeule zu dem richtigen Volumen eingekochten und mit Citronensaft geschärften recht dunkelbraunen Sauce. Als Garnirung können verlorene, gebackene oder Minuteneier, gebackene Sardellen, Lebernetzchen auch alle Arten Croutons benutzt werden. (I. Bd. IV. Abschn.) Außer dem einfachen Haschee erscheinen noch verschiedene Spielarten dieser Fleischspeise, als:

## Morgenrothfarbiges Haschee von Hammel. Hachée de mouton à l'aurore.

Das auf vorhin gezeigte Art angefertigte einfache Haschee wird in eine mit einem niedrigen gekniffenen Teigrand (I. Bg. IV. Abschn.) versehenen Schüssel complett gefüllt angerichtet, hierauf die ganze Oberfläche des Haschees mit 4 bis 5 Stück mit etwas Krebsbutter, Salz des Muskatennuß gerührten hart gekochten Eidottern, durch ein Sieb überstrichen, demnächst mit etwas Butter bespritzt und mit einer eisernen glühenden Schaufel eine schöne Farbe gegeben, wobei wegen etwa zu starken Andranges der Hitze auf den Teigrand diese durch irgend einen Gegenstand davor geschützt werden muß. Wenn es die Jahreszeit erlaubt, wird dicht am Teigrande ein Kranz von abgeschälten Kibitzeiern oder statt dessen recht egalen verlornen Eiern gelegt.

## Haschee von Hammel mit Champignons. Hachée de mouton aux champignons.

Er hält als inhaltiger Bestandtheil den vierten Theil des Fleischvolumens gehackter Champignons, auch können in gleicher Eigenschaft Trüffeln genommen und die Schüssel der Jahreszeit angemessen mit glacirten Artischockenböden garnirt werden.

## Emince von Hammel (Eminze). Emincé de mouton.

Unterscheidet sich in der Bereitung von dem Kalbs-Emince durch das Hauptingrediens, welches in dem nöthigen Bedärfsquantum von einer gebratenen mit allen gewürzhaften Zuthaten geschmorten Hammelkeule genommen und wie bei dem Kalbs-Emince angegeben, in einen Zoll große, feine Blattstückchen geschnitten und mit der Emince-Sauce (I. Bd. II. Abschn.) im richtigen Verhältniß vermischt wird. Beide Eminceearten haben die Garnirungen mit einander gemein. Wie das einfache Haschee hat auch das Emince in seiner Bereitung Abänderungen und erscheint als:

## Emince von Hammel mit Gurken. Emincé de mouton aux concombres.

Das in etwas geringerer Quantität genommene Fleisch wird durch ein Viertheil seines enthaltenen Volumens mit in $\frac{1}{8}$ Zoll dicke Scheiben geschnittenen, und in getroffener Weiche geschmorten Gurken vermischt und muß diese Vermischung mit der Vorsicht ausgeführt werden, daß die Gurkenscheibchen nicht entzwei gemacht und somit das Emince von seinem Werth verliert. Bei dem Anrichten wird diese Fleischspeise mit einem Kranz von in dicke Scheiben geschnittenen farcirten Gurken (I. Bd. IV. Abschn.) umlegt.

## Hammel-Emince nach Pompadur. Emince de mouton à la Pompadour.

Die Sauce zu diesem Emince weicht dadurch von der gewöhnlichen Emince-Sauce (I. Bd. II. Abschn.) ab, daß die Zwiebeln egal ringelförmig geschnitten, statt in gewöhnlicher, in Krebsbutter geschwitzt und die nach dortiger Angabe in der Bereitung beendete Sauce nicht durchgegossen, sondern die Zwiebeln in der Sauce gelassen werden. Das in sauber geschnittenen Fleischblättchen gemischte Emince erhält eine Garnirung von großen halbmondförmigen Fleurons, oder gefüllten Gurken.

## Hammel-Tendrons. (Brustknorpelstücke.) Tendrons de mouton.

Hinsichtlich der formellen Vorbereitungsweise giebt der Artikel: Kalbs-Tendrons den Commentar; die dort aufgeführte Bemerkung der in bester Eigenschaft anzuwendenden Hauptingrediens gilt auch bei diesem Artikel, doch können die aus zwei Brüsten genommenen Hammel-Tendrons als feine Eingangsspeise nicht aufgetischt, und nur bei gewöhnlichen Mahlzeiten oder auf bürgerlichen Tischen gegeben werden. Was die Bereitung insbesondere betrifft, so werden die Hammelbrüste nach erfolgter schmackhafter Weichkochung in einer Braise in kaltgewordenem Zustande in saubere Stücken geschnitten, mit ½ Pfd. mit einem ganzen Ei und einer Eierdotter verbundener geklärter Butter und geriebener Semmel pannirt, hierauf rücksichtlich der Speisezeit in schöner Farbe geröstet und mit einer schmackhaft bereiteten Robert-Sauce (I. Bd. II. Abschn.) angerichtet. Dann erscheinen sie als:

## Hammel-Tendrons mit Reis. Tendrons de mouton au riz.

Wobei der Reis mit Hammelbrustbrühe zur krausen steifen Masse gesotten, mit etwas Parmesankäse und nöthigenfalls mit einem Stückchen frischer Butter vermengt, wenn es Zeit, an den Seiten der Schüssel im schönen krausen Kranz angerichtet, in der Mitte die sauber zugestutzten Hammelbruststücken gut geordnet, gelegt und hierauf über diese etwas, mit blanchirter und darauf grobkörnig gehackter Petersilie vermischter, mit 4 Eierdottern gebundener flüssiger Butter-Sauce gefüllt. Auch wird nach bürgerlicher Art der Reis etwas flüssiger gehalten und ohne Zusetzung von Sauce mit den Hammelbruststücken angerichtet, beide Fleischgerichte kommen in ganzem Stück bereitet als Wechselspeise vor. (I. Bd. VI. Abschn.) Außer dem zuletzt angegebenen bürgerlichen Gericht kommen noch die Hammelbrüste vor als;

## Bürgerliches Hammelfleisch mit Zwiebeln. Viande de mouton à la Bourgeoise.

Wozu aber nicht unbedingt diese Fleischtheile genommen, sondern auch Rippen- oder Blatt- auch nöthigenfalls Halsstücke gebraucht werden können. Das in dem erforderlichen Bedarfsquantum (2 bis 5 Pfd.) genommene Hammelfleisch unterliegt mit Wurzelstücken, einem kleinen Bouquet von Basil., Timian, und einem Lorbeerblatt und etwas Salz einer ein- bis zweistündigen Vorkochung; unterdeß werden 4 bis 8 Zwiebeln in ⅓ Zoll dicken halbringförmigen Stücken geschnitten in dem von der Hammelbrühe genommenen Fett, Butter oder andern Fettstoff weißgeschwitzt, mit 3 bis 5 Eßlöffeln voll Mehl geröstet und mit der indeß durchgegossenen Hammelbrühe zur Sauce angekocht. Mit dieser wird das gleichzeitig in möglichst gefälligen Stücken zugestutzte Hammelfleisch, 1 bis 2 Eßlöfeln voll verlesenen ganzen Kümmel und etwas gestoßenen Pfeffer fertig gekocht, zur Zeit der überflüssige Fettstoff wiederholentlich abgenommen und somit zu dem erforderlichen Volumen eingekocht, bei dem Anrichten wird dies Gericht mit Ueberfüllung sämmtlicher Sauce mit einem Dutzend fränkischen Klößen umlegt. (I. Bd. Einl.)

## Hammelrippen nach Soubise. Cotelettes de mouton à la Soubise.

Das Hauptingredienz besteht aus 2 bis 3 von der Niere bis vor dem Blatt gehauenen gut belegten einfachen Hammelcarreestücken (I. Bd.

VI. Abschnitt), welche nach der bei dem Cotelett-Artikel (I. Band VI. Abschnitt) angegebenen Methode aus dem Rückgradknochen gehauen, oben gehäutet, hierauf mit Daranlaßen eines Rippenknochens 14 bis 15 $\frac{1}{2}$ Zoll dicke Stücke geschnitten, die Rippenknochen sauber gestutzt und $\frac{1}{2}$ Zoll breit vom Fleisch entblößt, demnächst die Fleischstücken etwas geplattet (applatissirt, mit der Fläche des Hackemessers etwas breit geschlagen), mit Daranlassen eines geringen Theiles obern Fettes zur gefälligen Cotelettform abgerundet und mit 1 Zoll langen und $\frac{1}{8}$ Zoll starken Speck- und Schinkenfäden in der Mitte gespickt werden. An diese Zubereitung schließt sich, die in gewürzhafter Fettbrühe (Braise) mit von oben und unten gleichmäßig eindringender Hitze auszuführende Kochart, nach deren gelungenen Erfolg die Hammelrippen im verkühlten Zustande sauber nachgepützt, rücksichtlich des Salzes in ihrer unterdeß abgefetteten, durchgegossenen und mit etwas Jus eingekochten Brühe mit kraus hervortretenden Speck- und Schinkenfäden glacirt, sofort im schönen Kranz angerichtet und in der Mitte mit einer vortrefflich bereiteten weißen Zwiebel-Sauce (Sauce à la Soubise, I. Bd. II. Abschn.) aufgetischt werden. Alle Abgänge, besonders der, nach dem Blatte zu schlechtere Fleischtheil, werden zu deutsch bereiteten Coteletten oder anderweitig benutzt.

## Hammelrippen nach der Minute. Cotelettes de mouton à la minute.

Ihre gelungene Zubereitung beruht auf möglichst starken, von jungen Thieren genommenen wohl mortifizirten (altgeschlachteten) Hammel-Carres, von welchen Coteletten nach französischer Methode (I. Bd. VI. Abschn.), aber in ganz dünnem Zustande und ohne Daranlassen des Fettes recht sauber bereitet, hierauf mit Pfeffer und Salz bestreuet, und in Butter auf beiden Seiten rasch gebraten (eine Minute sautirt), sofort glacirt uud mit einem Gurkenragout kranzförmig angerichtet werden. Noch werden diese Fleischstücke als:

## Hammelrippen nach Dienerin-Art. Cotelettes de mouton à la servante.

Die hiezu zu benutzende Hauptzuthat muß die oben angedeuteten Eigenschaften besitzen; die von ihr auf die gewöhnliche französische Art bereiteten Coteletten erhalten außerdem, daß sie wie die Soubisen-Coteletten in der Mitte rosenförmig gespickt werden, noch einen Kranz von krausen Petersilienzweigen gespickt, werden nächstdem rücksichtlich ihrer äußern Form zu 6 Stück auf kleine feine Spieße gesteckt, und bei oft wiederholtem Begießen, besonders der Petersilie, gebraten und nach dessen gelungenen Erfolg sofort mit einer schmackhaften seimigen Jus angerichtet. Auch werden diese Coteletten statt mit Petersilie gespickt zu werden, bei dem Anrichten mit kraus ausgebackener Petersilie garnirt.

## Hammelzungen. Langues de mouton.

Was die Bereitungsarten derselben betrifft, so wiederholen sich diese mit wenigen Abweichungen nach den Kalbszungenartikeln, in sofern auf ihre kleinere Eigenschaft Rücksicht genommen, demzufolge das Bedarfsquantum um ein Drittel gesteigert werden muß. Als Ragout bereitet, erhalten die Hammelzungen statt der Rosinen oder Corinthen eine Beimischung von Oliven, Kapern und kleinen Zwiebeln, nach welchen Ingredienzien die Sauce eingerichtet wird (I. Bd. III. Absch.), werden auch zuweilen in Verbindung einer schmackhaften Haschee-Sauce (I. Bd. II. Abschn.) und entweder im ganzen oder gespaltenen Zustande aufgetischt. Was den:

## Gratin von Hammelzungen. Gratin de langues de mouton,

insbesondere betrifft, so bleiben die Zungen hierzu in sofern ganz als sie gespalten, die inwendigen Seiten mit etwas Farce bestrichen und so wieder zusammengesetzt, auch mittelst Einschnitte am dicken Ende mit Krebsschwänzen, Trüffeln, Cornichons u. dgl. etwas verziert werden; die weitere Bereitungsweise bleibt der, bei diesen Arten von Speisen, angeführten Methode getreu und kann der Hammelzungengratin mit einem Mufferons- oder Gurkenragout, auch mit einer einfachen Sauce aufgetischt werden.

## Hammelbrägen. Cervelles de mouton.

In vornehmen Küchen, wo die Hülfsquellen nicht so leicht versiegen, wird er, seinen eigenschaftlichen Bestandtheilen nach, nicht angetroffen, kommt bei der Kochkunst nur in Ermangelung von Kalbsbrägen vor, erscheint doch öfters auf den Tischen der mittlern und niedern Stände und wird alsdann nach Anweisung der Kalbsbrägenartikel vor- und zubereitet.

## Hammelschweife. Queues de mouton.

Müssen zu 7 bis 8 Stück unbedingt von großen fetten Thieren dicht an das Kreuz ab-, und so weit sie dick sind, in den Gelenken durchgeschnitten (Art. Kalbsschweife), nach kurzer Verkochung, in einer gewürzhaften Braise gesotten, im verkühlten Zustande nachgeputzt und auf die bewußte Weise in ihrer eigenen Brühe glacirt werden. Das Anrichten erfolgt in einem niedrig gekniffenen Teigrand, mit einem mit ein Theil ihrer Brühe versetzten Gurkenragout (I. Bd. III. Abschn.) oder einer spanischen Zwiebel-Sauce. (I. Bd. II. Abschn. Art. Espagnole.)

## Terrine von Hammelschweifen. Terrine de queues de mouton.

Was diese Art Eingangspeisen betrifft, so sind sie besonders bei den auf französische Art servirten Tafeln gebräuchlich, sie werden in silbernen oder plattirten kleinen runden oder ovalen, schön gearbeiteten Terrinen angerichtet und sind aus einer Fleischmischung von 5 Stück nach vorhergehender Angabe bereiteten Hammelschweifen, 4 Stück Puter- oder 6 Kapaunflügeln (I. Bd. III. und IV. Abschn. deren Artikel) und ½ Pfd. bestem magern Bauchspeck zusammengesetzt und schließt sich an die, im getroffenen weichen Zustande geschehene gewürzhafte Kochart dieser Fleischingredienzien (von welchem der Speck eine stündliche Vorkochung erhält), die Anfertigung eines dünnflüssigen Maronenpurees, (I. Bd. II. Absch. Art. Maronen-Sauce), das von 1½ bis 2 Pfd. Maronen, von welchen jedoch der dritte Theil der besten ganz gelassen, mit einem guten Theil der abgefetteten durchgegossenen und eingekochten Fleischbrühe, etwas dunkler Jus, dem nöthigen Zucker recht schmackhaft bereitet wird. Mit diesem Puree werden die in sauber Stücken gebrachten Hammelschweife und Flügel, der in ¼ Zoll starke Würfelform geschnittene magere Speck und die ganzen Maronen alles in recht heißem Zustande, in der Terrine geschmackvoll angerichtet.

## Hochepot von Hammelschweifen (Hoschepot). Hochepot de queues de mouton.

Nachdem 8 Stück Hammelschweife mit ½ Pfd. magerm Speck eine mehrstündliche Vorkochung erhalten, beide Fleischarten hierauf in gefällige Stücke geschnitten und in einem passenden flachen Geschirr geordnet sind, gesellt sich noch dazu die Gestaltung den nöthigen Quantität einen bis ein und einen halben Zoll langen, ½ Zoll dicken, runden, außerhalb gerippten Mohrrüben-, Selleri-, Pastinak- oder großen weißen Rübenstücken, welches nach der nothwendigen Vorkochung der Gemüsearten mittelst eines runden Ausstechers und eines gerippten auch glatten Messers ausgeführt wird. Sämmtliche Ingredienzien, wozu noch ein Dutzend mittelmäßig großer Zwiebeln kommen, werden hierauf nach der Dauer ihrer Siedezeit geregelt, recht schmackhaft und getroffen weich bei den Hammelschweifen gekocht, demnächst zur Zeit auf einer passenden Schüssel in geschmackvollen Abwechselungen angerichtet, und kurz vor dem Auftragen mit einer flüssigen, mit der Hochepotbrühe vermischten, gelblichen Sauce überzogen aber nicht gedeckt.

## Hammelfüße. Pieds de mouton.

Ihren eigenschaftlichen Bestandtheilen nach kommen sie nur in höchst nothwendigen Fällen in der Bereitung als Eingangsspeise vor, erhalten alsdann dieselbe Vorbereitung wie sie bei den Artikeln der Kalbs-, Lamms- und Schweinsfüße (I. Bd. V. Abschn.) angegeben ist. Sie eignen sich sowol zu deren dort bezeichneten Zubereitungen, als die Füße dieser Thierarten zu den hier aufgeführten Gerichten statt der Hammelfüße angewendet werden können und stellt sich den zufolge das Bedarfsquantum derselben nach dem angenommenen

System zu 6 bis 8 Kalbs-, 8 bis 10 Hammel- oder Schweine- und 12 bis 14 Stück Lammfüßen heraus. Als Eingangspeise erscheinen sie in einem Ragout von kleinen Zwiebeln, werden auch wol nach Angabe der Artikel: Kalbszungen mit Rosinen, dann widerum mit einer Haschee-Sauce und endlich auch mit einer Sauce Robert bereitet, erhalten bei dem Anrichten eine Garnirung von allen Arten Semmelkrusten, werden auch außer denjenigen, die mit Rosinen gemengt werden, mit gebackenen Sardellen umlegt. Außer diesen Bereitungsarten kommen sie noch vor, als:

### Hammelfüße auf bürgerliche Art. Pieds de mouton à la Bourgeoise.

Es werden hierzu ebenfalls Kalbs-, Lamm- oder Schweinefüße benutzt; sie werden nach erhaltener sorgfältiger Vorbereitung mit etwas Essig, Salz, einem kleinen Bouquet von Timian, Basilicum und Lorbeerblättern und einigen Wurzelstücken gekocht; nächstdem verkühlt ausgehoben, hierauf nachgeputzt, sofort mit gehackter Petersilie, gestoßenem Pfeffer, einem Stückchen Butter, auch etwas Carameljus (I. Bd. III. Abschn. Art. bürgerliches Gurkenragout) mit der durchgegossenen Brühe und einem Stückchen Zucker kurz eingeschmort und mit einer Handvoll geriebener Semmel, 5 Eßlöffel voll Kapern und 1 dergleichen Mostrich und dem noch fehlenden Citronensaft durchgeprözelt.

---

## IV. Abth.: Lamm. Agneau.

### Epigramm von Lamm. Epigramme d'agneau.

Die gelungene Ausführung erfordert die Hälfte von einem stark ausgewachsenen Lamm, deren Fleischtheile durch verschiedenartige Proceduren in verschiedene Gestalten gemischt vorkommen. Die Keule wird mit einem Papierüberwurf am Spieß oder im Ofen schön gebraten; Brust und Halsstück in einer schmackhaften kurzen Braise gekocht; von dem Rippenstück 4 bis 5 Stück Coteletten im pannirten Zustande nach französischer Art (I. Bd. VI. und VII. Abschn. Art.: Kalbs- und Lammcoteletten) bereitet und endlich von dem ausgehäuteten, ausgesehnten und gehackten mit etwas gehackten Speck und Salz gemischten Blattfleische kleine runde Eskalopen gemacht, (I. Bd. VI. Abschn.), welche in Butter und etwas feine Kräuter gesetzt werden. Hieran schließt sich die Anfertigung eines schmackhaften Blanquets mit Kräutern (Art.: Kalbsblanquet mit Kräutern, à la poulette), welches von der gebratenen, inzwischen kalt gewordenen, aus Haut und Knochen und in 1 Zoll große feine Blattücke geschnittenen Lammkeule, und dem nöthigen Theil Küchenmeister-Sauce (I. Bd. II. Abschn.) zusammengesetzt wird. Die von der Brust und dem Hals möglichst sauber gestutzten Stückchen werden mit einem Ei, gebundener Butter und geriebener Semmel pannirt, diese rücksichtlich der Anrichtezeit geröstet, gleichzeitig die Coteletten gebraten und die Eskalopen auf beiden Seiten scharf angebraten (sautirt) und hierauf glacirt. Das Anrichten des Epigramm macht den Anfang mit der Hälfte des Kräuter-Blanquets, hierauf werden die geröstenen, glacirten und gebratenen Fleischstücke abwechselnd im schönen Kranz um dieses garnirt, und mit dem übrigen Blanquet die Mitte ausgefüllt. Das Blanquet kann den Umständen und dem Geschmack gemäß, auch ohne Kräuter als einfaches weißes Ragout bereitet werden.

## Lammfleischragout mit Spargel. Ragout d'agneau aux asperges.

Wenn das Lamm klein ist, erfordert das Bedarfsquantum nach unserm angenommenen System eine vordere Lammshälfte. Außer dem Rippenstück und dem einen Blatt werden die übrigen Fleischtheile nach vorhergegangener Auseinandertheilung 10 Minuten vorgekocht (blanchirt), nach vollkommener Auskühlung mit Rücksicht der Beseitigung der größern Knochen des Blattes und Halsstückes in möglichst gleiche $1\frac{1}{2}$ Zoll große saubere Stücke gestutzt, die in etwas Butter geschwitzt, demnächst mit 4 Eßlöffeln voll Mehl bestaubt und mit der von den Abgängen mit würzhaften Ingredienzien gekochten Brühe mit dem nöthigen Salz gesotten werden. Sobald Schaum und Fettstoff abgesondert, die Sauce zugleich die nöthige Einkochung erreicht hat und das Lammfleisch weich ist, wird es mittelst eines Schaumlöffels in ein anderes Geschirr gewechselt, die Sauce sofort durchgegossen und nach Durchkochung mit etwas gehackter und geschwitzter Petersilie, auch ohne diese Beimischung mit 5 bis 6 Eierdottern und Citronensaft gebunden, hierauf mit 2 Pfd. in seinen weichen Theilen ausgeschälten und in $\frac{3}{4}$ Zoll langen Stücken geschnittenen, im Wasser stark vorgekochten und zunächst in Butter eingeschwitzten und etwas Brühe weich gekochten Spargel im treffenden Verhältniß vermischt. Von dem hintern Zartfleisch des Rippenstücks werden gleichzeitig kleine Coteletten nach französischer, und von dem vordern Fleisch mit dem zurückbehaltenen Blatte, Coteletten nach deutscher Methode und zwar im unpannirten Zustande bereitet, mit welchen, wenn sie nach Angabe des vorstehenden Artikels beendet, das Lammragout beim Anrichten garnirt wird.

## Lammragout mit Sauerampfer. Ragout d'agneau à l'oseille.

In der Bereitung von dem vorstehenden dadurch abweichend, daß es mit unbedingtem Zurücklassen der Petersilie beendet und statt des Spargels mit $\frac{1}{4}$ Metze blätterig gemachten, in ganz wenig Butter weich gedämpften und hierauf abgetropften Sauerampfer vermischt, auch mit seinem Safte statt Citronensäure geschärft wird. In gleicher Anfertigung erscheint noch:

### Lammragout mit Hopfen. Ragout d'agneau aux houblons,

und zwar ganz nach Angabe des Artikels: Lammragout mit Spargel. Das

### Lammragout mit Blumenkohl. Ragout d'agneau aux choux-fleurs,

erhält eine Vermischung von aus 3 bis 4 Stauden Blumenkohl gemachten und in getroffener Weiche gekochten Blumenkohlröschen, nebst einem geringen Theil der Blumenkohlbrühe. Noch ist das:

### Lammragout mit Kräutern. Ragout d'agneau à la poulette,

mit einer Vermischung von gehackten und geschwitzten Chalotten, Petersilie und Champignons, das mit Rheinwein gekocht und mit Sardellenbutter und Citronensaft geschärft wird, zu bemerken. Daß die hier aufgeführten Lammragouts stets mit den, aus dem Rippenstücke und einem Blatte gefertigten Coteletten garnirt werden müssen, ist keine festgestellte Bedingung, sie erhalten nicht allein ihre Garnirung durch verschiedenartige Croutons oder Croquetten, sondern können auch in verzierten und unverzierten Teigrändern angerichtet und in Beziehung des Bedarfquantums diese Fleischtheile noch mit zum Ragout genommen, oder ganz zurückgelassen und anderweitig benutzt werden.

### Lamm-Coteletten. Cotelettes d'agneau.

Wenn sie als Eingangspeise, was jedoch selten geschieht, aufgetischt werden, kommen sie gewöhnlich in möglichst großer Form im sautirten und hierauf glacirten Zustande vor, werden alsdann nach Angabe der im I. Bande V. VI. VII. Abschnitt vertheilten Cotelett-Artikel bereitet, zu 16 bis 18 Stück im schönen Kranz angerichtet und in den mittlern Raum ein Haschèe von Trüffeln, Champignons, oder Morcheln gefüllt, auch wenn sie in Kräuten sautirt, mit einer seimigen Kräuterjus gegeben.

### Lammsgeschlinge. Mou d'agneau.

In Beziehung derselben Bereitungsart, geben die Artikel der Kalbsgeschlinge den sichersten Commentar und stellt sich das verhältnißmäßige Bedarfsquantum in drei Lamm- zu einem Kalbsgeschlinge heraus. Wie bei diesem, kommen auch die Lammgeschlinge sowohl als Ragout mit Majoran in kleinen geschnittenen Blattstückchen als im körnig gehackten Zustande als Haschee bereitet vor, und gesellen sich noch zu der Bereitung desselben 2, auch 4 aus der Haut geschlachtete Lammköpfe, welche in der Länge durchgesägt oder auf eine andere Art mittelst eines großen Messers ohne Zersplitterung der Knochen von einander getrennt, nach sorgsamem Säubern wieder zusammengebunden und sofort bei den Geschlingen gekocht werden; sobald sie mit den Geschlingen aus der Brühe im verkühlten Zustande gehoben und ganz kalt geworden sind, werden sie voneinandergeschnitten, die Haut von der Zunge und dem Gaumen, so wie allen sich darin befindenden Unsauberkeiten, besonders unter den Brägen, sorgfältig abgenommen, dieser mit kleinen Speilen befestigt, die Köpfe sofort in mit Eiern gebundener Butter und geriebener Semmel pannirt und rücksichtlich der Speisezeit geröstet. Das angerichtete Ragout kann mit gebratenen Lammleberstücken garnirt und die gerösteten Lammköpfe darauf gegeben oder besonders dazu angerichtet und dasselbe Verfahren bei diesem als Hasches bereiteten Gericht beobachtet werden.

---

# V. Abth.: Schwein. Cochon.

## Schweine-Mürbebraten mit Apfelsinen. Filets mignon de cochon à l'orange.

Als Eingangspeise (Entrée) zeichnen sich die Fleischtheile dieses sonst für die Kochkunst so nützlichen Thieres (I. Bd. VI. Abschn. V. Abthl.) nicht besonders aus, kommen dieserhalb auch höchst selten, in dieser Eigenschaft nur bei außerordentlichen Veranlassungen vor. Wenn 4 bis 5 Schweine-Mürbebraten sorgfaltig gehäutet sind, werden von einem jeden derselben 3 bis 4 Stück oval runde, etwas mit Oel geplattete (applattissirte) gleichförmige Stücke geschnitten, welche in der Mitte rosenartig gespickt, in Citronensaft und einigen gewürzhaften Zuthaten mehrere Stunden marinirt, sofort nach Absonderung dieser Ingredienzen in der nöthigen Quantität mit der Marinade geschwängerten Fettbrühe, bei von oben und unten gleichmäßig eindringender Hitze gar gemacht, und wenn sie hierauf ausgehoben und verkühlt, an den ungespickt gebliebenen Enden, mittelst zweier schräg angebrachter Einschnitte mit aus Haut und Kernen genommenen und in dicke Scheiben geschnittenen Apfelsinen besteckt werden. Von den ausgesehnten und gehackten Abgängen der Mürbebraten, mit etwas Speck, Pannade und feinen Kräutern farceartig bereiteten Fleichmasse, wird am innern Rand der Schüssel ein flacher Kranz gebildet, der in kochendem Wasser im Ofen gar gemacht und auf welchem die heiß gemachten und flüssig blond glacirten Schweine-Mürbebratenstücke dicht an einanderreihend angerichtet, der innere Raum mit der nöthigen Quantität schmackhaften Orangen-Sauce (I. Bd. II. Abschn.) ausgefüllt, und das Ganze als besondere Auszeichnung außerhalb mit ganz kleinen Fleurons garnirt wird. Die kleine Schweinefilets finden auch ihre Anwendung als:

## Schweine-Mürbebraten in Frikandeau's. Filets mignons de cochon en fricandeaux.

Sie werden nach Angabe des Artikels der kleinen Kalbsfrikandeaus (I. Bd. VII. Abschn.) angefertigt, an welche sich die vorstehend angedeutete Anrichtemethode mit oder ohne Farcekranz schließt, und hierauf mit einem Gurken- oder kleinen Zwiebelragout aufgetischt. Ferner erscheinen sie als:

## Saute von Schweine-Filets. Sauté de filets mignons de cochon,

wobei die Zubereitung in der Wiederholung des Kalbs-Sautees (deren Artikel) liegt, und können in Kräutern mit einer Haschee-Sauce (I. Bd. II. Abschn.), auch ohne diese Beimischung in reiner Butter gar gemacht und mit einem Trüffel- oder Champignons-Haschee gegeben und in einem aufgesetzten Kroutonsrand oder mit anderer beliebiger Garnitur angerichtet werden. Die

## Bürgerlich bereiteten Mürbebraten. Filets mignons de cochon à la Bourgeoise,

werden nach der Abhäutung gespickt, oder ungehäutet im ungespickten Zustande mit allen gewürzhaften Ingredienzien und etwas Essig gar gedämpft, hierauf die Brühe desselben etwas abgefettet und durch ein Sieb oder Haartuch seimig abgedrückt, zunächst mit dem noch fehlenden Citronensaft und einem geringen Theil anderer Flüssigkeit mit den Schweinefilets auf ein gelindes Feuer durchgeprözelt und beim Anrichten mit gebratenen oder Pell-Kartoffeln umlegt.

## Schweinezungen nach italienischer Art. Langues de cochon à l'Italienne.

Bedarfsquantum, Vorbereitungsweise und Kochart nach Angabe der Kalbszungen-Artikel, werden nach dessen Erfolg ein auch zweimal in der Länge gespalten oder ein wenig abgerundet; hierauf in $\frac{1}{4}$ Butter mit gehackten feinen Kräutern (Petersil. Champ. Chalot.) und $\frac{1}{4}$ Qrt. Rheinwein kurz eingeschmort, demnächst mit dem, von den Zungenstücken zurückgebliebenen Kräuterfond und den erforderlichen Ingredienzien eine Kräuter-St. Menehouldmasse angefertigt, mit welcher die Zungenstücke bestrichen, mit geriebenem Parmesankäse bestreuet und nach sofortigem Ordnen auf einem mit Fettflüssigkeit belegten flachen Geschirr, mit Krebsbutter beträufelt und rücksichtlich der Tafelzeit 10 Minuten schönfarbig gebraten werden. Sie werden kranzförmig oder in flacher Lage mit einer schmackhaften braunen italienischen Sauce (I. Bd. II. Abschn.) angerichtet.

## Lioneser Schweinezungen. **Langues de cochon à la Lionaise.**

Die Bereitungsweise wiederholt sich rücksichtlich des größeren Fleischvolumen der Hauptingredienz nach Vorschrift der kleinen Speise: Lämmerzungen in Netzchen (I. Bd. V. Absch.) mit den Abweichungen, daß zu dieser Eingangspeise bei dem Anrichten ein Theil schmackhafter Lioneser Sauce gegeben, die Zungenstücke nicht mit Trüffeln gespickt, sondern nach vorstehender Angabe in feinen Kräutern eingeschmort, alsdann der Kräuterfond unter die Farce genommen, welche zwischen den gespaltenen Zungen gestrichen, die zunächst in Stückchen Schweinenetze dünn eingeschlagen und nach sofortiger Pannirung in, mit Eiern gebundener geklärter Butter und geriebener Semmel nach der Speisezeit geregelt, geröstet werden.

## Schweine-Carbonade als Eingangsspeise. **Carbonades de cochon pour Entrée.**

Sind in dieser Eigenschaft aufgetischt, eine höchst seltene Erscheinung und nur bei kleinen Abend- oder Familiencirkeln gebräuchlich. Ihre Bereitungsart schließt sich an die im I. Bd. VI. Abschn. V. Abtheilung bezeichnete Vorschrift, sie unterliegen sowohl der gerösteten als gebratenen Pannirungs-Methode und werden demgemäß entweder geröstet oder auf einem flachen Geschirr gebraten, und mit einer schmackhaft bereiteten Robert-Sauce (I. Band II. Abschnitt) gegeben.

## Schweineschweife. **Queues de cochon.**

Außerdem, daß sie ihre Anwendung bei der Bereitung der Barschsuppe (I. Bd. I. Abschn.) finden, werden sie sowol zum Klein-Pökelfleisch (I. Bd. VII. Abschn.) als zu Schweineschweifen in der Terrine und in Hochepot (Hoschepot) bei der Kochkunst angewendet und richten sich zu diesen Eingangspeisen Bedarfsquantum, Vor- und Zubereitungsweise, nachdem die Schweineschweife flammirt sind, nach Angabe der Artikel der gleichnamigen Hammelschweife, erhalten jedoch dadurch ihre Abweichung von jenen, daß die Terrinen-Schweineschweife mit einem mit spanischer Zwiebel-Sauce bereiteten flüssigen Linsenpüree oder einem Püree von grünen oder gelben Erbsen gemacht und die Hoschepot-Schweinefüße zuweilen auf englische Art pannirt und geröstet, der magere Speck weggelassen und zu den Gemüsearten noch kleine Erdtoffeln und glacirte Zwiebeln hinzugefügt werden.

### Schweineohren. Oreilles de cochon.

Diese kommen mit den Schnautzen im gepöckelten Zustande zu verschiedenartigen Suppen (I. Bd. I. Abschn. Art.: Linsensuppe, Erbsensuppe u. s. w.) vor. Sowol als Hors d'oeuvre (kleines Vorgericht) der Eingangspeise gegeben, haben sie die Vor- und Zubereitung nach Vorschrift des Artikels: gefüllte Kalbs- oder Lammsohren (V. Abschn. I. Bd.) mit diesen gemein und unterscheiden sich in letzter Eigenschaft von jenen dadurch, daß sie statt mit gebackener Petersilie garnirt, mit einer seimigen Kräuterjus angerichtet werden. Außerdem werden sie noch als:

### Parmasaner Schweineohren. Oreilles de cochon à la Parma,

gegeben; wobei die Ohren wol nach vorher bemerkter Angabe, aber in möglichst ganzem Zustande vorbereitet und gekocht, hierauf an den untern dicken Enden zum Aufstellen gerade geschnitten, die Spitzen oder die Läppchen säge- oder bandförmig eingekerbt, darnach mit von etwas magerm Schweinefleisch und der erforderlichen Ingredienz nach Art der einfachen Kalbfleischfarce (I. Bd. Einl.) bereiteten Füllsels mit einem in der Mitte gelassenen kleinen Raum gefüllt und wenn dieser von einem von etwas Trüffeln, Cornichons, Champignons in kurzer dicker Sauce angefertigten Salpicons (I. Bd. III. Abschn.) eingenommen ist, werden die so weit bereiteten Schweineohren auf ein gefettetes flaches Geschirr aufgestellt, geordnet, zunächst mit Eiern gebundener Butter bestrichen, mit geriebener Semmel und Parmesankäse bestreuet, und nach sofortigem Beträufeln mit Krebsbutter zu der bestimmten Zeit im Ofen oder in der Tortenpfanne gebacken und mit einem vorstehend angegebenen ähnlichen Jus aufgetischt.

### Schweinefüße. Pieds de cochon,

finden ihre Anwendung als kleine Vorgerichte, (I. Bd. V. Abschn. deren Artikel.) kommen außerdem noch als Klein-Pökelfleisch vor.

---

## VI. Abth.: Wildes Schwein. Sanglier.

### Filets von Wildschwein in Crustade. Filets de sanglier en croustade.

Der wesentliche Unterschied der großen Crustaden von denjenigen kleinen Speisen, die mit dem Namen der kleinen Crustaden bezeichnet werden, findet sich bei deren Artikeln (I. Bd. V. Abschn.) zur Genüge erwiesen. Die großen Crustaden nähern sich in ihrem formellen Aeußern mehr oder weniger den dressirten warmen Pasteten und kommen sowol im einfachen als verzierten Zustande vor; werden zuweilen gefüllt oder ungefüllt (blind) gebacken, und unterscheiden sich gewöhnlich von den Pasteten durch eine flachere niedere Form und werden unbedingt ohne Teigdeckel gegeben; statt daß die Pasteten nur bedingungsweise ohne denselben aufgetischt werden. Die Filets schneidet man von dem Zartfleisch eines gehäuteten Zimmers vom überjährigen Schweine, im Bedarfsquantum von 9 bis 10, $2\frac{1}{2}$ Zoll lange und $\frac{1}{2}$ Zoll dicke oval abgerundete, etwas geplattete (applatissirte) Stückchen, auch 10 Stück recht saubere kleine Fricandeaus (I. Bd. VII. Abschn. Art.: kleine Kalbsfrikandeaus); diese werden schön gespickt, die ersten Stücke mit $\frac{1}{8}$ Zoll stark geschnittenen gewürzten und gekräuterten Speckfäden durchzogen und alle in eine mit Citronensaft und Oel bereitete Marinade mehrere Stunden gelegt. Inzwischen wird von den ausgehäuteten gehackten und zu zwei Drittheilen geschwitzten Wildfleischabgängen nach Angabe des Artikels: Gratin von Rindergaumenpopietten mit den dort bezeichneten Ingredienzien eine zarte, gehörig Fettheile enthaltende Farce bereitet; an dessen Zusammsetzung sich die Anfertigung der Crustade selbst schließt, welche entweder aus einem gebrühten Pastetenteig, der ungefähr aus $1\frac{1}{2}$ Pfund Mehl, $\frac{3}{8}$ Pfd. Butter, 2 ganzen Eiern und 2 Eierdottern mit kochendem Wasser zu einer durchaus nicht verbrühten, sondern klaren und festen Teigmasse geknetet oder aus einem halb mürben Teig, der aus einer gleichen Quantität Mehl, $\frac{1}{2}$ Pfd. Butter, 2 ganzen Eiern und 4 Dottern mit der nothwendigen kalten Flüssigkeit zu einer ähnlichen Teigmasse gebildet wird, besteht. Von einem Theil dieses Teiges wird ein $\frac{3}{8}$ Zoll dicker, 8 bis 9 Zoll im Durchmesser haltender runder Boden ausgerollt, welcher mittelst Daumen und Zeigefinger $1\frac{1}{2}$ Zoll gerade in die Höhe gebracht oder gerändet und außer- oder innerhalb dieses kleinen Randes mittelst Bestreichen von Eiern ein $3\frac{1}{2}$ Zoll breiter, $\frac{1}{4}$ Zoll dicker, die Peripherie des Bodens vollkommen umfassender, recht glatt und gleichmäßig ausgerollter Teigrand recht egal herumgesetzt und festgedrückt wird. Nach dieser gelungenen Ausführung wird die Crustade um ihre ganze Außenseite von unten nach oben mit einem Kneifeisen (I. Bd. IV. Abschn. Art.: Teigränder), jede Reihe in schräger Lage abwechselnd, elegant und fein gekniffen; zunächst die Crustade zum dritten Theil mit der bezeichneten Farce gefüllt, und in der Mitte die indeß auf dem Feuer etwas steif gemachten Filets geordnet, wobei alle noch vorhandenen Räume mit der übrigen Farce gefüllt, die Filets zugleich leicht damit gedeckt und das Ganze inwendig mit breiten Speckscheiben belegt wird, und wenn hierauf die Crustade außerhalb mit gefetteten doppelten Papierrändern und Bindfaden umschlossen und auf den Speckscheiben noch ein Teigdeckel lose aufgelegt ist, wird sie rücksichtlich der Speisezeit $1\frac{1}{2}$ Stunden bei mäßiger Hitze in gelbbrauner Farbe gebacken. Nach dieser Zeit und nach Beseitigung des überflüssigen ausgebratenen

Fettes, der den Teig umschließenden Papierhülle, ferner der die Farce deckenden Speckscheiben und des Teigdeckels, wird die Crustade auf eine, mit einer Serviette belegten Schüssel angerichtet, mit etwas dickflüssigem Aziaragout (I. Bd. III. Abschn.) oder einfacher Essenz-Sauce überfüllt, nächstdem rund herum am innern Rand der Crustade mit den indeß gar gemachten und hierauf glacirten kleinen Wild-Frikandeaus garnirt, und das übrige Ragout dabei gegeben.

## Escalopen von wildem Schwein in Timbal. Escalopes de sanglier en timbale.

Der auffallendste Unterschied zwischen den Crustaden und Timbalen besteht darin, daß die Crustaden, wie bereits gezeigt worden, durch eine aus freier Hand geführte Dressur ihre äußere Gestaltung erhalten, hingegen die Timbalen mittelst Formen modellirt werden, dem zufolge ihre formelle Bereitungsweise sehr von einander abweicht; die Backart wird bei diesen, wie bei den Crustaden in gefüllten oder ungefüllten Zustande (blind) ausgeführt, und bei der letztern Methode der Füllsel während des Backens einstweilen durch trockene gelbe Erbsen vertreten; eben so erscheinen die Timbalen in einfacher als verzierter Gestalt, werden sowol in Kuppel- als Stürzformen (I. Bd. Einl.) und nach vorstehender Angabe von halb- oder nach dem Art.: kleine dressirte Pastetchen (I. Bd. V. Abschn.) von beinahe ganz mürbem Teig gemacht. Mit Bereitung der Eskalopen, welche nach Vorschriften deren Artikel: (I. Bd. VI. Abschn. Eskalopen von Elenblatt) mit der Abweichung ausgeführt wird, daß die Eskalopen bedeutend kleiner, mit einem 2 Zoll im Durchmesser haltenden runden Ausstecher ausgestochen und viel dünner gemacht werden müssen, vereinigt sich zugleich die Anfertigung einer schmackhaft etwas kurz eingekochten spanischen Sauce. Die ausgestrichene Timbal- oder Stürzforme wird in der ganzen innern Ausdehnung mit runden, etwas dünner als Macaroni gedrehten Walzen, von einem zarten mit einer glatten Außenseite angestoßenen mürben Teig schneckenförmig ausgelegt und nachdem die Schneckenform bestrichen, diese mit $\frac{1}{8}$ Zoll dick glatt ausgerolltem Teig belegt, hierauf mit trokkenen gelben Erbsen die Form gefüllt, zunächst mittelst Bestreichen von Eiern mit Teig aber geschlossen und bei mäßiger Hitze $\frac{1}{2}$ Stunde in schöner Farbe gebacken. Nachdem dies erreicht, der Timbal ausgestürzt und verkühlt ist, erfordert das Aufschneiden des Deckels eine besondere Aufmerksamkeit, sowol daß dieser, als der Timbal nicht zerbricht, auch bei dem Herausschütten der Erbsen keine darin bleibt; der Timbal wird sofort auf einer mit einer Serviette belegten Schüssel angerichtet, das innere desselben mit den indeß sautirten gar gemachten Eskalopen und der nöthigen Quantität der bezeichneten Sauce angefüllt und mit dem wieder darüber gegebenen Dekkel aufgetragen.

## Saute von wildem Schwein. (Sottee.) **Sautée de sanglier.**

Diesen in ihrer Bereitung zwar einfachen doch feinen Gerichten ist bei dem Artikel des Kalbs-Sautees (II. Abtheil.) bereits eine ausführliche Erwähnung geschehen und kann die Vorschrift desselben Artikels für den größten Theil der auf diese Art bereiteten Gerichte als ein sicherer Commentar betrachtet werden. Wie stets das zarteste Fleisch zu den Sautees genommen wird, so eignen sich auch die Mürbebraten vom wilden Schwein sehr gut dazu, und stellt sich das Bedarfsquantum zu einer anständigen Schüssel zwischen 3 bis 4 Stück dieser Fleischtheile heraus; eben so können die Rückenfilets vom Frischling als besonders schmackhaft und zart dazu benutzt und die Stücke alsdann etwas größer geschnitten, aber alle recht schön geplattet und abgerundet werden. Die Anrichte-Methode wiederholt sich ebenfalls nach Angabe des oben beziehungsweise angeführten Artikels und wird der mittlere Raum mit einer vortrefflich bereiteten Haschee-Sauce angefüllt.

## Coteletten von wildem Schwein als Eingangspeise. **Cotelettes de sanglier pour Entrée.**

Ihre Bereitung ist von denjenigen, welche als Wechselschüssel aufgetischt werden (I. Bd. VI. Absch. XII. Abtheil.) nur dadurch abweichend, daß sie gewöhnlich von Frischlingen oder überjährigen Schweinen und zwar in etwas kleinem unpannirten Zustande, aber nach französischer Methode angefertigt, hierauf sautirt und glacirt, und im schönen Kranz, außerhalb mit einer kleinen Garnitur und in der Mitte mit einer pikanten Sauce oder kleinen passenden Ragout gegeben werden.

## Emince von wildem Schwein. **Emincé de sanglier,**

wird von dem nöthigen Bedarfsquantum aus Haut und Sehnen genommenen Fleische einer gedämpften, oder am Spieß gebratenen Keule dieser Wildprettart, nach Angabe des Artikels: Emince von Hammel, mit einer im sauern und süßen Geschmack treffend nüancirten und mit einem schönen braunen Aeußern versehenen, auch in treffend dickflüssiger Substanz eingekochten Emince-Sauce (I. Bd. II. Absch.) in der Art angefertigt, daß das in feinen kleinen Blattstücken sauber geschnittene Fleisch in verhältnißmäßig gleichen Bestandtheilen mit der Sauce vermischt und nicht bröckelich, sondern recht klar gehalten wird. Es wird mit einem Kranz von verlornen, gebackenen oder Minuten-Eiern, ferner allen Arten Croutons oder Fleurons, auch wohl mit Lebernetzchen oder verzierten Netzchen (I. Bd. IV. Absch.) angerichtet.

### Gewöhnliches Ragout. Ragout à l'ordinaire.

Rücksichtlich der Bereitungsart dieser nur auf gewöhnlichen Tischen vorkommenden und häufiger von den in der folgenden Abtheilung aufgeführten, mehr trockenen Wildprettarten angefertigten Gerichten, geben deren Artikel eine specielle Anweisung.

---

## VII. Abth.: Elen-, Roth- und Dammhirsch. Elan, Cerf et Daim.

Vermöge ihrer eigenschaftlichen Beschaffenheit unterliegen alle drei Wildprettarten, besonders wenn sie ihre Anwendung als Eingangsspeise finden sollen, einer gleichen Bereitungsweise; jedoch kommen sie selten, vorzüglich die erstere Art in dieser Eigenschaft vor und ist ihre Auftischung als Wechselschüssel (Großes Stück) mannigfacher. (I. Bd. VI. Abschn. VII. VIII. und IX. Abtheil.) Die Zungen können, wenn sie in der erforderlichen Quantität vorhanden nach Art der Hammel- und Kalbszungen, und die kleinen Filets. (Filets mignons) wie diejenigen von wildem Schwein bereitet werden. Eben so wird das:

### Emince von Wild. Emincé à la Vénaison,

ganz nach Angabe des gleichnamigen Wildschweins-Artikels angefertigt, es wird mit derselben Vorsicht mit einer vortrefflichen Emince-Sauce vermischt, und erhält bei dem Anrichten eine ähnliche Garnitur wie dieses. Wie bei dem eben beziehungsweise aufgeführten Artikel bereits angedeutet worden, muß bei der Vermischung der Wild-Eminces, vorzüglich bei dem gedämpften oder geschmorten Fleische eine leicht entstehende Zerpröckelung der fein geschnittenen Fleischblättchen vermieden werden, weil diese Speise hierdurch bedeutend von seinem Werth verlieren und unansehnlich erscheinen dürfte; dem zufolge das Fleisch im getroffenen und nicht zu weichen Zustande gar gemacht und ganz ausgekältet geschnitten werden muß. Die Wild-Eminces qualificiren sich zu einer gleichen Beimischung anderer Ingredienzen wie die von Hammel, als frischen Aziagurken, Cornichons, Champignons und Zwiebelfäden, nach welchen sie demgemäß bezeichnet werden.

### Depece von Wild mit Parmesan. Depecé de venaison au parmesan.

Von dem erforderlichen Bedarfsquantum aus Haut und Sehnen gesonderten Fleisch einer vortrefflich gedämpften oder gebratenen Wildkeule werden ¼ Zoll lange und ⅛ Zoll starke Faden (Filets) geschnitten und mit der hinlänglichen Quantität mit Wildfleischessenz, Rheinwein und einem Stückchen Zucker eingekochteu und mit Citronensaft geschärften braunen Sauce im richtigen Verhältniß vermischt, sofort in eine mit einem gekniffenen Teigrand (I. Bd. IV. Abschn.) versehenen Schüssel angerichtet, oben mit Parmesankäse und Krebsbutter gut gedeckt und im Ofen oder einer Tortenpfanne oder mit einer glühenden eisernen Schaufel eine schöne Farbe gegeben und oben am Teigrande mit einem Kranz von glacirten mittelmäßig großen Zwiebeln aufgetischt. (I. Bd. IV. Abschn.)

## Haschee von Wild. Hachée de venaison. (Hachés.)

Bei der Bereitung desselben wird ein gleiches Verfahren beobachtet, wie dies bei den Hammelhaschee-Artikel (III. Abtheil.) angegeben ist. Alle dort aufgestellte Bemerkungen hinsichtlich der Sauce, des Hackens des Fleisches und der Vermischung desselben gelten auch bei den Wildhaschees, welche sich eben sowohl zu ähnlichen Beimischungen anderer Ingredienzien qualificiren, als das Anrichten derselben einer gleichen Methode unterworfen ist. Noch bleibt zu bemerken übrig, daß das gehackte Wildprett unbedingt eine recht braune Sauce verlangt. Außerdem kommt das Wildhaschee noch vor: als

## Haschee von Wild nach italienischer Art. Hachée de venaison à l'Italienne.

welches in einem, am inneren Rande einer Schüssel krausgeformten Kranz, von ½ Pfund in guter Fleischbrühe steif gekochten, mit einem Stückchen frischer Butter und ¼ Pfd. geriebenen Parmesankäse vermischten italienischen Macaroni in reichhaltiger Sauce-Vermischung auf die Art angerichtet, daß der ganze mittlere Raum damit angefüllt wird.

## Pain von Wild. Pain de venaison.

Eben so wie der Hammelhaschee-Artikel zu der gleichnamigen Speise von Wildprett den Commentar giebt, wird die Bereitungsart des Wildpain nach Anweisung des eben so bezeichneten Hammel-Artikels geleitet. Doch wird bei dergleichen Wildprettspeisen von den besten Theilen des abgedämpften Fleisches ein Emince (dessen Artikel) bereitet, welches in den, in einer mit einem starken Cylinder (weiten Rohr) versehenen Forme gebackenen und ausgestürzten Pain entstandenen mittlern Raum statt der einfachen spanischen Sauce, behutsam ohne den Pain zu zerplatzen, gefüllt, auch zuweilen der Saum des Eminces mit ganz kleinen glacirten Zwiebeln oder Krebsschwänzen belegt wird.

## Gefüllter Wildpain. Pain de venaison farçi.

Unterscheidet sich von dem vorstehenden durch eine festere Consistenz der Painmasse und wird statt in einer Cylinder- in einer glatten Stürzform (I. Bd. Einl.), dessen Boden mit Trüffeln-, Cornichons- oder grün gefärbten Farce-Models ausgelegt, auf die Art gefüllt, daß der Boden und die Seite, ohne die Verzierung zu verschieben, einen Finger dick damit ausgestrichen und der in der Mitte dadurch entstandene Raum mit einem in dicker kurzer Sauce bereiteten Emince eingenommen wird; dessen Bestandtheile in dem besten, in feinen Blattstücken geschnittenen Fleische der gedämpften Wildkeule und den vierten Theil dieses Volumens aus eben so geschnittenen gut gekochten Trüffeln zusammengesetzt ist. Wenn alles recht fest gefüllt, wird die Form oben mit Painmasse geschlossen und glatt geebnet und eine Stunde in kochendes Wasser in einen mäßig heißen Ofen gestellt. Nach dem vorsichtigen Umstürzen wird der Pain mit etwas flüssiger Essenz-Sauce (I. Bd. II. Abschn.) leicht überzogen, aber nicht damit gedeckt.

## Eskalopen von Wild in Butterteigrand. (Vol-au-vent.) Escalopes en vol-au-vent.

Ebenso wie sich die Wild-Eskalopen in einen blind (ohne Füllsel) abgebackenen Timbal (dessen Artikel) mit dem erforderlichen Theil kurzer, schmackhafter Sauce einordnen und als Eingangspeise auftischen lassen, werden sie in gleicher Eigenschaft in einem Butterteigrand (Vol-au-vent), auch in einer Crustade oder dressirten Pastete angerichtet, gegeben und demzufolge mit einem 2 bis 2½ Zoll im Durchmesser haltenden runden Ausstecher alle gleichmäßig geformt und ⅙ Zoll dick gemacht. Bei allen Gerichten dieser Art, dessen Hüllen aus einer oder der andern Teigart bestehen, in deren Innern das Produkt, woraus die Speise zusammengesetzt ist, aufgenommen wird, findet jederzeit zwischen der Koch- und Backkunst ein gewisser Vereinigungspunkt statt, und sind solcher Berührungen zwischen beiden Fächern demzufolge sehr vielfältige. In Königlichen oder großen Fürstlichen Häusern, wo diese Fächer gewöhnlich getrennt oder von verschiedenen Personen vorgestanden werden, werden diese Produktionen bis zu einer hohen Stufe der Kunst gesteigert, welches ohne diese gegenseitige Manipulation selten bis zu dieser Vollkommenheit gebracht wird. Diese kleine Abweichung von der Tendenz mag also zur Genüge beweisen, daß sowol Teig als Inhaltsprodukt bei der Bereitung eine besondere Aufmerksamkeit verdienen. — Von dem nach Angabe des Artikels: kleine Pastetchen mit Salpicon, von 1 Pfd. feinem Mehl und 1 Pfd. harter Butter bereiteten, 4 bis 5 Mal geschlagenen und zu ¼ Zoll dick ausgerollten Butterteig, wird nach verhältnißmäßiger Größe der Schüssel, worauf angerichtet werden soll, ein Teigboden geformt, welcher auf der außern Oberfläche, ohne die Kanten zu berühren, mit geschlagenen Eiern bestrichen, hierauf mit einem von dem andern Butterteig zwischen 1 einen halben bis 2 Zoll breit geschnittenen Rand belegt und angedrückt und nach wiederholtem Bestreichen mit geschlagenen Eiern in einem stark erhitzten Ofen in schön braüner Farbe gebakken wird. Von dem in vielen blättrigen Abstufungen in die Höhe getriebenen Blätterteigrand wird ein Theil seiner innern Blätter herausgenommen, oder der Teig, wenn er angerichtet, niedergedrückt und die Vertiefung mit den indeß in Kräutern oder Trüffeln gar gemachten Eskalopen und ihrer Sauce geschmackvoll geordnet, angefüllt. Wenn der Butterteigrand mit einem Deckel aufgetischt werden soll, wird derselbe oben etwas verziert oder ausgestochen, auch ganz glatt von dem übrigen Butterteig modellirt und die Speise damit bedeckt. Die aus dem französischen abstammende und auch in der deutschen Kochkunst als Vol-au-vent (Flieg in Wind) bezeichnete Speise charakterisirt diese Benennung durch das Auffliegen oder in die Höhe treiben des Teiges.

## Gewöhnliches Wildragout. **Ragout de venaison à l'ordinaire,**

wird auf vornehmen Tafeln nicht aufgetischt und ist dessen Bereitung nur in den niedern Haushaltungen gebräuchlich. Es besteht rücksichtlich der mehr oder weniger strengen Haushaltökonomie aus den schlechteren Fleischtheilen (Hals und Brust) des Wildpretts, deren sorgfältige Vorbereitung, besonders wenn sie sich im zerschossenen Zustande befinden, schon im I. Bande VI. Absch. oberflächlich berührt worden ist. Die zu dieser Speise bezeichneten Fleischtheile werden nach vielfältigem Waschen in die gewünschten bestmöglichsten Stücken geschnitten, und nachdem die unsaubern lappigen Häute und Knochen sorgsam abgenommen sind, sofort in Butter oder in Stücken geschnittenen und gebratenen magern Speck auf dem Feuer steif gemacht und nach nochmaligem Nachpützen in ein anderes Geschirr überleert. Mit den von allen Abgängen des Wildpretts bereiteten und mit würzhaften Ingredienzien ausgekochten Wildjüs (I. Bd. Einl.), ferner mit 5 bis 8 Stück feinfadig geschnittenen, in etwas Butter braun gebratenen Zwiebeln und mit 4 bis 6 Eßlöffeln voll zugleich damit gelb geschwitztem Mehl, ein viertel Qrt. Essig, ein achtel Pfd. Zucker und dem nöthigen Salz wird eine Sauce angefertigt, mit welcher die Wildfleischstücke unter wiederholentlicher Abnahme der Schaum- und Fetttheile weich gekocht werden, demnächst aus ihrer Sauce gehoben, diese in dem noch fehlenden Geschmack nach besten Kräften verbessert und zunächst wieder mit dem Fleisch vermischt wird. Sehr natürlich kann das gewöhnliche Ragout, von den Umständen abhängend, durch schmackhafte Ingredienzien, als Sardellenbutter, Mostrich, Wein- und Citronensäure, Kapern, braune Fleischessenz oder eingekochte Jus im Geschmack bedeutend veredelt werden. — Eine andere Bereitungsart des gewöhnlichen Ragouts, läßt das gesäuberste Fleisch in einer gewürzhaften Brühe weich kochen, hierauf in verkühltem Zustande ausheben, wenn es ganz kalt geworden, in saubere Stücken schneiden und von der abgefetteten und durchgegossenen Brühe, etwas dunkler Fleisch- oder Karameljüs und den oben bezeichneten Ingredienzien eine nach möglichsten Kräften schmackhaft gemachte Sauce bereiten, mit welcher sofort das Fleisch durchgeprözelt wird.

### Junges Hirschgeweih. Cornichons de cerf.

Nur in jungem noch ganz zartem Zustande als genießbare Speise vorkommend. Nachdem sie gebrüht und sauber vorbereitet, werden sie in die beliebigen Stücke geschnitten, in einer Fettbrühe mit Beimischung von Wein weich gekocht; nächstdem ausgehoben und nachgeputzt und mit einer spanischen Zwiebel-Sauce, zu welcher die abgefettete und eingekochte Brühe gekommen, vermischt, und mit Fleurons oder Croutons angerichtet.

---

## VIII. Abth.: Reh. Gems. Chevreuil. Chamois.

Ueber eigenschaftliche Beschaffenheit beider Wildprettarten I. Bd. VI. Abschn. X. XI. Abth. doch eignet sich letzteres Wildprett nur insofern zu den nachstehend aufgeführten Eingangspeisen, als es von nicht zu alten Thieren genommen werden kann.

### Verzierte Granade von Reh. Grenade de chevreuil decorée.

Die gelungene Zusammenstellung dieser Eingangspeise nimmt in individueller Beziehung besonders das Talent in Anspruch; die verschiedenartigen Bestandtheile desselben sind in 10 bis 12 Stück 2 einen halben Zoll langen, 1 und einen halben Zoll breiten und ein sechstel Zoll dicken recht gleichmäßig abgerundeten und geplatteten (applatissirten) cotelettförmigen und einer gleichen Quantität eben so großen aber lang-viereckig geschnittenen Fleischstücken aus dem abgehäuteten Zartfleisch (Filets) eines Rehzimmers enthalten, von welchen die letztern mit ganz feinen Speckfäden in der Queere sauber gespickt, die erstern mit geschmackvollen Models von schwarzen Trüffeln, grünen Cornichons oder grün gefärbter und gekochter festen Fischfarce, auch gelben und weißen, jedes mit etwas Flüssigkeit besonders gequirlten und in einem Geschirr in kochendem Wasser steif gekochten Eiern auf ihrer glatten Oberfläche verziert und hierauf zum Ankleben in etwas klarer Butter steif gemacht werden, und aus einem von den Wildfleischabgängen mit den erforderlichen Ingredienzien zarten, aber in haltbarer Eigenschaft bereiteten Wildprettfarce

(I. Bd. Einl.), ferner einem in kurzer spanischen Sauce angefertigten Salpicon von den Trüffelabgängen, Champignons, etwas vorräthigen Geflügellebern, Cornichons und Artischockenböden auf folgende Art zusammengesetzt. Der mit ganz dünnen Speckscheiben belegte Boden einer nach verhältnißmäßiger Größe der zum Anrichten bestimmten Schüssel genommenene 2 einen halben Zoll hohe, runde, glatte, flache Form oder Sautee Casserole (I Bd. Einl.) wird mit den verzierten Fleischstücken belegt und an die bestrichenen Seiten der Form die gespickten Fleischstücke in aufrechte schräge Lage gestellt, hierauf wird die Forme in ihrer ganzen Ausdehnung einen Finger dick mit der bezeichneten Farce bestrichen und glatt geebnet und in die dadurch in der Mitte entstandene Vertiefung des Salpicons fest eingedrückt und wenn hierauf dies oben mit Farce fest geschlossen, die Forme gefüllt und die Farce mit einer gefetteten Papierscheibe gedeckt ist, wird die Speise 1 und eine viertel Stunde vor der Anrichtezeit im kochenden Wasser in einen mäßig heißen Ofen gestellt. Bei dem Anrichten werden nach dem vorsichtigen Ausstürzen des Granats, erfolgter Beseitigung des ausgetretenen überflüssigen Fettes und der Speckscheiben, die gespickten Fleischstücke mit einem blonden Glace bestrichen und zwischen der Speise und dem Schüsselrand rund herum ein Theil schmackhafter, flüssiger Essenz-Sauce gefüllt.

## Reh-Filets nach französischer Art. Filets de chevreuil à la Française,

bestehen in, aus dem abgehäuteten Zartfleische eines Rehzimmers bereiteten, schön gespickten kleinen Frikandeaus (II. Abth. Artik.: Kl. Kalbs-Frikandeaus); ferner aus den davon erhaltenen Fleischabgängen mit den erforderlichen Ingredienzien zusammengesetzter feiner Eskalopen-Fleischmasse und einer gleichen Quantität als Frikandeaus (15 bis 16 Stück) von abgekochten kleinen Krebsen zu jeder Schüssel einseitig genommenen recht egalen Krebsscheeren, mit welchen die Frikandeaus auf der rechten Seite flügelartig besteckt, hierauf in einer gewürzhaften Fettflüssigkeit gar gemacht und schön glacirt werden. Mit der feinen Eskalopenmasse wird am innern Rand der Schüssel ein 1 und ein halber Zoll breiter flacher Kranz gebildet, der kurz vor der Anrichtezeit in Wasser bei gleichmäßiger Hitze gar gemacht und auf welchem mit den Frikandeaus mit den Krebsscheeren nach inwendig ein schöner Kranz gelegt wird, der zunächst außerhalb mit kleinen Fleurons (I. Bd. IV. Absch.) garnirt und in der mittlern Vertiefung eine Essenz- oder spanischen Sauce erhält.

## Gespickte Rehpopietten. Popiettes de chevreuil.

Die Bereitungsart derselben schließt sich an die der Kalbspopietten und erfolgt ihr Anrichten in einem aufgesetzten Croutens oder Fleuronsrand, auch einem gekniffenen oder verzierten Teigrand mit einem Trüffel- oder Champignonshaschee, können auch mit einem Wildprettpüree gegeben werden.

## Verzierte Rehpopietten. Popiettes de chevreuil à la Conti.

In Beziehung der Bereitungsart geben die eben so benannten Artikel über Kalb- und Rindergaumen (I. Bd. II. Abth.) die nöthigen Anweisungen; wenn wie bei dem Kalb, die Rehpopietten inwendig mit Speck belegt werden sollen, so muß dies aus den allerdünnsten kleinen Scheibchen bestehen. Die Anrichtemethode wiederholt sich nach vorstehendem Artikel mit einer vortrefflichen zu den erforderlichen Volumen eingekochten spanischen Sauce. (I. Bd. II. Abschn.)

## Sautee von Reh. Sautée de chevreuil.

Auch bei diesem steht die schon öfter bei den gleichbenannten Artikeln anderer Fleischarten aufgestellte Bemerkung fest, daß zu deren einfachen Bereitung die zartesten Fleischtheile genommen und sich die Anrichtemethode stets gleich bleibt. Als Beiguß wechseln Haschees, Pürees, einfache Saucen und kleine Ragouts.

## Warme dressirte Pastete nach Lignowsky. Paté chaud dressé à la Lignowsky.

Alles was hinsichtlich der Bereitung der inhaltigen Bestandtheile und der diese Produkten umschließenden Hüllen (Krusten) in dem Artikel: Wild-Eskalopen in Butterteigrand (vol-au-vent) gesagt worden, gilt besonders auch bei der Bereitung der dressirten Pasteten, deren gelungene Ausführung in individueller Beziehung vorzüglich von einem produktiven Talent bedingt wird. Hierdurch erscheint nicht allein die, mit den schönsten, sowohl farbigen als unfarbigen natürlichen Teichmodells an ihren Aussenseiten geschmackvoll verzierte Pastete als ein ausgezeichnetes von gutem Geschmack zeugendes Produkt, sondern es wird auch die einfache, ohne Putz durchaus gekniffene dressirte Pastete stets eine elegante Form und den ihr als Eingangspeise (Entrée) zukommenden Rang behaupten. Die zum Dressiren (Modelliren, Formen) von warmen Pasteten anzuwendende Substanz besteht gewöhnlich aus einem halb mürben Teig, der nach unserm systematisch geordneten Verhältniß aus 2 Pfd. Mehl, einem halb Pfd. Butter, 2 ganzen und 5 gelben Eiern und nach deutscher Methode mit kochendem, nach französischer Art aber mit kaltem Wasser zu einer klaren, mit einer glatten Außenseite versehenen festen Teigmasse geknetet wird. Das Dressiren der Pasteten selbst zerfällt wiederum in zweierlei Arten, der von einem Stück aus freier Hand geführten und der vermittelst eines ausgerollten Teigbandes aufgesetzten Methode. Die erstere beruht auf einer tüchtigen Uebung und Sachkenntniß, daher ohne diese Efahrung, schwierig und mißlingend in der Ausführung. Die zu einem hohen runden Haufen klar zusammengepreßte Teigmasse erhält zuerst in der Mitte eine Vertiefung, welche mit den Daumen und den Zeigefingern der beiden Hände in gleichmäßig aufsteigende Teigmassen auf die Art erweitert wird, daß der Teig zwischen den Fingern zusammengeschoben und gepreßt und dies so fortgesetzt wird, bis die glatten Außenseiten eine Höhe von 5 Zoll und der untere Boden einen Durchmesser von 7 bis 9 Zoll erreicht und die Pastete zugleich eine schöne Form mit gleichmäßigen drei achtel Zoll dicken Außenwänden erhalten hat. An die so weit gediehene Bereitungsweise der Pastete schließt sich nunmehr die vorhin gezeigte einfach gekniffene oder vermittelst Bestreichens von Eiern an den Seiten angebrachte Verzierungsmethode; mit farbigen Teigmodells kann dies erst kurz vor dem Herausnehmen der Pastete aus dem Ofen geschehen, weil die Modells, früher daran gepflanzt, durch die alsdann ganz ausdauernde Backhitze ihre schöne Farbe verlieren. Die zweite Art der Dressur wiederholt sich nach der Angabe des Artikels: der Wildschweine-Filets in einfacher Crustade mit der Abweichung, daß der die Außenseiten bildende Teigrand breiter (5 Zoll), ausgerollt, der Boden etwas kleiner im Durchmesser gehalten und wegen der dadurch entstehenden Höhe, der Teigband sowohl mit dem Bodenrand als seinen eigenen Enden gut verbunden und glatt zusammengepreßt wird. Kneifen und Verzieren erfolgt stets nach beendeter Dressur. Das Inhalts-Produkt der Lignowsky-Pastete besteht aus einer Mandel, aus dem ausgehäuteten Zartfleische eines Rehzimmers oder zwei dergleichen kleinen Keulen bereiteten mit gewürzten und gekräuterten Speckfäden durchzogenen und hierauf einige Stunden marinirt gewesenen kleinen Frikandeaus (II. Abth.) und einer zarten Wildprettfarce, die aus den zu 2 Drittheilen geschwitzten Wildfleischabgängen, dem dritten Theil des Fleischvolumen Speck, einem sechstel kurzgekochter Sauce, einem viertel Pfd. Parmesankäse, einem achtel Pfd. Sardellen, feinen Kräutern, feinen Gewürzen, sehr wenig Pannade und Salz, und zuletzt mit dem, von den steif gemachten Frikandeaus zurück gebliebenem Fettstoff vermischt worden, zusammengesetzt ist. Mit diesen und den Frikandeaus wird nunmehr die Pastete in zwei Schichten mit oben einem Zoll breiten Raum sorgfältig gefüllt und geordnet und nachdem das innere mit Speckscheiben belegt, wird ein Teigdeckel mit dem oben freigebliebenen innern Rand mittelst Bestreichens von Eiern genau verbunden und grade geschnitten und auf den obersten Kanten fein gekniffen, zunächst auf die in der Mitte gemachte Oeffnung ein Schornstein gestellt, der sowohl als der Deckel selbst verziert oder gekniffen werden kann. Das Umlegen mit gefetteten, doppelten Pappierrändern und das darauf folgende vorsichtige Bewickeln mit Bindfaden, damit die Conturen nicht zerdrückt werden, beschließt die Bereitungsart der dressirten Pastete, die nun mit Rücksicht der Speisezeit in einen mäßig heißen Ofen $1\frac{1}{2}$ bis 2 Stunden in schöner gelbbrauner Farbe gebacken wird. Nachdem dies erfolgt, der Deckel am innern Rand aufgeschnitten, Speckscheiben und Papierränder beseitigt sind, wird die innere Oberfläche der, auf einer mit einer Servieette belegten Schüssel angerichteten Pastete mit einem kräftigen und schmackhaften Mußeronsragout überzogen und mit dem wieder darüber gelegten Deckel aufgetragen.

## Warme Schüssel-Pastete nach Trappe. Paté chaud sur le plat à la Trappe.

So wie die dressirten Pasteten und die Crustaden sich hinsichtlich der Teigmassen, der ihren inhaltigen Bestandtheilen umschließenden Hüllen mit einander gleichen, aber in ihren Bereitungsarten gegenseitig abweichen, eben so findet zwischen den Schüsselpasteten und den Butterteigrändern (Vol-au-vent) ein gleiches Verhältniß statt. Die Anfertigungsmethode des Vol-au-vent ist bereits angegeben worden (Art.: Eskalopen von Wild in Butterteigrand, Vol-au-vent), diejenige der Schüsselpastete nach Trappe verlangt, wie oben bemerkt worden, nur in gleicher Eigenschaft und gleicher Quantität bereiteten Butterteig, ferner 15 bis 16 Stück aus einem Rehzimmer oder Keule bereiteten mit gewürzten und gekräuterten feinen Speckfäden durchzogenen Popietten (deren Artikel), welche, bevor sie mit Farce belegt und aufgerollt, in einem halben Tassenkopf voll Oel, dem Saft von 3 Citronen, etwas gehackten Champignons und Mußerons und einem Glas Pontak, einige Stunden marinirt werden, und ein nach Angabe des vorstehenden Artikels mit gleichen Ingredienzien und in gleicher Eigenschaft bereiteten Wildprettfarce, wozu noch die Marinade und einige geschwitzte feine Kräuter (Chalot., Champig., Petersil.) gemischt werden. Nachdem alles auf diese Weise gelungen ausgeführt ist, erfolgt die Zusammensetzung der Pastete, welche zuvörderst eine sämmtlichen Ingredienzien angemessene hinlänglich große silberne, oder eine andere die Backhitze aushaltende Schüssel nöthig macht. Auf dieser wird zuerst einen halben Zoll dick Farce glatt gestrichen, hierauf die unterdeß fertig gemachten Popietten dicht an einander gereiht, geordnet, und zunächst alle Vertiefungen mit der übrigen Farce ausgefüllt und geebnet. Das Ganze wird nunmehr sammt dem Schüsselrand mit dem zu ein viertel Zoll dick ausgerollten Butterteig complett gedeckt, und dieser, nach dem erfolgten Bestreichen mit Eiern, so weit er den Schüsselrand deckt, mit einem Butterteigrand belegt. Der in der Mitte befindliche Teig, der den Deckel bildet, erhält im Mittelpunkt eine kleine Oeffnung, wird außerdem noch mit ausgestochenen oder geschnittenen Teigmodells geschmackvoll belegt, und nachdem das Ganze mit Eiern bestrichen, in einem stark erhitzten Ofen eine Stunde vor der Speisezeit gebacken, wobei, wenn eine zu dunkele Farbe der Pastete zu erwarten steht, diese mit Papier gedeckt, um dadurch den zu starken Andrang der Ofenhitze zu mildern. Die Pastete wird am innern Rande geöffnet, und wenn der Deckel behutsam abgehoben, mit einem mit Pontak vortrefflich im Geschmack gehaltenen Aziaragout (I. Bd. III. Abschn.) reichlich überzogen und mit dem wieder darüber gelegten Deckel aufgetischt.

## Timbal von Reh. Timbal de chevreuil.

In Beziehung der Anfertigungsweise giebt der gleichnamige Artikel der Wildschwein-Escalopen die nöthige Anweisung und ist dieser Reh-Timbal nur in sofern von jenen abweichend als er nicht blind, sondern im gefüllten Zustande gebacken wird, wozu die nöthige Quantität 1 ein halben Zoll im Durchmesser und ein viertel Zoll dick gestaltete und nur in feinen Kräutern steif, nicht gar gemachten Escalopen und ein mit dem Kräuterfettstoff vermischter und in feinster Eigenschaft gesteigerter Farce erforderlich ist, wozu ein Rehzimmer oder starke Keule angewendet wird. Wenn eine Sturzform mit Macaroni, starken Teigfäden von nicht ganz mürbem Teig schneckenförmig oder geflochten ausgelegt, oder dieselbe als verzierter Timbal, mit ausgestochenen oder geschnittenen, kleinen runden, feinen blätter-ovalen oder lanzettförmigen Teigmodells, in geschmackvoller Zeichnung decorirt und nach geschehener Angabe mit Teig ganz ausgefüttert ist, wird der Timbal wie eine Pastete mit der Rücksicht gefüllt, daß durch das Ausstürzen, das unterste nach oben gekehrt, daher zuerst die gesteiften Escalopen in verschiedenen Kränzen gelegt werden müssen. Wenn der Timbal gefüllt und geschlossen, erfolgt das Backen bei mäßiger Hitze in dreiviertel bis einer Stunde Zeit und wird nach dem vorsichtigen Ausstürzen und Aufschneiden eines Deckels der Inhalt mit dickflüssiger schmackhafter, spanischer Sauce überzogen. Dieser Timbal kann auch in blind (ohne Füllsel) gebackenen Zustande bereitet (Art.: Timbal von Wildschwein-Eskalopen), eignet sich alsdann nicht allein zu vorstehendem Inhaltsprodukt, sondern kann auch mit allen Arten Eminceees (deren Artikel) gefüllt werden.

## Rehzungen. Langues de chevreuil.

Im Fall des Vorhandenseins des nöthigen Bedarfquantums dieser Fleischtheile wird das, bei den Artikeln der Kalbszungen (II. Abthl.) aufgestellte Verfahren beobachtet.

## Gewöhnliches Rehragout. Ragout de chevreuil à l'ordinaire.

Die Bereitungsart wiederholt sich ganz nach Anweisung des in der vorhergehenden Abtheilung enthaltenen gleichbenannten Artikels und geben die zu dieser Speise angegebenen Fleischtheile (Hals und Brust) von Reh, wegen ihrer eigenthümlichen schlechten Beschaffenheit, keine besondere und nicht so gute Resultate als von den gleichen Fleischtheilen der vorstehenden größeren Wildprettarten zu erwarten ist.

# IX. Abth.: Hase. Lièvre.

## Civet von Hasen (Civet). Civet de lièvre.

Wenn nach erhaltener Vorbereitung (I. Bd. VI. Abschn. XIV. Abth.) Zimmer, Keulen und Blätter von einander getrennt sind, wird vom ersteren der Rückgrad, von den Keulen der Röhr- und Schlußknochen getrennt, die Fleischtheile in 2 Zoll große möglichst gleichförmige Stücke geschnitten, wobei ohne den Hasen total gehäutet zu haben, die lappigen und unsauberen Theile sorgfältig davon abgeschnitten werden, hierauf läßt man die Stücke in ein viertel Pfd. Butter auf einem starken Feuer steif und kurz eindämpfen, zunächst auf ein Sieb abtropfen und nachdem sie noch einmal nachgeputzt, in einer von den Abgängen mit der nöthigen Würzung gekochten Brühe, ferner einem Theil Wild- oder Rindfleischjus (I. Bd. Einl.) mit der erforderlichen Mehlschwitze bereiteten braunen Sauce und einer halben Bouteille Medoc weich und aus Schaum- und Fettstoff, der wiederholentlich abgenommen wird, kochen. Gleichzeitig wird mehr als ein halb Pfd. magerer Speck in Wasser vorgekocht, hierauf in, den Hasen gleichkommende Stücke geschnitten, braun gebraten und mit einem Theil eingeschitzter Champignons zu dem Hasenfleisch gethan, das, nachdem alles weich geworden, mit einem Schaumlöffel in ein anderes Geschirr übergeleert wird, die Sauce sofort mit einem Stückchen Zucker, noch etwas Medoc und möglichst etwas Fleischessenz zu der erforderlichen Einkochung gebracht, und nachdem sie mit Citronensaft abgeschärft ist, mit dem Fleischinhalt wieder vereinigt, mit einem Kranz von pannirten, unpannirten oder gefüllten Semmelkrusten angerichtet und oben mit 20 bis 25 kleinen glacirten Zwiebeln belegt wird. Das nach unserm angenommenen System erforderliche Bedarfsquantum würde in 1 bis 2 Hasen und ein halb Pfd. Speck bestehen.

## Warme Hasenpastete mit Sauerkohl. Paté chaud de lièvre à la chou-croute.

Teigmasse, formelle Bereitungsweise der Kruste oder äußern Hülle wird durch den Artikel: Warme dressirte Pastete nach Lignowsky, commentirt und die Pastete entweder in durchaus gekniffene oder verzierte Methode angefertigt. Was das Inhaltsprodukt betrifft, so besteht dieses in 10 bis 12, 2 ein halben Zoll langen, einen viertel Zoll dicken und verhältnißmäßig breiten, eiförmigen abgerundeten und geplatteten, hierauf mit gekräuterten und gewürzten Speck- und Schinkenfäden durchzogenen und mehrere Stunden in Citronensaft und etwas Oel marinirt gewesenen Fleischstücken, welche von dem abgehäuteten Zartfleische (Filet) der Rücken zweier jungen Hasen geschnitten werden; ferner in einem, von dem übrigen und zu zwei Drittheilen eingeschwitzten Hasenfleische, einem Drittheil des Fleischvolumens Speck, einem Viertheil dicker Sauce oder Saucenschaum- und Fettstoff, ein viertel Pfd. Parmesankäse, einem viertel Pfd. Sardellen mit den nöthigen trockenen Kräutern, feinem, gemengten Gewürz und gehackten und geschwitzten Chalotten sorgsam bereiteten Wildfarce (I Bd. Einl.), aus ein halb bis drei viertel Qrt. im Volumen enthaltenen mit einigen geschwitzten Zwiebeln und einer gewürzhaften Fettbrühe (Braise I. Bd. Einleit.) weich und bis zur kürzesten, nicht die geringste Flüssigkeit mehr enthaltenden Eigenschaft, gesteigerten schmackhaften Sauerkohls und ein halb Pfd. beinahe gar gekochten und in drei achtel Zoll starke Würfelform geschnittenen magern Speck. Sämmtliche auf diese Art vorbereitete und zusammengestellte Ingredienzien werden nunmehr in eine elegant dressirte Pastete auf folgende Weise geordnet, so daß der Boden und die inneren Wände derselben mit einem halben Zoll dick Farce belegt, auf diese eine gleiche Lage mit dem Speck untermischten Sauerkohl, und in die Mitte, die auf dem Feuer mit etwas Salz steif gemachten Hasenfleischstücke schichtweise mit etwas Sauerkohl gebracht, die Füllung sofort oben mit einem 1 Zoll breiten Raum beendet, hierauf mit Speckscheiben (Barden) belegt, die Pastete nächstdem mit einem Deckel geschlossen und die ganze Bereitungsart nach Vorschrift des oben beziehungsweise aufgeführten Artikels beschlossen; wobei noch zu bemerken übrig bleibt, daß die Pastete mit gefetteten doppelten Papierwänden und Bindfaden gestützt, um nicht durch die 2 bis 2 einhalbstündige Backzeit eine zu dunkle Farbe der Kruste zu veranlassen und der Pastete ihre schöne Form zu erhalten. Die Anrichtmethode richtet sich gleichfalls nach Angabe des Lignowsky-Pastetenartikels, das innere wird aber mit einer schmackhaften kräftigen Essenz-Sauce überzogen und ein Theil derselben dabei gegeben.

## Hasenfilets mit Orangen. Filets de lièvre à l'orange.

Die Bereitungsart schließt sich in sofern an die Angabe des Artikels: Schweine-Mürbebraten mit Apfelsinen, als das Hauptingredienz selbst und die formelle Behandlungsweise desselben hierin abweichend ist. Das Bedarfsquantum zu dieser Speise stellt sich am besten in 2 jungen Hasenrücken dar, von welchen die Keulen zu einem andern Gericht benutzt werden können. Die zu 14 bis 15 Stück daraus geschnittene, geplattete und eiförmig abgerundete 2 einen halben Zoll große Frikandeaus, werden auf der besten Seite zur Hälfte gespickt und in einer kurzen Braise (I. Bd. Einl.) geschmort; nachdem sie ausgehoben und verkühlt sind, auf den ungespickten Seiten mittelst schräg angebrachter Einschnitte mit aus Haut und Kernen und dickscheibig geschnittenen Apfelsinen besteckt, hierauf glacirt und auf einem, von den Abgängen des Wildpretts bereiteten und auf einer Schüssel als Kranz geformten feinen Escalopenmasse nach Art der Schweine-Mürbebraten angerichtet und wenn alles im Ofen recht heiß geworden und schön glacirt ist, in die mittlere Vertiefung eine Orangen-Sauce gefüllt und außerhalb mit unpannirten oder pannirten Semmelkrusten oder Fleurons garnirt.

## Sautee von Hasen. Sautée de lièvre.

Wird von jungen Hasen gemacht und bleibt sich in der Bereitungsart mit den anderen Sauteespeisen gleich. Ebenso werden die:

## Eskalopen von Hasen. Escalopes de lièvre.

nach den gleichnamigen Artikeln der anderen Wildprettarten angefertigt, und entweder in Trüffeln oder Kräutern sautirt als einfache, oder nach dem Steifmachen auf dem Feuer, mit einer St. Meneholdmasse bestrichen, hierauf mit Parmesankäse und Krebsbutter gedeckt und in einem in dem Ofen gegebenen schönfarbigen Aeußern mit einer Essenz-Sauce aufgetischt.

## Kronenförmige Hasenfilets. Filets de lièvre en couronne.

Besteht in 16 Stück aus den Rücken zweier junger Hasen geschnittenen, 4 Zoll langen, 1 Zoll breiten, ganz dünn geplatteten und mittelst schräger Einschnitte mit halbmondförmigen sägeförmig gezähnten schwarzen Trüffeln und weißen Fischfarcescheibchen besteckten Fleischstreifen, welche auf einem mit Speckscheiben belegten runden Brode oder einem andern ähnlichen Gegenstande halbcirkelförmig gebogen und mit Salz und Citronensaft unter wiederholtem Begießen mit Fettflüssigkeit eine viertel Stunde vor der Speisezeit bei von unten und oben gleichmäßig einwirkender Hitze gar gemacht werden und aus einem großen schön gespickten und glacirten Wildfricandeau, ferner aus einem, von den mit allen gewürzhaften Ingredienzien gar gemachten und aus Haut und Knochen genommenen Hasenfleischabgängen mit einer mit Fleischessenz und Rheinwein kräftig und schmackhaft gehobenen dunkelbraunen Sauce angefertigten Wildpuree (I. Bd. II. Abschn. Puré de gibier), und 20 bis 30 Stück schön glacirten kleinen Zwiebeln. Das Anrichten dieser Schüssel muß aufmerksam und talentvoll auf die Art geschehen, daß auf dem in etwas dicker Substanz gehaltenen angerichteten und ganz leicht mit wenig Essenz-Sauce überzogenen Wildpuree, mit den blank glacirten Hasenfleischstreifen, dem Frikandeau und den kleinen Zwiebeln eine kronenförmige Gestalt gebildet wird, die in invidueller Beziehung durch eine talentvoll angebrachte Verzierung im schönen Aeußern noch gesteigert werden kann.

## Hasenkuchen. Gateau de lièvre.

Was die eigenschaftlichen Bestandtheile dieser Speise betrifft, so sind sie mit denjenigen der Wildpains, Fleischkäsen, übereinstimmend und in der Zusammensetzung dadurch abweichend, daß sie von lauter gar gedämpften, hierauf aus Haut und Sehnen genommenen, gehackten und durchgestrichenen Wildprett nach Angabe des Artikels

Pain von Hammel (III. Abtheil.) bereitet, der der Masse beizumischende Fettstoff statt aus Speck, aus der Fettflüssigkeit der von dem Dämpfen des Wildpretts zurückgebliebenen Brühe und der nöthigen Butter, und das Bindungsmittel aus einigen ganzen Eiern, einigen Dottern und in Lebern, theils von Wild, theils von Geflügeln besteht. Diese Masse wird in einer unten mit einem gefetteten Papierblatte oder Speckscheiben belegten flachen Stürzform, (I. Bd. Einl.), welche unten mit schwarzen Trüffeln und grünen Cornichons oder farbiger Farce verziert oder im einfachen Zustande in einem Geschirr mit etwas kochendem Wasser im Ofen gar gemacht. Nachdem dies erfolgt und der Hasenkuchen von dem übergetretenen Fett geschieden, auch in der Form etwas gesunken ist, wird er ausgestürzt, mit einer kräftigen klaren Essenz-Sauce (I. Bd. II. Abschn.) theils überzogen, theils diese darunter gegeben. Eine zweite Abweichung des Hasenkuchens von dem Wildpain besteht darin, daß er vermöge seiner feinen Eigenschaft nicht gefüllt erscheint, kann aber in seiner Masse eine Beimischung von würflich geschnittenen Trüffeln, Cornichons und gekochter Pökelrinderzunge oder dergleichen Schinken aufnehmen. Das Hauptingrediens ist in einem großen alten Hasen enthalten.

### Hasenpfeffer. Civet de lièvre à la Bourgeoise.

Besteht in einer schlechtern Abart des Hasen-Civets, mag vielleicht durch wiederholte Bereitung in denjenigen Häusern, wo nicht viel auf die Küche und den Tafelgenuß gegeben oder gehalten wird, und durch die an Knickerei gränzende Ersparniß oder unzweckmäßige Anwendung des Ingredienzienquantums entstanden sein. In ganz niedern Haushaltungen, wo diese Speise von den Brüsten, Hals und Blättern des Hasen gemacht wird, ist sie zu einem schlechten ganz gewöhnlichen Ragout herabgesetzt. Die Bereitung richtet sich mit mehr oder weniger Abweichung nach Angabe des Artikels der oben beziehungsweise aufgeführten Speise, wird unter andern gewürzhaften Ingredienzien mit einer guten Dosis gestoßenem Pfeffer, einem Theil groß würflich geschnittenen und gebratenen Zwiebeln und magern Speck, auch einem guten Theil Essig und etwas Syrup vermischt und kann als äußere Verbesserung noch mit etwas Carameljus (I. Bd. III. Abschn. Art.: gewöhnliches Gurkenragout) gefärbt und wenn das Hasenfleisch weich, die Sauce, mehr sauer und süß schmeckend, genug eingekocht ist, mit Pellerdtoffeln genossen werden.

---

## X. Abthl.: Kaninchen. Lapin. (Lapereau.)

### Kaninchenfilets nach französischer Art. Filets de Lapereaux à la Française.

Werden von 6 Stück wilden jungen Kaninchen (I. Bd. VI. Abschn. XV. Abth.) auf die Art bereitet, daß aus den, von den sehnigen Häuten geschiedenen, rein aus den Knochen genommenen Kaninchen-Rücken, 12 etwas geplattete eiförmig abgerundete Stücke gemacht werden, welche mehrere Stunden in einer Marinade von gehackten und geschwitzten Chalotten, Champignons, Petersilie, Schnittlauch, Trüffeln, gest. Pfeffer, Salz, einem achtel Qrt. Oel, dem Saft von einigen Citronen gelegen, auf kleine Spieße gesteckt, mit sämmtlichen Ingredienzien in Speckscheiben und Papier gewickelt und am Spieß 20 bis 25 Minuten gebraten werden; nachdem dies bestens erreicht und die Beseitigung des Papiers und der Speckscheiben erfolgt ist, werden die Filets mit einer etwas scharf im Geschmack gehaltenen braunen italienischen Sauce (I. Bd. II. Abschn.) im schönen Kranz angerichtet, so daß die Kaninchenfilets theils mit der Sauce überzogen, theils diese in die mittlere Vertiefung gefüllt wird.

## Frikassee von Kaninchen. Fricassée de lapins.

Die Bereitungsart desselben richtet sich in sofern nach Angabe des Artikels: einfaches Kalbfleisch-Frikassee (II. Abth.), wenn in Beziehung der zarteren Fleischtheile der Kaninchen Rücksicht genommen, dem zufolge die Siedezeit des Kaninchen-Fricassees gegen das von Kalb, um ein bedeutendes verkürzt wird. Die Gliederstücken von 4 bis 5 Kaninchen erhalten eine geringe Vorkochung (blanchiren), werden nächstdem in möglichst gleichmäßige Stücken geschnitten und nach Absonderung der die Fleischstücken entstellenden unsaubern lappigen Häute und Knochen in Butter geschwitzt, hierauf mit 4 bis 5 Eßlöffeln voll Mehl bestäubt und die fernere Bereitung sofort nach Vorschrift des oben beziehungsweise angedeuteten Artikels beendet. Das Frikassee erhält bei dem Anrichten einen Kranz von gefüllten Semmelkrusten (farcirten Croutons I. Bd. IV. Absch.), die mit den Lebern der Kaninchen bereitet werden. Dies einfache Frikassee nimmt auch verschiedene Beimischungen fremder Ingredienzien, bestehend in Champignons, Mufferons, Morcheln, Trüffeln und dergleichen auf; kann auch als besonders passend mit feinen Kräutern (Art.: Kalbfleischfrikassee mit Kräutern) angefertigt und alsdann mit gebackenen Sardellen garnirt werden.

## Gibelotte von Kaninchen. Lapins en gibelotte.

Diese Speise besteht in einem dem Hasencivet ähnlichen Ragout und kann füglich durch dessen Artikel, jedoch mit einigen Abweichungen in der Bereitung commentirt werden. Diese bestehen bei dem auf zweierlei Arten vorkommenden Gibelotte bei der erstern Bereitungsart darin, daß der Speck zu dieser Speise statt in Scheiben, in große Würfelform, auch die Fleischstücke vermöge ihrer Eigenschaft kleiner geschnitten und mit dem Speck zusammen geschwitzt werden; die zweite Bereitungsart unterscheidet sich jedoch durch eine Beimischung von in kleinen Stücken geschnittenen, hierauf gesalzenen und in den Gibelotten oder dazu besonders gekochten

Aal wesentlich. Auch zu dieser Art Speisen eignen sich gebackene Sardellen als Garnitur, können aber auch mit scharf marinirten und hierauf pannirten und gebackenen Aalstücken, ein anderes Mal mit den kleinen Zwiebeln umlegt werden.

## Mayonaise von Kaninchen. Mayonaise de Lapereaux.

Von 4 bis 6 Stück mit einem gefetteten Papierüberwurf am Spieß gebratenen jungen Kaninchen werden die Fleischtheile im kalten Zustande aus Haut und Knochen genommen, in saubere Stücke geschnitten, und in einer scharfen Marinade von 10 Eßlöffeln voll Oel, einem achtel Qrt. französischen Estragonessig, dem nöthigen Salz und gest. Pfeffer mehrere Stunden marinirt. Gleichzeitig eine von 1 Qrt. schmackhaften nicht festen Spiegelgallert (I. Bd. Einl.), mit einem viertel Qrt. Oel und etwas französischen Estragonessig eine in zarter Eigenschaft geschlagene Mayonaisen-Sauce (I. Bd. II. Absch.) angefertigt, in welcher die marinirten Kaninchenstücke sauber durchgezogen und angerichtet und außerhalb mit einem schönen Kranz von ausgestochenen oder in beliebige Form geschnittenen recht klaren Spiegelgallert (Aspiccroutons) geschmackvoll garnirt werden.

## Kaninchen in Popilloten. Lapereaux en papillotes.

Wie die im I. Bande V. Absch. angegebenen Artikel beweisen, erscheinen diese Art, in Papierstücken sauber eingeschlossenen und unter den Namen Papilloten vorkommenden Speisen öfter als außergewöhnlich kleine (Horsd'oeuvre), denn als Eingangspeisen. Das in saubere Stücken geschnittene Fleisch von 10 bis 12 Kaninchenkeulen, von welchen die Rücken anderweitig benutzt (Art.: Kaninchenfilets nach französischer Art), werden in Olivenöl, feinen Kräutern, Salz, gest. Pfeffer, Citronensaft und etwas weißen Wein gar geschwitzt; hierauf die Kräuter mit einigen Löffeln voll ganz dick eingekochter weißer Sauce vermischt, mit welcher nunmehr die kalt gewordenen Kaninchenstücke bestrichen, die weitere Bereitung sofort nach Anweisung der oben beziehungsweise aufgestellten Papillotenartikel beendet und die schön gerösteten Papilloten mit einer etwas seimigen schmackhaften Jus aufgetischt.

## Glacirte Kaninchenfilets. Filets de lapereaux glacés.

Die in möglichst schöne, etwas abgerundete Stückchen geschnittenen Fleischtheile werden fein gespickt und in einer mit Citronensäure und Wein scharf gewürzten Fettflüssigkeit kurz gesotten, in dieser abgefetteten mit etwas Jus gefärbten Brühe blank und kraus glacirt, hierauf in einen aufgesetzten Semmelkrustenrand kranzförmig angerichtet, und mit einem in der mittlern Vertiefung gefüllten Champignonshaschee (I. Bd. II. Abschn.) aufgetragen.

### Sautee von Kaninchen. Sautée de lapereaux.

Man sehe den gleichnamigen Artikel von Hasen.

### Marinade von Kaninchen. Marinade de lapereaux,

erfordert besonders junge Kaninchen, die aus Haut und Knochen und in saubere Stücken geschnitten in einer stark assaisonirten (gewürzten) und mit Citronensaft und Wein gemischten Marinade mehrere Stunden liegen müssen; welche hierauf aus dieser genommen in eine Klare (I. Bd. II. Absch.) getaucht, rücksichtlich der Speisezeit sofort in ziemlich erhitztem Backfett (I. Bd. II. Abschn.) gebacken und mit einer etwas pikant gehaltenen klaren Estragons-Sauce aufgetischt werden.

### Kronenförmige Kaninchen-Filets. Filets de lapereaux en couronne.

Die Bereitungsart schließt sich mit der Abweichung an die des gleichnamigen Hasenartikels, daß das Püree zu der Kaninchenspeise im weißen Zustande, also mit Eierdottern gebundener weißen statt braunen Sauce bereitet, doch hinsichtlich der Anrichtemethode ein gleiches Verfahren beobachtet wird.

---

## XI. Abth.: Schildkröte. Tortue.

### Frikandeaus von Schildkröte. Tortue en fricandeaux.

(Eigenschaftl. Abhandl. I. Bd. I. Absch. Art.: Echte Schildkrötensuppe.) Außer dieser Zubereitungsart und deren im I. Bd. V. Absch. aufgeführten Gerichte dieser Amphibie, erscheint sie bei der Kochkunst noch als Wechselschüssel (großes Stück). Zu dieser Speise werden die in den Keulen in derber Substanz befindlichen, dem weißen Kalbfleische ähnlichen Fleischtheile genommen, welche sorgfältig ausgeschnitten und nach Vorschrift des Kalbsfrikandeau-Artikels behandelt, sauber gespickt und einige Zeit in feinem Oel, Citronensaft und ein Glas Madeira, einige Zwiebelscheiben, einigen Zweigen Petersilie und ein Bouquet von Basilicum, Timian, und 2 Lorbeerblättern marinirt werden. Die Fettbrühe, womit die Frikandeaus eingeschmort werden, muß sehr kräftig, nicht zu stark mit gewürzhaften Ingredienzien geschwängert und nach Absonderung der mehrsten Fettheile mit einem viertel Qrt. Madeira vermischt die Frikandeaus darin eingeschmort und glacirt werden. Als Eingangsspeise (Entrée) werden sie in einer mit Semmelkrusten sauber bordirten Schüssel mit einer recht kräftigen mit Madeira und wenig Cayennepfeffer im Geschmack trefflich gehobenen Essenz-Sauce angerichtet. (I. Bd. II. Abschn.)

## Grenadins von Schildkröte. Tortue en grenadins.

Die Bereitungsweise weicht nur hinsichtlich des formellen Aeußern der Hauptingredienz von dem Vorstehenden ab. Die Grenadins, welche aus kleinen Frikandeaus bestehen, eignen sich demzufolge besonders als Eingangspeise, werden ebenfalls in einer mit Semmel- oder Teigcroutons bordirten Schüssel mit einer Schildkröten-Sauce oder einem Schildkrötenragout (I. Bd. II. und III. Absch.) geschmackvoll angerichtet.

## Schildkrötenragout als Eingangspeise. Ragout en tortue pour Entrée.

Die nach Angabe des Artikels: echte Schildkrötensuppe (I. Bd. I. Abschn.) gar gekochten zarteren Fleischtheile werden sorgfältig aus der Brühe gehoben, und nachdem sie ganz kalt geworden, in drei viertel Zoll große saubere Stücken geschnitten; in gleichmäßige Stücke schneidet man die etwa in dem Thier vorhanden gewesenen und schmackhaft gekochten drüsenartige Fleischmassen (Milchen, Art.: Kalbsmilch), mischt diese Fleischtheile mit kleinen runden Klößchen oder Theelöffelknefs, welche in substanzieller Beziehung und hinsichtlich der Farbe aus dreierlei Arten, nämlich aus Eierdotterklößchen (Art.: Echte Schildkrötensuppe), aus von Schildkrötenfleisch bereiteter Farce, die mit Schildkröten- oder Schweineblut gefärbt und zur Hälfte halb weiß bleibt, auch aus Schildkröteneiern, wenn das Thier welche bei sich gehabt, bestehen. Sämmtliche Ingredienzien werden sofort mit einer mit Madeira und Schildkröten- oder anderer Fleischessenz zu dem nöthigen Volumen eingekochten, trefflich im Geschmack gehobenen und mit einem schönen braunen klaren Aeußern versehenen Sauce im richtigen Verhältniß vermischt und mit einem Kranz von der Schildkrötenleber bereiteter Lebernetzchen (I. Bd. IV. Absch. Art.: Cropinetten) geschmackvoll angerichtet.

## Schildkrötenragout nach englischer Art. Ragout en tortue à l'Anglaise.

Die inhaltigen Bestandtheile bleiben sich mit dem vorhergehenden gleich, weichen aber in der Saucenmischung in der Weise von einander ab, als diese verschiedenartig ist. Die in zwei oder vier gleichmäßigen Theilen geordneten Ingredienzien werden mit eben so viel verschiedenartigen Saucen, nämlich einer nach obiger Angabe bereiteten braunen, einer in gleichem Geschmack gehaltenen mit Eierdottern gebundenen weißen Sauce treffend vermischt, zu welchen, wenn das Ragout im Viereck angerichtet werden soll, noch eine Krebs- und eine mit Spinatmatte grün gefärbte Sauce hinzu gefügt wird, demzufolge vier verschiedenartige Ragouts daraus gebildet werden. Die Anrichtmethode erfolgt, wie bemerkt, in 2 oder 4 verschiedenen Feldern, welches mittelst eines auf einer Schüssel aufgesetzten und hierauf getrockneten Kreuzes von Teig oder recht weiß gehaltener Fischfarce, außerdem noch mit sägeförmig gezähnten Trüffelscheibchen und rothen Krebsschwänzen geschmackvoll verziert, ausgeführt wird und das Ganze außerhalb mit Eßlöffelknefs garnirt, die von Schildkrötenfleischfarce nach Anweisung der Artikel Fischfarce, Eßlöffelknefs (I. Bd. Einl.) bereitet werden. Außerdem wird dies Ragout von kleinen Schildkröten bereitet, ein jedes für sich in den wohl gesäuberten und mit einem nett verzierten Farcerand bekränzten Schalen der Schildkröten aufgetischt.

---

# XII. Abthl.: Puter. Calecutischer Hahn. Dindon. Dinde.

## Turban von Puter. Dindon en turban.

Diese ausgezeichnete Eingangspeise erhält ebenfalls erst durch ein produktives Talent des Verfertigers den ihr gebührenden hohen Rang in der Reihe dieser vornehmen Gerichte angewiesen. Die wesentlichsten Bestandtheile ihrer äußern Zusammensetzung fordern die ausgeschnittenen Brusttheile eines nach Vorschrift des Artikels: Puter mit Austerragout (I. Bd. VI. Abschn. XVI. Abthl.) vorbereiteten noch jungen Puters (Huhn) aus welchen 8 bis 10 Stück einen halben Zoll breite, 5 Zoll lange, dünn geplattete recht gleichförmige Streifen geschnitten, die zum hälften Theil mit feinen schwarzen Trüffelfäden, und zur Hälfte mit dergleichen Speckfäden quer gespickt werden, ferner 4 bis 5 ebenso geschnittene Streifen von gekochter Pökelrinderzunge und 20 bis 25 Stück große Krebsschwänze (von gekochten Krebsen) und endlich 1 ein halb bis 2 Pfd. Zander. Zu diesen Ingredienzien gesellen sich noch als inhaltiges Produkt, ein von 1 Pfd. Kalbsmilch, 4 Rindergaumen, ein Theil eingeschwitzter Champignons und den übrig gebliebenen Trüffeln mit einer weißen durch Eierdottern und Rheinwein gut gebundenen, oder rother (Krebs-) Sauce bereitetes gemischtes Ragout. (I. Bd. III. Abschn.) Von der, von den Putenfleischabgängen mit dem Zander in zarter und weißer Eigenschaft angefertigten Farce (I. Bd. Einl.) wird dicht am innern Rand der Schüssel ein unten 1 dreiviertel Zoll breiter, 2 ein halber Zoll hoher stark gewölbter Kranz gebildet über welchen die oben bezeichneten Ingredienzien in gleichmäßigen Abweichungen und geschmackvollen Schattirungen in schräger Lage gelegt, so daß demzufolge eine turbanähnliche Form gestaltet wird. Nachdem diese mit dünnen Speckscheiben gedeckt, aus- und inwendig mit steifen Papierrändern oder andern den Turban in seiner Form festhaltenden Gegenständen gestützt ist, wird er 40 bis 45 Minuten vor der Tafelzeit in einem mäßig heißen Ofen in kochendem Wasser gar gemacht; sobald dies und die Beseitigung der Speckscheiben und Papierränder erfolgt ist, werden die, die Conturen des Turbans bildenden Ingredienzien, doch ohne den Farce zu berühren, mit blondem Glace bestrichen und als Schluß in die mittlere Vertiefung des oben angegebenen Ragout gefüllt, das oben in seiner richtigen Mitte eine gekochte und glacirte mit einem Hühnerkamm gezierte große Trüffel oder ein auf Süpreme-Art verziertes Kalbsmilch-Grenadins (dessen Artikel) als Attribut erhält. Eine weiter gesteigerte Verzierung dieser Speise ist zwecklos, sie erscheint alsdann nicht mehr elegant, sondern wie alle mit Decorirung überladene Gerichte, geschmacklos.

## Blanquette von Puter. (Blankette.) Blanquette de dindon.

Alle unter diesen Namen vorkommende Gerichte bleiben sich rücksichtlich des formellen Aeußern, der Anfertigung ihrer Saucen und ihrer Zusammensetzung ziemlich mit einander gleich. Sie unterscheiden sich durch die sie bezeichnende Hauptingredienz, welche bald aus den zarten Fleischtheilen von jungem Schlachtvieh (II. und IV. Abth.), bald aus zahmem und wildem Geflügel, auch aus See- und Süßwasserfischen (II. Absch.) besteht. Von den zu diesem Gericht brauchenden Fleischingredienzien haben die am Spieß gebratenen den Vorzug, wozu aber ein noch nicht zu weit vorgeschrittenes Alter der Thierart nothwendig ist. Im gekochten Zustande vorkommend, muß das Fleisch zum Blanquette in einer kurzen schmackhaften Braise getroffen weich gar gemacht werden, um recht saubere nette Blattstücke davon schneiden zu können, und die dadurch erhaltene Braise (Brühe) rein vom Fett geschieden und durch eine Serviette gegossen zu der Sauce mit angewendet werden. So schließt sich denn auch die Bereitung des Puter-Blanquettes an die Vorschrift des Kalbfleisch- und Lamm-Blanquette-Artikels (II. und IV. Abth.) in sofern an, als von dem Puter nur das weiße Brustfleisch genommen und von dem braunen Keulenfleische kleine länglich runde oder rund geplattete Croquetten (I. Bd. IV. und V. Abschn.) bereitet und als Garnitur des Blanquettes benutzt werden; auch wenn dies eine andere Bestimmung erhalten soll, werden zu demselben Behuf gefüllte Kapaunenflügeln, Fleurons, alle Arten Croutons, oder verlorne und Minuteneier mit dem besten Erfolg gebraucht.

## Gemischtes Puter-Blanquette nach Mailänder-Art. Blanquette de dindon mêlée à la Milanaise.

Die zu den Puterfleischblättchen gemischten fremden Ingredienzien, bestehen in dem dritten Theil des Fleischvolumen aus eben so geschnittener Kalbmilch, Champignons, auch Trüffeln, und zerfällt die Bereitungsart dieser so bezeichneten Speise in zweierlei Methoden. Entweder wird das, mit einer mit Champignons geschwängerten, mit Rheinwein und Geflügelessenz kräftig im Geschmack gehobenen und mit Eiern gebundenen weißen Sauce zusammengesetzte Blanquette, in einem, von zwei drittel Pfd. mit Fleischbrühe kraus und steif gekochten und mit einer Hand voll Parmesankäse und ein wenig frischer Butter vermischten Reis, auf der Schüssel geformten Rand angerichtet, oder in einem eben so gestalteten Rand von Plinzen gegeben, welche von sechs Eßlöffeln voll Mehl und sechs Eiern mit Wasser oder leichter Brühe zu einer dünnflüssigen Masse gerührt, von der in einer wiederholentlich mit Speck bestrichenen eisernen Pfanne, ganz dünne Plinzen auf beiden Seiten gebacken, hierauf im kalt gewordenen Zustande in drei achtel Zoll breite und 3 Zoll lange Streifen geschnitten, sofort mit der nöthigen kurz gekochten Sauce heiß gestellt und kurz vor dem Anrichten mit einer Hand voll Parmesankäse und einem viertel Pfd. frischer Butter zu einer compakten Substanz gerührt und an den innern Rand der Schüssel im hohen schönen Kranz geordnet werden.

## Popietten von Puter. Popiettes de dindon.

Sie werden ebenfalls von dem weißen Brustfleische nach Vorschrift der gleichnamigen Artikel von Kalb (I. Bd. VII. Abschn.) gemacht und erfordern zu ihrem Bedarfsquantum einen mit einer starken Brust versehenen großen Puter; sie kommen auf zweierlei Arten, im gespickten und verzierten Zustande vor (Art.: kleine Zartfilets von Kalb nach Conti), und müssen wegen ihrer zarten Fleischtheile mit besonderer Aufmerksamkeit bereitet werden, daß nämlich die Einschnitte möglichst gering geführt, in die aus halbmondförmig gezähnten Trüffel-, Cornichons- oder grünen Farcescheiben und Krebsschwänzen bestehenden Verzierungen fest und glatt eingedrückt, die Enden der Popiette mit Farce gut ausgefüllt und geebnet und nach Bewickelung mit Zwirnsfäden, damit die Popietten ihre schöne Form behalten, in ganz kurzer Braise sehr behutsam gekocht werden. Sie erhalten beim Anrichten ihren Platz in einer mit Semmelkrusten schön bordirten Schüssel, dicht an einander gereiht oder ein wenig aufgelegt und wird in den mittlern Raum ein mit Puterbrühe schmackhaft gekräftigtes Champignons- oder weißes Trüffelragout gefüllt. (I. Bd. III. Abschnitt.)

## Morgenrothfarbige Puter-Filets. Filets de dindon à l'aurore.

Das aus Haut und Knochen genommene Brustfleisch eines braisirten Puters wird in drei viertel Zoll lange und einen viertel Zoll starke eckige Stücke geschnitten und mit 1 Pfd. eben so geschnittener Kälbsmilch eine gut gebundene, recht schmackhaft bereitete weiße Sauce gemischt. Dies Ragout wird hierauf in eine mit einem gekniffenen Teigrand (I.

Bd. IV. Absch.) bordirte Schüssel gefüllt, oben mit 4 hart gekochten Eierdottern, mit dem vierten Theil des Eiervolumens Krebsbutter und etwas Salz klar gerührten Masse auf die Art gedeckt, daß diese Masse recht gleichmäßig durch ein Sieb darüber gestrichen, hierauf mit etwas Butter bespritzt und mit einer eisernen glühenden Schaufel eine schöne rothgelbe Farbe gegeben wird.

## Scharlachartige Puterstücke. Dindon à l'écarlate.

Diese Speise wird durch eine recht roth gepöckelte, gekochte Rinderzunge charakterisirt, die, mit dem aus Haut und Knochen genommenen Brustfleische eines braisirten und kalt gewordenen Puters in ganz gleichmäßig abgerundete cotelettförmige Stücke in gleicher Anzahl geschnitten, beide Fleischarten sofort in einem Theil der Puterbrühe heiß und hierauf blank glacirt oder rücksichtlich der enthaltenen Salztheile der Pöckelzunge gleich in eine flüssige Glace gesetzt werden. Beim Anrichten werden Puterbrust- und Zungenstücke wechselweise im schönen Kranz geordnet und in den mittlern Raum ein von ½ Pfd. Trüffeln, 1 Pfd. Kalbsmilch und Champignons gemischtes weißes Ragout gefüllt. Als besondere Auszeichnung kann diese Speise auch in einer mit farbigen Teigkrusten niedrig bordirten Schüssel angerichtet werden. Es versteht sich, daß die zurückgebliebenen Puterkeulen anderweitig benutzt werden können. (Die Art.: Puterkeulen in Papilloten, I. Bd. V. Absch., Eskalopen von Puterkeulen, Emince von Puterkeulen.).

## Gefüllte Puter-Eskalopen. Escalopes de dindon farçis.

Sie werden von dem aus den häutigen und faserigen Theilen gesonderten Brustfleische eines jungen Puters auf die Art bereitet, daß von demselben ganz dünne Scheiben geschnitten und glatt geplattet, von den Fleischabfällen ein sehr zarter Farce nach bekannter Vorschrift gemacht, der in die Mitte der geplatteten Fleischstücke gefüllt, welche hierauf zusammengeklappt und festgedrückt und um einen drei Zoll im Durchmesser haltenden runden Ausstecher im halben Zirkel glatt abgeschnitten werden. Diese Eskalopen werden sowol in feinen Kräutern als fein gehackten Trüffeln mit dem nöthigen Salz in Butter, auch ohne diese Beimischung gar gemacht, im letztern Fall mit etwas flüssiger blonder Glace bestrichen, im schönen Kranz angerichtet und in den mittlern Raum eine schöne Essenz-Sauce, ein Champignons- oder Trüffelhaschee gefüllt.

## Eskalopen von Puterkeulen. Escalopes de cuisses de dindons.

Das sauber ausgehäutete und ausgesehnte Puterkeulenfleisch wird fein gehackt, hierauf mit dem dritten oder vierten Theil des Fleischvolumens feinen Luftspeck, mit dem sechsten oder achten Theil Semmelpannade, Salz, Muskatennuß- und gest. Pfeffer genau vermischt, sofort nach Angabe der andern Eskalopen-Artikel gar gemacht, nächstdem mit einer flüssigen Glace bestrichen und mit einer beliebigen Sauce kranzförmig angerichtet.

### Emince von Puterkeulen. Emincée de cuisses de dindon.

Die von einem gebratenen oder gebraiseten Puter zurückgebliebenen Keulen werden in starke Blätter geschnitten, im richtigen Verhältniß mit einer schmackhaften Emince-Sauce (I. Bd. II. Abschn.) vermischt und mit einer beliebigen Garnirung angerichtet.

### Haschee von Puter. (Gehäcke.) Hachée de dindon. (Hachis.)

Was dessen Bereitungsart betrifft, so wird das grobkörnig gehackte Brustfleisch eines gebratenen oder gekochten Puters mit einer recht schmackhaften weißen Ragout-Sauce (I. Bd. II. Abschn.) in richtigem Verhältniß vermischt, so daß dadurch eine dickflüssige Substanz gebildet wird. Das eben so gehackte Keulenfleisch dieses auf dieselbe Weise gar gemachten Puters erhält im Gegentheil eine braune Ragout- oder Emince-Sauce zu seiner Vermischung. In Beziehung der Anrichtemethode, so wird das weiße Haschee zuweilen in einem Butterteigrand (Vol-au-vent von Wild Eskalopen) angerichtet, auch wie das braune Puterhaschee, mit einer einfachen, beliebig gewählten Garnitur gegeben.

---

## XIII. Abth.: Kapaun, Pularde, junges Huhn, Küchlein. Chapon, Poûlarde, Poûlet, Poûlette.

### Dressirte Reis-Casserolle von Kapaun. Casserolle au riz dressée de chapons.

So wie die gelungenen Produktionen der feinen Eingangspeisen (Entrées) in individueller Beziehung von dem Talent bedingt werden, so macht die Anfertigung eines schönen, gut dressirten, mit scharf hervortretenden, geschmackvollen Conturen bezeichneten Reis-Casseroles besonders darauf Ansprüche. Außer der Geschicklichkeit des Verfertigers, liegt selbst in dem Kochen des Reißes ein gewisser Takt, daß er nicht zu trocken oder zu fett, nicht zu weich oder zu fest gekocht, sondern bei vollkommener Auflösung seiner mehligen Körner die treffendste Bindekraft behauptet, ohne welche die gewünschte Gestaltung des Reißcasserols schwierig und oft unmöglich wird. Das zu einem anständigen Reißcasserole erforderliche Bedarfsquantum von einem bis ein und einem viertel Pfd. Reis muß höchstens bis zum Siedegrad blanchirt, nach sogleich erfolgtem Abkühlen und Verlesen auf ein Mal mit der nöthigen Flüssigkeit (ein bis ein und ein viertel Qrt. leichte fette Brühe) angefüllt, und mit dem erforderlichen Salz auf einem gelinden Kohlenfeuer zu einer festen Masse ausgequollen werden; nachdem dies erfolgt, wird der Reis mit einem ganzen Ei und einem Eidotter genau verbunden und mit ihm in halb verkühltem Zustande auf einer die Hitze aushaltenden Schüssel, ein, unten einen und einen halben bis einen und drei viertel Zoll breiter, zwei und einen halben bis drei Zoll hoher eleganter und gleichmäßiger Rand geformt, der mittelst Eiweiß geglättet und durch besonders von Holz oder als momentane Benutzung von großen Mohrrüben dazu geschnittenen Modells, sowol oben als an seinen Außenseiten die gefälligsten Conturen erhält, die theils scharf damit eingedrückt, theils mit kleinen ausgestochenen oder geschnittenen lanzett-, caro-, runden-, ovalen-, cotelett- oder blattförmigen Reismodells mittelst Ei hervorgebracht werden. Der in geschmackvollen Conturen verzierte, aber keinesweges durch unnütze Schnörkeleien überladene Reiscasserole wird mit 1 Eidotter vermischter Krebsbutter bestrichen und sofort in einem stark erhitzten Ofen 8 Minuten in rothbrauner Farbe gebacken. Das Inhaltsprodukt, welches dem Reiß-Casserole den Namen giebt, würde zu diesem, laut unsers angegebenen Artikels aus einem gemischten Blanquette von Kapaunen bestehen, welches von dem Brustfleische eines Kapauns, einem halben Pfd. Kalbsmilch, einem halben Pfd. Trüffeln, einem Theil eingeschwitzter Champignons nach Angabe des gemischten Puter-Blanquettartikels in gut gebundener kräftiger Sauce bereitet werden. Doch als Abwechselung nimmt der Reiscasserole sowol ein in weißer als in rother (Krebs-) Sauce verfertigtes gemischtes Ragout (I. Bd. III. Absch.) von einem halben Pfd. Kalbsmilch, einem halben Pfd. Amouretten, 2 Stück Rindergaumen, einem halben Pfd. Trüffeln, etwas Champignons, einer halben Mandel Krebsschwänze und ebenso viel Theelöffel-Fischkuefs in seinen innern Raum auf; auch wird es mit einem Frikassee von jungen Küchlein, auch wohl mit einem Salmi von 1 bis 2 Fasanen oder 2 bis 3 Rebhühnern oder einem weißen oder braunen Depecee und endlich auch mit einem weißen oder braunen Haschee von zahmem oder wildem Geflügel gefüllt. Eine Steigerung in geschmackvoller Verzierung erhält diese ausgezeichnete Eingangspeise noch durch Belegung der richtigen Mitte des Inhaltsprodukts; diese besteht entweder aus 8 großen rothen Krebsschwänzen, welche in ihrer Mitte ein Stück in Supreme verzierte Kalbsmilch oder eine große schwarze Trüffel, auch einen mit Trüffeln gespickten großen Champignon aufnehmen. Dann wiederum erscheint diese Decorirung in einem kleinen Ritterkreuz, welches von 4 ganz kleinen cotelettförmigen sauber mit Speck gespickten und glacirten Hühnerbrüstchen, einer gleichen Anzahl von dem Nerv und den Häuten geschiedenen, mittelst Einschnitten mit sägeförmig gezähnten Trüffelscheibchen verzierten und hierauf halbcirkelförmig gebogenen und in Butter und Citronensaft gar gemachten kleinen Filets (Filets mignons) und einem kleinen Stück mit Trüffeln gespickter Kalbsmilch gebildet wird; oder es erhält eine andere, durch die Idee des Künstlers entstandene Verzierung, dort ihren Platz. Bei allen auf die eine oder die andere Weise ausgeführten Decorirungen ist jedoch die Bedingung geknüpft, daß sie nicht überladen wird, sondern das Inhaltsprodukt deutlich zu unterscheiden bleibt.

## Geformte Reis-Casserolle. Casserolle au riz moulée.

Ein Pfd. auf vorstehende Art gekochter Reis wird in mit scharfen Conturen versehene dünne blecherne Ränder gedrückt und casserollförmig modellirt, wenn er kalt geworden, werden diesen Randformen mittelst eines daran befindlichen Charnires abgenommen, hierauf mit etwas Eidotter vermischter Krebsbutter bestrichen und die weitere Bereitungsart, Füllungsmethode ohne weitere Verzierung nach vorhergehender Angabe beendet. Auch wird der Reiß in dem Modell gebacken.

## Einfache Reis-Casserolle. Casserolle au riz simple.

Die Bereitungsart desselben hat diesem Gericht ursprünglich den Namen gegeben, und es sind von dieser Art Speisen abgeleitet, durch geschickte Künstler die besseren Produktionen entstanden. Der gekochte Reis wird in eine mit der zum Anrichten bestimmten Schüssel harmonirende Casserolle gedrückt und um das dadurch erforderliche Reisbedarfsquantum zu verringern, in die Mitte ein Brod oder ein anderer reinlicher denselben Zweck erfüllender Gegenstand gelegt. Nachdem der Reis kalt geworden, wird er ausgestürzt und entweder mit kleinen Reismodells belegt oder ohne diese Verzierung auf die bekannte Weise bestrichen und gebacken, nächstdem im kalt gewordenen Zustande aufgeschnitten, hierauf der inhaltige Gegenstand und so viel Reiß herausgenommen, um so viel Raum zu erhalten, daß das Inhaltsprodukt darin bequem aufgenommen werden kann. Wenn die Reis-Casserolle wieder heiß geworden und gefüllt ist, wird sie mit dem wieder darübergelegten Deckel aufgetragen.

## Reis-Turban. Turban au riz.

Mit dem Reis wird dieselbe gewölbte Form gebildet; wie dies mit Farce bei dem Artikel: Turban von Puter gezeigt ist, doch erhält der Reis hiezu keine Eiermischung, sondern wird in möglichst weißester Eigenschaft gehalten; auch die ihn als Turban bezeichnenden Conturen nicht mit den dort angegebenen Fleisch-Ingredienzien, sondern mit grün oder roth gefärbten Reis- und Trüffelmodells ausgeführt. Nachdem der Reis-Turban auf diese Weise schön gestaltet und decorirt ist, wird er mit Speckscheiben (Barden) bedeckt und eine halbe Stunde vor der Speisezeit in einen ganz mäßig heißen Ofen gestellt, hierauf nach Beseitigung der Speckscheiben mit einem rothen (Krebs) gemischten Ragout (I. Bd. III. Abschn.) gefüllt, und den Umständen gemäß in der Mitte mit einem runden Stück gespickter Kalbsmilch oder Aileron (gefüllter Flügel) belegt.

## Poularden in Supreme. Poulardes au suprême.

Wenn gleich diese ausgezeichnete Eingangspeise in ihrer Verzierung einfach erscheint, so steht dennoch die gelungen ausgeführte

Anfertigung derselben auf einer hohen Stufe der Kunst; sie verlangt eine einfarbige sehr geschmackvolle Zeichnung, welche auf den sauber ausgeschnitten von den Zartfilets (Filet mignon) getrennten, auch von allen häutigen und sehnigen Theilen gesonderten, hierauf mit etwas kaltem Wasser glatt geplatteten und schön cotelettförmig abgerundeten Brustfleischstücken von 5 bis 6 Stück kleinen Pularden angebracht wird, und wozu das Material zur Verzierung unumgänglich nöthig aus recht schwarzen Perigeur-Trüffelnmodels bestehen muß. Wenn dies Entrée bei größern Tafeln auf mehreren Schüsseln angerichtet wird, so können die zu einer jeden Schüssel bestimmten Fleischstücke in einer und derselben geschmackvollen Zeichnung belegt werden; wird diese verschiedenartig ausgeführt, muß sie correkt, nicht zu stark von einander abweichend, sondern möglichst mit einander harmonirend gehalten werden. Nachdem die nach obiger Andeutung vorbereiteten weißen Brustfleischstücke mit den nach der Idee des Verfertigers aus freier Hand geschnittenen oder mittelst kleiner Figuren-Ausstecher (I. Bd. Einl.) ausgestochenen Trüffelmodels auf der obern breiten Seite und die untere Spitze freilassend, mittelst einer feinen Spicknadel ausgelegt sind, werden sie mit ihrer Verzierung nach unten auf einem flachen Geschirr in etwas geklärter Butter auf dem Feuer ein wenig steif gemacht, wodurch die Decorirung an das Fleisch geklebt wird und sofort rücksichtlich der Tafelzeit in Butter, Citronensaft, einem Glas Rheinwein und etwas fetter Flüssigkeit, mit dem nöthigen Salz und nachdem sie von oben gut gedeckt, bei gleichmäßig einwirkender Hitze in 10 bis 15 Minuten gar gemacht. Hieran schließt sich die Decorirung der kleinen Filets (Filets mignons), welche nach Absonderung der häutigen Theile, mittelst kleiner schräger Einschnitte mit halbrunden sägeförmig gezähnten Trüffelscheibchen besteckt, hierauf halbcirkelförmig gebogen und in Butter, Citronensaft und etwas Salz kurz vor dem Speisen gar gemacht werden. Die Anrichtemethode dieser Eingangspeise zeichnet sich mit einem schmackhaft bereiteten gemischten Ragout (I. Bd. III. Abschn.) oder einem weißen Dupeee (dessen Art.) vortheilhafter, als die mit einer einfachen Süpreme-Sauce (gehobene I. Bd. II. Abschn.) aus; sie erfolgt in einer mit Semmel oder farbigen Teigcroutons schön bordirten Schüssel auf die Art, daß auf dem angerichteten Ragout dicht an der Borde die verzierten Hühnerfleischstücke die Spitzen gegenseitig deckend im Kranz gelegt und die obern breiten Seiten mit den kleinen Filets (Filets mignons) bekränzt werden, oder es wird mit diesen und einem Stück Kalbsmilch oder Trüffel in der Mitte auf dem Ragout eine andere Verzierung angebracht.

## Geflügelbrüste nach italienischer Art. Poulardes à l'Italienne.

Die Hauptingredienz dieser ebenfalls zur Classe der feinen Fleischgerichte gehörenden Eingangspeise fordert dasselbe Bedarfsquantum der im vorstehenden Artikel angegebenen Geflügelart; kann aber auch von Hühner- und in dem halben Bedarfsquantum von Kapaunenbrüsten bereitet werden. Das Geflügel wird in einer kurzen schmackhaften Braise getroffen weich gesotten; nachdem es ausgehoben und kalt geworden, werden die Brüste desselben behutsam ausgeschnitten, von den häutigen und sehnigen Theilen gesondert und von den kleinen Filets getrennt und hierauf in schöne gleichmäßige cotelett- oder eiförmig abgerundete Stücke zugeschnitten, welche mit recht weißer zarter Fischfarce (I. Bd. Einl.) beinahe ein viertel Zoll dick recht glatt bestrichen und geebnet, und zunächst auf diese mit beinahe einen drittel Zoll lang geschnittenen Stücke von nicht zu weich gekochten, gut geschlossenen italienschen Macaroni in gleichmäßige Abweichungen besteckt werden, in deren Röhren ein rundes eben so großes Stück ausgestochener schwarzer Trüffel gepflanzt und aufgenommen wird. Die auf diese Art sauber verzierte Hühnerbrüste, werden gut mit Speckscheiben und Papierblättern gedeckt und mit etwas von ihrer Fettbrühe 10 Minuten in einen mäßig heißen Ofen gestellt, so daß nach dem Abheben der Speckscheiben die überstrichene Farce sich in schöner weißer Farbe auszeichnet und die Macaronispitzen mit ihren in ihren Röhren aufgenommenen schwarzen Trüffelpunkten elegant hervortreten. Das Anrichten derselben schließt sich an vorstehende Methode und wird zum Schluß mit den in der Mitte durchgeschnittenen und möglichst verzierten kleinen Filets (Filets mignons) und einem gespickten oder belegten großen Champignon in der richtigen Mitte ein Stern gelegt.

## Kapaunenbrüste nach Conti. Chapons à la Conti.

Die Verzierungsart nach Conti ist schon einmal in dem Art.: kleine Zartfilets von Kalb nach Conti (II. Abthl.) berührt worden, so werden auch die von drei Kapaunen geschnittenen 10 bis 12 Brustfleischstücke mit platten oder sägeförmig gezähnten Trüffel-, grüner Farce-, rothfarbigen Mohrrüben-, Cornichonsscheibchen und dergleichen mehr Ingredienzien, mittelst schräger Einschnitte verziert und mit einem Theil der, von den früher gekochten Kapaunenkeulen und Abgängen erhaltenen kurzen wohl assaisonnirten Fettbrühe sehr behutsam und treffend gesotten. Hiermit verbindet sich die Anfertigung eines, mit einer vortrefflich mit der Kapaunenbrühe und Rheinwein im Geschmack gehobenen, gut gebundenen weißen Sauce und dem Kapaunenkeulenfleische so wie den übrigen Abgängen, etwas dickflüssigen Haschee, welches in einer bordirten Schüssel angerichtet und mit den decorirten, ganz leicht mit flüssiger Glace bestrichenen Kapaunenbruststücken an den Seiten kranzförmig belegt, die zum Schluß mit den gespaltenen und auf die bekannte Weise vorbereiteten über ein dazu passend geschnittenes Brod oder einen andern Körper halbcirkelförmig gebogenen kleinen Filets bekränzt werden, wobei als Schluß die mittlere Vertiefung noch mit etwas Haschee gehoben wird.

## Hühnerbrüste nach Voppaliere. **Poulets à la Voppalière.**

Diese Eigangspeise erfordert zu ihrem Bedarfsquantum 5 bis 6 Stück kleine fleischige junge Hühner, und ist die Bereitungsart mit der vorstehenden so weit übereinstimmend, als die Brüste aus den Hühnern geschnitten und von dem andern braisirten Hühnerfleische ein nach vorhergehender Angabe bereitetes dickflüssiges Haschee bereitet, welches aber noch mit einem viertel Qrt. Champagner im Geschmack gehoben und mit den gehackten Trüffelabgängen vermischt wird. Abweichend von der vorhergehenden Bereitungsart erscheint die Behandlung der Hühnerbrüste, von welchen der hälfte Theil nach sorgfältiger Glättung und Abrundung mit fein geschnittenen Trüffelfäden und die andere Hälfte mit dergleichen Speckfäden sauber gespickt, hierauf wie die vorigen gekocht aber schön blank glacirt, und der hälfte Theil der kleinen Filets auf die bewußte Weise mit Trüffeln und die andere Hälfte mit rothfarbigen Mohrrüben, oder grünen Farcescheiben verziert, halbcirkelförmig über ein passend dazu geschnittnes und mit Speck belegtes Brod oder einen andern Gegenstand gekrümmt, und auf diese Weise gar gemacht werden. Wenn noch ein großer Champignonshut oder ein kleines Stück Kalbsmilch oder statt dessen ein rundes kleines Stück Hühnerbrust in Supreme verziert worden, wird mit Berücksichtigung der Speisezeit zum Anrichten geschritten, was in einer mit Semmelkrusten schön bordirten Schüssel zuerst mit dem Haschee, dann mit dem kranzförmigen, wechselseitigen Belegen der verschiedenartig gespickten Hühnerbrüste und zuletzt mit den kleinen Filets und einem Stück von den einen oder den andern oben bezeichneter Ingredienzien, in der Mitte gebildeten Krone, ausgeführt wird.

## Pularden nach Ritterart. **Poulardes à la Chevalière.**

Das Hauptingredienz-Bedarfsquantum erfordert 3 bis 4 Exemplare dieser Geflügelart, aus zweien derselben werden die Brüste geschnitten und alles übrige Fleisch schmackhaft braisirt, welches in Verbindung von etwas Kalbsmilch und Champignons zu einem mit vortrefflicher weißer Sauce bereiteten Depece (dessen Artikel) angewendet wird. Das Ritterkreuz verlangt zu seiner gelungenen Ausführung 4 Stück ganz gleichförmige fein gespickte, in kurzer Fettbrühe gar gemachte und schön glacirte Hühnerbrüste, ein ebenso bereitetes ganz rundes Stück Kalbsmilch und 4 Stück mit Trüffeln verzierte und halbcirkelförmig gebogene kleine Filets. Nachdem das Depece in einer schön bordirten Schüssel angerichtet ist, wird das Ritterkreuz in der richtigen Mitte auf folgende Art gebildet: zuerst werden die unterdessen scharfkantig, nach unten spitz zulaufend abgeschnittenen Hühnerbrüste mit den Spitzen nach inwendig zusammenlaufend gelegt, diese hierauf außerhalb mit einem sechstel Zoll breiten schwarzen Trüffelscheiben dicht eingefaßt, zwischen welchen zunächst die gebogenen kleinen Filets angebracht werden und zuletzt in die Mitte die bezeichnete Kalbsmilch gepflanzt wird. Hieran ist die Bedingung geknüpft, daß das Depece in bündiger Sauce, reich an inhaltigen Bestandtheilen bereitet wird, damit das Kreuz dadurch gehalten und nicht untersinkt, auch durch ein ebenes plattes Anrichten der Gestaltung desselben nichts im Wege tritt. Diese Eingangsspeise wird auch mit einem Frikassee von Hühnern auf dieselbe Weise verziert, bereitet.

## Finanzielle Hühnerbrüste. Poulets à la financière.

Diese ausgezeichnete Eingangspeise fordert zu ihrem Hauptingredienz: Bedarfsquantum 10 bis 12 Hühnerbruststücke, welche nach der bereits bezeichneten Methode, von 5 bis 6 Stück Pularden oder fleischigen jungen Hühnern ausgeschnitten, hierauf recht sauber gespickt und mit der bekannten Rücksicht, in einer schmackhaften kurzen Fettbrühe so gesotten, daß bei dem Ankochen die Schaumtheile gehörig abgesondert oder diese durch ein augenblickliches Blanchiren beseitigt werden. Nachdem dies erreicht ist und die Hühnerbrüste durch ein geringes Verstutzen im schönen Aeußern gehoben sind, werden sie durch wiederholtes Belegen mit flüssiger Glace und von oben einwirkender Hitze in Speck recht kraus und blank glacirt und mit einem vortrefflichen weißen finanziellen Ragout (I. Bd. III. Abschn.) von 30 bis 40 Austern, einem halb Pfd. Kalbsmilch, einem halben Pfd. Amouretten, einem halben Pfd. Trüffeln und 12 Stück Theelöffelknefs in eine schön bordirte Schüssel, mit den bereits bekannten halbcirkelförmigen kleinen Filets (Filets mignons) bekränzt, in Miroton (Kranz) angerichtet. — Eine französische Methode läßt die finanziellen Hühnerbrüste noch mit kleinen Krebsscheeren flügelartig bestecken, wozu der Artikel: Rehfilets nach französischer Art (VIII. Abthl.) die Anweisung giebt.

## Kapaunen nach St. Cloud. Chapons à la St. Cloud.

Dies Gericht besteht aus dem Brustfleisch von zwei bis drei gut eingewickelt gewesenen, am Spieß getroffen gebratenen oder schmackhaft braisirten jungen Kapaunen, von welchen nach dem sorgfältigen Ausschneiden und Beseitigen der häutigen und faserigen Theile acht bis zwölf gleichförmige Stücke gemacht werden und aus einem von den Keulen und übrigem Fleische mit dem Trüffelabfall bereiteten braunen Haschee. Das erwünschte Resultat der Anfertigung dieser Eingangspeise hängt von recht guten, besonders schwarzen Trüffeln ab; sie werden in nagelförmige Stücke geschnitten, welche auf die Kapaunenbruststücke in ganz gleichmäßigen Abweichungen in, mittelst eines spitzen hölzernen Speiles vorgestochene, kleine Löcher gesteckt und festgedrückt werden. Wenn die Fleischstücke, ohne zu kochen, in einer flüssigen Glace glacirt sind, werden sie in eine, mit einem niedrigen, geflochtenen oder durchgestochenen Teigrand, bordirte Schüssel mit dem Haschee angerichtet und mit den halb durchgeschnittenen kleinen Filets und einem rund und flach geschnittenen und nagelförmig gespickten Stück Kalbsmilch, oder großen Champignonshut in der Mitte ein Stern gebildet. Wird auch von Pulardenbrüsten und ballonsartigen Keulen (deren Artikel) erfolgreich zubereitet.

## Capilotade von Geflügel. Poulets en capilotade.

Drei bis vier Stück junge Hühner werden nach erhaltener Vorrichtung, einem fünf minutlichen Blanchiren und Auskühlen in schön zugestutzte Gliederstücke auf die Art getheilt, daß von den kleinern vier, von den mittlern fünf und von den ganz ausgewachsenen Hühnern sechs Stücke, ohne die alsdann getrennten untern Schenkelstücke (Pistolen) geschnitten werden. In ein viertel Pfd. Butter mit feinen Kräutern (Petersilie, Champignons, Chalotten, Estragon) eingeschwitzt, werden sie mit der erforderlichen Quantität, von Mehlschwitze, Rindfleischjus und der von den Hühnerfleischabgängen mit Würzung ausgekochten Flüssigkeit angekochten braunen Sauce, drei achtel Qrt. Medoc und dem nöthigen Salz weich gesotten; wobei Schaum und Fettstoff wiederholentlich abgenommen und die Sauce die erforderliche Einkochung erlangen muß und hierauf mit noch etwas Wein, einem guten Theelöffel voll Sardellenbutter, 4 bis 6 Eßlöffel voll dicker saurer Sahne und dem Safte von einer und einer halben Citrone schmackhaft gehoben wird. An die gelungene Ausführung aller auf diese Art bereiteten Gerichte ist die Bedingung geknüpft, daß die von den Gliederstücken losgekochten Knochen oder ein zu starkes Hervortreten derselben ein Ausheben und Ueberleeren der Fleischstücke in ein anderes Geschirr und ein Nachstutzen derselben nöthig machen, und wenn hierauf die Sauce zur nöthigen Einkochung gelangt ist und an Geschmack nichts zu wünschen übrig läßt, diese wieder mit den Fleischstücken in Verbindung gebracht wird. Auch gestattet die Capitolade eine Vermischung von Kalbsmilch, Champignons und den Lebern des Geflügels. Das Anrichten erfolgt mit Fleurons, Croutons oder sauber bereiteten Kapaunen-Ailerons (Flügeln), wobei die besseren Stücke nach oben gebracht, wenn diese, wie bei einer in größern Quantitäten angefertigten Gerichten dieser Art nicht schon besonders dazu markirt sind.

## Einfaches Hühner-Frikassee. (Eingemachtes.) Fricassée de poulets.

Bedarfsquantum und formelle Vorrichtung der Hühner ganz nach vorhergegangener Angabe, auch schließt sich die Kochmethode in sofern an dieselbe Form, als die Sauce aus einer weißen, statt braunen Sauce, dazu weißer Wein statt Medoc angewendet und die Beimischung der feinen Kräuter unterlassen wird. Doch ist die Bereitungsart des Frikassees noch dadurch getheilt, daß die Sauce, worin die Hühnergliederstücke gekocht werden, nicht besonders dazu eingerichtet, sondern die in Butter geschwitzten Fleischstücke mit 3 bis 4 Eßlöffel voll Mehl bestaubt, mit von allen Abgängen gezogener gewürzhafter Brühe unter fortwährendem Schütteln aufgefüllt, und sofort nach Art der Capilotade gekocht werden. Nachdem die Hühnerstücke weich, diese nach den im vorstehenden Artikel angegebenen Gründen, aus der Sauce gehoben, nöthigenfalls nachgestutzt und in ein anderes Geschirr gethan sind, wird die Sauce zu der nöthigen Einkochung gelangt, mit 6 bis 7 Eierdottern mit Rheinwein bereiteten Liaison ((I. Bd. Einleit.) gebunden und mit einem guten Theelöffel voll Sardellenbutter und den Saft von einer bis eine und eine halbe Citrone abgeschärft. Als Garnitur sind Croutons oder Fleurons anwendbar; kann auch ohne diese gegeben werden. — Dies einfache Hühnerfrikassee kommt nun in verschiedenen Abweichungen vor, wodurch es bei der Zubereitung charakterisirt wird, es gestattet sowohl eine Beimischung von fremden Fleischingredienzien, als vegetabilischen Stoffen und erscheint als:

## Gemischtes Hühner-Frikassee. Fricassée de poulets mêlée.

Dies wird mit 1 Pfd. Kalbsmilch, einem guten Theil Champignons, 3 Stück Rindergaumen und einer Mandel Theelöffelfischknefs oder kleinen runden Semmelklößchen in Verbindung gebracht, wodurch das Haupingredienz-Bedarfsquantum um ein Exemplar verringert wird. Kann wie oben, auch mit Croquetten garnirt werden.

## Hühner-Frikassee mit Kräutern. Fricassée de poulets aux fines herbes.

Erhält eine Beimischung von geschwitzten feinen Kräutern (Champignons, Chalotten, Schnittlauch und Petersilie) und einem etwas pikantern Geschmack von Sardellen und Citronensaft.

## Hühner-Frikassee mit Petersilienblättern. Fricassée de poulets à la pluche.

Wird mit Weglassung der Sardellenbutter und weniger Anwendung von Citronensaft, mit einem guten Theile feinblätterig gemachter und in Wasser treffend gekochter Petersilie behutsam in Verbindung gebracht und mit einer Mandel gerührter Nockeln (I. Bd. Einl.) garnirt.

## Hühner-Frikassee mit Majoran. Fricassée de poulets au marjolaine.

Mit Beimischung von frischem gehackten Majoran oder dergleichen trockener, und etwas gehackter Petersilie, wird es nach der zuerst gegebenen Anweisung oder ohne Beimischung von scharfen Ingredienzien nach vorstehender Angabe bereitet und wird bei dem Anrichten mit kleinen Semmel- oder Speckklößen garnirt.

## Deutsches Hühner-Frikassee. Fricassée de poulets à l'Allemande.

Hierbei wird die Hauptingredienz etwas verringert, dafür aber mit einem halben Pfd. Kalbsmilch, einem im Volumen gleichen Theil Champignons, einem größern Theil frischer oder trockener vorbereiteter Morcheln und den ausgeschnittenen und gesäuberten Magen der Hühner belegt und nach Angabe des ersten Artikels der Hühner-Frikassees, jedoch in rother (Krebs-) Sauce gekocht. Wenn dies erfolgt ist, werden die Hühnerstücke mit ihren beigemischten Ingredienzien in ein anderes Geschirr gethan, hierauf noch mit einer Mandel Krebsschwänze und eben so viel kleinen runden Semmel- oder Kalbfleischklößen (I. Bd. Einl.), ferner den steifgemachten Hühnerlebern belegt und wenn die Sauce an Geschmack nichts zu wünschen übrig läßt, auch die nöthige Einkochung erhalten und dickflüssig genug ist, wird sie nur mit einigen Eierdottern, der rothen Farbe wegen, gebunden und sofort sehr vorsichtig mit sämmtlichen Ingredienzien genau vermischt, auch mit Eiern ebenso vorsichtig angerichtet. Dies Frikassee kann auch mit einer gelben mehr gebundenen Sauce gemacht werden.

## Deutsch bürgerliches Hühner-Frikassee. Fricassée de poulets à la Bourgeoise.

Die Bereitungsart erscheint dadurch relativ, weil sie von der Haushaltökonomie bedingt wird. Wenn sämmtliche von 1 bis 4 Hühnern, aus Keulen, Brust, Hals, Rücken, Flügel, Magen und den sauber gebrühten Köpfen bestehende Stücke in ein viertel Pfd. Butter geschwitzt, mit 4 bis 6 Eßlöffeln voll Mehl gedeckt und mit dem Brühwasser (Blanchir-) angefüllt und unter Umschütteln oder mit einer hölzernen Kelle leise darin gerührt, angekocht sind, werden sie mit einem Stück Sellerie, Petersilienwurzel, Mohrrübe, ferner ein paar mit Nelken gespickten Zwiebeln, einem Bouquet von etwas Basilicum, Majoran, Timian, 2 Lorbeerblättern und etwas Petersilienzweigen belegt und sofort mit Vermischung von etwas Wein und Essig auf die bekannte Weise gekocht; nächstdem mit 4 mit Wein verdünnten Eierdottern gebunden, mit von 2 Sardellen bereiteter Sardellenbutter und dem Saft von einer Citrone abgeschärft und mit kleinen Semmel- oder gerührten Klößen aufgetischt. Alle hier aufgeführten Frikasseearten können außer mit einer einfachen Garnirung, auch in einer besonders dazu bereiteten Hülle aufgetragen, auch darin eingeschlossen gebacken werden, sie erscheinen demgemäß als:

## Hühner-Frikassee in Butterteigrand. (Vol-au-Vent.) Fricassée de poulets en vol-au-vent.

Wozu rücksichtlich der inneren Bestandtheile der Art.: Eskalopen von Reh in Butterteigrand, die Bereitungsart angiebt. Ebenso giebt zu der Bereitung der:

## Deutschbürgerliche Schüsselpastete von Hühnern. Palé chaud de poulets sur le plat,

der gleich benannte Artikel von Kalb (II. Abthl.) den Commentar. Noch ist das in Frankreich und Italien sehr übliche Gericht:

## Kari-Frikassee. Fricassée de poulets au Kari,

bemerklich. Es wird durch Beimischung von einem Theelöffel voll gelben Karipulver charakterisirt, die gelbe Farbe des Frikassees noch durch ein Bindungsmittel von Puter- oder Enteneiern mit einer ganz geringen Auflösung von Safran zum möglichsten Grad gesteigert und in einem auf der Schüssel geformten Rand von gelben steif gekochten Vermicelli (italienische Nudeln), weiß gelassenen oder gelb gefärbten Reis angerichtet.

## Depecee von Geflügel. Depeçée de volaille.

Die in 2 Kapaunen, 2 oder 4 Hühnern bestehenden Hauptingredienzien dieser Speise unterliegen einer besonderen Aufmerksamkeit, daß sie in getroffenem weichem Zustande in einer schmackhaften Braise gekocht, auch alle dazu bestimmte fremde Fleischzuthaten eine gleiche Vorrichtung erhalten. Nachdem dies erfolgt ist, wird das Fleisch von dem ganz kalt gewordenenen Geflügel aus Haut und Knochen und in einen Zoll große gut abgestutzte saubere Stückchen geschnitten und die bessern Bruststücke mit eben so geschnittener Kalbsmilch, Rindergaumen, Trüffeln und Champignons besonders markirt oder bezeichnet. Die verhältnißmäßige Vermischung erfolgt sowol in einer mit Rheinwein oder Malaga verfertigten, mit der Geflügelbrühe vermischten spanischen, als in einer ebenso schmackhaften gut gebundenen weißen Sauce (I. Bd. II. Abschn.), wodurch diese Speise als weißes und braunes Depecee charakterisirt wird. Die Anrichtemethode des letztern erfolgt zuerst mit den schlechtern Fleischstücken, welche zunächst mit einem schönen Kranz von verzierten Netzchen (I. Bd. IV. Abschn. Croquettes à la Reine) umlegt und in die mittlere Vertiefung sofort mit den besonders dazu markirten äußern Stücken gefüllt wird. Das weiße Depecee wird eben so angerichtet, jedoch mit Lebernetzchen, gefüllten Kapaunflügeln (Ailerons), Croutons oder Fleurons garnirt. — Diese Ragoutart erhält zuweilen in kürzerer Sauce angefertigt als Inhaltsprodukt anderer Speisen seinen Platz (deren Artikel). Ebenso finden wir es als:

## Depecee von Geflügel auf Mailänder Art. Depeçée de volaille à la Milanaise,

aufgeführt, wozu das gleich benannte Puter-Blanquette die nöthige

Anweisung giebt. Es wird sowol mit einem Reis- als Plinzenrand aufgetischt, doch vorzugsweise das weiße Depecee dazu angewendet.

### Blanquette von Kapaun. Blanquette de chapons.

In dem Bedarfsquantum von 2 Kapaunen wird es dem Puter-Blanquette gleich behandelt und in dieser Beziehung dieselben dort aufgestellten Rücksichten gebraucht. Ebenso eignet es sich zu allen diese Gerichte charakterisirende Abweichungen als:

### Blanquette von Kapaunen in Bechamelle. Blanquette de chapons à la béchamelle.

Ist besonders von, in getroffenem weichem Zustande in einer gewürzhaften Braise gekochten schönen Kapaunen, mit einer vortrefflichen mit guter Sahne bereiteten, der wenig gesalzenen und kurzgekochten recht weiß gehaltenen Kapaunenbrühe versetzten Bechamelle-Sauce, eine sehr beliebte Speise. Die Bereitungsart wird durch den ebenso benannten Puter-Artikel commentirt. In gleichem Verhältniß zu den gemischten Puter-Blanquetten hinsichts der Anfertigung steht das:

### Gemischte Kapaunen-Blanquette. Blanquette de chapons mêlée.

Es kann wie dieses auf mailändische Art angerichtet, auch in kurzer Sauce bereitet als Inhaltsprodukt anderer Speisen benutzt werden.

### Escalopen von Kapaunen. Escalopes de chapons,

werden von den zurückgebliebenen Keulen der schon zu einer andern Speise gebrauchten Bruststücke der Kapaunen nach Anweisung des Puterartikels bereitet.

### Haschee von Kapaunen. (Haschis.) Hachée de chapons. (Hachis.)

In Beziehung der Bereitungsart richtet man sich mit Bezug des Kalb- oder Hammelhaschees (II. und III. Abth.) nach der Vorschrift des Puterhaschee-Artikels.

### Neapolitanischer Timbal. Timbal à la Napolitaine.

Wenn diese vorzügliche Eingangspeise den ihr gebührenden ausgezeichneten Rang behaupten soll, muß deren Anfertigung mit Talent und Geschicklichkeit gepaarter Sachkenntniß geleitet, und nächst dieser Bedingung die dazu nöthigen Ingredienzien in bester Qualität genommen werden. Unter diesen werden nun ein halbes und drei viertel Pfd. in langer und ganzer Eigenschaft gewählte, einige Minuten vorgekochte und hierauf, um das Zusammenkleben und Auseinanderplatzen zu vermeiden, in vieler Flüssigkeit von Brühe recht behutsam und im getroffenen weichen Zustande gekochte italienische Macaroni die Hauptrolle spielen. Zu diesen gesellt sich eine in den kürzesten und dicksten Saucen-Volumen, von 2 Kapaunen schmackhaft angefertigte weiße Kapaun-Depecee (dessen Artikel); oder ein in gleicher Eigenschaft bereitetes gemischtes Ragout von einem und einem halben Pfd. Kalbsmilch, einem halben Pfd. Trüffeln, 4 Rindergaumen und Champignons, auch mit diesen abwechselnd ein in eben so kurz gehaltener brauner Sauce gefertigtes Toulouserragout (I. Bd. III. Abschn.) und wenn noch von einigen Pfunden Kalbfleisch oder einem alten Huhn eine in haltbarer Consistenz durch die Probe sich gezeigte Farce gemacht ist, so wird zu der Zusammensetzung des Timbals geschritten. Die Timbalforme (Kuppel I. Bd. Einl.) muß mit der zum Anrichten bestimmten Schüssel harmoniren und inwendig wohl mit geklärter Butter bestrichen werden. Die auf einer Serviette gut abgetropften Macaroni werden mit genauer Zusammenfügung ihrer Enden in einer schönen festen Schneckenform in der ganzen innern Ausdehnung der Timbalforme geordnet, wobei von Zeit zu Zeit die Macaroni mit etwas von der Farce fest an einander geschlossen, befestigt und gestützt werden, sonach wird auf der Schneckenlage mittelst Eierbestreichens ein halber Zoll dick Farce gestrichen, diese platt geebnet und der mittlere Raum mit einem der bezeichneten Ragouts gefüllt und festgedrückt. Nachdem das Ganze mit der übrigen Farce fest aneinander geschlossen, zusammengefügt und mit einem gefetteten doppelten Papierblatte gedeckt ist, wird die Form in kochendem Wasser in einen mäßig heißen Ofen ein und eine halbe Stunde lang gestellt, nach dieser Zeit in recht weiß gehaltenem Zustande sehr vorsichtig gestürzt und zwischen den Timbal und den Rand der Schüssel ein Theil weiße flüssige Sauce gefüllt.

## Geflügel-Granade. Granade de volaille.

Auch diese Eingangspeise kann in der Bereitung durch eine geschmackvoll gehaltene Verzierung, eine in zarter und weißer Eigenschaft gesteigerte, aber dabei haltbare Farce, und ein in vortrefflicher Sauce von von einem halben Pfd. Kalbsmilch, einem halben Pfd. Trüffeln, 25 Stück Austern und Champignons angefertigtes finanzielles Ragout (I. Bd. III. Abschn.) auf eine hohe Stufe der Kunst gebracht werden. Die aus schwarzen Trüffelmodels, rothen Krebsschwänzen, mit Spinatmotte grün und mit Altkermes roth gefärbte feste Farce, und gekochten Enten- oder Puter-Eierdottermodels, ferner die aus den Nerv und faserigen Häuten und mittelst kleiner Einschnitte zweifarbig decorirten kleinen Filets (Filets mignons) und kleinen ganz rund geplatteten und fein gespickten Geflügelbruststücke bestehende Verzierungsmittel werden in einer wohl ausgestrichenen Cylinderforme (I. Bd. Einl.) auf die Art als Zeichnung gelegt, daß zu jeder partiellen Bereitung nur 2 bis 3 von den eben bezeichneten Verzierungsingredienzien in schöner Schattirung angebracht werden, um durch mehrfältige Belegung eine bunte geschmacklose Ueberladung zu vermeiden, wobei die kleinen Filets mit in der Forme oder aus obigen Rücksichten bei dem Anrichten auf dem Ragout gebraucht werden können. Nach erfolgtem Auslegen der Forme wird diese mit der größten Vorsicht, damit die Verzierung nicht verschoben, mit der, von dem weißen Fleische der Abfälle obiger Bruststücke zweier Kapaunen, nöthigenfalls mit Vermischung von etwas Zanderfleische bereitete, oben bezeichnete Farce glatt und fest gefüllt und rücksichtlich der Tafelzeit in ein Geschirr mit, den Siedegrad nicht erreichendem Wasser, in einer sehr mäßigen Hitze 30 bis 40 Minuten gestellt. Nach dem, nach dieser Zeit erfolgten behutsamen Ausstürzen der Granade wird in den durch den Cylinder entstandenen Raum das bereits angedeutete finanzielle Ragout gefüllt, welches in der richtigen Mitte mit fünf, mit den kleinen Filets umkränzten runden Brustfleischstückchen belegt wird. Das Inhaltsprodukt der Geflügel-Granaden kann sowol aus einem, mit einer schmackhaften und bündigen Krebs-Sauce bereiteten gemischten Ragout, als auch aus einem weißen Geflügel-Depecee bestehen.

## Pularden in Bigarrüre. Poûlardes en bigarrure.

Von 3 bis 4 Stück kleinen Exemplaren dieser Geflügelart werden die Brüste und die Keulen mit der darauf gelassenen ganzen Haut abgelöset, die erstern auf die bekannte Weise in cotelettförmige, wenig abgerundete Stücke gestaltet und die Keulen bis zum Kniegelenke ausgebeint. Hierauf wird von den Fleischabgängen mit den erforderlichen Ingredienzien eine Farce bereitet (I. Bd. Einl.), mit welchen die ausgelöseten Keulen ganz wenig gefüllt und zunächst mit den ganz darangelassenen Beinen, von denen die Zehenspitzen abgestutzt worden, auf die Art eine länglich runde Form gestaltet, daß die Beine zur Hälfte nach innen zurückgedrückt und so mittelst Nadel und Faden geschlossen und befestigt, sofort in kochendem Wasser steif gemacht, hierauf ganz wenig gepreßt und die Hälfte derselben mit feinen Trüffel- und die andere Hälfte mit feinen Speckfäden gespickt werden. Derselben Spickprocedur unterliegen die Brüste; sowol diese als die Keulen werden nach dieser Vorbereitung in einer schmackhaften Braise gar gemacht, nach dessen Erfolg und nach Beseitigung der Fäden, sowol Keulen als Bruststücke bei von oben einwirkender Hitze blank und kraus glacirt. Wenn mit dieser Arbeit sich die Anfertigung eines, mit vielen Champignons gesättigten und mit der gewürzhaft ausgekochten und ganz kurz gesottenen Brühe der Pulardengerippe vermischten dicken Haschees vereinigt hat, kann im Einklang der Speisezeit zur Anrichtmethode auf folgende Weise geschritten werden: Die Vertiefung, mit der mit einem niedrigen gekniffenen, ausgestochenen oder geflochtenen Teigrand bordirten Schüssel, wird von dem bemerkten dicken Haschee eingenommen, auf diesem die verschiedenartig gespickten Hühnerbrüste und Keulen auf die Art angerichtet, daß die Spitzen der Brüste und die Pfoten der Keulen nach inwendig gelegt werden und mit den kleinen Filets irgend eine Verzierung in der Mitte angebracht wird.

## Hühnerbrüste in halber Trauer. Poulets en demi-deuil.

Bestehen aus den ausgeschnittenen Bruststücken von 5 bis 6 Stück schmackhaft braisirten kleinen Hühnern oder Pularden, welche nach sorgfältiger Abrundung und gleichförmiger eirunder Gestaltung, mit einer in weißester und zartester Eigenschaft bereiteten Fischfarce einen viertel Zoll dick bestrichen und recht glatt geebnet, hierauf mit dünnen Speckscheiben und einem Papierblatte gedeckt und in etwas schmackhafter Fettbrühe eine viertel Stunde vor dem Anrichten in einen sehr mäßig heißen Ofen gestellt werden. Gleichzeitig werden als unerläßliche Bedingung recht schwarze Trüffeln fein gehackt und getrocknet, und die indeß in eine heiße Serviette gelegten Stück für Stück auf eine Gabel gestochenen recht weiß gehaltenen Hühnerbrüste in der Länge genau auf der einen Seite mit etwas dicker Glace bestrichen, und sogleich mit den Trüffeln bestreuet, doch muß diese Operation mit der besondern Sorgfalt geschehen, daß mit dem Bestreuen nicht die Grenze überschritten werden darf, sondern die andere Seite ganz weiß bleibt, welche demzufolge mit Papier gedeckt wird. Die so bereiteten Hühnerbrüste werden auf einem, in einer mit Semmelkrusten bordirten Schüssel trefflich angerichteten weißen Depecee (deren Artikel) kranzförmig, oder mit den schmälern Seiten nach innen angerichtet und zum Schluß mit den halbcirkelförmigen weiß gelassenen nicht verzierten kleinen Filets und einer ungeschälten mit einem großen Hahnenkamm gepfropften Trüffel die Mitte geziert.

## Einfache Hühnerbrüste. Filets simples de poulets.

Sowol von Pularden als gewöhnlichen Hühnerbrüsten wird diese Speise gemacht, kommt auch wol von Kapaunen, doch von diesen als geschnittene Gliederstücke bereitet, vor. Das hierzu bestimmte Geflügel wird allemal in einer mit allen gewürzhaften Ingredienzien belegten schmackhaften Braise in treffend weichem Zustande gesotten, nach gänzlicher Auskühlung die Brüste mit Daranlassung des Flügelknochens ausgeschnitten, diese werden nun, den Umständen gemäß oder den sie begleitenden Saucen oder Ragouts angemessen, mit daraufgelassener oder abgenommener Haut schön zugestutzt, wobei der Flügelknochen etwas entblößt, glatt abgehauen und sofort in einem Theil ihrer Braise oder etwas Sauce, unter dem Siedegrad heißgehalten. Ihre Auftischung ist verschiedenartig, bald werden sie mit einer flüssigen Glace bestrichen, öfter im unglacirten Zustande mit einem, sowol in rother als weißer Sauce gemischten Ragout, bald mit einem Mazedonier-

Ragout, dann wiederum mal mit einem Morchel-, Champignons- oder Trüffel-Haschee oder dergleichen Ragouts kranzförmig oder flach gelegt, angerichtet. — Wie schon bemerkt, werden die Kapaunen zu diesem Behuf in Gliederstücken, wobei die Keulen mit angewendet, auch diese bei den Hühnern oder Pularden mit Wegnahme des halben obern und mit etwas entblößten glatt abgestutzten untern Schenkelknochen dazu benutzt; wodurch das Hauptingredienz-Bedarfsquantum um die Hälfte verringert wird. Die von den Hühnerbrüsten bereiteten Speisen zurückgebliebenen Keulen, können unter andern als:

## Ballonsartige Hühnerkeulen. Cuisses de poulets en ballons,

benutzt werden. Zu der formellen Bereitungsart derselben giebt der Artikel: Hühner in Bigarrure, den nöthigen Commentar; sie werden auf ihrer Oberfläche mit feinem Speck rosenförmig gespickt, hierauf in der Braise gesotten, zunächst mit eindringender Hitze von oben kraus und glänzend glacirt und mit den einen oder den andern in dem vorstehenden Artikel aufgeführten Beigüssen in einer leicht bordirten Schüssel oder ohne alle äußere Verzierung an dem inneren Rand der Schüssel mit den abgestutzten Pfoten nach innen angerichtet.

## Ballonsartige Hühnerkeulen nach französischer Art. Cuisses de poulets en ballons à la Française.

Sowol in dem Füllsel, der aus einem recht festen Salpicon (I. Bd. III. Abschn. von einem halben Pfd. Trüffeln, einem halben Pfd. Kalbsmilch und etwas Champignons besteht, als in der formellen Bereitungsweise von dem vorigen dadurch abweichend, daß die Beine von den Keulen abgeschnitten und dafür mit der obern Spitze von Krebsscheeren beim Anrichten besteckt und nicht gespickt werden. Sie werden hierauf in Butter, etwas feinem Oel, feinen gehackten Kräutern, Citronensaft und einem viertel Qrt. Wein, Salz und Pfeffer geschmort und mit der nöthigen Quantität gut abgefetteter Hühnerkeulenbrühe vermischten braunen Sauce im Kranz angerichtet.

## Hühnerkeulen als Entchen. Cuisses de poulets en cannelons.

Die gelungene Ausführung der in mancher Hinsicht kritischen Bereitungsart dieser Eingangspeise erfordert nebst praktischer Sachkenntniß ausdauernde Geduld und Geschicklichkeit. Die 6 bis 8 Stück dazu zu brauchende Hühner müssen im halb ausgewachsenen Zustande sein, von welchen die Keulen auf die Art abgelöset werden, daß die Haut auf der Brust und dem Rücken getrennt, und somit in der möglichst größten Ausdehnung die Keulen mit der Haut gedeckt bleiben. Der partielle Auslösungsproceß der Keulen erfolgt mit dem ganzen obern Schenkelknochen und dem ungetrennten Kniegelenke, dann mit der Hälfte des untern Schenkelknochens, der in der Mitte glatt abgehauen, so wie das Bein in der Mitte glatt abgestutzt wird. Der dickere Theil des Schenkels (den Leib der Ente bildend) darf wegen des dadurch zu veranlassenden Platzens nur wenig mit Farce gefüllt werden, wird demnächst mittelst Nadel und Faden in eine länglich runde hinten spitz zulaufende Form gestaltet und mit dem dünnern Schenkeltheil mittelst den darin befindlichen halben Knochen (den Hals darstellend) in aufrechter zurückgebogener Stellung und dem Kniegelenke mit dem halb abgestutzten Beine (den Kopf und und Schnabel bildend) zu dem dicken Schenkeltheil herangezogen und so in Verbindung gebracht, daß mittelst leichten Einschnitts am Kniegelenke, das abgestutzte Bein nach unten eingezogen wird. Wenn diese Procedur mit allen Hühnerkeulen auf die bestmöglichste Weise beendet ist, erfordert das Kochen derselben ebenfalls eine besondere Aufmerksamkeit, daß sie in einem flachen Geschirr geschlossen geordnet, mit kurz aufgefüllter Braise auf einem ganz gelinden gleichmäßigen Feuer, auf den niedrigsten Siedegrad gehalten, im treffendsten weichen Zustande gekocht, demnächst verkühlt aus der Brühe gehoben, hierauf von allen Fäden behutsam und sorgfältig geschieden und sofort die letzte Hand an die den Enten möglichst ähnliche Gestaltung gelegt, daß zuerst die Flügel mit Daranstechen von zwei passenden kleinen Krebsscheeren und die Schnabelspitze mit einem Stück von der untern Krebsscheere gebildet wird. Nachdem die Entchen in einer flüssigen Glace heiß geworden, werden sie auf einer, mit einem Semmel-Croutonsrand schön bordirten Schüssel gegebenen weißen gemischten Ragout oder weißen Depecee hinter einander oder mit den Schnäbeln nach inwendig gesetzt, angerichtet.

## Sautee von Geflügel. Sautée de volaille.

Besteht aus dem Brustfleische junger Geflügel und bleibt dessen Anfertigungsart und Anrichtmethode derjenigen der unter diesen Namen vorkommenden Gerichte treu.

## Coteletten von Geflügel. Cotelettes de volaille.

Die Bereitungsart derselben ist im I. Bd. V. und VII. Abschn. genau angegeben; als Eingangspeise werden sie gewöhnlich mit Purees oder Haschees im schönen Kranz angerichtet aufgetischt, sie unterscheiden sich alsdann durch ihren unpannirten und glacirten Zustand; als pannirte Coteletten finden sie wie bekannt ihre Anwendung als Gemüsegarnitur. (I. Bd. VII. Abschn.)

## Eskalopen von Kapaunen. Escalopes de chapons.

Die von den Keulen bereiteten Eskalopen werden den andern Eskalopen gleich behandelt; bei denen von dem Brustfleische oder gefüllten Eskalopen richtet sich die Bereitungsart nach den ebenso bezeichneten Puterartikeln; doch da die Behandlungsweise dort etwas mangelhaft angegeben, mag sie hier ihren Platz finden: Das von jungem Geflügel möglichst dünn geplattete Brustfleisch wird inmitten der halben Seite mit einem in der feinsten Eigenschaft von dem Fleischabfall bereitetem Füllsel oder einem Salpicon belegt, mit der andern Seite überschlagen, mit dem Rücken des Messers festgeklopft, rund um einen zwei einen halben Zoll im Durchmesser haltenden Ausstecher im Halbcirkel abgeschnitten und sofort in Butter und Kräutern mit der Rücksicht sautirt, daß Fleischhülle und Farce gar, auch wenn die inneren Bestandtheile aus ein Salpicon zusammengesetzt, diese gehörig von der Hitze durchdrungen werden. Sie werden mit einer klaren Essenz-Sauce angerichtet.

## Kapaunenflügeln in der Terrine. Terrine d'ailerons de chapons.

Formelle Vorbereitung I. Bd. III. Abschn. Artikel: Flügelragout. Was die Bereitungsart betrifft, so wird sie sowohl von Kapaunen- als Puterflügeln nach Vorschrift des Artikels: Terrine von Hammelschweifen (III. Abschn.), bereitet und die Hauptzuthat als einfacher Fleischbestandtheil betrachtet, um das zweifache gesteigert, ebenso richtet sich die Anrichtemethode streng nach jenem Artikel.

## Celestiner Küchlein. Poulettes à la Celestine.

Das Hauptingredienzquantum erfordert von den, in ganz zartem Alter vorkommenden Erstlingen dieser Geflügel 10 bis 12 Stück, von den schon größer gewordenen Küchlein, die in Hälften getheilt werden können, wird dies Quantum beinahe um die Hälfte vermindert. An die Vorbereitung der Küchlein knüpft sich die unerläßliche Bedingung, daß die Haut durchaus nicht zerrissen, überhaupt die Küchlein mit vorzüglicher Aufmerksamkeit zubereitet werden (I. Bd. V. Abschn. Art.: Sonnenfarbige Küchlein) und die Haut von Brust und Keulen vor dem Flammiren losgelöset wird. Gleichzeitig wird eine weiße zarte Fischfarce (I. Bd. Einl.) von einem Pfd. Zander angefertigt, mit welchem die Küchlein auf der Brust und den Keulen zwischen Haut und Fleisch mittelst einer Spritze gering gefüllt werden, zu welchem Behuf, wie oben bemerkt, die Haut von dem Brustfleische und den Keulen ohne die geringste Verletzung losgelöset worden ist. Nachdem mit der Halshaut die Oeffnung geschlossen, erhalten die Küchlein mit den darangelassenen, an den Zehen abgestutzten und mittelst eines Einschnittes umgebogenen Beinen eine gefällige Dressur (I. Bd. VI. Abschn. Art.: Puter mit Austern), werden hierauf mit dem nöthigen Salz bestreut und mit Speckscheiben belegt, alsdann mit jedweden gewürzhaften Ingredienz in gefettetes Papier gewickelt, sofort quer auf kleine Spießchen gestochen, rücksichtlich der Speisezeit in 20 bis 30 Minuten in recht weiß gehaltenen Zustande am Spieß gar gemacht oder in einer recht kurzen, mehr fettige als andere flüssige Theile enthaltenen schmackhaften Braise gesotten. Wenn dies genügend erreicht, die Auswikkelung und die Absonderung aller Ingredienzien und der benutzten Fäden erfolgt ist, werden die Küchlein in einer mit Semmelkrusten bordirten Schüssel, auch ohne diese Verzierung, mit einer mit Geflügelessenz gekräftigten und mit Rheinwein und französischem Estragonessig im Geschmack pikant gehobenen, etwas seimig gemachten klaren Estragon-Sauce angerichtet. Auch werden die Celestiner Küchlein mit einem in weißer Sauce gemischten Ragout von einem Pfd. Kalbsmilch, ihren Magen und Lebern, Champignons und Theelöffelknefs aufgetischt.

## Küchlein nach baierscher Art. Poulettes à la Bavaroise.

Ihre Vorbereitung schließt sich mit der Abweichung an die Angabe des vorstehenden Artikels, daß die Küchlein nicht gefüllt werden. Zu dem aus denselben Ingredienzien bestehenden gemischten Ragout werden noch 24 Stück Krebsschwänze hinzugefügt und das Ragout mit von den Krebsschalen bereiteter Krebsbutter (I. Bd. Einl.) in rother schmackhafter Sauce angefertigt. Wenn die treffend gar gemachten Küchlein auf das angerichtete Ragout gelegt sind, wird das Ganze mit gebackenen Krebsnasen (I. Bd. IV. Abschn.) garnirt, demgemäß das Krebs-Bedarfsquantum um ein Viertel gesteigert und keine Krebsschwänze in das Ragout genommen werden.

## Frikassee von Küchlein. Fricassée de poulettes.

Hat die Bereitungsart mit dem einfachen Hühnerfrikassee in sofern ganz gemein, als auf die Hauptingredienz Rücksicht genommen wird. Die Küchlein werden nach sorgfältiger Vorbereitung mit darangelassenen Beinen und abgestutzten Zehen mittelst Einschnitts der untern Schenkelhaut eingebogen (I. Bd. V. Abschn. Art.: Sonnenfarbige Küchlein) und wenn sie recht sauber in Butter und Citronensaft steif gemacht, als Erstlinge im zarten Alter vorkommende Küchlein einmal durchgeschnitten und im größer gewordenen Zustande in Viertel getheilt sind, wird die fernere Bereitungsart nach Angabe des oben beziehungsweise angedeuteten Artikels fortgesetzt und beendet. Ebenso gestattet das Küchlein-Frikassee alle Beimischungen, fremder Ingredienzien welche bei den Artikeln derselben Art Speisen von großen Hühnern angegeben sind. Ferner bleiben sich auch die Garnirungen gleich.

## Kaltes Frikassee von Hühnern. Fricassée de poulets chaude-froide.

Drei bis vier Stück sorgfältig zubereitete junge Hühner werden nach Vorschrift des Artikels: Capitolade von Hühnern in Gliederstücken, zugeschnitten und sofort nach Art des einfachen Hühner-Frikasfees eingeschwitzt und mit der besondern Aufmerksamkeit gekocht, daß Schaum- und Fettheile von der Sauce wiederholentlich und rein abgenommen werden; sind die Hühner-Gliederstücke weich gekocht, werden sie mit einem Schaumlöffel aus der Brühe gehoben und gut abgetropft, hierauf im verkühlten Zustande in schöne saubere Stücke zugestutzt, welche in 7 bis 8 Eßlöffel voll Oel, eben so viel französischem Estragonessig und dem noch fehlenden Salz einige Stunden marinirt werden. Indeß wird die Sauce zur der erforderlichen Einkochung gebracht, mit einigen Eierdottern und Rheinwein gebunden, als Consistenzmittel mit einem viertel Qrt. hellen Spiegelgallert (Aspic I. Bd. Einl.), in Ermangelung dessen mit dem Stand (Auskochung) von einigen Kalbsfüßen, ferner mit einem achtel Qrt. Oel und der nöthigen von dem Geschmack bedingten Quantität Estragonessig vermischt und auf dem Eise oder an einem ganz kalten Ort zu einer weißen salbigen Substanz gerührt. In dieser werden nun die Hühner, Stück für Stück mittelst einer Gabel auf die Art durchgezogen, daß das Fleisch hinlänglich mit Sauce gedeckt, sofort mit einem, am innern Rand der Schüssel gelassenen zollbreiten Raum geschmackvoll angerichtet, und das Ganze rund herum mit einer schönen Borde von dreieckigen, langen, runden oder halbmondförmigen dicken Aspiccroutons (I. IV. Abschn.) und 8 Minuten gekochten halb durchgeschnittenen, an den Spitzen abgestutzten und mit sägeförmig gezähnten Sardellenstreifen und Kapern belegten Eiern, verziert.

## Kaltes Hühner-Frikassee nach Ravigote-Art. Fricassée de poulets chaude-froide à la ravigôte.

In der Anfertigung nach vorstehender Angabe durch eine Vermischung der Sauce von blanchirten und weichgekochten und hierauf mit zwei gewaschenen und ausgegräteten Sardellen, gestoßenen und durchgestrichenen Petersilien- und Estragonblättern, jungem Sellerikraut und Schnittlauch und einem Eßlöffel voll französischer Mostrich, abweichend; auch wird nöthigenfalls, der Sauce noch mit etwas Spinatmatte eine mattgrüne Farbe gegeben.

## Püree von Kapaunen in Spiegelgallert (Aspic). Purée de chapons en aspic.

Daß alle bunte überladene Verzierungen besonders bei den kalten Speisen geschmacklos aussehen und daher vermieden werden müssen, ist schon öfter im Laufe dieses Abschnitts bei deren Artikeln berührt worden. Zu dieser ausgezeichneten kalten Speise wird das aus Haut und Fasern genommene Brustfleisch und soweit das Keulenfleisch noch weiß ist, eines großen oder zweier kleinen am Spieß weiß gebratenen oder in der Braise gesottenen Kapaunen oder Pularden mit 8 Eßlöffeln voll feinen Oels und einem sechstel Qrt. von der Kapaunenbraise kräftig bereiteten und recht weiß gerührten Mayonaisen-Sauce (I. Bd. II. Abschn.), in einem Reibemörser recht fein gerieben und durch ein Haartuch gestrichen; nächstdem als Consistenzmittel mit einem achtel Qrt. Spiegelgallert auf dem Eise zu einer dickflüssigen weißsalbigen Substanz gerührt, welche mit recht klarem und kräftigem Spiegelgallert, in einer sechs und einen halben Zoll im Durchmesser haltenden, drei bis drei und einen halben Zoll hohen, runden oder ovalen und mit der zum Anrichten bestimmten Schüssel möglichst harmonirenden Sturzforme, (I. Bd. Einl.) in einen halben Zoll starke Schichten wechselweise auf die Art geordnet wird, daß auf den Boden der Forme ein einen sechstel Zoll dicker Spiegel gegossen, welcher, sobald er auf dem Eise fest geworden, in zwei- bis dreierlei geschmackvollen Schattirungen mit schwarzen Trüffeln, grüner oder rother Farce, hart gekochten Eierdottermodells oder andern zur Verzierung passenden Ingredienzien mit jedesmaliger Anfeuchtung der Stücke belegt wird, und wenn dies drei achtel Zoll dick mit Spiegelgallert vorsichtig, damit die Verzierung nicht verschoben oder in die Höhe gehoben wird, übergossen und ganz fest geworden ist, wird zur vorhin gezeigten Procedur geschritten; diese muß aber so geführt, daß die Schichten in recht gleichmäßigen Abstufungen gegossen, auch dafür gesorgt, daß die Seiten der Forme jedesmal wohl mit Aspic benässet werden. Wenn die Forme bis auf einen achtel Zoll gefüllt und der Inhalt derselben auf dem Eise oder an einem recht kalten Ort fest geworden, wird derselbe nach einem augenblicklichen Halten der Forme im warmen Wasser auf die Schüssel ausgestürzt.

## Salat von Geflügel. Salade de volaille.

Die zugeschnittenen aus den Knochen genommenen Gliederstücke von einem großen Kapaun, zwei Pularden oder Hühnern, werden in gefällige Stücke zugestutzt und hierauf mit 8 Eßlöffeln voll Oel, eben so viel Estragonessig, etwas Salz und Pfeffer marinirt; zunächst von 4 bis 6 Köpfen verlesenen festen gelben Salat die guten Blätter von dem Herzen getrennt, hierauf alles gut gewaschen und in einer Serviette ausgeschwungen; gleichzeitig 3 hart gekochte Eierdotter mit Salz, Pfeffer, 8 Eßlöffeln voll Oel, etwas französischen Estragonessig und zwei rohe Eierdotter klar gerührt und mit fein viereckig geschnittenen Estragonblättern, fein geschnittenem Schnittlauch und einem achtel Qrt. dünner Mayonaisen Sauce vermischt. Mit dieser Tunke werden kurz vor dem Speisen sowol die losen Salatblätter als die ganz gelassenen oder einmal durchgeschnittenen Herzchen angemacht und die Blätter mit dem Hühnerfleische, von welchem die Marinade noch zur Sauce angewendet wird, in die Mitte der Schüssel angerichtet, dies hierauf mit Kapern bestreut und rund herum mit den Salatherzchen und 7 Minuten gekochten, hierauf halb durchgeschnittenen und mit sägeförmig gezähnten Sardellenstreifen und Kapern belegten Eiern, garnirt.

## Mayonaise von Geflügel mit Gartengewächs. Mayonaise de volaille à la jardinière.

Die Fleischingredienz dieser ausgezeichnet schönen kalten Eingangspeise besteht in derselben Eigenschaft und Quantität als es im vorstehenden Artikel angegeben ist, sie erhält dieselbe Vorrichtung wie dieses und wird in gleicher Weise marinirt. Doch vereinigt sich mit dieser Vorrichtung eine andere geschmackvoll gewählte und schön gehaltene Vorbereitung mit dem aus Mohrrüben, Spargel, grünen Bohnen, Blumenkohl und Saubohnen bestehendem Gartengewächs, welche folgendermaßen geleitet wird. Die drei erstern Gemüsearten werden in ganz gleichmäßige, einen Zoll lange, mehr als Federkiel dicke, runde, etwas spitz zulaufende Stücke geformt; ferner werden die in schmaler Art gewählten grünen Bohnen eben so lang geschnitten, der Blumenkohl in kleinen Röschen gestaltet und die Saubohnen gebrüht und abgezogen und so dann alle Gemüsearten jedes besonders in Wasser und Salz oder leichter Brühe in treffend weichem Zustande gekocht und wenn sie hierauf gut abgetropft, werden sie, wie die Hühnerstücke in feinem Oel und französischem Essig mehrere Stunden marinirt. Das nach dieser Zeit gut abgetropfte Gemüse wird nunmehr in einer sieben Zoll im ganzen Durchmesser enthaltenden, einen fünf Zoll starken Cylinder in sich fassenden und zwei und einen halben Zoll hohen glatten Forme in den geschmackvollsten abwechselnden Nüancen auf die Art geordnet, daß zuerst auf dem Boden der Forme ein, ein sechstel Zoll starker Spiegel von vortrefflichen und klaren Aspic (I. Bd. Einl.) gegossen, und wenn dieser auf dem Eise fest geworden, die Gemüse schön geschichtet, mit abwechselnd dazwischen gegossenem Aspic in die Forme gelegt werden, bis diese sofort gefüllt ist. Nachdem die Forme die nöthige Zeit auf dem Eise gestanden, demgemäß der Inhalt derselben die erforderliche Festigkeit erlangt hat, wird dieser auf eine passende Schüssel ausgestürzt und der mittlere durch den Cylinder entstandene Raum mit dem, mit gehörig weißer schmackhafter Mayonaisen-Sauce stückweise überzogenen Hühner-, Pularden- oder Kapaunenbrustfleische, wo es nöthig Keulenstücken auf die Art gefüllt, daß ein Theil der innern Wand, des die Gemüse enthaltenden Aspicrandes unbedeckt erscheint, um hierher die zwei Zoll lang geschnittenen, marinirt gewesenen und in etwas graubraune Mayonaise getauchten Spargelköpfe pflanzen zu können.

## Einfache Hühner-Mayonaise. Moyonaise simple de poûlets.

Die Brust- und Keulenstücke von drei bis vier braisirten jungen Hühnern werden in beliebige Stücke zugeschnitten, hierauf recht sauber gestutzt und auf die bekannte Weise marinirt. Gleichzeitig wird die recht rein vom Fett geschiedene und zu der nöthigen Einkochung gelangte, vielleicht mit einem Eßlöffel voll in Oel geschwitztes Mehl vermischte und hierauf verkochte Hühnerbrühe, mit einem viertel Qrt. trefflichen Spiegelgallert, einem achtel Ort. feinen Oels, einem halben Glas französischen Estragonessig, eben so viel Rheinwein und zwei rohen Eierdottern auf dem Eise zu einer weißfalbigen Substanz gerührt, oder mittelst einer hölzernen Schlageruthe in einem hohen Geschirr geschlagen, mit welcher, wenn der Geschmack nichts zu wünschen übrig läßt, die Hühnerstücke partiel durchzogen und auf die Art angerichtet werden, daß ein, ein Zoll breiter Raum am innern Rand der Schüssel verbleibt, welcher von einer schönen Guirlande, von runden oder oval ausgestochenen, dreieckig oder langviereckig geschnittenen, dicken, recht klaren Aspiccroutons (I. Bd. IV. Abschn.) eingenommen wird. Diese als ein einfaches kaltes Gericht bezeichnete Speise wird demgemäß sehr gern genossen und gesehen.

## Verzierte Hühner-Mayonaise. Mayonaise decorée de poûlets.

Daß alle, in gutem Geschmack gehaltvoll ausgeführten Verzierungen, sich stets auf eine gewisse Erfahrung stützen müssen und von dem erfinderischen Talent erzeugt und bedingt werden, ist auch bei der Kochkunst hinlänglich begründet, besonders ist dies bei der Anfertigung der kalten und warmen Eingangspeisen bemerkbar. Schwieriger erscheinen diese Verzierungen bei der Kochkunst dadurch, weil alle dazu bestimmte Materialien von entschieden unschädlichem und genießbarem specifischem Gehalt genommen werden müssen, und demgemäß nicht widerlich und unappetitlich erscheinen dürfen. Ferner dürfen diese Verzierungs-Ingredienzien niemals vielfarbig oder bunt auf einer und derselben Schüssel aufgetragen werden, wodurch eine Ueberladung derselben entsteht, und demzufolge eine bizarre geschmacklose Speise aufgetischt wird. Wenn früher zur Auszeichnung einer Speise zu gewaltig bunten Mitteln geschritten wurde, so ist diese Methode von den neuern modernen Kochart längst verdrängt und aufgehoben worden. Zu den bei Verzierungen von Speisen bereits mehreremal angedeuteten benutzbaren Ingredienzien als: Trüffeln, belegte und bespickte große Champignonshüte, mit Kirmessaft oder Cochenille roth gefärbter und eben so mit Spinatmatte grün gefärbter, zu einer Wurst geformter und darauf abgekochter fester Fischfarce, im schönen glanzvollen Aeußern geschnittenen oder ausgestochenen Aspiccroutons, recht grünen Cornichons, Krebsschwänzen, Kapern, mit einer geringen Flüssigkeit gequirlter und durch ein Sieb gegossene hierauf im heißen Wasser steif gemachter Eierdotter und Eierweiß, ferner sieben bis acht Minuten gekochter, in Hälften oder Vierteln geschnittener, an den Enden abgestutzter, hierauf mit sägeförmig gezähnten Sardellenstreifen und Kapern, auch mit schwarzen Trüffeln verzierter Eier, gesellen sich noch halbmondförmige Artischokenböden, kleine, weiße verzierte und unverzierte Zwiebeln, Oliven, Kibitzeier und dergleichen Verzierungs-Ingredienzien mehr. Die verzierte Mayonaise unterscheidet sich von der vorstehenden dadurch, daß von einem oder zwei der angeführten Verzierungs-Gegenstände, der Speise eine geschmackvoll geordnete Umkränzung gegeben wird, an welche sich eine glanzvolle Guirlande von correkten Aspiccroutons schließt und kann die auf die vorhin gezeigte Weise angefertigte Mayonaise in weißen Zustande gelassen, oder mit Spinatmatte hellgrün gefärbt werden.

## Verzierte Hühnerbrüste in Mayonaise. Filets de poulets décorés en mayonaise.

Zwölf Stück aus Haut und den Flügelknochen genommene, cotelettförmig sauber abgerundete und ganz wenig geplattete kleine Hühner- oder Pulardenbrüste erhalten die bekannte Marinade, werden nach dieser Zeit stückweise durch eine in möglichst weißer und zarter Eigenschaft gesteigerte Mayonaisen-Sauce gezogen, zunächst die Spitze freilassend, ein oder zweifarbig mit von den oben gezeigten Ingredienzien, geschnittenen oder ausgestochenen Modells in schöner Zeichnung belegt und hierauf mit dem, beinahe bis zum spinnenden Grad erkalteten Aspic, wiederholentlich im blanken Spiegel begossen. Die Anrichtemethode erfolgt auf einem, mit Aspic in der Schüssel gegossenen und kalt gewordenen Spiegel, im schönen Kranz oder in flacher Lage mit den Spitzen nach innen und wird zum Schluß die mittlere Vertiefung mit der übrigen Mayonaisen-Sauce angefüllt und an den Seiten der Hühnerbrüste rund herum eine schöne Bordüre von kleinen Aspic-Croutons gelegt.

## Gestürzte oder geformte Mayonaise. Mayonaise decorée moulée.

Alle Fleischingredienzien, welche zu kalten Speisen in Formen zum Ausstürzen gelegt werden, müssen unbedingt aus Knochen und durchaus allen häutigen und faserigen Theilen genommen und die Stücke besonders klein zugeschnitten und gestutzt werden. Sie werden nach einem sorgfältigen Mariniren in einer glatten Sturzform auf die Art geordnet, daß, wenn diese unten mit einem, einen sechstel Zoll starken Aspicspiegel begossen, nachdem dieser kalt geworden mit geschmackvoll ausgestochenen oder geschnittenen kleinen Modells der bezeichneten Ingredienzien belegt und wiederum mit der bewußten Rücksicht ein sechstel Zoll dick mit Aspic begossen ist, die Hühnerstücke in einer weiß gehaltenen schmackhaften Mayonaisen-Sauce partiel durchzogen, so in die Forme gelegt werden, daß die innern Wände derselben immer gehörig mit Aspic genässet, die besten Fleischstücke nach unten gebracht werden, und so fortfahrend die Forme gefüllt wird. Sobald das Inhaltsprodukt der Form bei dem erforderlichen Grad von Kälte die nöthige Festigkeit erlangt hat, wird es auf eine passende Schüssel ausgestürzt. Die in so manchen Varietäten vorkommende kalte Speisen vom Geflügel können auch als:

### Filets von Hühnern in kalter Ravigote. Filets de poulets à la ravigote froide,

aufgetischt werden. Die Mayonaisen-Sauce erhält demzufolge eine Vermischung von der in dem Artikel: Kaltes Hühner-Frikassee nach Ravigote-Art bezeichneten Kräuterstoff und Mostrich in mattgrüner Farbe und wird mit derselben, das aus Haut und Fasern genommene in drei viertel Zoll lange und einen viertel Zoll starke eckige Fadenstücke geschnittene Fleisch zweier Pularden oder Hühner, vermischt und in der mittlern Vertiefung eines ganz klaren oder nach Geschmack etwas verzierten in einer Cylinderform modellirten und im fest gewordenen Zustande ausgestürzten Aspicrandes gefüllt. Bei dieser kalten Speise kann die Sauce auch aus einer Remouladen- oder einer etwas dicken Tartaren-Sauce (I. Bd. II. Abschn.) bestehen, auch die Hühnerfilets ohne modellirten Rand in einen Kranz von großen recht klaren Aspic-Croutons angerichtet werden.

---

## XIV. Abth.: Taube. Pigeon.

Sowol die wilde, aber noch mehr die von dieser abstammende, durch ihr Gefieder sich unterscheidende in verschiedenen Gattungen vorkommende zahme Taube wird bei der Kochkunst benutzt und außer den in diesem Lehrbuche I. Bd. Einl. I. und V. Abschn. bereits aufgeführten Bereitungsarten sowol als Braten denn als Eingangspeise zubereitet, aufgetischt, doch müssen bedingungsweise zu dieser Art von Speisen nur junge Tauben genommen, alte Exemplare dieser Geflügelart werden nur zu mancherlei Brühen (Bouillon I. Bd. Einl.) benutzt.

### Matrosengericht von Tauben. Matelotte de pigeonneaux.

Sechs bis sieben Stück junge Tauben werden mit daran gelassenen Beinen und Flügeln, mittelst Einschnittes der Haut am untern Schenkel und am hintern Kniegelenke eingesteckt (eingebogen) sorgfältig vorbereitet, hierauf in der großen Bouillon oder Wasser steif gemacht, zunächst in der Länge durchgeschnitten und mit ihren gereinigten Magen in einer von 4 Eßlöffeln voll Mehl bereiteten Mehlschwitze, einem halben Qrt. Rindfleischjus und gewürzhafter Fleischbrühe angekochten braunen Sauce mit späterer Beimischung von einem Theil vorbereiteter Morcheln, Champignons und einem viertel Qrt. Medoc unter wiederholter Abnahme der Schaum- und Felttheile treffend weich gekocht. Wenn nach dieser Zeit die Taubenhälften ausgehoben und abgetropft, werden sie schön zugestutzt, erhalten alsdann eine Beimischung von 25 bis 30 Stück gekochten kleinen Zwiebeln, ebenso viel kleinen Kalbfleischklöschen (I. Bd. Einl.) und ihren gesteiften Lebern, wobei gleichzeitig die Sauce mit noch etwas Medoc und einem Stückchen Zucker zu dem richtigen Volumen eingekocht, sofort mit Citronensaft abgeschärft, demnächst durch ein Haartuch gedrückt, mit sämmtlichen Ingredienzien genau in Verbindung gebracht und die Speise im Semmel-Croutonsrand oder mit pannirten Semmelkrusten oder Krebsnetzchen angerichtet wird. Abweichend hiervon ist das:

## Matrosengericht von Tauben mit Krebsen. Matelotte de pigeonneaux aux écrevisses,

welches statt brauner, mit schöner rother Sauce, statt den Kalbfleischklöschen mit Theelöffelfischkneſs (I. Bd. Einl.), auch wenn es die Umstände gestatten, mit sauber zugeschnittenen Artischokenböden vermischt und mit kleinen Krebsnetzchen garnirt werden.

## Einfaches Tauben-Frikassee. Fricassée de pigeons.

Die ausgewachsenen Tauben werden in saubere Viertelstücke und die kleinern in die Hälften zugeschnitten und richtet sich die fernere Bereitungsart ganz nach Anweisung des einfachen Hühner-Frikassee-Artikels; eben so gestatten die Tauben-Frikasseegerichte alle Beimischungen fremder Ingredienzien, welche bei den Artikeln dieser Art Speisen von Hühnern angegeben sind, können in Butterteigrand (Vol-au-vent) und auch als warme Schüsselpastete die Hühner vertreten und auch als deutsch bürgerliches Frikassee aufgetischt werden. (Deren Artikel.)

## Gefüllte Täubchen. Pigeonneaux farçis.

Müssen in ganz jungem Zustande in dem Bedarfsquantum von 8 bis 10 Stück genommen werden und erhalten nach sorgfältiger Vorbereitung eine partielle Auslösung durch Entbeinung des Brust- und des obern ganzen Schenkelknochens, und werden die mit den untern Schenkelknochen in Verbindung gebliebenen Beine halb abgestutzt. Nachdem diese Procedur mit sämmtlichen Täubchen beendet, werden sie inwendig mit einem in recht kurzer bündiger Sauce bereiteten Salpicon von einem Pfd. Kalbsmilch, den Taubenlebern, Champignons, den weich gekochten Taubenmagen gefüllt und wenn die Oeffnungen geschlossen, in eine schöne Dressur gebracht, hierauf steif gemacht und auf der Brust gespickt und sofort in Butter gedämpft oder mit sorgfältiger Befestigung am Spieß mit kraus hervortretendem Speck gebraten. Sie können nach Beseitigung aller Fäden in einer bordirten Schüssel oder ohne diese Zierde angerichtet werden, und erhalten als Beiguß eine seimige Jus, deren Geschmack durch Rheinwein und Citronensaft gehoben wird.

## Compote von Täubchen. Compote des pigeonneaux.

Dies Gericht besteht aus 10 bis 12 Taubenhälften, welche wie die jungen zum Matrosengericht bezeichneten, eingerichtet und nach jener Angabe, aber mit gleichzeitiger Beimischung von einem halben Pfd. in einem viertel Zoll starke Würfel geschnittenen und gelb angebratenen magern Speck, doch ohne Anwendung von Jus in weißer Sauce mit einem viertel Qrt. Rheinwein, mit der nöthigen Rücksicht gekocht werden. Wenn Schaum- und Fetttheile gehörig abgesondert und die Sauce die nöthige Einkochung erlangt hat, erhält das Gericht eine dem Inhaltsquantum der Speise im Volumen angemessene Vermischung von, in Butter weich gedämpften kleinen grünen Erbsen und eben so viel in einen viertel Zoll lange Stücke geschnittenen getroffen weich gekochten und eingeschwitzten Spargel, wird hierauf mit etwas Zucker im Geschmack gehoben, mit 4 mit Wein als Liaison (I. Bd. Einl.) bereiteten Eierdottern gebunden, sofort geschmackvoll angerichtet und mit getroffen gekochten, marinirt gewesenen, hierauf in der Klare getauchten und schön gebackenen Blumenkohlröschen garnirt. Das Compote von Tauben kann auch mit Mohrrüben statt Spargel, und wenn es die Jahreszeit erlaubt, mit kleinen abgezogenen Saubohnen statt Erbsen und alsdann mit glacirten kleinen Zwiebeln statt Blumenkohl umkränzt werden.

## Gefüllte Täubchen auf Prinzessin-Art. Pigeonneaux farçis à la Princesse.

Die Bereitungsart wird sowol in formeller Beziehung als der fernern Ausführung nach Angabe des Artikels: gefüllte Täubchen geleitet, und besteht das hiezu anzuwendende Füllsel aus vegetabilischen Substanzen, welche in einem, in recht kurzer schmackhafter Sauce bereiteten Salpicon von jungen Mohrrüben, Spargel, grünen Erbsen und Radisern, alles in einen viertel Zoll große Würfelform geschnitten, zusammengesetzt werden und sofort partiel in den ausgelöseten Täubchen ihren Platz finden. Die Auftischung erfolgt mit, auch ohne Garnirung, mit einer mit Eierdottern gebundenen und mit einem Stückchen frischer Butter vermischten gelben fließenden Sauce. (I. Bd. II. Abschn. Art.: weiße fließende Sauce.)

## Tauben auf französische Art. Pigeons à la Française.

Nachdem die Tauben gesteift und hinsichts der äußern Gestalt nachgestutzt sind, werden sie in drei achtel Pfd. Butter, gehackter Petersilie, Schnittlauch und einer dominirenden Quantität grünen Basilicum mit einer halben Bouteille Wein, Salz und Pfeffer geschmort und sobald dies erfolgt und die Brühe rein abgefettet ist, mit einem viertel Qrt. flüssiger brauner Sauce durchgeprözelt, hierauf mit Citronensaft abgeschärft und beim Anrichten mit einem Kranz von halben Artischockenböden umlegt.

# XV. Abth.: Gans. Ente. Oie. Canard.

Beide Geflügelarten lassen sich füglich der Eigenschaft ihres Fleisches wegen mit wenigen Rücksichten als Eingangspeise auf einerlei Art bereiten, wobei jedoch die Ente den Vorzug verdient; auf der andern Seite erscheint die fette Gänseleber wiederum in der Bereitung als eine ausgezeichnete Eingangspeise. (I. Bd. VI. Abschn. XXX. Abth. Eigenschaftl. Abhandl.)

## Salmi von Gans oder Ente. Oie ou canard en salmi.

Diese in ihrem Aeußern einfach scheinende aber von Kennern sehr beliebte hoch geschätzte Speise erfordert zu ihrer treffend und gelungen ausgeführten Anfertigung eine tüchtige Praxis und einen gewissen Takt, welcher besonders auf der richtigen Bereitung der Sauce beruht. Wie schon im I. Bd. II. Abschn. die Bereitungsart der Saucen nicht so leicht und als ein sehr wichtiger Zweig der Kochkunst geschildert wird, auf den ein sehr aufmerksames Auge gerichtet werden muß, so verlangen dies die in braunen fließenden Saucen (I. Bd. II. Abschn.) bestehenden flüssigen Zugaben, sie mögen mit festen unauflösbaren Nahrungsstoffen in Verbindung gebracht oder als Beiguß zu diesen angewendet werden, am mehrsten diese Aufmerksamkeit. Eben so muß demzufolge die als Salmi-Sauce flüssige Zugabe, besonders klar aus allen inhaltigen Schaum- und Fetttheilen recht sauber gekocht, hinlänglich mit Fleischessenz (Fond. I. Bd. Einl.) und vorzüglich guten Wein (Rhein- Burgunder oder guten Medok) gehörig gesättigt, und mit diesem zu der treffendsten Flüssigkeit eingekocht, ein schönes, glanzbraunes ins Röthliche schimmernde Aeußere verbinden, nöthigenfalls mit einem ganz geringen Theil von Zucker versetzt, aber nur wenig mit Citronensäure geschärft werden. Die Auftischung eines vortrefflichen Salmis, wird auch noch von der Anwendung guter, aus Wild oder zahmem Geflügel bestehenden Fleischtheile bedingt, welche in den, aus der Haut genommenen, mit kurz und platt abgestutzten Knochen, schön zugeschnittenen kleinen Gliederstücken, von am Spieß gebratenen jungen oder in einer gewürzhaften Fettbrühe kurz gesottener oder geschmorter alter Geflügelarten enthalten sind, und wenn sich noch zu diesen aufgeführten Regeln die verhältnißmäßig richtige Vermischung des Fleisches, zum Saucen-Bestandtheil gesellt hat, so dürfte ein ausgezeichnetes Salmi aufgetischt werden. Die Anrichtemethode desselben gestattet eine Aufnahme in einer mit farbigen Teigcroutons bordirten Schüssel, wird auch mit allen Arten Semmelkrusten und Fleurons, auch mit verzierten Netzchen angerichtet (I. Bd. IV. Abschn.), wobei die bessern Stücke jedesmal oben gebracht, oder als Decke benutzt werden. Das Hauptingredienzquantum des laut des Artikel angegebenen Salmis ist in einer Gans oder zwei Enten enthalten.

## Lyoneser Gänsefleisch. Cuisses d'oie à la Lyonaise.

Wird gewöhnlich von den Keulen der bereits benutzten oder noch zu benutzenden Bruststücken gemacht, und ist am besten da auszuführen, wo zur Herbstzeit eine Menge dieser Geflügelart eingeschlachtet wird. Vier bis sechs Stück dergleichen Keulen werden in saubere Stücke zugeschnitten und in Gänseschmalz mit wiederholter Benässung von Wein braun geschmort, ebenso werden acht Stück in starke Ringe geschnittene Zwiebeln, aber in reinem Gänseschmalz braun geschwitzt, mit diesen die kranzförmig angerichteten Gänsefleischstücke halbcirkelförmig belegt und in der mittlern Vertiefung ein schmackhaft bereitetes Maronenpuree gefüllt, welches mit den besten und ganzen schön glacirten Maronen oben belegt wird. Diese Speise kann auch mit grünem Erbsen- oder Linsenpuree (I. Bd. VIII. Absch.) bereitet werden.

## Glacirte Gänsestücke mit Maronenpuree. Filets d'oies glacés à la purée de marons.

Hierbei tritt das umgekehrte Verhältniß von dem vorstehenden ein; wenn jene Speise von Keulen gemacht wird, so bereitet man diese von 2 Stück sauber geschmorten oder in kurzer Braise gekochten Gänsebrüsten, von welchen nach dem gänzlichen Auskühlen mit darauf gelassener Haut, recht saubere Stücke zugeschnitten, hierauf gut glacirt und mit Maronenpuree auf vorstehende Weise, aber ohne Zwiebeln angerichtet werden.

## Civet von Enten. Civet de canards.

Die in 2 Enten bestehende Hauptingredienz wird in der großen Bouillon oder Jus durch und durch steif gemacht, auch in der zur Saucen-Auffüllung bestimmten Brühe mit gewürzhaften Ingredienzien 20 bis 30 Minuten vorgekocht oder in Butter erstarrt und wenn sie ganz kalt geworden mit darauf gelassener Haut und abgestutzten Knochen in schöne Gliederstücke zugeschnitten, die in der von ihrer Brühe und dunkelfarbiger Jus mit 4 Eßlöffeln voll Mehlschwitze angekochter Sauce, mit gleichzeitiger Beimischung von einer halben Bouteille Medoc, ferner: vorgekochten und hierauf braun gebratenen Stücken magern Speckes und ein Theil eingeschwitzter Champignons bei wiederholter Abnahme von Schaum- und Fettstoff ihre vollkommne Weichkochung erhalten; nächstdem aus ihrer Sauce in ein anderes Geschirr überleert, mit den steif gemachten und in Stücken geschnittenen Lebern, 20 bis 25 Stück kleinen Zwiebeln und eben so viel Maronen vermengt, hierauf mit der indeß, mit einem Stücke Zucker, zur nöthigen Einkochung gelangten und mit Citronensäure geschärften Sauce vorsichtig durcheinander geschüttelt und mit Fleurons oder Croutons angerichtet werden. Dies Civet läßt sich nöthigenfalls auch von Gänsen bereiten.

## Gratin von Gänseleber. Foies gras d'oies en gratin.

Diese Speise wird am besten von Fettgänselebern (I. Bd. VI. Abschn. XX. Abth.) angefertigt, welche im Bedarfsquantum von 2 Stück in der bestmöglichsten weißen festen Qualität genommen und die davon in dicken oval oder cotelettförmig gleichmäßig zugeschnittenen Stücke mit nagelförmig geschnittenen Trüffelstücken in, mittelst eines spitzen hölzernen Instruments vorgestochene Löcher damenbrettartig gesteckt und sofort gesalzen werden. Der Gratinfüllsel wird von allen Abgängen der Leber und als Consistenzmittel, in Verbindung von etwas rohem Kalbsfleische oder Geflügellebern, mit ganz wenig Semmelpannade, gehackten oder geschwitzten Chalotten, feinen Kräutern und Gewürz, einem Theil gehackten Specks und einem geringen Theil kurzer Sauce mit Parmesankäse, Sardellen- und Trüffelbutter im Geschmack gehoben, nach Angabe des Artikels: Gratin von Rindergaumenpopietten (I. Abth.) zusammengesetzt und wenn er die Probe bestanden, nach Vorschrift desselben Artikels mit den bezeichneten Gänseleberstücken auf eine der Hitze wiederstehende Schüssel aufgesetzt und in der weitern Bereitungsart dasselbe dort angedeutete Verfahren beobachtet und danach beendet. Das von dem ausgetretenen Fett, dem Speck und Papier geschiedene Gratin, nimmt in der mittlern Vertiefung ein schmackhaftes braunes Trüffelragout (I. Bd. III. Abschn.) auf und wird außerhalb mit Fleurons oder Croutons garnirt.

## Sautee von Gänselebern. Sautée de foies gras d'oies.

Verlangt ebenfalls eine feste weiße Gänseleber, von welcher die oben bezeichneten Stücke geschnitten und ohne mit Trüffeln gespickt, gesalzen werden, kurz darauf mit Berücksichtiguug der Speisezeit auf einem starken Feuer auf beiden Seiten rasch gebraten, sogleich mit ebenso zugeschnittenen in Butter gelbbraun gebackenen Semmelcroutons im Kranz angerichtet, und mit einem in der mittleren Vertiefung gefülltem braunen Trüffelragout aufgetischt werden.

---

# XVI. Abthl.: Wilde Gans. Wilde Ente. Oie sauvage. Canard sauvage.

Die von diesem Wildgeflügel vorkommenden Eingangspeisen unterliegen in der Vorrichtung det Hauptingredienz denselben Methoden und eignen sich mit wenigen Abweichungen, besonders die letztere Wildgeflügelart, zu dem größten Theil der, in der vorhergehenden Abtheilung angegebenen Gerichte. Die wilden Gänse in ihrem Erscheinen seltner, kommen weniger als Eingangspeise vor. Eigenschaftl. Abhandl. Bereitungsart im ganzen Stück. (I. Bd. VI. Abschn. XXII. Abth.) Die vorzüglichsten Eingangschüsseln bestehen in:

### Salmi von wilden Enten. Salmi de canards sauvages.

Wozu die Bereitungsart in dem gleichnamigen Artikel der zahmen Gans und Ente, so wie derjenige zu den

### Civet von wilden Enten. Civet de canards sauvages,

durch den ebenso bezeichneten Artikel von zahmen Enten commentirt wird.

### Sautee von wilden Enten. Sautée de canards sauvages.

Kann, wie bekannt, nur von jungen Exemplaren dieser Wildgeflügel bereitet und wird dessen Anfertigung nach den schon öfter angegebenen Sautees-Artikeln geleitet und angerichtet.

### Warme Pastete von wilden Enten. Paté chaud de canards sauvages.

In Beziehung deren Anfertigungsart giebt der Artikel: Warme dressirte Pastete von Fasanen, die nöthige Anleitung, es kann mit den hierzu bestimmten wilden Enten die totale Auflösungsprocedur vorgenommen, auch die aus den größten Knochen genommenen Gliederstücke in die Pastete gelegt werden. Back- und Anrichtemethode nach Art der dressirten Pastete nach Lignowsky (deren Artikel).

## XVII. Abthl. Fasan. Faisan.

### Fümet von Fasanen. Faisans en fumet.

Bei der Bereitung dieser Speise ist das Vorhandensein eines geringen Grades von Fumet (langes Abliegen nach der Tödtung) nothwendig, welches sich durch ein bläulich grünliches Aeußere am Bauch und After anzeigt, jedoch darf dieses niemals bis zu dem Grade ausgedehnt werden, daß schon Spuren des Verwesungsprocesses hervortreten, alsdann ist der beste Geschmack des Wildgeflügels verloren, hingegen ein geringer Grad von Fümet denselben nicht allein zu heben vermag, sondern auch das Fleisch mürbe und zart macht. Es werden aus den Bruststücken zweier gut eingewickelt am Spieß gebratenen, oder in einer mit Würzung hinlänglich belegten Fettflüssigkeit geschmorten Fasanen, 12 oval runde oder cotelettförmige möglichst gleichmäßige abgerundete Stücke zugeschnitten, alles übrige aus Haut und Knochen genommene Fleisch der Fasanen mit den Lebern derselben, so wie ein Theil anderer Geflügellebern mit einem viertel Qrt. mit der Fasanenbrühe dick eingekochten braunen Sauce fein gestoßen, gerieben und durch ein Sieb gestrichen, hierauf wird diese Masse mit 2 Eierdottern, 2 Eßlöffel voll Semmelpannade, der Hälfte Trüffelbutter genau in Verbindung gebracht und mit den Fasanenbruststücken nach Art eines Gratin (Artikel: Gratin von Rindergaumenpopietten), aber in etwas flacherer Form und daß die Fleischstücke auf dem obern bessern Theil unbedeckt bleiben auf einer Schüssel geordnet, demnächst mit Speckscheiben und Papier gedeckt und 20 bis 25 Minuten vor dem Speisen in kochendes Wasser in einen mäßig heißen Ofen gestellt. In die mittlere Vertiefung kommt beim Anrichten ein mit der, von den gestoßenen Gerippen gekochte Essenz, versetztes braunes Trüffelragout, an den Seiten herum wird diese Speise im schönen Aeußern, durch eine geschmackvolle Garnirung von kleinen Stücken gespickter und glacirter Kalbsmilch, Ailerons, (gefüllte Flügeln), gerippten und verzierten weißen großen Knefs, auch mit kleinen Fleurons geschmackvoll gehoben.

## Auflauf von Fasanen. Soufflée de faisans.

An die Bereitung dieser überaus feinen Speise ist die Bedingung geknüpft, daß alles so geregelt und mit der Anrichtezeit so in Einklang gebracht wird, daß ein Warten oder früher Fertigsein der Speise möglichst vermieden wird. Das von Haut und Knochen abgesonderte sämmtliche Fleisch zweier am Spieß saftig gebratenen kleinen Fasanen, (Hühner) wird mit drei achtel Qrt. guter brauner kurzer Sauce recht fein gerieben und durch ein Haartuch gestrichen, hierauf mit einem viertel Pfd. frischer Butter, einer von den gestoßenen Gerippen mit Jus gekochten Flüssigkeit und mit einem guten Theil Fleischessenz, einem achtel Qrt. Malaga, eben so viel Rheinwein, seimig eingekochten Extract, ferner mit drei Eßlöffeln voll Soja, sechs Eierdottern gut vermischt; zuletzt mit zwei Drittel des von dem Eiweiß geschlagenen Schnee's verbunden und sofort in einer bestrichenen silbernen Casserolle in einen mäßig heißen Ofen 30 bis 35 Minuten gebacken. Nachdem dies erfolgt, der Speise mit flüssiger Glace ein glänzendes Aeußere gegeben ist, wird sie in Begleitung einer klaren Essenz-Sauce aufgetischt. Sie muß mehr als einen Zoll aus ihrer Hülle herausgetreten dabei durch eine hellbraune Farbe ein schönes Aeußere verbinden.

## Warme dressirte Pastete. Paté chaud dressé de faisans.

Die von den Umständen abhängende Anfertigung einer größeren oder kleinen Gestaltung der Pastete, bestimmt das dazu einzurichtende Bedarfsquantum des Inhaltsprodukts, was nach unserm angenommenen System aus zwei total ausgelöseten kleinen Fasanen und einem von den Fasanen- und andern Wildgeflügellebern drei Pfd. zu zwei Dritttheilen eingeschwitzten magern Kalbfleisch, zwei drittel Pfd. Speck, drei Eßlöffeln voll Semmelpannade, etwas gehackten und geschwitzten Chalotten, feinen Kräutern und Gewürz, einigen Anrichtelöffeln voll (I. Bd. Einl.), einem achtel Qrt. dick eingekochter Sauce und Trüffelbutter bereiteten Füllsell besteht, der noch mit den von den feingestoßenen Gerippen durch ein Sieb abgestrichenen Fleischtheilen versetzt, aber alsdann, der starken Bindkraft halber, mit weniger rohen Fleischtheilen zusammengesetzt wird. Die ausgebeinten Fasanen werden mit etwas gewürzten und gekräuterten langen feinen Speckfäden durchgezogen, darauf auf der inwendigen Seite etwas gesalzen, zunächst mit dem nöthigen Theil Farce gefüllt und in ihrer ursprünglichen Gestalt zusammengelegt, in Fettstoff (Butter oder Speck) durch und durch steif gemacht, und wenn sie nächstdem verkühlt sind, werden sie in der Länge gespalten und von jeder Hälfte zwei bis drei schräge Stücke geschnitten, welche mit dem bemerkten Fettstoff vermischten übrigen Füllsel und einem halben Pfd. etwas abgerundeter Trüffeln in einer nach Artikel: Warme dressirte Pastete nach Lignowsky, elegant geformten an den Außenseiten durchaus gekniffenen oder verzierten Pastete regelmäßig geordnet werden und die fernere Bereitungsart nach Angabe desselben Artikels geleitet und beendet. Nach einem mit den nöthigen Rücksichten geleiteten einem und einem halben stündlichen Backen und nachdem die Pastete oben aufgeschnitten, Speck und die ausgetretenen Fetttheile beseitigt, auf einer mit einer Serviette belegten Schüssel angerichtet ist, wird der Inhalt nach erfolgtem Einstechen mit einem Messer mit dickflüssiger Essenz-Sauce überzogen, mit dem wieder darauf gelegten Deckel oder unbedeckt in Begleitung der übrigen Sauce aufgetragen. Die warme Fasanenpastete kann auch nach Beseitigung des Deckels mit der in der Länge gespaltenen wie bekannt verzierten (Art.: Pularden in Süpreme) und halbcirkelförmig gebogenen kleinen Filets der Fasanen (Filets mignons) mit einem in Süpreme verzierten oder gespickten runden Stück Kalbsmilch, oder einer großen mit einem Hahnekamm gepfropften Trüffel oben verziert werden.

## Salmi von Fasanen. Salmi de faisans.

Die Anfertigungsart dieser ausgezeichneten Speise findet sich rücksichtlich der aus 2 Exemplaren dieses vortrefflichen Wildgeflügels bestehenden Hauptingredienz, in dem gleichnamig bezeichneten Artikel von Gans oder Enten. Eine Vermischung von Trüffeln ist bei diesem Salmi sehr passend.

## Kaltes Salmi von Fasanen. Salmi chaud-froid de faisans,

fordert in demselben Bedarfsquantum wie oben, die aus der Haut gesonderten und mit kurz abgestutzten oder ohne Knochen sauber zugeschnittenen kleinen Gliederstücken von eingewickelt gewesenen, und am Spieß gebratenen oder mit gewürzhaftem Ingredienzien in saftig getroffenem Zustande gedämpften Fasanen, welche auf die bekannte Weise marinirt werden. Mit dem ganz rein vom Fett geschiedenen Fasanenfond (Brühe), einem viertel Qrt. recht dunkelfarbiger Rindfleischjus, einem viertel Qrt. trefflichen Spiegelgallert und einem achtel Qrt. Rheinwein, wird mit einer, von 2 Eßlöffeln voll Mehl mit feinem Oel bereiteter Mehlschwitze eine Sauce gemacht, die zu der nöthigen Einkochung gelangt, mit einem viertel Qrt. feinen Oels, dem erforderlichen französischen Estragonessig auf dem Eise zu einer, mit einem schönen braunen Aeußern versehenen, zartsalbigen Substanz gerührt, und nöthigenfalls der Farbe und des Geschmackes wegen, noch mit etwas Fleischessenz versetzt wird; doch der schönen hellbraunen Farbe wegen muß die Procedur des Rührens in möglichst kürzerer Zeit als dies bei der weißen Sauce geschieht, ausgeführt und beendet werden. Durch diese im Geschmack, Farbe und Consistenz trefflich sich auszeichnende kalte Sauce, werden die Fasanenstücke mit reichlicher Umhüllung von Sauce partiel gezogen, auf einer, mit einem am innern Rand der Schüssel Zoll breit gelassenen Raum geschmackvoll angerichtet und in gehaltvoller Manier der modernen Kochkunst mit einer eleganten Verzierung umlegt, wozu der Artikel: Verzierte Hühner-Mayonaise, den Commentar giebt.

## Kaltes Fasanen-Salmi in Püree. Salmi chaud-froid de faisans en purée,

bleibt sich in der Bereitung in so fern mit dem vorhergehenden gleich, als aller Abfall von den zugeschnittenen Fasanenstücken, nebst dem von den Gerippen genommenen Fleische mit etwas kalter Sauce fein gerieben, hierauf durch ein Haartuch gestrichen und mit der andern Sauce genau verbunden wird, die dadurch ein gefällig graues Aeußere erhält. Bei dem Anrichten wird dies kalte Salmi mit den halb durchgeschnittenen kleinen Filets, Krebsschwänzen und Trüfeln oben verziert und an den Seiten herum mit hellen in schönen dicken Formen geschnittenen oder ausgestochenen Aspiccroutons (I. Bd. IV. Abschn.) garnirt.

## Fasanen-Püree in Spiegelgallert. (Aspic.) Purée de faisans en aspic.

Hinsichtlich der Anfertigungsweise giebt der Artikel der gleichnamigen Kapaunenspeise mit der Abweichung die nöthige Anweisung, daß das durchgeschlagene Fasanenfleisch statt mit weißer Mayonaisen=, mit brauner kalter Salmi=Sauce gerieben und zusammengesetzt wird. Wie bei dieser Art Gerichte von Kapaunen=, muß auch bei dergleichen kalten Fasanenspeisen der Spiegelgallert ausnehmend klar und von kräftigem Geschmack sein.

## Kaltes Fasanen=Salmi im Spiegel. Salmi chaud-froid de faisans au miroir.

Wenn in individueller Beziehung Talent und praktische Sachkenntniß für das treffende Gelingen dieser Speise bürgen, so sind es nicht minder die materiellen Bestandtheile derselben. Die dazu nöthigen Ingredienzien müssen in bester Qualität gewählt, auch ein passendes Modell dazu beitragen, daß diese kalte Speise in ihrem höchsten Glanz aufgetischt werden kann. Eine wichtige Rolle spielt hierbei der Spiegelgallert, der wasserklar und dabei ohne gesteigerte Beimischung von Consistenzmitteln vorzüglich kräftig sein muß, um im Verhältniß des davon gebildeten sehr schmalen Randes in seiner Mitte die, im specifischen Gehalt schwereren Körper, ohne auseinander zu platzen, aufnehmen zu können. Wenn gleich einfach aber sehr elegant, fand ich den Spiegelrand in einer sechseckigen glatten Form von 7 Zoll im Durchmesser, mit einem um ein und einen viertel Zoll geringer im Umfang haltenden Cylinder von wenigstens 3 Zoll Höhe, ohne alle Verzierung modellirt. Ein ander mal bereitete ich diese kalte Speise mit einem Spiegelrand, der in einer, mit wellenförmig krausen Außenseiten und einem Boden mit kleinen Vertiefungen versehenen ovalen Cylinderform auf die Art modellirt war, daß die kleinen Vertiefungen mit ganz fein würflich geschnittenen schwarzen Trüffeln, das Weiße von hart gekochten Eiern, grünen Cornichons und rothfarbigen Mohrrüben in Verbindung von etwas Spiegelgallert untereinander gemengt, schön marmorirt wurden. Noch eine dritte Methode zur Erzeugung des Spiegelrandes ließ mich von den vorstehenden ganz abweichen. Nachdem die zuletzt genannte Forme in ihren Vertiefungen marmorirt und mit dem nöthigen Spiegelgallert übergossen und dieser fest geworden war, füllte ich die Forme mit vortrefflicher weiß gehaltener aber besonders consistenter Mayonaise an.

An diese, auf die eine oder die andere Art getroffenen Maaßregeln zur Erzeugung des Spiegelrandes, schließt sich die Anfertigung der Spiegelfläche auf die Art, daß auf einen ohnrandigen ganz glatten Deckel ein Teigrand genau so groß als der Cylinder der Forme beträgt gesetzt und inwendig mit Papier ausgefüttert wird. In diesen wird ein ganz gleichmäßig hoher Boden von einem halben Zoll dick mit klarer Aspic gegossen. Wenn die Brust und Keulen eines oder zweier Fasanen in saubere Stücke ohne Knochen flach gerundet und zugestutzt, auch eine Zeitlang marinirt gewesen sind, werden vier der besten cotelettförmige oder runde Bruststücke durch etwas ganz weiße Mayonaise gezogen und demnächst mit schönen schwarzen Trüffeldessins zierlich belegt. Wenn ferner mit dieser trefflich geleiteten Arbeit sich die Anfertigung der nöthigen Quanti=

tät schmackhafter kalter Salmi-Sauce vereinigt hat, wird im Einklang der Tafelzeit zur Anrichteprocedur folgendermaßen geschritten. Der Spiegelrand wird sehr vorsichtig auf eine ganz passende Schüssel aus dem Modell gestürzt, in dem mittlern Raum die Fasanenstücke mit Umhüllung von reichlicher kalter Salmi-Sauce flach angerichtet und in die richtige Mitte die vorhin bezeichneten verzierten Bruststücke mit den Spitzen nach innen glatt und gleichmäßig gelegt, hierauf wird der Teigrand mit dem Papiere vorsichtig von dem Aspicboden abgelöset und als Schluß die noch schwierige Aufgabe gelöset, daß der Deckel unten nur so viel erwärmt wird, um von demselben den Aspic in die Mitte des Spiegelrandes grade und glatt ablaufen zu lassen.

## Fasanenbrüste nach Voppaliere. Filets de faisans à la Voppalière.

Die zu dieser kostbaren Schüssel nothwendigen, oben abgerundeten, möglichst gleichförmigen, zehn bis zwölf Fasanenbruststücke, werden von zwei bis drei Fasanen zugeschnitten und schließt sich die ganze Bereitungsart dieser Speise mit der Abweichung an die Angabe des von zahmem Geflügel in der XIII. Abth. eben so bezeichneten Artikels, daß das hiezu nöthige Haschee mit einer mit einem viertel Qrt. Madeira im Geschmack trefflich gehobenen, mit dem von den Keulen und Gerippen genommenen Fasanenfond (Brühe) gekräftigten und zu den erforderlichen Volumen eingekochten braunen Sauce bereitet, auch mit dem gehackten Abfall der Trüffeln vermischt wird. Nebst diesem ausgezeichneten Haschee ist ein besonders elegantes Spicken der Fasanenbruststücke erforderlich, welches mit schwarzen Trüffelfäden ausgeführt, auch zuweilen zur Hälfte mit diesen und zur Hälfte mit feinen Speckfäden als Nüancirung vorkommt. Das Anrichten erfolgt in einer, mit farbigen oder einfachen Teigcroutons (I. Bd. IV. Abschn.) schön bordirten Schüssel, so daß das Haschee die Mitte und die Bruststücke neben der Schüsselborde, einen schönen Kranz bilden.

## Turban von Fasanen. Faisans en turban.

Die im Bedarfsquantum von 2 Fasanen und zwei Pfd. Zander anzufertigende Eingangspeise findet den dazu nöthigen Commentar in dem gleichbenannten Puter-Artikel. Das Inhaltsprodukt des Fasanen-Turbans besteht aus einem Salmi (dessen Artikel), welches auf gemischte Art von den schmackhaft gedämpften und nach Beseitigung von Haut und Knochen übrig gebliebenen, Fasanenfleische, und einer verhältnißmäßigen Quantität Trüffeln zusammengesetzt wird. Wie bei dem Puter-Artikel bereits angegeben, muß auch hier, die in der Mitte gelegte Verzierung sehr einfach und nur aus einem Stück bestehen.

## Blanquette von Fasanen. Blanquette de faisans.

Die Bereitungsart richtet sich ganz nach Angabe dieser von zahmem Geflügel bereiteten Speisen, wobei rücksichtlich der jungen oder alten Eigenschaft des Geflügels dieselben dort aufgestellten Regeln beobachtet werden und wozu die Artikel: Blanquette von Kalb und Puter, die nöthige Anweisung geben. Eben so richtet sich die Anrichtemethode nach diesen Vorschriften, auch wird das Fasanen-Blanquette nach Mailänder Art (XIII. Abth.) sowol in einem Rand von Reiß als Plinzen, auch zur Abwechselung in einem blind gebackenen Timbal gegeben. (Art.: Timbal von Wildschweine-Eskalopen.)

## Einfache Fasanenbrüste. Filets simples de faisans,

haben ihre Bereitungsart mit den einfachen Kapaunenbrüsten gemein; die sie begleitenden, aus gemischten-, Trüffel- Champignons-Ragouts oder Haschees bestehenden Beigüsse müssen stets in brauner Sauce angefertigt werden.

## Coteletten von Fasanen. Cotelettes de faisans.

Sie werden von dem aus Haut und Sehnen geschabten (rappirten) Keulenfleische derjenigen Fasanen, von welchen die Brüste bereits anderweitig benutzt oder noch gebraucht werden sollen, nach Art der Eskalopenfleischmasse, mit dem vierten Theil des Fleischvolumen gehackten Specks und dem achtel Theil so viel Semmelpannade mit Salz alles gut durch einander gemengt, auf die Weise bereitet, daß, von dieser Masse mittelst einem zwei und einen halben Zoll langen, und einen und drei viertel Zoll breiten cotelettförmigen Ausstecher, oder mit dem Messer aus freier Hand geformte Coteletten gemacht, mit welchen gleichzeitig die gut abgeputzten und dazu passend zugestutzten Schenkel- und Beinknochen, den Cotelettenstiel bildend, so genau in Verbindung gebracht werden, daß sie nach dem Braten nicht abfallen, und die Coteletten eine schöne Form behalten. Sie werden entweder in reiner Butter oder in dieser mit feinen Kräutern gebraten, hierauf mit den Stielen nach oben kranzförmig angerichtet und mit einem Trüffelragout oder einfacher Essenz-Sauce aufgetischt, können auch den Umständen nach mit flüssiger Glace bestrichen werden.

## Eskalopen von Fasanen. Escalopes de faisans.

Sie werden von der, nach vorstehender Art bereiteten Fleischmasse, nach Vorschrift der andern Eskalopenartikel in runder Form gemacht und im Kranz mit einem Trüffel- oder Champignonshaschee, auch mit einer braunen italienischen oder Haschee-Sauce angerichtet, auch wol nach vorhergegangenem Anbraten in feinen Kräutern, mit einer St. Menehouldmasse bestrichen, mit Parmesankäse und

Krebsbutter gedeckt und in schön brauner Farbe im Ofen gebacken aufgetischt.

### Sautee von Fasanen. Sautée de faisans.

Die bereits schon öfter aufgeführten Bereitungsarten und die zu gleicher Zeit dabei angedeuteten Regeln dieser kleinen Speisen, geben auch zu der Anfertigung des eben so bezeichneten Fasanengerichts die nöthige Anweisung. Eben so wird die Anrichtemethode mit dazu geschnittenen Semmel-Croutons im schönen Kranz nach jenem Artikel geleitet.

### Fasanen nach Perigueur-Art. Faisans à la Périgueux.

Die Anfertigungsart dieser ausgezeichneten Speise ist schon einmal und zwar im I. Bd. VI. Absch. XXVI. Abth. gezeigt worden, man sehe daher deren Artikel und beobachte die zu gleicher Zeit dabei aufgestellten Rücksichten. Derselbe Fall tritt mit der Schüssel:

### Fasanen nach Montgelas. Faisans à la Montgelas,

ein. Dieser bleibt als Eingangspeise zwar im ganzen Zustande, wird aber in einer schön bordirten Schüssel angerichtet.

### Fasanen nach Stadthalterart. Faisans à la Gouverneur.

Das nach unserm System in 2 Exemplaren bestehende Bedarfsquantum wird mit einem Papierüberwurf am Spieß gebraten oder im trefflichem Zustande gedämpft. Nachdem die Fasanen verkühlt sind, werden sie mit darangelassenen glatt gestutzten Knochen in saubere Gliederstücke zugeschnitten, so daß von einem jeden Fasan 2 Flügel-, 3 Brust- und 2 Keulenstücke mit Zurücklassen des untern Schenkelstückes (Pistoln) gemacht werden, welche hierauf in etwas Bratenjüs und Fleischessenz heiß gemacht und mit cotelettförmigen, zu den Fasanenstücken passenden in Butter gelbbraun gebratenen Semmelcroutons im Kranz angerichtet, und gleichzeitig mit dem Auftragen oder kurz vor dem Herumgeben bei Tisch mit zwei drittel Bouteille, eben geöffneten und mit drei achtel Pfd. fein gestoßenem Zucker vermischten Champagner, brausend übergossen.

---

## XVIII. Abth.: Rebhuhn. Haselhuhn. Schneehuhn. Perdrix. Gelinotte de bois. Gelinotte blanche.

Alle drei Gattungen dieses Wildgeflügels gehören zu einem Geschlecht und unterscheiden sich weniger durch ihre Gestalt, als vielmehr durch ihr Gefieder. Was das Rebhuhn insbesondere betrifft, so bemerkt man bei der Kochkunst wiederum zwei Gattungen, nämlich das gewöhnliche und das rothe Rebhuhn, ersteres mit aschgrauem, braun und roth gesprenkeltem Gefieder und rostrothem Schwanz und so groß als eine ausgewachsene Taube, lebt in allen gemäßigten Ländern, besonders in Deutschland, die Erstlinge desselben erscheinen gewöhnlich mit der Getraideernte und häufiger auf den Stoppelfeldern. Das rothe Rebhuhn ist merklich größer und unterscheidet sich durch röthlich braune Federn, rothen Schnabel und Beine, es liebt ein wärmeres Klima und wird besonders häufig im südlichen Frankreich angetroffen, und in Paris vorzugsweise geschätzt. Das Fleisch beider Arten ist von vortrefflichem Geschmack, doch dasjenige der rothen Rebhühner noch vorzüglicher; beide werden auf einerlei Weise zu allen Arten feiner Eingangs und kalter Speisen und als Braten (IV. Abschn.) zubereitet. Die ausgewachsenen jungen Rebhühner unterscheiden sich von den alten durch gelbe Beine. Das Haselhuhn lebt in den nördlichen Gebirgsgegenden, besonders wo es viel Haselsträucher giebt und wird zuweilen im Winter in ganz gefrornem Zustande zu uns gebracht. Das Brustfleisch obgleich sehr weiß, ist besonders von den alten Haselhühnern trocken und weniger schmackhaft als das der Rebhühner, und das eigenthümlich gering voluminöse Keulenfleisch nicht vielmehr als zu Püree und Essenzen zu benutzen. Das Schneehuhn hat ein ganz weißes Gefieder, hält sich immerwährend in den nördlichsten stets mit Schnee bedeckten Gebirgsländern auf, von wo sie wie die weißen Hasen zu ganzen Schlittenladungen voll verschickt werden. Was ihr Fleisch betrifft, so fand ich dasselbe, von gleichen Ursachen herrührend, wie bereits bei den weißen Hasen (I. Bd. VI. Abschn. XIV. Abtheil.) angedeutet ist, trocken und gehaltlos.

## Rebhühner auf englische Art. Perdreaux à l'Anglaise.

Sechs bis acht Stück junge Rebhühnchen werden nach erhaltener sorgfältiger Vorbereitung in der Länge von einander geschnitten, nach Beseitigung der kleinen Rippchen, Brustknochen und des Rückgrades werden die oberen Schenkelknochen zur Hälfte abgehauen und die untern über dem Gelenke abgestutzten Beine mittelst eines Einschnittes in die Haut eingesteckt, auch die Flügelknochen glatt abgestutzt. Nachdem sie ein wenig geplattet, hierauf mit Salz und Pfeffer bestreuet, werden sie in der nöthigen Quantität Fettstoff von Oel und Butter zu gleichen Theilen gut gewendet, demnächst 15 bis 18 Minuten vor dem Speisen, bei einem gleichmäßigen Kohlenfeuer unter wiederholtem Bestreichen, aufmerksam geröstet und mit einer von einem achtel Qrt. Jûs, einem achtel Qrt. brauner Sauce, feinen geschwitzten Kräutern, der von den Rebhühnerknochen gezogenen Essenz und einem viertel Qrt. Champagner gekochten, und mit Citronensaft geschärften Sauce angerichtet.

## Eine andere Art englischer Rebhühnchen. Autre manière de perdreaux à l'Anglaise.

In derselben Vorbereitung werden die in Butter gesteiften Rebhühner mit einer Flüssigkeit von Jüs und etwas brauner fließender Sauce nebst feinen Kräutern in einem flachen Geschirr eingeschmort, zuletzt mit einer halben Bouteille Champagner wieder angefeuchtet und wiederum zu der nöthigen Reduktion gelangt, mit etwas geriebener Semmel und gehackten Lebern und Citronensaft durchgeprözelt und sogleich aufgetischt. Zu diesem Gericht wird bei den Engländern etwas Brede-Sauce (I. Bd. II. Abth.) gegeben.

## Gedämpfte Rebhühnchen nach französischer Art. Perdreaux etouffés à la Française.

Werden in dem Bedarfsquantum von 8 bis 10 Stück in möglichst jungem Zustande, nach vorsichtig geleiteter Vorbereitung in eine schöne Dressur gebracht und mit dem nöthigen Salz in einem halben Pfd. Butter bei gleichmäßig eindringender Hitze in schöner gelbbrauner Farbe gedämpft, und hierauf nach Beseitigung aller Fäden in ein anderes Geschirr übergeleert. Aus dem Geschirr, worin die Rebhühner gedämpft werden, wird das Fett abgegossen, der Grund mit einem viertel Qrt. mit etwas Fleischessenz eingekochter brauner Sauce, und eben so viel Burgunder Wein losgekocht, und nachdem es mit Citronensaft abgeschärft und durch ein Haartuch gedrückt ist, werden die Rebhühnchen hierin, ohne zu kochen, heiß gemacht und sogleich gespeist.

## Deutsche Spieß-Rebhühnchen. Perdreaux brochés à l'Allemande.

Sie werden mit recht lang gelassener Halshaut, und daß besonders die Haut auf der Brust nicht verletzt wird, vorbereitet, hierauf wird die Haut über dem Brustfleische sehr behutsam losgelöset und die Rebhühnchen zwischen Fleisch und Haut mit einem Füllsel ausgespritzt, der von den Rebhühnerlebern in Verbindung von einigen andern Lebern, einem Drittel so viel Semmelpannade, etwas gehackten Specks, 2 Eierdottern, Salz und Muskatennuß zusammengesetzt ist. Nachdem die Oeffnungen geschlossen und die Rebhühner eine gefällige Dressur erhalten haben, werden sie mit Salz in bestrichenes Papier gewickelt und mit der nöthigen Rücksicht 20 Minuten am Spieß gebraten, wobei, um den Rebhühnern eine schöne Farbe zu geben, die Absonderung des Papiers vor der Abnahme vom Spieß erfolgt. Nach Beseitigung aller Fäden werden die Rebhühner mit einer zu der nöthigen Einkochung gelangten schmackhaften Essenz-Sauce aufgetischt.

## Gefüllte Rebhühner nach französischer Art. Perdrix farçis à la Française.

Sie unterliegen dem partiellen Auslösungsprozeß auf die Art, daß die mit dem abgestutzten Fuß in Verbindung gelassenen unteren Schenkelknochen und die über dem Gelenk glatt abgehauenen Flügelknochen darangelassen werden. Der erste, auf der inwendigen Seite der Rebhühner einen achtel Zoll dick gestrichene Füllsel, besteht aus einer Mischung von den gestoßenen Gerippen durch einen Sieb abgestrichener Fleischsubstanz, den Rebhühnerlebern, dem dritten Theil Semmelpannade, eben so viel Speck und dem nöthigen Gewürz und Kräutern, auf diesen kommt aber nur in der Mitte eine Lage von einem Pfd. Kalbsmilch, etwas Champignons und Trüffeln, ein in recht dicker kurzer Sauce bereitetes Salpicon und nachdem hierauf die Oeffnungen auf dem Rücken geschlossen, wird den Rebhühnern ihre vorige Gestalt wiedergegeben, demnächst steif gemacht und auf den Brüsten sauber gespickt. Hieran schließt sich das Garmachen, welches in einer gewürzhaften mit Rheinwein geschwängerten und den gespickten Brüsten nicht deckenden Fettflüssigkeit erfolgt, wobei das Feuer so geordnet, daß es von allen Seiten gleichmäßig einwirken und demgemäß der Speck recht kraus hervortreten kann. Die Bereitungsart dieser vortrefflichen Speise wird nach dem Ausziehen aller Fäden und dem Beseitigen der dem Geflügel in seinem schönen Aeußern hindernden Theile durch das glanzvolle Glaciren und das in einer bordirten Schüssel ausgeführte Anrichten mit einer mit dem abgefetteten Rebhühnerfond (Brühe) vermischten Essenz oder spanischen Sauce (I. Bd. II. Abschn.) beschlossen.

## Flamänder Rebhühner. Perdrix à la Flamande.

Drei bis vier Stück alte Rebhühner, ein halbes Pfd. magerer Speck, ein halbes Pfd. Bratwurst werden in den Volumen eines Qrt. recht guten Sauerkohls mit Fleischbrühe angefüllt und dem nöthigen Salz gekocht und wenn rücksichtlich ihrer Siedezeit die Fleischbestandtheile in treffend weichem Zustande herausgenommen, und der Kohl ebenfalls weich gekocht ist, wird derselbe so kurz eingeschmort, daß nicht die geringste Flüssigkeit mehr hervortritt. Inzwischen werden von den indeß kalt gewordenen Fleischarten von den Rebhühnerbrüsten schöne Glieder, von dem Speck einen und einen halben Zoll große, und von der Bratwurst einen Zoll lange abgehäutete Stücke geschnitten, welche in einem von dem Rebhühnerkeulenfleische mit guter brauner Sauce bereiteten Wildprettpüree (I. Bd. II. Abschn. Purée de gibier) gemischt werden. Dies wird in der mittlern Vertiefung von dem mit dem Sauerkohl auf einer Schüssel geformten Kranz angerichtet und der Sauerkohl außerhalb mit unpannirten, halbmondförmigen in Butter gelb gebratenen Semmel-Croutons in aufgestellter Lage besteckt.

## Rebhühnerbrüste mit Püree. Filets de perdreaux à la purée,

bestehen aus den ausgeschnittenen glatt abgerundeten und geplatteten und hierauf gespickten Bruststücken von 5 bis 6 jungen Rebhühnern, dann den auf bekannte Weise zubereiteten und verzierten kleinen Filets, (Filets mignons) und einem von dem schmackhaft gedämpften und hierauf aus Haut und Knochen gesonderten übrigen Rebhühnerfleische dickflüssig bereiteten Wildprettpuree. (I. Bd. II. Abschn.) Nachdem die Rebhühnerbrüste mit der bewußten Rücksicht gar gemacht und glacirt sind, werden sie, zwischen jedes ein cotelettförmiges, gelbbraun gebackenes Semmelcrouton gesteckt, kranzförmig angerichtet, die mittlere Vertiefung mit dem Puree ausgefüllt, welches auf der Oberfläche in der richtigen Mitte die halbcirkelförmig gebogenen kleinen Filets und eine ganz rund zugeschnittene Rebhühnerbrust oder ein Stück gespickte Kalbsmilch als Zierde erhält.

### Rebhühner nach Montgelas. Perdrix à la Montgelas.

Rücksichtlich dieser Speise giebt der Fasanenartikel gleiches Namens (I. Bd. VI. Abschn. XXVI. Abth.) die nöthige Anweisung, und stellt sich das Ingredienzien-Bedarfsquantum zu einem Fasanen ohngefähr mit dem dreier Rebhühner gleich; die speciell angegebene Bereitungsart findet sich in demselben Abschnitt XVI. Abthl. Art.: Puter nach Montgelas.

### Rebhühner nach Perigueur-Art. Perdrix à la Perigueux.

Die im vorstehenden Artikel angegebenen Nachweisungen beziehen sich auch auf die Bereitungsart dieser sehr beliebten Speise.

### Rebhühnerbrüste in Papilloten. Filets de perdreaux en papillotes.

Werden ebenfalls von 4 Stück besonders jungen möglichst schon ausgewachsenen Rebhühnern gemacht, von welchen die Bruststücke ausgeschnitten und abgehäutet und hierauf mit den darangelassenen lang und glatt abgestutzten Flügelknochen gespalten, glatt geplattet und abgerundet und in das unter Stück der geputzte untere Schenkelknochen möglichst fest eingesteckt und verbunden wird, sofort in Citronensaft und etwas Oel marinirt und mit Oel geschwitzten feinen Kräutern (Champignons, Petersilie, Schnittlauch und Estragon), Salz und Pfeffer mit wiederholter Benässung von weißem Wein kurz eingeschmort werden. Die fernere Bereitungsart schließt an die Angabe des gleichnamigen Fasanen- und Rebhühnerkeulen-Artikels (I. Bd. V. Absch.) mit dem, mit ganz kurz und dick eingekochter weißen Sauce vermischten Kräuterfond der Rebhühnerbrüste auf die Art, daß die Fleischstücke dünn mit der Sauce umstrichen, in dem Papier gut eingeschlossen und die Knochen aus den Papilloten hervorstecken. Nach sorgfältigem Rösten werden sie in Begleitung einer trefflichen seimigen Jus aufgetischt. Diese Eingangspeise kann auch von ganz kleinen Rebhühnchen als Hors d'oeuvre (I. Bd. V. Abschn.) gegeben werden.

## Rebhühnerbrüste in halber Trauer. Filets de perdreaux en demi-deuil.

Mit der gleichnamigen Eingangspeise von Hühnern, in der Bereitung in sofern übereinstimmend, daß statt dem weißen Depecee (dessen Artikel) ein gleichartiges gemischtes Ragout, aber in hellbrauner Sauce, von dem Rebhühnerkeulenfleische, einem halben Pfd. Trüffeln und einem halben Pfd. Kalbsmilch dazu gemacht und das Bedarfsquantum in 5 bis 6 jungen Rebhühnern genommen wird. Diese Schüssel kann auch von nicht zu alten Haselhühnern bereitet, von welchen die Bruststücke gespalten, doch darf das Bedarfsquantum der Hauptingredienz dadurch nicht vermindert, sondern wegen der schlechtern, voluminösen, geringern Eigenschaft der Keulen dieser Wildgeflügelart muß das Depecee von ganzen Haselhühnern, kann auch statt dessen ein substanziell dickes Haschee angefertigt werden.

## Auflauf von Reb= oder Haselhühnern. Soufflée de perdrix ou gelinottes.

Wird von einer dieser Wildgeflügelart in dem Bedarfsquantum dem Auflauf von Fasanen gleich bereitet. In Ermangelung von einer silbernen Casserolle werden diese Art Speisen in einer, mit einem etwas hohen und starken, fein gekniffenen Teigrand, versehenen und die Backhitze vertragenden Schüssel, gebacken.

## Salmi von Rebhühnern. Salmi de perdrix.

Die Anfertigungsweise dieser aus 3 bis 4 Stück Rebhühnern bestehenden Eingangschüssel, ebenso deren specifischer Werth ist in dem Artikel des Salmi von Gans oder Enten genau erörtert worden, daher die Bereitungsart derselben ganz nach dieser Angabe geleitet und die Anrichtemethode so geführt, daß die bessern Stücken wenn nicht besonders markirt, stets oben gelegt werden; ebenso gestattet das Rebhühner=Salmi eine Vermischung fremder Fleisch=Ingredienzien.

## Haselhühner=Salmi nach Königin=Art. Salmi de gelinottes à la Reine.

An die Bereitung dieses Salmis sind zwei Bedingungen geknüpft, erstlich indeß die dazu zu brauchenden 4 Stück Haselhühner in einer schmackhaft gewürzten, nicht zu kurz gehaltenen Braise in treffend weichem Zustande gesotten, wobei zweitens sowol das Geflügel als die Brühe möglichst weiß gehalten werden; wenn schon das trockene Fleisch der Haselhühner das Schneiden erschwert, so wird dies, wenn das Geflügel im überweichen Zustande gekocht, noch schwie=

riger. Die rein abgefettete etwas eingesottene Brühe wird mit dem nöthigen Theil guter weißer fließender Sauce (I. Bd. II. Abschn.) und einem viertel Qrt. Rheinwein zu dem erforderlichen Volumen eingekocht und mit einem halben Qrt. eingekochter guter Sahne in Verbindung von zwei frischen Eierdottern, zu einer recht weißen Sauce gesteigert, die im Geschmack nichts zu wünschen übrig lassend, mit den indeß sauber und ohne Haut zugeschnittenen Gliederstücken der Haselhühner im richtigen Verhältniß vermischt wird.

## Eine andere Art Königin-Salmi. Salmi à la reine d'une autre manière.

Die Hauptingredienz muß hierzu noch um ein Haselhuhn gesteigert werden, weil ein Theil des weißen Fleisches sammt den weißen Abfällen mit etwas von der auf vorstehende Art bereiteten Sauce gerieben, hierauf durch ein Haartuch gestrichen und mit der anderen Sauce vermischt wird. Hieraus muß sich eine weiß und zart aussehende Püree-Sauce gebildet haben, die noch mit etwas kurz gekochter Sahne vermischt und sofort mit den Fleischstücken vermengt wird. Beide Salmis lassen sich mit allen Arten Croutons oder Fleurons auch in einer schön bordirten Schüssel, in einem Butterteigrand (vol-au-vent) oder Timbal anrichten und sowol von Reb- als Hasel- oder Schneehühnern anfertigen.

## Haselhühner-Tafel-Salmi. Salmi de gelinottes à la Maitresse.

Die Zusammensetzung dieser Speise kann nach vorhergegangener Vorbereitung von jeder Herrschaft in beliebiger Art und beliebigen Geschmack bei der Tafel ausgeführt werden. Nachdem die Bruststücke von 3 bis 4 Stück schmackhaft braisirten Haselhühnern sauber zugeschnitten sind, werden sie in eine silberne Casserolle geordnet, vier bis sechs Chalotten fein gehackt, in Wasser blanchirt und in etwas Butter geschwitzt, diese, wenn es die Jahreszeit gestattet, mit einigen Theelöffeln voll gehacktem grünen Basilicum, einer gleichen Quantität Estragon, halb so viel Sardellenbutter, drei Eßlöffeln voll geriebener Semmel, ein wenig gehackter Orangenschale und einen Eßlöffel voll gestoßenem Zucker, werden auf einen Teller jedes besonders geordnet; gleichzeitig wird die rein vom Fett geschiedene und durchgeseiete Haselhühnerbrühe, mit einigen Löffeln voll dunkelbrauner Jus zu dem Volumen zweier Tassenköpfe voll eingekocht, zunächst mit dem Saft von einer Citrone abgeschärft und in eine Sauciere geschüttet. Bei der Tafel werden die Haselhühnerstücke mit allen Ingredienzien überschüttet, mit der eingesottenen Brühe und einem viertel Qrt. Madeira oder Rheinwein übergossen und auf einem Rechaud oder Dreifuß mit brennendem Spiritus wiederholentlich begossen, 8 bis 10 Minuten lang geschmort. Diese Tafelspeise kann sowol von Fasanen, als auch Reb-, Hasel-, Birk- und Schneehühnern bereitet werden.

## Jäger=Salmi von Rebhühnern. Salmi de perdrix au chasseur.

Die von gebratenen oder gedämpften Rebhühnern zugeschnittenen Gliederstücke, werden mit einem Tassenkopf voll Oel, oder vergleichsmäßiger Quantität Butter, vier bis sechs fein gehackten Chalotten, einem größerem Theil Petersilie, etwas Salz, gestoß. Pfeffer, Muskatennuß, gehackter Citronen- und Orangenschale, vier Eßlöffeln voll geriebener Semmel, noch besser brauner Sauce, dem Saft von einer Citrone und einem viertel Qrt. Medoc eingeschmort; als Tafelspeise in einen gekniffenen Teigrand angerichtet und als Jagd- und Reisespeise bestimmt, in ein dazu gebackenes, zum nöthigen Theil ausgehöhltes, großes weißes Brod gefüllt, darin gewärmt oder kalt gespeiset und in diesem Falle unbedingt mit feinem Oliven-Oel bereitet.

## Kaltes Rebhühner=Salmi. Salmi froid de perdrix.

Diese kalten Eingangspeisen unterscheiden sich in der Bereitung nicht von ihren, von Fasanen bereiteten Namens-Verwandten. Mit Berücksichtigung des Bedarfsquantums, was sich ohngefähr um etwas mehr als das Doppelte zu den Fasanen verhält, eignen sich die Rebhühner zu allen den kalten Salmis, wie es in dieser Beziehung die Fasanen-Abtheilung angiebt. Nebst einem kräftigen reinen und schönen Geschmack, muß die kalte Salmi-Sauce mit einem hellbraunen, glatten und glanzvollen Aeußern eine richtige nicht zu flüssige und nicht zu feste Substanz verbinden, darf nicht kraus oder grieslich gerührt und nicht nach ranzigem Oel schmecken; daher sind die Bedingungen bei der Bereitung dieser Art kalter Speisen unerläßlich, daß kein schlechtes Oel dazu genommen, aller in sehr kaltem Zustande sich zu harten Körnern bildende animalische Fettstoff davon geschieden und die Anwendung von Fleischessenz, vorzüglich derjenigen, der den kalten Speisen charakterisirenden Hauptingredienz, nicht unterlassen, hingegen eine zu starke Beimischung von Consistenzmitteln (Kalbsfußfond) vermieden wird.

## Deutschbürgerliches Ragout von Rebhühnern. Ragout de perdrix à l'Allemande-bourgeoise.

In den bürgerlichen Haushaltungen, wo eine besondere Anfertigung von Saucen nicht zulässig oder Sitte ist, läßt man die von dem Hausstand und der Haushalts-Oeconomie bedingende Anzahl Rebhühner, mit allen würzhaften Ingredienzien weich schmoren, nachdem sie ausgehoben und indeß sie verkühlen, wird die Brühe auf einem gelinden Feuer mit ganz wenig gestoßenem Zucker mit der Vorsicht braun aufgeschmort, daß sie nicht brennerig wird, alsdann mit dem oben sich gebildeten abgegossenen Fett, mit drei Eßlöffeln voll Mehl eine Schwitze gemacht, mit welcher die mit einem halben Qrt. Flüssigkeit losbekochte und durchgedrückte Rebhühnerbrühe eine Sauce gekocht, die mit etwas Wein vermischt und ausgeschäum-

sofort mit den, indessen in saubere Stücke geschnittenen Rebhühnern, durchgeprözelt und mit dem Saft von einer oder zwei Citronen vermischt wird.

## Rebhühnchen nach polnischer Art. Perdreaux à la Polonaise.

Zehn bis zwölf Stück kleine junge Rebhühner, die eine vorsichtige Vorbereitung erhalten haben, werden inwendig mit einem Gemisch von ihren gehackten Lebern, dem dritten Theil so viel Speck, eben so viel geriebener Semmel, drei Eierdottern, Salz, Muskatennuß, Ingwer, gehackter und geschwitzter Petersilie und Chalotten gefüllt, nach erfolgter Schließung der Oeffnungen und erhaltener Dressur in einem halben Pfund, ein viertel Zoll groß geschnittenen und braun gebratenen Speck gesteift, hierauf nach Beseitigung aller Fäden mit einem viertel Qrt. abgebrannten Franzbranntwein, oder Rum, eben so viel brauner Sauce, etwas gestoß. Pfeffer, Salz und einem achtel Qrt. Wein geschmort und nach Abschärfung mit Citronensaft mit der sämmtlichen Tunke angerichtet.

## Rebhühnerbrüste nach französischer Art. Filets de perdrix à la Française.

Hierzu giebt der Schluß des Artikels: finanzielle Hühnerbrüste, mit Bezug der Rehfilets auf französische Art, den Commentar; die Rebhühnerbrüste werden mit einem gemischten braunen Depecee, zu welchen die Keulen mit angewendet werden, mit den Krebsscheeren nach innen und einer passenden äußern Garnirung auf einem Rande von Eskalopenmasse oder Füllsel nach Art der Rehfilets im Kranz angerichtet.

## Fümet von Rebhühnern. Perdrix en fumet.

Zu allen den Bereitungsarten von Rebhühnerspeisen, zu welchen die Artikel derer Namens-Verwandten von Fasanen ohne Abweichung die unbedingte Anweisung geben, gehört unter andern nächstfolgenden auch das Rebhühnerfümet; wobei noch zu bemerken, daß in partieller Anfertigung dieser Speise die Rebhühnerbruststücke ohne Flügelknochen abgerundet, in mehrfacher Schüssel-Bereitung aber diese darangelassen, über dem Gelenk glatt abgestutzt und sauber beputzt, demzufolge bei dem Auflegen zu jeder Schüssel einseitige Flügel gewählt und nach innen gereihet werden.

## Blanquette von Reb- oder Haselhühnern. Blanquette de perdrix ou gélinottes.

Hierbei muß, nothwendig wenn dies Gericht von Haselhühnern gemacht wird, besonders auf die, im Königin-Haselhühner-Salmi-Artikel, aufgestellten Regeln Rücksicht genommen werden. Weit schwieriger zeigt sich das feine Blattschneiden zum Blanquette als das Schneiden in Glieder- oder Depeceestücke, daher der getroffen weichgekochte Zustand sehr zu empfehlen ist.

## Warme dressirte Pastete von Rebhühnern. Paté chaud dressé de perdrix.

Außer dem gleichnamigen Artikel von Fasanen, werden die Vorschriften des Lignowsky-Pasteten-Artikels zu Rathe gezogen und das Bedarfsquantum der Hauptingredienz nach dem, bei dem kalten Rebhühner-Salmi, aufgestellten Verhalten geordnet, alle Nebenzuthaten hingegen bleiben sich gleich. Die Pastete wird ebenfalls von Haselhühnern bereitet.

## Coteletten von Rebhühnern. Cotelettes de perdrix.

Werden von den Keulen derjenigen Rebhühner gemacht, von welchen die Bruststücke eine in großer Auswahl gezeigte, andere Anwendung finden, zu den Stielen werden die untern Schenkelknochen genommen, und mit sorgfältiger Verbindung derselben mit der Fleischmasse, die Coteletten in gefälliger Form gestaltet.

## Eskalopen von Rebhühnern. Escalopes de perdrix.

Außer den beiden, bei ihren Namensverwandten von Fasanen angegebenen Bereitungsweisen, werden sie auch in einem blind (ohne Füllsel) gebackenen Timbal nach Art der Wildschweine-Eskalopen gegeben; auch finden die Eskalopen von Fasanen eine gleiche Auftischung.

## Sautee von Rebhühnern. Sautée de perdrix.

Am besten macht sich dies Gericht in ganz fein gehackten und geschwitzten Trüffeln sautirt (damit gebraten), sie werden alsdann in der Vertiefung mit einem grobkörnigen Haschee angerichtet, doch auch in feinen Kräutern sautirt und mit einer Essenz-Sauce gegeben.

## Braisirte Rebhühner. Perdrix à la braise.

Außer den hier gezeigten Gerichten dieser drei Wildgeflügelarten kommen die Rebhühner noch auf einfach braisirte Art vor, werden theils verkühlt in saubere Gliederstücke zugeschnitten, in einen Theil ihrer Braise oder Sauce heiß gestellt und kranzförmig oder flach angerichtet, theils im ganzen Zustande aufgetischt. So wie sich ihr Aeußeres durch Einfachheit und Anspruchlosigkeit auszeichnet, eben so können die, bei den geschnittenen, in der Vertiefung aufgenommenen oder die, die ganzen Rebhühner begleitenden Beigüsse, Saucen oder kleinen Ragouts bis zur köstlichsten Eigenschaft gesteigert werden, wobei das recht reich an Trüffeln mit Champagner bereitete kleine Ragout eine Hauptrolle spielt; ihre Auftischung erfolgt noch mit einem finanziellen oder gemischten Ragout, auch wohl mit einer spanischen oder Essenz-Sauce (deren Artikeln I. Bd. II. und III. Abschn.)

---

## XIX. Abth.: Auerhahn (Huhn). Coq de bruyère (Poule). Birkhahn (Huhn). Coq de bois (Poule).

Außer den bereits gezeigten Bereitungsarten dieser Wildgeflügel als Wechselschüsseln (I. Bd. VI. Abschn. XXV. und XXVI. Abthl.) und den noch von denselben (III. und IV. Abschn.) vorkommenden Gerichten erhalten sie auch als Eingangspeise einen, wenn auch nur sehr beschränkten Platz und lassen sich demgemäß beide Wildgeflügelarten füglich auf gleiche und zwar auf folgende Weise bereiten.

### Warme Pastete von Auer- oder Birkhahn. Paté chaud de coq de bruyère ou de bois.

Nachdem die aus einem Auerhahn oder zwei Birkhähnen oder Hühnern bestehende Hauptingredienz den totalen Auslösungsproceß überstanden, hierauf mit etwas gewürzten und gekräuterten langen Speckfäden durchgezogen, unterliegt sie einer 24stündlichen scharfen Marinade. Der, von drei Pfd. eingeschwitztem mageren Kalbsfleische mit den im Artikel: Warme dressirte Pastete von Fasanen, bezeichneten Ingredienzien, angefertigte Füllsel, erhält durch die, von den gestoßenen Gerippen auf einem Sieb abgestrichene Fleischmasse und den Lebern seine Bindkraft, und um das eine oder das andere dieser mit dieser Farce gefüllten Wildgeflügel, wegen ihrer eigenthümlichen Beschaffenheit, besonders des Auerhahns, bei einer möglichst nothwendigen langen Vorkochung in ihrer Gestalt zu erhalten, wird es auf dem Rücken mit Nadel und Faden zusammengeheftet. Nachdem dies erreicht ist, im verkühlten Zustande die Fäden ausgezogen und von dem Geflügel die beliebigen geeignetsten Stücke geschnitten sind, wird in einer, vom Volumen der aufzunehmenden innern Bestandtheile bedingten Größe nach Angabe des Lignowsky-Pasteten-Artikels, eine elegante Pastete dressirt (aus freier Hand geformt) und alle hierauf folgende Verfahrungsarten, rücksichtlich des Füllens, des Backens und des Anrichtens der Pastete nach Vorschrift des gleichnamigen Artikels von Fasanen verfahren und das Ganze beendet. Der sauber gehaltene Auerhahnkopf wird zuweilen, einer alten

Sitte folgend, auf einen mit einer Papiermanchette versehenen kleinen Spieß gestochen und als Attribut auf den Schornstein der Pastete gesteckt.

### Salmi von Birkhühnern. Salmi de poules de bois.

Sowol in der Bereitungsart als im Bedarfsquantum wird mit Rücksicht des Gans- und Enten-Salmiartikels nach Art der namensverwandten Fasanenspeise verfahren. Bezüglich der Kochmethode beobachte man die bei dem Haselhühner-Salmi aufgeführte Regeln. Dies Birkhühner-Salmi wird auch in Butterteigrand (vol-au-vent) oder Timbal gegeben.

### Haschee von Birkhühnern. Hachée de poules de bois.

Wird in einer nicht zu kurz gehaltenen, reich an Fettstoff und mit gewürzhaften Ingredienzien belegten Fettflüssigkeit geschmort und kann das Haschee auch von unberührten Tafelabgängen dieser Geflügel, welche als Braten oder Wechselschüsseln aufgetischt waren, gemacht werden. In Beziehung der Bereitungsweise werden die Vorschriften der ebenso bezeichneten Speise von Hammel befolgt, auch die Anrichtemethode nach diesem Artikel geleitet. Eine gleiche Nachweisung giebt das namensverwandte Gericht von Hammel zur Anfertigung des:

### Morgenrothfarbigen Haschee's von Birkhühnern. Hachée (Hachis) de poulets de bois à l'aurore.

Zu beiden Haschee's ist eine Beimischung von Madeira passend, die Sauce wird dadurch ausgezeichnet gehoben und in den Stand gesetzt, dem diesem Geflügel eigenthümlichen, strengen harzigen Geschmack zweckdienlich zu begegnen.

---

## XX. Abthl.: Wald-, Stumpf-, Moos- und Pfuhlschnepfe. Becassine Bécasse. Bécassine. Bécasseau.

Von dem zahlreichen Geschlecht dieser Sumpfvögel kommen bei der Kochkunst die beiden ersten Arten am meisten vor, der kleinern Gattung ist im I. Bd. V. Abschn. Art.: kleine dressirte Pastetchen, schon einmal Erwähnung geschehen. Dies Geflügel, besonders die Waldschnepfe, ist wegen des ausgezeichnet delikaten Geschmacks ihres

Fleisches hochgeachtet; durch ihr seltenes Erscheinen zur Zeit des Ankommens (März) und des Wegziehens (September und Oktober) wird dieser ausgezeichnete Rang, den sie, besonders als Braten bereitet einnimmt, noch mehr gesteigert. Die Körpergröße der Waldschnepfe ist ungeachtet der langen dünnen Beine, ohngefähr dem Rebhuhn gleich, außerdem haben sie einen langen Hals, runden Kopf mit einem sehr langen spitzen Schnabel. Ihr Gefieder ist schmutzig weiß, rostbraun, schwarz und grau gestreift; ihr Aufenthalt gewöhnlich in Gegenden wo es viel Waldungen giebt. — Die Becassine ist nur halb so groß als die Waldschnepfe, hat oberhalb hell- und dunkelbraune Flecke und sieht am Unterleibe weiß aus. Die Pfuhl-, Moos- oder Sumpfschnepfe zeichnet sich durch eine mehr oder weniger kleine Gestalt, kürzern Schnabel und mehr oder weniger verschiedenartig gesprenkeltes Gefieder aus.

## Waldschnepfen auf französische Art. **Bécasses à la Française.**

Mit der besonders aufmerksamen Vorbereitung der Schnepfen, daß die Haut nicht zerrissen wird, vereinigt sich auch die Sorge, daß die Köpfe als die größte Zierde der Vögel nicht verletzt werden. An das saubere Abrupfen von 2 bis 4 Stück Waldschnepfen schließt sich das Flammiren an, sie werden hierauf zu dieser Speise nach Art anderer Geflügel ausgenommen und wenn von den Füßen die Krallen abgestutzt und die Beine nach inwendig umgebogen, der Kopf mit darangelassenem Hals abgeschnitten. Die eigenthümlich würzig und pikant schmeckenden Eingeweide werden nach Absonderung des Magens fein gehackt und mit ein viertel Pfd. Butter, etwas gehackter Petersilie, Schnittlauch, und einem viertel Qrt. Wein, eingeschmorten klein abgerundeten Trüffeln, deren gehackten Abgängen und Salz in Verbindung gebracht, mit diesem Gemisch werden die Waldschnepfen gefüllt, hierauf die Hals- und Afteröffnung geschlossen und den Vögeln eine gefällige Dressur gegeben. So bereitet läßt man sie in einer würzhaften Fettflüssigkeit mit Speckscheiben und Papierblatte gedeckt bei gleichmäßig einwirkender Hitze mit einer gelblichen Farbe gar dämpfen. Nachdem dies erfolgt, auch die Fäden und andere Ingredienzien beseitigt sind, werden die Waldschnepfen in einer einfach bordirten Schüssel angerichtet und mit ihren unterdeß gereinigten, in den Augenhöhlen mit weißer Farce gefüllten und mit einem Stückchen Trüffel die Pupillen bildend, in Fettflüssigkeit gar gemachten und auf kleinen Spießen gestochenen Köpfen zierlich besteckt und sofort mit einer, mit dem von Fett geschiedenen und durchgegossenen Schnepfenfond, (Brühe) vermischten Essenz-Sauce aufgetischt. Zur Zeit werden von jeder Waldschnepfe zwei Flügel-, ein Brust- und zwei Keulenstücke geschnitten und rücksichtlich der inhaltigen Bestandtheile servirt.

### Waldschnepfen-Salmi mit Schnepfenbrod. Salmi de bécasses aux croutons farçis.

Die Vorbereitung der Schnepfen unterscheidet sich von vorstehender Methode, daß die Köpfe nicht abgeschnitten, sondern mittelst der Schnäbel derselben die Vögel ihre Dressur erhalten, sie werden nach vorhergehender Art gedämpft und die weitere Bereitungsart des Salmi nach bekannter Weise geleitet (Art: Gans-, Enten- und Fasanen-Salmi); das Waldschnepfen-Salmi gestattet nicht allein eine möglichst reiche Beimischung von Trüffeln, sondern es ist sogar Bedingung, daß diese überaus ausgezeichnete Speise mit dieser Ingredienz im hohen Geschmack gesteigert wird. Gleichzeitig wird das Eingeweide nach Absonderung des Magens auf vorhin gezeigte Weise gehackt, hierauf mit einem achtel Pfd. zerlassener frischer Butter und dem nöthigen Salz vermischt, zunächst auf zwei Zoll lange viereckig und verhältnißmäßig dick geschnittene, auf beiden Seiten gelbbraun geröstetete Semmelscheiben gestrichen, sofort mit Butter bestrichen und fünf Minuten vor dem Anrichten in einem Ofen oder unter einer eisernen glühenden Schaufel gar gemacht. Mit diesem Schnepfenbrod wird das mit seinen besten Stücken nach oben angerichtete Salmi kranzförmig umlegt und die auf vorhergehende Art verzierte oder in ihrem natürlichen Zustande gelassenen Köpfe als Attribute oben aufgesteckt.

### Waldschnepfen-Tafel-Salmi. Salmi de bécasses pour la table.

Werden im Bedarfsquantum von drei Stück Vögeln im unausgenommenen Zustande auf die gezeigte Weise gedämpft; nachdem sie verkühlt, in schöne Gliederstücke zugeschnitten und diese in einer silbernen Casserolle geordnet sind, wird aller Fleischabfall sammt den von dem Magen abgesonderten Eingeweiden mit einem viertel Qrt. dick eingekochter Sauce fein gerieben und durch ein Haartuch gestrichen, demnächst mit dem losgekochten, abgefetteten Schnepfenfond (Brühe), ferner dem Saft von einer Citrone und der aus den gestoßenen Gerippen gekochten Essenz vermischt. Dieses Amalgama wird bei der Tafel über den Inhalt der silbernen Casserolle mit einem viertel Qrt. Burgunder-Wein geschüttet, sofort wie das Haselhühner-Tafel-Salmi geprözelt und mit lang cotelettförmig zugeschnittenen, in Butter gelb gebratenen Semmel-Croutons besteckt. Diese Speise kann ebenfalls von Becassinen gemacht werden.

### Kaltes Waldschnepfen-Salmi. Salmi chaud-froid de bécasses.

Das Vorbereiten und Garmachen nach vorstehendem Artikel, das Zuschneiden, das darauf folgende Mariniren und Anfertigen der kalten Salmi-Sauce nach Anweisung der ebenso bezeichneten Fasanen- und Rebhühnerspeisen. Mit diesen Bereitungsweisen verbindet sich eine kleine Verzierungsmethode der Waldschnepfenköpfe, diesen werden, nach sorgfältigem Beputzen und halb abgestutzten Hals, die Augenhöhlen mit recht weißer aber fester Mayonnaise ausgefüllt, rund herum einen Ring von rothfarbigen Mohrrüben gesetzt und in der Mitte mit einem Stückchen Trüffel die Pupille gebildet, hierauf Kopf und obere Theil des Halses mit Glace bestrichen und sogleich mit gehackten braunen (deutschen) Trüffeln bestreut; doch muß dies sehr behutsam geführt und die Köpfe dabei an der Schnabelspitze oder dem Hals gehalten, oder dieser demzufolge in etwas Teig gesteckt werden, und wenn alle Köpfe so weit beendet, erhalten sie zum Schluß, mit einem bis beinahe zum spinnenden Grad erkalteten klaren Aspic wiederholentlich begossen, einen Spiegel. Wenn das kalte Salmi nach bekannter Vorschrift geschmackvoll angerichtet, mit einer Umkränzung von einem oder dem andern Verzierungs-Ingredienz (Art.: Verzierte Hühner-Mayonaise) belegt, oder eine einfache Bordüre von schönen Aspic-Croutons erhalten hat, geben die bezeichneten, mit den Schnabelspitzen in eine ungeschälte recht weich gekochte und glacirte Trüffel gesteckten Köpfe, oben auf gepflanzt ein vortreffliches Attribut.

## Fümet von Waldschnepfen oder Becassinen. Fumet de bécasses ou bécassines.

Rücksichtlich der Bereitungsweise erhält es den sichern Commentar in der Angabe seiner Namensverwandten von Fasanen und Rebhühnern. Die Waldschnepfen werden wie die Fasanen ohne Flügelknochen zugeschnitten, jedoch bei den Becassinen die Zuschneidemethode der Rebhühner beobachtet. In der mittleren Vertiefung des Fümets kann das im vorhergehenden Artikel bezeichnete Attribut mit vier Waldschnepfen- oder sechs Becassinen-Köpfen ausgeführt werden, wobei die Augenhöhlen statt mit Mayonaisen-Sauce mit weißer Farce ausgefüllt und die von den Schnäbeln gehaltene Trüffel zur höchsten Steigerung noch mit einem großen Hahnenkamm gepfropft werden, auch kann in Ermangelung dieses ein Stück gespickte und glacirte Kalbsmilch genommen und alsdann das Bestreuen mit Trüffeln unterlassen werden.

## Warme dressirte Pastete von Waldschnepfen. Paté chaud dressé de becassines.

Als höchste Steigerung und dem die Pastete bezeichnenden ausgezeichneten Inhaltsprodukte angemessen, wird auch auf ihr Aeußeres durch geschmackvoll angebrachte Verzierungen in Teigmodells viel Fleiß verwandt. (Art.: dressirte Pastete nach Lignowsky). Bei der Zusammensetzung des Pastetenfüllsels spielen die von den Mägen gesonderten und in etwas Butter rasch eingeschwitzten Eingeweide der Schnepfen eine Hauptrolle, und wenn noch durch einen Theil anderer Geflügellebern und der von den gestoßenen Gerippen abgestrichenen Fleischsubstanz die Farce die nöthige Bindkraft erhält, auch durch diese Hülfsquellen das erwünschte Bedarfsquantum zu erwarten steht, so würde von den bei dem Artikel: dressirte Pastete von Fasanen, bezeichneten Ingredienzien das Kalbfleisch zurückgelassen werden können. Wenn die Waldschnepfen mit dieser trefflichen Farce gefüllt und steif gemacht sind, werden sie in Viertel und die Becassinen in Hälften oder ganze Stücke mit einem Theil Trüffeln in die Pastete gelegt und die Füllung, Back- und Anrichtemethode nach dem Lignowsky-Pasteten-Artikel beendet; doch erhält letztere dadurch eine Abweichung, daß die Pasteten von Waldschnepfen und Becassinen unbedingt ohne Deckel servirt und statt dessen, oben mit ihren Köpfen eine Verzierung angebracht wird.

---

## XXI. Abth.: Krammetsvogel. Wachtel. Grive. Caille.

Wenn gleich beide Wildgeflügelarten zu verschiedenen Geschlechtern gehören, auch in ihrer Lebensweise und Gestalt bedeutend von einander abweichen und sich nur in ihrer Eigenschaft als Zugvögel und an Körpergröße gleichen, so sind die Bereitungsarten von denselben als Eingangspeisen mit wenigen Abweichungen übereinstimmend. Von dem erstern zum Drosselgeschlecht gehörenden Vogel bemerken wir bei der Kochkunst die Wachholderdrossel (Ziemer), die Wein- und Schwarzdrossel. Der ersteren Gefieder ist am obern Theil des Körpers aschgrau, Brust und der untere Theil mit grünlich schwarzen Flecken. Bei der Weindrossel ist der Oberleib olivenbraun und die untern Flügelfedern rostroth. Die Schwarzdrossel ist von schwarzer oder schwarzbrauner Farbe. Im Herbst werden eine große Menge von Krammetsvögeln in Dohnen mit Ebräschen oder Wachholderbeeren gefangen; doch auch während des Winters viel von ihnen (Ziemer) verspeist, die sich im Harz und Schwarzwalde, in den Gegenden, wo es viel Wachholderbeeren giebt, aufhalten. Sie sind wegen ihres delikaten Geschmackes eine große Lieblingsspeise und erscheinen auf den vornehmsten Tafeln, besonders als Braten zubereitet. — Die Wachtel hat Hinsichts der Gestalt, Lebensart und Gefieder viel Aehnlichkeit mit dem Rebhuhn, ist aber bedeutend kleiner, sie zieht im Herbst nach den südlichen Gegenden und erscheint mit der schönen Jahreszeit wieder bei uns; in dieser Zeit werden eine große Menge von ihnen an den südlichen Küsten von Europa gefangen. Bei ihrem Aufenthalt auf den Getraidefeldern werden diese Vögel ausnehmend fett, deren Genuß nicht allen Personen bekommt; übrigens ist ihr Fleisch sehr wohlschmeckend und wird vorzüglich als Braten zubereitet, gern gespeist.

## Krammetsvögel nach Düfour. Grives à la Dufour.

Die Vorbereitungsweise von 10 bis 12 Stück dieser Vögel, welche sich so ziemlich mit der der Schnepfen gleich bleibt, ist im I. Bd. I. Absch. Art.: Krammetsvögelsuppe angegeben, und schließt sich hieran das in dem nöthigen Fettstoff mit Belegung der bekannten gewürzhaften Ingredienzien auf die bewußte Weise ausgeführte Dämpfen. Von den hierauf kalt gewordenen Vögeln werden von jedem die beiden Bruststücke sauber herausgenommen und nach glatter Abnahme der Haut und glatt abgestutzten etwas hervorstehenden Flügelknochen in eine silberne Casserole geordnet. Alles von den Gerippen und Keulen rein abgenommene Fleisch wird hierauf mit den Eingeweiden, aus welchen die etwa noch darin enthaltenen Beeren, Magen und unsaubern Theile abgesondert sind, mit einem sechstel Qrt. dicker brauner Sauce gerieben und durchgestrichen, und nachdem mit einem geringen Theile desselben die Augenhöhlen der Krammetsvögelköpfe gefüllt worden, wird das Püree mit dem rein von Fett geschiedenen Krammetsvögelfond und einem halben Qrt. mit einem viertel Qrt. Rheinwein eingekochter guter brauner Sauce in Verbindung gebracht, so daß hiervon eine flüssige Substanz gebildet wird, mit welcher die markirten Krammetsvögel-Brüste überschüttet, zunächst in einem mäßig heißen Ofen gratinirt (geprözelt) und sofort mit hahnekammförmig geschnittenen, gelb gebratenen, unpannirten Semmelkrusten und mit den oben bezeichneten ausgefüllten Krammetsvögelköpfen besteckt, aufgetischt werden.

## Gratin von Krammetsvögeln. Grives en gratin.

Nachdem der totale Auslösungsprozeß mit 8 bis 10 Stück Krammetsvögeln beendet, wird zur Zusammensetzung des Füllsels geschritten, welcher aus einer Mischung von zwei Pfd. zu zwei Drittel eingeschwitztem magern Kalbfleisch, den sämmtlichen von den Magen geschiedenen und rasch eingeschwitzten Eingeweiden der Vögel, dem dritten Theil des Fleischvolumen mit etwas Jüs bereiteter Semmelpannade, einer gleichen Quantität Speck, 3 Eßlöffeln voll Trüffel- und dem vierten Theil so viel Sardellenbutter, einem sechstel Qrt. dicker brauner Sauce oder Saucen-Schaum und Fettstoff, 6 Stück gehackten und geschwitzten Chalotten, einem achtel Pfd. geriebenen Parmesankäse, einem Theelöffel voll trocknen feinen Kräutern, etwas weniger feinem Gewürz, und dem nöthigen Salz und endlich aus der, von den gestoßenen Gerippen auf einem Sieb abgestrichenen Fleischmasse besteht, dessen specielle Zusammensetzung nach Angabe des Artikels: einfache Kalbfleischfarce (Einl. I. Bd.) geleitet wird. Die mit dieser Farce gefüllten, wieder in ihre ursprüngliche Gestalt zusammengelegten und in etwas Fettflüssigkeit vorgedämpften Vögel werden, wenn sie groß sind, im halben, sonst im ganzen Zustande, mit dem nöthigenfalls noch mit dem Vögelfettstoff vermischten Farce auf eine die Backhitze vertragende Schüssel, in erhabener breiter Kranzform, deren mittlerer Raum durch einen passenden Ausstecher gebildet, geordnet und nach erfolgtem Zudecken mit Speckscheiben, dem Stützen mit einem Papierrande, 30 Minuten bei mäßiger Hitze in etwas kochendes Wasser gestellt, gebacken. Nachdem dies erfolgt und das ausgebratene Fett beseitigt ist, wird die mittlere Vertiefung von einem trefflichen braunen Trüffelragout (I. Band III. Abschn.) eingenommen, die Oberfläche mit den in ihren Augenhöhlen mit weißer Farce gefüllten und einem runden Stückchen schwarzer Trüffel belegten Krammetsvögelköpfen besteckt, und das Gratin mit einer Garnirung von halbmondförmigen Fleurons oder Semmel-Croutons aufgetischt. Diese Eingangspeise kann auch von Wachteln bereitet, auch zwischen den Vögeln, deren Brüste stets unbedeckt bleiben müssen, mit großen sägeförmig gezähnten Trüffelscheiben zierlich besteckt werden.

## Gefüllte Wachteln. Cailles farçis.

Zu deren Anfertigungsweise giebt der Artikel: Schnepfen nach französischer Art, mit der Abweichung die nöthige Anweisung, daß von den Eingeweiden der Wachteln nur die Lebern genommen und die hierdurch entstandene Verringerung des Füllsel-Bedarfsquantums durch einen Theil anderer Geflügellebern ersetzt wird. Die Wachteln werden zur Hälfte getheilt vorgelegt. Von Krammetsvögeln bereitet, wird der oben beziehungsweise angegebene Schnepfenartikel unverändert benutzt.

## Wachteln in Umschlag. Cailles en surtoût.

Sieben bis acht Stück dieser Vögel werden nach sorgfältiger Vorbereitung und gefälliger Dressur in Butter, dem nöthigen Salz und einer geringen Benässung von Wein gedämpft, und nachdem sie im verkühlten Zustande in der Länge von einander geschnitten, wird ein, von einem Pfd. Kalbsmilch, einem Theil Champignons und Trüffeln in dicker kurzer Sauce bereitetes Salvicon (I. Bd. III. Abschn.) in die Vögelhälften eingedrückt; hierauf auf eine die Hitze wiederstehende Schüssel einen viertel Zoll dick von einer auf vorhin gezeigte Weise, bereitete Leberfarce gestrichen, auf diese die Wachtelhälften mit den Außenseiten nach oben gelegt, und nach leichtem Belegen mit der übrigen Farce wird dies oben mit geriebenem mit etwas Semmel vermischten Parmesankäse und Krebsbutter gedeckt und funfzehn Minuten in mäßiger Hitze gebacken. Die Auftischung erfolgt mit einem Kranz hahnekammförmiger gelb gebratener unpannirter Semmelkrusten, in Begleitung einer klaren Essenz-Sauce.

## Crustade von Krammetsvögeln. Grives en croustade.

Hinsichtlich der Bereitungsart der Crustade giebt der Artikel: Filets von wildem Schwein in Crustade, eine specielle Anweisung. Wenn nach den dort aufgestellten Regeln und Erörterungen eine, nach Größe des aufzunehmenden Inhalts elegant geformte Crustade angefertigt ist, wird hinsichtlich der Anfertigung des Füllsels und der Zubereitung der Vögel nach Angabe des Krammetsvögel-Gratinartikels verfahren, hierauf die Crustade mit diesen Ingredienzien gefüllt und die fernere Bereitungsweise nach der namensverwandten Speise von wildem Schwein geleitet und beendet. Wenn die Crustade gebacken, und nach Beseitigung der Speckscheiben, des Papiers und ausgetretenen Fettes angerichtet ist, erhält sie auf ihrem Inhaltsprodukt ein Trüffelragout oder einfache Essenz-Sauce (I. Bd. II. und III. Abschn.) und wird zunächst mit den bekanntermaßen vorbereiteten Krammetsvögelköpfen, auch wol noch mit einer zweiten Garnitur von ganz kleinen runden Stückchen gespickter und glacirter Kalbsmilch oder Trüffeln oben rund herum zierlich belegt.

## Kaltes Krammetsvögel Salmi. Salmi chaud-froid de grives.

Die, nach Vorschrift der von diesen Vögeln nach Dufour bereiteten Speisen, ausgeschnittenen und sauber zugestutzten Brüstchen von 10 bis 12 Stück Krammetsvögeln werden nach bekannter Methode in Oel und französischem Essig marinirt und die kalte Salmi-Sauce nach Angabe des namensverwandten Fasanenartikels mit Berücksichtigung der eben so bezeichneten Rebhühnerspeise angefertigt. Die Anrichtemethode wird in schöner sauberer Haltung ausgeführt, mit einer oder der andern Verzierungsingredienz (Art.: Verzierte Mayonaise von Hühnern) oder mit eigen gehaltenen Aspiccroutons in jeder beliebigen Form umkränzt und zum Schluß mit den nach Anweisung des kalten Schnepfen-Salmis oder Krammetsvögel Gratins verzierten Krammetsvögelköpfen zierlich besteckt. Eine außerordentliche Steigerung in der Kunst und hohe Auszeichnung in der Verzierung erhält diese kalte Speise durch eine den Krammetsvögeln ähnliche im kleinern Maaßstabe talentvoll ausgeführte Nachbildung von Vögeln, welche mit einer, von den gehackten und durchgestrichenen Eingeweiden und Fleischabfälle mit 2 Eßlöffel voll dicker Sauce und 4 dergleichen Aspic zusammengesetzten schmackhaften festen Masse ausgeführt wird. Mit einem feinen Messer oder andern Instrument werden den geformten Vögeln, Flügel, Schwanz und die Federn des Halses, mit Trüffeln, dem hartgekochten Weißen vom Ei und Mohrrübe, die Schnäbel und Augen nachgebildet und die Vögel hierauf mit, bis beinahe zum spinnenden Grad erkalteten Aspic, spiegelartig begossen. Diese zu jeder Schüssel zu 3 bis 4 Stück geformten Vögel, werden in einem, auf der richtigen Mitte des zu diesem Behuf glatt angerichteten Salmis, von der bezeichneten Masse mittelst einer kleinen Spritze oder Papierdüte gespritzten Neste mit den Schnäbeln nach Außen gesetzt, und zu dem, auf diese Art verzierten kalten Salmi unten herum eine einfache Verzierung von Aspiccroutons und den Köpfen der Hauptingredienz gewählt.

## Kaltes Salmi von Krammetsvögeln nach Düfour. Salmi froid de grives à la Dufoûr.

Die Anfertigung desselben bleibt sich sofern mit der des ersten Artikels dieser Abtheilung gleich, als das Backen als durchaus unanwendbar betrachtet, die Sauce vor der Vermischung mit dem Pûree zu dem nöthigen Volumen eingekocht, demnächst mit einem viertel Qrt. guten Oels, dem erforderlichen französischen Estragonessig und einem geringen Consistenzmittel von Spiegelgallert oder Kalbsfüßestand zu einer salbigen Masse auf dem Eise gerührt wird, mit welcher sofort die marinirt gewesenen Krammetsvögelbrüstchen mit Aspiccroutons und den verzierten Krammetsvögelköpfen auf die bekannte Weise angerichtet und garnirt werden.

## Wachteln in Pupeton. Cailles en poûpeton.

Die Kochart des Reißes, sofortige formelle Bereitungsweise des Pupeton selbst findet einen speciellen Commentar in dem Artikel: Deutsch bürgerliches Pupeton. (II. Abthl.) Mit den gut vorbereiteten, schmackhaft und kurz braisirten, nächstdem in verkühltem Zustande in der Länge halb durchgeschnittenen Wachteln, wird mit einem Pfd. Kalbsmilch, einem halben Pfd. Trüffeln, einem gleichen Theil eingeschwitzter Champignons, 4 Stück Rindergaumen und mit Eierdottern gut gebundener weißer Sauce, ein gemischtes Ragout bereitet, mit welchem die Wachtelhälften auf einer der Backhitze widerstehenden Schüssel bereits geformten Reißrand schön geordnet, und die weitere Bereitungsart, Back- und Anrichtemethode nach dem oben beziehungsweise aufgeführten Artikel geleitet und beendet. Auch bei diesen, so wie bei allen auf diese Weise bereiteten Speisen ist ein sorgfältiges Decken des Inhaltproduktes während des Backens und nach dessen Erfolg ein reichliches Ergänzen von Sauce zu empfehlen, und muß das Backen bei großer Hitze, die Schüssel in Wasser gestellt, in möglichst kurzer Zeit ausgeführt werden.

## Gedämpfte Wachteln oder Krammetsvögel. Cailles ou grives poëllées.

Erfolgt in der nöthigen Quantität Butter mit öfterer Uebersprißung von Rheinwein bei gleichmäßig stark eindringender Hitze, wobei die Vögel unter einige Mal wiederholtem Umdrehen in gelbbrauner Farbe ohne alle Flüssigkeit eingedämpft und die Dampfprocedur in 15 bis 20 Minuten beendet sein muß, sie werden sofort mit den, von ihren Lebern bereiteten farcirten Croutons und einer Bachus-Sauce (I. Bd. II. Abschn.) angerichtet, welcher der, mit Fleischbrühe oder anderer Flüssigkeit in dem Geschirr von den gedämpften Vögeln zurückgebliebene, rein vom Fett geschiedene losgekochte und durchgedrückte Grund, beigemischt wird.

## Sautee von Wachteln. Sautée de cailles.

Diese feine Speise erfordert ein bedeutendes Bedarfsquantum (16 bis 20 Stück Vögel), um auf einer anständigen Schüssel mit den dazu nöthigen Semmel-Croutons einen schönen Kranz anzurichten. Von den ausgelöseten Bruststückchen der jungen Wachteln werden nach Beseitigung der Haut von jeder Sorte ein oval rundes Stück zugeschnitten, mit Wasser oder Oel geplattet (applatissirt) und mit Salz bestreuet in, von geschälten Trüffeln bereiteter Trüffelbutter oder derjenigen Butter, in welcher Trüffeln als Aufbewahrung eingesetzt oder eingemacht gewesen, auf einem raschen Feuer sautirt und sogleich mit einem in der mittleren Vertiefung gefüllten Trüffelhaschee aufgetischt.

## Wachteln in Surprise. Cailles en sûrprise.

Diese, laut Artikel auf Ueberraschung, begründete Speise, findet nur da einen erwünschten Anklang, wo eine große Menge dieser Vögel angetroffen wird. Von dem aus 20 bis 24 Stück bestehenden Bedarfsquantum wird die bessere Hälfte mit der größten Sorgfalt, damit die Haut nicht zerrissen wird, vorbereitet, und die Haut von dem Brustfleische sehr behutsam in der ganzen Ausdehnung losgelöset. Aus den schlechteren Vögeln schneidet man gleichzeitig die Brüste aus, applatissirt sie mit etwas Salz und Pfeffer und praktisirt sie direkt zwischen Haut und Brustfleisch der ersteren Vögel, welche hierauf schön gestaltet und in Speckscheiben und Papier gewickelt mit Bindfaden umschlossen, am Spieß gebraten oder in Butter vorsichtig gedämpft und mit einem von den gedämpften Abgängen der schlechtern Wachteln bereiteten Wildprettpüree (I. Bd. II. Abschn.) angerichtet werden.

---

# XXII. Abth.: Lerche. Ortolan. Aloûette. Ortolan.

Beide gehören zu den Zugvögeln. Von dem ersteren Vogel ist die Feld- oder Ackerlerche bei der Kochkunst bemerkbar und besonders hoch geschätzt diejenigen, welche zur Zeit ihres Wegziehens auf den Feldern bei Leipzig in großer Menge gefangen werden. Ihr Gefieder ist weiß gelblich und grau gesprenkelt, mit dunkel- und rostbrauner, weißgrauer Einfassung bezeichneten Schwanzfedern. — Die Ortolanen haben dunkle Schwung- und Schwanzfedern, Brust und Bauch mehrentheils gelbbraun mit aschgrauen Halsfedern und mit einem fast kegelförmigen röthlichen Schnabel. Beide werden als einen vorzüglicher Leckerbissen besonders als Braten zubereitet, betrachtet und sowol in dieser Eigenschaft als auch als Eingangspeise auf den ausgezeichnetsten Täfeln aufgetischt. Sie lassen sich beide auf eine und dieselbe Weise bereiten.

## Lerchen in großen Zwiebeln. Alouettes aux gros oignons.

Die formelle Vorbereitungsweise dieser Vögel, welche im Vergleich zu den Krammetsvögeln im Bedarfsquantum um ein Drittel gesteigert werden, ist der der Krammetsvögel gleich, hieran schließt sich die totale Auslösungsprocedur der Vögel und die Anfertigung der von den Magen geschiedenen und in Butter scharf eingeschwitzten Eingeweiden, einiger etwa vorräthigen rohen Geflügellebern, der von den gestoßenen Gerippen abgestrichenen Fleischmasse, mit dem vierten Theil des Fleischvolumens gehackten Speck, ebenso viel Semmelpannade, ein ganz wenig feine Kräuter, Gewürz und dem nöthigen Salz zusammengesetzten Füllsels. Mit einem Theil von diesem Amalgama werden die entbeinten Vögel gefüllt, in einer runden Form zusammengelegt, mittelst Nadel und Faden geschlossen und in etwas Fettstoff auf die bekannte Weise halb gar gemacht. Eine unerläßliche Bedingung zur treffend ausgeführten Bereitung dieser Speise stellt die Zwiebel-Ingredienz. Diese muß aus besonders großen und ganz gleichmäßigen Exemplaren, am besten spanischen Zwiebeln bestehen, welche nach einem sorgfältigen und glatten Abziehen der Haut, dem bis zum dritten Theil der Zwiebel glatten Abstutzen der Spitzen, eine geringe doch hinreichende Vorkochung in Wasser erhalten, bis sich inwendig so viel Blattlagen von der Zwiebel herausnehmen lassen, daß der dadurch entstandene Raum einen Vogel nach Beseitigung der Fäden mit etwas Füllsel bequem aufnehmen kann, wobei das Vorkochen und das Aushöhlen der Zwiebeln eine besondere Aufmerksamkeit verlangt. Nachdem die vorhin gezeigte ganze Procedur geschehen, werden die Zwiebeln in einem passenden flachen Geschirr (Platfond I. Bd. Einl.) geschlossen geordnet, in halb gedeckter Fettflüssigkeit und Rheinwein mit Belegung von dünnen Speckscheiben und Papierblatte bei von allen Seiten gleichmäßig einwirkender Hitze (Bratofen) in treffend weichem Zustande kurz geschmort; nächstdem nach Beseitigung des Spekkes ausgehoben und entweder in ihrem eigenen Fond (Brühe) oder mit etwas dickflüssiger dunkelblonder Glace glacirt, sofort auf einem, von dem übrigen Füllsel auf einer Schüssel ganz flach geformten Kranz behutsam angerichtet, zunächst oben mit den in ihren Augenhöhlen gefüllten Lerchenköpfen besteckt und in der mittlern Vertiefung mit einer bündigen Essenz-Sauce aufgetischt.

## Lerchen mit Reiß. Alouettes au riz.

Die Bereitungsart dieser Speise bindet sich an zweierlei Arten, entweder werden die sauber vorbereiteten Vögel total ausgelöset, demnächst mit etwas von dem, nach vorstehend gezeigter Angabe bereiteten Füllsel farcirt und hierauf in ihrer ursprünglichen Gestalt zusammengelegt geschlossen und geschmort, oder in unausgelösetem Zustande mit Beilegung der Köpfe 15 bis 20 Minuten in Butter gedämpft. Die auf die erstere Art bereiteten Vögel werden auf ein Pfd. in trefflicher fetter Bouillon zu einer krausen molleusen Masse gekochten und hierauf mit einem viertel Pfd. geriebenen Parmesan vermischten Reiß angerichtet und mit den in ihren Augenhöhlen gefüllten Köpfen garnirt. Der Reiß zu den unausgelöseten Vögeln bedingt eine gering festere Substanz, er wird im Kranz, auf dem die Lerchen mit ihren besteckten Köpfen nach außen geschmackvoll angerichtet sind, mit einem halben Pfd. etwas gleichförmig abgerundeten und in der nöthigen Flüssigkeit von Jus und Wein gekochten und glacirten kleinen Trüffeln garnirt und in der mittlern Vertiefung eine schmackhafte weiße gut mit Eiern gebundene fließende Sauce (I. Bd. II. Abschn.) gefüllt. Diese Trüffelgarnirungsart kann auch bei den ausgelöseten Vögeln beobachtet und die Speise eben so gut von Ortolanen gemacht werden.

## Lerchen in Domino. Alouettes en domino.

Die Bereitungsart der Hauptingredienz schließt sich ganz derjenigen des vorhergehenden und zwar der ersten Art des zuletzt bezeichneten Artikels an; dann verbindet sich mit dieser Procedur die Anfertigung eines von einem Pfd. Kalbsmilch, einem halben Pfd. Trüffeln, einen Theil eingeschwitzter Champignons und 4 Stück Rindergaumen in mit etwas Champagner und guter Fleischessenz eingekochter, mit Eierdottern gut gebundener und abgeschärfter weißen Sauce zusammengesetzten gemischten Ragout (I. Bd. III. Abschn.), welches in einer mit Semmelcroutons schön bordirten Schüssel angerichtet und mit den von den Fäden gesonderten, hierauf mit dickflüssiger Glace bestrichenen und sogleich mit fein gehackten schwarzen Trüffeln dick bestreuten Lerchen rund herum belegt und mit den Köpfen der Vögel bepflanzt wird. Mit der zuletzt gezeigten Procedur der Lerchen muß behutsam zu Werke gegangen und zu diesem Behuf die Vögel vorher einzeln auf eine Gabel gestochen und nach dem Bestreuen mit Trüffeln, die Vögel sehr behutsam aufgelegt, damit die Trüffeln nicht wieder abgestoßen werden.

## Gratin von Lerchen. Alouettes en gratin.

Die Bereitungsweise wird nach dem namensverwandten Gericht von Krammetsvögeln geleitet und wie schon im ersten Artikel dieser Abtheilung erwähnt worden, muß das Bedarfsquantum der Hauptingredienz um den dritten Theil gesteigert werden. Eben so schließt sich die Anfertigungsart der Eingangspeise:

## Crustade von Lerchen. Alouettes en croustade,

an den gleichnamigen Artikel von Krammetsvögeln, mit Hinweisung auf die Bereitung der Crustade von wilden Schweinefilets an.

## Sautee von Lerchen. Sautée d'alouettes.

Wie bei dem Artikel der Sautee von Wachteln bereits angegeben, so wird diese kleine Speise, wegen des nöthig machenden starken Bedarfsquantums der Vögel, nur höchst selten und alsdann gemacht, wenn dergleichen Wildgeflügel in großer Menge vorhanden sind. Die Bereitungsart sowol als die Anrichtemethode richtet sich streng nach dem Wachtel-Sautee-Artikel mit Bezug auf die, auf diese Art bereiteten kleinen Speisen bezeichneten Regeln.

## Lerchen in Pflaumenform. Alouettes en forme de prunes.

Sie müssen sehr behutsam gerupft, damit die Haut durchaus nicht zerrissen, und dieselbe Aufmerksamkeit bei der totalen Auslösungsprocedur beobachtet werden. Die Füllung erfolgt mit einem Gemisch von den eingeschwitzten und hierauf gehackten und durchgestrichenen Eingeweiden, halb so viel geriebener Semmel, 6 Eßlöffeln voll zerlassener frischer Butter, Salz und der von den gestoßenen Gerippen abgestrichenen Fleischmasse und schließt sich hieran die mittelst Nadel und Faden zusammengeschlossene pflaumenförmige Gestaltung der Vögel, welche mit den abgeputzten untern Schenkelknochen den Stiel bildend, möglichst treu und gleichförmig ausgeführt werden muß. Eben so vorsichtig muß das Dämpfen der Vögel in Butter und einem geringen Theil Flüssigkeit und das hierauf folgende Ausziehen der Fäden geschehen; zu welchem Behuf die in Pflaumenform gestalteten Lerchen vorher eine jede in gefettetes Papier eingewickelt und fest geschlossen werden. Die Vögel werden sofort in einer mit Semmel- oder farbigen Teigcroutons bordirten Schüssel angerichtet, und mit einer, mit der Knochenessenz und Rheinwein eingekochten braunen fließenden Sauce, aufgetischt.

## II. Abschnitt.

## Fische. Zwischenschüsseln von Fischen im zerschnittenen Zustande. Poissons. Plats d'entremets de poissons.

Mit den Bereitungsarten der größern, im ganzen Stück vorkommenden Fischen und deren Eigenschaften sind wir bereits im I. Bd. VI. Abschn. (Wechselschüsseln) bekannt geworden; es werden daher in diesem Abschnitt nur diejenigen Speisen begriffen, welche sowol von den größern als kleinern, theils See- theils Süßwasserfischarten und zwar im zerschnittenen Zustande bereitet, als Fisch-Zwischenschüsseln aufgetischt werden. Ferner enthält dieser Abschnitt die Zubereitung der Krebse und der von diesem Insekt vorkommenden Speisen und eine Anleitung zur Bereitung aller bürgerlichen Fischgerichte. Bei einer auf deutsche Art servirten großen Mittagstafel, wo eine große Anzahl von Schüsseln gestattet ist, erhalten die kleinern Fischgerichte der Reihefolge nach ihren Platz hinter den feinen Fleischspeisen (Entrées), vertreten auch wol bei kleinern Diners oder weniger glänzenden Mittagstafeln, wo die feineren Fleischgerichte etwa ganz ausfallen, deren Stelle, wobei allerdings auf eine passende und zweckmäßige Zusammenstellung Rücksicht genommen werden muß, ebenso findet mit den Fischzwischenschüsseln eine ähnliche Anwendung bei eingerichteten Abendtafeln (Soupers) statt. Diejenigen Fischgerichte, welche sich besonders zu Fastenspeisen eignen, werden bei deren vorkommenden Artikeln bezeichnet, auch die Abtheilungen der noch nicht aufgeführt gewesenen kleinern Fleischarten, mit einer besondern eigenschaftlischen Abhandlung begleitet sein.

# I. Abth.: Zander. Sandbarsch. Sandre.

## Aufgerollte Zanderstücke nach Conti. Popiettes de sandre à la Conti.

Diese Art Speisen stehen in naher Verwandtschaft mit den Kalbfleischpopietten, aber besonders ähnlich in der Bereitung sind sie den verzierten Puterpopietten (I. Abschn. Zartfilets nach Conti). Zu dem Ende wird ein Zander von drei bis drei und einem halben Pfd. aus Haut und Gräten geschnitten (I. Bd. Einl. Art.: Fischfarce) und von dem Fleische desselben 14 bis 16 zwei und einen viertel Zoll breite, vier und einen halben Zoll lange und zwei Messerrücken dicke, ganz gleichförmige, recht glatte Stücke geschnitten, welche ganz leicht geplattet, geebnet und gerade zugeschnitten werden; nächstdem wird von dem Abfall des Fischfleisches nebst den erforderlichen Ingredienzien eine haltbare aber in zarter Eigenschaft gehaltene Farce (I. Bd. Einl. Fischfarce) bereitet, und mit dieser die Fischstücke einen viertel Zoll dick bestrichen, hierauf fest aufgerollt und an den Enden mit Füllsel glatt und fest ausgestrichen. Nachdem die Rolletten alle so weit beendet, schließt sich hieran die Verzierungsmethode nach Conti, welche mittelst vier schräger gleichmäßig von einander abweichenden Zwischenräumen angebrachter Einschnitte, mit halbrunden, sägeförmig gezähnten Trüffeln-, Mohrrüben-, Cornichons- oder grünen Farcescheibchen und halben Krebsschwänzen ausgeführt wird. Die Rolletten werden hierauf in ein flaches Geschirr (Platfond) geschlossen geordnet, in einem halben Pfd. oder etwas mehr geklärter Butter, einem achtel Qrt. Rheinwein und dem Saft von einer Citrone und dem nöthigen Salz oben mit einem gefetteten doppelten Papierblatte (Patrone) gut gedeckt und bei gleichmäßig von unten und oben einwirkender Hitze in 20 Minuten gar gemacht. Angerichtet werden die Rolletten, die Enden ein wenig auf einander spielend oder flach im schönen Kranz gelegt, die Mitte mit einem, in weißer oder rother Sauce bereiteten gemischten Ragout (I. Bd. III. Absch.) angefüllt, dessen Inhalt aus 2 Quappenlebern, 3 Eßlöffel voll eingeschwitzten Champignons, einem Theil Krebsschwänzen und einem Theil Theelöffelfischknefs (I. Bd. Einl.) besteht. Diese Fischspeise wird zuweilen als Eingangschüssel gegeben.

## Aufgestellte Zanderrolletten. Popiettes de sandre à la maitre d'hôtel.

Diese sind von den vorigen dadurch abweichend, daß die Fischstücke einen viertel Zoll schmaler, einen Zoll länger und unbedeutend dicker geschnitten, nach dem festen Aufrollen aufgestellt und oben mit Kapern, gespaltenen Krebsschwänzen und Sardellen belegt, sodann auf die vorstehende Art gar gemacht und im Kranz mit einer schmackhaften Küchenmeister-Sauce (I. Bd. II. Abschn.) angerichtet werden. Sie werden zuweilen mit ganz kleinen Fleurons umlegt; auch können beide Fischspeisen rücksichtlich der Nichtanwendung von Fleischbrühe und animalischem Fettstoff als katholische, und wenn sich diese Nichtanwendung noch auf Eier und Milch ausdehnt als griechische Fastenspeisen aufgetischt werden.

## Gefüllte Zanderstücke nach Küchenmeister-Art. Filets de sandre à la maitre d'hôtel.

Der im Bedarfsquantum von 3 bis 4 Pfd. genommene Fisch wird im geschuppten Zustande aus den Gräten und mit darauf gelassener Haut in drei Zoll lange und zwei Zoll breite cotelettförmige Stücke geschnitten und in dem nöthigen Salz gewendet eine Stunde, hingestellt, sie werden nächstdem an der einen Seite aufgeschnitten und in die Spalte etwas von einer, von den Abfällen des Fischfleisches bereiteten feinen Fischfarce gestrichen, sofort in drei achtel Pfd. Butter, geschwitzten feinen Kräutern (Peters., Champig., Chalot., Estrag. und Schnittlauch), dem Saft von einer Citrone und einem achtel Qrt. Rheinwein mit einem wenig gestoß. Pfeffer auf beiden Seiten oder mit gleichmäßig einwirkender Hitze (Ofen-) gar gemacht und im Kranz mit einer mit der Fischgräten-Auskochung vermischten schmackhaften Küchenmeister-Sauce (I. Bd. II. Abschn.) angerichtet. Kann rücksichtlich der Ingredienzien als Fastenspeise gegeben werden.

## Warme Schüsselpastete von Zander. Paté chaud sur le plat de sandre.

Die Zanderstücke werden den vorigen gleich, jedoch etwas kleiner zugeschnitten, auf dieselbe Weise in eine darin geschnittene Spalte gefüllt und in einem Theil, nach vorstehender Art bereiteten Kräuter-Butter auf beiden Seiten nur steif gemacht. Die von allen Fischabgängen mit den erforderlichen Ingredienzien bereitete Farce (I. Bd. Einl.) wird mit Sardellen- und der Kräuterbutter im Geschmack gehoben und mit einem Theil weißer Sauce oder Saucenschaum und Fettstoff bis zum feinsten und zartesten Grad gesteigert, von welcher Eigenschaft man sich durch eine gemachte Backprobe zu überzeugen sucht. Hierauf werden die Fischstücke nebst Farce mit einem von einem Pfd. Butter bereiteten Butterteig (I. Bd. V. Abschn. Art.: Kleine Pastetchen mit Salpicon, und III. Bd. III. Abthl.) nach Angabe des Artikels: Schüsselpastete nach Trappe (VIII. Abth.) auf eine die Backhitze vertragende Schüssel geordnet und in der fernern Bereitungsart nach Vorschrift desselben Artikels beendet. Nachdem die Schüsselpastete aufgeschnitten, wird sie mit einem Theil Küchenmeister- oder weißer Sardellen-Sauce überzogen und in Begleitung der andern Sauce aufgetischt.

## Gratin von Zander. Sandre en gratin.

Die Bereitung der Fleischstücken und der Farce nach vorstehendem Artikel mit der geringen Abweichung, daß die letztere nicht ganz so fein gemacht und hinsichtlich der formellen Bereitungsart des Gratins, die bei dem namensverwandten Artikel von Rindergaumenpopietten (I. Abth.) aufgestellten Regeln beobachtet und die Back- und Anrichtemethode ganz nach diesem Artikel beendet werden. Die mittlere Vertiefung wird von einem gemischten weißen Ragout von drei Quappenlebern und Theelöffelknefs, oder mit einer weißen Sardellen-Sauce gefüllt und der Gratin außerhalb mit Croutons oder Fleurons, auch wohl mit Croquetten welche von dem Fischabfall bereitet werden, garnirt.

## Blanquette von Zander. Sandre en blanquette.

Aus einem zwei und einem halben bis drei Pfd. schweren, aus Haut und Gräten geschnittenen Zander, werden etwas über einen Zoll große, dick-blattförmige Blanquettstückchen geschnitten, diese sofort in einem viertel Pfd. Butter, dem Saft von einer Citrone, etwas Wein und dem nöthigen Salz gar gemacht und auf ein Sieb zum Abtropfen geschüttet. Hierauf wird ein Qrt. fließende Sauce (I. Bd. II. Abschn.) mit der von sämmtlichen Fischgräten ausgekocht und kurz eingesottenen Fischbrühe, einem viertel Qrt. Rheinwein, dem vom Fett geschiedenen abgetropften Zanderfond (Grund) zu der erforderlichen Einkochung gebracht, zunächst mit 5 Eierdottern Liaison gebunden und mit Citronensaft und Sardellenbutter geschärft, durch ein Haartuch über die indeß in ein Geschirr markirten Fischstückchen gedrückt und mit Umlegung von Semmelkrusten, Fleurons, Croquetten oder pannirten und gebackenen dünnen Zanderstreifen geschmackvoll angerichtet.

## Zanderblanquette mit Kräutern. Blanquette de sandre aux fines-herbes.

Der einzige Unterschied in der Bereitung besteht in der Beimischung von feinen geschwitzten Kräutern (Chalotten, Champign., und Petersilie) und etwas mehr Sardellenbutter.

## Zanderblanquette in Bechamelle. Blanquette de sandre à la béchamelle.

Unterscheidet sich von der vorigen durch eine mit guter Sahne bereiteten Bechamelle-Sauce (I. Bd. II. Abschn.), mit welcher die Fischstücke nach Vorschrift der Fleischblanquettes im treffenden Verhältniß vermischt werden. Dies Blanquette wird auch in einem Butterteigrand angerichtet (Vol-au-vent). (Art.: Eskalopen von Wild in Butterteigrand I. Abschn. VII. Abth.)

## Sautee von Zander mit Bechamelle. Sautée de sandre à la béchamelle.

Der Zander wird, aus Haut und Gräten genommen, in dünne zwei Zoll lange und ein und einen halben Zoll breite Stückchen geschnitten, die ein wenig applatissirt (geklopft) und abgerundet, und hierauf in einem viertel Pfd. Butter, Citronensaft, Pfeffer und Salz kurz vor dem Anrichten auf beiden Seiten gar gemacht werden. Man richtet sie in einen schönen hohen Kranz an und giebt in der Mitte eine bündige Bechamelle-Sauce (wie oben).

## Sautee von Zander mit Austernragout. Sautée de sandre au ragout d'huitres.

Unterscheidet sich nur von dem vorigen durch ein schönes wohlschmeckendes Austernragout von 50 bis 100 Stück Austern. Wenn es die Umstände gestatten, wird ein Theil Austern in eine Klare getaucht (I. Bd. III. Abschn.) und gebacken und hierauf die Zanderstücke außerhalb damit garnirt.

## Zanderstücke mit holländischer Sauce. Sandre à la Hollandoise.

Der in zerschnittenen Stücken bereitete Fisch gestattet ein um den dritten Theil geringeres Bedarfsquantum als derjenige, welcher im ganzen Zustande aufgetischt wird. Er kann nach erhaltener Vorbereitung (I. Bd. VI. Absch. XXVIII. Abth.) queer und schräg in einen Zoll starke Transchen (Tronçons) geschnitten, auch aus dem Rückgrat genommen, ferner in zwei und einen halben Zoll breit geschnittenen Stücke in einer gut bereiteten kurzen Brühe (I. Bd. II. Absch.) auf die Art gekocht werden, daß sobald der Siedegrad erfolgt und das Ausschäumen beseitigt ist, der Fisch sogleich vom Feuer genommen wird. Das Anrichten kann im Kranz oder flach mit einer vortrefflichen abgeschlagenen oder bürgerlich bereiteten holländischen Sauce (I. Bd. II. Abschn.), theils der Fisch damit überzogen, theils die Sauce dabei gegeben, ausgeführt, und die Schüssel zuweilen mit kleinen Erdtoffeln garnirt werden.

## Zanderstücke mit Benting-Sauce. Sandre à la Benting.

Das Schneiden des vorbereiteten Fisches, dessen Siedeart und Anrichtemethode nach vorstehendem Artikel, und unterscheidet sich die ganze Bereitungsart durch die, aus gut bereiteter Benting-Sauce bestehenden Tunke.

## Filets von Zander in Mayonaise. Filets de sandre en mayonaise.

Die Bereitungsart der kalten Speisen, die dabei zu beobachtenden Rücksichten und Regeln, sind bei den Artikeln: Kalbsmilchspießchen in Aspic (II. Abth.), Püree von Kapaunen in Spiegelgallert, und verzierte Mayonaise von Hühnern (XIII. Abth.) zur Genüge angedeutet worden. Die von 3 bis 4 Pfd. Zander geschnittenen Fischstücke werden oval, rund oder cotelettförmig zugeschnitten, nach einem 12stündigen Absterben eingesalzen und hierauf in einem achtel Qrt. Oel, Citronensaft und Rheinwein gar gemacht, und sobald sie verkühlt und abgetropft, in 10 Eßlöffeln voll Oel und eben so viel Estragonessig marinirt. Die Mayonaisen-Sauce kann von ein bis zwei Eßlöffeln voll in Oel geschwitzten Mehls mit der mit gewürzhaften Ingredienzien ausgekochten Fischgrätenbrühe, mit dem Stand von 2 Kalbsfüßen oder einem viertel Qrt. Spiegelgallert bereitet, auf die bekannte Weise mit Oel und französischen Essig gerührt, oder besser von geschlagenem Aspic (Spiegelgallert) gemacht werden. Das Anrichten richtet sich streng nach Angabe der Hühner-Mayonaisen und kann wie diese auf einfache Art mit Aspic-Croutons garnirt, oder auf verzierte Weise ausgeführt werden. Eben so richtet sich die Bereitungsart der:

## Verzierten Zanderstücke in Mayonaise. Filets de sandre décorés en mayonaise,

nach dem namensverwandten Artikel von Hühnern, die Fische werden nach obiger Form, doch in glatten abgerundeten oben platten Stücke zugeschnitten, doch unbedingt in gut abgelegenem Zustande (mortificirt) gar gemacht, um die Fischstücke in dieser Form zu erhalten, mithin die Verzierungsmethode ohne Schwierigkeit leiten zu können.

## Zander-Blanquette in Mayonaise nach Gärtner-Art. Blanquette de sandre en mayonaise à la jardinière.

Der Zander unterliegt derselben Vorrichtung wie zum warmen Blanquette, doch wird bei dem Garmachen, Oel statt Butter angewendet und die abgetropften Fischstückchen ebenfalls marinirt, und schließt sich die fernere Bereitungsart an die Angabe des gleichnamigen Hühner-Artikels mit der Rücksicht, daß der Mayonaisen-Sauce die ausgekochte Fischgrätenbrühe beigemischt wird. Rücksichtlich des nicht anzuwendenden animalischen Fettstoffes und der Fleischbrühe kann diese ausgezeichnete kalte Speise als gewöhnliches (katholisches) und Hinweglassung der Eieringredienz als strenges (griechisches) Fastengericht bereitet werden.

## Zander-Sallat. Salade de poisson.

Wird nicht allein von Zander, sondern auch von Karpfen, Aal, Barsen, allen Arten Seefischen, als Steinbutten, Kabeljau, Seezungen, kurz von allen Fischen, die ein feines weißes Fleisch haben, gemacht, wobei die Hauptzuthat als Pflückfisch (I. Bd. VII. Abschn.) vorbereitet und marinirt und das Ganze mit Berücksichtigung der Hauptingredienz mit gleichen Zuthaten und auf dieselbe Weise angefertigt und angerichtet wird, wie dies bei dem Hühnersallat-Artikel angegeben ist; auch wird der Fischsallat zuweilen mit, in einem viertel Zoll starke Würfel geschnittenen Spiegelgallert vermengt. Alle hier aufgeführte kalte Fischspeisen eignen sich mit den bewußten Rücksichten als Fastenspeisen, sowol die dazu nöthige Mayonaisen-Sauce als selbst der Aspic erhalten demzufolge ihren Geschmack und Leimstoff oder Consistenzmittel alsdann von Fischen (I. Bd. Einl.), auch können alle diese Gerichte bei Abendtafeln gegeben werden.

---

# II. Abthl.: Hecht. Brochet.

## Sclavonischer Hecht. Brochet à l'Esclavone.

Die aus 3 bis 5 Pfd. bestehende Hauptingredienz (1 oder 2 Stück Hechte) wird nach erhaltener Vorbereitung (I. Bd. VI. Absch. XXX. Abth.) aus dem Rückgrat bis auf ein Schwanzstück gespalten und in drei Finger breite Stücke geschnitten, nächstdem die rein gewaschenen Fischabgänge mit einem Qrt. Wasser, einem paar Zwiebeln, einigen gemengten Gewürzkörnern, einem Lorbeerblatt und einigen geschnittenen Petersilienwurzeln mit beobachteter Ausschäumung eine halbe Stunde gekocht. Nachdem dies erfolgt ist, wird die Brühe über die unterdeß gewaschenen und mit etwas Butter und ganz feinscheibig geschnittenen Zwiebeln belegten und mit dem nöthigen Salz in einem passenden Geschirr geordneten Fischstücke, durch ein Sieb oder Haartuch gedrückt, welche nunmehr mit einem guten Theil feinblätterig gemachter und einigemal durchgeschnittener Petersilie gekocht werden. Wenn die Fischstücke beinahe gar sind, auch die Fischbrühe genug eingekocht ist wird sie mit einem halben bis drei viertel Pfd. mit zwei Eßlöffeln voll Mehl und Muskatennuß klar gerührter Butter verbunden und der Fisch auf einem gelinden Feuer unter wiederholtem Begießen und Hin- und Herbewegen noch eine kurze Zeit geprözelt. Diese Fischspeise wird mit Pell- oder andern Erdtoffeln gespeist, kann auch von Zander, Barsen, Schleien, Spigula bereitet, in welchem Fall wegen der kürzern Siedezeit dieser Fischarten die Petersilie die hinlängliche Vorkochung erhält. Auch wird dies Gericht mit den äußern weichen Theilen feinfadig oder feinscheibig geschnittener Petersilienwurzeln gekocht. Ist ebenfalls zur Abendspeise passend.

## Bürgerlicher Petersilienfisch. Brochet à la Bourgeoise.

Die in dem von dem Hausstand und der Haushaltsökonomie bedingten Bedarfsquantum zubereitenden, geschuppten, ausgenommenen und gewaschenen Fische werden gespalten, ohne Herausnahme des Rückgrades in drei Finger breite Stücke geschnitten und mit feinscheibig geschnittenen Zwiebeln, etwas gestoßenem gemengtem Gewürz, Salz und einem Lorbeerblatt, ferner einem guten Theil blättriger Petersilie und dünn feinstreifig geschnittenen äußeren Theilen von Petersilienwurzeln in einem passenden Geschirr geordnet und mit Benässung des nöthigen Wassers gesotten. Wenn sie beinahe gar sind, wird die Brühe mit einem halben bis drei viertel Pfd. mit 1 bis 2 Eßlöffeln voll Mehl, 2 bis 3 Eßlöffeln voll geriebener Semmel und Muskatennuß klar gerührter guter Butter vermischt, hierauf unter fortwährendem Begießen zu dem nöthigen Quantum eingekocht und mit Pell-Erdtoffeln gespeist.

## Hecht mit holländischer Sauce. Brochet à la Hollandoise,

## Hecht mit Benting-Sauce. Brochet à la Benting,

werden ganz nach Angabe der gleichnamigen Zander-Artikel gemacht, und rücksichtlich der Siedezeit nach dem ersten Artikel der XXX. Abth. I. Bd. VI. Abschn. verfahren.

## Schüsselhecht. Brochet sur le plat.

Nachdem ein mit der nöthigen Vorkehrung barbierter Hecht (I. Bd. VI. Abschn. XXX. Abth.) von 3 bis 5 Pfd. aus den Gräten und in zwei Zoll breiten Stücken geschnitten und, derselbe mit dem nöthigen Salz untermengt ist, werden gleichzeitig mit einem halben Pfd. frischer Butter, zwei Eßlöffel voll Sardellenbutter, sechs Eßlöffel voll geriebene Semmel, fein gehackte und geschwitzte Kräutern (Petersil., Chalot. und Champig.), ein viertel Qrt. Rheinwein, gestoß. Pfeffer, Muskatennuß und sechs Eßlöffel voll kurzgekochte weiße Sauce gut durcheinander gerührt und mit diesem Amalgama die Fischstücke auf eine die Ofenhitze vertragende mit einem gekniffenen Teigrand (I. Bd. IV. Abschn.) versehene und mit Butter bestrichene Schüssel, mit aus den Schalen und Kernen genommenen dicken Scheiben von zwei Citronen geordnet; nächstdem mit einer gefetteten Papierscheibe gedeckt und vierzig Minnten vor dem Speisen in einen mäßig heißen Ofen gestellt, wobei von Zeit zu Zeit der Fisch mit der auf der Schüssel sich gebildeten Sauce oder Flüssigkeit wiederholentlich begossen und das zu starke Eindampfen durch Wein, Fischbrühe oder andere Flüssigkeit ersetzt wird. Es ist eine passende Abend-Fischspeise, besonders in den Haushaltungen mittleren Standes.

## Kleine Blauhechte. Brochelons au bleu.

Zehn bis zwölf Stück 5 bis 6 Zoll lange Hechtchen werden auf einem benäßten Tisch, damit die Schleimhaut nicht abgerieben wird, ausgenommen, nach Beseitigung der Kiemen rein gewaschen und vermittelst eines Durchstichs dicht hinter der obern Schwanzflosse auf die Art krumm gebogen, daß der untere Kiefer in diese Oeffnung gesteckt wird, hierauf mit einem halben Qrt. kochenden Essig blau gemacht und sogleich in einer gewürzhaften kurzen Brühe (court Bouillon I. Bd. II. Abschn.) so gesotten, daß wenn der Siedegrad erfolgt und das Ausschäumen beseitigt ist, die Fische noch

5 Minuten auf glühenden Kohlen ziehen müssen und hierauf noch eine viertel Stunde hingestellt werden. Man richtet sie auf einer mit einer Serviette belegten Schüssel mit den Bogen nach auswendig und den Köpfen und Schwänzen nach inwendig, in der Mitte mit blättriger Petersilie, auch rund herum mit einem Kranz von geriebenem Merrettig an, und tischt sie mit frischer Butter und mit einer von Merrettig, Zucker und Essig bereiteten Tunke auf.

### Deutschgekochter Hecht. Brochet à l'Allemande.

Das aus einem von 4 bis 5 Pfd. Hecht bestehende Ingredienz-Bedarfsquantum wird barbiert, sodann aus dem Rückgrad und in zwei Zoll breite Stücke geschnitten und diese hierauf mit dem erforderlichen Salz untermengt. In einem passenden Geschirr werden 4 bis 5 Eßlöffel voll Mehl mit einem viertel Pfd. Butter geschwitzt, auf welchen die Fischstücke mit etwas gestoß. gemengtem Gewürz, den dicken Scheiben von einigen Citronen geordnet, mit einem halben Qrt. weißen Wein und eben so viel von den Gräten mit gewürzhaften Ingredienzien gekochter Fisch- oder Fleischbrühe benäßt und unter wiederholtem Begießen gekocht, in dieser Zeit mit 8 Eßlöffeln voll Kapern vermischt und wenn die Sauce die erforliche Einkochung erreicht hat, mit einem Eßlöffel voll Sardellen- und einem viertel Pfd. frischer Butter durchgeprözelt. Der deutschgesottene Hecht kann bei dem Anrichten mit gebackenen kleinen Fischstückchen garnirt, in welchem Fall das Bedarfsquantum noch etwas gesteigert wird, auch darf die Sauce nicht zu knapp gehalten, muß die gehörige Bindung haben und von vortrefflichem pikantem Geschmack sein.

### Kleine Brathechte. Brochetons frits.

Werden ebenfalls in ganz kleinem Zustande gewählt, nach vorhergegangener Vorbereitung fein gekerbt und eingesalzen, nach Verlauf von einigen Stunden abgetrocknet, in geschlagenen ganzen Eiern umgekehrt, zunächst in mit etwas Mehl vermischter geriebener Semmel gewendet und hierauf in Butter gebraten. Wenn sie angerichtet sind, wird auf das Geschirr, worauf sie gebraten worden, etwas Jus, Fisch- oder Fleischbrühe oder eine andere Flüssigkeit gegossen und das Angebratene losgekocht, welches sodann mit Citronensaft geschärft und zu den schön braun gebratenen Fischen gegeben wird.

---

## III. Abthl: Karpfen. Carpe.

### Frikandeau's von Karpfen. Fricandeaux de carpes.

Der hierzu zu benutzende aus einem Stück bestehende, 5 bis 6 Pfd. schwere Fisch unterliegt einem 12stündigen Absterben, wird demnächst sehr vorsichtig aus Haut und Gräten und in zwei einen halben Zoll große glatt abgerundete, ovale oder ganz runde Stücke zugeschnitten, welche leicht geplattet und auf der besten Seite mit feinen Speckfäden sauber gespickt und in etwas Oel, dem Saft von einer Citrone, einem Glas Rheinwein und dem nöthigen Salz einige Stunden marinirt werden; hierauf nach Art der kleinen Fleisch-Frikandeau's zu zwei Drittheilen mit gewürzhafter Fettflüssigkeit und einem Theil Wein nicht vollkommen gedeckt, bei von oben und unten gleichmäßig einwirkender Hitze gar gemacht und nach Beseitigung der etwa noch hervortretenden Gräten und der in der Brühe enthaltenen Fettheile mit einem geringen Theil farbiger Jus und etwas Krebsbutter mit kraus hervortretendem Speck, schön glacirt werden. Das Anrichten erfolgt im schönen Kranz mit einem in Krebs- oder weißer Sauce angefertigten gemischten Ragout (I. Bd. III. Abschn.), dessen Inhalt in der Karpfenmilchen, der von den Fischabfällen in zarter Eigenschaft bereiteten Farce gemachten Theelöffelknefss, 1 bis 2 Quappenlebern, Krebsschwänzen und Champignons besteht. Auch wird diese ausgezeichnete Fischspeise in einer mit Semmel-Croutons schön bordirten Schüssel angerichtet und rücksichtlich der Austischung als Fastenspeise, die Nebenzuthaten nach den bekannten Regeln geordnet und die Hauptingredienz alsdann mit Mohrüben-, Sardellen-, auch Aalfäden gespickt.

## Große Karpfenknefs auf finanzielle Art. Grands quenelles de carpe à la financière.

Als besonders zart und schmackhaft erscheint die von Karpfen bereitete Farce. (I. Bd. Einl. Art. Fischfarce.) Wenn eine solche von zwei bis drei Pfd. Fisch angefertigt worden, werden von ihr 15 bis 20 Stück in erhabener Form gestrichene und fein gerippte große Eßlöffelknefs gemacht (I. Bd. Einl.), welche im schönen Kranz, mit einem in weißer Sauce mit Champagner bereiteten trefflichen finanziellen Ragout (I. Bd. III. Abschn.) angerichtet werden, dessen inhaltige Bestandtheile aus 25 bis 30 Austern, wenn es möglich eben so viel Muscheln, zwei Quappenlebern, der Karpfenmilch, einem Theil eingeschwitzter Champignons und einem viertel Pfd. Trüffeln zusammengesetzt ist. Als Steigerung im schönen Aeußern können bei der Bereituug und nachdem sie glatt gestrichen, die gerippten Vertiefungen der Knefs mit schwarzen Trüffelstreifen zierlich nnd nett belegt werden.

## Matrosengericht. Matelotte.

Die Hauptbestandtheile sind in einem Karpfen von zwei bis vier Pfd. und einem Aal von zwei bis drei Pfd., 20 Stück großen Krebsen und 30 Stück kleinen Zwiebeln begriffen. An die nach Vorschrift der Artikel (I. Bd. VI. Abschn. XXIX. und XXXI. Abthl.) erhaltene Vorbereitung der Fische schließt sich das Schneiden derselben, wobei der Karpfen aus dem Rückgrat und in zwei Zoll breite, mit zwei gespaltenen Kopf- und einem ungespaltenen

Schwanzstück und der Aal in zollbreite Tranchen (schräggeschnittene Scheiben) geschnitten, aus welchen Stücken der Rückgrat glatt herausgenommen wird. Sämmtliche Fischstücke werden hierauf gesalzen und nächstdem in einem mit Butter belegtem, passenden breiten Geschirr geordnet, nach der mit allen gewürzhaften Ingredienzien (Zwiebeln, Citronenscheiben, gemengte Gewürzkörner, zwei Lorbeerblätter und einigen Wurzelscheiben) erfolgten Auskochung der Gräten wird die Brühe davon über die Fische ausgedrückt, zu welcher noch ein halb bis ein Qrt. Medoc oder Pontac, ein viertel Pfd. Zucker, etwas braune Fleischessenz hinzugefügt und in welcher Flüssigkeit der Fisch nunmehr auf einem ziemlich starken Feuer gekocht wird. Zu dieser Kochart gesellt sich noch das blanke Einschmoren der kleinen Zwiebeln und das Kochen und Ausbrechen der großen Krebse. (I. Bd. IV. Absch. Art.: große Krebse als Garnitur.) Sobald die Fischbrühe die erforderliche Einkochung erreicht hat, wird sie unter wiederholtem Begießen noch mit einem viertel Qrt. brauner Sauce, ein viertel Pfd. braun gemachter Butter und dem Saft von einer oder zwei Citronen durchgeprözelt. Das Anrichten erfolgt mit beiden Fischarten abwechselnd, wobei der Karpfenkopf oben aufgelegt, mit den kleinen Zwiebeln und wenn es das Geschlecht des Fisches gestattet, mit der bei den Fischen mitgekochten Karpfenmilchen oben belegt und das Ganze rund herum mit den großen Krebsen garnirt wird.

## Bürgerlicher Bier-Karpfen. Carpe au bière à la Bourgeoise.

Der, in dem erforderlichen Bedarfsquantum (drei bis fünf Pfd.) genommene Karpfen wird unter der Kehle ohne Verletzung der Galle gestochen, das Blut von ihm abgefangen und mit etwas Essig vermischt, nachdem er zunächst geschuppt oder barbiert, wird er gewaschen, sofort ausgenommen und in beliebige Stücke geschnitten, welche mit 3 bis 5 Stück feinscheiblig geschnittenen Zwiebeln, einem Theelöffel voll gestoßenem gemengtem Gewürz (Pfeffer, Nelken und englischen Gewürz), dem nöthigen Salz, zwei Lorbeerblättern, einem Stückchen Zucker, dünner Citronenschale oder Scheiben, einem Stück Pfefferkuchen oder Schwarzbrod, mit dem von der Galle geschiedenen sogenannten Pündel und dem Rogen oder der Milch in einem mit etwas Butter belegten Geschirr geordnet, hierauf mit einem Qrt. Weiß- und und einem drittel Qrt. Braunbier begossen, zunächst auf einem starken Feuer gesotten und nach erlangter Einkochung, Beseitigung der Lorbeerblätter, Citronenschale und des Schwarzbrodes mit drei achtel Pfd. braun gemachter und mit einem Eßlöffel Mehl, aufgekreischter Butter und dem bezeichneten Blute, unter wiederholtem Begießen durchgeprözelt und sofort mit Pell-Erdtoffeln angerichtet. Bei dem dreipfündigen Karpfen können die Nebenzuthaten ein ganz wenig verringert werden. — Bei diesem Artikel der bürgerlichen, besonders märkischen Nationalspeise kann nicht unerwähnt bleiben, daß die in den meisten Häusern, besonders in denen der niedern Stände, übliche längst veraltete Sitte, die in Bier zu kochenden Fische nicht zu schuppen, streng zu tadeln ist. Der Vortheil, den man dadurch zu erhalten hofft, ist sehr problematisch und nicht aufzufinden, wenn man nicht etwa glaubt, daß durch das Schuppen den Fischen ihr bester Geschmack und der größte Theil ihres schleimigen Fettstoffes entzogen wird, aber deutlich und klar treten die Nachtheile der in Bier gekochten, ungeschuppten Fische hervor. Der Geschmack, welcher dem schuppenlosen Fischfleische durch die würzhaften flüssigen Saucen-Bestandtheile bei dem Kochen unmittelbar mitgetheilt wird, bleiben im entgegengesetzten Fall auf der Schuppenlage kleben, indem sie durch diesen Panzer schwierig zu den Fleischtheilen zu gelangen vermögen, mithin die Schuppenlage zwecklos damit überziehen. Einen zweiten Nachtheil veranlaßt die ungeschuppte Bierfisch-Kochmethode dadurch, daß das Speisen der Fische außerordentlich lästig und unappetitlich wird; hierin kann jedoch nur der Grund, daß die ungeschuppten Bierfische besser schmecken sollen, als die geschuppten, gefunden werden, wer es nämlich vorzieht die in der Schuppenhaut eingekochte schmackhafte Substanz lieber auszusaugen als das wirklich wohlschmeckende Fleisch des Fisches zu genießen. Ferner muß bei dem Kochen dieses Nationalgerichtes eine Ueberladung von gewürzhaften Ingredienzien vermieden, dahingegen der Fisch treffend in Salz gesotten, die Brühe desselben niemals zu viel Flüssigkeit enthalten, die Butter nicht roh, sondern braun gemacht und zuletzt daran gethan, auch der Fisch niemals zu lange Zeit, sondern auf einem starken Feuer rasch eingekocht werden; auch eben so gut, kann statt den Fisch mit einem Stück Pfefferkuchen oder Schwarzbrod zu belegen, die Sauce mit geriebenem Pfefferkuchen seimig gemacht werden.

## Polnischer (Schlesischer) Karpfen. Carpe à la Polonaise (à la Silesie).

Der zum Matrosengericht eingeschnittene drei- bis vierpfündige milcherne Karpfen wird mit der Milch, dem nöthigen Salz, 30 bis 40 kleinen weißen Zwiebeln, einem Bouquet von Thimian, Basilicum und zwei Lorbeerblättern, einer Mohrrübe, einer Petersilienwurzel, einer halben Sellerieſtaude und zwei Citronen, diese in dicke, die Wurzeln in dünne runde Scheiben geschnitten, ferner einem halben Eßlöffel voll zusammen gestoßenem Ingwer, Nelken, engl. Gewürz und Pfeffer, mit drei viertel Qrt. gutem Bier, einem halben Qrt. Medoc, einem achtel Qrt. Franzbranntwein, einem achtel Pfd. Zucker und einem viertel Pfd. Butter in einen mit einem gut schließenden Deckel versehenen Geschirr in einem Ofen eine halbe Stunde geschmort, wobei die Brühe bis zu einem Drittheil des ganzen Volumens einsieden kann, diese wird hierauf abgegossen, durch ein Haartuch gedrückt und mit vier bis fünf Eßlöffeln voll geriebenen Pfefferkuchen zu einer flüssigen seimigen Sauce gebildet. Unterdeß wird der Fisch mit Untermischung der Zwiebeln, Wurzeln und Citronenscheiben gehäuft, angerichtet und sofort mit der noch mit etwas Citronensaft geschärften Sauce überzogen.

## Blauer Karpfen. Carpe au bleu.

Mit Rücksicht des Bedarfsquantums weicht er in der Bereitung von dem Karpfen als Wechselschüssel (I. Bd. VI. Abschn.) in der Art ab, daß er, statt im ganzen Zustande, in drei Finger breite Stücke geschnitten und sofort nach Angabe des beziehungsweise angedeuteten Artikels blau gesotten wird.

## Gebackener Karpfen. Carpe au four.

Der aus Haut und Gräten geschnittene Karpfen wird fein gekerbt und in beinahe drei Finger breite Stücke geschnitten, diese mit dem nöthigen Salz und etwas Citronensaft untermengt und eine Stunde hingestellt, hierauf in einer mit Butter belegten flachen Casserolle (Sautee-, Schwung-Casserolle, Plattfond I. Bd. Einl.), mit gehackten und geschwitzten feinen Kräutern (Petersilie, Schnittlauch und ganz wenig Dill), etwas gestoßenem Pfeffer und Muskatennuß, geordnet sodann mit zwei drittel Qrt. dicker saurer Sahne überfüllt, in einen Ofen bei wiederholtem Begießen gar gemacht, und nachdem dies erfolgt ist und die Sahne ververdampft ist, werden die Fischstücke mit fein geriebener Semmel und zerlassener Butter gedeckt und hiermit in hellbrauner Farbe gebacken. Man richtet sie behutsam an, kocht den Grund mit einem viertel Qrt. Braten- oder Rindfleischjus los und giebt diese Sauce nach erfolgtem Abschärfen und Durchgießen unter dem angerichteten Fisch.

## Karpfen auf Ravigote-Art. Carpe à la Ravigote.

Der ausgenommene und ausgewaschene Fisch wird ohne weiteres in drei Finger breite Stücke und mit den Schuppen in gewürztem Salzwasser (I. Bd. II. Abschn.) vorsichtig, daß es nicht zuviel wird, gesotten, wenn er beinahe verkühlt ist, stückweise herausgenommen, in die Quere einmal durchgeschnitten, recht rein von allen Gräten und Schuppen gesondert und nächstdem in acht Eßlöffeln voll Oel und eben soviel französischen Estragon-Essig marinirt. Man macht eine Mayonaisen-Sauce auf deutsche Art (I. Bd. II. Abschn.) die entweder weiß oder mit Ravigoten-Kräutern (I. Bd. II. Abschn. Artikel: grüne Ravigoten-Sauce) schmackhaft gehoben, mit etwas Spinatmatte matt grün gefärbt und einem Eßlöffel voll Mostrich abgeschärft wird. Mit dieser, auch mit einer Remouladen-Sauce (I. Bd. II. Abschn.) werden die marinirten Karpfenstücke mit hinlänglicher Ueberdeckung von Sauce durchgezogen, hierauf geschmackvoll angerichtet und mit dicken dreieckigen Aspic-Croutons (I. Bd. IV. Abschn.) umlegt, auch zuweilen im verzierten Zustande aufgetischt.

# IV. Abthl. Aal. Anguille.

## Einfache Aalrollade mit Remoulade. Roulade d'anguilles à la remoulade.

Hierzu wird ein ziemlich starker Aal von drei bis vier Pfd. genommen, der, sobald er getödtet und ihm die Haut abgezogen, auch alle Flossen und der Kopf abgeschnitten sind, auf dem Rücken der Länge nach aufgeschnitten wird, daß die Bauchseite ungetrennt zusammenbleibt; man nimmt hierauf das Eingeweide mit dem Rückgrade seiner ganzen Länge nach heraus und läßt den Fisch so einige Zeit absterben (mortifiziren). Nach dieser Procedur wird er stark mit Salz eingerieben, in der Mitte einmal durchgeschnitten, nach kurzer Zeit abgetrocknet, zunächst auf die inwendige Seite mit viel blättrig gemachter Petersilie, wenig gestoßenem Pfeffer und etwas Salbei belegt, in sich fest zusammengerollt und wenn beide Stücke so weit beendet, werden sie an einander gelegt, alsdann in eine bestrichene dünne Serviette fest eingerollt, sorgfältig mit Bindfaden großnetzartig eingeschnürt und hierauf in einer passenden ovalen Casserolle mit gehörigem Salz, etwas Salbei, Zwiebeln, Chalotten, Wurzelscheiben, Timian, Basilicum, zwei Lorbeerblättern, gemengten Gewürzkörnern und den Aalabgängen mit wenig überstehender Auffüllung von Wasser oder Fischbrühe, einem viertel Qrt. Essig, einem viertel Qrt. weißen Wein, ohngefähr drei viertel Stunden langsam gekocht. Man läßt ihn hierauf in der Brühe verkühlen und legt ihn, wenn er ausgehoben und beinahe ganz kalt geworden, bis zum folgenden Tag unter eine leichte Presse. Nachdem die Rollade ausgewickelt und nöthigenfalls gespalten ist, wird sie in saubere dünne Scheiben geschnitten, sofort in einem schönen hohen Kranz, doch so, daß die inwendigen grünen Streifen zu sehen bleiben, angerichtet, demnächst rund herum mit schönen klaren und sauber geschnittenen Aspickrusten (Croutons) garnirt und in die Mitte die nöthige Quantität schmackhaft bereitete Remouladen-Sauce (I. Bd. II. Abschn.) gefüllt. Ein anderes Mal wird die Rollade auf einem geschmackvoll verzierten Fettsockel (III. Abschn. Artikel: Fettaufsätze) in der Mitte mit gehacktem Spiegelgallert (Aspic) angerichtet. Die übrig gebliebene Rollade wird zu etwas Anderem benutzt.

## Kleine Aalspießchen. Hatelets d'anguilles.

Ein mittlerer Aal wird gehäutet und ausgenommen, aus demselben ein einen viertel Zoll große, drei achtel Zoll dicke runde Stückchen zugeschnitten; diese müssen sehr gut absterben, damit sie bei dem Garmachen ihre Form nicht verlieren, sie werden nächstdem eingesalzen und entweder in einer kurzen Brühe (Court Bouillon I. Bd. II. Abschn.) mit etwas Salbei treffend gekocht oder auf einem flachen Geschirr, mit Oel, Citronensaft und etwas Rheinwein gar gemacht. Nachdem sie kalt und abgetropft, werden sie einige Zeit in Oel und französischen Essig marinirt, hierauf nach Ueberziehung von Mayonaisen- oder Ravigoten-Sauce (Artikel: Karpfen auf Ravigote Art auf kleine silberne oder andere Spießchen gesteckt und in der weiteren Bereitungsart ganz nach der Angabe des Artikels: Kalbsmilch-Spießchen, II. Abth., verfahren. Bei dieser kalten Fischspeise können die gerippten Vertiefungen der Attelettformen fein und nett verziert oder im klaren natürlichen Zustande bleiben. Die Hatelets werden nach dem Ausstürzen entweder auf einem niedrigen schön verzierten Fettsockel (III. Abschn. Artikel: Fettaufsätze) oder auf einer ovalen Schüssel zu 4 bis 5 Stück angerichtet. Eignet sich bei Frühstücks- und Abendtafeln.

## Kleine Aalspießchen auf der Rost. Hatelets d'anguille sur le gril.

Der abgestreifte, an den Brustflossen ausgenommene, in fingerbreite Tranchen (Tronçons schräge Scheiben) geschnittene, sehr gut abgestorbene Aal wird gewaschen, sodann der Rückgrad aus den Tranchen genommen und diese in einer scharfen court-bouillon (I. Bd. II. Abschn.) mit etwas Salbei im getroffenen weichen Zustande gekocht. Nachdem die Aalstücke verkühlt sind, werden sie aus der Brühe gehoben und gut abgetropft, zunächst auf ganz kleine Spießchen der Länge nach gesteckt, sofort in mit einem ganzen und einem Eierdotter gebundene geklärte Butter gewendet, in geriebene Semmel umgekehrt uud eine viertel Stunde vor dem Anrichten auf einem gleichmäßigen Feuer geröstet; das Anrichten erfolgt hierauf mit den Spießchen im Kranz und in der Mitte mit einer warmen oder kalten grünen Ravigoten-Sauce. Diese Speise kann auch, ohne die Fischstücke aufzuspießen, als geröstete Aalstücke bereitet, der Fisch ungekocht in Kräuterbntter gesteift, mit dieser die Sammirung gemacht, und der Fisch etwas längere Zeit geröstet werden.

## Bürgerlicher Stückenaal. Anguille à la Bourgeoise.

Der zwei- bis dreipfündige Aal wird entweder abgehäutet, oder wenn es von dem Hausstande geliebt, nach dem Abreiben des häutigen Schleimes mittelst Salz, mit der Haut in Tranchen geschnitten, diese gut gewaschen und in Wasser, Essig, Salbei, Salz, Zwiebeln und gemengten Gewürz, in treffend weichem Zustande blau gesotten; man läßt die Aalstücke hierauf in der Brühe erkalten und giebt sie entweder kalt oder warm mit gehackter Petersilie und Essig.

## Bürgerlicher Bieraal. Anguille au bière à la Bourgeoise.

Wird in eben solche Stücke geschnitten, in einer Casserolle mit 4 Stück feinscheibig geschnittenen Zwiebeln, einem Theelöffel voll gestoßenem gemengten Gewürz, Citronenschaale, Brodkruste oder Pfefferkuchen ein wenig Zucker, ein Paar Lorbeerblätter mit dem hinläng lichen Salz in ein passendes Geschirr geordnet, hierauf mit drei viertel Qrt. Weiß-, einem viertel Qrt. Braunbier und einem achtel Qrt. Essig gekocht und mit drei achtel bis ein halbes Pfd. braun gemachte mit einem Eßlöffel voll Mehl gekreischter Butter übergossen und bei dem Kochen alle bei dem Artikel: Bürgerlicher Bierkarpfen aufgestellte Regeln beobachtet. Der Fisch wird gewöhnlich mit Gurkensalat und Pell-Erdtoffeln gespeist.

## Warme Schüsselpastete von Aal. Paté chaud d'anguille.

Von einem zweipfündigen Aal werden nach dem bekannten Absterben die bewußten Transchen (schräge Scheiben) mit Herausnahme des Rückgrates, aber nur drei viertel Zoll dick geschnitten und in einer gleichen Quantität cotelettförmig zugeschnittenen Zanderstücke, gehörig gesalzen. Nachdem die Fischstücke abgetrocknet sind, werden sie, der Zander in einer auf der Seite geschnittenen Spalte, der Aal in der Mitte mit einer, von dem Abfall des Fischfleisches mit allen dazu gehörigen Ingredienzien in höchst zarter Eigenschaft bereiteten Farce (Füllsel) ausgefüllt, demnächst in Butter, feinen Kräutern, Citronensaft und etwas Rheinwein gesteift und in der weitern Bereitung das, in dem Artikel: Warme Schüsselpastete von Zander (I. Abth.) in Bezug des Artikels der warmen Pastete nach Trappe (I. Abschn.) aufgestellte Verfahren beobachtet, auch demzufolge die Back- und Anrichtemethode geleitet.

## Ausgelegte (verzierte) Aalrollade. Roulade d'anguille décorée.

Nachdem der Aal, wie bei dem Artikel der einfachen Aalrollade bemerkt worden, bis zum Belegen vorbereitet ist, wird von demselben jetzt von der inwendigen Seite ein Theil des dicken Fleisches glatt herausgeschnitten und aus diesem, mit den nöthigen Ingredienzien eine lockere aber haltbare Farce bereitet (I. Bd. Einl. Art.: Fischfarce), ein Theil von dieser Farce, der etwas fester gemacht worden, wird mit Spinatmatte grün gefärbt, mit den feinen Streifen dieses abgekochten Füllsels oder Cornichons, so wie mit hartgekochten und in Vierteln geschnittenen Eiern und rothen Krebsschwänzen, wird der ausgeschnittene eingesalzene und etwas gepfefferte und mit dem weißen rohen Füllsel bestrichene, Aal in die Quere wechselweise belegt, hierauf fest aufgerollt, und in der ferneren Behandlung wie die einfache Rollade beendet. Die am folgenden Tage hiervon geschnittenen Scheiben dürfen nicht zu dünn sein, sie können auf einem Fettsockel (III. Abschn.) mit Spiegelgallert so angerichtet werden, daß das Ausgelegte (Verzierte) nicht verdeckt wird, oder auf einer bloßen Schüssel mit Remouladen-Sauce sauber angerichtet, auf die bei dem Artikel: Einfache Aalrollade aufgeführte Art, gegeben werden.

## V. Abth.: Flußbars. Barsch. Perche.

Dieser allgemein bekannte kleine Raubfisch lebt in Flüssen, Teichen und Landseen und erreicht bei guter Nahrung eine Länge von mehr als einem Fuß und ein Gewicht von zwei bis drei Pfd. Er hat, besonders im Sommer, ein äußerst schmackhaftes fein faseriges Fleisch, vorzüglich derjenige, der in Seen und Flüssen ohne moorigen Grund gefangen wird; die äußere feste und harte Schuppenhaut ist auf dem Rücken grau, unter dem Bauch weiß mit dunklen Querstreifen durchlaufend und mit rothen Brust- und Bauchflossen versehen.

### Holländischer Waterfisch (Suppfisch). Perches à la Hollandaise.

Drei bis sechs Pfd. kleine Barse ohngefähr in dem stückweisen Gewicht eines halben Pfundes, werden mit einem Messer oder, der festsitzenden Schuppen wegen, mittelst eines Reibeeisens geschuppt, hierauf mit der Kiemenhaut ausgenommen, so daß sie unter dem Bauche zusammenbleiben und sofort mit Daranlassen der rothen Bauch- und Brustflossen die Schwanzflossen etwas gestutzt. Nach dieser Procedur wird den Fischen zunächst am Rücken der Länge nach ein Querschnitt gegeben und nachdem sie sauber gewaschen, werden sie in ein passendes Geschirr geordnet, nächstdem vier bis sechs von den besten Petersilienwurzeln, mit besonderer Anwendung der äußern Schale, in lange feine Fäden, oder beliebig stückig, auch in einen Zoll lange, an den Enden übers Kreuz gespaltene Stücke geschnitten und diese mit einem guten Theil fein blättriger Petersilie in einem und einem halben Qrt. Wasser zur Hälfte vorgekocht; diese gemengte Flüssigkeit wird sodann mit etwas gestoßenem Pfeffer und dem erforderlichen Salz über die Fische geschüttet, welche nunmehr 15 — 18 Minuten darin gekocht werden. Sie werden nach diesem in eine Schale oder tiefe Schüssel mit ihrer zur Hälfte eingesottenen Brühe mit sämmtlichen Ingredienzien angerichtet und in Begleitung von ganz frischer Butter, auch von weißem und schwarzem Brod ganz dünn geschnittenen zusammen geklappten Butterbroden aufgetischt. Ist als Abendspeise passend, wird jedoch in Holland auch nach der Suppe gegeben.

### Deutsche Watersotjen. Perches à l'Allemande.

Die in größerer Eigenschaft auf die vorhergehende Weise vorbereiteten Barse werden zunächst in Stücke geschnitten und in eine mit Butter belegte Casserolle mit Salz, gestoßenem Gewürz und reichlicher Quantität Petersilienblätter geordnet; nächstdem werden vier bis fünf Petersilienwurzeln und drei Zwiebeln auf die bei dem vorigen Artikel aufgeführte Art geschnitten, mit drei viertel Qrt. Wasser vorgekocht und die Barse hierauf mit dieser Brühe gesotten;

nach der nöthigen Einkochung sofort mit einem halben Pfd., mit einem Eßlöffel voll Mehl und zwei Eßlöffeln voll geriebener Semmel, vermischter Butter gebunden und hierauf bei wiederholtem Begießen noch eine kurze Zeit durchgeprözelt. Ist auch als Abendspeise passend.

## Englische Barse. Perches à l'Anglaise.

Nachdem drei bis vier Stück Barse ein und ein halbes Pfd. schwer, wie bekannt vorbereitet, und mit Abnehmen aller Flossen in drei Finger breite Stücke geschnitten sind, werden sie mit zwei bis drei ganz feinfadig geschnittenen Zwiebeln, beinahe einem halben Theelöffel voll fein gestoßenem gemengten Gewürz, dem erforderlichen Salz und den aus Haut und Kernen genommenen und dick geschnittenen Scheiben von zwei Citronen, in einem mit Butter belegten Geschirr geordnet und hierauf mit Benässung von einem viertel Qrt. Rheinwein und einem halben Qrt. Weißbier treffend gekocht. Nachdem dies bis zu einem achtel Qrt. eingesotten ist, belegt man es mit einem viertel Pfd. frischer Butter und einem viertel Qrt. weißer flüssiger Sauce und läßt die Barse während des Begießens sachte damit durchkochen. In Ermangelung weißer flüssiger Sauce, nimmt man so viel Butter-Sauce ohne weiteres andere Butter anzuwenden.

## Barse auf holländische Art. Perches à la Hollandaise.

Hinsichtlich der Bereitungsart dieser Schüssel sehe man den Artikel: Zander auf holländische Art.

## Sautee von Barsen mit Austern. Sautée de perches aux huitres.

Denselben Commentar giebt der Artikel der ebenso benannten Zanderspeise. Eine gleiche Bereitung wiederfährt dem:

## Saute von Barsen mit Muscheln. Sautée de perches aux moules.

## Filets von Barsen auf Haushofmeister-Art. Filets de perches à la maitre d'hôtel.

Vier bis sechs Pfd. große Barse werden aus den Gräten und in zwei Zoll breite gerundete oder cotelettförmige, möglichst gleichmäßig große Stücke zugeschnitten, welche zunächst eingesalzen und hierauf in drei achtel Pfd. Butter, einem Glas Rheinwein, Citronensaft und wenig gestoßenem Pfeffer gar gemacht, sofort im hohen Kranz angerichtet und mit einer schmackhaften Küchenmeister-Sauce (I. Bd. II. Abschn.), worin der ganze Fond (Grund) von den Fischstücken und der von den Fischabgängen mit gewürzhaften Ingredienzien ausgekochten

Brühe genommen worden, theils die Fische damit maskirt (überzogen), theils die Sauce in die Mitte gegeben. Diese Speise wird auf dieselbe Weise von Zanderfilets gemacht.

### Gratin von Barsen. Gratin de perches.

Wird nach Angabe des Artikels: Gratin von Zander gemacht.

### Tartaren=Barse. Perches à la Tartare.

Fünf bis sechs Pfd. mittelmäßig große Barse werden ohne weitere Vorbereitung unter den Kiemendeckeln ausgenommen und nachdem sie in zwei Finger breite Stücke geschnitten und gewaschen, in einer Court=Bouillon oder gewürztem Salzwasser (I. Band II. Abschn.), in nicht vollkommen weichem Zustande gekocht (was bei allen gekochten Fischen beobachtet werden muß, besonders wenn sie in der Brühe ganz verkühlen müssen). Nachdem dies erfolgt ist, werden von den Fischstücken alle Schuppen und Flossen sorgfältig abgemacht, so daß die Fischstücke nach dieser Procedur recht rein und sauber erscheinen, nächstdem mit gehacktem hartgekochten Eiergelb, Eierweiß, gehackter Petersilie und gekochten rothen Rüben, ferner mit Sardellenstreifen geschmackvoll belegt und den rothen Bauch= und Brustflossen besteckt, hierauf mit, bis zum spinnenden Grad erkalteten Aspic, spiegelartig begossen, sofort mit der nöthigen Quantität Tartaren= oder Remouladen=Sauce (I. Bd. II. Abschn.) auf die Art angerichtet, daß die belegten Fischstücke unbedeckt bleiben.

### Tartarenbarse in Filets. Filets de perches à la Tartare.

Unterscheidet sich in der Bereitung von dem vorigen dadurch, daß der Fisch aus Haut und Gräten und in zwei Zoll breite aber gerundete möglichst gleichförmige Stücke geschnitten und diese nach dem gehörigen Absterben eingesalzen und in Oel, Citronensaft und Wein gar gemacht werden.

---

## VI. Abthl.: Kaulbarsch. Petit perche de rivière.

Dieser allgemein bekannte beliebte kleine Fisch wird fast in allen europäischen süßen Gewässern angetroffen. Sein Körper ist gelblich grün, mit vielen schwärzlichen Flecken gesprenkelt, am Bauche weiß und mit sehr scharfen Flossen versehen, er wird selten über sechs Zoll lang, sein Fleisch ist besonders im Winter äußerst schmackhaft, das sowol gebacken (I. Bd. V. Abschn.) als gekocht, eine sehr beliebte Speise abgiebt.

## Kaulbarse in Bier. Petits perches de rivière à la bière.

Ebenso wie bei den Barsen, erschweren auch bei diesen kleinen Fischen die kleinen harten Schuppen und stacheligen Flossen sehr das Putzen; nachdem dies erfolgt ist, werden den Fischen die Rücken- und Brustflossen mittelst eines kleinen Messers weggenommen, die Schwanzflossen gestutzt und hierauf sammt den Bauchflossen, Kiemen und Eingeweiden auf die Art herausgenommen, daß der Rogen oder die Milch in den Fischen gelassen werden, sie erhalten sofort in der Länge der Seitenlinien einen Einschnitt, werden hierauf sauber gewaschen und in einem passenden Geschirr nach Angabe des Artikels: Karpfen in Bier gesotten. Von den größeren Kaulbarsen braucht man zu einer Schüssel 12 bis 15 Stück.

## Kaulbarse auf englische Art. Petits perches de rivière à l'Anglaise.

Nach vorhergegangener Vorbereitung werden die Kaulbarse auf Art der englischen Flußbarse gekocht. Beide Gerichte sind besonders als Abendspeise geeignet.

## Kaulbarse auf bürgerliche Art. Petits perches de rivière à la Bourgeoise.

Nachdem die Fische wie oben angeführt zugerichtet sind, kocht man sie mit dem nöthigen Salz, etwas gestoßenem gemengten Gewürz, einer Handvoll, einige Male durchgehackte Petersilienblätter und kleinen Zwiebelscheiben und einem halben Qrt. Wasser, wenn dies mit den Fischen zur Hälfte eingesotten, läßt man sie mit drei achtel bis ein halbes Pfd. mit vier Eßlöffeln voll geriebener Semmel, einem Eßlöffel voll Mehl und Muskatennuß vermischter Butter, noch fünf Minuten durchprözeln.

## Kaulbarse mit Kräutern. Petits perches de rivière aux fines-herbes.

Werden nach vorhergegangener Zurichtung gesalzen, hierauf in einem viertel Pfd. Butter, feinen gehackten Kräutern (Petersilie, Körbel und Chalotten), mit etwas Pfeffer, einem achtel Qrt. Wein und Citronensaft gar gemacht, ein viertel Pfd. Butter mit vier Eßlöffeln voll Mehl, Muskatennuß, der ganzen Kräuterbrühe, einem viertel Qrt. Fisch- oder Fleischbrühe, einer beinahe gleichen Quantität Flüssigkeit von Wein und Wasser, auf dem Feuer zu einer flüssigen Sauce abgerührt, mit welcher die angerichteten Kaulbarse überzogen und mit dünnen etwas vorgekochten Scheiben von zwei Citronen belegt werden.

## VII. Abth.: Karausche. Corassin.

Sie ist wegen ihres weißen und zarten Fleisches sehr geachtet, das, weil es nicht fett ist, eine gesunde Speise abgiebt. Der äußeren Gestalt nach gehört die Karausche zu den Karpfenarten, doch ist sie verhältnißmäßig breiter und wird bei weitem nicht so groß als der Karpfen, denn ihre gewöhnliche Länge beträgt 6 bis 8 Zoll. Ihr Körper ist platt, mit breiten losen Schuppen bedeckt, nach dem Rücken zu dunkelgrün und grünlich und gegen den Bauch gelblich; der Kopf ist klein und stumpf, und der Rücken bogenförmig, sie wird gewöhnlich in Teichen und Landseen angetroffen, doch haben diejenigen aus den ersten Gewässern zuweilen einen moorigen unangenehmen Geschmack.

### Karauschen mit Dill. Corassins à l'anet.

Sie werden entweder geschuppt oder barbiert, wenn sie klein sind, unter den Kiemendeckeln ausgenommen, so daß sie am Bauche zusammen bleiben, von den größeren macht man hingegen gewöhnlich 3 bis 4 Stücke, wovon die mittlern gespalten, aber alle werden, nachdem sie gewaschen und fein eingekerbt (eingeschnitten) in drei Finger breite Stücke geschnitten und mit ohngefähr drei achtel Qrt. mit etwas Zwiebeln, Wurzeln und ganz wenig Gewürz geschwängertem Wasser, mit nicht zu vielem Salze nicht vollkommen gar, aber die Brühe bis zur Hälfte eingesotten. Unterdessen ist ein Theil grüne Dill mit dem dritten Theil so viel Petersilie gehackt und mit etwas Butter geschwitzt worden, mit drei achtel Pfd. mit zwei bis drei Eßlöffeln voll Mehl und Muskatennuß klar gerührter Butter, einem halben Qrt. guter Sahne und der Karauschenbrühe zu einer flüssigen Sauce auf dem Feuer gerührt, mit welcher die Fische bei wiederholtem Begießen nunmehr vollkommen gar gekocht werden. Zu einer anständigen Schüssel braucht man von den größeren 4 bis 6 Stück.

### Karauschen in Court=Bouillon (kurzer Brühe). Corassins au court-bouillon.

Sie werden unter den Kiemendeckeln ausgenommen in drei Finger breite Stücke geschnitten und in zwei Qrt. nicht zu stark gewürzter kurzer Brühe (I. Bd. II. Abschn.) gesotten, und mit Petersilie, einem Theil ihrer Brühe, etwas Essig und Citronensaft, auch etwas frischer Butter aufgetischt.

### Karauschen mit Maibutter. Corassins au beurre de Mai.

Im Frühjahr, und besonders im Monat Mai, sind die Karauschen vorzüglich schmackhaft; sie werden in, mit Zwiebeln, Wurzeln, Salz, und zwei Lorbeerblättern wenig gewürztem Wasser gar gesotten, gleichzeitig ein halbes Pfd. gelbe Kräuterbutter mit drei Eßlöffeln Mehl und Muskatennuß klar gerührt und mit der durchgegossenen nicht zu salzigen Fischbrühe und etwas Citronensaft auf dem Feuer zu einer flüssigen Sauce gekocht, mit welcher die Karauschen angerichtet und überzogen werden.

### Karauschen mit Petersilie. Corassins au persil.

Werden auf vorhergehende Art zugerichtet und weichen in der Bereitung nur darin ab, daß die Sauce mit einem Theil blättriger, vorher etwas vorgekochter Petersilie vermischt wird. Doch werden die Karauschen auch wie der deutsche Petersilienhecht gekocht (dessen Artikel).

---

## VII. Abthl: Güster. Bliche.

Das mit vielen kleinen Gräten versehene Fleisch dieser Fische steht im Geschmack dem der Karauschen bei weitem nach, sie werden auch nur in gewöhnlichen Haushaltungen bereitet und genossen und erscheinen nicht auf vornehmen Tafeln. Es ist ein allgemein bekannter Fisch, der sich das ganze Jahr hindurch in allen Landseen und Flüssen, die einen mergelichten Grund haben, aufzuhalten pflegt.

### Güster mit Speck und Zwiebeln. Bliches au lard et aux oignons.

Nachdem sie recht sauber zugerichtet sind, werden sie, mit Rücksicht des gesalzenen Speckes, mit Salz in ein Geschirr gethan, gleichzeitig ein halb Pfd. magern Specks und drei große Zwiebeln in einen viertel Zoll große Stücke geschnitten, in der Pfanne gelbbraun gebraten, mit zwei Eßlöffeln voll Mehl geröstet und mit einem viertel Qrt. Essig, eben so viel Wasser und einem achtel Pfd. Zucker oder Sirop gekocht; wenn dies einige Zeit gekocht hat, wird es über die Fische geschüttet und diese hierin mit ein wenig Kümmel gar gesotten, wobei der Geschmack süßsauer und die Brühe zur Hälfte eingekocht sein muß.

### Güster mit Dill. Bliches à l'anet.

Wird nach Angabe des gleichbenannten Karauschen-Artikels bereitet, jedoch in den gewöhnlichen Haushaltungen der Oeconomie wegen, Milch statt der Sahne angewendet.

---

## IX. Abthl.: Giebel. Meunier.

Von diesem, zu derselben Gattung gehörendem Fisch, läßt sich hinsichtlich des Geschmacks seines Fleisches und seiner Benutzung, dieselbe Bemerkung wie bei der Güster aufstellen. Man erkennt ihn an dem starken, oben braunen, mit einem Karpfenmaul versehenen Kopf, dem breiten und gestreckten ganz mit großen Schuppen besetzten Körper, der an den Seiten dunkelgrün oder grau und am Bauche gelblich, mit ebenso farbigen Flossen gezeichnet ist und an dem halbmondsförmig gespaltenen Schwanz; sie werden selten über ein halbes Pfd. schwer gefunden. Außer seiner Bereitung wie die Güster, wird er noch in Bier gekocht (Art.: Bierfisch) und als Petersilienfisch genossen. Er erscheint demgemäß als:

### Giebel in Bier. Meunier à la bière, und als

### Giebel mit Petersilie. Meunier au persil.

---

## X. Abthl; Uekelei. Alburne.

Ein ebenfalls zu derselben Gattung gehöriger in unsern Seen und Flüssen sehr bekannter kleiner Fisch. Er wird nur von den ganz niedern Ständen gespeist und in kleinen Haushaltungen bereitet, und hat ein mit vielen Gräten durchwebtes unschmackhaftes Fleisch. Die größeren werden, wegen ihrer Aehnlichkeit mit den kleinen Maränen, oft für diese ausgegeben, daher man sich vor diesem Betruge hüten und auf das Unterscheidungszeichen, welches in dem blauen Rücken und den Fettflossen der Maränen besteht, achten muß. Der Uekelei ist hingegen mit olivenfarbigen und an den Seiten mit silberfarbigen dünnen Schuppen bedeckt und wird selten über fünf Zoll lang.

### Uekelei mit Speck und Bollen. Alburnes au lard et aux oignons.

Wird wie die Güster bereitet außerdem wird er als:

### Bier Ukelei. Alburne à la bière.

man sehe die Artikel: Bierfisch und als:

### Saure Ukelei. Alburne aigre.

aus Wasser und Salz abgekocht und mit gebratenem Speck, Essig und einem Theil seiner mit Tunke vermischten Brühe von den niederen Ständen genossen.

---

## XI. Abthl: Elritze. Véron.

Sie hat ein ziemlich zartes und wohlschmeckendes Fleisch, und wenn gleich nicht so gut als die kleine Forelle, so hat sie doch einige Aehnlichkeit mit diesem Fische, besonders in ihrer Lebensweise und der Eigenschaft, daß sie außer dem Wasser ebenfalls gleich abstirbt. Den Körper bedecken oben dunkelgrüne oder dunkelblaue mit Schleim überzogene kleine Schuppen, die Seiten bezeichnen Streifen und Flecken in dunklen, gelben, blauen und rothen Farbenmischungen. Als besonders schmackhaft gelten diejenigen aus der Weser und Oder.

### Elritzen in kurzer Brühe. Vérons au court-bouillon.

Sie werden durch einen Einschnitt an der Brust und durch Losschneiden der Kiemenhaut auf die Art ausgenommen, daß der Schleim nicht abgestreift wird und nachdem sie ausgewaschen, mit kochendem Essig geblaut und entweder gleich oder nachdem sie etwas gelegen, in der nöthigen Quantität kurzer Brühe (I. Bd. II. Absch.) gesotten. Auch kocht man sie in bloßem Salzwasser mit einigen Zwiebeln, Gewürzkörnern und zusammengebundenen Petersilienzweigen. Sie werden mit gehackter Petersilie, Oel und Essig oder mit frischer Butter gespeist.

### Gebackene Elritzen. Vérons frits.

Nachdem sie geschuppt sind, werden sie einige Stunden in Salz, etwas Oel und Citronensaft marinirt, nach dem Abtrocknen in ganzen Eiern gewendet, demnächst in, mit etwas Mehl vermischter geriebener Semmel umgekehrt, hierauf in Butter auf beiden Seiten schön braun gebraten und mit einer gebackenen Petersilien-Sauce gegeben. (I. Bd. II. Absch. Sauce à la Rhé.)

---

## XII. Abth.: Döbel. Têtard.

In der äußern Gestalt dem Karpfen sehr ähnlich, unterscheidet sich aber von diesem dadurch merklich, daß er, aus seinem Element, leicht abstirbt, also ein zartes Leben hat und dann durch die rothen Bauch- und Afterflossen, über der Seitenlinie ist er grünlich und unterhalb derselben blausilberfarbig; er wird nicht so groß als der Karpfen und selten länger als einen Fuß. Was die Bereitungsart betrifft, so hat er diese mit einigen der Karpfengerichte gemein, doch steht er im Geschmack seines Fleisches dem Karpfen bedeutend nach. Am häufigsten wird er als:

### Döbel in Bier Têlards à la bière und

### Bratdöbel. Têlards frils zubereitet.

Die Artikel: Karpfen in Bier und gebackene Elritzen.

---

## XIII. Abthl.: Aland. Göse. Têtard.

Unterscheidet sich von dem Döbel durch einen dickern Kopf, stärkern Körper, breitere und größere Schuppen, durch eine bläuliche Farbe und endlich durch eine größere Gestalt. Es wird vorzüglich in schnell strömenden Gewässern angetroffen, bei Mühlen und Wehren mit der Angel gefangen. Wegen des fetten weichlichen Fleisches benutzt man diesen Fisch am besten als:

### Aland in der Marinade. Têlard en marinade.

Nachdem der Fisch barbiert oder geschuppt, schneidet man ihn aus den Gräten und in drei Finger breite, möglichst gleichförmige Stücke, welche in eine Marinade von einem achtel Qrt. Oel, einer gleichen Quantität Essig, dem Saft von zwei Citronen, Zwiebelscheiben, Petersilienzweigen und einigen gemengten Gewürzkörnern mit dem nöthigen Salz gelegt werden; nach Verlauf mehrerer Stunden werden die Fischstücke von den Ingredienzien geschieden, diese mit einem viertel Qrt Bier, einem halben Qrt. Fleisch- oder Fischbrühe ausgekocht und mit dieser durchgedrückten Auskochung und etwas Saucenschaum- und Fettstoff-Bestandtheilen, die von einer an der Seite kochenden Sauce abgenommen worden und einem viertel Qrt. Wein auf einem flachen Geschirr im Ofen gar gemacht und damit glacirt. Die Stücke werden kranzförmig angerichtet und in die

Mitte ein Ragout von 30 bis 40 Stück kleinen weißen Zwiebeln gefüllt. (I. Bd. III. Abschn.)

### Gebratener Aland. Tètard en friture.

Die Stücke werden, zwei Finger breit geschnitten, und in die vorhin bezeichnete Marinade einige Stunden gelegt, hierauf in eine Klare (I. Bd. II. Abschn.) getaucht und in Backfett ausgebacken. Man giebt diese Fischspeise mit geschärfter und mit etwas Sauce verbundener Jüs und garnirt den Fisch mit grün gebackener Petersilie. Er kann auch in Eiern und geriebener Semmel gewendet, gebraten werden.

---

## XIV. Abth.: Blei. Brassen. Brème.

Außer den im I. Bande VI. Abschn. im ganzen Stück aufgeführten Bereitungsarten als Wechselschüssel, wird er noch in zerschnittenem Zustande in Bier gekocht. (Art.: Bier-Karpfen) und dann als:

### Blei mit Kräutern. Brême aux fines herbes,

bereitet, wobei die Sauce wegen des weichlichen Geschmacks dieses Fisches, mit scharfen und schmackhaften Ingredienzien hinlänglich gesättigt, mithin recht scharf sein muß; doch erscheint der Blei niemals auf den Tafeln der Vornehmen, wird in den mittlern Haushaltungen selten und nur von den niedern Ständen genossen.

---

## XV. Abth.: Plötze. Gardon.

Ist einer unserer gemeinsten Fische, wird in allen Gewässern sehr häufig gefangen und in gewöhnlichen Haushaltungen viel gespeist; sie ist mit orangengelben Augenringen, rothen Bauch-, After- und Schwanzflossen, braunrothen Rücken- und Brustflossen versehen und mit dünnen silberfarbigen Schuppen bedeckt. Ihr weichliches, nicht besonders schmackhaftes, mit vielen Gräten durchwachsenes Fleisch wird gewöhnlich mit Petersilie und geriebener Semmel (Artikel: Bürgerlicher Petersilienhecht) bereitet, auch mit viel Zwiebeln in Bier und etwas Essig gekocht.

### Plötzen mit Petersilie. Gardons au persil.

### Plötzen mit Zwiebeln. Gardons aux oignons.

---

## XVI. Abth.: Gründling. Goujon.

Auch dieser Fisch ist schon einmal im I. Bd. V. Absch. (Art.: Gebackene Gründlinge) berührt worden, außer dieser Bereitung erscheint er höchst selten auf eine andere Art zugerichtet als Zwischenspeise und alsdann gewöhnlich als:

### Gründlinge auf englische Art. Goujons à l'Anglaise,

so wie als:

### Gründlinge mit Kräutern. Goujons aux fines-herbes,

nach Angabe der gleichbenannten Artikel der Kaulbarse. Im Frühjahr zur Laichzeit, steigt er aus den Landseen in die Flüsse, kehrt im Herbst wieder dahin zurück und wird zur selbigen Zeit in überaus großer Menge gefangen. Dieser Fisch hat einen großen Kopf, an jedem Mundwinkel eine Bartfaser, über der Seitenlinie ist er schwarzblau und unter derselben weißgelblich, den Körper bedecken große Schuppen mit bald röthlich bald gelblichen Flossen, er wird vier bis sechs Zoll lang.

---

## XVII. Abth.: Breitfisch. Bonite.

Ein ganz gewöhnlicher, sehr bekannter Fisch, der nur von der ärmeren Klasse in Bier gekocht, gegessen wird, das Fleisch desselben hat einen weichlichen unangenehmen Geschmack, Schuppenfarbe hat er mit der Plötze gemein, doch ist er von breiterer größerer Gestalt als diese.

### Breitfisch in Bier. Bonite à la bière.

---

## XVIII. Abth.: Schlei. Tanche.

Dieser gleichfalls sehr bekannte Fisch lebt fast in allen Seen, Teichen und Sümpfen, er ist mit einer unzähligen Menge kleiner Schuppen und wie der Aal mit Schleim überzogen, und hat weißes schmackhaftes Fleisch. Der Kopf ist groß, mit kurzen Bartfasern an den Mundwinkeln versehen, der Rücken von schwarzgrüner Farbe, an den Seiten grün und weiter herunter ins Gelbliche und Weißliche spielend. Seine Länge beträgt gewöhnlich 6 bis 9 Zoll. Nicht allein des bessern Geschmackes, sondern auch einiger Vorurtheile wegen, zieht man die Männchen den Weibchen vor. Erstere unterscheiden sich durch eine hellere glänzendere Farbe, stärkere Brustknochen und Flossen.

## Matrosengericht von Schleien. Matelote de tanches.

Wegen der Dichtigkeit der unzähligen Schuppen, ist dieser Fisch der Haussitte gemäß oft einer qualvollen Procedur unterworfen; er wird nämlich einige Augenblicke in kochendem Wasser und zwar bei verdecktem Geschirr, damit er nicht herausspringen kann, geworfen, und auf diese Weise so viel gebrüht, daß der Fisch selbst nicht steif und nur die Schuppen leichter dadurch abgenommen werden können; nachdem er geschuppt, ausgenommen, und nach Absonderung der Kiemen und Flossen wird er nach verhältnißmäßiger Größe in 2 auch 4 Stücke geschnitten und sofort nach Angabe des Artikels: Matrosengericht von Karpfen bereitet. Bei der Vorbereitung muß der Bauch nicht ganz aufgeschnitten werden, um bei dem Kochen bessere Stücke zu erhalten. Vier bis fünf Schleie mittlerer Größe füllen eine Schüssel.

## Bürgerliche Bier-Schleie. Tanches à la Bourgeoise.

Sie werden tüchtig mit Salz abgerieben und hierauf wie die vorigen zugerichtet aber nicht gebrüht, nach Angabe des Artikels: bürgerlicher Bier-Karpfen gesotten und mit Erdtoffeln gespeist.

## Schleie auf französische Art. Tanches à la Française.

Nach vorhergegangenem Limoniren (Brühen) und weiterer Zubereitung werden die sauber geschnittenen Stücke mit einem guten Theil gehackten und in einem viertel Pfd. Butter geschwitzten Schnittlauch, ganz wenig grünen Dill und Petersilie, einigen Citronenscheiben, Pfeffer und Salz, in einem breiten Geschirr mit einer Bouteille weißen Wein und ein paar Lorbeerblättern gesotten und bis auf ein viertel Quart Flüssigkeit die Brühe eingekocht; wenn hierauf die Lorbeerblätter herausgenommen, wird die Fischspeise mit einem sechstel Qrt. eingekochter brauner Sauce unter wiederholtem Begießen durchgekocht und nöthigenfalls noch etwas mit Citronensaft abgeschärft.

## Schleie auf der Rost. Tanches sur le gril.

Nachdem vier bis fünf limonirte Schleie in Stücken geschnitten, einige Stunden in einem achtel Qrt. Oel, dem Saft von zwei Citronen, Salz und Pfeffer marinirt gewesen, werden sie mit Oel und Butter zu gleichem Theil bestrichen und auf einem ziemlich raschen Feuer bei wiederholtem Bestreichen geröstet und sofort mit der nöthigen Küchenmeister-Sauce (I. Bd. II. Abschn.) im Kranz oder flach angerichtet. Als Fastenspeise aufgetischt, besteht der Fettstoff aus reinem Oel und der Beiguß aus einer Fasten-Küchenmeister-Sauce.

---

## XIX. Abth.: Quappe. Aalraupe. Lotte.

Sie hat gleich dem Aale einen langen schlangenförmigen schleimigen Körper, der oben abwechselnd dunkelgrau, braun und gelb, nach unten hin weißlich ist. Der dicke unförmliche Kopf ist an der unteren Kinnlade mit Bartfasern versehen und der ganze Fisch hat ohngefähr die Länge eines kleinen Aales, doch finden sich von ihm auch größere Exemplare vor. Ihr Fleisch ist weiß und zart und wird oft auf Art der Aale bereitet. Als Speise erscheint das Fleisch dieser Fische höchst selten, auf vornehmen Tafeln hingegen spielt die äußerst schmackhafte Leber eine ausgezeichnete Rolle in der feinen Kochkunst und dieserhalb ist die Quappe hochgeachtet. (I. Bd. III. Abschn.)

### Quappe auf polnische Art. Lotte à la Polonaise.

Bei der Bereitung dieser Schüssel richte man sich nach Vorschrift des Artikels: Karpfen auf polnische Art, so wie bei dem Gericht:

### Bürgerlich gekochte Quappe. Lotte à la Bourgeoise,

der Artikel: bürgerlicher Stückenaal, die nöthige Anweisung giebt. Auch läßt sich die Quappe als Bierfisch bereiten.

---

## XX. Abth.: Kleine Maräne. Maraine.

Die große Maräne (Madümaräne), deren Abhandlung und Bereitung I. Bd. VI. Abschn. Die kleine Maräne (I. Bd. V. Absch.) ist uns als ein sehr schmackhafter Fisch bekannt. In der Gestalt hat sie Aehnlichkeit mit der Plötze. Doch fehlen ihr die farbigen Flossen, der ganze Körper ist auf dem Rücken blau, und mit kleinen silberfarbnen Schuppen bedeckt. Außer der Bereitungsart (I. Bd. V. Abschn.) wird sie noch als Zwischenspeise gegeben.

### Maränen in kurzer Brühe. Maraines au court bouillon.

Werden auf die gewöhnliche Weise geschuppt, ausgenommen, Kiemen und Flossen abgenommen, gewaschen und in der nöthigen

Quantität nicht zu stark gewürzter court bouillon (kurze Brühe I. Bd. II. Absch.) 5 Minuten gesotten, auf eine, mit einer Serviette belegten Schüssel 12 bis 15 Stück angerichtet und dabei frische Butter, Petersilie und Essig gegeben.

### Maränen in der Marinade. Marènes en marinade.

Werden wie die vorigen doch mit etwas weniger Salz gekocht, wenn sie verkühlt, aus ihrer Brühe genommen und in mit Oel geschwitzte gehackte Petersilie, Schnittlauch und Estragon, ferner Citronensaft und etwas Rheinwein bei wiederholtem Umdrehen mehrere Stunden gelegt. Nach dem Anrichten der Fische kann die Marinade noch mit etwas Rheinwein, wenig Zucker, ein wenig Fischbrühe, Citronensaft und Oel vermischt werden, sie wird als Tunke zu den kalten Maränen gegeben.

### Gebackene Maränen. Marènes en friture.

Nach erfolgter sorgfältiger Vorbereitung werden sie gehörig eingesalzen, wenn sie hierauf abgetrocknet, in ganzen Eiern, geriebener Semmel und Mehl umgekehrt (pannirt) sind in der Backbutter auf die Art ausgebacken, daß die Fische inwendig gar und dabei von schöner Farbe und knusprich sind. Man verspeist sie mit Oel, Essig und gehackter Petersilie.

---

## XXI. Abth.: Kleine Flußforelle. Truite.

Große Lachsforelle. Kleine Forelle, deren eigenschaftliche Abhandlung (I. Bd. VI. Abschn. XXXIV. Abth.) Die verschiedenen Gattungen dieses Geschlechts unterscheiden sich durch mehr oder mindere Abwechselung der Farbenmischung, doch ist die Grundfarbe gewöhnlich am Rücken grau und geht an den Seiten bis zum Bauche in helles Gelb über mit vielen gemischten rothen, gelben, bläulich grauen und weißen Punkten besprenkelt. Von allen kleinen Fischen, die bei der Kochkunst vorkommen, ist die Forelle einer der geschätztesten und dieserhalb auf jeder Tafel eine stets wünschenswerthe Erscheinung.

### Blaugekochte Forellen. Truites au bleu.

Die bei dem Artikel: blauer Karpfen bemerkte Rücksicht, daß die Schleimhaut von den Fischen nicht abgerieben wird, muß auch hier beobachtet, und weil sie ein sehr zartes Leben haben und leicht sterben, dürfen sie nicht lange stehen bleiben, sondern es muß sogleich zu ihrer Vorbereitung geschritten werden; demzufolge werden sie sogleich vorsichtig mit den Kiemen ausgenommen und gewaschen, hierauf mit einem viertel Qrt. kochenden Essig geblaut und sofort in Wasser, dem nöthigen Salz, einigen Gewürzkörnern, einigen Zwiebeln, einem Lorbeerblatt und einem Bund Petersilie gesotten. Wenn sie einige Mal aufgekocht und geschäumt sind, läßt man sie zugedeckt noch 8 bis 10 Minuten stehen und giebt sie mit gehackter Petersilie und Essig nebst frischer Butter. Auf diese Art gekocht, erscheinen sie gewöhnlich krumm, mit in die Höhe gebogenem Kopf und eingerissener Haut, was zuweilen ganz erwünscht aussieht, wenn auf einer Schüssel 10 bis 12 Stück Forellen mit den Köpfen nach außen und in der Mitte mit Petersilienzweigen angerichtet werden. Um sie glatt und gerade zu erhalten, darf man sie nur nach der Vorbereitung eine halbe oder ganze Stunde, bevor sie gekocht werden, liegen lassen.

## Forellen blau mit Butter-Sauce. Truites au bleu et au beurre lié.

Werden wie die vorigen gekocht und mit einer Butter-Sauce gegeben, die von einem halben Pfd. frischer Butter, vier Eßlöffeln voll Mehl, Muskatennuß, gestoß. Pfeffer, etwas Forellenbrühe, Wasser- oder leichter Fleischbrühe bereitet, und zuletzt mit 5 bis 6 Eierdottern gebunden und mit Citronensaft abgeschärft wird.

## Forellen mit holländischer Sauce. Truites à la Hollandaise.

Dieselbe Bereitung wie die vorigen, sie werden mit geschlagener holländischer Sauce gegeben. (I. Bd. II. Abschn.)

## Forellen mit Aspic. (Spiegelgallert.) Truites en aspic.

Um sie recht glatt zu erhalten, müssen sie ein paar Stunden vor dem Kochen liegen bleiben. Wenn sie aus ihrer Brühe gehoben und ganz kalt geworden sind, werden sie mit bis zum spinnenden Grad der Abkühlung gelangtem Aspic, so daß dieser dickflüssig erscheint, spiegelartig begossen und diese Procedur so oft wiederholt bis die Forellen ganz blank und vollkommen damit gedeckt sind. Hierauf wird der abgelaufene Aspic mit einem warmen Messer unten herum losgeschnitten, die Forellen sofort auf einem von Aspic in eine Schüssel gegossenen Spiegel vorsichtig angerichtet und mit körnig gehacktem Spiegelgallert garnirt. Zu dieser Speise muß der Spiegelgallert (Einl.) besonders kräftig und schmackhaft sein; auch als Fastenspeise betrachtet, muß der dazu nöthige Fisch-Spiegelgallert eine gleiche Eigenschaft besitzen.

### Aspic von Forellen. Truites en aspic moulé.

Nachdem die Forellen recht glatt und blau gekocht und kalt geworden sind, schneidet man sie auf dem Rücken von einander, nimmt beide Hälften von dem Rückgrade ab und aus denselben alle Bauchgräten heraus, was freilich mit der Vorsicht geschehen muß, daß die Fische nicht zerrissen, auch das Blaue von denselben nicht abgerieben wird. Die Forellenhälften werden hierauf an den Enden glatt geschnitten und in einer passenden sieben und einen halben Zoll langen, vier und einen halben Zoll breiten und drei Zoll hohen ovalen Stürzform, in welcher ein ein sechstel Zoll hoher Spiegel gegossen, der an den Seiten herum mit grünen blanchirten Estragon oder Petersilienblättern und Kapern geschmackvoll belegt wird, in die Mitte eingelegt und die Form sofort wechselweise mit Forellenhälften und Aspic gefüllt. Wenn der Inhalt der Form auf dem Eise fest geworden, wird er auf eine ovale passende Schüssel gestürzt. So wie bei der vorigen muß auch zu dieser Speise der Spiegelgallert recht klar und dabei kräftig und schmackhaft sein.

---

## XXII. Abth.: Lachs. Salmen. Saumon.

Außer den als Wechselschüssel im ganzen Stück (I. Bd. VI. Abschn.) zubereiteten Speisen dieses ausgezeichneten Fisches und außer denen, die zum Räuchern (III. Abschn.) zugerichtet werden, eignet er sich auch als Fischzwischenschüssel, sowol bei Mittag- als Abendtafeln auf verschiedene Weise.

### Lachs auf schweizerische Art. Saumon à la Suisse.

Ein Mittel- oder Schwanzstück von 4 bis 5 Pfd. wird, nachdem es geschuppt, aus den Graten und in zwei und einen viertel Zoll breite, schräge, verhältnißmäßig lange Stücke geschnitten, mit dem nöthigen Salz untermengt, gleichzeitig eine Hand voll Petersilie, 6 bis 8 Stück Chalotten, etwas Estragon, Schnittlauch und Champignons gehackt und in einem viertel bis drei viertel Pfd. Butter in einem passenden breiten Geschirr geschwitzt und auf diesen Kräutern die gesalzenen Lachsstücken mit etwas gest. Pfeffer, und den dicken Scheiben von 2 Citronen geordnet, zunächst mit einem halben Qrt. bis eine Flasche Rheinwein, eben so viel Fisch- oder Fleischbrühe benässet und der Lachs hiermit treffend gesotten. Die weitere Beendigung der Bereitungsart zerfällt nunmehr in zwei Methoden, entweder werden die Lachsstücken aus der bis zum vierten Theil eingekochten Brühe sauber angerichtet, diese mit einem viertel Qrt. kurz eingekochter mit 6 Eierdottern gebundener und mit 2 Theelöffeln voll Sardellenbutter und den noch fehlenden Citronensaft abgeschärften weißen Sauce vermischt und die angerichteten Fische damit überzogen, oder es werden in gleicher Zusammensetzung die Lachsstücke noch damit durchgeprözelt. Diese Speise erhält einen Kranz von glacirten kleinen Zwiebeln, auch wol mit schmalen, einen halben Finger langen, pannirten und ausgebackenen Lachsstückchen eine Garnitur.

## Lachs auf italienische Art. **Saumon à l'Italienne.**

Der, nach vorstehender Angabe geschnittene und eingesalzene Lachs, wird mit einigen mit Nocken gespickten Zwiebeln, einem Bouquet von Petersilie, 2 Lorbeerblättern, etwas ganz dünner, abgeschälten Citronenschaale und einem Zweig Basilicum nebst etwas gest. Pfeffer in ein recht passendes Geschirr geordnet, zunächst mit einem viertel Qrt. Jûs, (Einl.) ein und einer halben Flasche italienischen Wein, oder statt dessen mit einer Flasche Medok benässet und hiermit treffend gesotten. Mit dem Garsein des Lachses muß zugleich die Brühe bis zum fünften Theil eingekocht sein, welche nach Beseitigung der oben bezeichneten Neben-Ingredienzien, mit 8 Eßlöffeln voll Kapern und einem viertel Qrt. ganz kurz eingekochter brauner Sauce vermischt und sofort mit dem Lachs auf einem sehr gelinden Feuer durchgeprözelt wird. Wenn dies treffend ausgeführt ist, erhält das Lachsgericht noch eine nöthige Abschärfung von Citronensaft und etwas Sardellenbutter, wird demnächst sauber angerichtet und mit, einen halben Finger langen ganz schmal geschnittenen, hierauf gesalzenen und pannirten und kurz vor dem Anrichten ausgebackenen Lachsstückchen garnirt; demzufolge wird die Hauptingredienz um den vierten bis fünften Theil gesteigert.

## Finanzieller Lachs. **Saumon à la financiére.**

Diese, bis zum Köstlichsten gesteigerte Lachsspeise besteht aus einem Mittelstück dieses Fisches, welches nach erhaltener Vorbereitung, in zwei und einen viertel Zoll breite, möglichst gleichförmige, oben abgerundete oder cotelettartige Stücke zugeschnitten wird, die hierauf auf einem breiten flachen Geschirr mit einem viertel Pfd. frischer Butter, einem viertel Qrt. Champagner, eben so viel Rheinwein, dem Saft von einigen Citronen, dem nöthigen Salz und ein wenig gest. Pfeffer gar gemacht werden. An diese Zubereitung der Hauptingredienz schließt sich gleichzeitig die Anfertigung einer beinahe ein Qrt. im Volumen enthaltenden weißen Sauce, welche mit einem viertel Qrt. Champagner zur Hälfte eingekocht, hierauf mit der von dem Lachs erhaltenen Brühe vermischt, zunächst mit 6 bis 7 Eierdottern gebunden und durch ein Haartuch gedrückt wird. Mit dieser Sauce und 3 Stück bereiteten Quappenlebern, 3 Eßlöffeln voll eingeschwitzten Champignons, 30 bis 40 Stück Austern, womöglich eine gleiche Quantität Muscheln und 15 Stück Theelöffel Fischknefs, wird ein treffliches finanzielles Ragout (I. Bd. III. Abschn.) zusammengestellt, mit welchem die Mitte, der im schönen

Kranz angerichteten und mit etwas Sauce überzogenen Lachsstücke angefüllt wird. Als besondere Auszeichnung kann diese Fischspeise in einer schön bordirten Schüssel angerichtet werden.

## Sautee von Lachs. Sautée de saumon.

Diese Speise wird ganz nach Angabe des Zander-Sautee's (deren Artikel) bereitet und angerichtet und mit derselben bei deren Artikel angeführten Sauce überzogen.

## Dessauer Lachs als Mittelspeise. Saumon à la Dessau pour entremèt.

Der Lachs wird entweder in zwei Finger breite Portion-Stükke oder in einen Zoll breite Tranchen (Scheiben) geschnitten; zu den ersteren Stücken wird der Fisch gespalten, aus dem Rückgrad genommen und jede Seite noch ein Mal queer durchgeschnitten. Er wird sofort in der nöthigen Quantität court bouillon (kurze Brühe) gesotten und mit gehackter Petersilie, Essig, etwas Fischbrühe und Pfeffer als Tunke und mit frischer Butter gegeben.

## Mayonaise von Lachs. Mayonaise de saumon.

Hinsichtlich der formellen Bereitungsart der Fischstücke giebt der finanzielle Lachs-Artikel die nöthige Anweisung. Der Fisch wird hierauf in einer mit etwas Rheinwein vermischten guten court bouillon (kurze Brühe) treffend gesotten, alsdann im verkühlten Zustande aus der Brühe genommen und zunächst möglichst gleichförmig zugestutzt. Eben so richtet sich die fernere Bereitungsweise nach Angabe des Artikels: (Zander-Filets in der Mayonaise I. Abth.) und kann diese Schüssel rücksichtlich der Ingredienzienanwendung als Fastenspeise gegeben werden.

## Lachsstücke in Spiegelgallert. Filets de saumon en aspic.

Die auf finanzielle Art geschnittenen Lachsstücke, werden in einer gewürzhaften kurzen Brühe gekocht und nach Angabe des Artikels: Aspic von Forellen, mit vortrefflichem Spiegelgallert in einem gewählten Modell eingelegt und die weitere Bereitungsweise nach demselben, dort aufgeführten Verfahren beendet.

## Verzierte Lachsstücke mit Mayonaise. Filets de saumon decorés en l'orgnette.

Die nach obiger Angabe bezeichneten Lachsstücke werden, nachdem sie eben so gesotten und kalt geworden sind, in glatte saubere Stücke zugestutzt, hierauf wie die Forellen mit dickflüssigen oder bis zum spinnenden Grad erkalteten, klaren Aspic spiegelartig begossen, nächstdem mit einer einfachen geschmackvoll gehaltenen Verzierung von Trüffeln, Cornichons, dem Gelben und Weißen vom Ei in Lorgnette (brillenartig) belegt, worauf das Begießen mit Aspic so oft wiederholt wird, bis die verzierten Lachsstücke blank und gut damit gedeckt sind. Sie werden sofort auf einem, in der Schüssel gegossenen Spiegel von Aspic, im flachen Kranz oder auf einem verzierten Fettsökel (III. Abschn.) angerichtet und in die Mitte eine recht weiß gehaltene Mayonaisen-Sauce gefüllt.

### Salat von Lachs. Salade de saumon.

Die Bereitungsart schließt sich an die Vorschrift des namensverwandten Zander-Artikels und kann erforderlichen Falls mit unberührtem Tafelabhub ausgeführt werden.

### Popietten von Lachs. Saumon en popiettes.

Mit Rücksicht des voluminösen Bedarfsquantums beobachte man bei deren Bereitung dasselbe Verfahren als bei dem Artikel: Rollirte Zanderstücke auf Conti-Art, angegeben ist. Auch kann die dazu zu brauchende Farce von anderm Fisch bereitet werden und muß der, zu dieser Speise benöthigte Fisch nicht zu stark abgelegen oder mortificirt sein.

### Geröstete Lachsstücke. Filets de saumon grillés.

Der auf finanzielle Art oder in gewöhnlichen Stücken geschnittene Lachs, wird in einem viertel Pfd. Oel, dem Saft von zwei Citronen, einigen Zwiebelscheiben, einem achtel Qrt. Rheinwein, Salz und etwas Pfeffer, einige Stunden marinirt; hierauf von den Ingredienzien geschieden und unter wiederholtem Bestreichen mit Oel auf einem gleichmäßigen Kohlenfeuer geröstet. Er wird sofort mit einer mit Kräutern und Rheinwein versetzten und mit etwas Sauce oder Mehlschwitze seimig gemachten, recht schmackhaften Jûs angerichtet.

---

## XXIII. Abth.: Salbling. Schwarzreiterl. Salvelin.

Dieser Fisch ist im geräucherten Zustande schon einmal (I. Bd. V Absch.) berührt worden; er hat im Geschmack und in der Gestalt mit der Forelle einige Aehnlichkeit, daher er auf Art dieser Fische oft bereitet wird. Der, mit einem hervorstehenden Oberkiefer bezeichnete Kopf und der Rücken sind dunkelbraun, die Seiten weiß und gelb gesprenkelt und der Bauch gelbroth, er wird gewöhnlich gegen einen Fuß lang.

Außer denjenigen, welche in dem Tegernsee in Baiern gefangen werden, trifft man sie auch noch in andern Gewässern des südlichen Deutschlands an; die gewöhnlichen Bereitungsarten sind:

Blau gesottener Schwarzreiterl. **Salvelin au bleu.**

Schwarzreiterl mit holländischer Sauce. **Salvelin à la Hollandaise.**

Schwarzreiterl in Aspic. **Salvelin en aspic,**

deren Bereitungsarten man bei den Artikeln: Lachs und Forellen aufgeführt findet.

---

## XXIV. Abthl.: Schnäpel. Ombre.

Auch dieser Fisch ist uns bereits im geräucherten Zustande (I. Bd. VII. Abschn.) vorgekommen. Ihn charakterisiren ein kleiner Kopf mit hervorstehenden spitzen Oberkiefern und hochstehender Rückenflosse, den ganzen Körper bedecken auf dem Rücken dunkle und an den Seiten silberfarbige große Schuppen; er wird 12 bis 16 Zoll lang und tritt seiner Nahrung wegen zuweilen aus der See in die Flüsse; man bereitet ihn frisch als:

Schnäpel auf der Rost. **Ombre sur le gril.**

Schnäpel auf Dessauer Art. **Ombre à la Dessau.**

Schnäpel mit holländischer Sauce. **Ombre à la Hollandaise,**

deren Bereitungsarten bei dem Artikel: Lachs angegeben sind.

---

## XXV. Abth.: Stint. Eperlan.

Beide Arten, sowohl der Fluß- als der Seestint sind schon einige mal als gebacken in diesem Lehrbuche berührt worden. (I. Bd. V. und VII. Abschn.) Dieser kleine, kaum zwei bis zwei und einen halben Zoll lange Fisch hat einen mit hervorstehendem Unterkiefer durchsichtigen Kopf, einen spindelförmigen Körper, der mit silberfarbigen ins Blaue spielenden, glänzenden kleinen Schuppen bedeckt ist. Der Meerstint unterscheidet sich durch einen größeren Körperbau.

### Stinte mit holländischer Sauce. Eperlan à la Hollandaise.

Das in einer drittel bis einer halben Metze erforderliche Bedarfsquantum möglichst lebendiger Stinte, wird wegen den häufig darunter befindlichen Stecherlingen verlesen und gewaschen, gleichzeitig werden einige Zwiebeln und Wurzelscheiben, ein Eßlöffel voll verlesenen Kümmel, zwei Lorbeerblätter und einige gemengte Gewürzkörner mit einem paar Quart Wasser ausgekocht und nachdem dies zu zwei Dritttheilen eingesotten und durchgegossen, zunächst mit drei achtel bis einem halben Qrt. Essig und dem erforderlichen Salz vermischt ist, wird diese Brühe 15 Minuten vor dem Speisen auf ein starkes Feuer zum Aufkochen gestellt, sofort die Stinte hineingethan und sobald der Siedegrad erfolgt und das Ausschäumen beseitigt ist, mit einem halben Eßlöffel voll Kümmel noch 5 Minuten gekocht. Nachdem die Fische eine gleiche Zeit zugedeckt hingestellt und hierauf gut abgetropft, angerichtet sind, werden sie in Begleitung einer, von einem halben Pfd. Butter, drei Eßlöffeln voll Mehl, einem Stückchen Zucker, einem achtel Qrt. Rheinwein, etwas Essig und Citronensaft, mit einem Theil Stint- und dem andern Theil Fleischbrühe oder Wasser und ein Bindungsmittel von 6 bis 8 Eierdottern bereiteten, abgerührten holländischen Sauce (I. Bd. II. Abschn.) aufgetragen.

### Saure Stinte. Eperlan au vinaigre.

Ein halbes Pfd. magerer Speck und 4 bis 5 Zwiebeln werden in einen viertel Zoll große Würfeln geschnitten, beides gelb gebraten und mit 2 Eßlöffel voll Mehl geschwitzt, hierauf mit drei achtel Qrt. Essig, einem viertel Pfd. Zucker oder Syrup, ein wenig Pfeffer, einem halben Eßlöffel voll Kümmel, Salz und drei achtel Qrt. Wasser gekocht, und hiemit die bereits gewaschenen Stinte gesotten. Beide Gerichte sind besonders als Abendspeise passend.

---

## XXVI. Abthl.: Häring. Hareng.

Dieser allgemein bekannte, besonders für die niedern Stände im gesalzenen Zustande höchst nützliche Fisch, hat einen, auf beiden Seiten zusammengedrückten Kopf und Körper, letzterer ist auf dem Rücken mit dunkelblauen und an den Seiten mit silberfarbenen Schuppen bedeckt, die Seitenlinien sind gerade paralellaufend und die Flossen kurz. Außer den mannigfachen Bereitungsarten, den diese Fische sowol im frischen, gesalzenen als geräucherten Zustande (I. Bd. V. und VII. Abschn.) unterworfen sind, werden von ihnen auch noch einige Zwischenspeisen angefertigt, welche, wenn man nicht zu weit von der Seeküste entfernt wohnt, auf folgende Weise vorkommen:

## Frische Häringe auf der Rost. Harengs frais sur le gril.

## Frische Häringe mit holländischer Sauce. Harengs frais à la Hollandaise.

Die Vorbereitung dieser, nach unserem aufgestellten Bedarfsquantum-System in 10 bis 12 Stück genommenen Fische, schließt sich in so fern an die der andern kleinen Fischarten, als nach dem reinen Schuppen und Waschen derselben, auf ein sorgfältiges Ausnehmen, damit Rogen und Milchen darin bleiben, Rücksicht genommen wird; eben so werden von ihnen sämmtliche Flossen, die Spitze der Schwanzflosse und der Kehlkopf (untere Kiefer) abgeschnitten und sofort die zum Rösten bestimmten Häringe im ganzen Zustande gesalzen und in der ferneren Bereitungsweise nach Vorschrift des namensverwandten Lachsartikels verfahren. Auch werden zu dieser Speise die Häringe nach dem Einsalzen zuweilen auf englische Art in, mit einigen Eiern gebundener geklärter Butter und geriebener Semmel pannirt, sofort aufmerksam geröstet und mit einer gleichen Jus gespeist. — Die, mit einer schmackhaften abgeschlagenen oder abgerührten holländischen Sauce (I. Bd. II. Abschn.) aufgetischten frischen Häringe, werden in einer gewürzhaften kurzen Brühe treffend gesotten.

## Hărings-Pastete. Paté chaud de harengs.

Die gelungen ausgeführte Bereitung dieser Speise erfordert zu seiner Hauptingredienz 6 bis 7 Stück der besten, nicht alten und ranzig schmeckenden eingesalzenen Häringe, welche nach einem 12stündigen Auswässern, aus Haut und Gräten geschnitten und noch einige Stunden in Milch gelegt werden. Von den nach dieser Zeit abgetrockneten Häringshälften, wird von der inwendigen Seite und an den Enden ein geringer Theil abgeschnitten und mit diesem und dem Fleische von zwei Pfd. Zander nebst feinen geschwitzten Kräutern und den dazu erforderlichen Ingredienzien eine nach Angabe des Artikels: Schüsselpastete von Zander, ganz feine Farce (I. Bd. Einl.) bereitet, mit welcher die Häringe einen viertel Zoll dick bestrichen, sofort aufgerollt und als einfache Rolletten gestaltet werden. Hieran schließt sich nun das, nach Vorschrift des oben beziehungsweise angedeuteten Artikels, weitere Verfahren, welches mit besonderer Rücksicht der Anfertigung eines dazu nöthig habenden Butterteigs (I Bd. V. Abschn. Art.: kleine Pastetchen mit Salpicon und III. Bd. III. Abth.) von einem Pfd. harter Butter, jedoch in der weitern Bereitungsart mit der Abweichung, daß statt die Zanderfilets in feinen Kräutern und Butter steif gemacht, die Häringsrolletten nur darin umgekehrt werden. Sowol in formeller Hinsicht als rücksichtlich der Back- und Anrichtemethode der Häringspastete giebt der Artikel Schüsselpastete nach Trappe (I. Abschn. VIII. Abth.) den sichersten Commentar. Als Beiguß giebt man eine einfache weiße Härings- oder Sardellen-, auch eine Küchenmeister-Sauce (I. Bd. II. Abschn.) dazu.

### Häringsrolletten mit Kräutern. Roulettes de harengs aux fines herbes.

Die getroffene Anfertigung dieser Speise bedingt vorzüglich gute Exemplare von gesalzenen Häringen, die als einfache unverzierte Rolletten gemacht, in der hinlänglichen Quantität feine Kräuter, Citronensaft und Fettstoff geschmort und mit einer gehackten Kräuter- auch braunen oder weißen italienischen Sauce (I. Bd. II. Absch.) angerichtet werden.

### Einsalzen der Häringe. Manière pour la saumure des harengs.

Die, in so ungeheurer Menge gefangenen Fische dieser Art, müssen nothwendiger Weise einer zweckmäßigen Aufbewahrungsmethode unterliegen, wodurch ihr überaus großer Nutzen erst recht bemerkbar und allgemein begründet wird. Nachdem die Fische ausgekiemt und mit Darinlassen der Milch oder Rogen ausgenommen sind, werden sie, um sie vor dem Verderben zu schützen, in eine starke Salzlake 12 bis 16 Stunden gelegt; nach dieser Zeit, was oft erst auf dem Lande geschieht, in passende Tonnen ordentlich und schichtweise gepackt und mit einer frischen Lake von 6 bis 7 Pfd. Salz auf die Tonne übergossen, sofort zugespunt und weit und breit verschickt. Die zu Bücklingen bestimmten Häringe müssen 24 Stunden in einer etwas mildern Lake liegen bleiben, werden demnächst auf kleine Speile gereihet und 24 Stunden auch wol länger bei angezündetem Reißholz geräuchert. Die fettesten werden gewöhnlich am Rücken aufgeschnitten, vor dem Räuchern über Speile ausgespannt und alsdann Speckbücklinge oder Flickhäringe genannt.

---

## XXVII. Abth.: Steinbutte. Turbot.

Dieser überaus schmackhafte Seefisch wird gewöhnlich in ganzen Stücken, sowol als Wechselschüssel (I. Bd. VI. Absch.) denn als Zwischenspeise zubereitet gegeben; im zerschnittenen Zustande erscheint er als:

**Gratin von Steinbutte. Gratin de turbot.**

**Steinbuttstücken auf Küchenmeister=Art. Filets de turbot à la maitre d'hotel.**

**Blanquette von Steinbutte in Bechamelle. Blanquette de turbot à la béchamelle.**

**Blanquette von Steinbutte in Butterteigrand. Blanquette de turbot en vol-au-vent.**

**Salat von Steinbutte. Salade de turbot.**

Sämmtliche Bereitungsarten schließen sich in sofern an die namensverwandten Zanderartikel, als auf das Bedarfsquantum der Hauptzuthaten Rücksicht genommen wird. Das erstere Gericht erfordert außer dem zur Farce nöthig habenden Fisch, 12 bis 14 zwei Zoll breite, grätenlose etwas abgerundete Stücke und werden zu dem zweiten Gericht, diese Fischstücke sowol in ihrem voluminösen Gehalt als ihrer Zahl nach um ein geringes gesteigert. Was die drei letzten Speisen betrifft, so können diese, besonders die beiden letzteren, den Umständen gemäß auch füglich von unberührtem Tafelabhub bereitet und demzufolge die dazu erforderlichen Neben=Ingredienzien geregelt werden.

---

## XXVIII. Abthl. Scholle. Plie.

Ist im I. Bd. VII. Absch. schon ein mal berührt worden; zum Geschlecht der Plattfische gehörig, unterscheidet sie sich durch die am Kopf befindlichen Höcker und einen glatteren ohne Stein besetzten Körper, die größeren Exemplare dieser Gattung werden auf dieselbe Weise wie die Steinbutte bereitet; die kleineren Schollen hingegen sind von schlechterem Geschmack, haben unten statt einer bläulich weißen, eine röthlich weiße Farbe; sie werden gewöhnlich mit Salz eingerieben, an der Luft getrocknet oder geräuchert, hierauf in Bündel gebunden und weit und breit verschickt. Den größeren, auf diese Art bereiteten Fischen wird die Haut abgezogen, sie werden hierauf mit frischer Butter verspeist. (I. Bd. V. Abschn. Art.: Flundern.)

---

## XXIX. Abth.: Seezunge. Sole.

Abhandlung (I. Bd. V. Abschn.); außer der dort angeführten Bereitungsart werden sie noch als:

Seezungenstücke auf der Schüssel. **Soles sur le plat.**

Seezungenstücke mit holländischer Sauce und Erdtoffeln. **Soles à la Hollandaise.**

Seezungenstücke mit brauner Butter und Mostrich. **Soles au beurre noir et à la moutarde.**

gegeben. Zu dem ersten Gericht werden die Seezungen geschnitten (I. Bd. V. Abschn. und nach Angabe des Artikels: Steinbutte auf der Schüssel (I. Bd. VI. Abschn.) bereitet. Zu der Anfertigung der beiden letzteren Speisen, findet man mit Rücksicht der Verlängerung der Siedezeit, den Commentar bei dem eben so bezeichneten Zander-Artikel (I. Abtheil.)

---

## XXX. Abth.: Flunder. Kliesche. Limande.

Ist kleiner als die Seezunge, die Haut am Körper fester angeschlossen, daher schwieriger abzuziehen, sie werden wie die kleineren Schollen geräuchert und so gegeben (I. Bd. V. Abschn.), außerdem noch wie die Seezungen gebraten oder gebacken (derselbe Absch. Art.: Seezungen) und als gebackene Flundern Limandes frits aufgetischt.

---

## XXXI. Abth.: Glattroche. Stachelroche. Raie.

Eigenschaftliche Abhandlung und Zubereitungsart (I. Bd. VI. Abschn.). Als Mittelspeise aufgetischt, werden sie nach derselben Angabe zugerichtet, werden auch nöthigenfalls in kleinere Stücke geschnitten und sofort gekocht und erscheinen demgemäß als:

Glatt- oder Stachelroche mit Carelet-Sauce. **Raie à la sauce Carelet.**

und Glatt- und Stachelroche mit brauner Butter und Mostrich. **Raie au beurre noir et à la moutarde.**

---

## XXXII. Abth.: Glattbutte. Carrelet.

Das Fleisch dieser Fische ist weniger delikat als das der Seezungen, sie bleiben sich aber hinsichtlich der Zubereitung mit diesen Fischen gleich und kommen besonders als:

**Glattbutte mit brauner Butter. Carrelet au beurre noir,** und als

**Glattbutte mit Sauerampfer Püree. Carrelet à la purée d'oseille,**

vor. Vorzüglich in dem nördlichen Frankreich, namentlich in Amiens wird dieser Fisch häufig gespeist, wo ich demselben auf die angeführten beiden Arten zubereitet, am meisten angetroffen habe. Besonders als Abendspeise ist er dort sehr beliebt.

---

## XXXIII. Abth.: Dorsch. Merluche.

Auch dieser Fisch wird zuweilen, besonders im kleinen Zustande auf die im I. Bd. VI. Abschn. aufgeführte Bereitungsarten als Mittelspeise und nur höchst selten in zerschnittenen Stücken aufgetischt und erscheint demzufolge als:

**Dorsch mit holländischer Sauce. Merluche à la Hollandaise,** und als

**Dorsch mit brauner Butter. Merluche au beurre noir.**

---

## XXXIV. Abth.: Weißling. Wittling. Merlan.

Den länglichen Körper bedecken kleine runde, silberweiße, glänzende Schuppen, die auf dem Rücken in's Olivengrüne spielen, mit schwarzen Brust- und Schwanzflossen und hervorstehender oberen Kinnlade. Am häufigsten wird dieser Fisch an den nördlichen Küsten Frankreichs gefangen; er hat ein blättriges, schmackhaftes Fleisch, welches außerdem, daß es gesalzen und getrocknet, noch auf verschiedene Weise bereitet als Mittelspeise gegeben wird und wobei die große Leber ganz besonders zu berücksichtigen ist.

### Weißlingstücke auf Küchenmeister-Art. **Filets de Merlans à la maitre d'hôtel.**

### Weißlingstücke auf der Rost. **Merlans sur le gril et en hatelets.**

### Weißlingstücke gebacken. **Filets de merlans frits.**

Erster Artikel nach Angabe des Zander-Artikels (I. Abth.), der zweite nach dem des Lachses und werden die Fischstücke hierzu zuweilen auf silberne Spießchen gesteckt und die dritte auf die Art der gebackenen Seezunge (I. Bd. V. Abschn.); sie werden demgemäß sowol im pannirten Zustande als auf Horlyart gebacken.

### Weißlingstücke mit holländischer Sauce. **Merlans à la Hollandaise.**

### Weißlingstücke mit Petersilie. **Merlans au persil.**

Deren Bereitungsarten bei den Hechtartikeln zu finden sind.

---

## XXXV. Abth.: Makrele. **Maquereau.**

Mit einem eingedrückten glatten Kopf und glatten Körper, hat dieser Fisch wegen den am Schwanz sich befindenden Neben- oder Bastardflossen, ein merkwürdiges Aeußere, wird acht bis zwölf Zoll, ja zuweilen zwei Fuß lang und ist ebenfalls eine Lieblingsspeise der Pikardier; sie erscheint am mehrsten zum Frühjahr und Anfang des Sommers, in welcher Zeit ich sie in Amiens und andern nördlichen Küsten Frankreichs in großer Menge angetroffen habe; ausgezeichnet gut im Geschmack ist das Fleisch dieser Fische, wenn es noch recht frisch ist.

### Makrelen auf pikardische Art. **Maquereaux à la Picardienne.**

Nach dem Bedarfsquantum und der verhältnißmäßigen Größe der Fische, nimmt man zwei bis drei Stück, schneidet von denselben den Darm mittelst eines Einschnitts vom After los und nimmt die Makrelen unter den Kiemen auf die Art aus, daß die Milchen oder der Rogen darin bleiben, man schneidet hierauf Rücken- und After- und die Spitze der Schwanzflosse nebst den Bastardflossen ab, giebt den Fischen einen tiefen Einschnitt auf dem Rücken, und marinirt sie nach sorgfältigem Waschen in einem viertel Qrt. Oel, dem Saft von zwei Citronen, Salz, etwas gestoßenem Pfeffer, einigen Zwiebelscheiben, Lorbeerblättern und Petersilienzweigen, einige Stunden ein. Nach dieser Zeit, bei wiederholtem Umdrehen und Bestreichen der Marinade, werden sie eine halbe bis drei viertel Stunden vor dem Anrichten auf einem gleichmäßigen Kohlenfeuer geröstet. Nachdem die Fische auf dem Bauch angerichtet sind, wird in die geschnittene Rückenöffnung ein Amalgama gestrichen, welches mit drei bis vier Eßlöffeln voll gehackten und in einem viertel Pfd. Butter gut geschwitzten, feinen Kräutern (Petersilie, Schnittlauch, Estragon und Champignons), zwei Theelöffeln voll Sardellenbutter, dem Saft von einer bis zwei Citronen und fünf Eßlöffeln voll kurz eingekochter dicker brauner Sauce zusammengesetzt ist, und unter die Fische eine mit etwas Wein eingekochte und geschärfte Jûs gegossen.

## Gebackene Makrelen. **Maquereaux frits.**

Werden auf Art der anderen gebackenen Fische bereitet.

## Makrelen auf englische Art. **Maquereaux à l'Anglaise.**

Die Fische werden wie oben angegeben zugerichtet, aber nicht am Rücken gespalten, in einer nicht zu stark gewürzten kurzen Brühe (I. Bd. II. Abschn.), die aber mit einer Handvoll grünen Fenchel geschwängert wird, vorsichtig, damit sie nicht zerreißen, gesotten; zu welchem Behuf sie etwas geschnürt und kalt aufgesetzt werden. Nachdem sie angerichtet, werden sie mit einer gut bereiteten dicken Butter-Sauce (I. Bd. II. Abschn.), worin etwas blanchirter und gehackter grüner Fenchel genommen wird, aufgetischt.

## Flamänder Makrelen. **Maquereaux à la Flamande.**

Werden wie die pikardier Makrelen, aber ohne Einschnitt des Rückens vorbereitet, und inwendig mit einem gut gemengten Amalgama, von nach dortiger Angabe vorbereiteten feinen Kräutern, einem viertel Pfd. frischer Butter, etwas Sardellenbutter, fünf Eßlöffeln voll geriebener Semmel, zwei Eierdottern, drei Eßlöffeln voll kurzer, recht dick gekochter weißer Sauce gefüllt, sofort in mit Oel bestrichene, große papierne Kasten geröstet (I. Bd. V. Abschn. Artikel: Schildkrötenwürste) und sofort mit einer seimigen, geschärften Jus angerichtet.

---

# XXXVI. Abth.: Seedrache. Schlangenfisch. **Vive.**

Mit einem schlangenförmigen, mit unmerklichen Schuppen bedeckten, oben dunkelbraunen und an den Seiten silberfarbig gefleckten Körper, hat er stachelige Rückenflossen und an den Enden der Kinnbacken spitze Stacheln; der besonders gebildete Kopf ist mit dicken Lippen und großer Mundöffnung versehen, die Flossen sind grünlich gelb und gelb gestreift, er wird selten ein Fuß lang und lebt vorzüglich im Mittelmeere.

## Seedrachen (Schlangenfische) auf italienische Art. Vives à l'Italienne.

Bei der Zubereitung dieser Fische hat man alle Ursache sich in Acht zu nehmen, damit man sich nicht an den vorhin bezeichneten Stacheln verwundet, weil dies wie alle Verletzungen, welche durch Fischgräten entstanden, besonders schlimm werden und schwer heilen. Nachdem von den Fischen mit dieser Rücksicht die Stacheln und Flossen abgenommen, sie unter den Kiemen ausgenommen und gereinigt sind, werden sie auf den Seiten ein wenig gekerbt (fein eingeschnitten), hierauf mit wenig gewürzter kurzer Brühe und einer Flasche Wein nur überstehend aufgefüllt und in treffend weichem Zustande aufmerksam gesotten; nächstdem wird ein Theil der Brühe kurz eingekocht und mit der nöthigen Quantität brauner italienischer Sauce (I. Bd. II. Abschn.) mit der Rücksicht vermischt, daß diese dadurch nicht zu salzig, demzufolge die Sauce ohne Salzanwendung bereitet werden muß. Die Fische werden bei dem Anrichten theils damit überzogen, theils die Sauce dabei gegeben.

## Schlangenfische auf der Rost. Vives sur le gril.

Sie werden ungefüllt wie die Makrelen geröstet und mit einer ähnlichen Sauce aufgetischt.

## Schlangenfische auf venetianische Art. Vives à la Vénitienne.

Nach vorhergegangener Zurichtung werden sie ein Mal durchgeschnitten, mit Sardellen- und Cornichonsstreifen durchzogen, in einer mit Butter bedeckten Casserolle, mit einem Bouquet von Basilicum, Lorbeerblatt und Petersilie, einigen mit Nelken gespickten Zwiebeln, wenig gestoßenem Pfeffer und dem nöthigen Salz geordnet und mit einem Qrt. Wein und einem halben Qrt. Wasser gesotten. Nachdem die Brühe bis zum dritten Theil eingekocht, Bouquet und Zwiebeln herausgenommen sind, werden die Fische mit drei achtel Pfd. mit zwei Eßlöffeln voll Mehl durchgerührter Butter und sechs Eßlöffeln voll Kapern durchgekocht und mit Citronensaft abgeschärft. Im Fall die Brühe mit dem Fisch nicht die nöthige Einkochung erreicht, kann sie abgegossen und besonders eingekocht werden.

## Schlangenfische auf Pariser Art. Vives à la Parisienne.

Nach erhaltener Vorbereitung wird ihnen der Kopf ab- und

die Fische ein auch zwei Mal durchgeschnitten, hierauf auf die vorige Art, aber mit Champagner statt des gewöhnliches Weines und nicht zu starker Salzanwendung gekocht, sobald sie die nöthige Einkochung erreicht, der Brühe mit zwei bis drei Stück bereiteten und in saubere Stücke geschnittenen Quappenlebern, 20 bis 30 Theelöffelfischknefs und eben so viel Austern nebst einem halben Qrt. eingekochter mit sechs Eierdottern gebundener und mit Citronensaft abgeschärfter weißer Sauce bedeckt und ins Marienbad gestellt.

---

## XXXVII. Abth: Kabeljau. Cabliau.

Eigenschaftliche Abhandlung und Bereitungsart (I. Bd. VI. Abschn. XXXVIII. Abth.), derselbe wird auch in Stücke oder Filets geschnitten und als Mittelspeise gegeben und erscheint demzufolge als:

**Kabeljau mit holländischer Sauce. Cabillaud à la Hollandaise.**

**Kabeljau mit brauner Butter und Mostrich. Cabliau au beurre noir et à la moutarde.**

**Kabeljau mit Sauce Carrelet. Cabliau à la sauce Carrelet.**

**Kabeljau in Gratin. Calbiau en gratin.**

Wozu die gleichnamigen Artikel: des Zanders und der Steinbutte die nöthige Anweisung geben.

---

## XXXVIII. Abth: Schellfisch. Aigrefin.

Ist sowol in der Gestalt, als dem Geschmack und der Eigenschaft seines Fleisches nach dem Kabeljau, zu dessen Geschlecht er gehört, ähnlich, wird aber nicht so groß als dieser; beide Fischarten lassen sich eine und dieselbe Zubereitungsweise gefallen, der Schellfisch wird wie der Dorsch zuweilen im ganzen Zustande bereitet, als Mittelspeise aufgetischt, besonders wenn er nur dessen Größe hat.

---

# XXXIX. Abth.: Stockfisch. Morue.

## Stockfisch im trockenen Zustande. Morue sec.

Bei der Zubereitung des Stockfisches im trockenen Zustande, fand ich bei derselben Aufmerksamkeit und gleicher Ingredienzien-Anwendung nicht immer dieselben Resultate, was also in der Eigenschaft des Fisches liegen mag. Die mittleren großen, nicht zu hart getrockeneten Fische geben stets die besten Erfolge. Der Fisch wird mit einem hölzernen Klöpfel leicht und anhaltend geklopft, in einem hölzernen Gefäß in hinlänglich überstehendem Flußwasser 12 bis 15 Stunden geweicht, gleichzeitig von zwei Theilen gesiebter büchener Asche und einem Theil ungelöschten Kalk mit Flußwasser eine so starke Lauge gekocht, daß sie ein hineingeworfenes Ei zu tragen vermag und nachdem diese kalt abgeklärt worden, wird der nun aus dem Wasser genommene Fisch zwei bis drei Tage oder so lange hineingelegt, bis er ganz weichflockig aufgegangen, und seine natürliche Elastizität wieder erhalten hat, hierauf wiederum bei oft wiederholtem Wechseln mit frischem Flußwasser, so lange darin gelassen, bis der Fisch ganz weiß und die Lauge rein und vollkommen ausgezogen ist, was dadurch am besten erreicht wird, wenn derselbe den Tag zuvor, wenn er gegeben werden soll, aus Haut und Gräten und in beliebige Stücke geschnitten wird. Zwölf Minuten vor der Speisezeit muß eine hinlängliche Quantität Flußwasser kochen, in welches nun der Stockfisch mittelst eines Einsatzes oder Durchschlages, mit einem bis zwei Theelöffeln voll Salatartari gethan und von der Seite des Feuers, oder auf glühende Kohlen bei nicht vollkommen erreichtem Siedegrad gestellt wird. Der aus dem Wasser gehobene Fisch, wird mit Salz bestreuet, oder auch ohne dieses mit Rücksicht auf die danach anzufertigende Sauce, sorgfältig abgetropft, sofort in eine mit einem löcherichten Boden versehene Terrine oder Schüssel zum vollkommenen Abtropfen angerichtet und mit einer schmackhaft bereiteten, guten oder deutschen Stockfisch-Sauce gegeben. (I. Bd. II. Abschn. deren Artikel.) Gewöhnlich wird von dem getrockneten Stockfische mehr als zu einem einmaligen Gebrauch zubereitet; der Fisch muß alsdann im unausgeschnittenen Zustande täglich frisches Flußwässer bekommen, nach Verhältniß seiner Größe sind vier bis sechs Hälften hinreichend.

## Stockfisch in Butterteigrand. Morue en vol-au-vent.

Der nach obiger Angabe bereitete Stockfisch wird, wenn er in einem Durchschlag oder in einer Serviette gut abgetropft ist, in etwas zerlassener Butter auf ein gelindes Feuer gestellt, damit alle wässerigen Theile davon ausgezogen werden, hierauf ein nochmaliges Abtropfen in einem Durchschlag oder Sieb wiederholt, zunächst mit einer bis zum dicksten Grad von Flüssigkeit, mit dem nöthigen Salz bereiteten schmackhaften deutschen Stockfisch-Sauce (I. Bd. II. Abschn.) zu gleichmäßigen Bestandtheilen in Verbindung gebracht und in einem recht schön aufgegangenen Butterteigrand (vol-au-vent) Artikel: Eskalopen von Wild in Butterteigrand (I. Abschn. VII. Abth.) angerichtet. Die letzte Stockfischprocedur muß aber kurz vor der Speisezeit geschehen, damit er nicht lange auf dem Feuer verbleibe, um ein Hart- und Zähewerden des Fisches zu verhüten.

### Stockfisch mit Bechamelle. Morue à la béchamelle.

Der auf die erste Art bereitete Stockfisch wird mit einer bindigen trefflichen Bechamelle-Sauce (I. Bd. II. Abschn.) angerichtet, oder nachdem, durch etwas Butter auf einem gelinden Feuer die Flüssigkeiten ausgezogen sind, mit der Sauce vermischt und mit Umlegung von Butterteigkrusten (Fleurons) angerichtet.

### Stockfisch auf Küchenmeister-Art. Morue à la maître d'hôtel.

Die Bereitung weicht von der vorstehenden dadurch ab, daß statt der Bechamelle- eine dicke Küchenmeister-Sauce (I. Bd. II. Abschn.) dazu gemacht und mit dem abgetropften Stockfisch vermischt wird.

### Stockfisch mit brauner Butter. Morue au beurre noir.

Wird mit drei viertel Pfd. hochbraun gemachter und mit Mostrich gekreischter Butter gegeben. Ebenso wird der:

### Stockfisch mit holländischer Sauce. Morue à la Hollandaise,

mit geschlagener oder gewöhnlich abgerührter holländischer Sauce angerichtet.

---

## XL. Abthl.: Laberdan. Cabliau salé.

Wird nach den im I. Bd. XI. Abschn. XXXIX. Abthl. aufgeführten Bereitungsarten zuweilen als Zwischenspeise gegeben; nimmt auch die Zubereitung des vorhin aufgeführten Stockfisches mit der Abweichung an, daß aus dem Laberdan mittelst Wassers und Milch, vorher die salzigen Theile gut ausgezogen werden.

---

## XLI. Abth.: Muräne. Murène.

Dieser Fisch ist ein Bewohner des mittelländischen Meeres, seines äußerst schmackhaften Fleisches wegen wird er in Italien eben so hoch als der Spigula (I. Bd. VI. Abschn.) geachtet. Man erkennt ihn an seiner dem After und Schwanz umgebenden häutigen Flosse, den fehlenden Haut- und Brustflossen und an dem mit einer großen Mundöffnung versehenen kleinen Kopf, hinter welchem zwei hohle Fasern, und schmale nach der Länge gerichtete und ohne Deckel versehene Kiemenöffnungen befindlich sind. Außer anderen Bereitungsarten eignet er sich besonders zu denen des Meer- und Flußaales und erscheint sowol ganz, als im zerschnittenen Zustande, als:

### Muräne auf der Rost. Murène sur le gril.

(Artikel: Flußaal IV. Abth.)

### Muräne in Court-Bouillon. Murène en court-bouillon.

(Artikel: Dessauer Lachs XXII. Abthl.)

### Muräne auf der Schüssel. Murène sur le plat.

(I. Bd. VI. Artikel: Meeraal.)

### Muräne auf italienische Art. Murène à l'Italienne.

(I. Bd. VI. Abschn. Artikel: Spigula.)

---

## XLII. Abth.: Klippfisch. Bacaliau.

Mit plattgedrücktem scheibenförmigen Leib. In frischer Eigenschaft haben diese Fische ihre Bereitungsart mit dem Kabeljau gemein; jedoch erscheinen sie häufiger im gesalzenen und getrockneten Zustande und alsdann richtet sich die Anfertigungsweise nach den Laberdan- und Stockfisch-Artikeln.

---

## XLIII. Abth.: Barbe. Barbillon.

Er ist ein Süßwasserfisch, mit zwei am Munde befindlichen Bartfasern, und hat in der äußern Gestalt mit dem Karpfen Aehnlichkeit. Man bereitet ihn wie den Karpfen, doch ist sein Fleisch weniger schmackhaft, als das dieses Fisches, daher weniger geachtet; besonders hat der in stehenden Teichen gefangene Barbe zuweilen einen moorigen, schlechten Geschmack.

## XLIV. Abth.: Flußkrebs. Ecrevisse.

Die Zubereitung und Anwendung dieses für die Kochkunst so überaus wichtigen und nützlichen Insektes, ist so verschieden und mannichfach, daß man sie in allen bisher auf einander folgenden Abschnitten des ersten und zweiten Bandes unsers Lehrbuches, verzweigt findet. Unter den vielen Gattungen, sowohl Land- als Wasserkrebse, bemerken wir hauptsächlich unsern Flußkrebs. Wem wäre wol nicht dieser bekannt, er ist überall in ganz Europa zu finden; doch trifft man ihn von sehr verschiedener Größe an, was nicht nur durch ihr Alter, sondern auch durch die Verschiedenheit der Gewässer und ihres Aufenthalts erzeugt wird. In Deutschland wurden sonst in der Oder in der Gegend von Sonnenburg sehr große Krebse gefangen, eben so trifft man sie in der Havel und Spree, zuweilen in großer Eigenschaft an, auch pflegen sie sich in steinigen Bächen und sümpfigen Teichen aufzuhalten, jedoch sind diese weniger schmackhaft und kleiner, haben eine schwärzlichere Farbe und werden beim Kochen gewöhnlich fahl- auch grauroth. Sowol die gefangenen See- als Flußkrebse lassen sich eine längere Zeit aufbewahren, sie werden zu dem Ende in durchlöcherte Fischbehälter gesetzt, wo man sie mit Fisch- und Fleischabgängen füttert, wobei den Hummern die Scheeren fest gebunden werden, auch lassen sie sich in einem großen Gefäß mit Brennesseln und Gras bedeckt und mit täglichen Begießen von Bier oder besser süßer Milch eine geraume Zeit erhalten; wobei sie ordentlich zunehmen und sich ganz wohl befinden. Am besten sind die Krebse in den vier Sommermonaten; doch werden sie in örtlicher Beziehung zu jeder Jahreszeit gegessen und benutzt. Eine merkwürdige Erscheinung ist bei ihnen das Abwerfen der Schale und Wiederwachsen verlorner Glieder; kurz vor dem Mausern sind sie weniger voll und schmackhaft als nach dieser Verwandlung.

### Natürlich gesottene Krebse. Ecrevisses au naturel.

Ein Schock große Krebse werden gut gewaschen und um hierbei nicht gekniffen zu werden, müssen sie entweder herzhaft angefaßt oder in viel Wasser gut durcheinander geschwungen, hierauf mit einem durchlöcherten Gefäß oder Schaumlöffel herausgenommen und in ein breites Gefäß gethan werden. Gleichzeitig werden einige zerschnittene Zwiebeln, ein Eßlöffel voll Kümmel, zwei Hände voll blättriger Petersilie, einige Nelken und Pfefferkörner mit einem Qrt. Weißbier ausgekocht und in dieser durchgegossenen Auskochung die Krebse mit dem nöthigen Salz auf einen flammendem starken Feuer gesotten. Sie müssen mehreremal überkochen, werden zuletzt mit ein viertel Pfd. Butter öfters umgeschwungen, sogleich vom Feuer genommen und hierauf das Umschwingen zuweilen wiederholt, damit durch das Ueberspülen mit der salzigen Flüssigkeit, diese in die Krebse besser eindringe und gleichmäßig vertheilt werde, mithin das Krebsfleisch Salzgeschmack genug erhält. Nachdem sie 5 bis 6 Minuten vom Feuer gestanden, werden sie bevor sie hart werden, sogleich mit den Scheeren nach außen pyramidenförmig angerichtet und sogleich mit frischer Butter verspeist.

## Krebse mit Creme- (Sahnen-) Sauce. **Ecrevisses à la crême.**

Das Kochen der Krebse wird im Einklang zur Speisezeit nach genauer Berechnung der Zeit zu ihrem Ausbrechen geregelt und erfolgt demgemäß in einer mit Wasser bereiteten Auskochung von einigen Zwiebeln, Petersilienzweigen, einigen Gewürzkörnern (Nelken und Pfeffer) und Salz. Nach dem Verkühlen der Krebse werden die Schalen von den Rümpfen bis zur Queerfurche, die Fühlhörner mit Daranlassen des Schnabels, die oberste Decke der großen Scheeren, die Schalen und Flossenschuppen der Schwänze und die Füße ganz abgebrochen und demnächst die Krebse mit ihrer, mit einem achtel Pfd. Butter vermischter Brühe, 10 Minuten vor der Anrichtezeit, mit der Rücksicht daß die Krebse nicht hart werden, heiß gestellt. Gleichzeitig wird ein halbes Pfd. Butter mit drei Eßlöffeln voll Mehl und Muskatennuß klar und mit einem halben Qrt. Sahne, etwas Krebsbrühe und etwas gehackter und geschwitzter Petersilie zu einer flüssigen Sauce abgerührt, mit dieser in einer Sauciere gegebenen Sauce werden die auf vorhin bezeichnete Weise angerichteten Krebse sofort aufgetischt.

## Krebse mit Kräuter-Sauce. **Ecrevisses aux fines-herbes.**

Werden nach Angabe des vorigen Artikels gesotten und ausgebrochen, alsdann wird eine Sauce wie oben eingerührt, unter welcher noch etwas gehackter Schnittlauch und Dill, und die statt der Sahne mit leichter Fleischbrühe, Rheinwein und Krebsbrühe aufgefüllt, auch zuletzt mit Citronensaft abgeschärft wird.

## Krebse auf französische Art. **Ecrevisses à la Française.**

Werden gewaschen und in ein breites Geschirr gethan, alsdann mit einem großen Bouquet von Petersilie, Basilicum und zwei Lorbeerblättern, einigen dicken Zwiebeln und Wurzelscheiben, einigen Nelken und Pfeffer, mit dem nöthigen Salz und einer Flasche weißen Wein bei wiederholtem Umschwingen mit einem viertel Pfd. Butter nach Angabe des ersten Art. dieser Abth. gesotten, 10 Minuten gut zugedeckt hingestellt und mit Absonderung der Ingredienzien angerichtet.

## Granade von Krebsen. Granade d'écrevisses.

Die erforderlichen Hauptingredienzien dieser Speise umfassen in ihren vornehmsten Bestandtheilen ein halbes Schock mittelmäßig großer Krebse, eine in feiner aber haltbarer Eigenschaft bereitete Farce von zwei Pfd. Zander (I. Bd. Einl.) und ein in recht kurzer und dick eingekochter schmackhafter rother Sauce, angefertigtes gemischtes Ragout (I. Bd. III. Absch.) von zwei Quappenlebern, einem Theil eingeschwitzten Champignons von den Blattstückchen von einem halben Pfd. in Butter und Citronensaft gar gemachten Zanderfleisch und den Krebsschwänzen. Von den Krebsen werden 12 bis 14 Stück gleichmäßig große Rümpfe an den Seiten ganz gerade und von den Schnäbeln die Fühlhörner abgeschnitten; außer den Krebsschwänzen wird das übrige Krebsfleisch gehackt, mit einem Theil der Fischfarce vermischt und mit diesem die Krebsrümpfe gefüllt, so wie sämmtliche Krebsschalen zu Krebsbutter angewendet werden. (Einl. I. Bd.). Wenn nach dieser Procedur eine etwa sechs Zoll oder etwas mehr im Durchmesser haltende und drei Zoll hohe runde Stürzform (Einl.) gut mit Butter und einem runden Papierblatte belegt ist, wird auf dem Boden derselben eine geschmackvolle Verzierung von schwarzen Trüffeln, grünen Cornichons oder Farcemodells und Krebsschwänzen gelegt und an den Seiten herum die gefüllten Krebsrümpfe mit den Schnäbeln nach unten aufgestellt, alles wird hierauf mit Farce auf die Art sorgfältig ausgefüllt, glatt gestrichen und geebnet, daß dadurch ein, einen halben Zoll dicker Boden und einen Zoll dicke Außenseiten gebildet werden. Nachdem dies gelungen ausgeführt, wird der mittlere Raum mit dem oben bezeichneten gemischten Ragout fest ausgefüllt, dies zunächst oben mit der übrigen Farce geschlossen und die auf diese Weise angefüllte Form eine und eine viertel Stunde vor dem Speisen in kochendes Wasser in einen mäßig heißen Ofen gestellt, nach dieser Zeit der Inhalt der Form auf eine passende Schüssel vorsichtig gestürzt und nach Beseitigung des Papierblattes an den Seiten der Granade herum eine flüssige rothe Sauce gefüllt.

---

# XLV. Abthl: Hummer. Seekrebs. Homard.

Er ist seiner äußern Gestalt nach ganz wie der Flußkrebs gebildet aber sehr bedeutend größer; gewöhnlich sind diejenigen aus der Ost- und Nordsee mit ausgestrecktem Schwanz 10 bis 12 Zoll, auch wol noch länger. Nebst einer kurzen eigenschaftlichen Abhandlung ist die gewöhnliche Art ihrer Bereitung im (I. Bd. V. Abschn.) angegeben, selten erscheinen sie als Mittelspeise aufgetischt und alsdann als:

## Hummer auf französische Art. Homard à la Française.

Zwei dieser Seekrebse werden der Länge nach in der auf dem Rückenschilde befindlichen Furche von einander geschnitten, hierauf wird das Fleisch aus den Schwänzen und Scheeren mit der möglichsten Sorgfalt, damit die Schalen mit den Gliedertheilen nicht so sehr zerbrochen und auseinander gerissen werden, herausgenommen, nächstdem in verschiedene passende Stücke geschnitten und wiederum an ihren ursprünglichen Ort gelegt und geordnet. Alle Abfälle, welche von dem Herausnehmen und Zuschneiden des Hummerfleisches zurückgeblieben, werden hierauf gehackt, mit 6 bis 7 Stück gehackten und blanchirten Chalotten, einem Eßlöffel voll gehackter und in Oel geschwitzter Petersilie, sechs hart gekochten und durchgestrichenen Eierdottern, 10 Eßlöffeln voll Oel, 1 bis 2 dergleichen Mostrich, Salz, dem Saft von zwei Citronen, 1 bis 2 Eßlöffel voll gestoßenem Zukker, einem viertel Qrt. Wein und ein wenig gestoßenem Pfeffer gut durcheinander gerührt, so daß hiervon eine flüssige Sauce gebildet wird; mit dieser werden sofort die, in ihrer möglichst natürlichen Lage auf eine mit einer Serviette belegten Schüssel angerichteten Hummer aufgetischt.

## Hummer mit Parmesan. Homard au parmesan.

Diese werden in Salzwasser noch einmal aufgekocht, wenn sie verkühlt sind, wird das Fleisch behutsam aus den Schalen genommen und in möglichst gleiche Stücken geschnitten oder gepflückt, nächstdem von den gestoßenen Schalen Krebsbutter und mit dieser und den erforderlichen Ingredienzien eine rothe schmackhafte Sauce gemacht (I. Bd. II. Abschn. Art. Krebs-Sauce), die jedoch mit etwas feinen Kräutern und Citronensaft abgeschärft sein muß. Mit den Hummerfleischabfällen und einem Pfd. Zander oder anderen Fisch wird gleichzeitig eine zarte haltbare Farce bereitet, die in Wasser gekocht, hierauf in möglichst ähnliche Stücke als der Hummer geschnitten und beides mit der oben bezeichneten Sauce zu gleichmäßigen Bestandtheilen in Verbindung gebracht; dies Ragout wird sofort in eine, mit einem fein gekniffenen Teigrand versehene Schüssel gethan, mit Parmesankäse und Hummerbutter gedeckt und ihm unter einer glühenden Schippe oder in einem Ofen eine gelbbraune Farb egegeben. Das Hummergericht kann mit den besten zurückgelassenen Scheeren besteckt werden.

## XLVI. Abth.: Taschenkrebs. Krabbe. Seespinne. Crabe. Boursière.

Dieser wird häufig in der Nordsee gefangen und zu Hamburg und in andern Seestädten besonders im September und October häufig zu Markte gebracht. Die gewöhnliche Breite des Schildes beträgt 5 bis 7 Zoll, ist an der Stirn mit verschiedenen stumpfen Zähnen, zwei äußern und zwei innern Fühlhörnern besetzt, und rings herum gefaltet, die Scheeren sind platt und aufgeblasen, der Schwanz ist breit und mit Gelenken versehen, so daß das Thier eine entfernte Aehnlichkeit mit der Spinne hat. Ihr Fleisch ist so wohlschmeckend als das des Hummers und eignet sich zu denselben Bereitungsarten besonders als:

### Taschenkrebs auf französische Art. Boursière à la Française,

nach Angabe des Hummerartikels und

### Taschenkrebs in Schalen. Boursière en coquilles.

Wird in beliebigen Stücken, auf die Art wie der Hummer mit Parmesan bereitet, in Coquillen-Schalen gefüllt, und wenn mit der glühenden Schippe oder in einem stark erhitzten Ofen eine braunrothe Farbe gegeben ist, auf einer mit einer Serviette belegten Schüssel angerichtet. Vermöge ihrer Eigenschaft wird diese Speise häufig als Hors d'oeuvre (Außergewöhnliche Schüssel, kleines Vorgericht I. Bd. V. Abschn.) gegeben. Auch wird der Taschenkrebs wie die Krabben gespeist.

---

## XLVII. Abth: Strandkrabbe. Crevette.

Die Krabbe ist anders gestaltet als der Taschenkrebs und nähert sich in der Gestalt mehr dem Flußkrebse; doch ist sie sehr zart und klein; die Scheeren sind glatt, von gleicher Größe, mit Haaren besetzt und oberhalb gekörnt; der Schild ziemlich stark gewölbt, an den Seiten eingekerbt und von weicher genießbarer Substanz. Außer der, im I. Bd. V. Absch. Artik.: Krabben, aufgeführten Bereitungsart und Anwendung, giebt man sie noch als:

### Krabbenbrödchen. Crevettes en canapées.

Werden ganz nach Angabe des Artikels: Sardellenbrödchen (I. Bd. V. Abschn.) bereitet, und statt den Sardellen die wol ausgeputzten und etwas marinirten Krabben, je zwei bis drei Stück auf ein jedes Brödchen gelegt. Auch dieses Gericht kömmt häufiger als Hors-d'oeuvre (I. Bd. V. Abschn.), zu welcher Klasse von Speisen es gehört, denn als Mittelspeise vor.

### Krabben mit Remouladen-Sauce. Crevettes à la remoulade.

Zu den angerichteten Krabben wird eine nach Angabe des Artikels Hummer auf französische Art bereitete Sauce gegeben.

---

## XLVIII. Abthl: Auster. Huitre.

Ein bekanntes Schälenthier, das sich vorzüglich auf den Sandbänken, an den Meerfelsen und an den Mündungen der Flüsse aufzuhalten pflegt. Die größten Austern hatte ich in Venedig zu bemerken, Gelegenheit; die englischen sind klein aber fleischicht und wohlschmeckend, eine gleiche Eigenschaft haben auch die holländischen; die holsteinschen sind groß und schön, sie werden in Deutschland am meisten gegessen. Außer den vier Sommermonaten, wo auch ihre Laichzeit eintritt, werden sie das ganze Jahr hindurch gefangen und als Delikatesse, besonders roh, wo sie am gesundesten sind, verspeist. Was ihre Bereitungsart sowohl als ihre Anwendung außer diesem rohen Genuß insbesondere betrifft, so sind diese bei deren Artikeln im I. Bande I. II. III. V. und VI. Abschnitt und II. Bande I. II. und V. Abschn. auf mannigfache Weise verzweigt.

---

## XLIX. Abth.: Muschel. Moûle.

Ebenfalls eine zweischalige Conchylie. Die Schalen werden mittelst eines Schlosses oder Scharnieres hinten verbunden, wodurch das Thier dieselben nach Gefallen schließen und öffnen kann, sie leben stets im Wasser, können auf dem Lande nicht so lange als die Austern ausdauern und werden niemals im rohen Zustande genossen; dem zufolge man ihre Bereitungsart und Anwendung im I. Bande im I., III., V. und VI. Abschnitt und im II. Bande I., II. und V. Abschn. aufgeführt findet. Außerdem werden die Muscheln auch im marinirten Zustande verspeist. Eine Art gefurchter Herzmuscheln liefern uns die in der Kochkunst oft vorkommenden Coquillenschalen.

---

## L. Abthl.: Schnecke. Escargot. Limaçon.

Die bei der Kochkunst vorkommende Gattung dieser einschaligen Conchylien, ist die Weinbergsschnecke, auch Gartenschnecke genannt; sie unterscheidet sich von allen übrigen Gattungen ihres Geschlechts, durch die rundliche Mündung und den Nabel. Da wo sie vorzüglich geliebt, besonders in den katholischen Ländern, werden sie sogar auf sogenannten Schneckenbergen oder Schneckengärten in großer Menge gezogen und mit Abgängen von allerhand Vegetabilien gefüttert, sie werden dadurch besonders fett und schmackhaft. Ihre Bereitungsweise und Anwendung ist im I. Bande V. Abschnitt angegeben.

# III. Abschnitt.

## Kalte Zwischenspeisen. Entremets froids.

Dieser Abschnitt umfaßt die Artikel derjenigen Speisen, die bei ausgezeichnet großen Tafeln, wo eine ausgedehnte Schüsselzahl zulässig, der Reihefolge nach, hinter den Fischzwischenschüsseln ihre Anwendung finden, ferner bei großen Abendgesellschaften, statthabenden Bällen und großen Gabel-Frühstücken (Déjeuners) gegeben werden. Er enthält eine Auswahl kalter Pasteten, der verschiedenartigsten Rolladen und Fleischpains (Fleischkäsen. Fleischkuchen. Gateaux.) Sülzen und Wildschweinskopf, eine Anleitung über die Bereitung schmackhafter Würste, das allgemeine Fleischeinpökeln und endlich die Bereitungsart der Fettaufsätze oder Fettsockeln, ferner die des Luftspeckes und des Gänseweißsauers.

## Von kalten Pasteten überhaupt, mit Einschluß der:

### Kalten Pastete von Fasanen.

Außer den verschiedenartigen Neben-Ingredienzien ist das Volumen einer kalten Pastete aus drei verschiedenen Hauptbestandtheilen zusammengesetzt, nämlich: aus dem, ihr als Hülle oder Kruste dienenden Teig, der Farce oder dem Füllsel und desjenigen Fleischproduktes, wodurch die Pastete charakterisirt oder benannt wird. Der

Teig kann nach deutscher oder französischer Methode angefertigt, und je nachdem er genossen oder als bloße Teighülle dienen soll, durch eine gesteigerte oder verminderte Anwendung des Butter- und Eier-Ingredienzien-Quantums in feinen oder gewöhnlichen Pastetenteig getheilt werden. Zur Bereitung des deutschen oder gebrühten Pastetenteiges nimmt man zu einer anständig großen Pastete von zwei bis drei Fasanen, die vielleicht 10 Zoll im Durchmesser und acht bis neun Zoll Höhe hat, eine und eine halbe Metze oder vier bis fünf Pfd. feines Mehl, schüttet dieses mit einer Vertiefung auf den Tisch, vertheilt hierauf an den Seiten drei viertel bis ein Pfd. Butter und fünf bis sechs Eierdottern und knetet und würkt dies mit kochendem Wasser, doch ohne die Eier zu verbrühen, zu einer festen aber glatten und klaren Teigmasse, und läßt diese zu einem runden Brode geformt, einige Augenblicke gut zugedeckt ruhen. — Was die französische Teigart betrifft, so ist sie von der ersten dadurch abweichend, daß sie mit kaltem Wasser angestoßen und etwas mehr Butter dazu genommen wird. Wie schon bei dem Artikel: warme Pastete nach Lignowsky (I. Abschn. VIII. Abth.) erwähnt worden ist; erfordert sowol die Bereitungsart des Teiges, noch mehr aber die Gestaltung der Pasteten selbst eine tüchtige Sachkenntniß, um durch die, durch oft wiederholte Manipulationen erlangte praktische Uebung, jene Sicherheit und Takt in der Bereitung zu erhalten, wodurch dieser Zweig der Backkunst zu dem Typus des Schönen gestempelt werden kann. Wo die mechanische Fertigkeit und Geschicklichkeit fehlt, eine Pastete aus einem Stück (auf die Art als wenn der Töpfer einen Topf macht) zu formen, wird die Aufsetze-Methode, nach Angabe des oben beziehungsweise erwähnten Artikels, mit der Abweichung angewendet, daß der hierzu nöthige Teigband (Filets von Wildschwein in Crustade I. Abschn. VI. Abth.) einen Finger dick und eine Höhe von 8 bis 9 Zoll haben muß, auch wie bei der warmen dressirten Pastete die beiden Enden des Teigbandes schief verlierend geschnitten, so daß bei dem Aufstellen und Zusammenbringen desselben, die beiden Enden übereinander spielen, so dem übrigen gleiche Dicke geben und man die Zusammenspielung nicht so leicht gewahr werden kann. Um die Pastete besser zusammen und in ihrer schönen Form zu erhalten, wird zuweilen eine Finger dicke Rolle Teig unten in die scharfe Kante mittelst Eierbestrich angepreßt. Entweder wird nun nach dieser Aufsetzeprocedur, die Pastete durchaus gekniffen oder mit einem unten und oben gekniffenen Rand im verzierten Zustande (Art. dressirte Pastete nach Lignowsky I. Abschn.) verfertigt und sofort die mittlere Außenwand mit geschnittenen oder ausgestochenen Teigmodels oder Figuren geschmackvoll belegt. Ein gefälliges Aeußere haben diejenigen Pasteten, welche in ihrer Form gegen die Mitte hin eingebogen und nach oben und unten herausgeschweist sind. — Vor dieser Teig- und Gestaltungs-Procedur ist die Vorbereitung des Inhalts-produktes bereits geschehen und der Füllsel aus drei Pfd. ausgehäuteten und zu zwei Drittheilen eingeschwitzten, hierauf gehackten und durchgestrichenen mageren Kalbfleisches und aus zwei Pfd. ebenso bereiteten Schweinefleisches, dem dritten Theil des Fleischvolumens, oder zwei Pfd. gehackten und durchgestrichenen fetten Luftspecks, ferner acht Stück gehackten und geschwitzten Chalotten, drei Theelöffeln voll trockenen feinen Kräutern (Thimian und Basilicum), zwei Theelöffeln voll feinem Gewürz (Nelken, weißer Pfeffer und englisches Gewürz), vier Eßlöffeln voll Trüffelbutter (I. Bd. II. Abschn.) den gesäuberten und durchgestrichenen Fasanen- und möglichst anderen Wildgeflügellebern mit dem nöthigen Salz zusammengesetzt und tüchtig durcheinander gerieben. Die Fasanen unterliegen nach sauberer Vorbereitung dem totalen Auflösungsproceß (I. Bd. VI. Abschn. Artikel: Puter, Gänse.) werden hierauf der Länge nach mit gewürzten und gekräuterten Speckstreifen durchgezogen, zunächst inwendig gesalzen, alsdann mit so viel Farce gefüllt, um ihnen ihre vorige Gestalt wieder geben zu können und sofort mit fettiger Flüssigkeit steif gemacht. Nachdem sie ausgekühlt sind, ordnet man sie mit einem bis ein ein halbes Pfd. geschälten, in beliebige Stücke geschnittenen und geschwitzten Trüffeln, sammt der Farce auf die Art in die Pastete ein, daß die Fasanen die Mitte einnehmen, etwas mit Farce gedeckt, die Pastete bis auf einen Zoll Raum gefüllt und das Ganze oben mit Speckscheiben (Barden) gedeckt wird. Mit dem, von dem übrigen Teig einen drittel Zoll dick und so groß, daß er bis zum obern Rand der Pastete reicht, anzufertigenden Deckel wird die Bereitungsweise in der Art fortgesetzt, daß der Deckel an den Seiten mittelst Eies festgepreßt, die obere Kante sauber gekniffen, die Flächen zunächst mit Models ausgelegt und in die richtige Mitte durch eine hinlängliche Oeffnung, der zwei Zoll hohe, an den Seiten und oben gekniffene Schornstein angebracht wird. Das Umwickeln mit fettigem Papier und Bindfaden und die Backart schließen sich an die Vorschrift des Lignowsky-Pastetenartikels mit der Rücksicht, daß die Backzeit nach dem inhaltigen Volumen der Pastete geordnet und bei mittelmäßig gleicher Hitze erst in zwei und eine halbe bis drei Stunden beendet sein kann, demgemäß die Pastete gut in gefettetes Papier eingeschlossen, damit die Außenseite und Oberfläche der Kruste in hellbrauner Farbe gebacken werden. Am besten gelingt die Backprocedur in einem stark und lange erhitzten großen Backofen, der nach dem Auskehren eine halbe Stunde und noch länger zugemacht bleibt, damit sich die Hitze gleichmäßig concentriren und lange aushalten kann. Am folgenden Tage wird Bindfaden und Papier abgenommen und wenn die Pastete lange aufbewahrt werden soll, durch den Schornstein mit ein und einem halben Pfd. ausgelassenen Schweinelüsen gedeckt.

Noch eine dritte Art Pasteten-Formung und zwar die leichteste und denjenigen Personen besonders zu empfehlen, welche in keiner der beiden ersten Methoden praktisch geübt sind, besteht darin, daß der ausgerollte Teigboden in einem sogenannten Pastetenrand (ein von weißem Eisenblech bestehender, in Form einer Pastete, in scharfen gefurchten Conturen oder auf andere Art modellirter, fünf Zoll hoher Rand, welcher durch ein, mittelst eines eisernen Speiles zusammen gehaltenes Scharnier leicht abgenommen werden kann), gepreßt wird, in diesem der Teigrand mit dem darin gedrückten

Boden genau in Verbindung gebracht, oder das Ganze aus einem Stück an den Seiten des Randes gut angedrückt, damit die Conturen beim Backen recht deutlich hervortreten, gemacht wird, wobei zu bemerken, daß einem zu blassen Aeußeren durch Abnahme des Randes vor Beendigung der Backzeit, abgeholfen werden kann.

Eine vierte Methode bei Bereitung von kalten Pasteten und zwar eine sehr empfehlenswerthe ist diejenige, deren inhaltige Bestandtheile in Pastetenform ähnlichen Töpfen von Steingut oder unächtem Porzellan treffend zu backen. Diese werden an den Seiten mit Speckscheiben ausgelegt, wenn sie gefüllt sind, ebenso gedeckt, hierauf der oben mit einem Loche versehene Topfdeckel mit etwas Teig festgeklebt und sofort auf einem mit etwas Salz belegten, flachen Geschirr (Plattfond) gebacken. Als besonders zweckmäßig wird diese Methode wol dadurch, daß die saftigen schmackhaften Theile des Inhaltsprodukts nicht in den Teig ziehen können, als auch die auf diese Art gebackenen Pasteten, wenn sie auf die vorhin gezeigte Weise gut mit Schmalz gedeckt sind, eine sehr lange Zeit aufbewahrt werden können; daher ein großer Theil kalter Pasteten die nicht im ganzen Stück als Zierrath aufgestellt, sondern ausgestochen oder geschnitten angerichtet, in solchen Töpfen gebacken werden. Die Anrichtemethode der kalten Pasteten ist verschiedenartig, im ganzen Stück aufgetischt wird ihnen durch Bestreichen mit Oel ein neuer Glanz verliehen und nachdem der Deckel aufgeschnitten die Speckscheiben und sämmtliches Fett abgenommen sind, wird das Innere mit körnig gehacktem, kräftigen Aspic (I. Bd. Einl. Spiegelgallert) belegt, zunächst auf eine, mit einer Serviette belegten Schüssel angerichtet und mit ihrem Deckel gedeckt. Auch wird das Inhaltsprodukt, was mit dem in den bezeichneten Töpfen gebackenen stets der Fall ist, aufgeschnitten, oder mit Rücksicht auf dessen Bestandtheile mit einem kleinen scharfen Löffel ausgestochen, auf eine bloße Schüssel mit einem Kranz von Aspiccroutons, oder auf ein mit feinem Papier belegtes silbernes oder anderes feines Blech angerichtet und dies auf einen verzierten Fettsockel gestellt (dessen Artikel).

## Kalte Pastete von Rebhühnern. Paté froid de perdrix.

Mit Rücksicht der aus vier bis fünf Rebhühnern bestehenden Hauptingredienz, wird die Bereitungsart und formelle Behandlungsweise nach Angabe des vorigen Artikels, in der Art wiederholt, daß nach dem voluminösen Umfange der Pastete die Backzeit geregelt wird.

## Kalte Pastete von Rebhühnern auf Perigueur-Art. Paté froid de perdreaux à la Perigueux.

Diese Pastete wird in Paris gewöhnlich von rothen Rebhühnern (I. Abschn. XVIII. Abthl.) bereitet, und der Füllsel von lauter, theils Wild-, theils Zahm-, zur Hälfte eingeschwitzten Geflügellebern, einer halben Quantität des Lebervolumens Speck, zwei Pfd. Trüffeln, von welchen die schlechtern und der Abfall gehackt, mit den oben angeführten feinen Kräutern, Gewürz und Salz gemacht und mit der von den gestoßenen Rebhühnergerippen abgestrichenen Fleischsubstanz gut durcheinander gerührt und die weitere Bereitung wie die Fasanenpastete beendet. Die von den gestoßenen und durchgestrichenen Rebhühnergerippen zurückgebliebene Knochensubstanz wird mit einem Qrt. Fleischbrühe ausgekocht, durch eine Serviette gepreßt, zu einer dickflüssigen Essenz eingekocht und sobald die Pastete aus dem Ofen genommen, durch den Schornstein in dieselbe gegossen. Dies Verfahren kann bei Anfertigung aller kalten Pasteten beobachtet werden, in sofern es die Eigenschaft des inhaltigen Bestandtheiles zulässig macht.

## Kalte Pastete von Haselhühnern. Paté froid de gélinottes.

Die Bereitungsart ist mit der, der kalten Rebhühnerpastete ganz gleich, doch darf nicht unberücksichtigt bleiben, daß die Haselhühner vermöge ihrer Trockenheit, stark mit Speck durchzogen und auch der Füllsel mit vielen Fetttheilen angefertigt werden muß. Jedoch ist dies eine unerläßliche Bedingung aller anzufertigenden kalten Pasteten.

## Kalte Pastete von Puter. Paté froid de dindon.

Der hierzu bestimmte Puter darf nicht zu alt sein, weil er in diesem Falle nicht weich wird; wenn er aus allen Knochen gelöset und mit Speck durchzogen ist, legt man ihn entweder einen Tag in eine gekochte leichte Marinade von acht Eßlöffeln voll Oel, einigen Zwiebelscheiben, einigen Chalotten, einem Lorbeerblatte, etwas Timian, Basilicum und Petersilienzweigen und dem Saft von zwei Citronen (I. Bd. II. Abschn. Artikel: Marinade cuite) wobei er abwechselnd umgedreht wird, oder der Puter wird im unmarinirten Zustande mit dem bezeichneten Füllsel und einem Pfd. Trüffeln in eine etwas starke wohl dressirte Pastete, auf die bereits gezeigte Weise gelegt, die ganze Procedur nach Vorschrift des ersten Artikels dieses Abschnittes geleitet und beendet, und die Pastete nach Verhältniß des Alters des Puters zwei eine halbe bis drei Stunden gebacken.

## Kalte Pastete von Trappe. Paté froid d'outarde.

Sie wird ganz nach Angabe des vorigen Artikels bereitet, auch mit derselben Rücksicht auf den mehr oder weniger alten Zustand des Vogels geachtet, demzufolge eine geringere oder stärkere Vorkochung nothwendig wird und obgleich dies Verfahren bei Bereitung der kalten Pasteten sehr zu tadeln, ist es bei altem Zahm- und Wildgeflügel zulässig, weil diese durch das Backen nicht weich, oder auch durch ien zu langes Backen an ihrem ganzen Werth verlieren. Sie wird wie die Puterpastete gebacken.

## Kalte Pastete von Auerhahn. Paté froid de coq de bruyère.

Der wohl mortifizirte (lange Zeit getödtete) aus allen Knochen und Sehnen gelösete und gut mit gekräutertem und gewürztem Speck durchzogene Auerhahn, muß seiner Eigenschaft wegen (I. Bd. VI. Abschn. XXXV. Abth.) in einer nach obiger Angabe, aber stärker mit Citronen, auch mit andern gewürzhaften Ingredienzien und mit einer halben Zehe Knoblauch geschwängerten Marinade, 24 Stunden bei oft wiederholtem Umdrehen gebeitzt und die Farce auf die angegebene Weise, aber mit zwei Pfd. magerem Schweine- und eben so viel Kalbfleisch bereitet werden. Um den Auerhahn, auch den Trappen und Puter bei dem Steifmachen oder dem nöthig machenden Vorkochen in bessere Form zu erhalten, werden sie vorher ein wenig mit Bindfaden und Nadel zusammengezogen und der Faden vor dem Einlegen wieder beseitigt. Die Auerhahn-Pastete erfordert zum Backen ein Zeitmaaß von drei Stunden bei mittelmäßig gleicher Hitze.

## Kalte Pastete von Birkhühnern. Paté froid de poules de bois.

Wird von zwei bis drei Birkhühnern oder Hähnen auf Art des Artikels der Auerhahn-Pastete bereitet und zwei bis zwei eine halbe Stunde wie oben angegeben, gebacken.

## Kalte Pastete von Kapaun, Poularden oder Hühnern. Paté froid de volaille.

Alle drei Geflügelarten werden nach angegebener Methode auf einerlei Weise zur kalten Pastete eingerichtet, alle Ingredienzien in demselben Quantum angewendet und die Pasteten zwei bis drei Stunden gebacken.

## Kalte Pastete von Hirsch oder Reh. Paté froid de cerf ou chevreuil.

Nach dem erforderlichen voluminösen Umfange derselben kann das Hauptingredienz aus einer Damm- oder Roth-Hirsch- auch einer oder zweien Rehkeulenbe stehen; nachdem sie sauber gehäutet, werden die getheilten Fleischmuskelen (Art.: Frikandeaus) herausgenommen, nach gänzlicher Absonderung der noch übrigen Haut entweder ganz oder in die Länge durchgeschnitten, hierauf mit gewürzten und gekräuterten langen Speckstreifen recht voll durchgezogen und in eine wohl assaisonirte (mit allen Ingredienzien gewürzte) Marinade ,24 Stunden bei wiederholtem Umdrehen gelegt. Alle Abgänge des

Wildfleisches werden ausgesehnt und ausgehäutet, zum hälften Theil geschwitzt und mit zwei Pfund ebenso behandeltem aber eingeschwitztem Kalbfleische, mit zwei bis zwei und ein halbes Pfd. fetten Luftspeck, Trüffeln und Sardellenbutter, feingehackten und geschwitzten Chalotten, feinem Gewürz, feinen Kräutern und Salz nach Art der Fasanenpastete eine schmackhafte Farce (Füllsel) zusammengestellt. Die Wildfleischstücken werden entweder roh oder nach der angegebenen Zeit in der Marinade steif gemacht, zunächst nach gänzlicher Auskühlung in eine, auf ein oder die andere Art geformte Pastete, mit oder ohne Trüffeln nach der angegebenen Methode geordnet und zwei Stunden gebacken. Wie bei den Geflügelpasteten werden auch hier die Abgänge und Knochen des Wildpretts in so fern sie nicht einen kellerigen oder verdorbenen Geschmack und Geruch haben, ausgekocht und als Essenz eingesotten, in die so eben aus dem Ofen genommenen Pasteten gegossen.

## Kalte Pastete von Hasen. Paté froid de lièvres.

Von zwei sorgfältig gesäuberten Hasen, werden sämmtliche Fleischtheile herausgenommen, die Rücken und die besten Stücke der Keulen sauber gehäutet, in möglichst gleiche Stücke geschnitten und wie die Hirsch- oder Rehfleischstücke behandelt. Von dem übrigen Fleisch wird mit etwas magerem Kalb- oder Schweinefleisch eine Farce noch obiger Vorschrift bereitet und die Pastete wie die vorige gebacken. Den Umständen nach werden die kalten Wildprettpastetenfüllsel auch ohne Beimischung einer andern Fleischart zusammengestellt. Mit den Hasengerippen verfährt man nach Angabe des vorstehenden Artikels.

## Kalte Gänseleberpastete. Paté froid de foies gras.

Bei der Bereitung dieser vortrefflichen kalten Pastete ist zuvörderst nöthig, daß man schöne große anch feste auch weiße Lebern dazu nehme. (I. Bd. VI. Abschn. XX. Abth.) Zu einer mittelmäßig großen Pastete werden zwei bis drei Stück dergleichen Lebern sauber gewaschen und abgetrocknet, von denselben unten und an den Seiten mit der Rücksicht so viel davon abgeschnitten, als zur Farce erforderlich und dennoch sechs schöne große Stücke verbleiben, auch zwei Pfd. Trüffeln gut gebürstet und geschält, und mit einem Theil derselben, welche demgemäß in einen drittel Zoll starke Fadenstücke geschnitten und mit etwas Salz, feinen Kräutern und Gewürz untermengt, die Gänselebern reichlich durchspickt, welche sofort mit dem hinlänglichen Salz bestreuet werden, auch werden diese zuweilen mit größeren Trüffelstücken durchstochen oder in ungespicktem Zustande gelassen. Der Füllsel wird von den durchgestrichenen Leberabgängen, 3 Pfd. ausgesehntem zu zwei Dritttheilen eingeschwitztem gehacktem und durchgestrichenen weißen Kalbskeulenfleische, 6 bis 8 Stück gehacktem und geschwitzten Chalotten, der von dem Trüffelnabfall, und mit nur weniger Anwendung der äußern Schalen bereiteten

Trüffelbutter, zwei Theelöffeln voll feinen Kräutern, einem Theelöffel voll feinem Gewürz (Artikel: Fasanenpastete), zwei bis zwei und ein halbes Pfd. fetten Luftspecks und dem nöthigen Salz auf die bereits bekannte Weise zusammengesetzt und gut durcheinander gerieben. Sämmtliche Ingredienzien werden hierauf in einer schön geformten Teigpastete oder in einem porzellanenen Topf (Art.: Fasanenpastete) mit den etwas rundlich beschnittenen, möglichst großen in Butter oder Speck geschwitzten Trüffelstücken, auf die Art geordnet, daß die sechs Leberstücke in zwei Schichten wechselweise mit Farce und Trüffeln eingelegt werden. Sowol Teig- als Topfpasteten werden nach Angabe des Artik.: Fasanenpastete rücksichtlich ihres voluminösen Umfanges zwei bis drei Stunden in gleichmäßiger Hitze gebacken, am folgenden Tage die Teigpasteten durch ihre Oeffnung oder Schornstein mit mäßig erhitztem Schmalz, damit die entstandenen Lücken gut davon durchdrungen werden, begossen, und auf den Topfpasteten außerdem noch der Deckel mittelst gekochten Kleisters und Papiers befestigt. Die auf diese Art bereiteten Topfpasteten lassen sich wenn sie gut mit Schmalz gedeckt sind, und an einen kalten Ort gestellt werden, mehrere Monate und noch länger aufbewahren.

## Strasburger Gänseleberpastete. Paté froid à la Strasbourg.

Sie erscheinen als eine außerordentlich große Delikatesse, deren kostspieliges Produkt in ganz Europa bekannt ist und gesucht wird. Zwar ist ihre Composition kein Geheimniß mehr und beruht der unbeschreiblich hervorgehobene Wohlgeschmack mehr auf den dort einheimischen Hauptingredienzien als der Bereitungsart selbst. So wie Perigueux's gefüllter Puter mit Trüffeln, Braunschweigs Schlackwurst, Westphalens und Bayonnes Schinken, Hamburgs Rauchfleisch, Londons Schildkrötensuppe, Wiens Backhähnl, Baierns Dampfnudeln, Hollands Waffeln, Italiens Makaroni, Astrachans Caviar, Frankreichs eingemachte Früchte, Königbergs Marzepan und Berlins Pfannkuchen einen großen Ruf und Namen in der Gastromanie erlangt haben, eben so ist es mit Strasburgs Gänseleberpasteten. Von zwei bis drei von dort einheimisch schönen großen Fettlebern, wird so viel abgenommen als zum Füllsel erforderlich, wobei sie aber in ziemlich große Stücke gelassen werden, zwei bis drei Pfd. der besten Trüffeln werden gebürstet und geschält, von den ausgesuchtesten derselben rundlich möglichst große Stücke zugeschnitten und diese in Butter oder Speck eine Zeitlang geschwitzt, alle übrigen Trüffeln mit ihren Abfällen aber körnig gehackt und hiervon mit den durchgestrichenen Lebern einige wie oben angeführt, geschwitzten Chalotten, feinem Gewürz, feinen Kräutern, dem erforderlichen Salz und zwei bis zwei und ein halbes Pfd. festen Luftspeck eine Farce gebildet, mit welchem die hinlänglich gesalzenen Lebern und ganzen Trüffeln in eine schön dressirte Teigpastete oder Töpfe auf die Art eingelegt werden, daß die kleinern Trüffeln in die Lebern eingedrückt und die Pastete sofort auf die bekannte Weise gebacken und bewußtermaßen beendet wird.

## Toulouser Entenleberpastete. Paté froid à la Toulouse.

Sie werden ebenfalls zu der größten Delikatesse und das mit Recht gezählt. Sr. Durchlaucht der Fürst Pückler-Muskau ließ im Jahre 1816 und 1817 für seine ausgezeichnet gute Tafel viel dergleichen Pasteten aus Frankreich kommen, und zur selbigen Zeit mich im Dienst Höchstdesselben befindend, fand ich bei der angestellten Analyse dieser Pasteten, daß sie aus einer großen Quantität sowol gehackter als ganzer Stücke der vortrefflichsten Trüffeln, als auch aus den feinsten Fettlebern und einem Füllsel bestanden, der ohngefähr auf Art der Strasburger Gänseleberpasteten zusammengesetzt; wobei jedoch die Trüffeln die hauptsächlichsten Bestandtheile bildeten und von andern gewürzhaften Ingredienzien wenig zu bemerken war. Statt in schön geformten Teigpasteten wie die Strasburger, waren die Toulouser Pasteten in sauberen braunrothen Terrinen gebacken.

## Freienwalder Schinkenpastete. Paté froid de jambon à la Freienwalde.

Die Hauptingredienz ist in einem jungen nicht zu stark geräucherten Westphälischen Schinken enthalten, welcher ausgeputzt und eine Nacht über in lauwarmes Wasser gelegt wird; hierauf wird von demselben die Haut mit Darauflassen des nöthigen Fettes und die unteren trockenen Fleischtheile abgenommen, zunächst der Knochen ausgelöset und der Schinken sofort in, mit dem halben Theil mit Milch vermischtes Wasser, 24 Stunden gelegt. Der hiezu erforderliche Füllsel wird nach dieser Zeit von einem Theil abgeschnittenen Schinkenfleische, zwei Pfd. magern Schweine-, zwei Pfd. Kalbfleisch, zwei Pfd. fetten Speck, drei Eßlöffel voll feinen trockenen Kräutern (Nelken, weißen Pfeffer, engl. Gewürz, Wachholderbeeren, von jedem 8 bis 10 Körner, zwei Lorbeerblättern und etwas Ingwer), ferner 8 Stück Chalotten und Salz auf die bekannte Art gut gewürzhaft bereitet; mit welchem der abgetrocknete Schinken in eine verhältnißmäßig große aber dick und in ovaler Form dressirte Teigpastete, oder in eine ähnliche der Hitze widerstehende starke Terrine, oder in einen Topf eingelegt und rücksichtlich des Schinkens 4 bis 5 Stunden gebacken und dessen Weichsein mit einem spitzen Instrument durch den Schornstein untersucht wird. Kurz vor Beendigung der Backzeit erhält die Pastete eine Reduktion (Einkochung) von einem halben Qrt. Medok oder Burgunder Wein, wird an einen sehr kalten Ort gestellt und zur Zeit mit kräftigem Aspic (Spiegelgallert Einl.) auf eine oder die andere Art aufgetischt.

## Eine andere Art Schinkenpastete. Paté froid de jambon d'une autre manière.

Besonders wenn man nicht von der guten und jungen Eigenschaft des Schinkens überzeugt ist, anwendbar. Derselbe wird wie der vorige gewässert, ohne Abnahme der Haut ausgelöset und geschnürt, er erhält alsdann mit Zwiebeln, Wurzeln, Timian, Basilicum und Lorbeerblatt eine mehrstündige Vorkochung, wird nach Beseitigung der Haut und des überflüssigen Fettes mit einer Flasche Medok und einem Theil seiner Brühe eingeschmort und nachdem er verkühlt, mit dem nach obiger Angabe aber weniger gewürzhaft bereiteten und mit der in dem Geschirr, worin der Schinken gekocht worden, zurückgebliebenen Essenz vermischten Füllsel in einer dicken dressirten, ovalen Teig- oder Topfpastete drei bis drei und eine halbe Stunde gebacken.

## Französische Schinkenpastete. **Paté froid de jambon à la Française.**

Die aus einem jungen nicht zu fetten Bayonner oder Westphälinger Schinken bestehende Hauptingredienz, wird ausgeputzt und ausgelöset und bei wiederholtem Wechseln mit frischem Wasser einige Tage lauwarm gewässert; hierauf wird der Schinken in einem passenden Geschirr mit einigen Zwiebeln, Wurzeln, Chalotten, Timian, Basilicum, Lorbeerblättern, einigen gemengten Gewürzkörnern und Wachholderbeeren, ferner mit drei Pfd. Rindfleisch vom Schweif, zwei Pfd. Luftspeck mit dem nöthigen Wasser und zwei Flaschen Wein, bei zum halben Theil eingekochter Brühe zu dreiviertel gar gekocht, zunächst im verkühlten Zustande aus seiner Brühe gehoben, und die Haut mit dem nöthigen Fett und ein Theil von dem untern mageren Fleisch von ihm abgenommen. Von dem letzteren wird mit dem bei dem Schinken gekochten Rindfleische und Speck nebst zwei Pfd. magern rohen Kalbfleische, überhaupt allen magern und einem Theil der fetten Schinkenabgänge, mit dem halben Theil der bei dem Artikel der vorigen Schinkenpasteten bezeichneten gewürzhaften Ingredienzien, jedoch ohne Salz, eine Farce zusammengesetzt, mit welcher sofort der Schinken in eine wohl geformte Teigpastete eingelegt und gebacken wird. Kurz vor Beendigung der Backzeit erhält die Pastete durch den Schornstein, rücksichtlich der darin enthaltenen Salztheile, die zuträgliche Quantität der indeß von Fett geschiedenen und zu einer kurzen Essenz eingekochten Schinkenbrühe.

## Kalte Fischpastete. **Paté froid de poisson.**

Sie wird sowol vom Seefisch, besonders von Steinbutte, als von Zander, Karpfen, Aal und Lachs und zwar von den letztern Fischen zusammen von jedem zwei Pfd. oder einer verhältnißmäßigen Quantität Seefisch gemacht. Die aus Haut und Gräten und in zwei und einen halben Zoll lange, ein und einen halben Zoll breite, oben etwas abgerundete Filetstücke, geschnittenen Fische werden in Salz, Citronensaft, Gewürz und Kräutern marinirt, hierauf in Butter nur wenig steif gemacht. Von allem zum halben Theil eingeschwitzten Fischabfall, wird indessen mit einem Pfd. Nierentalg, einem Pfd. Mark nebst den nöthigen gewürzhaften Ingredienzien ohne Beimischung von Semmel eine zarte fette Farce bereitet, welche mit erforderlicher Würzung ausgekochter und mit einer halben Bouteille Rheinwein bis zu einem achtel Qrt. eingekochter Fischgrätenbrühe vermischt, hierauf mit den Fischstücken in eine gut gestaltete Pastete geordnet, nach Beseitigung aller dabei nöthigen Rücksichten ein und eine halbe Stunde gebacken, und wenn sie recht kalt geworden, mit Fleisch oder Fischaspic (I. Bd. Einl.) gegeben.

## Verzierte Puterrollade (Galantine). Galantine de dindon.

Der sorgfältig vorbereitete, aus allen Knochen und Sehnen gelösete Puter (I. Bd. VI. Absch. XVI. Abth. Art.: Entbeinter Puter) wird auf der inwendigen, etwas gesalzenen Seite mit einem, von drei Pfd. ausgesehntem magern Kalbfleische, einem Pfd. Rindernierentalg mit einem viertel Qrt. dick eingekochter Sauce, etwas eingeschwitzten Chalotten, dem nöthigen feinen Gewürz, feinen Kräutern und Salz, in zarter aber haltbarer Eigenschaft bereiteten Godiveaufüllsel (I. Bd. Einl.) einen viertel Zoll dick bestrichen, hierauf mit einem drittel Zoll starken Speck-, Pökelrinderzunge-, Cornichons-, oder grünen Farcestreifen auch schwarzen Trüffeln in der Länge belegt, dies drei achtel Zoll dick mit Füllsel gedeckt, der Puter zunächst fest aufgerollt, alsdann in eine dünne Serviette gewickelt und mit Bindfaden großnetzartig geschnürt und sofort in einer schmackhaften Daube (I. Bd. Einl.) treffend gekocht. Der Puter wird hierauf im verkühlten Zustande aus der Brühe gehoben, und nachdem er ganz kalt geworden, bis zum folgenden Tag unter eine leichte Presse gelegt. Die Daube oder Brühe wird indessen sorgfältig von Fett geschieden, mit einem viertel Qrt. Rheinwein und einem achtel Qrt. französischen Estragonessig vermischt und nach Angabe des Artikels: (Aspic. Spiegelgallert. I. Bd. Einl.) mit Eiweiß geklärt; mit dieser kalt gewordenen, gallertartigen und grobkörnig gehackten Substanz wird die in dünnen Scheiben geschnittene und auf einer bloßen Schüssel oder Fettsockel angerichtete Rollade garnirt. Auch wird die Rollade öfters als ein Ganzes mit dem Aspic verziert, aufgestellt.

## Einfache Puterrollade. Roulade de dindon.

Die Bereitungsart schließt sich an die Angabe des vorstehenden Artikels mit der Abweichung, daß sie nur mit Speck- und Schinkenstreifen inwendig belegt, die Rollade entweder in Scheiben oder ganzen Stücken mit Aspic garnirt, angerichtet wird.

## Verzierte Rollade von Trappe. Galantine d'outarde.

Die Bereitungsweise dieser Rollade wird ganz nach Angabe des Artikels: Galantine von Puter geleitet und beendet.

## Verzierte Gansrollade (Galantine). Galantine d'oie.

Auch zu dieser Rollade liefert der gleichnamige Puterartikel den Commentar und wird die jedesmalige Abweichung nur durch das Geschlecht, die hierauf Bezug habende Eigenschaft und das Alter des Geflügels bedingt; auch demgemäß die Siedezeit geregelt.

## Einfache Gansrollade. Roulade d'oie.

Wird nach Vorschrift des Artikels: einfache Puterrollade angefertigt. Bei Bereitung sämmtlicher Rolladen ist noch zu bemerken, daß die Knochen und Abgänge der Geflügel jedesmal entzwei gehauen und bei dem Kochen der Rollade mit beigelegt, oder besonders dazu ausgekocht und als Kräftigung der Daube (Brühe) benutzt werden.

## Rollade von Auerhahn. Roulade de coq de bruyère.

Die Bereitung dieser Rollade weicht in der Art von der Puterrollade ab, daß der gut mortifizirte Auerhahn nach dem Auslösen in eine stark assaisonnirte (gewürzte) Beitze (Marinade I. Bd. II. Abschn.) gelegt und 24 Stunden bei wiederholtem Umdrehen darin gelassen wird. Bei dem inwendigen Belegen wendet man besonders Cornichons, magere Speckstreifen und Trüffeln an. Da eine genaue Angabe der zum Weichwerden der Rollade nöthigen Siedezeit sehr relativ und von der Qualität der Haupt-Ingredienz abhängig ist, so muß man sich durch einen wiederholten Versuch mittelst leisen Drückens auf der Serviette oder Durchstechens mit einer feinen Spicknadel davon zu überzeugen suchen.

## Einfache Rollade von zahmen Schweinekopf. Hure de cochon en roulade.

Ein sauber gebrühter nicht zu fetter und im Genick lang abgeschnittener Schweinekopf, wird auf flammendem Kohlenfeuer gesengt (flammirt), hierauf mit der Vorsicht aus den Knochen gelöset, daß die Haut durchaus nicht verletzt wird und sofort mit den abgeschnittenen und gereinigten Ohren und der Zunge nebst zwei Pfd. derben Keulenfleisch mit Salz eingerieben und 24 Stunden hingelegt; oder mit Rücksicht des bei dem Kochen anzuwendenden Salzes sogleich zur weiteren Bereitung geschritten. Nächstdem wird der Schweinekopf mit den in starke Streifen geschnittenen Ohren, Zunge und Schweinefleisch, mit Untermischung von feinen trockenen Kräutern (Timian, Basilicum und Lorbeerblättern), feinem gemengten Gewürz und Pfeffer auf die Art belegt, daß mit Rücksicht des Schweinekopfes selbst, alle Fleischtheile gleichmäßig vertheilt werden, demnächst fest aufgerollt, in eine Serviette gewickelt und mit Bindfaden weit und netzartig geschnürt. Er wird hierauf in einer, außer den gewöhnlichen Ingredienzien noch mit einigen Wachholderbeeren und etwas Roccambol wohl gewürzten Daube (Einl.) mit von unten und oben gleichmäßig eindringendem, gelinden Feuer vorsichtig gesotten, wobei von den Knochen mit den dazu bestimmten Kalbsfüßen, um als Ausfüllung des Schweinekopfes zu dienen, eine vorherige Auskochung bereitet wird. Nachdem der Schweinekopf in treffend gesottenem Zustande verkühlt, aus der Brühe gehoben und ganz kalt geworden ist, wird er leicht gepreßt und zur Zeit die in Scheiben geschnittene Rollade mit Remouladen-Sauce (I. Bd. II. Abschn.), auch Petersilie und Essig oder mit der als Spiegelgallert (Einl.) bereiteten Daube (die Brühe des Schweinekopfs) verspeist.

## Geräucherte Schweinekopfrollade. Roulade fumée de hure de cochon.

Wird, nachdem sie aufgerollt, mit feinem Bindfaden zusammengenäht, mit Salz und Salpeter eingerieben, acht Tage gepökelt oder in eine Pökellake gelegt, hierauf acht bis zwölf Tage geräuchert, in eine schlechte Serviette oder ein Haartuch auf bekannte Weise gewickelt und in Wasser mit Zwiebeln, gemengten Gewürzkörnern, Wurzelscheiben und Kräuterbouquet gekocht. Die in Scheiben geschnittene Rollade wird mit Mostrich verspeiset oder bei dem Gemüse als Beilage gegeben.

## Preßkopf. Tête pressée de cochon.

Erfordert einen schönen Schweinekopf, welcher im Genick lang abgeschnitten, recht sauber geputzt und flammirt (auf flammendem Kohlenfeuer gesengt) hierauf mit der größten Vorsicht, damit die Haut nicht verletzt, aus dem unteren Kinnbacken- und vorderen Schnauzknochen oder total ausgelöset wird, demnächst mit den sauber gereinigten Ohren, seiner Zunge und noch einigen andern Schweinezungen, zwei bis vier Stück entbeinten saubern Schweinefüßen, mit den entzwei gehauenen Knochen, dem nöthigen Salz, einigen Zwiebeln und einigen Lorbeerblättern, mit der erforderlichen Flüssigkeit treffend weich gesotten (wobei zugleich die Brühe um zwei Drittheile einkochen muß). Der Schweinekopf wird im halb verkühlten Zustande aus der Brühe gehoben, alle noch darin befindlichen Knochen, wenn dieselben nicht ganz ausgelöset worden, herausgenommen und sofort auf einer naßgemachten Serviette mit der Hautseite nach unten ausgebreitet. Nachdem der Schweinekopf ganz kalt geworden, wird alles Fleisch bis auf einen geringen Theil von der Haut, doch ohne Beschädigung derselben möglichst glatt abgeschnitten, das Fleisch nebst Zungen, Füßen und Ohren, in drei viertel Zoll starke Würfel geschnitten, hierauf alles mit dem noch fehlenden Salze, feinem gestoßenen englischen Gewürz und Nelken Timian, Basilicum und Majoran, grobkörnig gestoßenem Pfeffer und etwas Muskatennuß gut durcheinander gemengt, demnächst wird diese Fleischmasse auf die, wiederum in einer nassen Serviette ausgebreitete Haut, gleichmäßig vertheilt, recht fest zusammengelegt, großnetzartig eingeschnürt und sofort unter die Presse gebracht. Der nach einigen Tagen recht kalt gewordene Preßkopf wird in Scheiben geschnitten und mit Essig und Mostrich verspeist. Auch kann die rein abgefettete Brühe mit etwas Wein und gutem Essig vermischt und wie Spiegelgallert (I. Bd. Einl.) mit Eiweiß geklärt im kalt gewordenen Zustande gehackt, dazu gegeben werden. Gewöhnlich werden die zu Preßköpfen bestimmten Schweineköpfe unausgelöset gekocht, doch auf diese Art platzt öfters die Haut beim Kochen, auch pflegt man statt der Schweinezungen, nach Umständen gekochte Pökelrinderzungen anzuwenden.

## Modener Schweinefüße. Pieds de cochon à la Modène.

Die Schweinefüße werden hoch über die ersten Gelenke der Keule mit langer Haut abgeschnitten, hierauf der Knochen mit einem Theil des Fleisches bis zum Kniegelenke vorsichtig, damit die Haut nicht verletzt wird, ausgelöset, das Fleisch mit einem Theil anderen durchwachsenen Schweinefleisches grobkörnig gehackt, dies mit Salz, etwas feinen trockenen Kräutern und feinem gemengten Gewürz vermengt und sofort in die Schweinefüße gefüllt: nachdem die Haut derselben oben zusammen geheftet, schließt sich die weitere Behandlung hinsichtlich des Pökelns, des Räucherns und des Kochens an den vorstehenden Artikel.

## Verzierte Schweinekopfrollade. Hure de cochon en galantine.

Wird wie die einfache Rollade mit dem Unterschiede angefertigt, daß eine Farce von drei Pfd. mageren Schweinefleische und einem Pfd. Speck mit den nöthigen Ingredienzien bereitet wird, diese mit gekochten gut gewürzten und gekräuterten Pökelrinderzungen und Luftspeckstreifen, ganzen Cornichons und Trüffeln nach Angabe des Putergalantinenartikels in den Schweinekopf gebracht und nach der bezeichneten Weise verfahren wird. Nach Galantinenart wird diesem Kopf, statt aufgerollt zu werden, seine natürliche Form wiedergegeben und wenn er aus der Brühe gehoben und ganz kalt geworden, sofort gepreßt.

## Rollade von Spanferkel. Cochon de lait en roulade.

Ausführliche Abhandlung (I. Bd. VI. Abschn. VI. Abth.). Nachdem das Spanferkel sorgfältig und sauber zubereitet, auch gehörig abgestorben (mortifizirt) ist, werden ihm die Füße unter dem

Kniegelenke abgeschnitten und hierauf mit Daranlassen des Kopfes, jedoch ohne die geringste Beschädigung der Haut, mit demselben der totale Auslösungsproceß ausgeführt. Demnächst wird das Spanferkel mit Salz, feinem Gewürz, feinen Kräutern und Ingwer eingerieben, wenn es gut ausgedehnt wie die verzierte Puterrollade mit Pökelrinderzunge und Speckstreifen, ganzen Cornichons und Trüffeln und einer von drei bis vier Pfd. mageren Kalbfleische bereiteten, gewürzhaften haltbaren Farce gefüllt und nachdem es aufgerollt, eingewickelt und geschnürt, auf die Art der Schweinekopfrollade in einer, mit Timian, Basilicum, Lorbeerblättern, Wachholderbeeren, Salbei, Chalotten, ein wenig Roccambole, Zwiebeln, allen möglichen Wurzeln, Citronen-, Schinken- und Speckscheiben, auch gemengten Gewürzkörnern belegten, mit einer Auskochung von den Knochen des Spanferkels, sechs Kalbsfüßen und einem halben Qrt. Rheinwein gut assaisonnirten Daube vorsichtig gesotten und die weitere Bereitung auf die Art der anderen Rolladen geleitet. Die Spanferkelrollade wird entweder in Scheiben geschnitten und auf eine einfache Schüssel oder auf einem Fettsockel angerichtet, oder im ganzen Stück aufgestellt und dazu die geklärte Daube (Brühe) oder eine flüssige Remouladen-Sauce gegeben.

## Galantine von Spanferkel. Cochon de lait en galantine.

Die auf vorige Art bereitete und in saubere Scheiben geschnittene Rollade, wird mit der als Aspic behandelten Daube in eine erforderlichenfalls etwas decorirte Form gelegt, auf dem Eise kalt gestellt und auf eine passende Schüssel gestürzt. Oder im ganzen Stück auf eine lange Schüssel angerichtet, mit Cornichons, rothen Rüben, gelben und weißen hartgekochten Eiern zierlich belegt, hierauf mit bis zum spinnenden Grad erkalteten Aspic spiegelartig begossen und mit dicken eleganten Aspiccroutons garnirt.

## Französische Spanferkelrollade. Cochon de lait en galantine à la Française.

Der totale Auslösungsproceß wird ohne Absonderung irgend eines Gliedes des Spanferkels ausgeführt; die Daube mit einer ganzen Flasche Wein gemischt, dem Spanferkel mittelst einer Nadel und Zwirn, ohne dasselbe aufzurollen, mit Rücksicht auf Kopf und Füße seine ursprüngliche Gestalt wiedergegeben, demnächst in ein dünnes Haartuch genäht und mit der Aufmerksamkeit gekocht, daß es auch seine gegebene Gestalt behauptet, hierauf verkühlt ausgehoben, auf einer Serviette rein abgetropft und 24 Stunden kalt gestellt. Nach dieser Zeit von den Fäden, allen unsauberen und dem Spanferkel am schönen Aeußern hindernden Theilen abgesondert, wird es zunächst mit der als Spiegelgallert bereiteten und zum spinnenden Grad der Abkühlung gelangten Daube spiegelartig begossen, sofort auf eine einfache Schüssel oder auf einen verzierten Fettsockel, mit Umlegung von

Aspiccroutons (Einl.) angerichtet und mit der nöthigen Quantität flüssiger Remouladen-Sauce aufgetischt.

## Wildschweinskopf. Hure de sanglier.

Abhandlung (I. Bd. VI. Abschn. XII. Abth.) Als einer der geschätztesten Theile dieses Schwarzwildes erscheint der Kopf. Dieser wird dicht über den Schulterblättern mit dem ganzen Halse abgeschnitten, auf einem flammenden Feuer gesengt und wiederholentlich mittelst glühender Eisen, alle Haare davon rein abgebrannt, welches in örtlicher Beziehung am besten in einer Schmiede auszuführen ist. Nachdem dies sowol in der ganzen Ausdehnung des Kopfes, der Ohren und der Schnautze erreicht ist, wird ihm der Genickknochen ausgedreht, der Kopf auf die Art gut gereinigt, daß die Haut schwarz bleibt und auch nicht verletzt wird. Nach dieser Procedur erhält der Wildschweinskopf unter sorgfältigem Ausschäumen eine fünf minutliche Vorkochung im Wasser, wird nach dem Abkühlen entweder ohne alle weitere Vorbereitung oder in ein Haartuch leicht geschnürt, in einem passenden Geschirr mit hinlänglich gedeckter Auffüllung von Wasser, einem und einem halben Qrt. Essig, einem halben Qrt. Wein, mit dem nöthigen Salz, zwei Citronen in Scheiben, einem starken Bouquet von vier Lorbeerblättern, Timian, Basilicum und Salbei, einem Theil Wachholderbeeren und gemengten Gewürzkörnern, sechs bis acht Zwiebeln, einer gleichen Quantität Chalotten und einigen gemengten Wurzelstücken, bei recht langsamen Feuer, damit die Haut nicht zerplatzt, treffend gesotten. Nachdem der Kopf ganz kalt geworden, hierauf aus der Brühe genommen und im ganzen Stück im verzierten Zustande aufgetischt werden soll, schließt sich hieran die Verzierungsmethode auf folgende Weise: Der Schweinekopf wird genau beputzt und abgetrocknet, hierauf die etwa auf der Stirn geplatzte Haut mit weiß gerührter Butter oder Schmalz gedeckt, nächstdem mit grün und roth gefärbter Butter gespritzt, im Maul eine Citrone und um die Schnautze und Hauer eine andere Verzierung mit Blumen angebracht, oder auch die ganze Decorirung mit farbigem klaren Aspic ausgeführt, kurz es wird dem Schweinskopf nach Gefallen der Tischgesellschaft und des Verfertigers eine geschmackvolle aber nicht zu bunte Verzierung gegeben; er wird sofort auf eine mit einer Serviette belegten Schüssel oder auf einen verzierten Fettsockel gelegt und eine schmackhafte Remouladen-Sauce dazu aufgetischt. Der ganz servirte Wildschweinskopf wird hinten angeschnitten und wenn er nicht verbraucht, die Verzierung abgenommen und zur ferneren Benutzung in die durchgegossene Marinade zurückgelegt.

## Einfacher Wildschweinskopf in Scheiben. Hure de sanglier en tranches.

Von dem, auf die vorhin bezeichnete Weise gekochten Kopfe, wird die hinlängliche Quantität sauberer Scheiben geschnitten, die obere schwarze Haut davon abgeschnitten, zunächst auf einer einfachen Schüssel oder Fettsockel mit Aspiccroutons angerichtet und eine Remouladen-Sauce dabei gegeben. Auch nachdem er auf der Schüssel angerichtet, mit flüssiger Sauce überzogen.

## Wildschweinskopf auf Cumberlands-Art. **Hure de sanglier à la Cumberland.**

Wird auf die vorhin angeführte Art in Scheiben geschnitten, auf einer Schüssel sauber angerichtet und mit einer schmackhaft bereiteten Cumberland-Sauce (I. Bd. II. Abschn.) überzogen.

## Rollade von Wildschweinskopf. **Hure de sanglier en roulade.**

Erscheint sowol als einfache Rollade denn als ausgelegte Galantine, und wird nach Angabe der Artikel der ebenso benannten zahmen Schweinekopfrolladen, jedoch ohne vorher in eine Salzlake gelegt zu werden, nicht aufgerollt, sondern in seiner ursprünglichen Gestalt bereitet, in einer mit einer Flasche weißen Wein vermischten Daube mit Aufmerksamkeit gesotten und sofort auf die schon öfter bezeichnete Weise beendet und angerichtet. Zu diesem Gerichte wird der Schweinekopf statt gesengt zu werden, gebrüht.

## Sülze. **Hure de cochon en menu-de-roi.**

Ein nicht fetter Schweinekopf wird nach sorgfältiger Vorbereitung ausgelöset, in die Länge durchgeschnitten, nebst den gereinigten Ohren und Zunge mit etwas Salz eingerieben und einen Tag hingelegt; eben so wird ein kleiner gebrühter Kalbskopf ausgelöset, blanchirt und nach sorgsamen Reinigen mit dem andern Fleisch, einem guten Theil reingeputzte Schweineschwarten, vier gebrühten Schweinefüßen mit zwei Qrt. Wasser, einem Qrt. Essig, einem Bouquet von Estragon, Timian, Basilicum und vier Lorbeerblättern, gemengten Gewürzkörnern, Citronenscheiben, etwas Salz, sechs Zwiebeln und sechs Chalotten gekocht, und sollte das eine oder andere Fleisch eher gar werden, wird dies zur bestimmten Zeit aus der Brühe gehoben. Wenn alles Fleisch jedoch möglichst verkühlt ausgezogen ist, wird die Brühe durch eine Serviette geklärt, kalt gestellt, damit das Fett rein abgenommen werden kann, und hierauf mit einem viertel Qrt. Wein so weit eingekocht, als es die Fleischmasse erfordert und bis die Brühe stark sülzt oder im kalten Zustande fest wird. Indessen ist das Fleisch ganz kalt geworden, das nun rücksichtlich der Anwendung eines geringen Theils der innern Fetttheile, in ein und einen halben Zoll lange und einen halben Zoll breite Stücke geschnitten, mit gestoß. weißen Pfeffer, Muskatenblumen, Muskatennuß und ein wenig Ingwer, Nelken untermischt, demnächst mit der eingekochten Sülzbrühe, die recht schmackhaft, nicht zu salzig, dabei ein klares Aeußere haben muß (was nöthigenfalls durch Klären mit Eiweiß erlangt werden kann), vermischt, in eine mit ein wenig Oel bestrichene

Form gefüllt, alsdann ganz kalt gestellt und nachdem dies erfolgt, der Inhalt gestürzt, sofort in Scheiben geschnitten und mit Oel, Essig und Petersilie oder Mostrich gegeben.

## Sülze von Kalbs- und Schweineohren. Oreilles de veau et cochon en menu-de-roi.

Wird ohne vorher gegangenes besonderes Einsalzen von Kalbs- und Schweinsohren, Kalbs- und Schweinsfüßen zu gleichen Theilen, ohngefähr 6 Stück von jedem nach obiger Angabe gemacht.

## Gemischter Pain. (Fleischkäse. Galeau.) Pain mêlé.

In öconomischer Hinsicht verdient dieser Pain einige Aufmerksamkeit und dürfte daher seine Zusammensetzung nicht ganz unwichtig erscheinen. Je größer der Hausstand ist, desto mehr sammeln sich in der Oekonomie die Abgänge von den zu bereitenden Speisen, die größtentheils noch benutzbar, aber aus Unwissenheit oder Nichtbeachtuug weggeworfen werden. Sämmtlicher reiner Abfall wird also, so weit es die Umstände und die Jahreszeit gestatten und er nicht dem Verderben ausgesetzt ist, sorgfältig an einem kalten Ort aufgehoben, wenn er gebraucht werden soll, alle möglichst sich darin befindlichen Knochen und häutigen unbrauchbaren Theile davon gesondert, hierauf mit der verhältnißmäßig als Bedingungsmittel nöthigen Quantität ausgehäuteten und ausgesehnten rohen Fleischabgang, den nicht weiter zu benutzenden gesammelten Lebern gehackt, zunächst mit den, von den bereiteten Saucen aufbewahrten Schaum- und Fettheilen vermischt und wenn es die Umstände gestatten, durch ein großes Sieb gestrichen; dies wird alsdann bedingungsweise mit dem fünften Theil des ganzen Volumen Semmelpannade, einigen Theelöffeln voll feinen Kräutern (Timian und Basil.), halb soviel gemengtem feinen Gewürz, gehackten und geschwitzten Chalotten, einem Theil geriebenen Parmesankäse und Sardellenbutter, ferner dem nöthigen Salz, Muskatennuß und einigen Eiern, auch wenn es der noch mangelnde Fettstoff nöthig macht, mit gehacktem Speck durcheinandergerührt und endlich mit einer vergleichsmäßigen Quantität würflich geschnittenen Speck vermischt. Dies Amalgama wird nun in mit Papier belegten und bestrichenen Formen oder Casserolen fest eingedrückt, zunächst in wenig Wasser gestellt, ein und eine halbe Stunde gebacken und wenn es kalt geworden, leicht gepreßt. Wenn man die Pains lange aufbewahren will, auch in der wärmern Jahreszeit, werden sie ohne Beimischung von Semmelpannade gemacht, und in einem die Backhitze aushaltenden, unten mit Speckscheiben belegten Geschirr gebacken und wenn sie kalt sind, mit heißem klaren Fett vollkommen gedeckt.

## Wildpain (Fleischkäse). Pain de gibier.

Hiezu lassen sich die Blätter und Fleischabgänge aller hohen

Wildprettarten und jeder Theil des niedern Wildpretts, was vom Schuß gelitten und nicht zum Braten oder anderweitig mit Erfolg benutzt werden kann, füglich anwenden; wodurch allerdings eine sehr relative Bedarfsquantums-Angabe entstehen muß, welche sich vom hohen Wildprett ohngefähr so herausstellen dürfte, daß von einem Blattstücke eines Elenthiers drei bis vier, von demselben Fleischtheile eines Rothhirsches ohngefähr zwei und denjenigen eines Dammhirsches oder wilden Schweines ein und ein halber, so wie von zwei Rehblättern ohngefähr ein Pain, in einer sechs Zoll im Durchmesser haltenden und drei Zoll hohen Stürzform bereiten ließe, und wodurch im Vergleich zum niedern Wildprett leicht eine Eintheilung getroffen werden kann. Nach erfolgtem und in der Ausführung bereits bekannten Aushäuten und Aussehnen der im Bedarfsquantum zu drei Pains genommenen Fleischtheile, werden diese ohngefähr zu zwei Dritttheilen mit einigen Zwiebeln in Speck oder Butter, bis alle Flüssigkeit davon verschwunden, geschwitzt, sofort mit dem rohen Fleischtheile gehackt und mit einem Theil von allen Knochen und Fleischabgängen des Wildes, mit einigen Pfunden Rindfleisch gezogener Jus bereiteten und zu einem kurzen und dicken Volumen eingekochten dunkelbraunen Sauce vermischt und durchgestrichen; dies wird hierauf nunmehr mit dem fünften Theil des Fleischvolumen, ger. Parmesankäse, dem vierten Theile gehackten und durchgestrichenen Speck, drei bis vier Eierdottern, zwei Eßlöffeln Sardellenbutter, zwei Theelöffel voll feinen Kräutern, halb so viel gemengtem feinen Gewürz, 8 bis 10 gehackten und geschwitzten Chalotten, Trüffelbutter, Muskatennuß und dem nöthigen Salz mit der noch übrigen kurzen Sauce gut durcheinander gerieben, zuletzt mit einem halben Pfd. würflich geschnittenen Speck und einer gleichen Quantität eben so geschnittenen Trüffeln vermischt und sofort nach vorstehender Angabe gebacken und leicht gepreßt.

### Kalbfleisch-Pain. Pain de veau.

Wird mit Rücksicht auf die Hauptingredienz nach Angabe des vorstehenden Artikels mit der Abweichung bereitet, daß das ganze Amalgama in der Zusammensetzung mehr weiß gehalten werden muß, hingegen der:

### Hammelfleisch-Pain. Pain de mouton,

in der Anfertigung eine Wiederholung des Wildpain ist. Die Anrichtemethoden dieser Art kalten Gerichte sind abwechselnd. Sie werden sowohl in Scheiben auf Schüsseln sauber aufgelegt oder auf Fettsockeln angerichtet und mit grobkörnig gehackten Aspic oder dergleichen Croutons (I. Bd. IV. Abschn.) garnirt, als im verzierten ganzen Zustande aufgetischt.

### Rebhühnerkäse. Pain de perdrix.

Dieser ausgezeichnete Pain erscheint als eine der ausgezeichnetsten, vornehmsten kalten Zwischengerichte, besonders wenn derselbe durch Beimischung von weniger werthvollem Wildprett oder andern Fleischarten (wodurch verschiedene Produktionen unter dem Namen Rebhühnerkäse bezeichnet werden), nicht verfälscht und die Bereitungsart richtig ausgeführt ist. Obgleich diese nach der modernen Kochkunst einfach erscheint, so erfordert sie dennoch viel Aufmerksamkeit, und es spielen hierbei das feine Wildprett und eine recht kräftige, schön dunkelbraun gehaltene Sauce die Hauptrollen. Das, zu einem großen oder den Umständen nach zwei kleinern und in der Bereitung als das geringste substanzielle Volumen erscheinende Bedarfsquantum der Haupt-Ingredienz, besteht in vier bis fünf Rebhühnern, welche nach sorgfältiger Vorbereitung mit dem hinlänglichen Fettstoff und allen würzhaften Zuthaten gedämpft, auch wenn sie nicht zu alt, mit einem gefetteten Papierüberwurf am Spieß gebraten werden. Nachdem dies erfolgt ist und während des Auskühlens des Wildgeflügels, wird mit der abgefetteten und durchgegossenen Brühe derselben, nebst einem Qrt. recht dunkler aber wohlschmeckender Jüs (I. Bd. Einl.) und einer von drei bis vier Eßlöffeln voll Mehl bereiteten Mehlschwitze, die oben angegebene Sauce angefertigt, welche, nachdem sie von der Seite kochend, den größten Schaumstoff abgesondert, mit einigen Löffeln voll der besten möglichst recht dunklen Fleischessenz (I. Bd. Einl.), ferner mit einem viertel Qrt. Rheinwein, vier bis sechs Eßlöffeln voll Soja oder englischen Ketschop, Ket-soup (I. Bd. II. Absch.) zu einem ganz kurzen ohngefähr ein drittel bis ein halbes Qrt. enthaltenden dicken Volumen eingekocht wird. Indeß ist das von den Knochen und häutigen Theilen rein geschiedene Rebhühnerfleisch ganz fein gehackt, das nun mit der Hälfte Sauce schnell verbunden und durchgestrichen und sofort mit dem fünften Theil seines Volumen mit sauber ausgesehnten, hierauf fein gehackten und dann durchgestrichenen rohen Fleische (von Hirsch, Reh, Hasen oder Hammelkeule, wenn nicht als höchste Steigerung des Köstlichen ein im rohen Zustande gelassenes Rebhuhn dazu angewendet wird) vermischt und alsdann mit der übrigen Sauce, drei achtel Pfd. Parmesan-, einem viertel Pfd. Schweizerkäse, drei bis vier Eierdottern, einem Eßlöffel voll Sardellenbutter und nach Verhältniß der mehr oder weniger Fettstoff enthaltenden Sauce oder der andern Ingredienzien mit einem viertel bis einem halben Pfd. Butter rasch und genau in Verbindung gebracht wird. Diese Masse wird nun, wenn die Probe die erforderliche Consistenz angegeben, wie die gewöhnlichen Pains ein und eine viertel bis ein und drei viertel Stunden in mäßiger Hitze gebacken und nachdem sie verkühlt ist, in den Formen leicht gepreßt. Wenn der Rebhühnerkäse recht kalt geworden, ausgestürzt und gespeist werden soll, wird er recht glatt an den Außenseiten und Flächen beputzt, hierauf mit steifem Papier fest umbunden und mit weiß gerührter oder geklärter frischer Butter einen viertel Zoll dick begossen, nach Beseitigung des Papiers mit einem warmen Messer in glatte Scheiben geschnitten, sofort mit deutlichem Hervortreten der weißen Butterstreifen geschmackvoll angerichtet, und außerhalb mit klaren Aspiccroutons (I. Bd. IV. Absch.) und in der Mitte mit körnig gehackten Spiegelgallert garnirt. Der treffend und gelungen bereitete Rebhühnerkäse erscheint dunkelbraun in der erforderlichen zarten Dichtigkeit mit einem ausgezeichneten pikanten Geschmack.

## Kapaunkäse auf Portugieser Art. Pain de chapon à la Portugaise.

Von allen Painarten bilden der Rebhühner und der Kapaunkäse hinsichtlich der Farbe die beiden Extreme; denn wenn man alles anwendet, um den erstern recht schwarz zu erhalten, so beobachtet man bei der Bereitung des zweiten das Gegentheil. Seine Zusammenstellung bleibt sich mit dem Rebhühnerkäse in so fern gleich, als von diesem Geflügel nur das Brustfleisch und so weit es in der Keule weiß ist, auch etwas mehr rohes Geflügelfleisch dazu angewendet, die dazu bestimmte Sauce recht weiß gehalten und demzufolge mit einem halben Qrt. kurz eingekochter Sahne vermischt wird, ebenso dürfen nicht zu viel Fetttheile in die Masse gebracht werden, weil dieselbe mit einem halben Pfd. ausgelassenen und weiß gerührten Rindermarks oder Butter sammt den übrigen Ingredienzien recht lange und weiß gerührt wird. Man vermischt die Masse noch mit so viel würflich geschnittenen Trüffeln, Cornichons, gekochter Pökelrinderzunge oder Schinken jedes zu gleichen Theilen, so daß sie schön nüancirt, und backt den Pain in Wasser bei nicht starker Hitze Der Fond oder die Essenz, welche zu diesem Geflügelpain angewendet wird, muß weiß sein, zwei Kapaunen oder vier Hühner geben das bei dem vorigen Artikel aufgestellte Quantum.

## Leberpain. Pain de foie.

Es wird von Kalbs- oder Geflügellebern mit dem Unterschiede wie der Wildpain zusammengesetzt, daß die Geflügellebern alle roh, von der Kalbsleber aber der dritte Theil mit Zwiebeln eingeschwitzt, gehackt und durchgestrichen, auch für einen halben Groschen abgeschälte in Wasser geweichte, ausgedrückte, mit Brühe zu einer festen Masse auf dem Feuer gerührte Semmel mit unter die Masse gerührt und weniger Sauce angewendet wird. Auch kann statt Papier die Form, worin der Pain gebacken werden soll, mit Schweinsnetz, auslegt, und demgemäß der Pain ohne in Wasser gestellt, gebacken werden.

## Cervelat-, Schlackwurst. Cervelas.

Nach der Anzahl Würste, die man bereiten will, oder wenn man sich auf dem Lande befindet, nach der Anzahl Schweine, die geschlachtet sind, schneidet man die Quantität zarten mageren Schweinefleisches aus der Keule, dem Carre oder was sich über der Fliese (Zellgewebe) oder den Seiten des Speckes an dem Rücken befindet, aus, hackt dies ausgehäutete und ausgesehnte Fleisch ziemlich, jedoch nicht zu fein und vermischt es mit Rücksicht des fetten Schweinefleisches, was sich etwa unter dem magern befindet, in den vierten Theil seines Volumen mit fein würflich geschnittenen oder körnig gehackten Fett, vermengt dies mit dem hinlänglichen Salz, ein wenig Salpeter, ganzen Pfefferkörnern, fein gestoß. engl. Gewürz und Nelken, etwas Coriander und etwas fein gestoß. und gesiebten Kümmel; füllt diese Masse so fest als möglich in gut gereinigte Rinderdärme, wobei sie wiederholentlich mit Nadeln gestochen, um die Luft ausdringen zu lassen und hängt die Würste bis zum folgenden oder zweiten Tage auf; sie werden alsdann tüchtig nachgedrückt und fest gebunden, sofort mit Salz eingerieben oder in Rücksicht des Salzes vier bis acht Tage in eine gute Pökellake gelegt, demnächst vier Tage einem starken Luftzuge ausgesetzt, und hierauf in den Rauch gehängt. Um den Würsten mehr Festigkeit zu geben, werden sie zuweilen mit etwas Kalb- oder Rindfleisch vermischt, letzteres wird besonders bei Bereitung der:

## Salami. Salami,

angewendet und die Zusammensetzung dieser italienischen Wurst auf die Art geleitet, daß recht fein gehacktes, gut ausgesehntes, mageres Schweinefleisch mit in gleicher Quantität eben so bereitetem magern Rindfleische aus der Nuß- oder Oberschale, ferner dem nöthigen Salz, grob gestoßenen Pfeffer, eben so viel fein gestoßenen Cardemum und ein wenig Knoblauch genau vermengt, alsdann wie die vorigen in Rinderdärme gefüllt und in der weiteren Bereitung auf dieselbe Weise beendet.

## Bratwurst. Saucisses.

Das gehackte magere Schweinefleisch wird mit dem dritten Theil so viel Fett, ein wenig gehackter Citronenschale, gestoßenem Pfeffer, Salz, Muskatennuß und auf vier Pfd. Fleisch ein achtel Qrt. Wein oder Weißbier vermischt, in gut gereinigte Schweinedärme nicht zu fest gespritzt und glatt gestrichen. Weitere Bereitungsart (I. Bd. VII. Abschn. Art.: Bratwurst.)

## Saucisses. Saucissons.

Dieselbe Fleischmasse wird in gut gereinigte Hammeldärme gespritzt und als flache Saucisses in Schweinenetz eingeschlagen, erstere glatt gestrichen und in Finger lange Stücke paarweise abgetheilt und die zweite Sorte etwas geplattet. Weitere Bereitungsart (I. Bd. VII. Abschn. Artik.: Saucisses).

## Feine Blutwurst. Boudin noir.

Das Quantum der anzuwendenden Hauptbestandtheile und Ingredienzien richtet sich gleichfalls nach Umständen und Bedarf, besonders muß bei der Untermischung der letztern, der Geschmack des

Verfertigers das Maaß bestimmen. Ein Theil vom durchwachsenen Rückenstück oder der sogenannte Rückebengel (vier bis acht Pfd.), oder ein Theil Bauch-, Bug-, Kammstück oder Dünningen, auch andere durchwachsene Fleischtheile auch Herz und Nieren werden mit Salz und ganzen Zwiebeln, die sich nach der Quantität des Fleisches richten, gar gekocht, hierauf die Zwiebeln, nachdem sie im getroffenen weichen Zustande aus der Brühe genommen, gehackt und das magere und fette Fleisch zu gleichen Theilen und ein Drittel Semmel in einen viertel Zoll große Würfel geschnitten (wenn letztere alt ist, wird sie mit etwas Schweineblut angefeuchtet). Wenn alles in ein Gefäß gethan, wird es mit fein gestoßenem und gesiebten englischen Gewürz, Nelken, Pfeffer, trockenem Majoran, Timian, Basilicum, Salz, Muskatennuß und den gehackten Zwiebeln sorgfältig untermengt, sofort mit der erforderlichen Quantität, um alles gut anzufeuchten, frischen Schweinebluts verbunden und in gut mit Salz gereinigte und gewässerte krause Schweinedärme mit der Aufmerksamkeit gefüllt, daß sie nicht zu straff oder voll gestopft werden, in Folge dessen sie leicht platzen, an den Enden gespeilt oder gebunden, hierauf in vollkommener Auffüllung, wobei die Schweinefleischbrühe angewendet, ganz leise gekocht und zuweilen umgedreht werden. Wenn bei dem Stechen mit einer Nadel Fett statt Blut erfolgt, so ist dies ein Beweis ihres Garseins. Diese Würste werden theils frisch gekocht, theils später geröstet, wobei sie zuweilen ganz fein eingekerbt werden, verspeiset, auch die in den größern Därmen zur längeren Aufbewahrung geräuchert.

## Gewöhnliche Blutwurst. **Boudin noir à la paysanne.**

Der Unterschied liegt in der geringern Anwendung von Fleisch und Fettheilen, die durch mehr Semmel und Blut ergänzt werden; auch wird von den niedern Ständen die Wurstmasse durch einen Theil dickgekochter Buchwaizengrütze vermischt, auch schlechtere nicht anderweitig zu benutzende Fleischtheile dazu angewendet.

## Feine Leberwurst. **Boudin blanc.**

Unter zwei Schweinelebern nimmt man gern, wenn es die Umstände gestatten, eine Kalbsleber, die ersteren werden nach dem sorgfältigen Aushäuten und Aussehnen recht fein gehackt und durch ein Farcesieb (I. Bd. Einl.) gestrichen, die letztere mit dem nöthigen Theil fett durchwachsenen Schweinefleisches (Rückebengel, frischen Speck) gekocht und wenn die Kalbsleber ausgehoben und ganz kalt geworden, auf dem Reibeisen fein gerieben und das ebenfalls ausgekühlte Fleisch fein gehackt. Unter der hier bezeichneten Lebermasse kommen sechs bis acht Stück fein gehackte und in gehackte Schweinelüsen oder frischen Speck weiß geschmorte Zwiebeln, zu dem dritten oder vierten Theil des Lebervolumens abgeschälte, eingeweichte und ausgedrückte Semmeln und das bezeichnete, eine gleiche Quantität als diese betragende fette Schweinefleisch. Diese Ingredienzien werden nun in einem Geschirr mit den, bei dem Artikel: feine Blutwurst angegebenen feinen Kräutern und Gewürzen, jedoch in etwas geringerer Quantität, in genaue Verbindung gebracht und hierauf wie die Blutwurst mit dem Unterschied beendet, daß die Leberwurst fester gestopft werden muß. Wie bei der Bereitung der Farcen (Füllseln Einl.) und den feinern Wurstarten (I. Bd. V. Abschn.), so auch bei allen gewöhnlichen Würsten, muß man sich, wenn nicht eine beständige praktische Uebung dies unnöthig macht, auch bei diesen Würsten durch eine Probe von der Eigenschaft derselben zu überzeugen suchen, um nöthigenfalls abhelfen und zusetzen zu können. Wenn bei den Blutwürsten das leise Kochen Bedingung ist, so ist bei dem Kochen der Leberwurst noch mehr Vorsicht zu empfehlen, indem sie noch leichter platzen als jene; sie werden auf ein Tuch zum Abtrocknen gethan. Diese Würste werden auch nach Belieben geräuchert, aber zur längeren Aufbewahrung ohne Semmel bereitet.

## Trüffelwurst. Boudin blanc aux truffes.

Wird nach obiger Angabe mit etwas geringerer Kräuter- und Gewürzanwendung und ohne Semmel, dafür aber mit einem guten Theil gesottener und in einen viertel Zoll starke Würfel geschnitttener Trüffeln und dessen Fond vermischt, bereitet. Diese Würste werden zur Aufbewahrung auch geräuchert, sie zeichnen sich durch die Beimischung einer geringern oder stärkern Quantität Trüffeln im trefflichen Geschmack gehalten, vortheilhaft aus.

## Gewöhnliche Leberwurst. Boudin blanc à l'ordinaire.

Bei deren Bereitung tritt dieselbe Verfahrungsmethode ein, wie es der Artikel der gewöhnlichen Blutwurst angiebt, mit Rücksicht auf eine geringere Quantität-Anwendung von Lebern, der Beimischung schlechterer Fetttheile und mehr Semmel. Ebenso wird diese Wurst zuweilen mit gekochter Grütze oder Reiß, auch wohl der Haussitte gemäß mit Corinthen vermischt.

## Zungenwurst. Boudin aux langues.

Fett und Fleisch, wozu noch Schweinezungen und Magen kommen, werden in gleichen Bestandtheilen in einen halben Zoll starke Würfel geschnitten, mit denselben Ingredienzien und frischem Schweineblut aber ohne Beimischung von Semmel wie es der Art.: feine Blutwurst angiebt, angemengt, hierauf mit gekochter, geschälter und in ein und einen halben Zoll starke, ganz lange Streifen geschnittener Pökelrinderzunge auf die Art in große dicke Fettdärme auch Blasen oder Schweinemagen gefüllt, daß die Zungenstücke in der Wurst gleichmäßig vertheilt und beim spätern Aufschneiden derselben in schönen breiten Scheiben erscheinen. Sie werden fest gespeilt, vorsichtig gekocht, damit sie nicht platzen und hierauf, nachdem sie ganz kalt geworden, zur längeren Aufbewahrung etwas gepreßt und geräuchert.

## Pökelfleisch im Allgemeinen. De la viande salée.

Die Art und Weise große Fleischstücke einzupökeln ist bereits im I. Bd. VI. Abschn. bei den Artikeln: Pökel-Rindfleisch und Schinken, und VII. Absch. Artik.: Klein Pökelfleisch und Gänseklein, berührt worden und darf nur noch bemerkt werden, daß alles Fleisch, was zum Einpökeln bestimmt ist, nicht zu lange liegen darf, aber auch nicht ganz frisch geschlachtet, genommen werden muß, weil es in diesem Falle bei dem Kochen stets langfaserig und zähe bleiben, im ersten Zustande hingegen bald einen seifigen und ranzigen Geschmack annehmen wird, was besonders der Fall ist, wenn das Fleisch in eine alte, bereits abgestandene Pökellake gelegt wird. Zuvörderst muß zur Bereitung guten Pökelfleisches, gutes feines Salz und guten Salpeter, ohngefähr auf 10 bis 12 Pfd. Fleisch ein Pfd. Salz und 2 bis 3 Loth Salpeter genommen, die Fleischstücke allerwärts und besonders an den Knochen herum, tüchtig damit eingerieben, in einem festen und reinen, mit einem gut passenden Deckel versehenen, hölzernen oder irdenen Gefäß gut eingepackt, mit dem übrigen Salz noch gehörig bestreut und hierauf gepreßt, und sobald sich die Lake gebildet, täglich wiederholt begossen werden. Wenige oder einzeln eingepökelte Stücke werden wegen der wenig enthaltenen Lake öfters umgedreht. Die Dauer des Durchpökelns wird von der Größe der Fleischstücke bedingt und man muß in dieser Hinsicht auf den Umstand achten, daß eine verlängerte Pökelzeit dem Fleische zuträglicher ist, als wenn es zu früh herausgenommen wird. Rinderzungen und kleine Fleischstücke bleiben 10 bis 14 Tage, große Stücke Rindfleich und Schinken 4 bis 6 Wochen, Gänsebrüste 6 bis 8 Tage u. s. w. darin. — Die französische und englische Einpökelmethode, besonders zu den Schinken (I. Bd. VI. Abschn. V. Abth.) und Zungen läßt verschiedene gewürzhafte Ingredienzien, als Wachholderbeeren, Ingwer, gemengte Gewürzkörner, Muskatenblumen, Timian, Basilicum, Lorbeerblätter, Coriander mit Salpeter und Salz auskochen, und in dieser abgeklärten Lake, die Fleischstücke einlegen.

## Rauchfleisch im Allgemeinen. De la viande fumée.

Das gut abgetropfte Pökelfleisch wird aufgezogen und nach Verhältniß des zu gebenden Rauches, bedeckt oder unbedeckt, so lange in den Rauch gehängt, bis es durchgeräuchert und trocken ist und sich um dasselbe eine braune trockene Rinde gebildet hat. Mit dem Bekanntsein der Räucheranstalt oder des auf das Fleisch einwirkenden Rauches, welcher sich am besten von Wachholder- und andern Reisern entwickelt, läßt sich die Dauer des Durchräucherns ohngefähr angeben. Bei meinem Aufenthalt auf Landschlössern, wo man oft recht gute Räucheranstalten trifft und wo der Koch verpflichtet ist, über das Einsalzen und Räuchern der großen Fleischstücke die Aufsicht zu führen, habe ich kleinere Fleischstücke, besonders Gänsebrüste mit dem besten Erfolge geräuchert, und wenn sie, nachdem sie ein paar Tage in dem Rauch gewesen, und in Papier eingewickelt, waren, dennoch zu braun werden wollten, wurde unter das Papier noch etwas trockene Kleie gestreut. Ein gleiches Verfahren hinsichtlich des Papiers, beobachtete ich bei der Bereitung des geräucherten Lachses, der, wenn er glatt von einander gerissen, Kopf und Rückgradknochen abgenommen sind, mit dem hinlänglichen Salz und etwas Salpeter eingerieben, 24 bis 48 Stunden hingelegt und bevor er aufgehängt, mittelst dünner und schmaler Speile und Bindfaden um die platte Form zu erhalten, gespeilt wird. — Auch der geräucherte Aal (Spickaal) wird auf ähnliche Weise behandelt.

## Geräucherte Zungen auf französische Art. Langues fumées à la Française.

Werden sowol von Rinder- als Schweinezungen gemacht, welche mit gut gereinigten Rinder- oder Schweinedärmen überzogen und an den Enden gebunden, 12 bis 14 Tage in die oben bezeichnete Lake gelegt und sofort geräuchert werden. Auch werden die Zungen ohne Darmüberzug geräuchert.

## Bereitung der Aufsätze von Fettsockeln. Préparation de socles en graisse.

Die Tendenz der Fettsockeln hat sich im Laufe dieses Abschnitts, sowol bei den Artikeln der kalten Pasteten und Rolladen, als im I. Abschn. dieses Bandes, Artikel: Mayonaise von Hühnern, und im II. Abschn. Artikel: Rolladen von Aal, genügend herausgestellt. Bei der Anfertigung dieser Aufsätze ist zuvörderst nöthig und als Hauptbedingung festgestellt, daß sie von dem weißesten, gerührten Schmalze in runder oder ovaler solider Form gestaltet, ihre Conturen und Verzierungen der Form angemessen, geschmackvoll entworfen und demgemäß ausgeführt werden. Nach verhältnißmäßiger Größe des anzufertigenden Sockels, werden sechs bis acht Pfd. Hammeltalg und Schweinelüsen zu gleichen Theilen mit Wasser, auf einem gelinden Feuer ausgelassen, wenn das Wasser gänzlich verdampft und das Fett, ohne braun zu werden, aus dem häutigen Gewebe unter wieholtem Umrühren vollkommen herausgetreten ist, wird es durch eine Serviette gepreßt und wenn es hinlänglich verkühlt, in einem irdenen Gefäß oder großen Marmormörser, welcher so angebracht sein muß, daß das Fett nicht zu schnell erkaltet oder zu hart wird, mit Citronensaft so lange gerührt, bis es schneeweiß geworden, welche Operation keineswegs schnell, sondern mit Ausdauer und vieler Geduld ausgeführt werden muß. Wenn dies erreicht ist und das Fett genugsam erstarrt oder den erforderlichen Grad der Consistenz oder Festigkeit angenommen hat, wird es über Holz- oder Pappformen, auch über Brod- und blecherne Formen, zwei Finger dick gestrichen, ein beliebiges Modell davon geformt und wenn dies ganz erkaltet und fest geworden, werden mit scharf zugeschnittenen Profilen von Blech oder Holz die gewünschten Modelle geformt; mit welchen auch gefärbte Butter, alle Arten Pastillage, auch mit frischen Blumen recht geschmackvolle aber nicht zu bunte Verzierungen angebracht werden können, und der Fettsockel auf eine dazu passende Schüssel gestellt. Die Speise, welche von Fettsockeln getragen zu werden bestimmt ist, wird auf einem, mit einem zierlich geschnittenen Papierblatte belegten Blech angerichtet und wie bereits angedeutet, dieses auf den Fettsockel gestellt. — Außer diesen Sockeln werden von demselben Fett noch Aufsätze gemacht, die weiter nicht bestimmt sind Speisen zu tragen, sondern als Verzierung der Tafel für sich einen eigenen Aufsatz bilden; das Schmalz wird nämlich über hölzerne als Schwan, Gans auch andere Geflügel- oder Thierarten geformte Modells gestrichen und deren Gestalt auf das genauste nachgeahmt; doch erfordert dies eine besonders tüchtige Praxis und Sachkenntniß, und muß von einem in der Plastik tüchtig geübten Künstler ausgeführt werden, wenn das Gebilde einer weißen Marmorfigur täuschend ähnlich, mithin als der Typus der bei der Kochkunst vorkommenden Bossirkunst, erscheinen soll.

## Bereitung des Luftspeckes. Manière de préparer le lard.

Die Speckseiten werden tüchtig mit feinem Salz eingerieben, Speck an Speck gelegt, so daß die Schwarten nach außen kommen, zwischen zwei Bretter gebracht, außerhalb noch gut mit Salz bestreuet und sofort stark gepreßt. Nach Verlauf mehrerer Wochen wird der Speck an einem trockenen Ort aufgehängt, wo ihn die Luft gut bestreichen kann und hierauf zum künftigen Gebrauch an einem nicht feuchten luftigen Ort aufbewahrt.

## Gänse Weißsauer. Oie à la Flamande.

Im Spätherbst, zur Zeit wenn die Gänse am besten und besonders auf dem Lande geschlachtet werden, wird dies Gericht am meisten zur Aufbewahrung bereitet und die Zahl der einzukochenden Gänse, durch das mehr oder mindere Einschlachten dieses Geflügels bestimmt. Nachdem die Gänse sauber zubereitet, wird jede in zwei Keulen und ein Bruststück, letzteres auf dem Brustbein eingeknickt, ferner in ein geknicktes Rücken- und ein untergebundenes Halsstück geschnitten und nebst dem Magen, den Flügeln und Füßen in ein passendes Geschirr gethan, hierauf mit einer Auskochung von Kalbsfüßen, wobei auf jede Gans zwei Stück dergleichen Füße, und auf zwei Gänse ein Qrt. des besten Essigs gerechnet wird, aufgefüllt. Nach dem sorgfältigen Ausschäumen, werden sie mit Zwiebeln und Chalotten, einem Theil gemengten Gewürzkörnern, einigen Lorbeerblättern, Timian, Basilicum, wenigen Wurzel- und Citronenscheiben und dem erforderlichen Salz belegt, als außerordentliche Zugabe noch mit einer halben Bouteille Wein begossen und bei fest verschlossenem Geschirr langsam gesotten. Wenn das Fleisch gar und verkühlt ist, wird es aus der Brühe genommen, das Fett von der Brühe rein geschieden und wenn man diese recht klar haben will, mit Eiweiß, wie Spiegelgallert (Aspic) geklärt. (Einl.) Unterdessen werden die ganz kalt gewordenen Gänsefleischstücke von allen losgegangenen Knochen und unsauberen Fleischtheilen gesondert, sauber beputzt, das Bruststück auf der eingeknickten Stelle durchgeschnitten und alles in einen steinernen, irdenen oder porzellanenen Topf, passend geordnet, eingelegt, mit der klaren Brühe gut überstehend begossen, am folgenden Tage mit dem, mit etwas Hammelfett vermischten und geklärten Gänsefett gut gedeckt und an einem kalten trockenen Ort aufbewahrt. Bei dem jedesmaligen Gebrauch, wird der Boden Fett abgehoben und nachdem die nöthige Quantität Fleisch und Gallert herausgenommen, wieder sorgsam mit dem Gallert geebnet und mit Fett gedeckt.

# IV. Abschnitt.

## Braten. Rôtis. Plats de rôts.

Nur Bedingungsweise kann angenommen werden, daß der Braten bei einer großen Tafel, welche auf deutsche Art und zwar der Reihefolge nach servirt wird, immer nach den kalten Zwischenspeisen aufgetischt wird; vor diesen Gerichten erscheint derselbe, wenn es die Sitte des Hauses oder der Wille und Geschmack des Tischherrn befiehlt; ferner findet diese Ausnahme auch bei einer Tafel, wo die Speisen in zwei oder drei Gängen (I. Bd. VI. Abschn.) aufgestellt werden, statt, alsdann macht der Braten den Anfang zum zweiten Gange und bildet demzufolge nicht mehr dieser, sondern die kalten Zwischenspeisen den Beschluß der animalischen Bestandtheile, welche bei einer großen Mahlzeit in derben und flüssigen Fleischsubstanzen aufgetragen werden.

### Vom Braten im Allgemeinen. Diverses manières pour faire le rôt.

Die Procedur, mittelst welcher alle mögliche Fleischarten, ohne Beimischung anderer Flüssigkeiten, als das Fett anderer Thiere, Butter oder Oel oder durch das Abfließen ihres eignen fettigen Saftes, in concentrirter erhitzter Luft zu einer angenehmen, gesunden und nahrhaften Speise bereitet werden, heißt bei der Kochkunst das Braten. Obgleich die Bereitungsweise einfach und leicht scheinen mag, so erfordert sie dennoch eine genaue Kenntniß der dem Braten unterworfenen Fleischtheile, um im Verhältniß zu diesen die dazu nöthige Hitze zu regeln und die richtige Zeit des Garwerdens zu treffen, damit nicht ein Ausdörren und Trockenwerden erzeugt wird.

Die Art zu braten zerfällt in zwei Hauptabtheilungen, nämlich: durch geleitete Bewegung bei erhitzter Luft und bei unbewegtem Ruhepunkt in verschlossener Hitze, und diese wiederum in verschiedene Methoden, nämlich: dem Dreh- oder Wendespieß, dem Baumelspieß, dem Kesselbraten und derjenigen Bratart, die durch die Erfindung der verschiedenartigsten Bratöfen entstanden, welche in vielen Häusern den Spießbraten verdrängt hat, und endlich in dem Dunst- oder Dampfbraten. Obgleich nicht verwerflich und besonders in den bürgerlichen Haushaltungen anwendbar und in örtlicher Beziehung praktikabler, so bleibt der auf diese Art und der im Ofen bereitete Braten hinsichtlich des Geschmackes und der enthaltenden Fleischsäfte weit hinter dem Spießbraten zurück. Der Grund dieser Abweichung ist leicht zu suchen und liegt in der mechanischen Bewegung oder in dem gleichmäßigen Umdrehen des Fleischtheils, während der, auf der Oberfläche desselben durch einwirkende Hitze eines guten flammenden Feuers entstandene Ueberzug, das Auslaufen und Verdunsten der in dem Fleische enthaltenen schmackhaften Säfte verhindert, hingegen der im Ofen erzeugte Braten durch seinen angewiesenen Ruhepunkt und die nicht immer gleichmäßig auf ihn einwirkende Hitze, einen großen Theil dieser Säfte verliert, wodurch allerdings eine schmackhafte gute Bratenjüs erzielt, das Fleisch selbst aber seiner feinsten saftreichsten Stoffe beraubt wird. Weniger ist dies der Fall bei denjenigen Braten, welche im Ofen, aber mittelst eines angebrachten mechanischen Bratenwenders in demselben gedreht werden und besonders den kleinern Haushaltungen und bei Bereitung von geringen und einfachen Braten zu empfehlen sind. Der sogenannte Kesselbraten kann nur als Surrogat des Ofenbratens betrachtet werden und findet nur bei besondern Veranlassungen und im Nothfall seine Anwendung. Das auf diese Art zum Braten bestimmte Fleisch, wird nach Verhältniß seiner enthaltenden Darttheile, mit Butter und Salz belegt, in eine passende Bratpfanne oder eine andere die Hitze aushaltende Schüssel oder Geschirr, auf einen niedrigen Dreifuß gestellt, rund herum ein Kranz von Mauersteinen angebracht, auf diesen und über den Braten ein gewölbter Kessel gestürzt und unterhalb an den Seiten und oberhalb desselben, das Kohlenfeuer so dirigirt, daß es von allen Seiten gleichmäßig einwirken kann. Noch eine andere Bratmethode ist diejenige, welche im wohl verschlossenen Geschirr, mit oben und unten angebrachter, Glut ausgeführt, als Dunst- oder Dampfbraten vorkommt, doch ist diese Art vielmehr als eine andere selbstständige Speise zu betrachten (I. Bd. VI. Absch.) und wird nur bei dringenden Umständen unter die Zahl der Braten aufgenommen. Zwischen den Spießbraten hat der Wendebraten, hinsichtlich der mehr in Gewalt habenden geregeltern Verfahrungsweise, vor dem Baumelbraten den Vorzug. Bei dem Aufstechen oder Befestigen mehrerer oder größerer Braten an den Spieß, muß allemal ein Gleichgewicht beobachtet werden, was besonders erforderlich ist, wenn der Bratspieß durch ein mechanisches Triebwerk in Bewegung gesetzt wird; der Bratenheerd darf nicht zu hoch sein, kann mit einer Spiegel- oder übergebogenen Wand versehen, das Feuer an den Enden stärker als in der Mitte gehalten und der Spieß nöthigenfalls schneller oder langsamer in Bewegung gesetzt werden. Die aus Eisen oder verzinntem Kupfer, bestehende Bratpfanne, muß in der Mitte mit einer Vertiefung und an der Feuerseite durch einen eisernen Mantel oder durch Steine gegen die Hitze geschützt sein und endlich der langstielige Bratenlöffel oval und an der linken Seite mit einem Sieb versehen sein. Was die Braten im Ofen und ins besondere die Bratöfen betrifft, so ist ihre Construktion in der Art verschieden, daß viele so angebracht sind, daß sie mit einer eisernen Kochmaschine in Verbindung stehen, wodurch sie ihre Heitzung erhalten und andere wieder als die besseren frei stehen, und ihre eigene Feurung haben. Größtentheils bestehen sie aus Platten von Gußeisen, sind von einem und einem halben, bis zwei und einem halben Fuß im Quadrat, oder auch verhältnißmäßig tiefer, schmaler oder breiter gebaut und an den Seiten mit einem halben Zoll breiten, zwei Zoll von einander abweichenden Leisten versehen, um die darin genau passenden Bleche, wie es die Ofenhitze bedingt, hoch oder niedrig zu stellen. Das Ganze wird durch eine Thür, in welcher oben eine halbe Scheibe zum Auf- und Zudrehen befindlich, geschlossen. Die Zuglöcher der, unmittelbar unter der untersten Platte angebrachten, mit einem Rost zum Absondern der Asche versehenen Feuerung, haben ihre Ausgänge nach hinten über und an den Seiten des Ofens in der Art, daß sie zur Zeit bequem gereinigt werden können. Wenn es die Platte nöthig macht, nämlich zu dünn ist oder aus Eisenblech besteht, kann beim Bauen eine Lage Ziegelsteine untergemauert werden, um dadurch den zu starken Andrang der Hitze von unten abzuhalten. Die in einem solchen Ofen zu bereitenden Braten, müssen ihrem Volumen und ihrem Charakter angemessen, die erforderliche Hitze haben und die den Braten aufzunehmende (am besten kupferne und verzinnte) Pfanne passend gewählt, auch erforderlichen Falls, wenn es nämlich die Construktion des Ofen nöthig macht (siehe oben), in die Pfanne dünne, breite, hölzerne Riegel gelegt, oder durch Aufstellen der Pfanne auf Ziegelsteine, Dreifüße oder andere der Hitze entgegenwirkende Mittel angewandt werden, um hierdurch das zu starke Ansetzen oder mögliche Anbrennen der Braten zu verhindern.

## Ueber das Braten ins besondere. Observation pour rôtir.

Jede zum Braten bestimmte Fleischart darf durchaus nicht frisch, sondern muß dem nöthigen Mortificiren (nach der Tödtung abliegen, absterben) unterworfen sein und möglichst von jungen Thierarten genommen werden. Wenn das Stück am Spieß gebraten wird, muß es so lange an demselben bei dem Feuer gedreht werden, bis die obere Haut erhitzt und trocken geworden, alsdann mit der nöthigen Quantität Butter oder einem andern angemessenen Fettstoff reichhaltig begossen, kurze Zeit darauf mit dem nöthigen Salz bedeckt und die großen Braten nach Verhältniß ihrer Größe, welche zugleich die Dauer der Bratezeit bedingt, mit einfachem oder doppeltem bestrichenen Papier (Ueberwurf) bewickelt werden, um das zu starke Andringen der Hitze zu mäßigen und ein zu frühes oder zu dunkles Braunwerden des Bratens zu verhindern, und das Begießen mit den abgeträufelten Fetttheilen, bis zu seinem gänzlichen Garwerden oft wiederholend fortgesetzt werden. Die um einen Braten geschlossene Hülle oder der Papierüberwurf, wird jedesmal vor der Abnahme des Bratens vom Feuer, abgenommen und hierauf mit Rücksicht seiner Farbe, das Feuer gesteigert oder gemäßigt. Kleine und besonders Braten, die gespickt sind, werden selten mit Papier belegt, sondern Feuer und Spieß so dirigirt, daß dem Braten eine seiner Art nach dunkle oder hellere Farbe gegeben, wobei man sich besonders nach dem Geschmack des Tischherrn und der Haussitte richten muß. Ueber Spicken und Geflügeldressur (I. Bd. VI. Absch. Art.: Rindfilet. Puter) wird noch hinzugefügt, daß auf diesen Zweig der Kochkunst ein besonders aufmerksames Auge gerichtet werden muß, welches vorzüglich in denjenigen Haushaltungen, wo die Kochkunst schon auf einer höhern Stufe steht, zu berücksichtigen ist; denn ein, durch eine geschickt geleitete Dressur schön gestalteter, demnächst elegant gespickter und schönfarbig aufgetischter Geflügelbraten, bleibt stets eine zum Genuß einladende, herrliche Erscheinung. Auch werdie Zahm- oder Wildgeflügelbraten zuweilen auf der Brust mit breiten Speckscheiben (Barde) belegt (bardirt). Als etwas außerordentlich Delikates erscheinen die mit saurer Sahne, sowol am Spieß als im Ofen bereiteten Wildbraten, vorzüglich die von Hirschspießern, Rehkälbern und jungen Hasen. Man pflegt die größeren Stücke erst mit Butter anzubraten und wenn sie gesalzen, unter wiederholtem Begießen mit guter saurer Sahne die Bratenprocedur fortzusetzen, wodurch sich, wenn dieselbe eingebraten, ein feiner Ueberzug bildet, der dem Braten einen vorzüglich guten Geschmack verleiht. Eben so werden zuweilen Kalbsnierenstücke mit süßer Sahne gebraten, wobei jedoch die Verfahrungsmethode umgekehrt und mit der Sahne der Anfang gemacht wird. Jeder Braten wird mit einer schmackhaften Bratenpfannenjüs (I. Bd. II. Abschn.) gegeben, wo es Sitte ist, mit grünen Petersilienzweigen oder Brunnenkresse belegt und die abgestutzten Knochen der Schlegel oder Keulen vom Schlachtvieh oder Wildprett, auch von großen Geflügeln, mit dazu geschnittenen Papiermanchetten besteckt. (I. Bd. VI. Abschn. Art.: Puter nach Monteglas und Hammelkeule auf Wildprettart.)

---

## Ueber die verschiedenartigen Braten selbst.
## Observations pour les rôts mêmes.

### Rinderbraten. Roastbeef. Rostbeef.

Unter allen Braten, hinsichtlich der Größe und der hierauf Bezug habenden Dauer der Bratezeit oder dem Zeitmaaß seines Garwerdens, steht der Rinderbraten oder Rostbeef oben an. Jene richtet sich nach dem Bedarfsquantum und der Größe des Ochsen, von welchem der Braten genommen worden und kommt in einem Gewicht von 20 bis 40 Pfd. vor, mithin bedingt das Gewicht die Bratezeit, welche gewöhnlich fünf bis sechs Stunden dauert, wobei der Braten nach dem Salzen mit einem gefetteten doppelten oder mehrfachen Papierüberwurf bedeckt wird, der zur gehörigen Zeit vor Beendigung der Bratezeit wieder abgenommen werden muß. An die im I. Bande VI. Absch. I. Abth. aufgeführte Vorbereitungs- und die darauf folgende Zubereitungsweise des Rinderbraten schließt sich die unerläßliche Bedingung, daß derselbe sehr alt geschlachtet (mortificirt) sein muß und wird der Rinderbraten sofort nach den uns bereits bekannten Regeln, bei zweckmäßig dirigirtem Feuer am Spieß oder im Ofen gebraten, demnächst mit seiner hinlänglich abgefetteten Jüs aufgetischt und das Tranchiren nach Angabe des Rinderbratenartikels I. Bd. VI. Abschn. I. Abth. geleitet. Von unserer Bratmethode ist diejenige der Engländer in sofern abweichend, als der Braten bei einem stärkeren Feuer gebraten, sich demzufolge mit einer braunen Kruste überziehen, aber unter derselben das Fleisch nicht vollkommen durchgebraten, sondern noch blutig und somit im Besitz seines sämmtlichen Saftes bleiben muß; doch steht hierbei die Bedingung fest, daß zur Bereitung eines englischen Bratens (Roastbeef) auch englisches Ochsenfleisch erforderlich ist.

## Rinderfilet, Mürbebraten. Filet de boeuf.

Wird entweder gehäutet und in der Quere oder Länge, nach den bereits in dem I. Bd. angegebenen Regeln gespickt, auch nach der nöthigen Vorbereitung und dem theilweisen Darauflassen seiner häutigen Fettlage und dem auf die Art geführten Durchstechen, mit einem kleinen Spieß, daß mit diesem von der einen zu der andern Seite hingefahren wird, und wenn hierauf das Rinderfilet gesalzen, mit einem Papierüberwurf am Spieß zwei Stunden oder im Ofen zwei und eine halbe bis drei Stunden aufmerksam gebraten wird.

## Hammelkeule. Gigot de mouton.

Von 7 bis 14 Pfund braucht dieselbe im alt geschlachteten Zustande, zwei und eine halbe bis drei auch drei und eine halbe Stunde Bratezeit, sie erhält im ersten Gelenk einen Einschnitt und eine Abstutzung des Schenkelknochens, wird mit einem kleinen Spieß in gewölbter Form durchstochen, auch zuweilen mit den daran gelassenen Carree als ganzes Stück, sowol am Spieß als, in etwas längerm Zeitmaaß, im Ofen gebraten.

## Kalbskeule. Cuissot de veau. Kalbsnierenstücke. Longes de veau.

Erstere wird gespickt oder ungespickt von 10 bis 15 Pfd. mit der Niere 15 bis 25 Pfd. in derselben Zeit, auch wohl in etwas kürzerer Zeit als die Hammelkeule, gar gebraten. Kleinere Kalbskeulen werden auch im ganzen Stück und größere im zerschnittenen Zustande (I. Bd. VI. Abschn. Art.: Frikandeaus) marinirt und alsdann als Dampfbraten mit Anwendung ihrer Marinade bereitet. Das Nierenstück von 3 bis 6 Pfd. braucht ein und eine halbe bis zwei und eine halbe Stunde Bratezeit und wird zuweilen mit Sahne (Art.: über das Braten insbesondere) zubereitet. Auch wird der Kalbsbraten mit, in Butter braun gerösteter geriebener Semmel gespeist.

## Elen-, Roth- und Dammhirschkeulen. Cuisses d'élan, de cerf et de daim.

Die Keulen des Elenthiers werden niemals im ganzen Stück, sondern in Frikandeausstücke, tüchtig voll gespickt, hierauf marinirt, gebraten und nach Verhältniß der Größe des Fleischtheils dieses großen Thieres, das Zeitmaaß ihres Garbratens bestimmt, auch die Keulen der beiden andern Wildprettarten erleiden zuweilen diese Ausschneide-Operation; im ganzen Stück werden sie in der Regel auf beiden Seiten gespickt und nach Verhältniß ihrer Größe in zwei bis drei und einer halben Stunde gar gebraten.

## Gems. Reh. Chamois. Chevreuil.

Beide Wildprettarten unterliegen einem sorgfältigen vollen Spicken, was mit den Keulen sowol auf einer als auf beiden Seiten geschieht. Eben so richtet sich ihre Bratezeit nach der Größe des Stücks und erfolgt das Garwerden desselben in einer und einer halben, bis zwei und einer halben Stunde. Die Zimmer dieses Wildpretts werden sorgfältig gehäutet und gespickt und in einer halben bis einer Stunde, sowol mit Butter als reichlicher Ueberfüllung mit saurer Sahne, gebraten.

## Elen-, Roth- und Dammhirschzimmer. Filets d'élan, de cerf et de daim.

Das erstere wird aus dem Rückgrad geschnitten, wie das Keulenfleisch behandelt aber in kürzerer Zeit gar gebraten, die Zimmer der beiden andern Wildprettarten werden in die bewußte Stücke getheilt und nach der Spickprocedur eine bis zwei Stunden gebraten.

## Zahmes und wildes Schwein. Cochon. Porc. Sanglier.

Von ersterem sind die, mit den daraufgelassenen nöthigen Fettlagen als Keule und Carree I. Bd. VI. Abschn. V. Abth. bezeichneten Fleischtheile, die geeignetsten zum Braten; sie werden, wenn sie gar gebraten, zuweilen mit Eiern bestrichen und geriebener Semmel bestreut; außerdem wird das sogenannte Rippespeer gebraten, die vom Fett und einem großen Theil Fleisch entblößten Rippenstücke werden mit geschälten und in Vierteln geschnittenen Aepfeln, vorgekochten gebackenen Pflaumen, mit einer Vermischung von geriebenem Brod, etwas gest. Zucker, Nelken und Zimmet gefüllt, mittelst Nadel und Faden zusammen geheftet und zwei Stunden im Ofen gebraten. Die Bratezeit der andern Fleischtheile richtet sich nach der Größe ihres Volumen und geschieht zwei bis drei und eine halbe Stunde. Derselbe Fall tritt auch bei denselben Fleischtheilen des wilden Schweines ein. Wenn sie nicht genug mit Fett gedeckt sind, werden sie gespickt; doch wird das wilde Schwein mehr als Wechselschüssel (I. Bd. VI. Absch. XII. Abth.) denn als Braten benutzt. Beide, sowol das zahme als das wilde Schwein kommen auch als marinirte Braten vor.

## Spanferkel. Cochon de lait.

Eigenschaftl. Abhandlung und Vorbereitung (I. Bd. VI. Absch. VI. Abth.). Es wird eine bis ein und eine viertel Stunde bei starkem flammenden Feuer mit viel Aufmerksamkeit gebraten. Wenn es wie das Lamm und der Hase, mittelst kleiner Spießchen und Speile befestigt, wird es mit aufgelösetem Salz bestrichen und nachdem es am Feuer recht trocken geworden, mit dem feinsten Oel oder einem Stück des zu diesem Zweck an einem kleinen Spieß gestochenen besten Luftspeckes, wiederholt bestrichen auch alle abtropfende Flüssigkeit sorgfältig davon entfernt, damit die Haut recht croquant (spröde, knusperich), auch eine braune Farbe erhält und möglichst gut durchgebraten wird. Beim Abnehmen vom Spieße bekömmt es im Genick ein paar Einschnitte in der Haut, um durch das hiedurch veranlaßte Ausströmen der innern Dämpfe die Haut knusperich zu erhalten, es wird sogleich aufgetischt und mit gebackener Petersilie garnirt. Das Spanferkel wird auch vor dem Auftragen geknickt und die eingeknickte Stellen mit Kresse oder Petersilie bedeckt.

## Lamm, Hase, Kaninchen. Agneau, lièvre, lapereau.

Ersteres wird theilweise mit Speck, auch wohl theilweise mit Petersilienzweigen gespickt oder statt dessen mit gebackener Petersilie bei dem Anrichten garnirt. Die Bratezeit desselben richtet sich nach der Größe des Lammes und dürfte zwischen drei viertel und ein und einer halben Stunde beendet sein. Die beiden Wildprettarten unterliegen unbedingt einem sorgfältigen Spicken, werden wie das Lamm mittelst Speile und kleiner Spieße in gefälliger Gestalt am Spieß befestigt und der Hase in einer halben bis einer Stunde, das Kaninchen in der hälfte Zeitmaaß, auch wird besonders der junge Hase mit saurer Sahne statt Butter, gebraten.

## Gans, Ente. Oie, canard.

Eigenschaftl. Abhandl., formelle Vorbereitungsweise (I. Band VI. Abschn. XX. und XXI. Abth.). Beide Geflügelarten werden sowol mit geschälten und in Vierteln geschnittenen Aepfeln und Rosinen, mit einigen Zweigen Beifuß gefüllt, auch besteht diese Füllung aus vorgekochten gebackenen Pflaumen, Aepfeln und Rosinen, mit einer Mischung von geriebenem Brod, etwas Zucker, Zimmt und Nelken, dann wieder aus lauter Aepfeln mit etwas Beifuß, auch in den niedern Haushaltungen aus ungeschälten ganzen Aepfeln, hierauf mittelst Steiß und Afteröffnung unten und oben mit der Halshaut mit Bindfaden geschlossen. Die Gans wird sowol am Spieß als im Ofen mit besonders fleißigem Begießen, in zwei bis drei Stunden gebraten, wobei die Haut sich durch ein schönes braunes Aeußere auszeichnen muß. Ein gleiches Verfahren wird bei der Ente beobachtet, deren Bratezeit sich zwischen ein-, bis eine und eine halbe Stunde eintheilen läßt. Als ein ausgezeichneter Braten erscheinen im Laufe des Sommers die jungen Gänse, sie werden gewöhnlich ungefüllt gebraten.

## Wilde Gans. Wilde Ente. Oie sauvage. Canard sauvage.

Eigenschaftl. Abhandl. (I. Bd. VI. Abschn. XXII. und XXIII. Abth.). Nach erhaltener Vorbereitung, die, wie uns schon bekannt, bei diesen so wie bei allen Wildgeflügeln ungewaschen erfolgt oder das Waschen doch nur höchst nöthig angewendet wird, werden beide Wildgeflügelarten mit den bekannten Regeln am Spieß gebraten, wobei noch besonders das Alter des Geflügels einen großen Einfluß ausübt. Im jungen Zustande ist die wilde Gans, schon der Seltenheit wegen, auch die wilde Ente, ein geschätzter Braten, wenn sie NB. nicht fischig schmecken, die wilde Gans wird theilweise mit einem Papierüberwurf in zwei bis zwei und einer halben Stunde gebraten. Die wilde Ente braucht hierzu ohngefähr die halbe Zeit.

## Puter. Trappe. Auerhahn. Dindon. Outarde. Coq de bruyère.

Ebenso wie bei dem vorigen, bestimmt auch bei diesem Geflügel das Alter ihren Werth in der Eigenschaft als Braten. Nach der in der XXIV., XXV. und XXVI. Abth. (I. Bd. VI. Abschn.) nebst ihrer eigenschaftl. Abhandl. aufgeführten, erhaltenen, formellen Vorbereitung, wird der zum Braten bestimmte, möglichst junge Puter und die Trappe zuweilen mit einem, von einem viertel Pfd. mit einigen Eiern zu Sahne gerührter Butter, einem Theil Corinthen, ihrer gehackten Leber, etwas abgeriebener Citronenzucker, etwas Salz, gut durcheinander gerührten Füllsel in den Kropf gefüllt, und nachdem dieser geschlossen und die Geflügel durch eine geschickt geleitete Dressur (I. Bd. VI. Abschn. XVI. Abth,) eine schöne Gestalt erhalten haben, werden sie auf der Brust mit breiten Speckscheiben (Barden) bedeckt, erhalten während der Bratezeit nöthigenfalls noch einen Papierüberwurf und werden mit den bekannten Regeln, die Trappe als der größere Vogel in zwei und einer halben, bis drei Stunden und der Puter in einer etwas kürzeren Zeit am Spieß gebraten. — Der Auerhahn wird gut gespickt, während des Bratens hauptsächlich gut begossen und erhält in dieser Zeit einen Papierüberwurf. Die Bratezeit genau anzugeben, wird bei diesem Wildgeflügel noch schwieriger. Alle drei Geflügel können auch bei guter Aufmerksamkeit im Ofen gebraten werden.

## Kapaun. Fasan. Birkhahn. Chapon. Faisan. Coq de bois.

Werden entweder gespickt oder bardirt (mit breiten Speckplatten auf die Brust gedeckt) und wenn die Haussitte oder der Geschmack des Tischherrn, eine mehr weiße als braune Farbe liebt, erforderlichenfalls noch mit Papier bewickelt. Die Dauer ihrer Bratezeit theilt sich zwischen drei viertel bis einer und einer halben Stunde, wenn nicht ein ganz junger Zustand der Geflügel hierin eine Ausnahme macht.

## Perlhuhn. Poularde. Junges Huhn. Küchlein. Pintade. Poularde. Poulet. Poulette.

Sie werden bardirt (s. oben) und ohne Ueberwurf, auch ohne Speckbelegung in gesettetes Papier gewickelt, eben sowol ohne allen Umschlag, je nachdem eine mehr oder weniger braune Farbe geliebt wird; das Perlhuhn als der größere Vogel, wird nach dem mehr oder weniger jungen Zustande in einer bis einer und einer halben Stunde, Pularde und junges Huhn zwischen einer halben bis einer Stunde, das Küchlein in 15 bis 30 Minuten gebraten.

## Taube. Rebhuhn. Haselhuhn. Pigeon. Perdrix. Gélinotte.

Die Dauer ihrer Bratezeit richtet sich ohngefähr nach dem der Pularde und des jungen Huhns. Erstere wird wie der Puter gefüllt und entweder gespickt oder bardirt; im letzteren Falle kommt unter der Speckplatte ein junges Weinblatt. Reb- und Haselhuhn können gespickt oder bardirt, das junge Rebhuhn ohne Ueberwurf, die älteren nöthigenfalls mit Ueberwurf gebraten werden.

## Waldschnepfe. Becassine. Moor-, Moosschnepfe. Bécasse. Bécassine. Bécasseau.

Eigenschaftl. Abhandlung und Vorbereitungsweise (I. Abschn. XX. Abth.). Die Waldschnepfen werden ausgenommen und mit den, von den Magen geschiedenen und hierauf gehackten Eingeweiden, etwas geriebener Semmel, etwas zerlassener Butter und Salz mit gerösteten Semmelscheiben, Schnepfenbrod bereitet (I. Abschn. XX. Abth. Artikel: Salmi). Die kleinere Schnepfenart (Becassinen) erleidet entweder eine gleiche Procedur oder wird unausgenommen, wozu mit den untern Schnäbeln möglichst der Magen herausgezogen wird und beide Arten mit auf der Brust belegten Speckscheiben, auch unbardirt (unbelegt) die Waldschnepfen in 25 bis 35 Minuten, die Becassinen in der Hälfte der Zeit, bei lebhaftem Feuer am Spieß sehr aufmerksam gebraten und fleißig begossen werden; wobei den ausgenommenen Vögeln das geröstete Brod untergelegt wird, um die abtropfenden Eingeweide und Säfte darauf fallen zu lassen. Ihre Dressur bekommen die Schnepfen bekanntlich mittelst ihrer langen Schnäbel, welche, ohne den Hals und Kopf vom Vogel zu trennen, von der rechten Seite durch die zurückgedrückten, von den Beinen getrennten, oder mit abgestutzten Krallen darangelassenen Beinen, über Kreuz durchgesteckte Schenkel, gestochen werden. Die Schnepfen werden bei dem Anrichten, mit dem indeß im Ofen oder unter einer glühenden eisernen Schaufel gar gemachten Schnepfenbrod umlegt, die Waldschnepfen im Vorlegen jede in vier bis fünf Stücke geschnitten und mit ihrer etwas abgefetteten Jüs gespeist. Drei bis vier Stück dieser Vögel geben eine anständige Schüssel dieses kostbaren Bratens.

## Krammtsvogel. Wachtel. Grive. Caille.

Vorbereitungsweise und Dressur (I. Bd. I. Abschn. Artikel: Krammtsvögelsuppe). Erstere haben sie mit den Schnepfenarten mit der Abweichung gemein, daß sie statt mit den Schnäbeln durchstochen zu werden, von den mit abgestutzten Krallen darangelassenen Beinen, über Kreuz durchstochenen Schenkeln, der linke durch die Augenhöhlen gesteckt, ferner daß sie nicht ausgenommen und nur der Magen mit dem untern Schnabel ausgezogen wird. Sie werden hierauf auf kleine Spieße gereihet, zuweilen zwischen jeden Vogel ein kleines Stückchen Speck gesteckt, auch ohne diese Procedur an einem raschen Feuer 15 bis 18 Minuten gebraten, kurz vor der Abnahme mit geriebener Semmel bestreut, wenn diese gelbbraun geworden, die Vögel mit in Butter gelbbraun gebratener, geriebener Semmel angerichtet. Die Wachteln werden ausgenommen, auch Hals und Kopf abgeschnitten und nach erhaltener Dressur bardirt und unter der Speckplatte mit einem jungen Weinblatt belegt. Die Dauer ihrer Bratezeit trifft ohngefähr mit der der Krammtsvögel zusammen.

## Ortolanen. Lerchen und übrige Gattungen kleiner Vögel. Ortolans. Alouettes et autres sortes de petits oiseaux.

Sie erhalten ihre Dressur mittelst quer durchgestochener, kleinen Spießchen. Die erstern werden wie die Wachteln mit Weinlaub und Speckplatten bardirt, letztere wie die Krammtsvögel mit geriebener Semmel, diese in 10 Minuten und die Ortolanen in derselben, auch etwas längere Zeit gebraten.

## Gebratene Fische. Poissons pour rôts.

Sowol große Seefische als die aus den süßen Gewässern, werden als Braten bereitet gegeben, ganz besonders aber ist dies bei den Fasten-Diners und Fasten-Soupers der Fall, in Folge dessen sie mit Oel gebraten werden. Sowol die größern als kleinern Fische welche am Spieß gebraten, sie mögen im ganzen Stück oder zerschnitten, gespickt oder pannirt (in Eiern und geriebener Semmel umgekehrt) vorkommen, unterliegen vorher dem Einsalzen, oder erhalten zuweilen eine gewürzhafte Marinade. Als Fischspießbraten eignen sich besonders: Lachs, Zander, Hecht, Aal, Meeraal, Karpfen, Wels, Lamprete, u. a. m., sie werden theils mit, theils ohne Ueberwurf, auch pannirt im ganzen Stück am Spieß und im zerschnittenen Zustande auf einem flachen Geschirr, gebraten. Die Dauer ihrer Bratezeit wird durch ihre Größe bestimmt und würde bei einem der genannten Fische von 6 bis 8 Pfd. außer dem Aal und Wels, die eine längere Zeit bedürfen, in einer bis einer und einer viertel Stunde beseitigt sein. Ganz große Aale, besonders der Meeraal bedarf eine bedeutend längere Zeit, sowol zum Braten als zum Mariniren.

Alle hier theoretisch aufgestellten Regeln hinsichtlich der Angabe der Bratezeit, bleiben in sofern stets eine relative Angabe, als diese sowol von dem voluminösen Umfange der zum Braten bestimmten Fleischtheile als des, denselben angemessen geordneten und demgemäß unterhaltenden Feuers abhängig, auch zuweilen in örtlicher Beziehung von Hindernissen bedingt wird, die bei der praktischen Ausführung andere, nicht vorauszusehende Erfolge veranlassen; dessen ungeachtet bleiben diese Anweisungen für den nicht genug Sachverständigen, oder den mit der Bratenkunst ganz Unkundigen, ein lehrreicher und anwendbarer Commentar. Alle hier als Braten aufgeführten Fleischstücke lassen sich, von der Oertlichkeit bedingt, auf alle im ersten Kapitel gezeigten Bratenmethoden anfertigen; doch wird schließlich noch die in diesem Lehrbuche schon oft gerügte, sehr verwerfliche Sitte des vielen und langen Auswässerns der Fleischtheile, sowol von Schlachtvieh als besonders von Wildprett und Wild- und Zahmgeflügel streng getadelt; niemals darf sich diese Auswässerungsmethode weiter erstrecken als es die bei dem Küchenfache höchst nothwendige Reinlichkeit und Eigenheit verlangt, oder es die in heißen Sommertagen auf das Fleisch höchst nachtheilig einwirkende Luft nöthig macht, damit dem Fleische seine besten, nahrhaftesten und schmackhaftesten Säfte erhalten werden.

# V. Abschnitt.

## Salat. De la salade.

Gewöhnlich werden die Braten in Begleitung von Salaten gegeben; doch ausnahmsweise trifft es sich auch wol, besonders wenn es der Charakter des Salates erfordert, der aldann aus Italienischen Sardellen- und aus allen Arten, sowol gestürzten als auf der Schüssel angerichteten Wurzelsalaten besteht, daß derselbe erst nach dem Braten folgt. Ferner bildet er bei Veranlassungen von Bällen, großen Abend- und Frühstückstafeln, zuweilen eine selbstständige Speise für sich und in dieser Beziehung dünkt mich, würden deren Bereitungsarten in diesem Abschnitte ihre richtige Stelle finden. Die Sitte, den Braten in Begleitung von Compots zu geben, ist längst abgekommen und wird in Häusern von gutem Ton und Geschmack nicht mehr geduldet. Die eigenschaftlichen Abhandlungen eines großen Theils der als Salat vorkommenden Vegetabilien, sind im I. Bd. VIII. Abschn. enthalten.

### Gestürzter Wurzelnsalat. Salade moulée à la jardinière.

Die Bereitung dieses Salats erfordert in seiner Ausführung ein gewisses Talent, um ihn geschmackvoll herzustellen. Das Bedarfsquantum zu einer fünf einen halben bis sechs Zoll im Durchmesser haltenden und drei Zoll hohen Form, würde in zwei Stauden Blumenkohl, einer Staude Sellerі, sechs bis acht Stück Zoll dicken rothfarbigen Mohrrüben, zwei Stück rothen Rüben, funfzehn Stück kleinen Zwiebeln, ebenso viel Radieser, einer gleichen Quantität lange oder kleiner runden Erdtoffeln und einem Schock grüner Bohnen mit etwas Saubohnen bestehen. Nach der Form, in welche der Salat eingeordnet werden soll, oder nach dem Geschmack des Verfertigers werden von den gekochten Mohrrüben, rothen Rüben, Selleri und Erdtoffeln, gleichmäßig große und dicke Scheiben oder kleine Rübenformen zugeschnitten oder ausgestochen, die Bohnen in ähnlich lange Stücke geschnitten, Radieser und Zwiebeln in möglichst kleinen runden Formen gewählt, und der Blumenkohl in kleine Röschen geformt; nächstdem erhalten diese roh zugestutzten Gemüsearten ebenfalls die nöthige Weichkochung und werden alsdann alle, doch jedes besonders in der hinlänglichen Quantität Oel, französischem Estragonessig, Salz und gestoßenem Pfeffer mehrere Stunden über marinirt. Nach dieser Zeit schließt sich an diese Vorrichtung, nachdem die Wurzeln abgetropft sind, das Einordnen derselben in einer, oben bezeichneten mit Oel ausgestrichenen Stürzform (Einl.) oder einem ähnlichen zum Ausstürzen sich eignenden glatten Modell auf folgende Art: Der Boden derselben wird mit den Wurzeln in schönster Farbenmischung und nach einer geschmackvollen Zeichnung ausgelegt, mit den Wurzeln in abwechselnder Ordnung so fortgefahren, daß an den Seiten ebenfalls eine schöne Nüancirung entsteht und auf diese Weise die Form gänzlich gefüllt; jedoch muß bei dieser Operation eine jede Lage recht gleichmäßig geordnet und festgedrückt, auch daß die rothen Rüben so gelegt, daß durch das mögliche Auslaufen ihres Saftes kein Nachtheil für die anderen Wurzeln entsteht, oder diese bei den gestürzten Salaten ganz weggelassen werden. Nach Verlauf mehrerer Stunden wird der Salat mittelst warmen Wassers aus der Form gestürzt, mit den vielleicht nicht eingelegten kleinen Zwiebeln unten, und mit etwas Kapern und grünen Saubohnen oben verziert, wobei die Decorirung nicht überladen bunt, sondern in geschmackvollen Nüancen gehalten werden muß, und kurz vor dem Speisen mit einer dünnflüssigen, durchaus nicht deckenden Sauce, welche von der, von der Wurzelmarinade zurückgebliebenen Flüssigkeit mit einem guten Theil Oel, zwei hartgekochten und durchgestrichenen und zwei rohen Eierdottern, dem nöthigen Essig und einem Eßlöffel voll französischen Mostrich zusammengesetzt wird; leicht übergossen.

## Gärtnersalat. Salade à la jardinière.

Hierzu können außer den im vorigen Artikel aufgeführten Wurzelarten, noch eine bis zwei Gurken und zwei Stück in kolbigen gefleckten Wurzeln vorkommende Rhapuntika, vier Aehren eingemachter junger türkischer Waizen genommen werden. Die Bereitungsweise des Salats ist von dem vorigen nur in der Art abweichend, daß statt die treffend gekochten und in Oel, Essig, Salz und etwas Pfeffer, marinirt gewesenen Gemüsearten, in eine Form zum Ausstürzen geordnet, dieselben auf eine kleine Schüssel oder passende Assiette in schönster Form und Farbenmischung geschmackvoll angerichtet werden, wobei die, dem Sellerí, der Rhapuntika, den Mohrrüben und rothen Rüben zu gebende Form von dem Talent und Geschmack des Verfertigers abhängend, in sägeförmig gezähnte, halbmond-, auch rund- oder lanzettförmige Stücke zugeschnitten werden, auch aus einem Theil in kleiner Rübenform oder mit einem Ausstecher modellirten Stücken bestehen können. Der Salat wird mit einer nach obiger Angabe zusammengesetzten Sauce leicht übergossen und das Bedarfsquantum der Gemüsearten etwas verringert.

## Sardellen-Salat. Salade d'anchois.

Ein und ein halbes Pfd. der besten großen Sardellen, von jedem in dem Volumen eines reichlichen achtel Qrt. Oliven, Cornichons (kleine Pfeffergurken), eingemachte Champignons und Kapern, ferner vier bis sechs Aehren eingemachter junger türkischer Waizen, ein viertel Pfd. Braunschweiger Wurst, drei Neunaugen und zwei Citronen, machen die wesentlichen Bestandtheile dieses auf eine Schüssel oder zwei kleinen Assietten anzurichtenden so beliebten Salates aus. Nachdem die Sardellen sauber gewaschen und sorgfältig aus allen Gräten genommen sind, werden die Hälften theils aufgerollt, theils wie die aus den Gräten gemachten Neunaugen in Stücke geschnitten, mit der in dünne Scheiben geschnittenen Braunschweiger Wurst, den ein, auch wol zwei mal gespaltenen Pfeffergurken und unausgeschälten Oliven, nebst den anderen Ingredienzien, auf die Art recht geschmackvoll angerichtet, daß eine jede der angegebenen Ingredienzien mittelst der Sardellen in abgetheilten Feldern recht sauber und schön gehalten, gelegt und das Ganze in recht gefälligen Nüancirungen erscheint, hierauf mit in der Länge halb durch geschnittenen, sägeförmig gezackten Citronenscheiben garnirt und mit der nöthigen Quantität Oel und Essig begossen wird.

## Italienischer Salat. Salade à l'Italienne.

Dieser wird gewöhnlich von den oben angeführten, in etwas geringerer Quantität genommenen, mit etwas Oel benäßten Ingredienzien, zu welchen noch ein viertel Pfd. geräucherter Lachs, 15 marinirte Austern und 15 eingemachte Muscheln hinzugefügt werden, auf die Art gemacht, daß diese Ingredienzien mit recht klarem schmackhaften und etwas festen Spieggelgallert (Aspic Einl.) in einer fünf Zoll im Durchmesser haltenden und drei Zoll hohen passenden Form, in abwechselnder Mischung und gefälliger Zeichnung geordnet werden und nachdem dies auf dem Eise oder einem kalten Orte fest geworden, aus der Form gestürzt und in Verbindung der Citronenscheiben mit den bezeichneten Austern und Muscheln unten herum geschmackvoll garnirt wird.

## Einfacher Wurzelnsalat. Salade de racines.

Er besteht aus einer bis zwei Stauden Sellerі, zwei Stück rothen Rüben, vier bis sechs Mohrrüben, einer gleichen Quantität Rhapuntikawurzeln, 15 kleinen Radiesern, ebenso viel kleinen Zwiebeln und einer oder zwei Stauden Blumenkohl. Aus den gekochten Wurzelarten werden theils sägeförmig gezähnte, theils glatte, runde oder halbmondförmige Scheiben, auch der Haussitte und dem Geschmack des Tischherrn gemäß, einfache Stücke oder nach dem Talent des Verfertigers eine jede beliebige Form gestaltet und der Blumenkohl in kleine Röschen geschnitten. Nach dem Mariniren in Oel, Essig und Salz und dem hierauf erfolgten Abtropfen sämmtlicher Küchengewächse, werden sie auf eine größere oder zwei kleineren passenden Assietten recht zierlich angerichtet und hierauf mit fein gehackter Petersilie, den Radiesern und kleinen Zwiebeln oben und an den Seiten garnirt, kurz vor dem Speisen mit einer von einem sechstel Qrt. Oel, halb so viel oder die nöthige Quantität Estragonessig, zwei rohen und zwei hartgekochten und durchgestrichenen Eierdottern, etwas Salz und gestoßenem Pfeffer und einem Eßlöffel voll Mostrich gerührter flüssiger Sauce leicht begossen. Sowol bei diesen als allen andern Gärtner- und Wurzelnsalaten wird diese mit der zurückgebliebenen Flüssigkeit, der marinirt gewesenen Ingredienzien vermischt und demgemäß die Quantitäts-Anwendung des Oeles und Essigs geregelt.

## Häringssalat. Salade de harengs.

Vier bis sechs Stück Häringe werden nach mehrstündigem Auswässern aus Haut und Gräten und entweder in drei viertel Zoll langen feinen Faden (Filets) oder in ein achtel Zoll starke Würfelformen geschnitten; ebenso schneidet man große weiche Aepfel und Kalbsbraten, beide Theile in dem Volumen der geschnittenen Häringe, giebt zu diesen Ingredienzien noch einen Theelöffel voll ganz fein gehackte oder fein geriebene weiße Zwiebeln, wenn nämlich diese von der Tischgesellschaft gestattet werden (weil viele Personen den Genuß roher Zwiebeln nicht vertragen können), vermischt das Ganze hierauf mit einem Tassenkopf voll feinen Kapern, etwas gestoßenem Pfeffer, einem sechstel Qrt. guten Oel, der nöthigen Quantität Weinessig und richtet es mit einem Kranz von sägeförmig gezähnten halbrunden Citronenscheiben und ebenso geformten Apfelscheiben an.

## Bürgerlicher Häringssalat. Salade de harengs à la Bourgeoise.

Drei bis vier Stück Häringe, 12 bis 16 Stück große Erdtoffeln, 6 bis 8 große weiße Aepfel, in gleichen Volumen der Aepfel werden Kalbsbraten und zwei bis vier Stück gekochte rothe Rüben in einen viertel Zoll starke Würfeln oder Scheiben, auch in eine von dem Hausstand geliebte andere Form geschnitten, rücksichtlich vorstehender Bemerkung mit ein paar Theelöffeln voll gehackter Zwiebeln untermengt, hierauf mit einem sechstel Qrt. Oel, der nöthigen Quantität starken Essig und etwas gestoß. Pfeffer angemacht und unter Umständen, nach Untermischung von einem Tassenkopf voll Kapern, mit Citronenscheiben angerichtet.

## Erdtoffelsalat. Salade de pommes de terre.

Ohngefähr eine Metze auch weniger mit der Schale abgekochte lange Erdtoffeln, werden nach sorgfältigem Abziehen und Verkühlen entweder in einen Zoll lange und einen viertel Zoll starke Fadenstücke, in einen viertel Zoll starke Würfel oder in einen achtel Zoll starke gleiche Scheiben geschnitten, hierauf mit einer von einem viertel Qrt. Oel, der nöthigen Quantität starken Essig, zwei rohen und drei hart gekochten Eierdottern, einem bis zwei Eßlöffeln voll Mostrich, etwas gestoß. Pfeffer, etwas gehackter Petersilie und dem nöthigen Salz gut durcheinandergerührt und beim Anrichten mit Sardellen- oder Häringsstreifen belegt. Eben so kann dieser Salat mit geschnittenem Häring untermengt werden.

## Gestürzter Erdtoffelsalat. Salade moulée de pommes de terre.

Hierzu müssen die Erdtoffeln in recht gleichmäßige runde Scheiben, wobei die langen Erdtoffeln erst ausgestochen und dann geschnitten werden; in schöne viereckige oder runde Stücke werden Häringe und Neunaugen, auch einige Stücke geräucherter Lachs geschnitten, hierauf ein jedes besonders in dem nöthigen Oel und französischen Essig marinirt, demnächst in einem mit Oel bestrichenen glatten Modell geschmackvoll geordnet und leicht gepreßt und nach erfolgten Ausstürzen mit einer mit den vorhin bemerkten Ingredienzien bereiteten flüssigen Sauce übergossen, aber nicht gedeckt.

## Gurkensalat. Salade de concombres.

Im Frühjahr wenn die Gurken auf den Mistbeeten erscheinen und alsdann am zartesten und schmackhaftesten sind, zieren sie die Tafeln der Vornehmen, späterhin werden sie, wenn sie allgemeiner und häufiger geworden, von den niedern Ständen genossen. Nachdem vier bis fünf Stück Gurken geschält worden, werden sie mittelst einer Gurkenhobel oder eines dünnen Messers in dünnblättrige Scheiben geschnitten und kurz vor dem Speisen mit einem sechstel Qrt Oel, der erforderlichen Quantität französischen Estragon- oder starken Essig, etwas gest. weißen Pfeffer mit in kleine Stücke geschnittenen Estragonblättern und Schnittlauch nebst dem nöthigen Salz angemengt. Die Methode des frühern Einsalzens und starken Auspressens der Gurken ist sehr zu tadeln, durch den Verlust ihres Saftes verlieren sie zugleich einen Theil ihres Geschmackes und werden alsdann schwer verdaulich. Wenn in den bürgerlichen Haushaltungen die späterhin auf dem Lande erzeugten viel Flüssigkeit enthältenen Gurken eingesalzen werden, muß dies nur mit wenigem Salz und leichtem Pressen geschehen und das etwa noch fehlende Salz bei dem Anmachen des Salates hinzugefügt werden.

## Grüner Kräutersalat. Salade aux fines-herbes.

Er ist aus einer seltsamen Mischung von verschiedenartigen Gartenkräutern zusammengesetzt, von welchen die hauptsächlichsten und am meisten vorkommenden aus Garten- und einem Theil Kapuzinerkresse, Estragonblättern, Schnittlauch, Kerbel, Portulak, Basilicum, jungem Fenchelkraut, Dill, Pimpernelle, Trippmadam, Löffelkraut, Krausemünze und Melisse bestehen. Die Mischung mit denselben muß treffend, das heißt, daß die stärker gewürzhaften Kräuter als Melisse, Krausemünze, Estragon, Dill, Schnittlauch und Basilicum in geringer Quantität angewandt mit den andern Kräutern außer der Kresse dies Quantum verdoppelt und die Kresse in den dritten Theil des Ganzen genommen wird.

## Grüner Salat. Salade verte.

Unter dieser Benennung begreift man folgende Salate: Kopfsalat, junger Blättersalat (Lattich), alle Arten Gartenkresse, gewöhnliche und Erfurter Brunnenkresse, Rapunzen und gelbe Endivien; sie werden, je nachdem es die Haussitte oder der Geschmack vorschreibt, nach dem sorgfältigen Verlesen und Waschen mit Oel, Essig, Salz und Pfeffer, mit oder ohne zerrührten hartgekochten Eierdottern angemacht und mit 6 bis 7 Minuten gekochten und in Viertel geschnittenen Eiern, der Kopfsalat, Endivien und Rapunzen auch mit Sardellenstreifen, belegt. Was die Brunnenkresse, besonders die Erfurter betrifft, so wird diese nach dem sorgfältigen Verlesen und Waschen, mit einer von einem sechstel Qrt. Oel, dem Saft von zwei Citronen, etwas fein gehackter Citronenschale, Salz, zwei hartgekochten und durchgestrichenen Eierdottern, einem achtel Qrt. Rhein- oder Franzwein und einem achtel Pfd. fein gestoß. Zucker zusammengesetzten Sauce angemacht.

## Salat nach Königsberger-Art. Salade à la Königsberg.

In Viertel geschnittener gelber Kopfsalat wird mit Estragonblättern Schnittlauch, weißem Pfeffer, dem nöthigen Salz, etwas Essig und mit etwas gestoßenem Zucker vermischter dicker sauren Sahne angemacht.

## Kohlsalat. Salade de choux.

Die Herzen von zartem weißem und rothem Kohl werden ganz feinfadig geschnitten und jedes besonders eine Zeitlang in Wasser gekocht, nach dem Verkühlen mit Oel, Essig, Salz und Pfeffer angemacht und mit hahnekammförmig geschnittenem Selleri, Rhapuntika und rothen Rüben geschmackvoll angerichtet. Die einfachen Salate kommen noch vor als:

## Sellerisalat. Salade de célerie.

Der aus vier bis fünf Stauden bestehende gekochte Sellerie

wird in Stücke oder in jede beliebige Form, wie es die Haussitte gebietet, geschnitten, und mit der bekannten Salat-Sauce von Oel, Essig, ein wenig Mostrich, Pfeffer, Salz und einigen hartgekochten Eierdottern angemengt. Zuweilen wird dieser Sallat mit rothen Rüben garnirt, auch mit diesen zu gleichen Theilen gemischt, gegeben. Eben so läßt er sich eine Belegung von Sardellen gefallen.

## Rother Rübensalat. Salade de betteraves.

Sechs Stück abgekochte rothe Rüben werden in Scheiben oder jede andere beliebige Form geschnitten und in der fernern Bereitung wie der Sellerisalat beendet, bei ihm tritt das umgekehrte Verhältniß hinsichts der Vermischung oder Garnirung ein. Eben so werden die scheibig geschnittenen eingemachten rothen Rüben (III. Bd. IV. Abschn.) als Salat gespeist.

## Bohnensalat. Salade d'haricots verts.

Das aus drei Schock bis einer halben Metze bestehende Bedarfsquantum, wird nach dem Abziehen, in Wasser mit Salz treffend weich gekocht und gut abgetropft, hierauf in einen bis einen und einen halben Zoll lange Stücke geschnitten und sofort in einem sechstel Qrt. Oel, der halben Quantität Essig und etwas Pfeffer einige Stunden über marinirt. Das Anrichten erfolgt in schöne glatte Schichten und wird der Salat nächstdem mit der mit einigen hartgekochten Eierdottern, etwas gehackter Petersilie und grünem Pfefferkraut vermischten Marinade übergossen und kann ausnahmsweise mit einigen jungen türkischen Weizenähren garnirt werden.

## Speck- (gebrühter) Salat. Salade au lard.

Er wird von vorzüglich festen gelben in halben und vierteln geschnittenen Köpfen und den besten Blättern gemacht; ein halbes Pfd. magerer Speck in einen viertel Zoll starke Würfel geschnitten und gelbbraun gebraten, hierauf mit einem sechstel Qrt. Essig aufgekocht und mit drei Eierdottern gebunden. Mit dieser Sauce wird der mit Schnittlauch und Estragon vermischte Salat kochend überbrüht oder verkühlt damit angemengt.

Schließlich ist noch zu bemerken, daß das Anmachen, Anmengen (mit der Sauce oder Oel und Essig-Flüssigkeit vermischen) bei allen Blätter-, Kräuter- und Gurken-Salaten jedesmal nur kurz vor dem Speisen erfolgen darf, daher dies Geschäft von dem der Tafel oder dem Tisch vorstehenden Individuum oder von Jemanden aus der respektiven Tischgesellschaft ausgeführt wird. Ferner hängt die Oel- und Essig-Quantitäts-Angabe immer noch von der Quantität des Salats selbst und von der mehr oder weniger enthaltenen Schärfe des Essigs ab, wobei der Geschmack die sicherste Anweisung giebt.

# VI. Abschnitt.

## Mehlspeisen. Plats d'entremets sucrés et nonsucrés en patisserie.

Die in einigen Häusern übliche Sitte, daß diese Gerichte vor dem Braten gegeben werden, erscheint nur alsdann passend und bei einer anständig servirten Mittags- oder Abendtafel zulässig, wenn diese Speisen aus einem Theil derber animalischer Substanzen zusammengesetzt sind oder aus solchen Mehlspeisen bestehen, die keine Süßigkeiten oder Zuckerstoffe enthalten, sondern mit verschiedenartigem Käse bereitet werden, alle übrigen süßen Mehlspeisen werden nur bedingungsweise vor dem Braten, sonst in der Regel nach demselben aufgetischt. — Dieser, in diesem Abschnitte behandelte Theil der Kochkunst umfaßt einen ihrer größten Zweige, der wiederum in mannigfache Gliederungen zerfällt und demgemäß in folgende Abtheilungen, in denen der Cremen- oder Auflauf, der Frucht-, der Flanken-, der Strudel-, der Pfannen-, der gestürzten- oder geformten-, der Nockeln- und Nudeln-, der Schaum-, der Teig-, der Eier-, der ausgebackenen-, der Charlotten- und endlich der Käse-Mehlspeisen geordnet und zusammengestellt werden kann. Ferner begreift er diejenigen Speisen in sich, die aus allen Arten Puddings, auch verschiedenartigen gewöhnlichen Milchspeisen bestehen. Hinsichtlich des Ingredienzien-Bedarfsquantums wird dem einmal angenommenen System möglichst treu geblieben und dieses so eingetheilt werden, daß es auf den materiellen Gehalt einer anständig angerichteten Schüssel berechnet ist. Die Back- und Anrichtemethode der Mehlspeisen geschieht auf verschiedene Art, sie werden sowol in einer der Hitze widerstehenden mit einem zwei Zoll hohen Teigrand (I. Bd. IV. Absch.) versehenen Schüssel, in einer ein und drei viertel Qrt. enthaltenden silbernen Casserole, oder in einem um einen runden oder ovalen Boden passenden und mittelst eines Scharnieres befestigten und leicht abzunehmenden blechernen Randes, nach jedesmal vorhergegangenem Bestreichen mit frischer Butter aufgetischt; als auch ihrem Charakter gemäß in einer sechs bis sieben Zoll im Durchmesser haltenden und drei bis drei und einen halben Zoll hohen runden, oder ein gleiches voluminöses Quantum aufzunehmenden ovalen Stürzform mit gleicher Vorkehrung bereitet. Die Zuthaten müssen stets von der besten Qualität gewählt, das Maaß und Gewicht richtig beobachtet und die Ofen- oder Backhitze möglichst genau geregelt werden. Der geübte Praktiker ermißt durch augenblickliches Hineinhalten der Hand in den Ofen oder durch das langsamere oder schnellere Färben eines hineingeworfenen Stückchen Papiers dessen Hitze; doch läßt sich für ganz Ungeübte im Backen nöthigenfalls mittelst eines Reaumur'schen Thermometers, der an der Oeffnung des geheizten und rein ausgekehrten Ofens gestellt wird, durch die auf demselben ausströmende erhitzte Luft, der in der Mitte des Ofens concentrirte Hitzegrad ohngefähr bestimmen. Eben so wol werden, besonders in kleinern Haushaltungen die Mehlspeisen in Tortenpfannen (I. Bd. Einl.) auch in eisernen Bratröhren oder Bratöfen (IV. Abschn.) bei aufmerksamer Behandlungsweise mit dem besten Erfolge gebacken, wobei die angegebenen Beweismittel zur Ergründung der Ofenhitze nicht anwendbar, sondern diese durch das mehr oder weniger zu unterhaltende Feuer gemäßigt oder gesteigert werden kann.

---

## I. Abth.: Auflauf- oder Cremen-Mehlspeisen. Soufflés.

### Auflauf von Orangenblüthe. Soufflé à la fleur d'orange.

Zwei drittel Qrt. gute Milch oder Sahne, zehn Loth feines Mehl, zehn Loth Butter, zwölf Loth Zucker, zwölf Eier, zwei Loth Orangenblüthe. Sobald die Sahne aufgekocht hat, läßt man die Orangenblüthe eine halbe Stunde darin ausziehen, welches Verfahren bei der Kochkunst „infüsiren" und die durchgegossene Flüssigkeit „Infusion" genannt wird. Mit einem Theil dieser Infusion wird das Mehl nebst zwei ganzen Eiern und zwei Dottern, ferner mit Zurücklassung eines geringen Theiles, des fein gestoßenen und durchgesiebten Zuckers und einigen Messerspitzen voll Salz klar gerührt, und dieses mit Hinzufügung der übrigen Sahne und der Hälfte Butter auf einem gelinden Feuer zu einer dicken cremigen Substanz gekocht, die, wenn sie etwa zu dick, mit etwas Milch kochend verdünnt und wenn die Masse vom Feuer genommen, mit einem ganzen Ei gebunden, unter abwechselndem Umrühren verkühlt, nächstdem mit der übrigen Butter und den Dottern der noch übrigen Eier gut durcheinander gerührt und zuletzt mit dem von sämmtlichem Eiweiß in einem runden Schneekessel, mittelst eines Drathbesens fest geschlagenen Schaums oder Schnees behutsam vermischt wird. Diese zart aussehende dickflüssige Masse (Crème patissière) wird entweder in eine silbernen Casserole oder Randschüssel zu drei viertel voll gefüllt und oben mit dem übrigen Zucker bestreut, auf die vorhin bezeichnete Weise in einer gleichmäßigen mittlern Hitze ein und eine viertel Stunde gebacken. Geschieht das Backen der Mehlspeise in einem Backofen, so muß dieser eine Stunde vor dem Einsetzen derselben rein ausgekehrt und hierauf geschlossen, damit die Hitze gleichmäßig vertheilt und gemäßigt, demzufolge die Mehlspeise, um den schädlichen Luftandrang zu verhüten, bei zugemachter Ofenthür gebacken werden kann. Das, bei der praktischen Ausführung, in örtlicher Beziehung „Bekanntsein" mit dem Back- oder Bratofen, Bratröhren oder Tortenpfannen ist der beste Rathgeber bei dem Backen von Mehlspeisen. Zeigt sich bald nach dem Hineinsetzen durch das schnelle Färben der Oberfläche der Masse, der Beweis einer zu starken Hitze, so müssen die obern Zuglöcher und wenn dies noch nicht hinreicht, die Ofenthüre offen gehalten und nöthigenfalls die Mehlspeise mit Papier gedeckt werden. Alle Mehlspeisen, die eine gemäßigte Hitze bedürfen, gerathen am besten, wenn sie in einem Ofen, worin schon andere einer größern Hitze bedürfende Backwerke bereitet worden, gebacken werden. Die gelungene Bereitung zeigt sich, wenn die Mehlspeise eine gute Hand breit gerade aus ihrer Hülle emporgestiegen und sich oben mit einer hellbraunen blanken Glasur überzogen hat.

## Auflauf von Vanille. **Soufflé à la vanille.**

Die Bereitung dieser Mehlspeise hat ihre Abweichung von der vorstehenden durch den sie charakterisirenden Geschmack und Geruch, so daß statt der Orangenblüthe eine Stange Vanille in der Milch oder Sahne ausgezogen oder infüsirt, und in dem weitern Verfolg die Zusammensetzung derselben mit denselben Ingredienzien nach Angabe des vorigen Artikels ausgeführt und auch dieselbe Backmethode beobachtet wird.

## Auflauf von Orangenblüthessenz. **Soufflé à l'essence d'orange.**

Mit den, bei dem Art.: Auflauf von Orangenblüthe, angegebenen Ingredienzien, wird auf dieselbe Weise, eine dicke Substanz angefertigt (Crème patissière), welche bei dem darauf folgenden Zusammensetzen der übrigen Zuthaten noch mit drei bis vier Eßlöffeln guter Orangenblüthessenz vermischt und sofort nach dem behutsamen

Verbinden mit dem aus dem Eiweiß geschlagenen Schnee in der bezeichneten Hitze gebacken wird.

### Auflauf von candirter Orangenschale. **Soufflé à l'ecorce d'orange candie.**

Unter die, auf die bezeichnete Weise angefertigte Masse giebt man drei Loth fein würflich geschnittene candirte Orangenschale und verfährt bei dem Backen nach obiger Angabe.

### Auflauf von Citronat. **Soufflé au citronade cedrale.**

Weicht in der Bereitungsart von der vorigen dadurch ab, daß statt candirter Orangenschale, eine ähnliche Quantität eben so geschnittener Citronat in die Masse genommen und dieselbe noch mit dem Saft von zwei bis drei Citronen vermischt wird.

### Auflauf von Apfelsinen. **Soufflé d'oranges douces.**

Die auf bekannte Weise angefertigte Auflaufmasse erhält einen angenehmen Geschmack durch die auf Zucker leicht abgeriebene obere Schale (Aepfelsinenzucker) und den Saft von zwei bis drei schönen Apfelsinen, und wird in der weitern Bereitung den übrigen Aufläufen gleich behandelt.

### Auflauf von Kaffee. **Soufflé à l'essence de café.**

Alle diese Aufläufe, die mit einer Infusion gemacht werden, bleiben sich in ihrer Bereitungsart in so fern gleich, als sie durch die Ingredienz, welche sie charakterisirt und ihnen den Geschmack verleiht, eine Abweichung erleiden. So werden acht Loth Kaffee gelbbraun gebrannt, gemahlen oder gerieben, mit einem sechstel Qrt. Wasser gut filtrirt und unter die Masse genommen, welche wegen dieses flüssigen Zusatzes mit in etwas geringer Quantität genommener aber sehr guter Sahne bereitet, auch nach Umständen das Zukkerquantum gesteigert werden muß. Auch kann der gebrannte Kaffe heiß in die Sahne gethan und darin infusirt und demgemäß um zwei Loth mehr Kaffee genommen werden.

### Auflauf von Ananas. **Soufflé à l'ananas.**

Man bereitet diesen Auflauf gewöhnlich von den bei einer Tafel zurückgebliebenen unberührten Früchten. Der Mark wird mit Zucker zu einer Marmelade gekocht, hierauf durchgestrichen, nächstdem im verkühlten Zustande mit der Crememasse vermischt und wie die andern Aufläufe gebacken.

### Auflauf von Thee. **Soufflé au thé.**

Zwei Loth Thee werden in Milch ausgezogen und ist die fernere Bereitungsweise der vorhergehenden gleich kommend, Thee- und Caffeeinfusion kommen erst nach dem Abrühren des Cremes in die Massen.

## Auflauf von Marasquin. Soufflé au marasquin.

Die Bereitung ganz dem Auflauf von Orangenessenz gleich, bei dem kalten Zusammensetzen der Mehlspeise giebt man ein achtel Qrt Marasquin hinein. Dieser Auflauf verlangt wegen dieser Flüssigkeit ebenfalls sehr gute Sahne und muß etwas compakt in der Masse gehalten werden.

## Auflauf von bitteren Pommeranzen. Soufflé aux bigarades.

Drei gelbe Pommeranzen werden auf der krausen oder scharfen Fläche eines Stück Zuckers abgerieben und der dadurch erhaltene Orangenzucker auf dem Tisch mit der Messerfläche fein gerieben und nach dem Abrühren in die Mehlspeise gethan, die dadurch im Geschmack angenehm gehoben wird.

## Auflauf von bitteren Makronen. Soufflé de macarons.

Ein halbes Pfd. bittere Makronen werden, wenn sie nicht trokken genug, getrocknet und hierauf grobkörnig gestoßen. Die, mit 3 Loth weniger Mehl, sonst mit allen in dem ersten Artikel aufgeführten Ingredienzien angefertigte Masse wird mit den Makronen behutsam durch einander gerührt und demnächst mit der von den weißen Eiern geschlagenen Sahne genau vermischt.

## Auflauf von Mandeln. Soufflé d'amandes.

Ein halbes Pfd. Mandeln und drei Stück bittere werden gebrüht, abgezogen und mit etwas Milch ganz fein gerieben. Nächstdem mit der von sechs Loth Mehl, zehn Loth Zucker und den übrigen im ersten Artikel aufgeführten Ingredienzien mit einem halben Qrt. Sahne, worin eine Infusion von einer halben Stange Vanille gekommen, bereiteten Crememasse vorsichtig, damit keine Klümpchen entstehen, genau vermischt und wenn sie zur bestimmten Zeit mit dem Eiweißschnee verbunden, wie bekannt gebacken. Diese Masse muß etwas dick gehalten werden, damit beim Backen die Mandeln nicht auf den Boden sinken.

## Auflauf von Hasel- oder Wallnüssen. Soufflé d'avelines ou de noix.

Die Bereitung ist der vorhergehenden gleich, statt der Mandeln giebt man zwölf Loth aufgeschlagene und abgezogene, hierauf mit etwas Milch oder Wasser, damit sie nicht öhlig werden, fein geriebene Haselnußkerne oder Wallnüsse in die Masse.

## Auflauf von Mandelmilch. **Soufflé au lait d'amandes.**

Die gestoßenen Mandeln läßt man mit der Sahne und einer halben Stange Vanille ausziehen (infüsiren) und preßt sie hierauf durch ein Haartuch, mit dieser und den bekannten Zuthaten wird die Crememasse bereitet, die den vorstehenden Aufläufen gleich behandelt und sofort gebacken wird.

## Auflauf von Pistazien. **Soufflé de pistaches.**

Die wie die Mandeln vorbereiteten Pistazien werden mit Untermischung von drei Stück bittern Mandeln und etwas Milch recht fein gerieben und wenn die mit drei Loth weniger Mehl bereitete Masse zusammengesetzt ist, wird sie mit den Pistazien vermischt und nachdem sie mit etwas Spinatmatte (I. Bd. II. Abschn.) eine den Pistazien ähnliche mattgrüne Farbe erhalten und mit den Eierweißschnee verbunden, auf die bekannte Weise sofort gebacken.

## Auflauf von Chocolate. **Soufflé de chocolat.**

Ein halbes Pfd. Chocolate wird gerieben, mit fünf Loth Mehl, zwei ganzen Eiern und zwei Eierdottern, zehn Loth Zucker, fünf Loth Butter, mit zwei drittel Qrt. Sahne oder Milch, worin eine halbe Stange Vanille infüsirt worden (ausgezogen,) zu einer dicken Crememasse (Crème patissière) gekocht, wenn diese verkühlt ist, rührt man noch fünf Loth Butter, acht Eierdotter und zuletzt das von diesem zu einem steifen Schnee geschlagene Eierweiß behutsam darunter.

## Auflauf von Cacao. **Soufflé de cacao.**

Acht bis zehn Loth geröstete Cacaobohnen werden mit etwas Zucker fein gestoßen und in einem halben Qrt. Sahne und einer halben Stange Vanille ausgezogen, mit dieser durchgepreßten Infüsion werden von acht Loth Mehl und den oben angeführten Zuthaten eine Crememasse gekocht und die Mehlspeise in der fernern Bereitung den vorigen gleich behandelt.

## Auflauf von gerösteter Orangenblüthe. **Soufflé à la fleur d'orange pralinée.**

Wird mit zwei drittel Qrt. mit drei Loth gerösteter Orangenblüthe infüsirter Sahne nach Angabe des ersten Artikels bereitet.

## Auflauf von Punsch. Soufflé au ponche.

Die auf bekannte Weise anzufertigende Crememasse wird in etwas dicker Substanz gehalten, zunächst mit dem Saft von zwei Citronen und zuletzt mit einem achtel Qrt. Rum nebst dem von dem Eierweiß geschlagenen Schnee in Verbindung gebracht.

## Auflauf von Erdtoffelmehl. Soufflé à la fécule de pommes de terre.

Die Masse wird den andern Aufläufen mit der Abweichung gleich bereitet, nur daß statt des gewöhnlichen Mehls, Erdtoffelmehl genommen und zwar der stärkeren Bindkraft wegen muß dies Ingredienz um ein Viertheil in der Quantität verringert, auch seiner Eigenschaft wegen, nicht zu lange gekocht werden. Man kann diese Mehlspeise mit jeder beliebigen Infusion im Hauptgeschmack lieblich modifiziren.

## Auflauf von Pumpernickel. Soufflé de Pompernickel.

Der Pumpernickel wird in Scheiben geschnitten, getrocknet, fein gestoßen und gesiebt, und ein halbes Pfd. von diesem nach Angabe des ersten Artikels mit den bezeichneten Ingredienzien, aber mit Zurücklassung des Mehls zu einer dicken Masse (Crême patissière) gekocht und zunächst wie die vorigen Aufläufe in der weiteren Bereitung beendet.

## Auflauf von Maronen (echten Kastanien). Soufflé de marrons.

Zwei Pfd. Maronen werden nach Absonderung der äußeren Schale und Haut, in der nöthigen Milch und etwas Butter weich und zu einem dicken Brei gekocht, nachdem er durchgestrichen, mit drei bis vier Lth. Kraftmehl nebst den übrigen Ingredienzien zu einer dicken Creme-Masse nach Angabe des ersten Artikels zusammengestellt nnd gebacken.

## Auflaufmehlspeise von Erdtoffeln. Soufflé de pommes de terre.

Die jetzt folgenden Auflaufspeisen weichen von den vorhergehenden in ihrer Bereitung bedeutend ab. Hinsichtlich des Geschmacks und des schönen Aeußern bleiben sie nicht allein jenen gleich, sondern übertreffen sie sogar darin sehr oft. Ein und ein halbes Pfd. abgezogene mit der Schale gekochte Erdtoffeln, zwölf Eier, vierzehn Lth. Zucker, ein achtel Qrt. eingekochte Sahne, zehn Loth Butter. Eine halbe Metze große oder recht mehlige Erdtoffeln werden zwei Stunden vor der Speisezeit mit der Schale abgekocht oder in einem Dampfkessel (I. Bd. IV. Abschn. Artikel:

Erdtoffelpastetchen) gar gemacht, hierauf sogleich heiß abgezogen und in einem Mörser gestoßen oder in einem Reibenapf mit der Aufmerksamkeit, bis sich keine Stücke oder Klümpchen mehr zeigen, gerieben, daß sie dabei nicht zähe werden, was durch Beimischung von etwas gest. Zucker möglichst zu verhindern gesucht wird. Unter fortwährendem Rühren werden nun zwei ganze Eier, die Butter in kleinen Stücken, die kurzgekochte Sahne, von den übrigen Eiern die Dottern und der übrige Zucker hinzugethan, so daß die Zusammensetzung eine zarte dickflüssige Masse bildet, welche zuletzt mit drei bis vier Eßlöffeln voll Orangenessenz (statt dessen kann auch die kurzgekochte Sahne mit Vanille oder Orangenblüthe infüsirt werden), nebst über drei viertel des von dem Eiweiß geschlagenen festen Schnees vermischt, sofort in eine silberne Casserolle oder in eine mit einem Rande versehene Schüssel (Artikel: Auflauf von Orangenblüthe) nach Angabe des ersten Artikels dieser Abtheilung gefüllt, hierauf oben dick mit Zucker bestreut und eine und eine viertel bis eine und eine halbe Stunde in sehr mäßiger Hitze gebacken wird.

## Auflauf von Reiß. Soufflé à la purée de riz.

Ein halb Pfd. Reiß wird sorgfältig blanchirt und verlesen, hierauf in der nöthigen, ohngefähr mit einem und einem viertel Qrt. Milch einem Stück Zimmet, einem achtel Pfd. Butter, 12 Lth. Zucker, und einer Prise Salz weich und zu einer dick cremigen doch nicht zu steifen Masse gekocht, diese wird sogleich mit einigen ganzen Eiern verbunden und nach Beseitigung des Zimmts durch ein großes Sieb gestrichen, demnächst noch mit einem viertel Pfd. Butter, einem Theil abgeriebenen Citronenzuckers und 10 Eierdottern zu einer dickflüssigen Crememasse gerührt, die zuletzt mit etwas mehr als drei viertel des von dem Eiweiß geschlagenen steifen Schnees behutsam in Verbindung gebracht und sofort wie der vorige Auflauf oben mit Zucker bestreuet, gebacken wird.

## Reiß-Auflauf mit Aprikosen. Soufflé de riz aux abricots.

Zwölf Stück Aprikosen werden, nachdem sie aus den Steinen genommen und geschält sind, in einem leichten Syrup von zwölf Lth. Zucker, einem viertel Qrt. Wasser und etwas Rheinwein, in nicht zu weichem Zustande gesotten, der Sud davon ganz kurz gekocht, und die Aprikosen darin verkühlt. Die oben aufgeführte, in ein wenig geringerer Quantität angefertigte und etwas fester in der Substanz gehaltene Reißmasse, wird um das zu Boden sinken der Früchte zu verhüten, sofort mit den Aprikosen schichtweise in einer silbernen Casserolle oder Randschüssel geordnet und eine und eine halbe Stunde gebacken. Die Aprikosen kann man sehr gut durch eine hinlängliche Quantität Aprikosen-Confekt oder Marmelade, auch frisch gekochte Marmelade ersetzen; letztere wird mit der Masse schichtweise auseinander gestrichen, doch darf sie nicht zu flüssig sein.

## Reiß-Auflauf mit Aepfeln Soufflé de riz aux pommes.

Die Bereitung erleidet hinsichts der Früchte die einzige Abweichung von der vorigen, doch werden die Aepfel im kleinen Zustande als Borsdorfer Aepfel, auch ausgestochen, in ganzen Stücken in den Syrup gekocht und bei dem Einordnen der Mehlspeise, in in der Mitte mit Kirschconfect gefüllt. Zu bemerken ist, daß alle Aufläufe, die mit Früchten gebacken werden, diese ganz kurz eingeschmort sein müssen, damit sie nicht durch absondernde Flüssigkeit der Mehlspeisenmasse nachtheilig werden, daher Confekte am besten hierzu angewendet werden können. Auf diese Art erscheint noch:

## Reiß-Auflauf mit Reine-Clauden. Soufflé de riz aux reines-claudes, und

## Reiß-Auflauf mit Kirschen-Confect. Soufflé de riz aux cerises.

## Auflauf von Gries. Soufflé de semoule.

Hierzu nimmt man ein halbes Pfd. körnigen Warschauer Gries, der, nachdem er verlesen und abgeschwemmt, mit einem Qrt. Milch, einem halben Qrt. Sahne, einem viertel Pfd. Butter, einem drittel Pfd. Zucker und einer Priese Salz zu einer dickcremigen Masse gekocht wird, wenn diese verkühlt ist, wird sie wie der Reiß-Auflauf zusammengesetzt und mit einem Tassenkopf voll Marasquin vermischt. Diesen Auflauf kann man ebenfalls mit Früchten, sowol frisch gekochten als auch mit Confekten in dem Quantum eines Pfundes auf die Art wie die Reiß-Aufläufe zusammensetzen und backen, er erscheint auf diese Weise als:

## Gries-Auflauf mit Pfirsichen. Souflé de semoule aux péches.

## Gries-Auflauf mit Mirabellen. Soufflée de semoule aux mirabelles.

## Auflauf von geschnittenen Nudeln. Soufflé de nouilles.

Man macht einen feinen Nudelteig von einem gelben uud zwei ganzen Eiern (Einl.), die hiervon zu bereitenden Nudeln müssen drei viertel Zoll lang und so fein als möglich geschnitten sein, hierauf in der nöthigen Quantät Milch zu einer dicken Masse gekocht und nach dem Verkühlen mit einer von zwei Lth. Mehl, fünf Lth. Butter, zehn Lth. Zucker, zwei Eiern und ein drittel Qrt. Sahne gekochten Crememasse, ferner noch mit fünf Lth. Butter, dem noch nöthigen Citronenzucker, zehn Eierdottern und dem Schnee der weißen Eier nach und nach zusammen in Verbindung gebracht werden. Diese Mehlspeise erhält einen Zimmet- und Citronen-, Vanille- oder Marasquingeschmack, und kann auch hinsichtlich des Formellen der geschnittenen Nudeln verändert werden.

## Auflauf von Vermicellen. Soufflé de vermicelles.

Diese können in jeder beliebigen Form und Größe in der Quantität von einem halben Pfd. gewählt werden. Die Bereitung bleibt sich mit der vorhergehenden gleich, nur müssen die Vermicellen ein wenig blanchirt (gebrüht) werden, was besonders nöthig ist wenn sie viel Safran enthalten. Die beiden letzten Mehlspeisen können ebenfalls ohne Beimischung eines besonders dazu gemachten Cremes bereitet, und die Nudeln alsdann etwas cremiger oder flüssiger gekocht werden.

## Citronenmehlspeise. Soufflé de citrons.

Zwölf Lth. Butter, zwölf Lth. Zucker, zwölf Eier, drei bis vier Citronen. Von zwei Citronen wird die Schale auf Zucker abgerieben und fein gerieben, die rein gewaschene Butter in einem hölzernen glatten porzellanenen Reibenapf zu Sahne gerührt, bis daß sie recht schaumig wird, bei fortfahrendem Rühren werden immer zwei Eierdotter und zwei Eßlöffel voll Zucker dazu gethan, bis die Zuthaten verbraucht sind und die Masse einer dicken Salbe gleicht alsdann wird der geriebene Citronenzucker mit einer Prise Salz und zuletzt der von dem Eiweiß geschlagene glatte recht steife Schnee nebst dem Saft der Citronen behutsam unter die Masse gezogen. Diese Mehlspeise muß sogleich in einer bestrichenen silbernen Casserolle oder Randschüssel oben mit feinem Zucker bestreuet, bei bekannter Hitze gebacken und weil vermöge ihrer Feinheit sich leicht eine Flüssigkeit absondern kann, wodurch unten ein fester Streif gebildet wird, muß sie sogleich auf ein recht heißes Blech in den Ofen gestellt werden, um dies durch ein schnelles Anbacken von unten zu verhindern. An die Bereitung dieser Mehlspeise ist die Bedingung geknüpft, daß die Masse an einem kühlen Ort gerührt, der Schnee nicht kraus oder grießig geschlagen und in Vermischung mit dem Citronensaft mit der Masse vorsichtig in Verbindung gebracht wird.

## Apfelsinenmehlspeise. Soufflé d'oranges douces.

Bleibt sich in der Bereitung mit der vorhergehenden in sofern gleich, als unter die Masse ein guter Theil auf Zucker abgeriebene Apfelsinenschale und statt des Citronensaftes der Saft der Apfelsinen genommen wird.

## Eine andere Art Citronenmehlspeise. Soufflé de citrons d'une autre manière.

Die Masse bleibt sich mit der vorhergehenden in sofern ganz gleich, als unter dieselbe ein von vier bis fünf Lth. Mehl mit Milch ganz steif gekochter Brei gerührt wird. Diese Masse ist ebenfalls äußerst fein und in der Art vorzuziehen, weil durch diese Beimischung dem möglichen Absondern von Flüssigkeit vorgebeugt wird, mithin der streifige Satz bei dem Backen nicht vorkommen kann.

## Reiß-Mehlspeise. Soufflé de riz.

Ein halbes Pfd. guter Reiß wird mit ohngefähr einem Qrt. Milch, einem viertel Qrt. Sahne einem achtel Pfd. Butter und einem halben Lth. Zimmt weich und zu einer steifen Masse gekocht, zuletzt mit zwölf Lth. Zucker gedünstet und mit zwei ganzen Eiern verbunden; nachdem sie verkühlt, mit zehn Eierdottern, acht Lth. Butter, ein wenig Salz und Citronenzucker aufgerührt und zuletzt mit zwei Drittel des Schnees von dem Eiweiße vermischt. Als Auflauf betrachtet, muß die Masse recht cremenartig und mehr flüssig sein, sie verträgt beim Backen einige Grad Hitze mehr als die übrigen Aufläufe, wird auch mit Vanille oder Marasquin trefflich gehoben.

## Omeletten-Auflauf. Omelette soufflée.

Zwanzig Lth. Mehl, sechszehn Lth. Butter, ein halbes Qrt. Milch, funfzehn Eier, zwölf Lth. Zucker, abgeriebener Citronenzucker und ein halbes Pfd. Aprikosenmarmelade. Die Milch wird mit der Hälfte des Zuckers aufgestellt, sobald sie kocht mit der Hälfte der Butter und einer Prise Salz vermischt und unter fortfahrendem Rühren das Mehl hineingeschüttet, und auf einem gelinden Kohlenfeuer eine feste Masse davon abgebrannt, die, so wie sie vom Feuer genommen, mit zwei ganzen Eiern verbunden, und nachdem sie unter abwechselndem Rühren kaltgeworden, mit der übrigen Butter und den Eierdottern aufgerührt und zuletzt mit dem von dem Eiweiß geschlagenen steifen Schnee, in Verbindung gebracht wird. Hierauf werden von dieser Masse in einer großen eisernen Eierkuchenpfanne, mit etwas geklärter Butter, auf einem gelinden Kohlenfeuer drei bis vier Stück zolldicke Omeletten, auf beiden Seiten gelbbraun gebacken und zwar auf die Art, daß wenn einer fertig, derselbe auf eine große, der Hitze widerstehenden Schüssel geschoben und während der zweite gebacken, die Oberfläche des erstern mit dicker Aprikosenmarmelade bestrichen und mit gestoßenem Zucker bestreut wird. Dies Verfahren wiederholt sich auf dieselbe Art bis die Masse verbacken ist, der letzte der Omeletten wird oben nur mit feinem Zucker dick bestreut und die Mehlspeise eine und eine viertel Stunde, auch wol etwas längere Zeit bei mäßiger Hitze gebacken. Diese schöne Mehlspeise muß, wenn sie gebacken, ihr erstes Volumen mehr als einmal übersteigen und in hellbrauner Farbe mit einer schönen Glasur überzogen sein.

## Nonnenkästchen. Caisses à la Religieuse.

Acht Lth. Mehl, 8 Lth. Butter, 14 Lth. Zucker 12 Eier, eine halbe Stange Vanille, ein halbes Qrt. Sahne. Von dem Mehl, zwei ganzen Eiern und zwei Dottern, der Hälfte Butter und Zucker wird mit der, mit Vanille geschwängerten Sahne eine Crememasse, nach Angabe des ersten Artikels der Aufläufe, jedoch in etwas fester Substanz angefertigt, wenn sie vom Feuer genommen, mit einem Ei gebunden und während des Verkühlens mit der übrigen Butter und den Eiern und kurz vor dem Einsetzen, mit einem festen glatten Schnee sämmtlicher weißen Eier behutsam vermischt. Diese Masse wird sogleich in 16 bis 18 Stück eigends dazu verfertigten, zwei einem viertel Zoll hohen und eben soviel im Durchmesser haltenden runden papiernen Kästchen (I. Bd. V. Abschn. Artikel: Champignons in Kästchen), bis etwas über die Hälfte gefüllt, sodann dick mit feinem Zucker bestreut und 12 bis 15 Minuten bei etwas mehr als gewöhnlicher Auflaufhitze gebacken Diese Mehlspeise muß einen Zoll aus dem Kästchen heraussteigen und oben mit einer blanken Glasur überzogen sein, die Kästchen werden auf einer, mit einer Serviette belegten Schüssel, in Pyramide angerichtet. Obgleich allen Mehlspeisen, besonders den Aufläufen wenn sie einmal den Endpunkt im Backen erreicht haben, das Warten höchst schädlich ist, so ist dies ganz besonders bei den Nonnenkästchen der Fall, daher die Zeit ihres Einsetzens genau nach der Speisezeit geregelt werden muß.

## Auflauf von Bisquit. Soufflé de bisquit.

Man backt in einer glatten Form (viereckige Kasten Einl.) von einem halben Pfd. Zucker mit den dazu erforderlichen Ingredienzien einen Bisquit. (III. Bd. I. Absch. IV. Abth.) Wenn dieser kalt geworden, wird die Hälfte in einen achtel Zoll dicke Scheiben geschnitten und auf beiden Seiten braun geröstet. Von dem Abfall und der andern Hälfte wird mit einer halben Bouteille Rheinwein ein fester Brei gekocht, zehn Loth Butter zu Sahne gerührt, nach und nach mit zehn gelben Eiern, dem verkühlten Brei, zwei Lth. fein würflich geschnittener candirter Orangenschale, einer gleichen Quantität bitterer Macronen, ebenso viel Citronat, Citronenzucker und einem festen Schnee behutsam vermischt. Diese Masse wird sofort mit den gerösteten Bisquitscheiben in einer Randschüssel oder sibernen Casserolle schichtweise geordnet und bei Auflaufhitze gebacken. (Eignet sich als kalte Mehlspeise.)

# II. Abthl.: Fruchtmehlspeisen. Soufflés de fruits.

## Mehlspeise von Abrikosen. Soufflé d'abricots.

Diese Art Mehlspeisen werden ihrer Eigenschaft nach auch zu den Auflaufen gezählt und erscheinen als eine Fortsetzung derselben, unter dem Namen der Fruchtaufläufe. Vier und zwanzig Loth Zucker, zwölf Eier, zwölf Loth Butter, zwei Mundbrode à einen halben Sgr., ein viertel Qrt. Rheinwein, zwölf Abrikosen. Nach Verhältniß ihrer Größe werden zehn bis funfzehn schöne reife Aprikosen mit sechszehn Loth Zucker, etwas Wein und Wasser, zu einer festen Marmelade bereitet, von den Milchbroden wird die Rinde abgeschält und die Milchbrode demnächst mit dem Rheinwein zu einem festen Brei gekocht, der sofort durchgestrichen wird. Hierauf wird die Butter zu Sahne gerührt, nach und nach mit den Eierdottern, dem übrigen Zucker, Citronenzucker, dem Brei und der Aprikosenmarmelade in Verbindung gebracht, und zuletzt mit dem aus den weißen Eiern geschlagenen steifen Schnee behutsam vermischt. Im Vergleich zu den Cremen-Aufläufen, vertragen die Fruchtaufläufe bei dem Backen eine um mehrere Grade gesteigerte Hitze; sie werden vor dem Backen ebenfalls mit feinem Zucker bestreut, oder nachdem mit feinem Zucker und der glühenden Schippe glacirt.

## Mehlspeise von Aepfelmarmelade. Soufflé à la marmelade de pommes.

Von einer Mandel Renetten oder anderen schmackhaften weichen Aepfeln, wird nach Angabe des vorigen Artikels eine feste Marmelade gekocht und mit diesen und den vorhin bezeichneten Ingredienzien, aber mit etwas weniger Zucker, auf die Art der Aprikosenmehlspeise, eine Masse zusammengesetzt, die hierauf in derselben Hitze gebacken wird.

## Aepfelmehlspeise auf spanische Art. Soufflé de pommes à l'Espagnole.

Zwölf Stück große Aepfel, acht kleine Borsdorferäpfel, drei viertel Pfd. Zucker, ein halbes Pfd. große Rosinen, ein halbes Qrt. Malaga, zwölf Eier, zehn Loth Butter, zwei Milchbrode (1 Sgr.) Von den großen Aepfeln wird eine recht steife Marmelade mit etwas Malaga und dem nöthigen Zucker bereitet, aus den kleinen Aepfeln das Kerngehäuse ausgestochen, hierauf quer durchgeschnitten, zunächst geschält und abgerundet und mit etwas Butter, Zucker und Malaga, ohne sie ganz weich werden zu lassen, geschmort. Gleichzeitig werden von den Rosinen die Steine ausgestochen, oder man nimmt türkische Rosinen, sie werden in Malaga und etwas Wasser weich gekocht, und hierauf fein gehackt und von der abgeschälten Semmel mit etwas Milch ein fester Brei gekocht. Sobald die Butter zu Sahne gerührt ist, wird sie mit Eierdottern, dem übrigen Zucker und Semmelbrei gut verbunden und dies mit Citronenzucker, dem Apfelmus und zuletzt mit dem Schnee der weißen Eier genau vermischt. Indessen sind die ganzen Aepfel mit dem Rosinengehäcke in die Mitte angefüllt, welche nunmehr mit der Mehlspeisenmasse schichtweise in einer silbernen Casserolle oder Randschüssel geordnet und auf bekannte Weise eine und eine halbe Stunde gebacken werden. Diese Mehlspeise kann auch kalt aufgetischt werden.

## Dauphineer Aepfelmehlspeise. **Soufflé de pommes à la Dauphinée.**

Funfzehn kleine Borsdorfer Aepfel, zwanzig bis vier und zwanzig Loth Zucker, zwölf Loth Kirschconfect, zwölf Eier, ein halbes Qrt Rheinwein, sechs Loth Mehl, ein viertel Pfd. Butter, zwei Citronen. Die Aepfel werden ausgestochen, geschält und im ganzen Zustande mit einem Theil Zucker, etwas Wein und Wasser beinahe weich und ganz kurz eingeschmort. Mit den übrigen Zuthaten, dem abgeriebenen Citronenzucker, dem Saft der Citrone, drei ganzen und drei gelben Eiern, wird mit Wein eine dickflüssige Cremenmasse bereitet (I. Art. der Aufläufe), die, wenn sie verkühlt, mit den übrigen Eierdottern und dem von zwei Drittheilen des Eiweißes geschlagenen Schnee vermischt wird. Indessen ist in die Aepfel der Kirschconfect gefüllt, sie werden hierauf mit der Masse in eine Randschüssel, so daß sie die Mitte einnehmen, geordnet; nächstdem das übrige Eiweiß mit einem Theil anderen, zu einem glatten und steifen Schnee geschlagen, der mit vier Loth ganz feinem Zucker vermengt, zunächst über die Mehlspeise zwei Finger dick gestrichen, sofort mit der Messerspitze bunt gezeichnet oder getupft und bei leichter Hitze mit einer schönen hellbraunen Farbe eine Stunde gebacken wird. Diese Mehlspeise kann auch auf diese Art von Abrikosen bereitet werden und eignet sich ebenfalls als kalte Speise.

## Mehlspeise von Aepfeln und Corinthen. **Soufflé de pommes aux raisins de Corinthe.**

Von einer Mandel großer Aepfel wird mit Zucker und Wein eine steife Marmelade gekocht, und mit einem halben Pfd. saubern und etwas rund gekochten Corinthen vermischt, zwölf Loth Butter mit vierzehn Eierdottern zu Sahne gerührt, mit zwölf Loth Zucker, der Aepfelmarmelade, einem viertel Pfd. körnig gestoßener bitterer Macronen, und einem viertel Pfd. weiß geriebener Semmel und zuletzt mit drei viertel des Schnees der weißen Eier, sorgfältig in Verbindung gebracht und bei etwas stärkerer Hitze, als die der vorigen eine und eine halbe Stunde gebacken.

## Mehlspeise von Quitten. Soufflé de coins.

Diese Mehlspeise wird der vorigen gleich bereitet, statt der Aepfelmarmelade, von 8 bis 10 Stück Quitten eine schmackhafte dicke Marmelade gemacht, die Masse ohne Beimischung von Corinthen mit den obigen Ingredienzien zusammengesetzt, und mit Rücksicht der Frucht, etwas mehr Zucker und Wein angewendet.

## Mehlspeise von Pfirsichen. Soufflé de pêches.

Diese wird nach Angabe des Artikels: Abrikosenmehlspeise mit der Abweichung angefertigt, daß acht Stück Pfirsichen nicht gekocht sondern roh durchgestrichen und so unter die Masse gezogen, die mit dieser Rücksicht von etwas festerer Substanz gemacht werden muß. (Den Umständen nach können auch die Pfirsiche gekocht werden.)

## Mehlspeise von Himbeeren. Soufflé de framboises.

Eine halbe Metze gut gereinigte und gewaschene Himbeeren werden auf das Feuer gestellt und zu Mus gekocht, dies durchgestrichen und mit einem guten Theil gestoßenen Zucker unter immerwährendem Rühren zu einer dicken Marmelade eingekocht, mit dieser, wenn sie verkühlt, wird nach Angabe des Artikels: Aprikosenmehlspeise mit den dort aufgeführten Ingredienzien eine Masse gebildet, die auf bekannte Weise gebacken wird.

## Mehlspeise von Kirschen. Soufflé de cerises.

Eine drittel Metze saure Kirschen werden aus den Steinen gebrochen, mit einem halben Pfd. Zucker und einem halben Loth Zimmt ganz kurz eingeschmort und auf ein Sieb gethan, damit der noch übrige Saft davon abtropft. Indessen wird von zwei abgeschälten Mundsemmeln mit einem halben Qrt. saurer Sahne, einem halben Pfd. Zucker, dem Saft der Kirschen und der mit etwas Medoc aus den gequetschten Steinen gezogenen Flüssigkeit, eine dicke Pannade (Brei) gekocht. Hierauf zehn Loth Butter, mit vierzehn Eierdottern zu Sahne gerührt, dies mit dem Brei, etwas abgeriebenem Citronenzucker, den recht gut abgetropften, nöthigenfalls leicht gedrückten Kirschen in Verbindung gebracht und zuletzt mit dem von dem Eiweiß geschlagenen Schnee vermischt. Diese Masse wird in einer um mehrere Grade gesteigerten Auflaufmehlspeisen-Hitze gebacken.

## Mehlspeise von Pflaumen. Soufflé de prunes.

Weicht in der Bereitung von der vorhergehenden in der Art ab, daß der Brei mit Wein bereitet, die im gleichen Bedarfsquantum genommenen Pflaumen, in halben Theilen mit der Schale, auch abgeschält mit Zucker nicht zu weich geschmort, oder wenn sie recht reif, nur mit Zucker marinirt und roh in die Masse gelegt werden. Auf gleiche Weise kann auch vorstehende Mehlspeise mit recht reifen Kirschen angefertigt werden; ebenso kann diese Mehlspeise auf dieselbe Art auch von Reineclauden gemacht und alle Arten können kalt gegeben werden.

## Pflaumenmehlspeise auf französische Art. Soufflé de prunes à la Française.

Wird gewöhnlich von Reineclauden in hinlänglicher Quantität, die in halben Theilen mit einem guten Theil Zucker in Compote gekocht werden, doch auch von diesen schon eingemachten Früchten gemacht, ein halbes Pfd. des besten Reißmehls wird nach sorgfältigem Wässern mit der nöthigen Quatität Sahne zu einem Brei gekocht, der mit Marasquin vermischt, hierauf mit zehn Loth zu Sahne gerührter Butter, zehn Eierdottern, zwölf Loth Zucker und dem Schnee des Eiweißes in Verbindung gebracht, so wie die vorstehende in einer silbernen Casserolle oder Randschüssel mit den Reineclauden geordnet und gebacken wird.

## Kirschmehlspeise auf französische Art. Soufflé de cerises à la Française.

Wird mit Rücksicht des Saftes dieser Fruchtart, der vorher ganz kurz eingesotten werden muß, ehe er in die Masse gethan wird, nach Angabe des vorigen Artikels bereitet. Beide Mehlspeisen werden, statt des Reißmehls, auch von dem dritten Theil im Bedarfsquantum verringerten Erdtoffelmehl gemacht.

## Abrikosenmehlspeise auf Linzer Art. Soufflé d'abricots à la Linz.

Von acht hartgekochten Eiern werden die Dottern mit einem viertel Pfd. Mandeln ganz fein gerieben, dies mit acht rohen Eierdottern, einem halben Pfd. Abrikosenmarmelade, einem viertel Pfd. frischer Butter, einem viertel Pfd. gestoßener bitterer Macronen, mit dem noch nöthigen fein gestoßenen Zucker gut gerührt und zuletzt der Schnee von dem Weißen der acht Eier darunter gezogen.

## Aepfelmehlspeise auf Linzer Art. Soufflé de pommes à la Linz.

Funfzehn Stück Borsdorfer Aepfel werden in der Ofenröhre oder im Ofen selbst mit der Schale gebraten, durch ein Sieb gestrichen und in der ferneren Bereitung der Mehlspeise nach vorhergehender Art verfahren.

## Mehlspeise von Stachelbeeren. Soufflé de groseilles vertes.

Eine viertel bis drittel Metze Stachelbeeren werden, im noch unreifen Zustande, in Wasser einmal aufgekocht und zugedeckt hingestellt, hierauf mit der nöthigen Quantität zu dickem Syrup gekochten Zucker, sehr vorsichtig gemischt und auf dem Feuer ein wenig geschmort, alsdann eine Masse, die nach Angabe des Artikels: Mehlspeise von Aprikosen mit demseben dort aufgeführten Zuthatenquantum angefertigt ist, behutsam, damit sie nicht zerrührt werden, gemischt und auf die bekannte Weise gebacken.

## Mehlspeise von Erdbeeren. Soufflé de fraises.

Zu dieser von einer viertel bis drittel Metze dieser Früchte bereiteten Mehlspeise gilt der Artikel: Pfirsichmehlspeise als Commentar, indem sie ebenfalls im rohen Zustande durchgestrichen werden, doch muß die Masse in compakter Substanz gehalten werden, um demgemäß mit dieser der Erdbeerflüssigkeit gehörig zu begegnen. Doch ist hiermit die unerläßliche Bedingung verknüpft, daß zu allen auf diese Art bereiteten Mehlspeisen, recht reife Früchte genommen werden.

## Mehlspeise von Birnen (Beurre blancs). Soufflé de beurrés blancs.

Mit Rücksicht auf die Frucht, die weich und kurz eingeschmort, dabei weiß gehalten werden muß, wird sie nach Angabe des Aprikosenmehlspeisenartikels mit der Abweichung angefertigt, daß die Masse kurz vor Verbindung mit dem Schnee, noch mit einem achtel Qrt. Marasquin vermischt wird.

## Mehlspeise von trockenen Pflaumen. Soufflé de prunes secs.

Sie wird entweder von 2 Pfd trockenen Pflaumen, aus welchen nach der nöthigen Vorkochung die Steine heraus genommen oder aus einem und einem halben Pfd. trockenen Pflaumenmus bereitet, welches mit Zucker zu einer steifen Marmelade gekocht, zehn Eierdottern, den von zwei Mund-Semmeln (1 Sgr.) mit etwas Wein, Citronensaft und Wasser bereiteten Brei, dem erforderlichen Zucker, einem guten Theil abgeriebenen Citronenzucker, mit zehn Loth zu Sahne gerührter Butter und dem Schnee des Eiweißes auf die bekannte Weise zusammengesetzt wird.

## Mehlspeise von trockenen Kirschen. Soufflé de cerises secs.

Wird von trockenem Kirschmus nach vorhergehender Angabe

gemacht. — Außer der von Erdbeeren erscheinen die zuletzt aufgeführten vier Mehlspeisen selten auf den Tafeln der höhern Stände, doch sind sie rücksichtlich ihres Charakters in den Haushaltungen der mittlern Stände besonders anwendbar und dieserhalb zu empfehlen.

---

# III. Abth.: Flankenmehlspeisen. Flancs.

Diese Art Mehlspeisen sind sowol in ihrem Charakter als ihrer formellen Bereitungsweise von den vorstehenden bedeutend abweichend, und scheinen von der älteren Kochkunst abstammend, ihren Namen dadurch erhalten zu haben, daß sie bei dem damaligen, großen Tafel-Aufwand ihren Platz an den Flanken der Tafel angewiesen erhielten.

## Aprikosenflank. Flanc d'abricots.

Ein Pfd. Mehl, zwanzig Loth Butter, sechs Eier, ein drittel Qrt. Rheinwein, ein und ein halbes Pfd. Zucker, zwanzig bis dreißig Aprikosen. Von dem Mehl, einem halben Pfd. Butter, sechs Eierdottern und etwas Flüssigkeit, wird ein mürber Teig gemacht, von welchem nach Art der dressirten warmen Pasteten (Artikel: Filets von Wildschwein in Crustade I. Abschn. VI. Abth.) eine Kruste dressirt wird, die sieben bis acht Zoll im Durchmesser, nur zwei Zoll hoch, sehr fein im Teig gehalten, und deren Außenseiten im ganzen Umfange recht fein gekniffen werden. Die beste Hälfte der Aprikosen wird in halben Theilen in einem leichten Syrup von zwanzig Loth Zucker, einem viertel Qrt. Wein und eben soviel Wasser mit der Aufmerksamkeit gesotten, daß sie nicht zu weich, die Haut sauber abgezogen werden kann und sie in schönen ganzen Stücken bleiben. Von der schlechtern Hälfte wird eine Marmelade bereitet, der Syrup der ersten bis zum Faden eingekocht (III. Bd. Einl. Artikel: Zucker) und dieser mit Citronenzucker, vier Loth fr. Butter, acht Loth Zucker und der Aprikosenmarmelade vermischt, so daß hieraus eine flüssige durchsichtige Substanz gebildet wird. Mit dieser werden die ganzen Aprikosen in die bezeichnete Kruste in zwei Schichten so geordnet, daß etwas von der ersteren zurückbleibt, die Kruste rund herum mit einem einfach bestrichenen Papierrand eingeschlossen und dies in einer um mehrere Grade gesteigerten Auflaufmehlspeisen-Hitze eine bis eine und eine viertel Stunde gebacken; die Früchte müssen krustiren und der Teig eine schöne gelbbraune Farbe bekommen, demzufolge das Papier während des Backens nöthigenfalls abgenommen und gleichzeitig die übrige Marmelade auf die Aprikosen und in die entstandenen Lücken gestrichen wird. Eine viertel Stunde vor dem Anrichten kocht man die noch übrigen zwölf Loth Zucker zum leichten Bruch (III. Bd. Einl. Zucker), doch che er zu diesem Grad vollkommen gelangt, wird mit ein wenig von demselben, der unterdeß aus dem Ofen genommene Flank außerhalb des Teiges schnell bestrichen und sogleich wieder in den Ofen gestellt; mit dem sofort zum schwachen Bruch gekochten Zucker wird, mittelst einer hölzernen Ruthe (Schlagebesen Einl.) ein feines Fadengewebe gebildet, welches man dadurch erreicht, daß die Ruthe wiederholt in den Zucker getaucht und dieselbe auf ein paar aneinander gereihte lange Backbleche ununterbrochen schnell hin und her geschwungen wird. (Man sehe III. Bd. I. Abschn. XII. Abth. Artikel: Spinnen des Zuckers.) Man giebt den gesponnenen Haarzucker die Form des obern Raumes, der indeß auf eine mit einer Serviette belegten Schüssel angerichteten Flanken-Mehlspeise, auf welche das Gespinnst oben auf gestellt und sogleich gegeben wird. Statt dieses Gewebes kann auch der Flank mit einem guten Syrup überzogen werden.

## Flank von Aepfeln. Flanc de pommes.

Er wird von funfzehn Borsdorfer Aepfeln, die einmal in der Queere durchgeschnitten und zu dicken glatten Ringen geformt, ferner von einer gleichen Quantität, nach Angabe des vorigen Artikels, von großen Aepfeln bereiteter Marmelade gemacht; wobei die Aepfel mit fester Aprikosenmarmelade, Weichseln oder Glaskirschen gefüllt werden. Dieser Flank kann ebenfalls mit einem Gespinnst von Bruchzucker bedeckt, oder mit einem klaren dicken Syrup überzogen und mit Angelika besteckt werden (III. Bd. VIII. Abschn. Artikel: Compote).

## Flanc von Birnen (Beurre blancs). Flanc de beurré blancs.

Die Birnen werden wie die Aprikosen in halben Theilen, aber schön weiß gehalten, bereitet, wobei bei dem Backen die Früchte gedeckt und die Backhitz um einige Grade gemäßigt, auch der Teig ohne Papierrand gebacken wird, auch kann dieser Flank mit schwarzen Kirschen (Confect) oben geschmackvoll belegt und ebenfalls von roth gekochten Birnen bereitet werden.

## Flank von Pflaumen. Flanc de prunes.

Wird von einer Metze Pflaumen, von denen die Haut abgezogen, gemacht; die Bereitung ist mühsam, besonders das Einlegen der Pflaumen, was sehr gleichmäßig und schichtweise mit einer von einer halben Metze frischen Pflaumen gekochten Marmelade ausgeführt werden muß, ebenso müssen die ganzen Pflaumen auf mehrere Male gesotten, nicht zu weich und möglichst ganz erhalten werden. Beim Anrichten können sie mit einem Gespinnst von Bruchzucker oder nach Angabe des Artikels: Dauphineer Aepfelmehlspeise, mit aus Eierweiß geschlagenem Schnee und Zucker gedeckt werden. Alle vorhergehenden Flankenmehlspeisen können kalt gespeist werden.

## Französischer Flank. Flanc à la Française.

Das Inhaltsprodukt erfordert ein Ingredienzien-Bedarfsquantum von zwölf Stück großen Borsdorfer Aepfeln, zwölf bis vierzehn Lth. Reiß, einem Pfd. Zucker, einer halben Bouteille weißen Wein, sechs Lth. Butter, fünf Eiern, einem Qrt. Milch, 2 Citronen und einem viertel Pfd. Kirschconfekt. Der Teig wird von einem Pfd. Mehl, einem halben Pfd. Butter und acht Eierdottern angefertigt. Die Aepfel werden in saubern Vierteln geschält und mit etwas Butter, Wein, Zucker und Citronensaft so gedämpft, daß sie möglichst ganz bleiben. Gleichzeitig wird der blanchirte Reiß in der nöthigen Quantität Milch und einem halben Lth. Zimmet, mit späterer Beimischung von vier Lth. Butter, acht Lth. Zucker und etwas Salz, zu einer weichen aber steifen Masse gekocht, wenn er vom Feuer genommen, mit einem ganzen Eier verbunden und nachdem er verkühlt, mit zwei ganzen Eiern und zwei Eierdottern und einem Theil Citronenzucker vermischt. Nachdem die Kruste möglichst dünn und recht zierlich dressirt (geformt) und recht fein gekniffen ist, giebt man zuerst eine dünne Schicht Reiß und auf dieser eine Lage Aepfel, wiederholt dies noch einmal auf dieselbe Art, daß mit den schönsten der Aepfel oben eine schöne zierliche Lage gebildet wird, und überzieht hierauf das Ganze mit einem von Zucker und den Aepfelschalen gekochten dickflüssigen klaren Syrop, läßt es sofort auf die bekannte Weise eine Stunde backen und belegt es demnächst mit dem Kirschconfekt. Dieser Flank wird auch von Aprikosen gemacht und sowol kalt als warm gespeist.

## Nudelnflank. Flanc de nouilles.

Der Nudelnteig wird von einem Eierdotter und zwei ganzen Eiern recht gut angefertigt (Einl.), von diesem werden kleine lang caroförmige Nudeln geschnitten, die in der nöthigen Milch, einem viertel Pfd. Butter, 10 Loth Zucker mit einem halben Loth Zimmet, zu einer compakten cremigen Masse gekocht, hierauf, in noch heißem Zustande mit zwei ganzen Eiern und wenn sie verkühlt, mit zwei ganzen und drei Eierdottern und Citronenzucker vermischt wird. Diese Masse wird mit 12 bis 15 Stück, in einem klaren Syrop gekochten Reineclauden in eine elegant dressirte Kruste in zwei Schichten eingelegt und kurz vor dem Anrichten, dieselbe bei der Flamme glasirt und oben mit einem dickflüssigen klaren Syrop überzogen.

## Parmesanerflank. Flanc au parmesan.

Ein halbes Pfund der besten italienischen Nudeln (Vermicellen) werden nach dem Abbrühen in der nöthigen Quantität leichter Fleischbrühe zu einer steifen Masse gekocht, unter diese giebt man, wenn sie beinahe verkühlt, zwölf Loth frische Butter, zehn Eierdotter, zwei ganze Eier, ein halbes Pfd. geriebenen Parmesankäse, etwas gestoß. Pfeffer und Salz und das Weiße der Eier als Schnee;

demnächst wird diese Masse mit zwei Dritttheil einer gekochten und grobkörnig gehackten Pökelrinderzunge, schichtweise in eine Kruste geordnet und ein und eine halbe Stunde langsam gebacken. — Den sie charakterisirenden Bestandtheilen angemessen, wird diese Mehlspeise vor dem Braten aufgetischt, in dieser Beziehung wird sie auch zu den Käsemehlspeisen gezählt, wenn sie nämlich ohne Kruste in einer silbernen Casserole oder Randschüssel gebacken wird.

### Schweitzerflank **Flanc à la Suisse.**

Ohne die bewußten Teigzuthaten erfordert dieser Flank 14 Lth. Mehl, 14 Eier, 12 Lth. Butter, ein halbes Qrt. Milch, ein halbes Pfd. Schweitzer- und ein halbes Pfd. Parmesankäse und ein halbes Qrt. dicke saure Sahne. Das mit der Milch klar gerührte Mehl wird mit der Hälfte der Butter auf einem gelinden Feuer zu einem dicken Brei gekocht, der, so wie er vom Feuer genommen, mit zwei ganzen Eiern verbunden, unter währenden Verkühlen, mit der übrigen Butter und nachdem er ganz kalt geworden, mit den Dottern der übrigen Eier, dem zum hälften Theil geriebenen und zum hälften Theil in einen viertel Zoll starke Würfel geschnittenen Käse, der sauren Sahne, etwas Salz und gestoß. weißen Pfeffer und dem von dem Eiweiß geschlagenen Schnee vermischt und in der fein und sauber dressirten Kruste bei Auflauf-Mehlspeisenhitze eine Stunde gebacken wird. Dieser Flank wird ebenfalls vermöge seiner Bestandtheile vor dem Braten und wenn er ohne Kruste erscheint, unter die Zahl der Käse-Mehlspeisen aufgenommen.

---

## IV. Abth.: Strudelmehlspeisen. **Stroudels.**

### Rahmstrudeln. **Stroudels à la crême.**

Die Masse selbst besteht aus 12 Lth. Butter, 16 Lth. Mehl, 8 Lth. Zucker, 12 bis 14 Eiern und einem halben Qrt. Milch. Die Milch wird mit dem halben Theil der Butter, dem Zucker und einer Prise Salz aufs Feuer gestellt, so wie sie kocht unter beständigem Rühren das Mehl hineingeschüttet und hievon auf einem gelinden Kohlenfeuer ein fester Brandteig gebildet, der, so wie er vom Feuer genommen, mit einem ganzen Ei verbunden, und nachdem er unter abwechselndem Umrühren verkühlt, mit der übrigen Butter, vier ganzen und acht bis neun gelben Eiern tüchtig in Verbindung gebracht wird. Unterdeß ist ein und ein halbes Qrt. Milch mit einer halben Stange Vanille infüsirt (ausgezogen) worden, in ein breites Geschirr gethan, in welcher nunmehr ein Theil der Masse durch eine, mit einer kleinen Finger dicken Dülle versehenen Spritze gepreßt, so daß die dadurch entstandenen Finger dicken langen Würstchen einige Minuten gekocht, sodann auf ein großes Sieb zum Abtropfen ausgehoben und diese Operation noch ein oder zweimal wiederholt wird. Die so bereiteten Strudeln werden nach dem Verkühlen in Finger lange Stücken geschnitten in einer mit Butter bestrichenen silbernen Casserole oder hohen Randschüssel übers Kreuz geordnet, nächstdem in einem Qrt. der unterdeß verkühlten Milch, worin die Strudeln gekocht werden, drei ganze und drei gelbe Eier und zehn Lth. fein gestoß. Zucker gerührt und dieses durch ein Sieb über die bezeichneten Strudeln gegossen, so daß die silberne Casserole oder Randschüssel bis auf einen halben Zoll breit mit dieser Flüssigkeit gefüllt und demnächst ein und eine halbe Stunde in etwas mehr als mittelmäßiger Hitze gebacken wird. Vor dem Auftischen wird diese Mehlspeise mit gestoß. Zucker und der glühenden Schippe glacirt und ein drittel Qrt. mit drei bis vier Eierdottern verbundener und mit Zucker treffend gesüßter Sahne in eine Sauciere dabei gegeben.

## Münchener Strudeln. Stroudel à la Munich.

Die, im gleichen Ingredienzien-Quantum auf die vorstehend bezeichnete Weise angefertigte Masse, wird durch eine, mit einer größeren, einen Daumen dicken Strahl gebenden Dülle gepreßt, so daß demzufolge die Strudeln einen starken Daumen dick werden, wozu die Milch auf oben bemerkte Weise mit Vanille geschwängert wird, auch werden die Strudeln eben so gesotten und abgetropft. Nächstdem werden in einem mit Butter bestrichenen, nicht neuen verzinnten Platfond oder viereckigen Kasten (I. Bd. Einl.) oder einem andern flachen Geschirr, die in zwei und einen halben Zoll lange Stücke, geschnittenen Würste geordnet, hierauf mit einem nach obiger Angabe von einem Qrt. Milch bereiteten Guß, zwei ganzen Eiern und drei Eierdottern und Zucker zu zwei Drittheilen gedeckt und in einer um mehrere Grad gesteigerten Ofenhitze auf die Art gebacken, daß als hauptsächliche Bedingung die Strudeln sowol von unten als oben braun werden, wobei die ganze Backmethode in 30 bis 35 Minuten ausgeführt sein muß. Nach dessen besten Erfolg wird die Mehlspeise mittelst eines flachen eisernen Löffels, in länglich viereckige Stücke von dem Geschirr losgestochen, sofort das unterste braune nach oben gekehrt, angerichtet, zunächst mit einem viertel Qrt. mit drei Eierdottern gebundener und gesüßter Sahne übergossen und mit einer Mandel Rameln besteckt. (Deren Bereitungsart folgt im nächstfolgenden Artikel.)

## Rameln. Ramel.

Zehn bis zwölf Lth. Mehl werden mit der nöthigen Quantität dünner Milch, einer Haselnuß groß Butter, eben so viel Zucker und einer Prise Salz klar gerührt und auf dem Feuer zu einem ziemlich dickflüssigen Brei nur aufgekocht, hierauf eine eiserne flache Eierkuchenpfanne mit Speck bestrichen und wenn sie auf einem mäßigen Feuer recht erhitzt ist, so gießt man einen Theil der Masse darauf, läßt dies auf einem stärkern Feuer etwas prasseln, streicht hierauf mittelst eines Holzlöffels die überflüssige Masse von oben auf die Art ab, daß in der ganzen Ausdehnung der Pfanne ein dünnes Blatt darin zurück bleibt, welches sofort auf einem gelinden Kohlenfeuer gelbbraun gebacken, demnächst mit großer Geschwindigkeit in zwei Zoll lange und zwei Zoll breite Stücke geschnitten, die schnell um ein Finger dickes Stückchen Holz oder eine kleine Walze oder in Dütenform gewickelt werden. Das nöthige möglichst schnelle Verfahren dieser Operation wird dadurch motivirt, daß bei dem geringen Kaltwerden oder Zögern die losgeschnittenen Blattstückchen bei dem Aufwickeln zerbrechen und so das ganze Verfahren vereiteln. Nachdem die Pfanne hierauf rein ausgewischt und wieder mit Speck bestrichen ist, wird das Verfahren auf dieselbe Weise wiederholt und zu der abgestrichenen Masse nach und nach etwas Milch zur Verdünnung zugegossen. Die so bereiteten Rameln werden mit feinem Zucker bepudert und zu verschiedenen Arten in diesem Abschnitt aufgeführten Mehlspeisen gegeben. Auch kann die Masse in geringern und stärkerem Quantum angefertigt und die davon gebackenen Rameln zu einer anderen Mehlspeise aufgehoben werden.

## Krebsstrudeln. Stroudel aux écrevisses.

Hiezu macht man eine dicke Crememasse wie zu Nonnenkästchen (deren Artikel), von sechs Lth. Mehl, acht Lth. Krebsbutter, acht Eiern, ein halbes Qrt. Sahne und acht Lth. Zucker, worin zwei Dritttheile des aus dem Eiweiß geschlagenen Schnees, aber ein gut Theil Krebsmatte genommen wird, die von einem halben Schock Krebsen und zwei und einen halben Qrt. roher Milch nach Angabe des in der Einleitung des I. Bd. bezeichneten Artikels bereitet werden; hieran schließt sich die Anfertigung von 4 bis 5 Stück Plinzen, welche von fünf Lth. Mehl und drei ganzen Eiern mit der nöthigen Milch, zu einer dünnflüssigen Eierkuchenmasse eingerührt, demnächst in einer eisernen Eierkuchenpfanne auf beiden Seiten gelbbraun und recht dünn gebacken werden. Auf dieser wird nun zunächst die Masse einen Finger dick gestrichen, die Plinzen hierauf aufgerollt und in zwei Zoll breite Stücke geschnitten; diese werden sofort in einer mit Krebsbutter bestrichenen silbernen Casserole oder tiefen Randschüssel geordnet, hierauf mit einem Aufguß von einem Qrt. Sahne, acht bis zehn Lth. Zucker, zwei ganzen Eiern und drei Eierdottern, wie es bei dem Artikel Rahmstrudeln angegeben, übergossen und in der fernern Bereitungsweise dasselbe in diesem Artikel bemerkte Verfahren beobachtet. Diese Mehlspeise wird bei derselben Hitze wie die Rahmstrudeln gebacken und mit liirter Sahne aufgetischt.

## Eine andere Art Krebsstrudeln. Stroudel aux écrevisses d'une autre manière.

Ein und ein halbes abgeschältes Mundbrod wird mit einem viertel

Qrt. Milch, acht Loth Zucker und acht Lth. Krebsbutter zu einem steifen Brei gekocht, sofort mit der bezeichneten Krebsmatte, zwei ganzen Eiern und vier Eierdottern, (davon etwas Schnee) und den rohen und gekochten, hierauf fein gehackten Krebsschwänzen vermischt. Mit dieser Krebsmasse werden die Plinzen bestrichen, wie die vorhergehenden aufgerollt, nächstdem eingelegt und mit einem von einem Qrt. Sahne, drei Eierdottern und zwei ganzen Eiern und acht Lth. Zucker bereiteten Aufguß angefüllt und wie bekannt gebacken. Auch bei dieser Mehlspeise wird eine mit Eierdottern verbundene und gesüßte Sahne gegeben. (Liirte Sahne.)

## Spinatstrudeln. Stroudel d'épinards.

Vier Metzen junger Spinat werden nach sorgfältiger Vorrichtung blanchirt, fein gehackt, in einem viertel Pfd. frischer Butter geschwitzt, mit zwei Eßlöffeln Mehlschwitze vermischt und mit einem halben Qrt. Sahne, acht Lth. Zucker und etwas Salz zu einem steifen Brei gekocht, welcher, wenn er verkühlt, mit drei ganzen Eiern und drei Eierdottern und im Fall die Masse zu dick, noch mit etwas Sahne in Verbindung gebracht wird. Das übrige Verfahren schließt sich an die Angabe des vorhergehenden Artikels.

## Eine andere Art Spinatstrudeln. Stroudel d'épinards d'une autre manière.

Weicht in ihrer Bereitung von dem ersten Artikel der Krebsstrudeln dadurch ab, daß unter der Masse statt der Krebsmatte, Spinatmatte (dessen Art.: I. Bd. Einl.) in hinlänglicher Quantität genommen wird. Diese Art Strudeln werden alle bei gleicher Hitze gebacken und liirte Sahne dabei gegeben.

## Augsburger Strudel. Stroudel à la Augsbourg.

Man wirkt von zwölf Lth. Mehl, zwei Lth. Butter, drei Eiern und einem viertel Qrt. warmen Wassers einen festen Teig, der sofort zusammengepreßt und gut bedeckt eine halbe Stunde hingestellt wird, nach dieser Zeit wie Nudelteig zu einer möglichst dünnen Scheibe ausgerollt, alsdann mit zerlassener frischer Butter bestrichen, zunächst mit fein gehackten Aepfeln, Corinthen und gehackten Mandeln, und mit Zucker vermengt, dick bestreuet, hierauf als eine Wurst zusammengerollt oder in einer gut mit Butter bestrichenen Stürzform oder Casserole schneckenförmig zusammengelegt wird. Dies wird sofort mit Zucker bestreut, die Strudeln zur Hälfte bespült, mit kochender Milch angefüllt, wie die Dampfnudeln gebakken und mit liirter Vanillen-Sahne gegeben.

## Reißstrudeln. Stroudel de riz.

Zehn Lth. gebrühter Reis wird mit der nöthigen Quantität

guter Milch, einem sechstel Pfund Butter und einem halben Loth Zimmet später mit einem viertel Pfd. Zucker belegt, zu einer dickcremigen Masse gekocht, wenn diese vom Feuer genommen, mit einem ganzen Ei verbunden und nach dem Verkühlen mit zwei Eiern und drei Eierdottern und abgeriebenem Citronenzucker vermischt, diese Masse wird in Plinzen gestrichen und in der weitern Bereitung wie die vorhergehenden beendet.

### Griesstrudeln. Stroudel à la semoule.

Statt des Reißes wird etwa so viel Gries auf dieselbe Weise gesotten und ist die fernere Bereitung der vorhergehenden gleich. Auf diese Art erscheinen noch:

### Strudeln von Reißmehl. Stroudel à la crême de riz.

### Strudeln von durchgestrichenem Reiß. Stroudel à la purée de riz.

Diese Strudeln werden mit Vanilleninfusion oder Marasquin, auch mit frischer gerösteter Orangenblüthe gemacht.

### Chocoladenstrudeln. Stroudel au chocolat.

Zehn Lth. Chocolade und ein Eßlöffel voll Mehl wird mit einem viertel Qrt. mit Vanille infusirter Milch, einem ganzen Ei und zwei Eierdottern, zehn Lth. Zucker und vier Lth. Butter auf dem Feuer zu einem steifen Creme abgerührt, der verkühlt noch mit drei Eierdottern und drei Eiweiß-Schnee versetzt wird; diese Masse wird auf Plinzen gestrichen und in der weiteren Bereitung auf die bekannte Weise beendet.

### Markstrudeln. Stroudel à la moëlle.

Ein gutes halbes Pfd. ganz reiner Rindermark wird gehackt, mit zwei ganzen Eiern und vier Eierdottern und acht Lth. Zucker fein gerieben, gleichzeitig von einer Mundsemmel die Rinde abgeschält und in Milch aufgeweicht, diese wird nächstdem gut ausgedrückt und mit drei achtel Pfd. gut gewaschener und verlesener und etwas vorgekochter Corinthen, nebst einem Theil abgeriebenen Citronenzuckers und etwas Salz zu der Masse gerührt, welche sofort mit dem hälften Theil des zu Schnee geschlagenen Eiweißes vermischt, in gebackenen Plinzen gestrichen, hierauf nach Anweisung der vorhergehenden Artikel mit einem Aufguß gebacken und mit etwas liirter Sahne gegeben werden.

### Creme-Strudeln. Stroudel à la crême.

Von acht Lth. Butter, acht Lth. Mehl, zehn Lth. Zucker und

zehn Eiern wird mit einem halben Qrt. Milch oder Sahne nach Vorschrift des ersten Artikels dieses Abschnittes ein Crème patissière gemacht, welcher noch mit einem viertel Pfd. grobkörnig gestoßenen bitteren Macronen vermischt und statt in Plinzen geschlagen, aufgerollt und geschnitten zu werden, mit diesen im flachen ganzen Zustande in einer silbernen Casserolle oder Randschüssel schichtweise geordnet, sofort eine und eine viertel bis eine und eine halbe Stunde bei mäßiger Hitze gebacken und mit liirter Sahne aufgetischt werden.

### Baierische Strudeln. Stroudel à la Bavaroise.

Hiezu wird die Masse nach Angabe des Art.: Rahmstrudeln mit dem Unterschiede angefertigt, daß statt der gewöhnlichen Butter, Krebsbutter genommen, die Strudeln wie die Münchener Strudeln (deren Art.) gekocht, auf gleiche Weise in einem mit Krebsbutter bestrichenen Geschirr in einer recht rothbraunen Farbe gebacken mit Rameln besteckt (Art.: Rameln) und mit liirter Sahne aufgetischt werden.

---

## V. Abth: Pfannenmehlspeisen. Pannequets. Pannequets.

### Pannequets auf Pariser Art. Pannequets à la Parisienne.

Die Masse besteht aus vier Lth. Zucker, vier Lth. Mehl, 18 Eiern, ein halbes Qrt. Sahne, acht Lth. bitteren Macronen und drei Eßlöffeln voll Orangenessenz. Das Mehl, der Zucker und eine Prise Salz wird mit vier ganzen Eiern und vierzehn Eierdottern nach und nach recht klar verbunden, demnächst mit der Sahne zu einer dünnflüssigen Masse gerührt, welche noch mit den körnig gest. Macaronen und der Orangenessenz vermischt wird. Von dieser Masse werden in zwei flachen, gut gereinigten eisernen Eierkuchenpfannen mit geklärter Butter auf einem ganz schwachen Kohlenfeuer ganz dünne Pannequets auf die Art gebacken, daß in die mit klarer Butter mittelst eines Pinsels bestrichene, recht heiß gewordene Pfanne jedesmal so viel von der Masse gefüllt, daß hievon in der ganzen Ausdehnung der Pfanne ein dünnes Blatt auf der einen Seite gelbbraun gebacken werden kann, welches hierauf auf eine mit einer umgelegten Tasse oder einem Teller versehenen Schüssel gestürzt und die dadurch von unten nach oben gekommene braune Seite mit etwas ganz feinen Zucker bestreuet wird. Dies Verfahren wiederholt sich so oft, bis die Masse verbraucht und von den Pannequets sich ein hoher Berg gebildet hat, der während des Backens recht heiß gehalten und vor dem Auftischen mit feinem Zucker bestreuet und mittelst der glühenden Schippe glacirt wird.

## Panequets auf deutsche Art. Panequets à l'Allemande.

Zwölf Lth. Mehl, sechs Lth. Butter, zwölf Eier, ein halbes Qrt. gute Milch oder Sahne, zwei drittel Pfd. Corinthen, 6 Lth. Zucker. Von dem Mehl, zehn ganzen Eiern und zwei Dottern dem Zucker, Butter und etwas Salz wird mit Milch eine dünnflüssige Eierkuchenmasse eingerührt, welche, in eisernen Pfannen mit geklärter Butter, in möglichst dünnen Blättern auf einem gelinden Kohlenfeuer auf beiden Seiten gelbbraun und croquant gebacken werden; zwischen jeden dieser Panequets streuet man etwas feinen Zucker und etwas von den rund und trocken gekochten Corinthen, wobei die Procedur so geleitet, daß die gebackenen Panequets recht heiß gehalten werden. Die in hoher Form auf einander gelegten Panequets werden vor dem Auftragen oben mit Zucker und der glühenden Schaufel glacirt.

## Plinzen mit Vanille. Panequets à la crême de vanille.

Sechzehn Lth. Mehl, zehn Eier, ein halbes Qrt. Milch. Von dem Mehl, den Eiern und der Milch wird mit Zurücklassung des Weißen von einigen Eiern, eine dünnflüssige Masse eingerührt, die auf vorhergehende Art, aber in etwas dicken Blättern mit geklärter frischer Butter croquant gebacken, nächstdem aufgerollt und sofort auf die Schüssel auf die Art angerichtet werden, daß sie wiederholentlich übers Kreuz gelegt und hierauf mit feinem Zucker und der glühenden Schaufel oben glacirt werden. Zu diesen Plinzen wird ein halbes Qrt. mit einer halben Stange Vanille infusirte, gehörig gesüßte und mit einem Liaison (Bindungsmittel) von fünf Eierdottern etwas stark gebundene Sahne gegeben.

## Plinzen mit Aepfelmus. Panequets à la marmelade de pommes.

Von den im vorigen Artikel angeführten Zuthaten wird eine Masse eingerührt, davon ähnliche Plinzen gebacken, welche mit fester Aepfelmarmelade, die mit Wein und Citronenzucker bereitet worden ist, einen halben Zoll dick bestrichen, alsdann aufgerollt und mit der glühenden Schaufel, oder in der Mitte des Ofens unter einer Flamme, glacirt werden.

## Plinzen mit Pflaumenmus. Panequets à la marmelade de prûnes.

Die Marmelade kann von trockenen oder frischen Pflaumen,

auch von Pflaumenmus wie die Aepfelmarmelade bereitet werden. Die fernere Bereitungsweise ist der vorhergehenden gleich.

## Cölestiner Omeletten. (Französische Eierkuchen.) Omeleites à la Célestine.

Die Omelettenmassen unterscheiden sich von der der Plinzen und gewöhnlichen Eierkuchen und der mit weniger Mehl zusammengesetzten Panequetsmasse dadurch, daß sie gar kein Mehl enthalten, entgegengesetzt von diesen auf einem raschen Feuer und in möglichst kurzer Zeit vor dem Speisen gebacken werden. Achtzehn bis zwanzig ganze Eier werden mit einer Prise Salz und 18 bis 20 Eßlöffeln voll Milch recht klar geklopft oder gequirlt und durch ein weites Sieb gegossen. Von dieser Masse werden mit jedesmaliger Belegung von zwei und einem halben Lth. Butter in einer stark erhitzten Eierkuchenpfanne auf einem starken Feuer 4 bis 5 Stück Omeletten (französische Eierkuchen) auf einer Seite schön gelbbraun gebacken und vor dem Aufrollen mit einem Creme Frangipane bestrichen (VII. Abschn. Art.: Creme Frangipane), der aber in dicker Substanz angefertigt werden muß. Sobald eine Omelette gebacken ist, wird sie auf einen Bogen Papier geschoben, hierauf mit dem Creme bestrichen, demnächst aufgerollt und angerichtet und mit feinem Zucker bepudert. Auf die Schüssel werden drei, oder zwei unten und zwei oben gelegt.

## Omeletten mit Confitüren. Omelettes aux confitures.

Die Bereitung der Omeletten wiederholt sich in vorstehender Angabe, sie werden mit Himbeeren, Kirschen oder Aprikosen-Confekts, auch dergleichen Marmeladen vor dem Aufrollen bestrichen. Beide Omelettarten können in größerer Form oder größerer Pfanne in geringerer Zahl gebacken werden, was vom Geschmack des Tischherrn oder der Haussitte abhängt; auch werden diese Omeletten statt mit Zucker gepudert, mit der glühenden Schaufel, doch vorsichtig, damit sie nicht hart werden, glacirt.

## Schnee-Omeletten. Omelettes à la neige.

Achtzehn Eierdotter werden mit einem Körnchen Salz und 10 Lth. Zucker schaumig gerührt oder geschlagen, hierauf das Weiße der Eier in einen unverzinnten Kuppelkessel mittelst einer eisernen Ruthe (Besen) zu einem glatten steifen Schnee geschlagen, welcher mit den vorigen Ingredienzien behutsam in Verbindung gebracht wird. Von dieser zart und glatt aussehenden Masse werden demnächst in einer eisernen großen Eierkuchenpfanne, auf einem gelinden Kohlenfeuer 3 Stück zwei Zoll dicke Omeletten auf beiden Seiten gelb gebacken, zwischen welchen, nachdem sie auf einander folgend auf eine Schüssel geschoben worden, reichlich mit gestoß. Zucker bestreuet und mit Citronensaft beträufelt, in einer sehr mäßigen Hitze 20

Minuten gebacken werden. Diese Mehlspeise muß gelbbraun und recht hoch aufgelaufen sein und sogleich gespeist werden, daher die Einsetzezeit mit der Tafelzeit genau in Einklang gebracht werden muß.

## Panequets auf englische Art. Panequets à l'Anglaise.

Zwölf Lth. Butter, zwölf Lth. Zucker, zwölf Lth. Mehl, zwölf Eier und ein drittel Qrt. Milch oder Sahne. Die Butter wird geklärt und zur Sahne gerührt, mit vier Eiern und acht Eierdottern, dem Zucker und Citronenzucker vermischt, hierauf das Mehl mit einer Prise Salz und der Schnee von sechs Eierweiß dazu gethan und diese Masse mit der oben bezeichneten Milch oder Sahne etwas flüssig gemacht. Von dieser so bereiteten Masse werden in einer Pfanne mit klarer Butter recht viel dünne Panequets auf beiden Seiten gebacken, welche während des Backens in einem lauen Ofen croquant erhalten und vor dem Weggeben mit feinem Zucker und mittelst der eisernen Schaufel oben glacirt werden.

## Panequets auf holländische Art. Panequets à la Hollandaise.

Zehn Lth. Mehl, 12 Eier, zwei drittel Qrt. Sahne, 8 Lth. feinen Zucker, 8 Lth. Butter. Von diesen Ingredienzien wird auf bewußte Art ein Cremepatissiere abgerührt, welcher mit dem zu Schnee geschlagenen Eierweiß und vier Eßlöffeln voll Orangenessenz vermischt und in der Pfanne auf die Art gebacken wird, daß 6 bis 8 Stück einen sechstel Zoll dicke Panequets davon gemacht, die mit feinem Zucker auf beiden Seiten in der Pfanne glacirt und nach dieser Procedur sogleich in einen lauen Ofen gestellt werden; das Glaciren wird am besten in einer andern Pfanne ausgeführt, weil, wenn es in derselben Pfanne geschieht, das Abbacken der darauf folgenden Panequets erschwert; ganz besonders blank muß der oberste glacirt, auch dies Gericht gleich gespeist werden, wenn es von seinem Werth nicht verlieren soll. Diese Panequets werden auch in der Mitte mit körnig gehackten Macronen bestreut.

## Aepfel-Eierkuchen. Omelettes au pommes à l'Allemande.

Sechs bis sieben Stück schöne mürbe Aepfel werden in Viertel geschnitten, geschält und quer in feine Scheibchen geschnitten und gleichzeitig von vierzehn Loth Mehl, zehn Eiern, von welchen von zwei Eiern das Weiße zurückgelassen wird und etwas Salz mit der nöthigen Milch eine flüssige Eierkuchenmasse eingerührt. Sobald mit einem Stück Butter die Pfanne erhitzt ist, giebt man den dritten Theil der Aepfelscheibchen hinein und nachdem diese ein wenig geschwitzt sind, wird der dritte Theil der Masse darauf gefüllt und auf einem gelinden Feuer auf beiden Seiten recht langsam gebacken. Die drei Stück auf diese Art gebackene Aepfel-Eierkuchen werden wie die vorhergehenden glacirt und wenn nicht eine zweite Pfanne vorhanden, die beiden ersten im Ofen oder auf glühenden Kohlen heiß gehalten und der oberste recht blank glacirt. Wenn sie nicht gleich gespeist werden, verlieren sie ebenfalls an ihrem Werth. Die Masse kann im Ingredienzien-Quantum verringert und zwei auch ein Eierkuchen gebacken werden.

### Gewöhnliche Eierkuchen. **Omelettes bourgeoises à l'Allemande.**

Die Masse zu den gewöhnlichen Eierkuchen ist wohl stets aus denselben Bestandtheilen, aber nicht immer aus demselben Ingredienzien-Quantum zusammengesetzt, was freilich in der mehr oder minder starken Haushaltungs-Oeconomie zu suchen ist. Sind im Verhältniß zum Mehl zu wenig Eier angewendet worden, so müssen natürlich die Eierkuchen in schlechterer Qualität ausfallen. Die auf vorhergehende Weise eingerührte, auf einem gelinden Kohlenfeuer mit der nöthigen Butter gebackene, sowol in kleinern als größeren Quantitäten bereitete Eierkuchenmasse wird stets die besten Erfolge geben. Von dieser Masse werden eben sowol auf die vorhergehende Art auf einem rascheren Feuer dünne Eierkuchen hintereinander gebacken und sogleich verspeist, was besonders bei statthabenden Frühstücken zuweilen der Fall ist. Als eine für sich bestehende Schüssel erscheinen die Eierkuchen und Plinzenarten selten auf vornehmen, aber niemals auf ausgezeichnet großen Tafeln.

### Panequets nach Frangipane. **Panequets à la Frangipane.**

Die Bereitung der Masse wiederholt sich in der Angabe des Artikels der „Pannequets auf holländische Art" mit der Abweichung, daß unter der Masse 8 bis 10 Lth. körnig gestoßene bittere Makronen genommen und dieselben in drei Theilen in einer mit geklärter Butter belegten Eierkuchenpfanne auf einem gelinden Feuer gebacken, sofort oben dick mit feinem Zucker bestreuet und in einen mäßig heißen Ofen eine Stunde vor dem Speisen gestellt werden.

### Aepfel-Schmarrn. **Pommes risolée à l'Allemande.**

Diese Speise steht in naher Verwandtschaft mit dem Aepfel-Eierkuchen, sie weicht in der Bereitung von diesem dadurch ab, daß die geschnittenen Aepfel mit der eingerührten Eierkuchenmasse gleich vermischt und hierauf 20 Minuten vor dem Speisen in einer mit einem halben Pfd. Butter belegten großen Eierkuchenpfanne, oder einem Platfond, oder viereckigen Kasten (Einl. I. Bd.) oben mit einem Deckel mit glühenden Kohlen bedeckt, oder in einem mäßig heißen Ofen von unten in schön gelbbrauner Farbe gebacken werden, demnächst von neuem mit Butter belegt und mit einem flachen eisernen Löffel in länglich viereckige Stücke ausgestochen und umgedreht, sofort dick mit Zucker bestreuet, die Backmethode auf dieselbe Weise fortgesetzt und beendet, und nachdem die Schmarrn angerichtet, sogleich gespeist werden. Diese Mehlspeise kann in einem eisernen Bratofen gebacken werden.

### Mehl-Schmarrn. Omelettes risolées.

Acht bis zehn Lth. sehr feines Mehl wird mit acht Eierdottern, zwei Lth. Zucker, einem Theelöffel voll Salz mit der erforderlichen mit Zimmet oder Vanille geschwängerten Sahne zu einer dünnflüssigen Masse eingerührt, welche noch mit dem Scheee der weißen Eier vermischt und sofort mit geklärter reiner Butter in einem flachen breiten Geschirr einen Zoll dick gegossen und auf glühenden Kohlen sehr langsam gebacken wird. Wenn die eine Seite eine schöne gelbbraune Farbe bekommen hat, wird der Kuchen mittelst eines breiten flachen Löffels umgedreht und auf der andern Seite das Backen mit Daruntergießen von Butter wiederholt. Wenn der Schmarrn gut aufgelaufen und gar ist, was ohngefähr in 10 bis 12 Minuten erfolgt, wird er stark mit Zucker bestreuet und sofort mit der glühenden Schaufel glacirt und sogleich angerichtet und aufgetragen. Diese Mehlspeise wird am besten in einem eisernen nicht stark erhitzten Bratofen gebacken.

---

## VI. Abthl: Gestürzte Mehlspeisen. Soufflés moûlés.

Alle Mehlspeisen, welche zum Stürzen bereitet werden, müssen mit geringerer Flüssigkeit, also in compakterer Substanz und mit hinlänglicher Eierverbindung angefertigt, fünf Minuten vor dem Ausstürzen aus dem Ofen genommen, damit sie sich setzen oder etwas niederfallen, auch die dazu zu benutzende Form nur zu drei viertel Theil mit der Masse gefüllt, in etwas stärkerer Hitze gebakken, und wenn sie in Wasser gestellt, die Backhitze um mehrere Grade gesteigert werden.

### Wiener Mehlspeise. Nouilles à la Viennoise.

Es werden 15 bis 16 Lth. Mehl mit 5 bis 6 Eiern und einem Eierdotter zu einer dickflüssigen Masse eingerührt (I. Bd. Einl. eingelaufene Nudeln), welchem an durch einen Durchschlag oder einen großlöcherigen tiefen Schaumlöffel in ein und ein halbes Qrt. stark mit Vanille infusirte, von der Seite kochende Milch, in die dadurch entstandene Welle zu wiederholten Malen tropfen und die daraus gebildeten Tropf-Nudeln auf ein großes Sieb von aller Flüssigkeit abtropfen läßt; indeß rührt man von 4 Lth. Mehl, zwei ganzen Eiern und einem Eierdotter, 10 Lth. Zucker, 4 Lth. Butter einigen Messerspitzen Salz und ohngefähr einem halben Qrt. der Vanillenmilch auf dem Feuer eine feste Crememasse (crême patissière) ab, die, wenn sie verkühlt, mit vier Loth Butter, 7 Eierdottern, den Tropf-Nudeln und dem Schnee von 6 Eierweiß in Verbindung gebracht und hierauf in einer unten mit einer Papierscheibe (Patrone) belegten gut mit geklärter Butter bestrichenen sogenannten Stürzform (Einl.) zu drei Viertheil voll gefüllt und ein und eine halbe Stunde in mehr denn mäßiger Hitze gebacken wird. Wenn die Mehlspeise ausgestürzt und die Papierscheibe abgenommen ist, wird sie mit Zucker und der heißen Schaufel glacirt und eine von einem drittel Qrt. oder der übrig gebliebenen mit dem nöthigen Zucker und Eierdottern verbundene Milch (liirte Sahne) dabei gegeben.

## Sächsische Mehlspeise **Soufflé moulé à la Saxonne.**

Die Masse selbst besteht aus 12 Lth. Butter, 10 Lth. Mehl, 10 Lth. Zucker, 12 Eiern und einem halben Qrt. Milch. Das Mehl wird mit der gut mit Vanille oder Orangenblüthe infusirten Milch klar gerührt und mit einem kleinen Stückchen Butter und 6 Lth. Zucker auf dem Feuer zu einem festen Brei gekocht, welcher während des Auskühlens wiederholentlich umgerührt wird; die übrige Butter wird unterdeß zu Sahne gerührt, mit 2 ganzen Eiern und 10 Eierdottern, 6 Lth. Zucker und einer Prise Salz mit dem Brei nach und nach sorgfältig verbunden und gut gerührt und demnächst mit 8 Eierweiß-Schnee vermischt. Diese Masse wird zunächst wie die vorhergehende in eine ähnlich bestrichene Forme gefüllt, hierauf in ein Geschirr mit einem Zoll hoch angefüllten kochenden Wasser, so daß die Form zu ein Drittel davon bespült wird, gestellt und in nicht zu starker Hitze ein und eine halbe bis eine und drei viertel Stunden gebacken. Wegen des von unten erforderlichen starken Andrangs von Hitze bei dem Backen der gestürzten Mehlspeisen, besonders derjenigen, die in Wasser gestellt werden, ist es nöthig, daß dieselben mit Papier gedeckt werden, um den Hitze-Andrang von oben zu mäßigen und so das zu starke Färben von oben zu verhindern. Diese Mehlspeise wird unglacirt gleichfalls mit einer liirten Milch aufgetischt. Sie kann sehr gut in einem eisernen Ofen gebacken werden.

## Figaro Mehlspeise. **Soufflé moulé à la Figaro.**

Zwölf bis sechszehn Lth. besten Gries, 20 Eier, drei viertel Pfd. Butter, 20 Lth. Zucker, 20 Krebse, 4 Lth. Chocolade, zwei Metz. Spinat, 2 Blätter Oblaten und 2 Qrt. Milch. Der Gries wird mit der dazu erforderlichen Milch, einem drittel Pfd. Zucker, einer Prise Salz und drei Lth. Butter auf einem gelinden Feuer zu einer ganz steifen Masse ausgequollen; wenn sie vom Feuer genommen, wird sie mit zwei ganzen Eiern verbunden und bis zum Verkühlen wiederholentlich umgerührt, hierauf mit zwei ganzen Eiern und acht Eierdottern vermischt und in vier gleiche Theile geschieden, von welchen jeder besonders, der eine mit der flüssig gemachten Chokolade, der andere mit sechs Lth. der aus den Krebsschalen und der nöthigen Butter bereiteten recht rothen Krebsbutter (Einl.), der dritte mit der aus dem Spinat bereiteten Matte (I. Bd. II. Abschn.) vermischt und der vierte Theil im natürlichen Zustande gelassen wird. Außer demjenigen Theil, der mit Krebsbutter gefärbt, werden die drei andern Theile, ein jeder noch mit vier Lth. Butter und mit drei Viertheilen des von dem Eiweiß geschlagenen Schnees in gleichmäßigen Bestandtheilen vermischt. An diese Proceduren schließt sich das Einfüllen dieser Masse auf zweierlei Methoden, entweder wird in der, unten mit einem Papierblatte belegten, mit geklärter Butter ausgestrichenen Form, mit Oblaten ein Kreuz gebildet und in die daraus entstandenen vier Felder die Masse gefüllt, oder die Masse wild Löffelweise in die Form bunt eingefüllt. Das Backen erfolgt nach vorstehender Angabe in einer und einer halben bis einer und drei viertel Stunden Zeit, in ziemlich stark erhitztem Ofen. Diese Mehlspeise wird ebenfalls mit liirter Sahne aufgetischt.

## Gestürzte Bisquitmehlspeise. Soufflé moulé de bisquits.

Zehn Lth. Butter, 16 Eier, 18 Lth. Zucker, 10 Lth. kl. Löffelbisquits, ein halbe Bouteille Rheinwein, eine Citrone, 2 Lth. Mehl oder ein Mundbrod ($\frac{1}{2}$ Groschen) und zwei Lth. bittere Makronen. Die Butter wird zu Sahne gerührt, mit 10 Eierdottern, Citronenzucker, 10 Lth. feinem Zucker, einem Körnchen Salz und dem aus Mundbrod oder dem Mehl mit etwas Melch bereiteten festen Brei nach und nach verbunden und zuletzt mit den in drei achtel Zoll starke Würfel geschnittenen, mit etwas Wein oder Milch angefeuchteten Makronen und Bisquit und dem Schnee von acht Eierweiß behutsam vermischt, und sofort in eine mit einem Papierblatte belegte und mit geklärter Butter bestrichene Stürzform, worin in der Mitte eine Dülle oder Ausstecher gestellt werden, gefüllt, und ein und eine halbe Stunde bei mäßig starker Hitze gebacken. Von dem Rheinwein, einem ganzen Ei und fünf Eierdottern, acht Lth. Zucker, Citronenzucker und einer Prise Salz wird in einem kleinen hohen Geschirr (Kleiner Kessel, Einl.) auf leichtem Kohlenfeuer mittelst einer Ruthe ein Weincreme (Chaud'eau I. Bd. II. Abth.) abgeschlagen, welcher beim Anrichten, theils in der in der Mitte durch den Ausstecher entstandenen Vertiefung der Mehlspeise, theils in einer Sauciere dabei gegeben wird. Sie eignet sich zur kalten Speise.

## Gestürzte durchgestrichene Reißmehlspeise. Soufflé moulé à la purée de riz.

Mit der geringen Abweichung, daß der Reiß mit weniger Flüssigkeit also fester gekocht werden muß, schließt sich die Bereitungsart dieser Mehlspeise an die Angabe des Art.: Auflauf von durchgestrichenem Reiß. Sie wird wie die sächsische Mehlspeise in einer gut bestrichenen Form gebacken und mit einem Chaudeau (Weinschaum) nach Angabe des vorigen Artikels gespeist.

## Gestürzte Griesmehlspeise. Soufflé moulé de semoule.

Rücksichtlich des Hauptbestandtheils bleibt sich die Bereitung dieser Mehlspeise mit der vorigen gleich und wird gewöhnlich in der Quantität von beinahe einem halben Pfd. guten Gries angefertigt. Als Sauce wird eine mit einem sechstel Pfd. Chokolade und einigen Eierdottern verbundene und gehörig gesüßte Sahne oder ein flüssiger Chokoladen-Creme dazu gegeben. Als Hauptgeschmack wird bei den beiden letzten Mehlspeisen Vanille oder Marasquin angewendet. Im letztern Falle kommt eine liirte Sahne mit Marasquin lieblich modificirt dazu.

## Reißkuchen. Gateau de riz.

Drei viertel Pfd. Reiß, ein halbes Pfd. Rosinen, ein viertel Pfd. Corinthen, vier Lth. Orangenschale, eben so viel Citronat, zwei Lth. Citronenzucker, ein viertel Qrt. Rum, 12 Eier, 12 Lth. Butter, 12 Lth. Zucker, ein halbes Lth. Zimmet und zwei Qrt. Milch. Der Reiß wird mit dem Zimmet, der Hälfte Butter, der Milch und späterer Beimischung des Zuckers zu einer festen körnigen Masse gekocht, hierauf mit zwei Eiern gebunden und während des Auskühlens mit der übrigen Butter, Citronenzucker und etwas Salz, und nach und nach mit 10 Eierdottern, den von den Kernen gesonderten Rosinen, den Corinthen, der würflich geschnittenen Orangenschale und dem Citronat und zuletzt mit acht Eierweiß-Schnee vermischt. Die Masse wird in einem Rand, auf einem Blech oder in einer flachen großen Stürzform mit Papierscheibe ohne Wasser ein und drei viertel Stunden bei mittelmäßig starker Hitze gebacken. Von der im Rand gebackenen Mehlspeise wird der Rand abgenommen, im andern Falle gestürzt und mit Zucker und der heißen Schaufel glacirt. Den Rum gießt man kurz vor dem Auftragen oder bei der Tafel unter die Mehlspeise, welcher hierauf angezündet und die Mehlspeise sofort gegeben wird; sie eignet sich sowol zur kalten als warmen Speise und kann zu einer kleinen Form des Ingredienzien-Quantum gemäßigt werden.

## Bisquitmehlspeise. Soufflé de bisquit.

Hiezu braucht man ein lang viereckiges glattes Stück Bisquit wie es im Art.: Auflauf von Bisquit angegeben ist, es wird in einen viertel Zoll dicke passende Scheiben geschnitten und ganz wenig geröstet, hierauf eine ausgestrichene ovale oder runde Stürzform unten und an den Seiten auf die Art damit ausgelegt, daß die Kanten übergelegt werden oder übereinander spielen. Von den Bisquitabfällen, 2 Eiern und 2 Eierdottern, einem viertel Pfd. Zucker, einem drittel Qrt. Rheinwein und einem viertel Pfd. Butter wird auf dem Feuer eine dicke Crememasse gekocht, welche nach dem Verkühlen mit acht Eierdottern, einem halben Pfd. sauber vorbereiteten vorgekochten Corinthen und dem Schnee des Eiweißes vermischt, zunächst in die mit Bisquitscheiben ausgelegte Form gefüllt, oben mit ähnlichen Bisquitscheiben gedeckt und bei ziemlich starker Hitze ein und eine halbe Stunde gebacken wird. Die Mehlspeise kann sowol kalt als warm gegeben, im erstern Falle wird sie verkühlt gestürzt und mit feinem Zucker unter der Flamme auf die Art glacirt, daß an den Seiten des Ofens mit dünnem Holz ein flammendes beinahe oben zusammenspielendes Feuer gemacht, unter welchem die Mehlspeise bis sie blank glacirt, gehalten wird, und kalt mit flüssigem Weinschaum (Chaud'eau) gegeben.

## Gestürzte Krebsmehlspeise. Soufflé moulé d'écrevisses.

Drei viertel Schock Krebse, 15 Eier, 14 bis 16 Lth. Zucker, 3 Mundbrode, drei viertel Pfd. Butter, 3 Qrt. rohe Milch, ein viertel Qrt Sahne, 1 Citrone. Von 25 Stück rohen Krebsen und zwei drittel Qrt. roher unabgekochter Milch werden Matten (I. Bd. Einleitung Artikel: Krebsmatten) und von den Schalen von 20 Stück gekochten Krebsen Krebsbutter gemacht. (I. Bd. Einl. Art.: Krebsbutter.) Von den abgeschälten Mundbroden wird mit 10 Lth. Zucker und einem halben Qrt. Milch und etwas Sahne ein fester Brei gekocht, welcher mit zwei ganzen Eiern und nach und nach mit 10 Eierdottern, Citronenzucker, Salz und der Krebsmatte, ferner sowol mit den noch gebliebenen als gekochten, gehackten und darauf durchgestrichenen Krebsschwänzen, 10 Lth. Krebsbutter und zuletzt mit 7 bis 8 Eierweiß-Schnee sorgsam in Verbindung gebracht wird. Diese Masse wird in eine mit Krebsbutter bestrichene und mit einem Papierblatt (Patrone) belegte Form gefüllt, diese ein drittel bespült in Qrt. kochendes Wasser gestellt und die Mehlspeise hierauf eine und drei viertel Stunden bei ziemlich starker Hitze gebacken, nächstdem vorsichtig gestürzt und mit einem viertel Qrt. mit drei Eierdottern gebundener mit Citronenzucker vermischter, gehörig gesüßter Sahne aufgetischt.

## Schweitzer-Brei. Bouillie à la Suisse.

Vierzehn bis sechszehn Lth. Butter, eben so viel Zucker, ein viertel Pfd. bittere Macronen, ein Qrt. Milch, ein halbes Pfd. Corinthen, vier Lth. Citronat, vier Eßlöffel voll Rosenessenz, ein halbes Qrt. Sahne, für 2 Sgr. Zwieback und 16 Eier. Der Zwieback wird gerieben und in der Butter auf dem Feuer gelb geschwitzt und hierauf mit 8 Lth. Zucker und Milch zu einem starken Brei gekocht, welcher mit zwei Eiern verbunden, sofort mit 10 Eierdottern, den grobkörnig gestoß. Macronen, den Corinthen, Citronenzucker, den in einen sechstel Zoll starke Würfel geschnittenen Citronat, Rosenessenz und zuletzt mit 8 Eierweiß-Schnee sorgsam vermischt wird, diese Masse wird demnächst in einer gut ausgestrichenen Form eine und eine halbe Stunde ohne Wasser auf bekannte Art gebacken, wenn sie gestürzt, mit Zucker und der heißen Schaufel glacirt und mit einem viertel Qrt. gehörig gesüßter und mit drei Eierdottern liirter Sahne oder einer gleichen Quantität Weinschnee (Chaud'eau) angerichtet und wird im letztern Fall die Zucker- und Eier-ingredienzien etwas verstärkt und statt Sahne, Wein genommen.

## Milchschaberl. **Pâte delice à la crême.**

Die Masse selbst besteht aus 16 Lth. Butter, 6 Eiern, 8 Lth. Mehl, 3 Lth. Zucker, 1 Qrt. Milch, einem halben Qrt. Sahne, einem halben Lth. Zimmet. Die Butter wird zur Sahne gerührt, nach und nach mit den ganzen Eiern, einer Prise Salz und dem Zucker recht sorgsam verbunden, so daß die Masse recht glatt und schaumig gerührt wird, und hierauf mit dem Mehl und etwas Citronenzucker vermischt. Diese Masse wird nun in eine recht gut mit geklärter Butter ausgestrichenen aber ohne Papierscheibe belegten Form kaum zur Hälfte gefüllt und zwei Stunden vor dem Speisen in einen mittelmäßig heißen Ofen gestellt. Wenn die Masse ganz gar gebacken, was in 50 bis 60 Minuten erfolgt sein wird, gießt man ein halbes Qrt. kalte Milch darauf, wobei mit dem Messer verschiedene Oeffnungen gemacht werden, damit die Milch in die Masse besser eindringe, was nach einer halben Stunde noch ein oder zwei mal jedoch mit heißer etwas weniger und etwas gesüßter Milch wiederholt wird; so läßt man die Mehlspeise ruhig stehen bis der Teig zu einer lockeren Masse aufgegangen ist, gießt ehe sie ausgestürzt wird, die nicht eingedrungene Milch rein ab und überfüllt die gestürzte Mehlspeise mit einem viertel Qrt. mit drei Eierdottern verbundener mit Zimmet infüsirter, recht stark gesüßter Sahne.

## Inspructer Mehlspeise. **Soufflé moulé à la Inspruck.**

Die Masse ist zusammengesetzt aus 10 Lth. Butter, 12 Eiern, 10 Lth. Zucker, 3 Mundbroden, 3 bis 4 Eßlöffel voll Orangenessenz und einem viertel Pfd. ganz fein geriebenen Mandeln. Die Butter wird zu Sahne gerührt, nach und nach mit dem, von den abgeschälten Semmeln mit Milch und dem Zucker gekochten Brei, den Mandeln, zwei Eiern und 10 Eierdottern und der Orangenessenz in Verbindung gebracht, hierauf mit Schnee von 7 bis 8 Eierweiß vermischt und in eine mit einem Papierblatte belegte gut ausgestrichene Form gefüllt, diese zu einem Drittel bespült in kochendes Wasser gestellt, sofort bei ziemlich starker Hitze ein und eine halbe Stunde gebacken und mit einem viertel Qrt. gesüßter mit drei Eiern liirter Sahne gegeben.

# VII. Abth.: Nockel- (Nocken) und Nudelmehlspeisen. Nogues et nouilles soufflées.

## Badener Nockeln, Nocken. Noques à la Bade.

Ein halbes Pfd. Butter, 12 Lth. Mehl, 12 Lth. Zucker, 12 Eier, ein Qrt. Milch, ein halbes Qrt. Sahne, eine halbe Stange Vanille. Wenn die Butter recht schaumig zu Sahne gerührt ist, wird sie nach und nach mit drei ganzen und vier Eierdottern, etwas Salz und Muskatennuß und 12 bis 14 Lth. Mehl vermischt, so daß daraus eine sehr feine kaum haltbare Masse zusammengesetzt, welche hierauf im Einklang mit der Speisezeit, in die stark mit Vanille infusirte, ein wenig gesüßte, in einem breiten flachen Geschirr kochende Milch, Eßlöffelweise als große Nocken eingestochen und alsdann 20 Minuten in einen ziemlich heißen Ofen gestellt wird, bis die Milch ganz einsiedet und die Nocken, sowol von unten als oben eine schöne braune Farbe angenommen haben. Sie werden mit einer kleinen eisernen Schaufel (Artikel: Münchener Strudeln) angerichtet, mit etwas ähnlich bereiteter Sahne als im vorigen Artikel bezeichnet, theils untergossen, theils diese in einer Sauciere gegeben und mit Rameln besteckt (Artikel: Rameln).

## Baierische Nocken. Noques à la Bavaroise.

Zwölf Loth Butter, zwölf Loth Mehl, ein und ein viertel Qrt. Milch, ein halbes Qrt. Sahne, zwei Loth Orangenblüthen, zwölf Loth Zucker, funfzehn Eier. Von einem halben Qrt. Milch, dem Mehl und der Butter macht man einen Brandteig (Artikel: Rahmstrudeln), welcher mit zwei ganzen Eiern verbunden und wenn er verkühlt, mit zwei ganzen Eiern und sechs Eierdottern aufgerührt wird. Von dieser Masse werden die Nocken nach Angabe des vorigen Artikels, in mit Orangenblüthe geschwängerte, wenig gesüßte Milch eingestochen, in einem Ofen ebenso gekocht und gebacken und das Ganze auf dieselbe Weise beendet.

## Wiener Nocken. Noques à la Viennoise.

Die Masse wird nach Angabe des ersten Artikels dieser Abth. angefertigt, in gesüßter mit Vanille infusirter Milch gekocht, und die Nocken hierauf auf ein großes Sieb abgetropft, alsdann in einer mit Butter bestrichenen silberne Casserolle oder Randschüssel geordnet, mit einem Aufguß von drei viertel Qrt. Vanillenmilch, zwei ganzen Eiern und drei Eierdottern und zehn Loth Zucker gedeckt und eine Stunde bei mäßiger Hitze gebacken. In Mitte dieser Zeit wird die Mehlspeise mit dem von den vier Eierweiß geschlagenen und mit vier Eßlöffeln voll feinem Zucker vermischten Schnee, bunt gedeckt und gelbbraun gebacken.

## Sächsische Nocken. Noques à la Saxonne.

Die nach vorstehender Angabe bereitete Nockenmasse wird auf einen mit Butter bestrichenen Deckel einen Finger dick gestrichen, bei mäßiger Hitze gelbbraun gebacken, mit einem Ausstecher in runde oder kleine lange viereckige Stücke geschnitten, welche in einer bestrichenen silbernen Casserolle geordnet und mit einem auf folgende Weise bereiteten dickflüssigen Vanillen-Creme begossen werden. Ein Qrt. stark mit Vanille infüsirte Sahne wird mit zwei ganzen Eiern und fünf bis sechs Eierdottern, zwölf Loth Zucker und zwei Loth Mehl auf einem gelinden Kohlenfeuer mittelst einer hölzernen Ruthe bis zum Siedegrad abgeschlagen. Mit diesem flüssigen Creme werden die Nocken in einem lauen Ofen nur gratinirt (geprözelt) aber nicht gebacken und oben mit Zucker und der heißen Schaufel glacirt.

## Palsynudeln. Nouilles à la Palsy.

Von drei ganzen Eiern, einigen Eßlöffeln voll Milch und dem nöthigen Mehl wird ein Nudelteig angestoßen (Einl. Artikel: Nudeln) wenn er dünn ausgerollt ist, werden fünf Zoll lange, einen achtel Zoll breite Nudeln davon geschnitten, welche in der nöthigen Quantität (drei Pfd.) geklärter, sehr stark erhitzter reiner Butter auf mehrere Male in gelbbrauner Farbe ausgebacken und gut abgetropft werden, hierauf aufgelockert mit einem, ganz nach Angabe des vorigen Artikels bereiteten Creme in einer silbernen Casserolle auf die Art geordnet, daß einige von den Nudeln zurückgelassen, die nachdem die andern Nudeln mit dem Creme eine viertel Stunde im Ofen gratinirt haben, oben aufgelegt und mit feinem Zucker bestäubt werden.

## Wiener Flecknudeln. Nouilles à la Viennoise.

Von dem vorhin bezeichneten Nudelteig werden ein Zoll lange in der Mitte drei achtel Zoll breite caroförmige Flecknudeln geschnitten, welche wie die vorhergehenden ausgebacken werden. Ein Qrt. dicke saure Sahne wird mit zwölf Loth feinem Zucker, zwei ganzen Eiern und sechs Eierdottern genau verbunden, mit den ausgebackenen Nudeln vermischt oben stark mit feinem Zucker bestreut nnd sogleich eine Stunde bei mäßiger Hitze gebacken.

## Backnudeln. Nouilles gratinées.

Von einem, von zwei ganzen Eiern und einem Eierdotter, mit dem nöthigen Mehl bereiteten Nudelteig werden ein und einen halben Zoll lange ganz feine Nudeln geschnitten, diese in ein und ein halbes Qrt. Milch mit Zimmt, sechs Loth Zucker und vier Loth Butter zu einer recht festen cremigen Masse gekocht, welche auf ein oder zwei bestrichene Bleche, zu vier runden, einen halben Finger dicke Böden geformt und demnächst auf einem passenden Deckel mit

Butter auf beiden Seiten braun gebacken werden; hierauf werden sie auf der Schüssel geordnet, zwischen jeden Boden einen viertel Zoll dick Aprikosenmarmelade gestichen, im Ofen eine viertel Stunde gratinirt und mit der Schaufel und feinem Zucker glacirt.

### Wiener Fleckerl. Nouilles frits à la Viennoise.

Von dem Palfynudelteig werden drei Zoll lange und einen achtel Zoll breite Nudeln geschnitten und wie jene in recht stark erhitzter klarer Butter, in möglichst kurzer Zeit vor dem Speisen gelbbraun gebacken, hierauf mit recht fein gesiebtem Zucker eingepudert, aufgelockert und angerichtet und dazu ein Weinschaum (Chaud d'eau ) gegeben, der nach Angabe des Artikels: Gestürzte Bisquitmehlspeise bereitet wird.

---

## VIII. Abth.: Schaum- oder Schneemehlspeisen. Soufflés de meringues.

Was die Bereitungsweise dieser Art Mehlspeisen betrifft, so bleibt sich diese in der formellen Zusammensetzung immer insofern gleich, als sie nur in der Anwendung der verschiedenartigen dazu nothwendigen Früchte von einander abweicht. Als äußerst zweckmäßig bewähren sich diese Mehlspeisen, wenn bei unverhofften Fällen noch schnell eine Mehlspeise bereitet werden soll und eine Quantität Eiweiß gerade vorhanden ist, welches demzufolge auf keine bessere Weise benutzt werden kann und hierbei eine Hauptrolle spielt. Die Haupterfordernisse dieser Mehlspeisen bleiben immer, daß sie nicht warten, oder aufgehalten werden dürfen, sondern sobald sie im Backen einmal ihren Columinationspunkt erreicht haben, sogleich gespeist werden, ist dies einmal versäumt, so erscheinen sie als eine schlechte mißrathene Speise, daher ihr Einstellen möglichst genau mit der Speisezeit geregelt werden muß. Ebenso bedingt der aus dem Eiweiß geschlagene Schnee in der Bereitung die treffend gelungene Ausführung, dieser muß glatt und zur höchsten Festigkeit gebracht, der hierzu nöthige Zucker muß äußerst fein und durch ein sogenanntes Trommelsieb gesiebt werden. Auch müssen die hierzu zu benutzenden Früchte aus schmackhaften, nicht zu flüssigen, doch auch nicht zu festen Marmeladen bestehen, und außer der Jahreszeit von eingemachten Marmeladen statt frischen Früchten bereitet werden.

### Quittenschnee. Soufflé meringues de coins.

Acht bis zehn Stück Quitten werden in Viertel geschnitten, die Schale und die steinigen Theile abgeschält, einen Augenblick im Wasser blanchirt und in der erforderlichen Zeit ganz weich und kurz eingekocht, hierauf durch ein feines Sieb gestrichen und mit der nöthigen Quantität Zucker und etwas Rheinwein zu einer festen Marmelade eingekocht, die während des Kochens gut gerührt werden muß. Von ohngefähr zwanzig Eierweißen wird in einem unverzinnten Kuppelkessel mit einer Drahtruthe der möglichst beste Schnee geschlagen, welcher mit zwölf Loth des oben bezeichneten Zuckers, der ganz kalt gewordenen Quittenmarmelade und einer Prise Salz behutsam in Verbindung gebracht wird. Diese Masse wird möglichst schnell auf einer passenden Schüssel berg- oder pyramidenförmig geordnet, mit dem Messer oder anderem Instrumente bunt getupft und sogleich in einen mittelmäßig heißen Ofen 20 bis 25 Minuten gestellt, in welcher Zeit sie ein Drittheil höher werden und sich zugleich mit einer rothbraunen Farbe in schöner Form überziehen muß.

## Aprikosenschnee. Soufflé de meringue aux abricots.

Wird mit einem Pfd. eingemachter kurzer Aprikosenmarmelade oder einer gleicher Quantität von frischen Aprikosen bereiteten Marmelade auf die im vorhergehenden Artikel bezeichnete Weise gemacht. Ebenso der:

## Himbeerschnee. Soufflé de meringue aux framboises.

Wenn keine frische Himbeeren und keine eingemachte Himbeermarmelade vorhanden ist, muß der Himbeerconfect durchgestrichen werden, so daß daraus drei viertel Pfund reine Himbeermarmelade erlangt wird.

## Erdbeerschnee. Soufflé de meringue aux fraises.

Bei gleicher Bereitungsweise tritt hier dasselbe in dem vorhergehenden Artikel angedeutete Verhältniß ein.

## Aepfelschnee. Soufflé de meringue aux pommes.

Die Marmelade wird von frischen mürben Aepfeln mit Rheinwein und Citronensaft und in sehr fester Substanz angefertigt, die Bereitung wiederholt sich in der Angabe des Quittenschnee-Artikels: Ebenso wird der:

## Birnenschnee. Soufflé de meringue aux poirs,

mit weißen oder roth gekochten Birnenmarmelade und ein Glas Marasquin angefertigt

## Hagebuttenschnee. Soufflé de meringue aux gratte-cus.

Diese Frucht erfordert viel Zucker und muß reichlich mit Wein gesättigt und nöthigenfalls einen Augenblick blanchirt werden. Wird die Marmelade von eingemachten Hagebutten gemacht, so müssen diese fein gehackt oder gerieben und hierauf durchgestrichen werden. Am besten wird diese Mehlspeise von eingemachter Hagebuttenmarmelade.

### Pflaumenschnee. Soufflé de meringue aux prunes.

Erscheint nicht auf vornehmen Tafeln und ist den Haushaltungen der mittlern Stände besonders zu empfehlen. Der den Schnee charakterisirende Hauptgeschmack wird sowol von gebackenen Pflaumen, als auch von trockenem Pflaumenmus, welches durch Wein, Zucker und Citronensaft zu einer schmackhaften Marmelade umgearbeitet wird, gemacht. Doch am besten ist diese Speise, wenn sie von frischen Früchten bereitet werden kann. Dasselbe Verhältniß tritt auch bei dem:

### Kirschenschnee. Soufflé de meringue aux cerises,

ein. Doch läßt sich diese Mehlspeise auch eben so gut von Kirschmarmelade oder dergleichen Confekt bereiten, der letztere wird fein gehackt und durchgestrichen.

---

## IX. Abth.: Teigmehlspeisen. Soufflé en pâte.

### Krebswuchteln. Raviolis aux écrevisses.

Das ganze Ingredienzien-Bedarfsquantum besteht ohngefähr aus einem und einem viertel Pfd. Butter, zwölf Eiern, einem halben Qrt. Milch, einem drittel Qrt. Sahne, einem Mundbrod, einem Pfd. Mehl, zehn Loth Zucker, einem halben bis drei viertel Schock Krebsen, einer Citrone und Bärme. Von den Schaalen der abgekochten Krebse wird mit dem erforderlichen Butterquantum, Krebsbutter (I. Bd. Einl.) angefertigt, und ein Krebsfüllsel von den vom Darm geschiedenen Krebsschwänzen, und dem ebenso von der Knorpelscheibe gesonderten Krebsscheerenfleische, ferner der abgeschälten und mit Milch zu einem festen Brei gekochten Semmel, einem ganzen Ei und zwei Eierdottern, zwei Loth feinem Zucker, acht Loth Krebsbutter, drei Stück gehackter und in Butter geschwitzter Chalotten, etwas Salz, Muskatennuß und abgeriebenem Citronenzucker bereitet, und schließt sich an diese Procedur die Anfertigung eines von einem Pfd. Mehl, acht bis zehn Loth Butter, einem ganzen Ei und drei bis vier Eierdottern, zwei Eßlöffeln voll gut abgetropfter Weißbierbärme, etwas Salz und der nöthigen lauwarmen Milch, etwas fest angeschlagenen trefflichen Bärmteiges, der sofort an einen lauwarmen Ort zum Aufgehen gestellt wird; hierauf wird der Teig zu einer achtel Zoll dicken Platte ausgerollt, er wird mittelst der bezeichneten Krebsbutter nach dem in der Einleitung (I. Bd.) aufgeführten Artikel: Tartarennudeln und I. Bd. V. Abschn. Artikel: Rissoles, bezeichneten Anweisungen drei viertel bis einen Zoll große Kräpschen gemacht, die wenn das vorhin gezeigte Verfahren noch nicht geschehen und noch kein Aufgeheproceß erfolgt ist, zwischen einer mit Mehl bestäubten Serviette an einen warmen Ort zum Aufgehen gestellt werden. Nachdem dies erfolgt ist, werden sie einzeln mit Krebsbutter vorsichtig bestrichen, hierauf in einer gut mit Krebsbutter bestrichenen Türkenbundform oder in einer in der Mitte mit einem Rohr oder Ausstecher versehenen Stürzform, zu zwei Drittheilen gefüllt, geordnet und nachdem diese durch ein wiederholtes Aufgehen beinahe gefüllt, wird die Mehlspeise in einen mäßig heißen Ofen eine und eine viertel Stunde in schöner rothbrauner Farbe gebacken. Sie wird auf eine mit einer Serviette zierlich belegte Schüssel gestürzt, sofort die durch die sauber geordneten kleine Krapschen gebildeten Abtheilungen ein wenig getrennt und mit einem viertel Qrt. mit drei Eierdottern verbundenen (liirten) mit Citronen- und anderen Zucker schmackhaft gesüßter Sahne aufgetischt. Der Teig zu dieser Mehlspeise kann auch mit einem sogenannten Hefenstück-, Aufgehe- oder Stellteig (III. Bd. V. Abtheilung) angefertigt werden.

## Wuchteln mit Confitüren. Raviolis aux confitures.

Teig und äußere Form dem vorstehenden gleich; sie sind dadurch von diesen abweichend, daß sie statt mit dem bezeichneten Krebsfüllsel mit abgetropftem Kirschconfect, oder Himbeer und Aprikosenmarmelade gefüllt, auch statt mit Krebsbutter mit gewöhnlicher Butter bestrichen und ohne Sauce aufgetischt werden.

## Krebs-Dampfnudeln. Nouilles étouffées aux écrevisses.

Ein und ein viertel Pfund Butter, drei viertel Schock Krebse, funfzehn Eier, ein und ein halbes Pfund Mehl, ein halbes Quart Milch, ein halbes Quart Sahne, zwölf Loth Zukker eine und eine halbe Mundsemmel, eine Citrone, Bärme. — Ein nach Angabe des vorstehenden Artikels aber um ein Drittheil im Ingredienzenquantum gesteigerter, angefertigter Bärmeteig wird an einen lauwarmen Ort gestellt, nachdem der Aufgeheproceß erfolgt ist, wird der Teig einen sechstel Zoll dick ausgerollt, hierauf mit einer auf vorhergehende Art, aber ebenfalls in etwas stärkerm Quantum bereiteten Krebsfarce einen viertel Zoll dick bestrichen, bis zu einer dicken Wurst aufgerollt, die in zwei Zoll lange Stücke geschnitten, etwas breit gedrückt und an einen lauwarmen Ort zum nochmaligen Aufgehen gestellt wird. Inzwischen bestreicht man eine sogenannte große Dampfnudelmaschine (ein drei und einen halben Zoll hohes und mit einem fest umschließenden hochrandigen Deckel, in der Mitte mit einem Griff versehenes Geschirr) oder eine andere mit einem gut schließenden Deckel versehene breite und flache Maschine mit Krebsbutter, ordnet die Dampfnudeln auf die Art hinein, daß zwischen denselben der nöthige Raum zum fernern Aufgehen gelassen wird und sobald dies Aufgehen vollkommen erreicht ist, bestreicht man sie hierauf mit Krebsbutter, gießt demnächst beinahe einen Zoll hoch kochende Milch darunter und läßt sie in einem sehr heißen Ofen, oder mit einem von unten und oben angebrachten Feuer in 20 bis 25 Minuten gar werden; die Milch muß unterdessen ganz eingekocht, die Dampfnudeln von oben mit braunrother Farbe überzogen und von unten braun angesetzt sein, dem zufolge das Feuer oder die Hitze so dirigirt werden muß, daß es zuletzt, wenn die Milch verdampft ist, weniger einwirken kann. Sie werden sofort mit einer kleinen eisernen flachen Schippe oder Löffel (Artikel: Münchener Strudeln) losgestochen und mit einer nach obiger Angabe bezeichneten liirten (gebundenen) Sahne gegeben.

## Eine andere Art Krebsdampfnudeln. Nouilles étouffées d'une autre manière.

Von dem in den vorigen Artikeln zu einer gleichen Scheibe ausgerollten Bärmeteig, wird mit einem Ausstecher ein drei viertel Zoll im Durchmesser haltender runder Boden ausgestochen, zwischen welchen zwei Theelöffel voll des bezeichneten Krebsfüllsels gethan, hierauf mit Ei bestrichen, zunächst fest angedrückt und in der weiteren Behandlung wie die vorhergehenden beendet werden. Diese Dampfnudeln können auch krapfenartig, jedoch in runder, Form gemacht werden.

## Baierische Dampfnudeln. Nouilles étouffées Bavaroises.

Von dem mit denselben Ingredienzien angefertigten Bärmeteig werden runde etwas breit gedrückte Kugeln von der Größe eines kleinen Borsdorfer Apfels gemacht, welche nachdem sie gut aufgegangen, nach Vorschrift des vorhergehenden Artikels in Milch gedämpft und mit liirter Sahne gegeben werden. (Zu den auf diese Art bereiteten Speisen darf das dazu zu benutzende Geschirr niemals neu oder stark verzinnt sein, indem sich dies leicht ablöst und an die Speisen anhängt.)

## Eine andere Art echt baierischer Dampfnudeln. Nouilles étouffées à la Bavaroise.

Ein Pfd. Mehl, fünf Loth Butter, ein ganzes und ein gelbes Ei, Milch und besonders gute Bärme. Von diesen Ingredienzien wird ein loser Bärmeteig eingerührt, der, nachdem er tüchtig geschlagen, an einen lauwarmen Ort zum Aufgehen gestellt und wenn dies erfolgt ist, in drei Zoll lange und einen Zoll dicke runde Walzen gedreht, zunächst in einer mit Butter ausgestrichenen, in der Mitte mit einem Ausstecher versehenen Dampfnudelmaschine geordnet und sobald sich der Aufgeheproceß wiederholt hat, mit einem Eierdotter verbundener zerlassener Butter bestrichen, hierauf dick mit Zucker bestreut und durch den Ausstecher zu drei Viertheile bespült, mit Vanille geschwängerter kochender Milch angefüllt und sofort auf einem von unten mäßig und von oben stärker eindringenden Feuer 20 Minuten gekocht werden, in welcher Zeit die Milch beinahe verdampft, die Dampfnudeln oben schön gefärbt und von unten weiß bleiben müssen. Sie werden sogleich angerichtet und in Begleitung einer mit Vanillengeschmack gehobenen liirten Sahne aufgetischt.

## Baierische Dukatennudeln. **Nouilles en ducats Bavaroises.**

Von dem nach Angabe des ersten Artikels dieser Abtheilung bereiteten Bärmeteig werden haselnußgroße runde Kügelchen geformt, oder mittelst eines runden Ausstechers von dem ausgerollten Teig dukatengroße Scheibchen ausgestochen, welche auf einem mit Mehl bestäubten Blech geordnet und nachdem sie an einem lauwarmen Ort vollkommen aufgegangen sind, mit Krebsbutter bestrichen und bei leichter Hitze in rothgelber Farbe gebacken werden; hierauf in ein breites Geschirr gethan und mit der nöthigen Quantität, mit Zimmet und Citronengeschmack gesättigter und mit Zucker gesüßter Milch etwas aufgelöst; alsdann berg- oder pyramidenförmig angerichtet, mit Zucker bestreut und theils mit schmackhafter liirter Sahne begossen, theils diese besonders dabei gegeben.

## Gestürzte Dukatennudel-Mehlspeise. **Nouilles moulées en ducats.**

Die zuletzt gezeigten, von demselben zuvor aufgegangenen Teig bereiteten Scheibchen, werden statt auf einem Backblech, in einem mit Krebsbutter ausgestrichenen Cylindermodell auf die Weise geordnet, daß die Scheibchen gegenseitig zur Hälfte auf einander spielen, und sobald eine solche Lage beendet, dieß mit Krebsbutter bestrichen wird; hierauf mit gehackten und getrockneten Mandeln, eben solchen vorbereiteten Corinthen, beide Ingredienzien mit Zucker vermengt, bestreut, demnächst diese Procedur so oft wiederholt bis die Form zu drei Viertheilen gefüllt und sobald der Aufgeheproceß beendet in einem mäßig heißen Ofen gebacken und zunächst gestürzt wird. Die Mehlspeise wird mit einer, in den durch den Cylinder gebliebenen Raum gefüllten gut gebundenen, mit Vanille im Geschmack gehobenen Sahne aufgetischt.

## Baierische Mehlspeise. Soufflé en pate à la Bavaroise.

Hierzu wird nach Angabe des ersten Artikels dieser Abtheilung von einem und einem halben Pfd. Mehl, zwei ganzen Eiern und fünf Eierdottern, einem halben Pfd. Butter, drei Eßlöffeln voll abgetropfter Weißbierbärme, etwas abgeriebenem Citronenzucker und etwas lauwarmer Milch ein Bärmeteig angefertigt, wozu jedoch die oben angegebene Butter aus Krebsbutter bestehen muß. Wenn mit diesem Teig der einmalige Aufgehproceß geschehen ist, wird derselbe in einen gut mit Krebsbutter ausgestrichenen Mehlspeisenrand gefüllt, und in sehr mäßiger Hitze eine und eine halbe Stunde in schöner rothgelber Farbe gebacken; nachdem dies erfolgt und der Kuchen kalt geworden ist, wird oben ein hinlänglich großer Deckel vorsichtig ausgeschnitten und zunächst die Krume bis zu einer Finger dicken Außenwand herausgenommen, sodann wird die Krume getrocknet und mit der nöthigen Milch zu einem steifen Brei gekocht, welcher sobald er verkühlt, mit zehn Loth Krebsbutter, zehn Dottern zehn Lth. Zucker, den gehackten und durchgestrichenen Krebsschwänzen und dem Scheerenfleische, etwas Citronenzucker, einem halben Pfd. sauber vorbereitete Corinthen, drei Loth gehackten Citronat, eben so viel Orangenschale und zuletzt mit von acht Eierweißen Schnee genau verbunden wird. Diese Masse wird hierauf in dem ausgehöhlten Kuchen, bei sehr mäßiger Hitze eine Stunde mit der Vorsicht gebacken, daß der äußere Rand gegen den Andrang zu starker Hitze möglichst geschützt wird, um wegen des vorhergegangenen schon einmaligen Backens eine zu dunkle Farbe zu vermeiden. Wenn die Mehlspeise angerichtet ist, wird der Mehlspeisenrand oder der Reifen abgenommen, der Kuchen kann auch in einem in feinen Conturen gezeichneten Pastetenrand (I. Abschn. Artikel: Reiß-Casserolle) gebacken werden. Auch können sämmtliche Ingredienzien nach Umständen, ein Dritttheil im Quantum gemäßigt werden.

## Englische Dampfnudeln. Nouilles étouffées à l'Anglaise.

Sie weichen in ihrer Bereitung von den gewöhnlichen Krebsdampfnudeln dadurch ab, daß die Krebsfarce mit Krebsmatte (Einl.) zusammengesetzt und unter denselben zwölf Loth Corinthen genommen, die Dampfnudeln walzenförmig einen Daumen lang geschnitten und auf einem mit Krebsbutter bestrichenen durchlöcherten Boden einer Dampfmaschine ein dem Erdtoffel-Dampfkessel ähnliches aber etwas niedrigeres und viel breiteres Geschirr (I. Bd. V. Abschn. Artikel: Erdtoffelpastetchen) geordnet werden. Hinsichtlich der Anfertigung des Teiges findet kein Unterschied statt, und wenn demzufolge die oben bezeichneten Dampfnudeln gehörig aufgegangen sind, läßt man zwei bis drei Qrt. Milch in der Maschine tüchtig kochen, hängt hierauf die Dampfnudeln darüber, die nun mit dem gut passenden Deckel geschlossen, mit von unten und oben hinlänglichem Kohlenfeuer gedeckt und in drei viertel Stunden gar gemacht werden. Bei dieser Operation muß jedoch vorsichtig zu Werke gegangen, daß die verdampfte Milch durch Zugießen von kochender Milch oder Wasser ersetzt, auch das Feuer so geregelt, daß die Dampfnudeln von unten durch Dampf und oben durch das Kohlenfeuer gleichzeitig durchdrungen werden. Man richtet sie mit schmackhaft gesüßter und gut liirter Sahne an.

## Dessauer Fastenspeise. **Soufflé en pate à la Dessau.**

Von einem drittel Pfd. Butter, einem drittel Qrt. Wasser, zwölf Loth feines Mehl, vier Loth Zucker und etwas Salz wird ein Brandteig (Artikel: Rahmstrudeln) gemacht, der mit zwei ganzen Eiern verbunden und wenn er abgekühlt ist, mit zwei Dottern und vier ganzen Eiern aufgerührt wird, hiervon werden auf einem Blech zwei Zoll lange ovale Brödchen geformt, welche 20 Minuten gebacken, demnächst warm mit zerlassener Butter bestrichen, hierauf in eine Randschüssel oder silberne Casserolle geordnet, demnächst mit einem Guß von einem Qrt. Milch, drei Eierdottern, zwei ganzen Eiern, zehn Loth Zucker, Citronenzucker und acht Loth Corinthen angefüllt, sofort mit von vier Eierweißen geschlagenem und mit feinem Zucker vermischtem Schnee gedeckt und in einem mäßig heißen Ofen eine Stunde gebacken werden.

## Bisquitschaberl. **Soufflé de delié bisquit.**

Zwanzig Loth Zucker, zwei Loth Butter, zwölf Eier, ein und ein viertel Qrt. Sahne, eine halbe Stange Vanille, zwölf Loth ganz feines Mehl oder Kraftmehl. Von zwölf bis vierzehn Loth feinem Zucker, vier ganzen Eiern und vier Eierdottern, wird mittelst einer Ruthe eine Bisquitmasse geschlagen, die mit dem Schnee von zwei bis drei Eierweißen, und zwölf Loth Kraftmehl vermischt wird. Mit dieser Masse wird eine mit Butter bestrichene passend ovale oder runde Stürzform zur Hälfte gefüllt und eine Stunde bei sehr mäßiger Hitze gebacken. Dann werden mit einem Messer verschiedene Oeffnungen gestochen und der Teig mit einem halben Qrt. mit Vanille infüsirter kalter Sahne oder Milch begossen, welches nach Verlauf einer Viertelstunde mit einem etwas geringern Theil heißer Sahne wiederholt wird. Wenn nach 20 bis 30 Minuten nach dieser Operation die letzte Sahne eingedrungen ist, wird die Mehlspeise aus dem Ofen genommen, die übrige Feuchtigkeit sofort abgesondert und die gestürzte Mehlspeise mit liirter Sahne oder Weinschaum (Chaud d'eau) aufgetischt und im letztern Fall die Sahne vermindert, dafür Wein und auch Eier und Zucker im Quantum verstärkt.

## Schmankerl. **Schmankerl.**

Ein halbes Pfd. Butter, ein halbes Pfd. Mehl, vierzehn Eier, ein halbes Pfd. Corinthen, ein Qrt. Milch, ein halbes Qrt. Sahne. Von einem halben Pfd. Milch, etwas Zucker, einem halben Pfd.

Mehl und einem halben Pfd. Butter wird ein Brandteig gemacht, der wenn er vom Feuer genommen, mit einem ganzen Ei verbunden, nachdem er kalt geworden, mit acht ganzen Eiern und einem Dotter und Citronenzucker vermischt und mit etwas Sahne verdünnt wird. Dieser Teig wird in einzelnen Theilen auf ein Blech dünn aufgestrichen, und in einem gelinden Ofen gebacken, nächstdem werden die Stücke vom Blech losgeschnitten und aus denselben einen Zoll lange und einen halben Zoll breite Stückchen geschnitten, welche mit der nöthigen Quantität Milch, mit den sauber bereiteten und rund gekochten Corinthen in einem breiten Geschirr im Ofen eine Stunde aufgeweicht und wiederholentlich mit Milch beträufelt werden. Dies Gericht wird aufgelockert angerichtet, sodann stark mit gestoßenem Zimmet und Zucker bestreut und mit schmackhafter wohl gesüßter, liirter Sahne theils überfüllt, theils diese in der Sauciere dabei gegeben.

---

# X. Abth.: Eiermehlspeisen. Soufflés aux oeufs.

## Eierkäse. Oeufs caillés.

Der Zusammensatz der Masse besteht aus sechszehn bis zwanzig Eiern, zehn bis zwölf Loth Zucker, drei Qrt. roher oder ungekochter Milch, zwei Citronen, einem Loth Zimmt, einem halben Pfd. Corinthen. Zwölf ganze Eier und acht Eierdottern werden in einem Topf gequirlt, hierauf mit der bezeichneten Milch vermischt und durch ein weites Sieb geschüttet, zu dieser Masse wird nunmehr der fein gestoßene Zucker, die sauber bereiteten und vorgekochten Corinthen, von zwei Citronen abgeriebener Zucker, ein ganzes Stück Zimmt, ein wenig Salz und der Saft von einer bis zwei Citronen gethan, die Masse hierauf in einen Kessel gegossen, welcher in ein Geschirr mit kochendem Wasser auf die Art gestellt wird, daß kein Wasser in die Masse hinein kochen kann, diese aber unter wiederholtem sachten Umrühren sich zusammenzieht, oder die Flüssigkeit (Wadicke) sich von der festen Substanz scheidet. Sobald dies erfolgt und bevor die zusammengezogene Masse hart werden kann, wird der Zimmet herausgenommen und die Masse sogleich in eine sogenannte Eierkäseform (eine eckige, runde oder ovale mit erhabenen Spitzen bunt durchlöcherte Form von weißem Blech) geschüttet, von Zeit zu Zeit leicht gedrückt, damit die Flüssigktit rein davon abtropft und recht kalt gestellt. Wenn nach dieser Zeit der Eierkäse auf eine passende Schüssel gestürzt ist, wird er mit einem von einem halben Qrt Rheinwein, zwei ganzen Eiern und sechs Eierdottern und zwölf Loth Zucker bereiteten Weinschaum (Chaud d'eau) aufgetischt.

## Schneeberg. Oeufs à la neige.

Von sechszehn Eiern wird das Weiße von dem Gelben geschieden, ersteres zu einem steifen glatten Schnee geschlagen, mit acht Loth feinem Zucker sorgsam vermischt und mittelst eines Anrichtelöffels in zwei Qrt. mit Orangenblüthe infusirte, in einem breiten Geschirr befindliche Milch eingestochen, hierauf mit einem Deckel mit heißer Glut bedeckt und auf ein gelindes Feuer, ohne daß die Milch den Siedegrad vollkommen erreicht, gestellt. Nachdem die Schneeklöße gar sind, werden sie mit einem Schaumlöffel auf ein großes Sieb gethan und das erste Verfahren mit der übrigen Schneemasse noch ein oder zwei mal wiederholt. Sobald die ganze Procedur beendet ist, wird die bis zur Hälfte eingekochte Milch, mit zwölf der Eierdotter, zwölf bis vierzehn Loth Zucker, und einem halben Eßlöffel voll Mehl mittelst eines Schlagebesens auf einem leichten Kohlenfeuer zu einem dickflüssigen zarten Creme abgeschlagen, mit welchem die indeß auf einer passenden Schüssel pyramiden- oder bergartig angerichteten Schneeklöße reichlich überzogen und sofort entweder kalt oder warm aufgetischt werden.

## Eiermehlspeise auf englische Art. Oeufs à l'Anglaise.

Sechs ganze Eier und vierzehn Eierdotter werden tüchtig gequirlt und mit einem halben Qrt. stark mit Vanillen-Geschmack gesättigter Sahne, sechszehn Loth feinem Zucker und einem Theelöffel voll Salz in genaue Verbindung gebracht und sofort durch ein Sieb geschüttet oder durch ein Haartuch gedrückt. Nachdem man durch eine auf nachstehende Art gemachte kleine Probe von der richtigen Consistenz der Masse überzeugt ist, wird sie in eine mit Butter bestrichene silberne Casserolle oder ein anderes passendes dichtes Gefäß geschüttet und sogleich in einen mäßig heißen Ofen bis zu einem Drittheil bespült, in bis unter dem Siedegrad erhitztes Wasser 40 bis 50 Minuten gestellt, woran sich indessen die unerläßliche Bedingung knüpft und wo von die gelungene ausgeführte Bereitung abhängig ist, daß auch während der ganzen Procedur das Wasser nicht den Siedegrad vollkommen erreichen darf. Nachdem auf diese Art die Speise gar geworden und eine schlüpfrige, weiche, zarte Substanz zeigt, wird sie noch mit einem von einigen Eierweißen geschlagenen ganz losen Schnee und feinem Zucker mit der glühenden Schaufel oder im Ofen glacirt und sogleich mit liirter Sahne aufgetischt. Diese Mehlspeise kann auch kalt gegeben werden.

## Eiermehlspeise auf französische Art. Oeufs à la Française.

Von 20 Eiern wird das Weiße vom Gelben geschieden; dieses wird hierauf in einem Topf oder Reibenapf mit sechszehn Loth Zucker schaumig geschlagen oder gerührt, mit drei Loth gehackter Orangenschale und ebenso viel gehacktem Citronat, einer Prise Salz und zuletzt mit dem Weißen der zu einem glatten festen Schnee geschlagenen Eier, nebst einem Glase Marasquin behutsam vermischt; hiervon wird eine hohe Pyramide auf eine Schüssel geformt, zunächst mit einem Theelöffel oder Messer bunt getupft oder schuppig bezeichnet und in einem sehr mäßig heißen Ofen eine halbe Stunde aufmerksam gebacken.

## Eiermehlspeise auf polnische Art. Oeufs à la Polonaise.

Hierzu werden die Dottern von zwölf hartgekochten Eiern mit zwölf rohen Eierdottern, zwölf Loth Zucker, zwölf Loth frischer Butter, zwölf Loth fein gestoßenen Macronen und ein wenig Salz in einem Reibenapf oder Mörser tüchtig gerührt, sofort mit zwölf Loth mit zwei Loth Orangenblüthen geschwängerter Sahne und zwölf Loth sauber bereiteten und vorgekochten Corinthen vermischt und mit von zwölf Eierweißen geschlagenem Schnee behutsam in Verbindung gebracht. Diese Masse wird hierauf in einer mit Butter bestrichenen Randschüssel oder silbernen Casserolle in einem sehr mäßig erhitzten Ofen eine Stunde gebacken, nächstdem mit Zucker und der glühenden Schaufel glacirt und sogleich aufgetischt. In Ermangelung von Orangenblüthe werden vier Eßlöffel voll Orangenessenz genommen.

## Eiermehlspeise mit Pistazien. Oeufs aux pistaches.

Ein halbes Pfd. Pistazien werden gebrüht und abgezogen und mit einem viertel Qrt. Sahne ganz fein gerieben und durch ein Sieb gestrichen, zunächst acht ganze Eier und zwölf Eierdotter mit zwölf Loth Zucker, vier Eßlöffeln voll Orangenessenz, einem halben Quart Sahne und einer Prise Salz tüchtig gequirlt, sofort mit einem Theelöffel voll Spinatmatte (I. Bd. II. Abschn.) vermischt, zunächst durch ein Haartuch gedrückt und mit der Pistazienmasse vermischt. Nachdem sich durch eine kleine Probe die richtige Consistenz dieses mattgrün aussehenden Amalgamas ergeben, schließt sich die Backmethode an die Angabe des Artikels: Eiermehlspeise auf englische Art. Mit einer schönen grünen glatten Oberfläche wird diese Mehlspeise unglacirt mit einem drittel Qrt. mit drei Eiern liirter schmackhafter Sahne gegeben. Sie kann auch im kalten Zustande aufgetischt werden.

## Eiermehlspeise mit Mandeln. Oeufs aux amandes.

Die ganze Bereitungsart wiederholt sich in vorstehender Angabe und ist nur dadurch abweichend, daß statt den Pistazien eine gleiche Quantität Mandeln genommen und die Spinatmatte zurückbleibt.

## Eiermehlspeise nach burgundischer Art. **Oeufs à la Bourguignonne.**

Fünf ganze Eier und zehn Eierdottern werden tüchtig gequirlt, mit zwölf Loth Zucker, einer Prise Salz und einem halben Qrt. Sahne genau vermischt und durch ein Haartuch gedrückt; mit dieser Masse wird auf glühenden Kohlen oder Asche mittelst eines hölzernen Schlagebesens sehr behutsam, damit kein Zusammenlaufen (Gerinnen) erfolgt, ein flüssiger Creme abgeschlagen, der wenn er zu dick werden sollte, noch mit etwas Milch verdünnt, auch mit vier Loth Butter durchgerührt wird. Gleichzeitig werden acht Loth abgezogene und gespaltene Mandeln und eben so viel Pistazien, ferner vier Loth Citronat und vier Loth Orangenschale in ganz feine Fäden (Filets) geschnitten und sämmtliche Ingredienzien mit dem Creme vermischt, welcher sofort in einer silbernen Casserolle in einem ganz mäßig erhitzten Ofen oder einer Tortenpfanne ganz leicht auf die Art gebacken wird, daß das Ganze in 15 bis 20 Minuten beendet ist. Kurz vor dem Auftischen wird die Mehlspeise noch mit feinem Zucker und der heißen Schaufel glacirt. Diese Speise kann ebenfalls kalt gegeben werden.

## Gefüllte Eier. **Oeufs farçis.**

Zehn Stück hart gekochte Eier werden in der Länge recht glatt und gleichmäßig durchgeschnitten, die Dottern herausgenommen und mit fünf rohen Eierdottern, vier Loth Butter, vier Loth Zucker, zwei Eßlöffel voll Orangenessenz gut gerührt und mit dem Schnee von zwei Eierweißen vermischt. Mit diesem Amalgama werden die durchgeschnittenen Eierweißen in etwas erhabener Form gefüllt; gleichzeitig von zwei ganzen Eiern und sechs Eierdottern zwei drittel Qrt. Sahne, zwölf Loth Zucker und einem Eßlöffel Mehl nach Angabe des vorstehenden Artikels ein dickflüssiger Creme abgeschlagen, welcher mit drei Eßlöffeln voll Orangenessenz und vier Loth Butter vermischt, auf eine die Hitze aushaltende mit einem einen Zoll hohen gekniffenen Teigrand versehene Schüssel gethan, sofort mit den gefüllten Eiern belegt und in einem sehr mäßig heißen Ofen auf die Art nur so lange gebacken wird, bis der Einfüllsel gar, und der Creme nicht fest, sondern in mollöser (zarter, schlüpfriger) Substanz verbleibt, dem zufolge die Schüssel in ganz wenig kochendes Wasser oder Salz gestellt werden muß. Auch werden dem Geschmack gemäß, die Eier vor dem Auftragen mit feinem Zucker und der heißen Schaufel glacirt.

## Portugieser Eiermehlspeise. **Oeufs à la Portugaise.**

Diese Speise steht in naher Verwandtschaft mit der burgundischen Eiermehlspeise und weicht von derselben dadurch ab, daß der Creme nicht mit Beimischung fremder Ingredienzien, sondern im natürlichen Zustande abgeschlagen wird. Man läßt ihn so lange im

Ofen stehen bis er anfängt eine festere Substanz annehmen zu wollen, er wird alsdann sogleich herausgenommen und mit einem Gemisch verschiedenartiger Ingredienzien, bestehend aus feinfadig geschnittenen Mandeln, Pistazien, candirter Orangenschale, Citronat und Angelika oben besteckt und sogleich aufgetischt.

---

# XI. Abth.: Ausgebackene Mehlspeisen.
# Beignets.

So wie der Werth der Mehlspeisen, welche im Ofen gebacken werden, sehr oft von der Ofenhitze abhängt und deren treffendes Gelingen bei der Bereitung bestimmen, eben sowol wird der Werth derjenigen süßen Zwischenspeisen, welche unter dem Namen Beignets vorkommen und in Butter oder Schmalz gebacken werden, von dem dazu benutzenden Fettstoff bedingt. Wenn diese Mehlspeisen den Umständen oder der Haushaltsökonomie gemäß nicht in lauter geklärter Butter können gebacken werden, so ist eine Vermischung derselben mit den von der großen Fleischbrühe (Einl. I. Bd.) abgeschöpften und geklärten Etttheilen, oder eine Vermischung mit ausgelassenem Rindernierentalg als die beste Friture (Ausbackefett I. Bd. II. Abschn.) zu betrachten, welche in der hinlänglichen Quantität angewendet, damit die darin aufzunehmenden Gegenstände schwimmend darin gebacken werden und nicht auf dem Boden des Geschirrs anbraten können. Wenn neben diesen Bedingungen die bei dem Ausbacken zu berücksichtigenden Regeln, daß nämlich diese Art Speisen in sofern sie einer Pannirung unterworfen sind, sie möge in Semmel oder Teig bestehen, gehörig darin eingeschlossen und von allen Seiten gleichmäßig gedeckt sind, ferner wenn das Ausbackefett, bevor die Gegenstände hinein gethan werden, den der Sache angemessenen erforderlichen Hitzegrad erreicht hat, so ist dies als ein sicherer Bürge zu betrachten, daß die Bereitung dieser Art Mehlspeisen treffend gelingen muß.

## Gebackene Aepfelschnitte. Beignets de pommes.

Aus 10 bis 12 Stück großen mürben Aepfeln wird mittelst eines passenden runden Ausstechers das Kerngehäuse ausgestochen, die Aepfel hierauf geschält, und aus jedem derselben in der Quere drei abgerundete glatte Stücke zugeschnitten, welche hierauf mit einem viertel Pfd. feinen Zucker, einem achtel Qrt. Franzbranntwein oder Rum, ebensoviel Rheinwein, einem Theil abgeriebenen Citronenzucker, ein wenig fein gestoß. Zimmet und dem Saft von einer Citrone bei wiederholtem Umschwingen einige Stunden marinirt werden. Hieran schließt sich die Anfertigung des aus 16 bis 20 Lth. Mehl, einem

Eierdotter, einem Eßlöffel voll abgetropfter Weißbierbärme, zwei Theelöffel voll Oel mit dem nöthigen Bier oder Milch zu einer flüssigen Masse gerührten Ausbacketeiges, (Klare I. Bd. II. Absch.) in welchem, nachdem er an einem lauen Orte aufgegangen, die indeß auf ein Tuch gelegten ringförmigen Aepfelschnitte zu 7 bis 8 Stükken getaucht und sofort in dem ziemlich stark erhitzten Backfett auf die Art ausgebacken werden, daß die Aepfel dabei gar werden. Nachdem diese Procedur mit allen Aepfeln beendet, werden sie in fein gestoß. Zucker gewendet und entweder mit der glühenden Schaüfel oder im Ofen unter der Flamme auf die Art glacirt, daß mit kleinem trockenen Holze an den Seiten des Ofens eine beinahe oben zusammenspielende Flamme unterhalten, unter welcher die auf einem Blech geordneten Beignets, bis sie sich mit einer blanken Glasur überzogen haben, gehalten werden. Sie werden sofort auf einer mit einer Serviette belegten Schüssel angerichtet und sogleich aufgetischt, und diese Anrichtemethode mit allen Beignets beobachtet.

## Gefüllte Aepfel-Beignets. **Beignets de pommes en surprise.**

Hierzu werden kleinere Aepfel gewählt, welche in der formellen Behandlungsweise von den vorstehenden dadurch abweichen, daß die ringförmigen Scheibchen kleiner, aber etwas dicker, ohngefähr zwei drittel Zoll stark geschnitten werden. Nachdem sie nach vorhin bezeichneter Angabe wohl marinirt sind, werden sie auf ein Tuch gelegt, die Oeffnungen derselben mit Aprikosen oder Himbeermarmelade gefüllt, hierauf auf beiden Seiten mit benäßter doppelter Oblate mittelst des Gelben vom Ei beklebt, sofort in eine nach vorhergehender Vorschrift flüssige Klare getaucht und ausgebacken und auf dieselbe Weise glacirt.

## Beignets von Aprikosen. **Beigneits d'abricots.**

So wie die Bereitungsarten dieser Gattung Speisen sich stets in der praktischen Ausführung wiederholen, in sofern auf ihre Fruchtbestandtheile Rücksicht genommen wird, eben so abweichend sind sie in formeller Beziehung von einander. Einige werden in ringförmige Scheiben, andere in Viertel oder Hälften, wiederum andere in ganze Stücke geschnitten. Dann werden einige derselben im rohen Zustande marinirt, andere ganz weich gekocht, bevor sie in den Ausbacketeig (Klare) getaucht und ausgebacken werden. Eben so müssen die Aprikosen-Beignets aus recht reifen schönen großen Früchten bereitet, welche im Bedarfsquantum von 12 bis 15 Stück in Hälften geschnitten, von denselben die Haut abgezogen oder ganz dünn geschält und hierauf nach Angabe des ersten Artikels dieser Abtheilung ohne Citronensaft, aber stark mit Zucker wiederholentlich umgedreht, mehrere Stunden marinirt werden. Die fernere Bereitungsart schließt sich den vorhergehenden an, wobei noch besonders auf den betreffenden Hitzegrad des Ausbackefettes (Friture) aufmerksam gemacht wird, indem eine desfallsige Angabe immer eine relative Aufgabe bleibt, diese beruht immer auf einem gewissen Takt, der bei der praktischen Ausführung bald bemerkbar wird. Wenn das Ausbackefett auf dem Feuer ganz still geworden, und zu rauchen anfängt, ist schon ein bedeutender Hitzegrad eingetreten. Wenn ferner ein geringer Theil eingetropfter Teigmasse oder Semmel eine schnell zusammenziehende kräuselnde Bewegung macht, so hat die Fritüre den zu den Beignets nöthigen Hitzegrad vollkommen erreicht und es kann sofort ausgebacken werden. Eine Steigerung oder Mäßigung des Hitzegrades wird von den auszubackenden Speisen abhängig, und wenn gleich die im rohen Zustande gebackenen Gegenstände eine längere Backzeit bedingen, wodurch eine zu dunkle Farbe veranlaßt werden dürfte, so muß dem ungeachtet das hierzu erforderliche Ausbackefett einen hohen Grad von Hitze erreicht haben bevor diese Gegenstände hineingethan werden, weil die rohen Bestandtheile in dieser Beziehung eine bedeutende Dämpfung der Hitze verursachen. Eben so tadelnswerth ist es und sogar dem Ausbackefett verderblich, wenn eine zu starke Quantität der betreffenden Speisen auf einmal ausgebacken wird und dieserhalb eine öftere Wiederholung empfehlenswerther und praktikabler. Diese kleine Abweichung schien mir am rechten Ort zu stehen.

## Beignets von Pfirsischen. Beignets de pêches.

Diese werden den Aprikosen-Beignets gleich behandelt, jedoch ausnahmsweise ganz große Exemplare dieser Früchte in Viertel statt Hälften geschnitten und kann das hievon abhängige Bedarfsquantum aus 8 bis 10 Stück Früchten bestehen.

## Beignets von Apfelsinen. Beignets d'oranges douces.

Sechs Stück dergleichen Früchte werden auf die Art glatt geschält, daß keine weiße Haut darauf bleibt, hierauf in Viertel geschnitten, zunächst alle Kerne herausgenommen und in viel Zucker eine Zeitlang marinirt; sie werden hierauf in einen mit etwas Rheinwein vermischten Ausbackteig getaucht, auf die bekannte Weise gebacken, sofort stark in feinem Zucker gewendet und im Ofen unter der Flamme oder mit einer glühenden Schaufel glacirt.

## Beignets von Erdbeeren. Beignets de fraises.

In der Bereitung sind sie den Beignets von Kirschen in sofern gleich, nur daß die Erdbeeren im rohen daher recht reifen Zustande stark in Zucker gemengt und im Quantum von zwei bis drei Theelöffeln voll in dazu passend geschnittenen und angefeuchteten Oblaten eingeschlossen, hierauf in Eier und Semmel pannirt, sofort ausgebacken und glacirt werden. Diese Beignets können auch statt in Oblaten in einen dünn ausgerollten mürben Teig geschlossen, hierauf leicht pannirt und gebacken und auch eben so von Himbeeren und Stachelbeeren gemacht werden.

## Beignets von Orangen (Pommeranzen). Beignets d'oranges.

Von 6 bis 8 Stück dergleichen Früchte, wird die obere gelbe Schale ganz dünn abgeschält, die Orangen hierauf in viel Wasser drei Viertheil weich gekocht, nächstdem in eben so viel kaltes Wasser gethan, worin sie bei wiederholtem Wechseln mit frischem Wasser einige Tage stehen bleiben; sie werden hierauf abgetropft, zunächst in Viertel geschnitten und die Kerne herausgemacht und in 20 bis 24 Lth. mit etwas Rheinwein oder Wasser als Syrop gekochter Zucker weich und ganz kurz gedünstet. Die weitere Bereitungsart erfolgt im Einklang der Speisezeit, so daß die Orangen im kalten Zustande aus ihrem dicken Syrop genommen, sogleich in den Ausbackteig (Klare) getaucht und sofort ausgebacken und demnächst glacirt werden.

## Beignets von Quitten. Beignets de coins.

Im vorstehenden Bedarfsquantum werden dieselben in Viertel und aus den steinigen Theilen und Kernen geschnitten und hierauf geschält, nächstdem in Wasser blanchirt und mit einer gleichen Quantität Zucker wie oben angegeben, mit dem nöthigen Wasser, Zimmet und Citronenschale mehrere Stunden gekocht, wobei sie auf einem sehr gelinden Feuer mit gut schließendem Deckel lange gehalten eine schöne rothe Farbe bekommen; nachdem sie auf diese Art weich geworden, werden sie mit ihrer Flüssigkeit und einem achtel Quart Rheinwein zu einem dicken Syrop ganz kurz eingesotten und in der weitern Bereitung nach vorstehendem Artikel verfahren.

## Beignets von Birnen. Beignets de poires.

Formelle Bereitungsweise und Kochart, mit der Abweichung nach vorhergehender Angabe, daß die Birnen nicht blanchirt, sondern sogleich wie die Quitten gekocht werden; jedoch können diese Beignets auch von weiß gesottenen, bald weich werdenden Birnen (Beurre blance) bereitet, auch in Viertel oder Hälften geschnitten werden und richtet sich die fernere Bereitungsart nach bekannter Anweisung.

## Beignets von Pflaumen. Beignets de prunes.

Die treffend ausgeführte Bereitung erfordert auserlesene mit den Stielen gepflückte Früchte, sie werden in einem etwas starken Bedarfsquantum genommen, weil verschiedene entzwei gehen dürften, und von denselben auf der entgegengesetzten Seite des Stieles mittelst eines ganz kleinen spitzen Messers die Steine herausgenommen, nächstdem die Stiele abgeputzt und gestutzt und hierauf in einem leichten mit Wein bereiteten Zuckersyrop mit der größten Vorsicht, damit sie möglichst ganz erhalten werden, ein wenig vorgekocht, nachdem sie kalt geworden im Einklang der Speisezeit in eine mit etwas Wein vermischte Klare getaucht und sofort wie bekannt ausgebacken und demnächst glacirt. Bei recht reifen Früchten unterbleibt die Vorkochung.

## Beignets von Kirschen. Beignets de cerises.

Von dem im Bedarfsquantum von einer viertel Metze guter saurer Kirschen, werden die Stiele abgenommen und die Steine heraus gemacht, sofort in einem von Zucker mit etwas Wein gekochten Syrop weich und kurz geschmort; nachdem sie kalt geworden, zu 4 bis 6 Stück in dazu geschnittene angefeuchtete Oblaten gewickelt und mittelst Benässung von etwas Wasser recht sorgfältig und complett darin eingeschlossen, hierauf in plattrunde Form gestaltet und eine Zeitlang der kalten Luft ausgesetzt. Nachdem dies erfolgt ist, werden sie rücksichtlich der Speisezeit in einen flüssigen Ausbackteig getaucht oder in Eier und Semmel pannirt, sofort ausgebacken und im Ofen unter der Flamme glacirt.

## Beignets von Reine-clauden. Beignets de reine-claudes.

Diese werden gewöhnlich von recht reifen Früchten gemacht, welche, nachdem die Steine herausgenommen sind, in einem leichten Syrop sehr behutsam gesotten werden. Eben so können sie von eingemachten Reineclauden (Confekt III. Bd. III. Abschn.) bereitet, welche nachdem die Steine herausgenommen, zu drei bis vier Hälften in Oblaten geschlossen und sofort nach Angabe des oben beziehungsweise angedeuteten Artikels in der weitern Bereitung beendet werden. Eine gleiche Bereitungsart wiederholt sich mit Anfertigung der:

## Beignets von Mirabellen. Beignels de mirabelles,

deren Hauptingredienz stets aus eingemachten Früchten besteht.

## Englische Beignets. Beignets à l'Anglaise.

Fünf ganze Eier und zehn Eierdotter werden tüchtig gequirlt, hierauf mit 15 großen Eierschalen voll (ein viertel Qrt.) stark mit Vanillengeschmack geschwängerter Sahne, 12 Lth. Zucker und einer Prise Salz genau vermischt und durch ein Haartuch gedrückt, nachdem die aus Vorsicht davon gemachte Probe treffend ausgefallen, wird diese Masse in 16 bis 18 Stück ein und einen halben Zoll im Durchmesser und vollkommen 2 Zoll hohe, mit geklärter Butter bestrichene Becherformen gefüllt, und sogleich in, nicht vollkommen bis zum Siedegrad erhitztem Wasser zu zwei Dritttheilen bespült, bei von unten und oben gleichmäßig einwirkender Hitze 20 Minuten gestellt. (Art.: Eiermehlspeise nach englischer Art.) Nachdem dies erfolgt ist, und der Inhalt des Bechers sich zu einer zart schlüpferigen Substanz gebildet hat, wird dieselbe aus den Formen gestürzt und sobald sie kalt geworden, jedes Stück einmal queer durchgeschnitten, hierauf rücksichtlich der Speisezeit zu 8 bis 10 Stücken in einen gut bereiteten Ausbacketeig (Klare) getaucht, sofort ausgebacken, nächstdem in feinem Zucker gewendet und im Ofen unter der Flamme oder mit der glühenden Schaufel glacirt. (Art.: Aepfel-Beignets.) Das Ingredienzien-Quantum kann nach unserm System um ein Drittheil gemäßigt werden.

## Salzburger Beignets. Beignets à la Salzbourg.

Von einem aus zwei ganzen Eiern und einem Eierdotter gut bereiteten Nudelteig werden einen Zoll lange ganz feinfadige Nudeln (I. Bd. Einl.) geschnitten, welche in der nöthigen Milch mit einem Stück Zucker, später einem achtel Pfd. Butter und einem viertel Pfd. Zucker zu einer steifen Masse gekocht und wenn sie vom Feuer genommen, mit zwei Eiern und zwei Eierdottern vermischt wird. Von dieser Masse werden in ganz kaltem Zustande zwei und einen viertel Zoll lange in der Mitte mit Aprikosen- oder Himbeermarmelade gefüllte, oval runde Brödchen gestaltet, die sofort in Eier und Semmel pannirt, hierauf ausgebacken und glacirt werden.

## Beignets nach Frangipane. Beignets à la Frangipane.

Ein viertel Qrt. Milch wird aufgekocht, mit 8 Lth. Butter belegt und mit 12 Lth. Mehl auf einem gelinden Feuer zu einem festen Brandteig gearbeitet, welcher, so wie er vom Feuer genommen, mit drei Eßlöffeln voll Orangenessenz und einem ganzen Ei verbunden, wenn er verkühlt ist, mit drei Eiern, drei Eierdottern und 6 Lth. körnig gestoß. Macronen vermischt und gut verbunden und hierauf auf einem glatten Deckel einen Zoll dick gestrichen wird. Diese Masse wird rücksichtlich der Tafelzeit mit einem Eßlöffel in mäßig stark erhitztem Backfett in Pflaumen große, runde Form gestochen, sofort in schöner gelbbrauner Farbe gebacken und demnächst stark mit feinem Zucker eingepudert.

## Wiener Beignets. Beignets à la Viennoise.

Ein viertel Qrt. Milch, ein viertel Pfd. Butter wird, wenn es aufgekocht ist, mit einem halben Pfd. Mehl zu einem sehr festen Brandteig gearbeitet, vom Feuer genommen, mit einem ganzen Ei vermischt und nach und nach mit fünf Eiern und zwei Eierdottern genau verbunden. Wenn dieser Teig recht kalt geworden ist, werden von ihm auf dem Tisch mit Darunterstreuen von gestoßenen Macronen kleine, Finger dicke, einen halben Finger lange Würstchen geformt, welche rücksichtlich der Speisezeit in mäßig stark erhitztem Backfett gebacken, hierauf mit feinem Zucker eingepudert und mit einem, von einem halben Qrt. Wein, zwei Eiern und sechs Eierdottern, 12 Lth. Zucker, einem Theil abgeriebenen Citronenzucker und einer Prise Salz bereiteten Weinschaum (Chaudd'eau) aufgetischt werden.

## Beignets von Reiß. Beignets de riz.

Ein halbes Pfund Reiß wird nach dem Blanchiren und Verlesen mit der nöthigen Milch und einem Stück Zimmet und zuletzt mit drei Lth. Butter und sechs Lth. Zucker weich und zu einer festen Masse gekocht, die hierauf mit zwei Eiern und zwei Eierdottern und abgeriebenem Citronenzucker, auch ganz wenig Salz vermischt und auf einem flachen Geschirr einen Zoll dick glatt und gleichmäßig aufgestrichen wird. Nachdem der so bereitete Reiß ganz kalt geworden, werden von demselben mittelst einem zwei Zoll im Durchmesser haltenden runden Ausstecher, runde Stücke ausgestochen, ein jedes dieser Stücke noch einmal gespalten, so daß daraus zwei Blätter gemacht werden, welche in der Mitte eine merkliche Vertiefung erhalten, zunächst mit einem Theelöffel voll guter Aprikosenmarmelade belegt, hierauf an den Seiten mit Ei bestrichen, sodann beide Stücke wieder aufeinander gelegt, sofort angedrückt und glatt und gleichmäßig auf die Art geformt, daß die Aprikosenmarmelade gut eingeschlossen wird. Wenn auf diese Weise der Reiß verbraucht ist, werden die Ueberreste in eine neue Scheibe gedrückt und die ganze Procedur auf dieselbe Art wiederholt bis alles benutzt ist. Die so bereiteten inwendig mit Aprikosen-Marmelade gefüllten Reißscheiben werden in geschlagenen ganzen Eiern und geriebener weißer Semmel pannirt (darin gewendet), sofort im Einklang der Speisezeit ausgebacken, demnächst in Zucker gewendet und glacirt.

## Gebackener Reiß. Riz à la Prussienne.

Die im vorstehenden Artikel angegebene etwas verstückte Quantität Reiß wird auch nach Vorschrift desselben Artikels gekocht, wenn sie vom Feuer genommen, mit drei Eiern und drei Eierdottern, Citronenzucker und etwas Salz vermischt, hierauf in einem mit Butter bestrichenen Papier belegten flachen viereckigen Geschirr ein und einen viertel Zoll dick gestrichen und sofort in ziemlich starker Hitze drei viertel Stunden gebacken; nächstdem wird der auf diese Art gebackene Reiß ausgestürzt und sobald er kalt geworden, in zwei und einen viertel Zoll lange, gleiche, vierkantige Stücke geschnitten, welche hierauf in ganzen Eiern und geriebener Semmel pannirt, sofort in reinem Backbutter oder vorzüglicher auf einem flachen Geschirr in Butter, auf allen vier Seiten gebacken und nächstdem glacirt werden.

## Beignets von Gries. Beignets de semoule.

Ein halbes Pfd. Gries wird mit der erforderlichen Milch, 3 Lth. Butter, 6 Lth. Zucker zu einer steifen Masse ausgequollen, welche mit zwei Eiern und zwei Eierdottern und Citronenzucker vermischt und sofort kalt gestellt wird. Von dieser Masse werden hierauf kleine Aepfelformen gestaltet, welche gleichzeitig mit einem Eßlöffel voll festen Chocolaten-Creme's in ihrer Mitte gefüllt, zunächst in Eier und geriebener Semmel gewendet und auf die Art ausgebacken werden, daß die Beignets so lange in der Friture gelassen werden, bis sie von der Hitze ganz durchdrungen sind, demzufolge eine zu braune Farbe der Beignets verhütet werden muß; sie werden demnächst in Zucker gewendet und im Ofen unter der Flamme glacirt.

## Beignets von Reißmehl. Beignets à la crême de riz.

Die Kochart des Reißmehls wiederholt sich in vorstehender Angabe, auch wird das Reißmehl eben so als der Gries zusammengesetzt und von der kalt gewordenen Masse kleine Birnen geformt, welche mittelst Mohrrübenfäden ihre Stiele erhalten, demnächst in Eier und Semmel pannirt und auf die bewußte Weise ausgebacken werden. Diese Beignets werden mit einem halben Qrt mit Vanillengeschmack gesättigter, mit einem viertel Pfd. Zucker gesüßter und mit vier Eierdottern gur gebundener Sahne aufgetischt.

## Sächsische Beignets. Beignets à la Saxonne.

Acht Lth. Mehl werden mit 8 Lth. Zucker und der erforderlichen mit Vanille geschwängerten Milch zu einem festen Brei gekocht, der mit 8 Lth. Butter, 4 Eiern und 4 Eierdottern in einem Reibenapf gerührt wird; diese Masse wird hierauf in einer mit Butter bestrichenen und mit einem Papierblatte belegten passenden ovalen oder runden Form am besten in kleine viereckige Kasten gefüllt, im kochenden Wasser die Form zur Hälfte bespült, eine Stunde gebacken und hierauf ausgestürzt und kalt gestellt. Nächstdem werden hiervon lange viereckige einen drittel Zoll dicke Stücke geschnitten, welche zu zweien in der Mitte mit Aprikosen-Marmelade bestrichen, zusammengelegt, alsdann in Eier und geriebener Semmel gewendet, demnächst zur rechter Zeit ausgebacken und sofort glacirt werden. Diese Beignets können eben so gut von unberührtem Tafelabhub einer sächsischen Mehlspeise bereitet werden.

## Wulquens. Voulquens.

Die Hauptingredienz besteht aus 14 bis 16 Stück eigends dazu gebackenen kleinen runden Brödchen von der Größe eines kleinen Borsdorfer Apfels, deren Rinde ganz rein abgeraspelt, hierauf mit einem spitzen Messer mehrere Male durchstochen und in Milch im ganzen Zustande aufgeweicht worden, nachdem behutsam ausgedrückt und auf ein Tuch gelegt, zunächst in Eier und geriebener Semmel gewendet, sofort ausgebacken und glacirt und demnächst mit einer trefflichen Kirsch-Sauce (I. Bd. II. Abschn.) sogleich aufgetischt werden.

# XII. Abthl.: Charlotten. Charlottes.

Hinsichtlich ihres formellen Aeußern würde diese Art Speisen füglich zu den gestürzten Mehlspeisen gezählt werden können, wenn sie nicht rücksichtlich ihrer inhaltigen Bestandtheile sowol von diesen als jeder andern Art dieser Gerichte wesentlich abwichen. Sie unterscheiden sich eben sowol in der formellen Behandlungsweise, als selbst in der Backart, diese erfordert eine um mehrere Grade gesteigerte Hitze im Vergleich zu derjenigen, in welcher die andern gestürzten Mehlspeisen gebacken werden, und aus diesem Gesichtspunkt betrachtet, dürften die Charlotten wol in dem in diesem Abschnitte behandelten Zweig der Kochkunst eine eigene Abtheilung ausmachen.

## Aepfel=Charlotte. Charlotte de pommes.

Die treffend ausgeführte Anfertigung der Aepfel=Charlotte erfordert ein glattes und ohne Poren frisch gebackenes, großes weißes Brod (3 Groschen), 16 bis 20 Stück schöne Renetten oder eine andere Art weiche, auch große Borsdorfer Aepfel, 12 bis 16 Loth Aprikosen=Marmelade, 24 Lth. Zucker, ein achtel Qrt. Rheinwein, 12 Lth. ganz frische Butter und eine Citrone. Von dem glatt abgeschälten Brode werden beinahe einen drittel Zoll dicke Scheiben und aus diesen, nach dem Maaßstabe der runden oder ovalen Stürzform (Einl. I. Abschn.), drei Zoll lange und ein und einen halben Zoll breite, viereckige, auch einen Zoll im Durchmesser haltende, runde, ovale oder cotelettartige Stücke geformt; gleichzeitig die Aepfel in Vierteln geschält und queer in dünne Scheibchen geschnitten, hierauf in einem guten Theil fein gestoß. Zucker, dem Saft von einer Citrone, einem kleinen Stückchen Butter und einem Glase Rheinwein, mit der Aufmerksamkeit ein wenig geschmort, daß die Aepfel nicht weich, dabei möglichst ganz gehalten und ganz kurz, so daß nicht die geringste Flüssigkeit darauf bleibt, eingedämpft, oder statt dessen dürfen die Aepfel mit denselben Ingredienzien auch blos marinirt werden; nächstdem werden die Aepfel sehr behutsam mit der Aprikosenmarmelade und einem guten Theil abgeriebenen Citronenzucker vermischt. Hieran schließt sich das Einordnen in die mit Butter bestrichene Form, auf dem Boden derselben werden nach dem Geschmack des Verfertigers die geformten Brodstücke auf die Art gelegt, daß jedes einzelne Stück vorher in geklärter frischer Butter getaucht und sofort mit den Kanten auf einander spielend, jedoch recht gleichmäßig und genau passend geordnet, und an den Seiten der Form mit den viereckigen Brodstücken in aufgestellter Richtung ein ähnliches Verfahren beobachtet wird. Nachdem dies treffend ausgeführt ist, werden die Aepfel in der Mitte, so daß nicht die geringste Lücke verbleibt, recht fest eingefüllt, hierauf mit den übrigen Brodscheiben oben gedeckt und sofort in einem stark erhitzten

Ofen oder unter einer Tortenpfanne eine Stunde aufmerksam gebacken. Wenn dies erfolgt ist, wird die Charlotte auf eine passende Schüssel behutsam aus der Form gestürzt und zunächst stark mit feinem Zucker bestreuet und wenn die Schüssel die Hitze vertragen kann oder die Mehlspeise auf einem in der Schüssel passenden kleinen Blech gestürzt ist, wird sie im Ofen unter der Flamme, oder mit der glühenden Schaufel glacirt.

## Charlotte von Aprikosen. Charlottes d'abricots.

Sie wird von reifen aber nicht überreifen frischen Früchten, welche nicht weich oder etwa lange gepflückt gewesen, gemacht. Nachdem von 24 bis 26 Stück dergleichen Früchte die Haut abgenommen, werden aus den Hälften derselben etwas dicke Scheiben geschnitten, welche nach Vorschrift des vorstehenden Artikels wie die Aepfel geschmort, wobei der Zucker im Quantum etwas gesteigert, die Aprikosen jedoch nicht weiter vermischt werden; hierbei wird noch einmal die Bemerkung wiederholt, daß bei Anfertigung dieser Art Speisen alle Flüssigkeit beseitigt, daß nämlich die Früchte zu der möglichsten Kürze eingeschmort, bevor sie in die Form gefüllt und alle Lücken und Räume bei dieser Operation vermieden werden, damit sich bei dem Backen keine Feuchtigkeit absondert, mithin eine schlecht gerathene Charlotte aufgetischt werden dürfte. Die formelle Bereitungsart und Backmethode dieser Mehlspeise wiederholt sich nach Angabe des vorigen Artikels.

## Charlotte von Pflaumen. Charlotte de prunes.

Am schwierigsten erscheint die Anfertigung dieser Charlotte wegen der enthaltenden vielen Flüssigkeit der Pflaumen, sie wird am besten im Spätherbst von überreifen, schon eine Zeitlang gepflückt gewesenen Früchten gemacht. Die, in dem Bedarfsquantum von einer halben Metze, guten Pflaumen werden von einander geschnitten, zunächst die Steine herausgenommen und die Haut abgezogen, hierauf in einen leichten Syrop mit Zimmet und Citronenschale vorsichtig geschmort und nächstdem auf ein großes Sieb oder einen weiten Durchschlag zum recht reinen Abtropfen behutsam geschüttet; wenn dies vollkommen erreicht ist, wird der durchgetropfte Saft ganz kurz bis zum Bruch eingekocht und sofort wieder mit den von Zimmet und der Citronenschale gesonderten Pflaumen vermischt, mit welchen, nachdem sie ganz kalt geworden, mit der nöthigen Quantität geformten und geschnittenen Brodscheiben nach Vorschrift des ersten Artikels dieser Abtheilung das Einordnen in die Form erfolgt, wobei die fernere Bereitungsweise auf dieselbe Art beendet wird.

## Aepfel-Charlotte nach Meklenburger-Art. Charlotte de pommes à la Mecklenbourg.

Hiezu wird von großen schmackhaften Aepfeln mit Wein, etwas Citronessaft und dem nöthigen Zucker nebst einem Stück Zimmet, eine feste schmackhafte Aepfel-Marmelade angefertigt, welche mit einem halben Pfd. sauber bereiteten und etwas vorgekochten Corinthen, ferner drei Loth fein würflich geschnittenem Citronat, einer gleichen Quantität eben so geschnittener Orangenschale und einem Theil abgeriebenem Citronenzucker vermischt wird. Nachdem dies treffend ausgeführt ist, wird die Marmelade in eine mit einem und einem halben Zoll im Durchmesser haltenden runden Semmelscheiben ausgelegte Form gethan, sofort auf die bekannte Weise gebacken und nach dem vorsichtigen Ausstürzen im Ofen unter der Flamme oder mit der glühenden Schaufel glacirt.

## Aepfel-Charlotte nach Chartreuse-Art. Charlotte de pommes à la Chartreuse.

Die Bereitungsweise dieser Charlotte ist von der vorstehenden abweichend und erfordert zu ihren Bestandtheilen 15 Stück Borsdorfer Aepfel und 15 Stück große Renetten. Von den Borsdorfer Aepfeln werden mittelst eines einen Zoll im Durchmesser haltenden runden Ausstechers die Kerngehäuse ausgestochen, sofort ganz dünn geschält und in einen drittel Zoll dicke ganz gleichmäßige ringförmige Scheibchen geschnitten, wozu, um dies treffend auszuführen, ein zweiter um einen Finger breit größerer, passender Ausstecher genommen wird. Die Aepfelringe werden hierauf in etwas Franzbranntwein oder Rum, dem nöthigen feinen Zucker, Citronenzucker und Citronensaft marinirt und von den andern Aepfeln und allen saubern Abgängen mit Zucker und etwas Wein eine feste Marmelade bereitet. Mit dieser Arbeit vereinigt sich das Ausstechen kleiner runder Brodscheibchen, welche ihre Form durch denselben vorhin bezeichneten kleinen Ausstecher erhalten, um das richtige Verhältniß herauszubringen und das Schneiden der nöthigen Quantität nur ein und drei viertel Zoll langer und ein und ein drittel Zoll breiter Brodscheiben. Der Boden einer mit geklärter frischer Butter ausgestrichenen runden oder ovalen Stürzform (Einl. d. Absch.) wird mit den bezeichneten Aepfelringen, die in ihrer Mitte mit den in Butter getauchten runden Brodstücken bepflanzt worden, zierlich belegt, dasselbe Verfahren dicht an diesen an den Seiten herum mit den übrigen Aepfeln wiederholt und eine Fortsetzung dieser Belegung auf diesen Aepfelringen mit den in Butter getauchten mit den Kanten in aufrechter Stellung und mit den Seiten auf einanderspielend gesetzten viereckigen Brodscheibchen gemacht. Nachdem diese Procedur beendet, wird die Mitte mit der, bis zum möglichsten Grad von Festigkeit gekochten und mit dem vierten Theil ihres Volumen mit ganz dickem Aprikosen-Mus vermischten Aepfel-Marmelade fest gefüllt, hierauf das Ganze aber mit den übrigen Brodscheiben gedeckt und in ziemlich scharfer Hitze eine Stunde gebacken. Zehn Minuten vor dem Ausstülpen aus der Form muß die Mehlspeise aus der Backhitze genommen, die Stürzprocedur demnächst behutsam geleitet und die Charlotte sogleich aufgetischt werden.

## Kalte Aepfel-Charlotte. Charlotte froid de pommes.

Ihre nach vorstehender Anweisung geleitete Bereitung erleidet dadurch einige Abweichungen, daß die Stelle der runden und eckigen Brodscheibchen durch ähnliche von kleinem Bisquit geschnittenen Stückchen vertreten, auch unten an den Seiten der Form statt der Aepfelringe (mit denen blos der Boden des Geschirrs belegt wird), kleine rüben- oder walzenförmige Aepfel gewählt werden, welche mittelst eines, einen halben Zoll im Durchmesser haltenden kleinen Ausstechers geformt und in ein und einen halben Zoll lange gleichmäßige Stücke geschnitten werden. Sowol Aepfelringe als Aepfelwalzen erhalten in einem leichten Syrop, unbeschadet ihrer Form, sehr behutsam eine kleine Vorkochung und nachdem sie ganz kalt geworden und gut abgetropft sind, wird mit denselben und den oben bezeichneten Bisquitstückchen nach Angabe des vorhergehenden Artikels eine mit ganz frischer Butter leicht bestrichene Stürzform ausgelegt und gefüllt und die Mehlspeise in einer um mehrere Grad gemäßigten Hitze gebacken. Nachdem dies so weit treffend gelungen, wird die Mehlspeise in halb verkühltem Zustande vorsichtig aus der Form gestürzt und wenn sie ganz kalt geworden, mit eingemachten schwarzen Kirschen, Hagebutten und Reineclauden geschmackvoll belegt, auch wol als besondere Auszeichnung noch mit in Zucker eingemachten grünen Bohnen oder Angelika verziert.

## Eine andere Art kalter Charlotte. Charlotte froide d'une autre manière.

Hiezu wird von einem halben Pfd. Bisquit-Masse (III. Bd. I. Abschn.) in einer glatten viereckigen Form (Kasten) ein Bisquit gebacken, von welchem, wenn er vollkommen kalt geworden, nach Anweisung des ersten Artikels dieser Abtheilung viereckige und runde Stücke geschnitten werden, mit denen eine mit frischer Butter bestrichene ovale oder runde Form nach Angabe desselben Artikels ausgelegt wird; das Inhaltsprodukt dieser Charlotte besteht aus feinscheibig geschnittenen, in Wein und Zucker gedämpften und mit dem vierten Theil ihres Volumen mit Aprikosen-Marmelade vermischten Borsdorfer Aepfeln. Die Backart erfolgt bei um einige Grad gemäßigter Hitze. Nachdem sie in halb verkühltem Zustande aus der Form gestürzt und ganz kalt geworden ist, wird diese Mehlspeise mit einer flüssigen Glace von Zucker und Citronensaft leicht überzogen und in einen warmen Ofen zum Abtrocknen gestellt.

## Farbige Charlotte. Charlotte pitoresque.

Ihre Bereitungsart ist der vorstehenden gleich, sie unterscheidet sich von derselben nur dadurch, daß, nachdem sie ausgestürzt und ganz kalt geworden ist, ein jedes Bisquitscheibchen mit dick gerührter Königsglace (III. Bd. Einl.), von welchen drei Theil. grün, braun und roth gefärbt werden und der vierte Theil weiß bleibt, im schönen Farbenspiel behutsam bestrichen und sofort die Charlotte im lauen Ofen getrocknet wird.

## Birnen-Charlotte. Charlotte de poires.

Diese erscheint seltener als die andern auf den Tafeln der höhern Stände, sie wird nur als Abwechselung oder Varietät dieser Art Speisen betrachtet, ist jedoch bei einer gut geleiteten Bereitungsart und wenn besonders gute Früchte dazu genommen werden, vorzüglich auf den Tischen der mittlern Stände eine recht gute Mehlspeise. Die Früchte müssen gewählt sein und aus weißen weichen Sommerbirnen bestehen, welche, nachdem sie im Bedarfsquantum von 18 bis 20 Stück, in Vierteln geschält und queer in Scheiben geschnitten sind, mit einem viertel Qrt. weißen Wein, 12 Lth. Zukker, einem Quentchen Zimmet, Citronenschale und Citronensaft in weiß gehaltenem Zustande halb weich mit einem Glas Marasquin und so kurz gedünstet werden, bis alle Flüssigkeit davon verschwunden ist und im Fall dies, unbeschadet der Birnenscheibchen, auf diese Weise nicht erreicht werden kann, müssen diese zuvor abgetropft, hierauf die Flüssigkeit besonders eingekocht und wieder mit den Birnenscheibchen vermischt werden. Sind sie nach dieser Procedur kalt geworden, werden sie nach Angabe des ersten Artikels dieser Abtheilung in eine mit Brodscheiben ausgelegte Form gefüllt, in starker Hitze gebacken und nächstdem mit feinem Zucker und der glühenden Schaufel glacirt.

## Französische kalte Charlotte. Charlotte froide à la Française.

Diese eigentlich nicht zur Classe der Charlotten gehörende Speise wird wegen ihrer Aehnlichkeit mit diesen Gerichten häufig dazu gezählt. Ihre inhaltigen materiellen Bestandtheile sind in der Bereitung abwechselnd, sie wird sowol mit allen Arten feinen Cremen als auch geschlagener Sahne (VII. Abschn.) im feinsten Wohlgeschmack von Vanille, Marasquin, Orangenblüthe und dergl. angefertigt und kann in individueller Beziehung rücksichtlich des Geschmacks in den mannigfaltigsten geschmackvollsten Nüancen ausgeführt werden. Diese bestehen in dem zierlichen und genauen Belegen der Form, welches mit den, von dem zu diesem Zweck in glatter Gestalt gebackenen Bisquit, geschnittenen Models ausgeführt und demzufolge sowol der Boden als die Außenwände damit ausgefüttert werden. Dies ist in sofern mit einiger Schwierigkeit verknüpft, weil der Bisquit im trockenen Zustande bleiben und dennoch die Forme im ganzen innern Umfange genau bedeckt sein muß, damit kein Creme hindurch dringe, es muß daher mit dem schon etwas festen Creme immer so viel nachgefüllt, daß durch denselben die Bisquitstücke in ihrer Lage festgehalten werden und das Ganze bis die Form gefüllt ist, eine feste Gestalt gewinne. Nachdem dies gelungen beendet ist, wird die Form auf Eis gestellt, wobei noch zu bemerken, daß der zu dieser Speise als Inhaltsprodukt zu benutzende Creme mit 2 bis 3 Loth aufgelöseter Hausenblase (VII. Abschn. Einl.) versetzt sein muß. Wie oben bemerkt, kann diese Charlotte in den schönsten Schattirungen aufgetischt werden, wenn nämlich die Charlotte vorsichtlich ausgestürzt ist, können die Bisquitstücke mit Altkermeß roht gefärbtem, so wie mit Spinatmatte grün gefärbtem Caramel mit einander abwechselnd bestrichen und mit Angelika, in Zucker eingemachten grünen Bohnen, auch recht rothen Hagebutten und schwarzen wälschen Nüssen geschmackvoll belegt werden.

## Kirschen-Charlotte. Charlotte de cerises.

Sie wird sowol von Semmel- als Bisquitscheiben gemacht, und zwar wird diese Charlotte von einer drittel bis halben Metze recht kurz als Compote (VIII. Abschn.) gekochten Kirschen, auf die Art in einer mit Butter ausgestrichenen Form geordnet, daß, nachdem das Modell mit Bisquit ausgelegt, die Kirschen in Schichten mit den übrigen Bisquitscheiben fest eingelegt, das Ganze oben mit Bisquit gedeckt und in einem ziemlich stark erhitzten Ofen eine Stunde gebacken, die Mehlspeise hierauf gestürzt und mit feinem Zucker und der glühenden Schaufel oder unter der Flamme im Ofen glacirt wird.

## Eine andere Art Kirschen-Charlotte. Charlotte de cerises d'une autre manière.

Sie wird von rohen recht reifen Kirschen gemacht, die, nachdem sie aus den Steinen genommen, vorsichtig, damit sie nicht zerpreßt, gut ausgedrückt werden. Vom sämmtlichen Saft, der aber nicht mehr als ein viertel Qrt. betragen darf, wird mit der von den grob gestoßenen Steinen mit Kirschsaft ausgezogenen Infusion, vier ganzen Eiern und vier Eierdottern, einem viertel Qrt. guter saurer Sahne und 16 Lth. Zucker ein Guß oder Creme bereitet und nachdem eine Stürzform mit ein wenig gerösteten, nicht zu dünnen Semmelscheiben gut übereinander spielend ausgelegt ist, werden diese kurz vor dem Einstellen in den Ofen mit den ganz trocknen Kirschen fest belegt, sodann mit dem Guß überfüllt, sofort mit ungerösteten Semmelscheiben gedeckt und ein und eine halbe Stunde in starker Hitze gebacken. Die hierauf ausgestürzte Charlotte wird mit feinem Zucker und der glühenden Schaufel glacirt. Die Form muß eine kurze Zeit vor der Auftischung aus dem Ofen genommen und erst dann gestürzt werden und auch gut gefüllt sein. Sie kann auch kalt gegeben werden.

# XIII. Abth.: Käsemehlspeisen. Plat d'entremets nonsucrés en patisserie.

Diese Art Zwischenspeisen sind hinsichtlich ihres Charakters und ihrer materiellen Bestandtheile von jenen in den vorstehenden Abtheilungen aufgeführten namensverwandten Gerichten bedeutend abweichend. Am meisten wird dies durch ihren ungesüßten Zustand bemerkbar, welcher sich demzufolge durch eine Beimischung einer reichlichen Quantität Käse auszeichnet, mithin die Mehlspeise in diesem Geschmack vorherrschend wird und sich auch durch einen reichlicheren Inhalt von Fettstoff unterscheidet. Ferner besteht ein Theil ihres Inhalts oft aus animalischen Substanzen und säuerlichen Stoffen, demgemäß sie stets ihren Tafelplatz vor dem Braten erhalten oder vor demselben gespeist werden. Ihre Backart ist größtentheils in gemäßigter Hitze und die Backzeit rücksichtlich ihrer Bestandtheile bei den meisten mehr oder weniger länger ausdauernd (drei viertel bis ein und drei viertel Stunden) und was endlich die formelle Backmethode betrifft, so wird diese gewöhnlich in blechernen Backrändern oder Reifen (Einl. d. Abschn.), auch wohl in silbernen Casserollen oder in mit Teigrändern besetzten Schüsseln ausgeführt.

## Genueser Mehlspeise. Monestra genovesa.

Diese Speise erfordert in ihrer ganzen Zusammensetzung ein besonderes Gemisch von animalischen und vegetabilischen Stoffen, welche aus einem Pfd. frischen Lachs, Zander oder Hecht, einem halben Schock Krebsen, einer viertel Metze Champignons, einem halben Pfd. der besten italienischen Vermicelli, einem Pfd. gekochten magern Schinken oder einer gleichen Quantität Pökelrinderzunge, einem halben Pfd. Parmesankäse, drei viertel Pfd. Butter und zehn Eiern bestehen. Der in einer kurzen Brühe (court bouillon I. Bd. Einl.) gekochte Fisch wird im halb verkühlten Zustande aus den Gräten und in kleine Stücke gepflückt und mit den in Butter eingeschwitzten Champignons und dem Krebsfleische der abgekochten Krebse vermengt und von den Schalen der Krebse eine gute Krebsbutter gemacht, zunächst mit einem Theil derselben und von 3 bis 4 Eßlöffeln voll Mehl bereiteter Mehlschwitze (I. Bd. Einl.) und guter Fisch- oder Fleischbrühe angefertigter Krebs-Sauce, dem Fische, den Champignons und dem Krebsfleische wird ein in recht kurzem Saucenvolumen mit 4 Eierdottern gebundenes und mit Citronensaft abgeschärftes schmackhaftes rothes Ragout (I. Bd. III. Abschn.) zusammengestellt. Nachdem die Vermicelli in zwei Zoll lange Stücke gebrochen und in Wasser blanchirt sind, werden sie in der nöthigen Milch zu einer ziemlich compakten Masse gekocht, welche nach dem Verkühlen mit 12 Lth. Krebsbutter, 2 ganzen Eiern und vier Dottern, 12 Lth. Parmesankäse, etwas Salz und Pfeffer vermischt wird und wenn noch die bezeichnete Rinderzunge oder der Schinken fein körnig gehackt worden, wird zu dem Einordnen dieser zusammengestellten Ingredienzien in einen mit Butter ausgestrichenen blechernen Rand (Einl. dieses Abschn.) auf folgende Weise geschritten. Zuerst wird eine fingerdicke Schicht der Vermicellen-Masse gefüllt, diese dick mit dem gehackten Fleische bestreut, hierauf eine ähnliche Lage mit den Vermicellen wiederholt, auf welchen nun das Ragout, jedoch mit fingerbreiter Abweichung vom Rande in der Art gebracht wird, daß das Ragout, die Mitte einnehmend, fest gedrückt und von der Vermicellenmasse eingeschlossen, hierauf wird diese Procedur mit der Vermicellenmasse und dem Schinken, jedoch in ganz dünnen Schichten wiederholt, oben mit Parmesankäse und Krebsbutter gedeckt und rücksichtlich der Speisezeit eine und eine halbe Stunde gebacken. Vor dem Auftischen wird der blecherne Rand von der Speise abgenommen.

## Parmesaner Mehlspeise. Agroletta di Parma.

Diese Speise steht mit der vorigen in ziemlich naher Verwandtschaft, sie wird von einem halben bis zwei drittel Pfd. Reiß oder Reißmehl, einem halben bis drei viertel Schock Krebsen, einem guten Theil eingeschwitzter Champignons, zwölf Loth Sardellen, einem halben Pfd. Parmesankäse, drei viertel Pfd. Butter, zwei Stück Quappenlebern und zehn Eiern gemacht. Der Reiß wird nach dem Blanchiren in der erforderlichen Milch steif gekocht, welcher sofort durchgestrichen wird, vom Reißmehl bereitet unterbleibt diese Procedur und wird nachdem eins oder das andere verkühlt ist, die Masse mit zwölf Loth Krebsbutter, zwölf Loth Parmesankäse, sechs Eierdottern, dem nöthigen Salz und mit dem von dem Eiweiß geschlagenen Schnee vermischt, hierauf eine gut mit Krebsbutter bestrichene silberne Casserolle am Boden und an den Seiten einen Zoll dick damit ausgestrichen und in der Mitte ein von dem Krebsfleische, den Champignons und Quappenlebern auf die vorhin gezeigte Weise bereitetes aber etwas flüssiges und Sauce reichhaltiges, rothes Ragout gefüllt, welches zunächst mit einem von einem Eßlöffel voll Sardellenbutter, sechs Eßlöffeln voll geriebener Semmel, zwei Eierdottern, Muskatennuß und etwas Butter gerührten Füllsel oben gedeckt wird. Auf diesem Füllsel kann von den, zufällig von einem, zu einer andern Speise bereits benutzten Butterteig übrig gebliebenen Abgängen ein Gitter geflochten oder statt dessen das Ganze mit geriebenem Parmesankäse und Krebsbutter gedeckt werden. Die Mehlspeise wird sofort eine und eine halbe Stunde gebacken und sogleich aufgetischt.

## Mehlspeise von Macaroni. Soufflé de Macaroni.

Ein halbes Pfd. gute Macaroni werden in fingerlange gleichmäßige Stücke gebrochen, nächstdem blanchirt und in Milch oder Fleischbrühe zu einer steifen Masse gekocht, in beinahe verkühltem Zustande mit sechszehn Loth frischer Butter, sechszehn Loth Parmesankäse, zwölf Eierdottern, dem nöthigen Salz und zuletzt mit dem von dem Eiweiß geschlagenen Schnee vermischt. Diese Masse wird hierauf in einem ausgestrichenen Rand mit gehackter recht rother Pökelrinderzunge in drei Schichten geordnet, oder diese mit der Mehlspeise vermischt, hierauf mit geriebenem Parmesankäse und Krebsbutter gedeckt, sofort eine und eine halbe Stunde gebacken und nächstdem ohne Rand aufgetischt.

## Münchener Mehlspeise. **Soufflé à la Munic.**

Die Bereitungsart ist mit der vorstehenden in sofern übereinstimmend als sie in der Hauptingredienz sich unterscheidet und eine gleiche Abweichung dadurch statt findet, daß die gehackte Pökelrinderzunge durch das gehackte Fleisch von einem oder zwei gekochten oder gebratenen Hühnern gewechselt wird. Die aus einem halben Pfd. guten körnigen Gries bestehende Hauptingredienz wird in guter Milch oder Fleischbrühe mit einem viertel Pfd. Butter und dem erforderlichen Salz zu einer dickflüssigen Masse ausgequollen, vom Feuer genommen wird diese mit einem ganzen Ei und im verkühlten Zustande mit zwölf Eierdottern, sechs Loth Zucker, zwölf Loth geriebenem Parmesankäse, dem bemerkten Hühnerfleische, etwas Muskatennuß und dem von acht bis zehn Eierweißen geschlagenen Schnee vermischt, oben mit Parmesankäse und Krebsbutter gedeckt, sofort eine und eine halbe Stunde gebacken und demnächst nach Beseitigung des blechernen Randes aufgetischt.

## Macaroni mit Parmesankäse. **Macaroni au Parmesan.**

Nachdem 20 Loth gute Macaroni in fingerlange Stücke gebrochen, sofort zehn Minuten im Wasser blanchirt sind, werden sie mit Beimischung von kaltem Wasser aus diesen gewaschen und in einer mit Butter belegten Casserolle mit guter Fleischbrühe und etwas Salz auf einem gelinden Feuer möglichst ganz gehalten, treffend weich und bis alle Flüssigkeit verdampft ist, gesotten, nächstdem mit zwanzig Loth frischer Butter, vierzehn Loth Parmesankäse, nöthigenfalls mit drei Eßlöffeln voll dick eingekochter Sauce, ein wenig weißem Pfeffer und dem etwa noch fehlenden Salz vermischt, sofort in eine silberne Casserolle oder eine mit einem Teigrande versehenen Schüssel gefüllt oben mit Parmesankäse und Krebsbutter gedeckt und sechs bis acht Minuten in einen stark erhitzten Ofen gestellt, oder statt dessen mit der glühenden Schaufel gefärbt.

## Römische Mehlspeise. **Granelato di Roma.**

Von einem und einem halben bis zwei Pfd. rein aus der Haut und den Gräten geschnittenen fein gehackten und durchgestrichenen Zander- oder Hechtfleische, drei viertel Pfd. weiß ausgelassenen Rinmarkes, einem abgeschälten, in Milch geweichten und ausgedrückten

Mundbrode, einem guten Eßlöffel voll Sardellenbutter, einem Theil eingeschwitzter und ganz fein gehackter Champignons, Salz, Muskatennuß und einem viertel Qrt. dicker weißer Sauce, wird eine weiße, salbige, farceartige Substanz recht lange gerührt, welche zu dem höchsten Grad von feiner Eigenschaft gesteigert, mit fünf Eierdottern und dem, von dem Eiweiß geschlagenen Schnee vermischt wird. Dies Amalgama wird hierauf mit einer, von sechs Eßlöffeln voll Mehl, zwei ganzen Eiern und zwei Eierdottern, mit Milch eingerührten Eierkuchenmasse, zu vier bis fünf Stück dünn gebackenen Plinzen in einen gut ausgestrichenen Mehlspeisenrand schichtweise auf die Art eingelegt, daß zuerst die Masse einen kleinen Finger dick gestrichen, auf welche eine Plinze gelegt, dann dick geriebener Parmesankäse gestreut und dieser mit frischer Butter belegt wird, sofort die ganze Procedur noch drei mal in der Art wiederholt, daß die Füllung mit dem Amalgama geschlossen, diese mit Parmesankäse und Butter reichlich gedeckt und die Mehlspeise eine und drei viertel Stunden gebacken und nach Beseitigung des Randes gegeben wird.

## Baierische Mehlspeise. Pate royale à la Bavaroise.

Von einem viertel Qrt. Wasser, einem viertel Pfd. Butter und drei achtel Pfd. Mehl wird auf einem gelinden Feuer ein Teig abgebrannt, welcher, wenn er verkühlt, mit zwei Eiern gebunden, nach und nach mit vier ganzen Eiern, vier Eierdottern und etwas Salz vermischt wird; derselbe wird hierauf durch eine, mit einer fingerstark strahligen Dülle versehenen Wurstspritze in kochendes Wasser gespritzt und die dadurch erlangten Würste auf ein großes Sieb zum Abtropfen gethan. Wenn mit sämmtlichem Teig das ganze Verfahren beendet und die Würste kalt geworden, werden sie in zwei Zoll lange Stücke geschnitten und hierauf mit einem halben Pfd. geriebenem Parmesankäse in eine silberne Casserolle oder mit einem guten Teigrand bekränzte Schüssel geschichtet, demnächst mit einem Qrt., mit zwei ganzen Eiern und vier Eierdottern gequirlter saurer Sahne gedeckt und eine und drei viertel Stunden gebacken.

## Mehlspeise von Bücklingen. Harengs saurets pour Entremet.

Hierzu sind zwölf bis funfzehn Stück gute Bücklinge oder Flickhäringe (II. Abschn. Artikel: Häring) erforderlich, welche recht behutsam aus Haut und Gräten genommen und nächstdem von abgeschältem frischgebackenem weißem Brode, einen achtel Zoll dicke viereckige Stücke geschnitten, die auf beiden Seiten gelb geröstet werden. Nächst dieser Vorrichtung wird eine, die Hitze aushaltende geränderte Schüssel einen achtel Zoll dick mit frischer Butter bestrichen, auf diese die Semmelscheiben geordnet, welche mit geriebenem Parmesankäse bestreut, hierauf mit den Bücklingen belegt, sodann mit einer zweiten Schicht Parmesankäse und Brodscheiben gedeckt und so das Ganze mit einem halben Qrt., mit zwei ganzen Eiern und zwei Eierdottern vermischter dicker saurer Sahne einen Zoll dick überzogen, sofort mit Parmesankäse bestreut und mit Krebs- oder gewöhnlicher Butter beträufelt und in sehr mäßiger Hitze drei viertel Stunden gebacken.

## Mailänder Mehlspeise. Entremet à la Milanaise.

Ihre materiellen Bestandtheile sind ein Schock Krebse, ein Pfd. Hecht oder Zander, ein halbes Pfd. Parmesankäse, ein viertel Pfd. Sardellenbutter, zehn Eier, zwölf bis vierzehn Loth Krebsbutter, ein achtel Qrt. dick eingekochte Sauce und eine als Brei (Pannade) gekochte Mundsemmel. Dreißig Stück Krebse werden abgekocht und von den Schalen Krebsbutter (I. Bd. Einl.) gemacht, gleichzeitig von den übrigen Krebsen mit drei Qrt. roher Milch Krebsmatten (I. Bd. Einl.) bereitet und der aus Haut und Gräten geschnittene, zur Hälfte gar geschwitzte und zur Hälfte roh gelassene Fisch gehackt und durchgestrichen. Sobald die Krebsmatten von den flüssigen Theilen gut abgesondert und ihren Endpunkt erreicht haben, werden sie ungesäumt, bevor sie hart werden, ausgedrückt, hierauf in einem Reibemörser oder Asch mit der Krebs- und Sardellenbutter, der bemerkten Sauce, dem Parmesankäse, dem Semmelbrei, dem Fisch, den rohen und gekochten gehackten Krebsschwänzen, zwölf Eierdottern gut und schnell, damit durch vieles Rühren die Masse nicht die schöne rothe Farbe verliert, genau vereinigt und zuletzt mit dem von acht Eierweißen geschlagenen Schnee behutsam vermischt, sofort in einen mit Krebsbutter bestrichenen Rand oder eine silberne Casserolle gefüllt, nächstdem mit Parmesankäse und Krebsbutter gedeckt, eine und eine viertel Stunde gebacken und nachdem dies erfolgt, der Rand abgenommen und sogleich aufgetischt.

## Mehlspeise von geschnittenen Nudeln. Entremet de nouilles.

Ihre Bereitungsaet wiederholt sich in der Angabe des Maccaronimehlspeisen-Artikels mit dem Unterschiede, daß die Hauptzuthat aus, von zwei ganzen Eiern und einem Eierdotter mit dem nöthigen Mehl angestoßenem Nudelteig, von welchen einem Zoll lange, fein fadig geschnittene Nudeln bereitet werden, besteht; doch kann diese Mehlspeise auch ohne Beimischung oder Schichtung von Pökelrinderzunge gemacht, eben sowol kann sie mit gehacktem Hühnerfleische versetzt, auch nach Art der Romaner Mehlspeise mit Plinzen eingeschichtet, auch oben mit einem Gitter von Butterteigabfall belegt werden.

## Nockeln mit Parmesan. Noques au Parmesan.

Die Nockeln werden von sechszehn Loth Butter, drei ganzen

Eiern und vier Eierdottern und zwölf bis vierzehn Loth Mehl mit Muskatennuß und Salz in ganz feiner Eigenschaft angefertigt, (I. Bd. Einl.), nachdem die Probe gut ausgefallen, in Milch gekocht, hierauf behutsam heraus genommen und abgetropft und in eine silberne Casserolle mit einem halben Pfd. geriebenem Parmesankäse eingeschichtet, zunächst mit der mit einem halben bis drei viertel Qrt. eingekochten und im kalten Zustande mit zwei ganzen Eiern und zwei Eierdottern vermischten und durchgegossenen Milch begossen, sofort in ziemlich starke Backhitze gestellt, nachdem sie steif geworden, oben mit Parmesankäse und Butter gedeckt und auf die Art gebacken, daß die Mehlspeise auch von unten braun anbackt. Die Nockelnmasse kann nach Umständen im Ingredienzen-Quantum gesteigert und gemäßigt werden.

## Mehlspeise von Rindermark. Entremet de moëlle de boeuf.

Ein Pfd. Rindermark wird auf die Art ausgeputzt, daß die etwa darin enthaltenen Knochen und Fasern vorsichtig herausgenommen werden, hierauf klein gehackt und in einem Reibemörser oder Napf recht fein gerieben, unter fortgesetztem Reiben mit, von zwei Mundsemmeln (ein Sgr.) mit Milch bereiteten Pannade (I. Bd. II. Abschn.), acht Eierdottern, zwölf Loth Parmesankäse, Salz, Muskatennuß, und dem von acht Eierweißen geschlagenen Schnee genau in Verbindung gebracht. Mit dieser Masse werden fünf Stück nach Art der Romaner Mehlspeise gebackene Plinzen dick bestrichen, sofort aufgerollt und in zwei Zoll lange Stücke geschnitten mit Parmesankäse in eine inwendig mit Butter bestrichene silberne Casserolle oder eine der Hitze widerstehende Randschüssel eingeschichtet, nächstdem mit einem nach vorstehender Angabe bereiteten Guß Parmesankäse und Krebsbutter gedeckt und in mäßiger Hitze eine und eine halbe Stunde gebacken.

## Mehlspeise von Endivien. Entremets d'endives.

Die Bereitung dieser Zwischenspeise erfordert 12 bis 15 Stück der besten Exemplare dieses Gewächses. (I. Bd. VIII. Abschn.) Es werden von denselben nur die innern gelben Theile genommen, welche nach sorgfältigem Verlesen und Waschen in Wasser weich gekocht, hierauf mit einem viertel Pfd. frischer Butter auf dem Feuer ganz kurz, bis alle Flüssigkeit verschwunden, eingeschwitzt und sofort in einem Reibemörser ganz fein gerieben werden, unter fortgesetztem Rühren mit einem, von drei Loth mit 8 Loth frischer Butter geschwitzten Mehl und davon mit einem halben Qrt. Sahne gekochten Brei, ferner zehn Eierdottern, dem fein gehackten Brustfleische von einem bis zwei Stück am Spieße gebratenen zahmen Geflügel, 8 Lth. Parmesankäse, Muskatennuß und Salz gut durcheinander gerührt und zuletzt mit dem Schnee von acht Eierweißen behutsam vermischt werden. Dies Amalgama wird in eine silberne Casserolle oder Randschüssel gethan, eine und eine viertel Stunde in mäßiger Hitze gebacken und oben mit geriebener Semmel vermischtem Parmesankäse und Butter mit der glühenden Schaufel oder gleich im Ofen gelbfarbig gebacken.

## Mehlspeise von Lachs. Entremet de saumon.

Die treffend gelungene Ausführung bedingt einem von einem und einem halben Pfd. Karpfen mit den dazu nöthigen Ingredienzien bis zur feinsten Eigenschaft gesteigerte, bereitete Farce (I. Bd. Einl.), welcher mit einem Eßlöffel voll Sardellenbutter und ebenso viel gehackter und geschwitzter Petersilie versetzt wird; ferner besteht diese Mehlspeise aus einem halben Pfund in einen Zoll große Stücke geschnittenen geräucherten Lachs und einer dickbreiigen Substanz, welche von vier bis fünf Stück in einen viertel Zoll große Würfel geschnittenen, hierauf in zwölf Loth Butter weiß geschwitzten und mit vier bis fünf Eßlöffeln voll Mehl bedeckten Zwiebeln, die mit der nöthigen Sahne und etwas Fisch- oder Fleischessenz zu einem dicken kurzen Volumen von einem drittel Qrt. eingekochter Sauce zusammengesetzt ist, deren Inhalt noch mit, von einer Mundsemmel bereitetem Brei, einem sechstel Qrt. dicker saurer Sahne und fünf Eierdottern vermehrt wird. Sobald dies erreicht ist, werden diese drei materiellen Hauptbestandtheile in einer mit Butter bestrichenen silbernen Casserolle oder Randschüssel auf folgende Weise geschichtet, daß zuerst einen Zoll dick die Farce gestrichen, auf diese eine Lage von der bezeichneten Saucen-Substanz gebracht, diese gut mit geriebenem Parmesankäse bestreut, auf welchem der Lachs dicht aneinander geordnet, zunächst mit Käse und der übrigen Saucen-Substanz gedeckt und mit der übrigen Farce die Casserolle gefüllt wird. Nachdem dies oben mit Parmesankäse und Krebsbutter gedeckt, wird die Mehlspeise in einer mäßigen Hitze eine und eine halbe Stunde gebacken.

## Gebackener Reiß. Riz gratiné.

Er wird im Bedarfsquantum von zwei drittel Pfd. in der nöthigen Milch steif gekocht, nächstdem mit drei ganzen Eiern und drei Eierdottern, zehn Loth Butter und etwas Salz vermischt, hierauf in einem, mit Butter bestrichenen Papier ausgelegten viereckigen flachen Geschirr einen Zoll dick gestrichen und gebacken. Nachdem dies erfolgt ist, im halb verkühlten Zustande ausgestürzt und wenn er ganz kalt geworden in zwei und einen viertel Zoll lange, einen und einen halben Zoll breite Stücke geschnitten, welche in eine mit einem Teigrand versehenen Schüssel mit geriebenem Parmesankäse und frischer Butter eingeschichtet und sofort in gemäßigter Hitze gebacken werden.

## Pelou von Reiß. Riz en Pelou.

Derselbe wird ganz dem vorigen gleich gekocht, er erhält nebst sechs Eiern noch eine Vermischung von zwölf Loth Parmesankäse und acht Loth Butter, demnächst auf ein mit einem gleichmäßig graden mit Butter bestrichenen flachen Geschirr fingerdick recht glatt gestrichen, hierauf oben mit Parmesankäse und Krebsbutter gedeckt, und rücksichtlich der Speisezeit 15 bis 20 Minuten in starker Hitze in rothbrauner Farbe gebacken, sögleich in zwei und einen halben Zoll lange und einen und einen halben Zoll breite Stücke geschnitten, mit einem flachen eisernen Löffel (Schippe) angerichtet und sogleich aufgetischt wird.

### Polenta. Polenta.

Die treffend ausgeführte Bereitung dieses italienischen Nationalgerichts beruht hauptsächlich auf sehr gutem Gries von türkischem Weizen, der in schön gelber Farbe in dem Bedarfsquntum von einem und einem viertel Pfd. sorgfältig verlesen und abgeschwemmt, demnächst mit schmackhafter guter Fleischbrühe auf einem gelinden Feuer mit dem nöthigen Salz zu einer ganz festen Masse sehr lange gekocht und hierauf in ein benäßtes langes oder viereckiges Geschirr gefüllt wird. Nachdem die Substanz ganz kalt und fest geworden, wird es umgestülpt und in einen drittel Zoll dicke Scheiben geschnitten, welche mit drei viertel bis ein Pfd. ganz frischer Butter und drei viertel bis ein Pfd. geriebenem Parmesankäse in einer silbernen Casserolle oder in eine mit einem Teigrand bekränzte Schüssel schichtweise geordnet, oben mit Käse und Butter gedeckt und in einer mäßigen Hitze eine bis eine und eine halbe Stunde gebacken und sogleich aufgetischt wird.

---

## XIV. Abth.: Pudding. Pouding.

Diese Art Speisen stehen in Beziehung ihrer materiellen Bestandtheile in naher Verwandtschaft mit den Mehlspeisen, jedoch ist ihr Inhalt oft gemischter und mit mehr Fetttheilen versetzt, auch werden sie vermöge ihrer eigenthümlichen Beschaffenheit stets von einer angemessenen Sauce theils begleitet, theils mit dieser überzogen und weichen eben sowol rücksichtlich ihrer formellen Behandlungsweise als der Art ihres Garmachens von den anderen Mehlspeisen ab, indem sie nicht gebacken, sondern stets gekocht und diese Kochmethode vermittelst fester Servietten in vielem ununterbrochen kochenden Wasser oder in eigends dazu mit einem gut schließenden Deckel versehenen blechernen oder kupfernen und verzinnten Formen zu zwei Drittheilen bespült, ausgeführt wird. Die Auftischung dieser Zwischenspeisen wird ebenfalls von ihren materiellen Bestandtheilen bedingt.

## Pudding nach Rodney. Pouding à la Rodney.

Ein halbes Qrt. Milch wird mit einem viertel Pfd. Butter und vier Loth Zucker aufgekocht, hierauf mit einem halben Pfd. Mehl auf einem gelinden Feuer zu einem festen Brandteig gearbeitet, der sobald er abgenommen, mit einem ganzen Ei und während des Verkühlens noch mit einem viertel Pfd. Butter und wenn er kalt geworden, mit vierzehn Eierdottern, einer Prise Salz, von einer Citrone abgeriebenem Citronenzucker und zuletzt mit zwei Drittheilen zu einem steifen Schnee geschlagenem Eiweiß vermischt wird. Diese Masse wird demnächst in eine gut gewaschene, geruchlose, mit Butter bestrichene, hohl gegeiegte feste Serviette auf die Art gethan, daß nachdem dies erfolgt ist, die Serviette über die Masse gleichmäßig zusammengenommen und sofort mit Rücksicht des zum Aufquellen der Masse und Verhütung des Platzens der Serviette hinlänglichen Raumes von dem dritten Theil des voluminösen Inhaltes der Masse, mittelst Bindfadens fest gebunden und in einem Kessel mit vielem Wasser und etwas Salz rücksichtlich der Tafelzeit eine und drei viertel Stunden ununterbrochen gekocht wird. Hieran schließt sich gleichzeitig die Anfertigung einer von zwölf Loth Sago, einem halben Qrt. Medok, einem halben Pfd. Zucker, Citronenschale und Zimmt schmackhafter Sago-Sauce (I. Bd. II. Abschn.), mit welcher der, nach der angegebenen Zeit in ein Sieb zum Abtropfen einige Minuten gelegte, hierauf aufgeschnittene und mit Sieb und Serviette auf eine Schüssel gestülpte Pudding, nach Beseitigung des Siebes und der Serviette theils überzogen, theils in Begleitung der Sauce aufgetischt wird. Diese Masse muß nach unsern angenommenen System um ein Dritttheil im Ingredienzien-Quantum verringert werden.

## Pudding von Reiß. Pouding au riz.

Der im Bedarfsquantum von zwei drittel Pfd. auf die bekannte Weise mit der nöthigen Milch, 10 Lth. Zucker, 4 Lth. frischer Butter und Zimmet zu einer weichen recht steifen Masse gekochte Reiß, wird sogleich durchgestrichen, hierauf 12 Lth. Butter zu Sahne gerührt, mit 12 Eierdottern, der Reißmasse, einem viertel Pfd. sauber bereiteten Corinthen, einem halben Pfd. dergleichen türkischen oder aus den Steinen genommenen großen Rosinen, einem guten Theil abgeriebenem Citronenzucker, 3 Lth. fein würflich geschnittener Orangenschale, eben so viel gleichfalls fein würflich geschnittenem Citronat und einer Prise Salz genau verbunden und zuletzt aus dem Weißen von zehn Eiern geschlagenem Schnee vermischt. An die Zusammensetzung dieser Masse reihet sich die im vorigen Artikel angedeutete formelle Behandlungsweise rücksichtlich des Einfüllens und Schließens in eine Serviette oder Form und an diese Procedur die ein und eine halb stündliche Kochmethode. Der in stark und schön gewölbter Form ausgestülpte Pudding wird mit einer von einer viertel Metze frischen oder einem halben Pfd.

trocknen Hagebutten, einem drittel Qrt. Rheinwein, einem halben Pfd. Zucker und abgeriebenen Citronenzucker trefflich bereiteten Hagebutten-Sauce (I. Bd. II. Absch.) theils überzogen theils in Begleitung derselben, auch wohl mit einem (Chaudd'eau) von Rheinwein aufgetischt. Kann auch im Ingredienz-Quantum verringert werden.

## Englischer Pudding. Pouding à l'Anglaise.

Die materiellen Bestandtheile desselben sind: ein halbes Pfd. Butter, zwölf Eier, sechs Loth. Zucker, drei einen Tag alt gewordene Mundbrode, ein halbes Pfd. Rosinen, ein viertel Pfd. Corinthen, zwei Loth Citronat, zwei Loth Orangenschale, ein Theelöffel voll Salz, zwei Loth abgeriebener Citronenzucker und drei Eßlöffel voll geriebene weiße Semmel. In die zu Sahne gerührte Butter kommen zehn Eierdotter und zwei ganze Eier und gleichzeitig die abgeschälte eine jede einigemal durchgeschnittene hierauf in Milch gehörig, aber nicht zu viel aufgeweichte und demnächst gut ausgedrückte Mundsemmel und unter fortgesetztem Rühren die sämmtlichen andern Ingredienzien; zuletzt wird der Schnee von 8 bis 10 Eierweiß mit der Masse verbunden und das Einfüllen in formeller Beziehung nach Vorschrift des ersten Artikels dieser Abtheilung wiederholt, der Pudding sofort zwei Stunden ununterbrochen gekocht und nachdem dies erreicht ist, mit einem von vier gelben und zwei ganzen Eiern, einem drittel Qrt. Malaga, zehn Loth Zucker und abgeriebenem Citronenzucker bereiteten Sabayon oder einem von Rheinwein eben so bereiteten Chaudd'eau aufgetischt, wobei der Pudding theils damit überzogen theils die Sauce dabei gegeben wird. Dies Ingredienzien-Quantum kann ebenfalls nach Umständen um ein Dritttheil vermindert werden.

## Englischer Pudding nach bürgerlicher Art. Pouding à la Bourgeoise.

Zwölf Loth Butter werden zu Sahne gerührt, mit acht Eierdottern, drei Stück in Milch eingeweichten und gut ausgedrückten Mundsemmeln, vier Loth Zucker, etwas Salz, der ganz fein gehackten äußeren Schale einer Citrone, einem halben Pfd. Rosinen, einer Handvoll geriebener Semmel gut vermischt und zuletzt mit dem von dem Eiweiß geschlagenen Schnee verbunden. Diese Masse wird entweder in einer Serviette, oder in einer Form auf die bekannte Weise eine und eine halbe Stunde gekocht uud mit einer von einem halben Qrt. guter Milch oder Sahne, mit einem Eßlöffel voll Mehl und vier Eierdottern und sechs Loth Zucker abgerührten Milch-Sauce oder statt dessen mit einer auf ähnliche Art bereiteten Wein-Sauce aufgetischt.

## Eine andere Art bürgerlicher Pudding. Pouding à l'Anglaise d'une autre manière.

Ein halbes Pfd. mit Milch klar gerührtes Mehl wird auf

dem Feuer zu einem festen Brei gekocht mit zwölf Loth Butter, sechs Loth Zucker, einer Prise Salz, gehackter Citronenschale und acht Eierdottern gut durcheinander gerührt und zuletzt mit dem Schnee von dem Eiweiße verbunden. Diese Masse wird in einer mit Butter ausgestrichenen Form im Wasser, zu zwei Drittheilen bespült, eine und eine halbe Stunde gekocht und wenn sie nach dieser Zeit aus der Form auf die Schüssel gestülpt ist, wird der Pudding mit einer, von einem halben Pfd. Kirschmus, zwölf Loth Zucker, einem halben Qrt. Wasser, einem achtel Qrt. rothen Wein, einem halben Eßlöffel voll Mehlschwitze, Citronenschale und Zimmet gekochten und durchgestrichenen Kirsch-Sauce, oder einer mit Pflaumen oder Hagebutten ebenso bereiteten Sauce überfüllt, wobei zu der Anfertigung der letzten Sauce, die Zucker- und Wein-Ingredienz bedeutend gesteigert wird. Ebenso kann dieser Pudding auch mit einer nach vorstehender Angabe gemachten Milch- oder Sahnen-Sauce, die mit Zimmet und Citronenschale oder Vanille im Geschmack gehoben wird, gespeist werden.

## Pudding von Sago. Pouding au sagou.

Der im Bedarfsquantum von einem halben Pfd. recht oft und sorgsam gewässerte, hierauf fünf Minuten im Wasser blanchirte Sago, wird in vielem kalten Wasser tüchtig abgespült, nächstdem sauber verlesen, mittelst einer Serviette alle wässerigen Theile davon abgedrückt und bis zum Gebrauch aufgehängt. Nachdem werden zehn Loth Butter zu Sahne gerührt, mit vier ganzen Eiern und acht Dottern, ferner zehn Loth Zucker, einem halben Loth fein gestoß. Zimmet und Citronenzucker, vier Loth geriebener weißer Semmel und zwei Loth fein gehacktem Citronat und eben so viel Orangenschale genau vermischt, dies mit dem Sago in Verbindung gebracht, und zuletzt mit zwei Drittheil des steif geschlagenen Schnees verbunden. Diese Masse wird sofort in eine mit Butter ausgestrichene Form gefüllt, diese in kochendes Wasser zu zwei Drittheilen bespült, gestellt und eine und drei viertel Stunden gekocht, der ausgestürzte Pudding alsdann mit einem auf die bereits gezeigte Weise treffend bereiteten Chaud d'eau (Weinschaum) überzogen.

## Pudding von Maronen Pouding aux marrons.

Hierzu müssen auserlesene große Maronen in dem Bedarfsquantum von einem und einem halben Pfd. genommen, welche in der Schale etwas geschlitzt, hierauf in einer eisernen Pfanne mit Belegung von Salz bei verschlossener Hitze gebraten, nächstdem sehr sorgfältig von dem Salz, den Schalen und Häuten gesondert, sofort ganz fein gerieben und mit zwölf bis vierzehn Lth. frischer Butter durchgestrichen werden. Dieser Maronenmus wird mit zwei ganzen Eiern und acht Eierdottern, einem mit Milch gekochten festen Brei von drei Loth Kraft- oder Reißmehl, acht Loth Zucker, einem guten Theil abgeriebenen

Citronenzucker und etwas Salz vermischt; zuletzt mit dem Schnee von sechs Eierweißen verbunden und in einer wohl mit Butter ausgestrichenen Puddingsform eine und drei viertel Stunden gekocht. Der vorsichtig aus der Form gestülpte Pudding wird mit einem Savoyon von Malaga (Artikel: Englischer Pudding) aufgetischt.

## Erdtoffelpudding. Pouding aux pommes de terre.

Ein und ein halbes Pfd. in Dampf gar gemachte, abgezogene Erdtoffeln werden mit vier Loth Zucker, mit der Aufmerksamkeit ganz fein gerieben, daß sie nicht zähe werden, demnächst mit zwölf Loth, mit vier ganzen Eiern und acht Eierdottern zu Sahne gerührter Butter, vier Loth Zucker, ein wenig Salz, drei Loth Orangenschale und mit dem Schnee des Eiweißes vermischt, sofort nach Vorschrift des ersten Artikels dieser Abtheilung in einer Serviette oder Form eine und drei viertel Stunden gekocht und nachdem dies erfolgt ist, mit einer von einem drittel Qrt. mit Orangenblüthen infusirten, mit zwölf Loth Zucker gesüßten und mit einem Eßlöffel voll Mehl und fünf Eierdottern gebundenen Sahne überzogen.

## Griespudding. Pouding de semoule.

Die Bereitungsart wiederholt sich in sofern in vorstehender Angabe als die Hauptingredienz aus einem halben Pfd. in Milch recht steif ausgequollenem Gries besteht, der Pudding in einer Serviette gekocht und mit einer mit acht Loth Chocolate, einem halben Qrt. Sahne, acht Loth Zucker und vier Eierdottern bereiteten Chocolaten-Sauce überzogen wird.

## Plumppudding. Plumppouding.

Diese englische Nationalspeise besteht aus einem Amalgama, welches aus folgenden Ingredienzien zusammengesetzt ist: ein Pfd. von dem besten weißesten Rindernierentalg wird aus allen häutigen und faserigen Theilen sehr sorgfältig gesondert, hierauf ganz fein gehackt und mit einem Pfd. sauber vorbereiteten Corinthen und einem Pfd. türkischen Rosinen, einem Pfd. braun geriebenen oder im Ofen getrockneten Semmeln, drei Loth gehackter Orangenschale, ebenso viel gehacktem Citronat, etwas Muskatennuß, dem von einer Citrone abgeriebenen Citronenzucker oder die Schale, zwölf Eier, einem achtel Qrt. Cognac und etwas Salz gut durcheinander gerührt und zuletzt mit drei Lth. Mehl und beinahe einem achtel Qrt. Milch vermischt. Diese Masse wird nach Vorschrift des ersten Artikels dieser Abtheilung mit dem vierten Theil ihres voluminösen Umfanges gelaßenen Raumes, in eine gut bestrichene Serviette gebunden und drei und eine halbe bis vier Stunden ununterbrochen gekocht, wobei das in dieser Zeit verdampfte Wasser durch einige mal wiederholtes Zugießen mit kochendem Wasser ersetzt wird. In England wird der

Plumppudding mit einer von Sahne, etwas Zucker, einem Eßlöffel Mehl, sechs Eierdottern und einem Glas Cognac auf die bereits bekannte Weise abgerührten Sauce gegeben, in Frankreich und Deutschland jedoch ein Chaudd'eau von Malaga vorgezogen. — Der unberührte Tafelabhub dieses großen Puddings, besonders wenn bei der Bereitung das Ingredienzien-Quantum noch gesteigert worden, wird in Scheiben geschnitten und geröstet oder auf eine andere Art heiß gemacht, hierauf mit Zucker bestreut und mit einem heiß gemachten kleinen Spieß strichweise bezeichnet und noch einmal aufgetischt.

## Englischer Scheiben-Plumppudding. Plumppouding en tranches.

Der, nach Vorschrift seines Artikels angefertigte und bei Zeiten gekochte Plumppudding wird, wenn er kalt geworden, in einen viertel Zoll starke passende Scheiben geschnitten, hierauf in einer silbernen Casserolle oder Randschüssel kranzförmig geschichtet, mit Zucker bestreut und mit Untergießung von etwas Rum heiß gemacht; nachdem dies erfolgt ist, noch mit einem viertel Qrt. Rum übergossen, welcher kurz vor dem Aufstellen auf der Tafel mit einem brennenden Papier angezündet wird, und mit einer nach vorstehender Angabe bereiteten Sahnen- oder Milch-Sauce oder Wein-Chaudd'eau gegeben. Auf diese Weise kann der englische Pudding sowol ganz als in Scheiben aufgetischt werden.

## Pudding nach Chipolata. Pouding à la Chipolata.

Dies aus so verschiedenartigen, sehr von einander abweichenden Ingredienzien zusammengesetzte Amalgama besteht aus einem Pfd. Maronen, acht Loth italienischen Macaroni, zwölf Loth geriebener Semmel, vier und zwanzig Loth Rinder- oder Kalbsnierenfett, zwölf Eiern, zwölf Loth Corinthen, zwölf Loth türkischen Rosinen, einem achtel Qrt. Cognac oder Rum, drei Loth fein würflich geschnittenem Citronat, drei Loth Orangenschale, einem achtel Qrt. Madeira und zwölf Loth gekochtem und alsdann grobkörnig gehacktem mageren Schinken. Die nach Angabe des Artikels: Pudding von Maronen, doch ohne Butter, Muskatennuß und abgeriebenen Citronenzucker vorbereiteten Maronen werden mit dem aus allen Sehnen und Häuten gesonderten, hierauf ganz fein gehackten Nierentalg, der geriebenen Semmel, vier ganzen Eiern und sechs Eierdottern nebst dem Schinken und den halb gar gekochten und dann in einen viertel Zoll lange Stückchen geschnittenen, gut abgetrockneten Macaroni und übrigen Ingredienzien in genauer Verbindung gebracht und zuletzt mit dem Schnee von vier Eierweißen vermischt, sofort auf die bewußte Weise in einer Serviette (erster Artikel dieser Abth.) oder in einer Form drei Stunden ununterbrochen gekocht und mit einem von einem viertel Qrt. Madeira, ebenso viel Rheinwein, zwei ganzen Eiern und sechs Eierdottern, etwas abgeriebenem Citronenzucker und zwölf Lth. anderem Zucker und etwas Wasser trefflich bereiteten Chaudd'eau aufgetischt. Alle Ingredienzien können um die Hälfte im Quantum gemäßigt werden.

## Pudding von Erdtoffelmehl. Pouding de fécule de pommes de terre.

Zwölf bis vierzehn Loth Erdtoffelmehl werden mit der nöthigen Milch zu einem festen Brei gekocht, ein halbes Pfund Butter mit zwölf Eierdottern zur Sahne gerührt, mit dem Brei, zwölf Loth Zucker, gehackter Citronenschale und Salz vermischt und mit dem Schnee des Eierweißes verbunden, sofort in einer Serviette auf die bekannte Weise eine und eine halbe Stunde gekocht und mit einem Wein-Chaudd'eau oder einer Sago-Sauce gegeben.

## Fisch-Pudding. Pouding de poissons.

Er wird von zwei Pfd. aus der Haut und den Gräten geschnittenen Zander- oder Hechtfleische bereitet, von welchem ein Drittheil in Butter geschwitzt, mit den zwei Drittheilen rohen Fisches gehackt und durchgestrichen, hierauf mit einem Pfd. weiß ausgelassenem und gerührtem Rindermark genau vermischt und mit dem nöthigen Salz, einem viertel Qrt. von drei Stück fein scheibig geschnittenen, in Butter weich geschwitzten Zwiebeln, mit zwei bis drei Eßlöffeln voll Mehl und einem halben Qrt. Sahne bereiteten recht dicken Bechamelle-Sauce (I. Bd II. Abschn.), ferner mit von einer ausgeschälten Mundsemmel mit Milch gekochtem Brei, zehn Eierdottern, einem Eßlöffel voll Sardellenbutter 20 Minuten gerührt und wenn nach dieser Procedur sich eine salbige zart aussehende Masse gestaltet hat, wird sie noch mit dem Schnee von acht Eierweißen versetzt und in einer Serviette oder Form eine und eine halbe Stunde gekocht. Dieser mit einer schmackhaften weißen Sardellen-Sauce (I. Bd. II. Abschn.) überzogene Pudding wird vor dem Braten aufgetragen.

## Fleisch-Pudding. Pouding de viande.

Das nach obiger Anweisung zusammengestellte Amalgama erleidet dadurch eine Abweichung, daß die Fischingredienz durch eine ähnliche Quantität fein gehackten und durchgestrichenen Brustfleisches eines am Spieß gebratenen Kapaunen und denselben Fleischtheil eines rohen Huhnes vertreten wird, und schließt sich die Kochart und Anrichtemethode des Fleisch-Puddings an vorstehende Angabe.

## Leber-Pudding (Leberkuchen). Pouding de foie de veau.

Die Bereitungsart dieser in formeller Beziehung von den vorstehenden Gerichten bedeutend abweichenden und eigentlich nicht zur

Klasse der Puddings gehörenden Speise, mag, weil sie in der Eigenschaft als Zwischenschüssel eine gleiche Auftischung mit den letztgenannten Puddings gemein hat, hier ihren Platz finden. Die Hauptingredienz besteht aus der Hälfte auch mehr oder weniger einer schönen Kalbsleber, welche aus allen Fasern und Häuten geschieden, sodann ganz fein gehackt und durchgestrichen, mit einem halben Pfd. zu Sahne gerührten Butter, vier ganzen Eiern und vier Eierdottern, einem Theil gehackter Citronenschale, Muskatennuß, Salz und dem von einer Mundsemmel mit Milch gekochten steifen Brei (dem dritten Theil des Lebervolumens) recht gut gerührt und genau verbunden, sofort in eine mit einem Schweinenetze ausgelegte Timbal- oder Stürz-Form fest eingedrückt und gedeckt und in ziemlich starker Hitze eine und eine halbe Stunde gebacken wird. Wenn nach dieser Zeit die Speise aus der Form gestülpt ist, wird sie mit einem von einem viertel Pfd. Corinthen und einem viertel Pfd. aus den Steinen gebrochenen Rosinen nach Angabe ihres Artikels (I. Bd. III. Abschn.) trefflich bereiteten Rosinen-Ragout theils überzogen, theils in Begleitung desselben aufgetragen.

### Leber-Pudding nach bürgerlicher Art. Pouding de foie à la Bourgeoise.

Die auf vorstehende Art geführte Bereitungsart wird durch die mehr oder weniger strenge Haushaltungs-Oekonomie, hinsichts der dazu zu brauchenden Haupt- und Neben-Ingredienzien abweichend; sie kann mit einer halben Kalbsleber, fünf bis sechs Eiern, dem dritten Theil des Lebervolumens, Semmelbrei, etwas gehackter Citronenschale, Muskatennß, Salz, etwas Cardemum, zwölf Loth Butter zusammengesetzt und in einem halben Schweinenetze auch ohne dieses mit einem untergelegten Papierblatte und in der gut ausgestrichenen Form gebacken und mit einer nach Kräften und Verhältnissen mit Rosinen gemischten und im Geschmack gehobenen Rosinen-Sauce aufgetischt werden.

## XV. Abth.: Gewöhnliche Milchspeisen. Entremets au lait.

Wenn sie auf den Tafeln der Vornehmen erscheinen, so kommen sie gewöhnlich als Abendzwischenspeise, bei Familien- und kleinen Tischgesellschaften als Abend- und Mittagspeise, doch niemals als ausgezeichnete oder gewählte Gerichte bei außerordentlichen und großen Veranlassungen vor; zum Theil sind sie sehr beliebte Speisen und werden besonders von den mittlern und niedern Ständen gern genossen. Ihre Bereitungsart, obgleich einfach und leicht und in ihren Zusammensetzungen vermöge ihrer wenigen materiellen Bestandtheile mit geringer Schwierigkeit verknüpft, erfordert dennoch eine gewisse Aufmerksamkeit und Takt.

## Cascha. Cascha.

Ein halbes bis drei viertel Pfd. Gries wird nach sorgfältigem Verlesen und Abschwemmen mit der nöthigen mit Zimmet geschwängerten guten Milch (zwei bis zwei und ein halbes Qrt.) späterer Vermischung von 16 bis 20 Loth. Zucker und einer Prise Salz auf einem ganz gelinden Feuer unter abwechselndem Umrühren zu einer dickflüssigen aber keinesweges festen Masse ausgequollen. Die treffende Flüssigkeit dieser Substanz trägt zum Gelingen dieser Speise einen großen Theil bei, sie muß als ein mehr flüssiger oder cremiger, denn als ein dicker Brei erscheinen; eine zweite Bedingung zu diesem Gelingen giebt eine bis zum stärksten Grad gesteigerte verschlossene Hitze oder eine bis zum höchsten erglühte Schaufel. Kurz vor dem Auftragen wird die Masse in eine silberne Casserole oder ein ähnliches der Hitze widerstehendes Geschirr, auch in dieselbe Eigenschaft habende große Tassen gefüllt, sogleich im Ofen oder vermittelst der Schaufel in einigen Minuten, oben dunkelbraun gefärbt und sofort mit Rameln (IV. Abth. Art.: Rameln) aufgetischt.

## Eine andere Art Cascha. Cascha d'une autre manière.

Ein Quart recht gute Sahne wird in einen ebenfalls stark erhitzten Ofen in einem passenden Geschirr gestellt und sobald sich oben eine braune Haut gebildet hat, diese sogleich abgenommen und das Verfahren so oft wiederholt als es die Sahne erlaubt und man dergleichen bedarf; diese braune Häute werden unter einem nach vorstehender Angabe bereiteten Griesbrei behutsam gezogen und in Begleitung von Rameln aufgetischt.

## Sächsischer Brei. Bouillie à la Saxonne.

Man läßt zehn bis zwölf Loth frische Butter auf dem Feuer schmelzen, thut so viel von dem feinsten Mehl hinein als die Butter aufnehmen kann und läßt es auf sehr gelindem Kohlenfeuer schwitzen, dies wird sofort mit einem Qrt. mit Zimmt oder Vanille geschwängerter Sahne, zehn bis zwölf Loth Zucker und etwas Salz zu einem dickflüssigen Brei gekocht, der entweder ohne weiteres mit gut bereiteten Rameln (IV. Abth.) aufgetischt oder in etwas flüssiger Substanz gehalten, in einem mit Butter bestrichenen gebrauchten irdenen Tiegel, oben gut gedeckt, mit von unten und oben gleichmäßig einwirkendem gelinden Kohlenfeuer oder glühender Asche braun geprözelt und sofort in dem mit einer Serviette umhüllten Tiegel gegeben wird.

## Münchnerbrei. Bouillie à la Munich.

Er wird von Mehl mit Sahne und einem Ei in Klümpchen eingerührt, hierauf mit der nöthigen Sahne, dem gehörigen Zucker, etwas Butter und etwas Salz auf einem ganz gelinden Feuer zu einem dickflüssigen mit feinen Klümpchen untermischten Brei gekocht, der sofort mit Rameln aufgetischt wird.

## Milch=Reiß. Riz au lait.

Die beste Kochart dieser Speise beruht auf die hinlängliche Auffüllung mit Milch, damit nicht zu oft nachgefüllt werden darf. Wenn etwa ein Pfd. Reiß bis zum Siedegrad blanchirt (gebrüht und verlesen ist), wird es in einem mit wenig Butter belegten breiten Geschirr (Casserolle) mit etwas Salz und einem Stück Zimmet, mit mehr denn zwei Qrt. Milch zu einer dickcremigen körnigen Masse ausgequollen, die zunächst mit zehn Loth feinem Zucker, und einem achtel frischer Butter, wenn sie zu dick, noch mit etwas Milch vermischt wird; entweder wird der Reiß oben dick mit feinem, mit Zimmt vermischten Zucker bestreut, mit einem Kranz von Zwieback oder frischen Semmeln bereiteten armen Rittern (I. Bd VII. Absch. Artikel: Arme Ritter) angerichtet, oder ohne diese Garnirung mit einem von gekochtem Bruchzucker geschlagenen Gespinnste (III. Abth. Artikel Aprikosen=Flank und III. Bd. I. Abschn. Artikel: Spinnen des Zuckers) rund herum mit einem Kranz von Zimmt und Zucker gestreut, aufgetischt. In den bürgerlichen Haushaltungen werden bei der Zubereitung dieser Speise die Haupt= und Neben=Ingredienzien nach der Haushaltsökonomie im Quantum verringert und gesteigert.

## Milch=Reiß nach Meklenburger Art. Riz au lait à la Meckelbourg.

Die Kochart richtet sich ganz nach vorstehender Angabe und ist nur dadurch abweichend, daß von einer Mandel großer Aepfel eine gute Marmelade bereitet wird, mit welcher der Reiß auf die Art angerichtet wird, daß zuerst die Marmelade und auf diese der Reiß gethan, derselbe oben dick mit feinem Zimmet und Zucker bestreut und mit der glühenden Schaufel glacirt wird.

## Buchweizengrütze in Milch nach Meklenburger Art. Blé sarrasin à la Meckelbourg.

Gut verlesene und abgeschwemmte feine Buchweizengrütze (ein und ein viertel Pfd.) wird mit der nöthigen Quantität mit Zimmt geschwängerten Milch zu einer cremigen dicken Masse gekocht, die mit acht Loth Zucker und dem nöthigen Salz und sechs Loth frischer Butter durchgeschwungen wird, gleichzeitig von der Hälfte eines gelben Kürbisses mit guter Milch, etwas Zucker und Salz ein dicker Brei gekocht, mit welchem und der Buchweizengrütze die vorhin gezeigte Anrichtemethode wiederholt und die Speise sofort mit Zimmt und Zucker bestreut und mit der glühenden Schaufel glacirt wird.

## Dicke Buchweizengrütze. Blé sarrasin au beurre noir.

Die im vorigen Artikel bezeichnete Buchweizengrütze wird mit etwas Butter, Salz und dem nöthigen Wasser zu einem dicken Brei gekocht, welcher, wenn er auf die Schüssel gethan und mit kleinen Vertiefungen bezeichnet, mit einem drittel Pfd. hochbraun gemachter brauner Butter übergossen wird.

## Schwadengrütze. Hirse. Graine de Pologne. Millet.

Ihre Vor- und Zubereitungsweise schließt sich an die der Buchweizengrütze. Die erstere, als die feinere Grützart kommt auch auf den Tafeln der Vornehmen besonders in Suppen vor (I. Bd. I. Abschn. II. Abth.), doch kann sie wie die Buchweizengrütze oder der Reiß in dicker Substanz gekocht werden. Die Hirse, welche sich eine gleiche Bereitungsart gefallen läßt, findet nur auf den Tischen der niederen Stände ihren Platz. Ebenso werden von dem unechten oder nachgemachten Sago noch einige Milchgerichte auf dieselbe Weise angefertigt. Ebenso finden zuweilen die:

## Arme Ritter mit Sauce. Pains perdus à la sauce.

als eine selbstständige Speise ihre Anwendung. Sie werden nach Angabe ihres Artikels (I. Bd. VIII. Abschn.) sowol von ganzem ungerösteten Zwieback als frischer Semmel in viereckiger oder halb runder etwas größerer Form gemacht, zunächst recht blank glacirt und mit einer uns schon bekannten Cremen- oder Kirsch-, auch wol Pflaumen-Sauce aufgetischt.

## Mohnpilen. Bouillie au graine de pavot.

Ein und ein halbes Pfd. sehr gut verlesener Mohn wird einige mal gut abgeschwemmt und hierauf 24 Stunden eingewässert, nächstdem auf ein Sieb oder in einen Durchschlag geschüttet und gut abgetropft und in einem Reibemörser oder Reibenapf recht fein zu einem festen Brei gerieben, welcher mit Sahne oder sehr guter Milch, vier bis sechs Eßlöffeln voll Rosenessenz oder einer größeren Quantität destillirten gutem Rosenwasser, der erforderlichen Quantität fein gestoß. Zucker, einem halben Loth mit Zucker fein gestoßenem Zimmet, und einer Priese Salz zu einer dickflüssigen lockern Masse aufgerührt wird. Zunächst dieser Zubereitung werden von zwei Stück frisch gebackenen, abgeschälten Mundsemmeln, einen Zoll lange und einen drittel Zoll starke gleich kantige Stücke geschnitten, welche, nachdem sie mit Milch und etwas Zucker hinlänglich angefeuchtet, mit dem Mohnbrei auf die Art schichtweise angerichtet werden, daß der Mohn die Oberfläche bildet, die Semmelstücke jedoch an den Seiten herum nicht ganz gedeckt werden.

## Salepbrei. Bouillie de salep.

Dieses in mehligen Bestandtheilen vorkommende Küchenprodukt ist, als ein zarter schlüpfriger Brei bereitet, besonders kranken und schwächlichen Personen als eine nahrhafte leicht verdauliche Speise zu empfehlen. Vermöge seiner eigenschaftlichen Bestandtheile übersteigt der Salep beim Kochen wohl acht bis zehn mal sein im rohen Zustande befindliches Volumen, daher bei der Bereitung desselben vorsichtig zu Werke gegangen werden muß, daß nicht zu viel davon genommen wird. Zehn bis zwölf Lth. werden nach und nach mit einem Qrt. mit Vanille oder Zimmet geschwängerter Milch in Verbindung gebracht, sofort auf einem gelinden Feuer abgerührt, so wie sich der Salep verdickt, wird nach und nach so viel kochende Milch zugegossen, und gleichzeitig zwölf Loth Zucker und vier Loth frische Butter daran gethan, bis unter fünf minutlichem Kochen sich eine zarte breiige Substanz gebildet hat, die sofort angerichtet, mit Rameln besteckt und sogleich gespeist wird.

# VII. Abschnitt.

## Geleen, Gallerte, Sülzen und Cremen.
## Gelées et Crêmes.

Diese sich durch ihre angenehm wohlthuende Abkühlung sowol als die Lieblichkeit ihres Geschmackes und Wohlgeruchs vortheilhaft auszeichnenden Gerichte, nehmen in dem Gebiete der Kochkunst einen hohen Rang ein, wenn bei deren Bereitungen die materiellen Bestandtheile treffend gewählt und die Zusammenstellungen derselben richtig geleitet und ausgeführt sind. Wenn gleich das Verzieren dieser Speisen in vielen großen herrschaftlichen Häusern keinen großen Anklang mehr findet und durch die einfachere moderne Küche größtentheils verdrängt worden ist, so ist nicht zu leugnen, wenn diese Verzierungen im geschmackvollen Styl gehalten und combinirt, auch nicht, wie es noch jetzt die in neuester Zeit erschienenen Kochbücher angeben, durch vielfarbige bizarre Dekorirungen überladen und als unappetitlich entstellt sind, sie dieser Art kalten Speisen eigenen Glanz verleihen, und besonders große Epoche machen, wenn sie demzufolge eine Zeitlang vor ihrer Zerstörung auf die Tafel gestellt werden können. Rücksichtlich ihrer eigenschaftlichen Bestandtheile fordern diese kalten Zwischengerichte, vorzüglich die klaren Geleen und die Blancmanger in ihrer Behandlung eine besondere Reinlichkeit, wenn sie dem sie charakterisirenden Schönheitsreiz vollkommen entsprechen sollen, und eben so verlangen sie eine treffende Auswahl ihrer Ingredienzien. Hinsichtlich ihres Charakters und ihrer mannigfachen Zusammenstellungen sind vielfältige Produktionen entstanden, bald erscheinen sie und alsdann besonders werthvoll und interessant in einer schönen mit gefälligen Conturen gearbeiteten Cylinder- oder andern Form modellirt und gestürzt; bald in schönen cristallenen oder porcellanen Bechern als eine zart gallertartige Substanz, bald in zitternd beweglicher Gestalt auf einer schönen Fruchtschale; sie bilden daher einen ausgezeichneten Wirkungskreis in der Kochkunst und in dieser Beziehung habe ich es zweckmäßig befunden ihre vorkommenden Bereitungsarten in diesem Abschnitte in den sie bezeichnenden Abtheilungen folgendermaßen als: in klaren Geleen (Gallerten, Sulzen); in abgerührten und gestürzten; in geschlagenen, in zusammengesetzten oder baierischen; in gestockten, in Dunst- (englische) und endlich in Mandel- oder Nuß-Cremen (blanc manger), so wie in Flomri systematisch zu ordnen und festzustellen. In der großen Tafelordnung erhalten diese Speisen ihren Platz hinter den Mehlspeisen und wo diese ausfallen, hinter den Braten. In Beziehung des Ingredienzien-Bedarfs-Quantums wird das einmal angenommene System beibehalten und die Zuthaten so eingetheilt, daß sie eine reine Substanz von einem bis einem und einem viertel Quart geben, oder daß eine, ein solches Quantum enthaltende Form oder Modell, oder ein anderes dazu bestimmtes Geschirr, auch zehn bis zwölf kleine Bechertassen damit gefüllt werden können.

---

## I. Abth.: Klare Geleen. Gelées claires.

Von den materiellen Bestandtheilen aus welchen die Speisen zusammengesetzt sind, spielt diejenige Ingredienz, wodurch diese kalten Gerichte ihre Consistenz oder gallertartige Eigenschaft erhalten, eine Hauptrolle. Von allen zu diesem Behuf anwendbaren Consistenzmitteln hat die Hausenblase (I. Bd. VI. Abschn. XLII Abth.) den Vorzug und es kommt nur darauf an, daß diese in guter Qualität genommen und klar und treffend gekocht wird. Die beste Hausenblase zeigt sich uns in klaren fleckenlosen durchsichtigen Blättern von möglichst weißer Farbe, welche in kleine Stücke gezupft, einige mal mit warmem Wasser gut gewaschen, hierauf mit kaltem Wasser angestellt und an einem sehr gelinden Feuer von der Seite ganz ruhig gekocht wird und somit alle unsaubern Theile sich an der Rückseite des Geschirrs absondern, bis die Hausenblase bis auf wenige starre unauflösbare Theile sich ganz aufgelöset und die Flüssigkeit wasserklar erscheint; es werden sofort die bemerkten unsaubern Theile rein davon abgenommen und die klare Hausenblase durch ein recht reines Haartuch oder rein gewaschenes leinenes Tuch (Seviette) gegossen. Wenn man genöthigt ist, die Hausenblase in Kränzchen zu nehmen, so müssen diese mittelst eines Hammers auf einem ganz reinen harten Gegenstand so lange geklopft werden, bis sie sich auseinander nehmen und in die bezeichneten Stückchen zupfen lassen. Das zweite Consistenzmittel, welches nur bei gewissen

Fällen angewendet und durch die moderne Küche längst verdrängt ist, besteht in Hirschhorn (I. Bd. VI. Abschn. VIII. Abth.), der möglichst frisch und nicht als verlegene Waare oder wol gar in multerichem Zustande gebraucht werden darf; er wird in einem hohen Gefäß mit reichlicher Ueberfüllung von Wasser an einem gelinden Feuer 5 bis 6 Stunden ununterbrochen ganz ruhig gekocht, nächstdem durch eine recht sauber gewaschene Serviette gepreßt und 8 bis 12 Stunden hingestellt, damit er sich klar absetzt und zugleich seine Consistenz erprobt werden kann, hierauf bedingungsweise mit Citronensaft vermischtem Eiweiß geklärt und sofort zu der nöthig habenden Quantität eingekocht. Das dritte als Surrogat vorkommende Consistenzmittel besteht aus recht sauber gebrühten Kalbsfüßen (I. Bd. VI. Abschn. II. Abth.), von welchen nach sorgfältigen warmen Waschen und Säubern der obere Knochen ab- und der übrige Theil entzwei gehauen, hierauf mit der nöthigen Benässung von Wasser angestellt, recht aufmerksam geschäumt und sofort 4 Stunden recht sachte gekocht werden; demnächst wird die Brühe davon ab- und durchgeseiet und wenn im kalt gewordenen Zustande das Fett durchaus rein davon geschieden ist, wird der Stand mit Eiweiß untermischt geklärt und hierauf zu der nöthigen Einkochung gebracht. Ein viertes noch nicht sehr bekanntes und besonders in den vornehmen Häusern nicht gebräuchliches, viel gallertartige Theile enthaltendes und nur im Nothfall als Surrogat vorkommendes nicht sehr empfehlendes Mittel besteht in recht sauber gebrühten Schweineschwarten (I. Bd. VI. Absch. V. Abth.), von welchen nach dem sorgfältigen Waschen die unsaubern Theile der äußern Haut mittelst eines Messers abgekratzt, die Schweineschwarten sofort blanchirt und wie die Kalbsfüße gekocht und behandelt werden. An diese Verfahrungsmethode der zum Gelee nöthig habenden gallertartigen Bestandtheile schließt sich eine zweite nicht minder wichtige Procedur und von welcher das treffende Gelingen eines klaren Gelees ebenfalls abhängig ist, nämlich das Klarkochen des Zuckerbestandtheils; dieser muß in möglichst feiner Sorte genommen, in Stücke zerschlagen in einem unverzinnten kleinen Geschirr (Zuckerlöffel III. Bd. VII Abschn. Art.: Nougat) unbedingt mit Beimischung des Saftes von zwei bis drei Citronen an einem gelinden Feuer von der Seite gekocht, damit dadurch ein leises Wallen nach einer Seite hin geleitet, der aufsteigende Schaum sich dort sammeln, dieser wiederholentlich abgenommen und demgemäß durch Vermittelung des Citronensaftes ein heller klarer Syrop erzeugt wird, der sofort durch ein reines Haartuch oder dünnes geruchloses Tuch gegossen wird. Dieser Zuckerläuterungsproceß muß bei allen klaren Geleen beobachtet werden, damit kein roher Citronensaft in die Substanz gebracht, wodurch sie trübe und unansehnlich wird, und ihr alsdann, wenn sie gestürzt ist, die zarte Durchsichtigkeit abgeht. Der durch das Kochen an seiner specifischen Säure verlierende Citronensaft muß durch eine stärkere Quantitäts-Anwendung ersetzt werden. Bedingt der Charakter des Gelees außer der Wein- eine stärkere Citronensäure von rohem Saft, so muß dieser gut filtrirt werden. Eine andere weniger zusagende und bei dieser Art Speisen selten benutzte Methode ist die Klarificirung des Zuckers durch Läuterungswasser, wozu das Weiße von einem Ei mit Wasser vermischt, zu dem unterdeß geschmolzenen Zucker hinzugefügt, dies hierauf auf dem Feuer bis zum Kochen aufgezogen, sofort auf die vorhin bezeichnete Weise gekocht, während dem mit etwas Läuterungswasser geschreckt, zunächst den an der Rückseite des Geschirrs sich gebildete Schaum abgenommen und der klare Zucker durchgeseiet wird. Eine dritte Bedingung zur treffenden Anfertigung eines guten Gelees ist an den Gebrauch von gutem Wein geknüpft, dessen Eigenschaft sowol als Quantität von dem, den Gelee charakterisirenden Hauptgeschmack abhängig wird, was besonders bei den Gallerten von Früchten der Fall ist, auch wol in dieser Beziehung ganz zurückgelassen wird. Wenn also aus diesem Grunde eine besonders namhafte Weinsorte nicht erforderlich wird, so kann der Rheinwein stets mit dem besten Erfolg gebraucht werden. Die in vielen Häusern übliche Sitte bei der Bereitung von Geleen den Wein durch Kirschwasser zu verdrängen, ist nur bedingungsweise zulässig und nur bei gewissen späterhin näher zu bezeichnenden Saft- oder Liqueurgallerten in so fern anwendbar, wenn es die Sitte des Hauses oder der Geschmack des Tischherrn gestattet. — Dies wären also zur Bereitung des klaren einfachen Gelees die unerläßlichen Hauptbedingungen und wenn sich hieran die in den folgenden Artikeln aufgeführten treffenden Zusammenstellungen des Ingredienzien-Quantums reihen und die in der Einleitung dieses Abschnittes anempfohlene Reinlichkeit genugsam beobachtet wird, so kann man einem guten Erfolg seiner Produktionen um so sicherer entgegen sehen.

## Gelee von Rheinwein. Gelée au vin du Rhin.

Nach den im vorigen Artikel vorhergegangenen Anweisungen kann es nicht schwer werden einen einfachen Gelee zu Stande zu bringen. Zu dem laut Artikel angegebenen Quantum dieser vortrefflichen kalten Speisen werden drei bis drei und ein halbes Loth Hausenblase mit einem drittel Qrt. Wasser auf die vorhin gezeigte Weise gekocht und eben so 20 bis 24 Loth Zucker mit dem Saft von zwei Citronen und einem viertel Qrt. Wasser recht klar geläutert, nachdem dies erreicht ist und die Hausenblase bis zu dem Volumen von einem sechstel Qrt. Flüssigkeit eingesotten, der klare Zucker ohngefähr eben so viel flüssige Substanz enthalten mag, werden beide Flüssigkeiten in noch warmem Zustande zusammengebracht und wenn sie ziemlich verkühlt, drei viertel Qrt. guter Rheinwein dazu gefügt. Bevor der Gelee eingefüllt wird, pflegt man sich durch eine aufs Eis gestellte Probe von der Consistenz zu überzeugen und im Fall diese eine zu große Dichtigkeit angiebt, dieselbe durch Hinzufügung der nöthigen Flüssigkeit gehoben und eine umgekehrte Eigenschaft durch Beimischung von etwas Hausenblase abgeholfen wird; doch müssen alle drei Theile genau vermischt und dabei noch besonders berücksichtigt werden, daß durch ein längeres Stehen auf dem Eise die Hausenblase in consistenzieller Beziehung bedeutend gewinnt. Alle Geleen, welche in Formen, besonders in dergleichen von etwas hohem und umfangreichen Bau modellirt werden, verlangen etwas mehr Festigkeit in ihren Bestandtheilen als diejenigen, welche in Bechern, Cristallgläsern oder in Fruchtschalen unausgestürzt aufgetischt werden. Doch darf diese Festigkeit nie zu weit ausgedehnt werden, damit dadurch nicht die zarte Elastizität verloren geht, diese muß sich stets bei der geringsten Bewegung durch ein zitterndes schwebendes Wesen kund geben und der Gelee bei dem Genuß im Munde leicht zerfließen. Wenn die in den Formen angebrachten Vertiefungen, sie mögen ein Modell enthalten, welches sie wollen, mit farbigem Gelee ausgegossen werden sollen, so muß dies, wie schon in der Einleitung dieses Abschnittes bemerkt worden, niemals bunt und wenn nicht das Modell eine Blume oder sonst einen Gegenstand vorstellend, eine mehrfältige Farbenmischung bedingt, in einer Form nie mehr als zwei Farben angebracht werden. Die dazu anzuwendenden Farben müssen aus Substanzen von durchaus unschädlichem specifischen Gehalt bestehen und keine unappetitliche Theile enthalten. Das Rothe wird durch eine Beimischung von etwas Altkermeßsaft (I. Bd. V. Absch.) oder Cochenille, Grün durch Spinatmatte (I. Bd. II. Absch.), Gelb durch eine leichte Auflösung von Safran, Blau durch eine Mischung von Veilchensaft und etwas Altkermeß, Braun durch eine Auflösung von Chocolade und Weiß durch Mandeln (Blanc manger) erzeugt und von diesen Ingredienzien dem zu färbenden Gelee die nöthige Quantität mitgetheilt werden. Die Operation des Ausfüllens der Vertiefungen selbst wird mit Theelöffel oder mittelst einer kleinen Spritze bewerkstelligt und unterliegt dergestalt noch einiger Schwierigkeit, daß nämlich die Flüssigkeiten einen gewissen Grad von Abkühlung erreicht haben und eine zweite Ausfüllung einer andern Farbe nicht eher geschehen darf, bis die erste vollkommen erstarrt oder fest geworden ist, um dadurch ein Ineinanderlaufen derselben zu vermeiden, wodurch die ganze Verzierung mißlingen würde. Eben so vorsichtig muß das hierauf folgende Füllen der ganzen Form und zwar dies nicht eher geschehen, bis die in den Vertiefungen gegossenen farbigen Substanzen vollkommen erstarrt und der aufzugießende Gelee oder Creme ebenfalls die nöthige Abkühlung erreicht hat, damit auch dadurch nicht die oben gezeigten Fehler entstehen, daher dies so geleitet wird, daß erst etwas von dem Aufguß behutsam darauf gefüllt und donn dieser erstarrt ist, die Form sofort ganz gefüllt wird. Die ganze Operation muß übrigens auf klein geschlagenem Eise ausgeführt, in welchem nunmehr die ganze Form eingepflanzt wird. Wenn der Gelee, im Vergleich zur Schüssel auf welcher er angerichtet werden soll, eine Garnirung bedingt, so werden zu diesem Behuf einige kleine Förmchen mit Gelee gefüllt und zu der großen Form aufs Eis gestellt. Das Umstülpen, Ausstürzen der Geleen aus den Formen, besonders derjenigen, welche auf die gezeigte Weise verziert sind, verlangt ebenfalls eine große Aufmerksamkeit und gewisse Gewandtheit; wird diese Procedur mittelst zu heißen Wassers ausgeführt, so werden die Verzierungen aufgelöset, die ganze Arbeit geht dadurch verloren und es wird eine mit einem zerstörten Aeußern mißrathene Speise aufgetischt. Ist das Wasser hingegen zu kalt, so löset sich der Gelee schwer ab und wenn er dennoch aus der Form geht, so entbehrt er dadurch den durch eine unmerklich geringe Auflösung veranlaßten spiegelartigen Glanz. Inzwischen ist dies Verfahren weniger gefährlich, wenn sonst durch ein zu kaltes Stürzen nichts von den in den Vertiefungen gegossenen farbigen Substanzen in der Form zurückgeblieben, weil der Glanz mittelst einer heißen Schaufel wieder gewonnen, mit welcher über dem gestürzten Gelee in einer gewissen Entfernung leicht hingefahren wird, daher diese Stürzmethode den nicht praktisch genug Geübten oder Nichtsachverständigen eher anzurathen ist. Wenn ein Gelee gestürzt werden soll, wird die zum Anrichten bestimmte Schüssel in ihrer Vertiefung leicht mit kaltem Wasser benässet, der Gelee oben an den Seiten der Form mit dem Finger leicht abgedrückt, die Form hierauf ganz in 32 bis 35 Grad erwärmten Wassers einige Augenblicke gehalten, sogleich mit einem Tuch abgetrocknet, zunächst die Schüssel über die Form gestülpt und nachdem beides geschickt umgewendet, wird die Form sofort behutsam abgehoben. Die ganze Procedur kann in 10 bis 12 Sekunden beendet sein und sollte dennoch zu viel von dem Gelee abgeflossen sein, so wird dies mit einem reinen Tuch aufgefangen und der Gelee sofort aufgetischt; macht derselbe eine Garnirung nöthig, so wird der aus den kleinern Formen gestürzte Gelee dazu benutzt. Diese kleine Abweichung war um so nothwendiger, weil sie auf alle in diesem Abschnitte vorkommende modellirte kalte Speisen hindeutet, wobei noch zu bemerken, daß bei Benutzung von denjenigen, den Wärmestoff mehr abhaltenden, dick im Kupfer oder englischen Zinn gearbeiteten Formen oder Modells das zum Ausstürzen nöthige Wasser etwas heißer gemacht werden muß, und daß die ersteren Formen stets gut verzinnt, alle recht sauber gehalten und die darin gelirten (gesulzten) kalten Speisen nicht zu lange darin gelassen werden. Aeußerst zweckmäßig ist die übliche Sitte, die Geleen, besonders die von Obstarten in porzellanen, fein geschliffenen, gläsernen oder Cristallbechern aufzutischen, sie geben nicht allein der Speise einen neuen eigenthümlichen Reiz, sondern sind aus dem Grunde sehr empfehlenswerth, weil manche Obstsäfte durch ihre enthaltenden Säuren auf das Zinn mehr einwirken und mit der Zeit eine Auflösung möglich ist. Eben so können manche Geleen, statt modellirt, in sich dazu eignende ausgehölte Schalen derjenigen Früchte gefüllt werden, durch welche ihr eigenschaftlicher Charakter bezeichnet wird; alle diese Methoden werden demgemäß im Laufe dieses Abschnittes näher aufgeführt werden. Bei dem Schluß dieses Artikels darf nicht unerwähnt bleiben, daß die übliche Methode bei zu fein scheinender Consistenz dieser Art kalter Speisen, die natürliche Kälte des Eises durch eine starke Beimischung von Salz erhöhen zu wollen, sehr tadelnswerth ist, der Gelee, Creme oder Blancmanger fängt durch dieses Mittel an zu frieren und erhält dadurch ein schlechtes, zerstörtes Ansehen. In heißen Sommertagen darf von dem Salz nur soviel beigemischt werden als nothwendig ist, um ein zu schnelles Schmelzen des Eises zu verhindern.

## Gelee von Malaga. Gelée au malaga.

Dieser fordert zu seinen materiellen Bestandtheilen dieselben Ingredienzien, in so fern bei seiner Zusammensetzung Malaga statt Rheinwein angewandt, auch die Zuckeringredienz wegen des in dem Malaga enthaltenen Zuckerstoffs in dem Quantum etwas gemäßigt wird. Der Zuckerläuterungsprozeß wird ebenfalls mit Beimischung von Citronensaft geleitet und kann wegen den eigenschaftlichen Bestandtheilen des Malaga die zu diesem Gelee nöthige specifische Säure etwas verstärkt werden. Wenn also die Zusammensetzung der Hausenblase und des Zuckers im warmen Zustande erfolgt ist, wird, wenn diese Substanz mehr verkühlt ist, drei viertel Qrt. des besten Malaga hinzufügt und nachdem auch die gemachte Probe die richtige Consistenz angegeben hat, wird der Gelee in eine passende Form gegossen, 2 bis 3 Stunden in Eis eingesetzt, nach dieser Zeit die Stürzmethode nach vorstehender Anweisung geleitet und der Gelee mit einer einfachen Garnirung, auch ohne dieselbe aufgetischt.

## Gelee von Madeira. Gelée au vin de Madère.

Der treffend geläuterte Zucker und die recht klar gekochte Hausenblase werden, nachdem sie zusammengebracht mit zwei drittel Qrt. des besten Madeira vermischt, wobei vorgenannte Flüssigkeiten wegen des weniger dafür kräftigern Weinbestandtheils in einer etwas stärkern Quantität gehalten werden können. Nachdem die ganze Substanz durch eine reine, naßgemachte und geruchlose Serviette gegossen, wird der Gelee sowol in Bechern oder andern Formen modellirt, als in Tassen unausgestürzt gegeben.

## Gelee von Marasquin. Gelée au marasquin.

Wenn sich der Malaga- oder Madeira-Gelee durch eine etwas dunkle klare Farbe kund giebt, so muß sich der Gelee von Marasquin durch eine helle wasserklare Eigenschaft auszeichnen. Er ist in der Zusammensetzung von den vorhergehenden dadurch abweichend, daß er statt mit Wein, mit einem drittel Qrt. guten Marasquin vermischt wird. Dieser Gelee ist besonders wohlschmeckend, schön und zart spielend, wenn derselbe außer dem Marasquin noch mit einem drittel Qrt. Champagner versetzt wird; er macht sowol in seinen gläsernen oder cristallenen Bechern gelirt und mit denselben aufgetischt als in einer Cylinderform modellirt und gestürzt einen außerordentlichen Effekt.

## Gelee von Orangenblüthe. Gelée à la fleur d'orange.

Hiezu werden drei Loth frisch gepflückte Orangenblüthen mit

vier Lth. Zucker in aufgelöstem Wasser kochend überbrüht und im gut schließenden Geschirr an der Seite eines gelinden Feuers ausgezogen und gleichzeitig 20 Lth. Zucker mit Citronensaft geklärt. Nachdem der Zuckerläuterungsproceß und die Orangenblüth-Infusion treffend gelungen, werden diese mit drei und einem halben Loth klar gekochter Hausenblase vermischt und diese Substanz zuletzt mit einem halben Qrt. Champagner versetzt. Durch die Beimischung dieses köstlichen Weins wird der feine Orangenblüth-Geschmack nicht gedämpft, sondern dieser dominirend erhalten und der ganze Stoff zugleich im Geschmack trefflich gehoben. Dieser Gelee wird, nachdem er klar durchgegossen, in eine passende Form gefüllt und aufs Eis gestellt.

## Punsch-Gelee. Gelée au ponche.

Vier und zwanzig bis acht und zwanzig Loth Zucker werden mit dem Saft von drei Citronen mit der bewußten Aufmerksamkeit klar gekocht und zu dem Volumen eines viertel bis drittel Quarts eingesotten, mit drei bis drei und einem halben Loth klar gekochter Hausenblase, einem sechstel Qrt. gutem Arrak oder Rum und einem halben Qrt. Rheinwein vermischt und hierauf durch eine recht saubere naß gemachte und geruchlose Serviette geseiet. Wenn der Gelee die Probe bestanden, wird er sofort in die Form gegossen und auf Eis gestellt. Wenn dieser Gelee noch Citronensaft nöthig macht, werden die in der Einleitung aufgestellten Rücksichten wegen des Trübewerdens und bei dem Stürzen die bekannten Regeln beobachtet.

## Gelee von Vanille. Gelée à la vanille.

In zwanzig bis vier und zwanzig Lth. klar flüssig geläutertem Zucker wird eine halbe oder ganze Stange Vanille gethan und bei der erstern das durchgebrochene Ende zur Verhütung, daß der Saamen nicht ausfällt, zugebunden, demnächst an die Seite eines gelinden Feuers gestellt und wenn die Infusion vollkommen erreicht ist, durch ein reines Tuch gegossen. In dem mit Vanille stark infusirten klaren Zuckersyrup kommt nunmehr drei bis drei und ein halbes Loth klar gekochte Hausenblase nebst so viel Champagner als es der feine Vanillen-Geschmack erlaubt. Nachdem die Probe treffend ausgefallen, kann der Gelee sofort in die Form gegossen und auf Eis gestellt werden. Dieser Gelee erscheint noch vorzüglicher, wenn er von recht gutem Vanilleliqueur kann bereitet werden, in diesem Falle wird das Zuckeringredienz im Quantum etwas gemäßigt, dem Zusammensatz ein viertel Qrt. Vanilleliqueur beigegeben, alsdann die Substanz durch Beimischung von Wein im Geschmack gekräftigt. Durch Infusion werden noch gewonnen:

## Gelee mit Orangenschale. Gelée à l'écorce d'orange.
## Thee-Gelee. Gelée au thé.
## Kaffee-Gelee. Gelée au café.
## Rosen-Gelee. Gelée à la rose.

Zu dem Orangengelee wird nur die äußere gelbe Schale gebraucht, die möglichst dünn abgeschält und in 24 Loth klar gekochtem Zucker infüsirt wird, dies wird mit drei und einem halben Loth Hausenblase und einem viertel Qrt. sehr gutem Schweitzer-Kirschwasser oder einem halben Qrt. Malaga vermischt und die Zusammensetzung sofort nach Art der andern Geleen beendet. Die Bereitung des Thee-Gelees ist eine Wiederholung des erstern und werden statt der Orangenschale zwei Loth China- oder Peccothee in einem sechstel Qrt. reinem Wasser infüsirt, auch bei diesem Gelee findet ein viertel Qrt. vorzüglich gutes Schweitzer-Kirschwasser eine gute Anwendung. — Eine zweite Wiederholung in der Bereitung giebt der Kaffee-Gelee. Die, den Hauptgeschmack gebende, aus acht bis zehn Lth. feinem Mokkakaffee bestehende Ingredienz wird auf einem gelinden Feuer unter fortwährendem Schütteln, damit die Bohnen recht gleichmäßig gefärbt werden oder in einer Kaffeetrommel gelbbraun gebrannt, demnächst zum hälften Theil noch heiß in ein viertel Quart kochendes Wasser geschüttet, gut zugedeckt und von der durch Seite ein gelindes Feuer genau infüsirt; die andere Hälfte wird gemahlen und durch wiederholtes Aufgießen mit kochendem Wasser ein achtel Quart starker Kaffee davon filtrirt, (am besten wird dies in einer Kaffeemaschine bereitet.) Dieser und die Kaffeeinfüsion werden hierauf noch einmal filtrirt, damit die Flüssigkeit vorzüglich klar aussieht, zunächst mit 24 bis 28 Lth. noch lauwarmem, etwas kurz in Flüssigkeit gehaltenem und mit Citronensaft geläuterten Zucker, drei und einem halben Loth der besten Hausenblase und einem viertel Qrt. gutem Kirschwasser vermischt oder statt dessen mit einem halben Qrt. Malaga der Substanz einen vorzüglichen Geschmack verliehen, hierauf in Bechertassen gefüllt und auf Eis gestellt. — Zu dem Rosengelee werden, wenn es die Jahreszeit gestattet, drei Loth frisch gepflückte abgezupfte Rosenblätter in 24 Loth mit Citronensaft geklärtem flüssig gehaltenem Zucker in einem gut verschlossenen Gefäß ausgezogen und wenn die Infüsion vollkommen erreicht ist, durch eine reine naßgemachte Serviette gegossen, hierauf mit drei bis drei und ein halbes Loth klarer Hausenblase, einem halben Qrt. Malaga, zwei Eßlöffel voll Rosenessenz und so viel Altkermeß vermischt, daß dadurch eine zart aussehende rosenrothe Farbe erzeugt wird. Dieser Gelee ist noch praktikabler, wenn er von gut destillirtem Rosenwasser in Verbindung von etwas Rosenessenz und noch besser wenn er von sechs Eßlöffel voll guter Rosenessenz bereitet wird. In einer Form mit einer Vertiefung, eine Rose mit Blättern vorstellend modellirt, wenn diese mit rosenrothen Blancmanger und die Blätter grün ausgefüllt worden, macht dieser Gelee einen außerordentlichen Effekt.

## Gelee von Tokayer Wein. Gelée au vin de Toquai.

Dieser wird dem Gelee von Madeira gleich behandelt und nur in der aus vortrefflichem Tokayerwein bestehenden Hauptingredienz, die in gleicher Quantität als der Madeira genommen wird, abweichend. Auf gleiche Weise wird der Gelee von Syrakuserwein angefertigt.

## Klarer Gelee von Champagner. Gelée au vin de Champagne.

Dieser vortreffliche Gelee verlangt zu seinen materiellen Bestandtheilen 24 Loth mit dem Saft von drei Citronen geläuterten Zucker, drei und ein halbes Loth klar gekochte Hausenblase und eine Flasche Champagner. Wenn der recht klar gehaltene zu einem viertel Qrt. Flüssigkeit eingesottene Zucker mit der eben so viel oder etwas weniger voluminösen Flüssigkeit enthaltenden Hausenblase im lauen Zustande zusammengebracht ist, wird diese Substanz so bald sie ziemlich verkühlt, mit dem Champagner vermischt, hierauf durch eine recht reine naßgemachte geruchlose Serviette gegossen, sofort in Formen gefüllt und in Eis gestellt. Eben sowol wird dieser Gelee in porzellanene oder cristallene Becher gefüllt und wenn sie gelirt (gesülzt) sind, auf einer mit einer Serviette zierlich belegten Schüssel angerichtet.

## Geschlagener Gelee von Champagner. Gelée argentée au vin de Champagne.

Nachdem der Zusammensatz mit denselben Ingredienzien auf vorstehende Weise geschehen ist, wird der Gelee auf dem Eise vermittelst einer Schlageruthe so lange geschlagen, bis er anfängt dick zu werden und derselbe sich in silberfarbenen weißen Nüancen bemerkbar macht und alsdann in eine mit geschmackvollen Conturen gezeichnete gearbeitete Cylinderform und in ein halbes Dutzend kleine Förmchen oder Becher gefüllt, mit welchen der vorher gut ins Eis gepackt gewesene und hierauf vorsichtig ausgestürzte Gelee auf eine oder die andere Art garnirt wird.

## Hirschhorn-Gelee. Gelée de corne de cerf.

Wie schon in der Einleitung bemerkt worden, muß bei Anfertigung von Geleen, deren gallertartige Bestandtheile aus Hirschhorn gezogen, besonders darauf Rücksicht genommen werden, daß dieser nicht zu alt, sondern in möglichst frisch geraspeltem Zustande dazu angewendet wird; hat derselbe lange gelegen, so verliert er bedeutend an seinem gallertartigen Gehalt und bekommt überdem einen schlechten Geschmack, es bleibt aus diesem Grunde auch eine genaue Quantitäts-Angabe relativ. Ein und ein halbes Pfund des besten frisch geraspelten Hirschhorns würde die nöthige gallertartige Substanz zu einem Gelee geben; da jedoch wie bemerkt, die Qualität abweichend ist, so thut man wohl, dies Quantum um etwas zu steigern, demzufolge wird nach Angabe der Einleitung dies Quantum mit drei und einem halben Qrt. Wasser gekocht und wenn nach dieser Zeit die Flüssigkeit durchgedrückt, klar abgesetzt und demgemäß abgeklärt ist, wird sie zu einem drittel Qrt. eingesotten, hierauf mit zwei drittel Qrt. Rheinwein, dem Saft von drei bis vier Citronen, 24 bis 28 Loth Zucker und etwas ganz dünner Citronenschale vermischt. Nach dieser Mischung wird das Ganze mit dem etwas schaumig geschlagenen Weißen von vier Stück Eiern auf einem ziemlich starken Feuer bis zum Aufkochen aufgezogen, zunächst mit von oben bedeckter Glut hingestellt, bis sich die Flüssigkeit klar abgesondert und die unreinen Theile sich zusammen gezogen haben und sofort durch eine geruchlose Serviette oder besser durch einen Geleebeutel geklärt (dies ist ein aus weißem Filz gemachter Hut ohne Rand, der jedoch stets sehr sorgfältig gewaschen und recht rein gehalten werden muß, wenn er mit Erfolg gebraucht werden soll, auch werden aus englischem Flanell dergleichen Filtrirsäcke gemacht.) Wenn das Klären gut gelungen ist, so übertrifft dieser Gelee an klarer Durchsichtigkeit alle übrigen, hat aber durch diese Procedur an Geschmack verloren, daher ist seine Anfertigung sehr außer Mode gekommen und nur für kranke und alte Personen, denen er als ein sehr dienliches Stärkungsmittel empfohlen wird, anwendbar. Wie schon einmal bemerkt, kann die unvermischte Hirschhornflüssigkeit allein geklärt und die Zusammensetzung alsdann dergestalt wie mit Hausenblase geleitet werden, und wenn gleich nach dieser Methode, vorzüglich wenn der Klärungsproceß gut gelungen, der Hirschhorngelee nicht in solcher Durchsichtigkeit aufgetischt werden kann, so ist dies Verfahren doch vorzuziehen, weil hierdurch der Geschmack des Gelees besser und kräftiger erhalten wird; besonders effektvoll ist dieser Gelee, wenn er auf eine silberne Schüssel gestürzt wird.

## Kalbsfüße-Gelee. Gelée des pieds de veau.

Die Bereitungsart ist der vorstehenden nur in sofern gleich als die gallertartigen Bestandtheile aus Kalbsfüßen nach Angabe der Einleitung gekocht werden und die aus vier Stück Kalbsfüßen gezogene und bis zu einem halben Qrt. eingekochte im kalten Zustande recht rein vom Fett geschiedene Flüssigkeit mit etwas gewöhnlichem Wein und Citronensaft vermischt und mit Eierweiß geklärt wird. Die Anwendung des Kalbsfüßenfonds ist aus dem Grunde vielfältiger als der von Hirschhorn, weil der erstere oft als Surrogat der Hausenblase benutzt wird. — Eine gleiche Behandlungsweise erfährt der aus Schweineschwarten gekochte Gallert, er erfordert sowol bei der vorhergehenden Zurichtung, als dem Kochen, eine besondere Sauberkeit und giebt ohngefähr ein Pfund dergleichen gute Schweineschwarten zu einer nach unserm Quantums-System bezeichneten Form, den nöthigen Gallertstoff; doch wird dieses Consistenzmittel, wie schon in der Einleitung bemerkt worden, am meisten nur aus ökonomischen Rücksichten und nur bei geringern Veranlassungen gebraucht, jedoch in größern vornehmen Häusern, wo die Kochkunst auf einer höhern Stufe steht, niemals angewendet und obgleich deren vorzügliche Brauchbarkeit in den neuesten Kochbüchern ganz besonders herausgestrichen wird und in beinahe allen Recepten über diese kalte Speisen aufgeführt ist, so behält in dieser Beziehung die Hausenblase stets den Vorzug.

## Gelee von Angelika. Gelée à l'angélique.

Drei bis vier Loth dieser gewürzhaften Pflanze werden nach vorhergegangenem Waschen und Trocknen in lange feine Stücke geschnitten und nebst einem guten Eßlöffel voll gröblich gestoßenen Körnern dieser Pflanze, in zwanzig bis zwei und zwanzig Loth mit Citronensaft flüssig geklärtem Zucker ausgezogen und nachdem die Infusion vollkommen erreicht ist, durch ein sauberes Haartuch gegossen, hierauf mit zwei bis drei und ein halbes Loth Hausenblase, einem halben Qrt. Rheinwein oder einem sechstel Qrt. Kirschwasser und einem halben Theelöffel voll Spinatmatte vermischt, so daß, wenn mit dieser Flüssigkeit das Durchgießen wiederholt ist, daraus eine ganz hellgrüne klare Substanz gebildet wird, welche sofort in die passende Form gegossen und in Eis gestellt wird.

## Gelee von Apfelsinen. Gelée aux oranges douces.

Dieser Gelee wird in verschiedenen Gestalten und Nüancen aufgetischt, er wird sowol in einer schönen Cylinderform modellirt und wenn er ausgestürzt ist, mit den in den halb durchgeschnittenen und ausgehöhlten, mit Gelee gefüllten und in Vierteln oder Achteln geschnittenen Schalen garnirt. (Man sehe den folgenden Artikel.) Ebenso wird er auch in den ganz gelassenen Schalen mit Orangenblättern zierlich angerichtet, dann wiederum im gestreiften Zustande in dieselben gegossen und endlich in den als Körbchen geschnittenen Apfelsinenschalen aufgetragen. Seine materiellen Bestandtheile fordern vier bis fünf Stück schöne große Apfelsinen, von einer der besten wird die Schale auf Zucker leicht abgerieben und von allen der Saft leicht ausgedrückt, welcher einige male durch eine reine naßgemachte geruchlose Serviette geklärt wird, nächstdem wird dieser klare Apfelsinensaft mit vier und zwanzig Loth mit Citronensaft geklärtem und zuletzt mit dem abgeriebenen Apfelsinenzucker vermischtem Zucker, drei einem halben Loth Hausenblase, und zwei drittel Qrt. Rheinwein genau in Verbindung gebracht und wenn die Consistenz richtig getroffen, in Formen gefüllt und auf Eis gestellt. Dieser angenehm kühlende Gelee wird nur bedingungsweise mit Wein versetzt und eben sowol von lauter Apfelsinensaft bereitet und dem gemäß die Hauptingredienz im Quantum etwas verstärkt.

## Gelee von Apfelsinen in ihren Schalen. Gelée aux oranges douces en ecoces.

Nachdem möglichst gleichmäßig große schöne Apfelsinen in dem Bedarfsquantum von acht bis zehn Stück gewählt, werden diese mittelst eines einen und einen viertel Zoll im Durchmesser haltenden runden Ausstechers oben eingestochen, das losgestochene Stück behutsam herausgenommen und mittelst eines sogenannten Ausdrehers (Hohleisen) oder eines scharfen Theelöffels alle fleischigen Theile aus den Apfelsinen sehr vorsichtig herausgenommen, diese fleischigen Theile werden mit etwas reinem Wasser vermischt, hierauf einige Male durch eine Serviette geklärt und leicht gepreßt, damit der Saft nicht trübe wird. Nachdem dies erfolgt ist, wird die weitere Zusammensetzung des Gelees nach vorstehender Angabe wiederholt und aus den ausgehöhlten Schalen, jedoch sehr vorsichtig, damit keine Verletzungen oder Oeffnungen entstehen, alle weiße Haut herausgenommen, um keinen bitteren Geschmack in dem Gelee zu veranlassen und die auf diese Weise bereiteten Apfelsinenschalen in kaltes Wasser gethan. Wenn nach einiger Zeit dieselben aus dem Wasser gewaschen, noch einmal sorgfältig nachgesehen, demnächst gut abgetropft und abgetrocknet sind, werden sie mit dem Gelee ganz gefüllt und sogleich auf fein gestoßenes Eis gestellt, nachdem sie gelirt (gesülzt) mit dem vorhin bezeichneten oben ausgeschnittenen, ebenfalls rein von der weißen Haut geschiedenen Stücke bedeckt und auf eine mit einer Serviette zierlich belegten Schüssel mit grünen Orangenblättern geschmackvoll angerichtet, wobei einer jeden ein Orangenblatt in das oberste, als Deckel dienende Stück gesteckt wird.

## Gelee von Apfelsinen in Körbchen. Gelée aux oranges douces en petits paniers.

Von dem vorigen weicht die Bereitungsart in sofern ab, daß die Apfelsinenschalen zu diesem Gelee, statt ganz ausgehöhlt, in kleine Körbchen mit Henkeln auf die Art sauber zugeschnitten werden, daß die Apfelsinen bis zur Mitte auf beiden Seiten eingeschnitten und oben ein Bügel stehen bleibt, die Früchte nächstdem ausgehöhlt, so daß daraus ein kleines Körbchen gebildet, jedoch ist hierbei eine gleiche noch größere Vorsicht nöthig, daß keine Verletzungen oder Oeffnungen entstehen. Was die Geleesubstanz selbst betrifft, so wird sie ganz nach der vorhergehenden Art zusammengesetzt und als Nüance die eine Hälfte mit Altkermes roth gefärbt und die andere weiß gelassen, und dem zufolge die Körbchen verschiedenartig gefüllt. Sie werden nach vorhergehender Vorschrift mit Orangenblättern in abwechselnden Farben auf eine mit einer Serviette belegten Schüssel zierlich angerichtet.

## Gestreifter Apfelsinengelee. Gélee aux oranges douces en rubans.

Hierzu werden besonders große Früchte ausgewählt, die wie

schon bekannt in ganzen Stücken sehr behutsam ausgehöhlt und eine Zeitlang in kaltes Wasser gelegt werden. Zu dem nach bereits gezeigter Angabe, jedoch um ein Drittel im Quantum gemäßigt bereiteten rothen und weißen Apfelsinengelee gesellt sich noch die Anfertigung eines dritten Theils so viel Blancmanger (Abth.: weiße Cremen), wobei alle drei Substanzen so eingerichtet werden, daß sie um einen geringen Theil consistenter, also etwas stärker in Hausenblase gehalten werden. Das hierauf folgende Füllen der ausgehöhlten Apfelsinen erfordert eine regelmäßige Aufmerksamkeit, weil es schichtweise in gleichmäßig dicke Lagen geschehen muß; sobald also die sauber abgetrockneten ausgehöhlten Apfelsinen auf fein gestoßenem Eise fest und gerade gestellt sind, wird von dem rothen Gelee mittelst eines Theelöffels die erste Schicht auf die Art gegossen, daß die Apfelsine davon um den sechsten Theil gefüllt, und wenn hierauf der Gelee ganz fest geworden, die zweite Schicht mit bis zur gehörigen Abkühlung gelangtem Blancmanger die Apfelsine um den dritten Theil damit gefüllt, ausgeführt wird, auf den Blancmanger kommt zunächst bis zur Hälfte der Apfelsine eine Schicht klaren Gelees und schließt sich hieran die Wiederhohlung der ganzen Procedur, so daß nach dieser die Apfelsinen complett voll sind. Nachdem dies Verfahren mit sämmtlichen Apfelsinen auf die gelungenste Weise beendet ist, werden die Apfelsinen gut in Eis gegraben und wenn sie fest geworden, in viertel oder sechstel Stücke mit einem dünnen wenig erwärmten Messer geschnitten und mit Orangenblättern geschmackvoll angerichtet. So wie dies einen sechsstreifigen Gelee giebt, so kann auch mit drei Schichten ein dreistreifiger gemacht werden.

## Gelee von Pumpernickel. Gelée au pompernickel.

Ein Pfd. von diesem schwarzen Brode wird in dünne Scheiben geschnitten und in einem nur wenig erhitzten Ofen oder auf einer Rost getrocknet, nächstdem mit drei viertel Qrt. Malaga und etwas Wasser übergossen und wenn dies gehörig ausgezogen, durch eine Serviette gedrückt und einige mal klar durchgegossen. Diese Flüssigkeit wird sofort mit zwanzig Loth, mit dem Saft von drei Citronen geklärtem Zucker und mit drei Loth klar gekochter Hausenblase versetzt, hierauf in eine große und einige kleine Formen gegossen und in Eis gestellt.

## Marmorirter Gelee. Gelée marbrée.

Dieser besteht aus einer seltsamen Mischung verschiedenartiger Substanzen, von welchen ein nach Vorschrift des Artikels: Gelee von Rheinwein bereiteter Gelee und ein nach Angabe seines Artikels angefertigter Blancmanger (VII. Abth.) die Hauptrolle spielen, wobei ersterer jedoch mit zwei Drittel und der Blancmanger mit der Hälfte des aufgeführten Ingredienzien-Quantums zusammengesetzt wird. Nachdem dies erfolgt, wird die Blancmangersubstanz in vier Theile geschieden, von welchen der eine in seinem natürlichen weißen Zustande gelassen, der zweite nach Vorschrift der Einleitung mit einer Auflösung von Chocolate braun, der dritte mit Altkermeß roth und der vierte Theil mit ein wenig Spinatmatte blaßgrün gefärbt, nächstdem jede besonders in passende, am besten in kleine lange viereckige Gefäße gegossen und sofort auf's Eis gestellt werden. Wenn in eine geschmackvoll gearbeitete Form etwas von dem bezeichneten recht klar gehaltenen Gelee gegossen ist und derselbe auf dem Eise die nöthige Consistenz erreicht hat, wird auf diesem mit dem gleichzeitig zur erforderlichen Festigkeit gelangten, hierauf ausgestürzten und in kleinen länglich viereckigen Stückchen geschnittenen, oder mit einem Theelöffel in länglichen Blättchen abgestochenen farbigen Blancmanger eine passende gefällige Schattirung angebracht und mit dieser Procedur in Verbindung des klaren Gelees so lange fortgefahren bis die Form damit gefüllt ist, sofort in Eis gestellt und zur Zeit mit der bekannten Vorsicht gestürzt. Wenn die gezeigten Farbenmischungen dem Geschmack des Tischherrn oder dem des Verfertigers nicht entsprechen oder zu bunt erscheinen, kann das Rothe oder Grüne, auch alle beide Farben weggelassen werden.

## Speckgelee. Gelée en deux couleurs.

Unter diesem Namen erscheint bei der Kochkunst eine, dem durchwachsenen Speck nicht unähnliche kalte Speise, deren substanzielle Bestandtheile in einem rothfarbigen Gelee und einem Blancmanger enthalten sind; ihrer Bestimmung gemäß wird sie jedoch niemals als selbstständige Schüssel aufgetischt, sondern nur als Garnirung anderer Gelees benutzt. Was ihre formelle Behandlungsweise betrifft, so erfordert diese ein langes viereckiges Modell (viereckiger, kleiner blecherner Kasten), welches mit den vorhin gezeigten Substanzen in rothen und weißen Schichten auf die Art gefüllt, daß wenn eine dieser Schichten gegossen ist, nicht eher eine zweite darauf gebracht wird bis die erste auf dem Eise die nöthige Festigkeit erreicht und die darauf zu gießende Flüssigkeit die erforderliche Abkühlung erlangt hat, um somit eine Auflösung und demnächst Ineinanderlaufen der Substanzen zu vermeiden. Nachdem das Ganze sich auf dem Eise zu der nöthigen elastischen Festigkeit gebildet hat, wird es aus dem Modell gestürzt, hierauf in die gewünschten, oder in passende große einen drittel Zoll dicke Scheiben geschnitten und der bereits in der Mitte der Schüssel gestürzte Gelee damit geschmackvoll umlegt.

## Brunnenkressen-Gelee. Gelée au cresson de fontaine.

Nur höchst selten geschieht diesem Gewächse die Ehre, daß es zu dieser Art Speisen benutzt wird und es kann dieser Gelee so wie ein Theil seiner namensverwandten zu den seltenern Erscheinungen gezählt werden. Die aus recht sauber verlesener und gewaschener, ohngefähr in dem Volumen einer Metze möglichst frischer, am besten Erfurter Brunnenkresse (I. Bd. VIII. Abschn. XXXIX. Abth.) bestehende Hauptingredienz wird in einem Marmor- oder Steinmörser fein gerieben, von demselben mittelst einer reinen Serviette der Saft rein ausgepreßt, welchen man in Verbindung mit etwas Milch auf glühender Asche gerinnen läßt. Dieser Gerinnungsproceß unterscheidet sich von der Spinatmatte dadurch, daß statt der trockenen Substanz hier die abgesonderte grüne Flüssigkeit benutzt, welche nunmehr im recht klaren Zustande von zwanzig bis vier und zwanzig Loth mit dem Saft von einigen Citronen geklärtem Zucker, drei einem und halben Loth klarer Hausenblase und zwei drittel Qrt. Rheinwein aufgenommen, sofort in Formen gefüllt und auf dem Eise zu einer gallertartigen Masse gebildet, und zur Zeit mit der nöthigen Vorsicht gestürzt wird. Auch bei diesem Gelee ist eine ganz geringe Beimischung von Spinatmatte zulässig.

## Aprikosengelee. Gelée aux abricots.

Die hierzu erforderliche Hauptingredienz erfordert besonders recht reife Früchte, die im Bedarfsquantum von acht bis zehn Stück von den Steinen gesondert, eine jede der Früchte in einige Stücke geschnitten und geschält und hierauf in einem aus zwölf Loth Zukker, mit einem viertel Qrt. Flüssigkeit gekochten, ganz dünn gehaltenen Syrup gesotten werden, das Ganze hierauf auf eine reine naßgemachte Serviette geschüttet und auf diese Art der Saft von den Früchten klar abgesondert. Nachdem dieser Aprikosensyrup mit drei bis drei und einem halben Loth klar gekochter Hausenblase, einem halben Pfd. mit etwas Citronensaft geläuterten Zucker und zwei drittel Qrt Rheinwein vermischt worden, wird in der weiteren Bereitungsart das bewußte Verfahren beobachtet. — Zuweilen wird dieser Gelee mit einem Theil seiner besten in Hälften getheilten, hierauf geschälten, als Compote gekochten, aber ganz trocken abgetropften Früchten auf die Weise belegt, daß die Früchte mit der auswendigen Seite nach unten und so mit dem Gelee zwei Lagen gebildet, demzufolge die Hauptingredienz im Bedarfsquantum um den vierten Theil gesteigert; und kann diese Methode eben sowol und noch besser mit gut abgetropften eingemachten Aprikosen (Confekt) ausgeführt werden.

## Gelee von Pfirsichen. Gelée aux pêches.

Die Bereitungsart wiederholt sich in der vorstehenden Angabe in sofern als die Hauptingredienz um den dritten Theil in seiner Zahl verringert wird. Auch wird mit diesen besonders reifen Früchten die zuletzt gezeigte Methode vorgezogen und der auf diese Art bereitete Pfirsichgelee alsdann gewöhnlich in Tassen, mit der einen Hälfte der Frucht in der Mitte belegt, auch in kleinen Bechern modellirt und demnächst ausgestürzt, aufgetischt.

## Gelee von Berberitzen. Gelée aux épines vinettes.

Ihres enthaltenden sauren Saftes wegen, wird zu diesem Gelee nur zum Kochen des Zuckers die höchst nothwendige Quantität Citronensäure angewendet; wie schon einmal in diesem Werke angeführt (I. Bd. I. Abschn. Artikel: Kalte Schale) vertritt dieser Saft besonders auf dem Lande sehr oft die Stelle der Citronensäure. Ein und ein halbes Pfd. dieser Beeren werden mit einem viertel Qrt. Wasser gekocht und der dadurch erlangte Saft durch eine Serviette geseiet, hierauf mit 30 bis 36 Lth. geklärtem Zuckersyrup und drei und einem Loth Hausenblase vermischt und diese Substanz noch mit einem halben bis zwei drittel Qrt. Rheinwein versetzt und das weitere Verfahren auf bekannte Weise geleitet.

## Gelee von Nelken. Gelée aux oeillets.

Dieser Gelee wird dem von Rosen, was die Infusion betrifft, in sofern gleich bereitet als zu zwei Loth frisch gepflückten einfachen Nelkenblättern noch drei bis vier Stück Gewürznelken hinzugefügt und diese Ingredienzien in zwanzig bis vier und zwanzig Loth geklärtem Zucker ausgezogen werden und sobald die Infusion vollkommen erreicht ist, mit drei bis drei und einem halben Loth Hausenblase und einem sechstel Qrt. guten Schweizer Kirschwasser oder nach der Haussitte mit einem drittel Qrt. Rheinwein vermischt, sofort auf dem Eise zu einer fein gallertartigen Substanz gebildet und zur Zeit vorsichtig gestürzt wird.

## Gelee von Kirschen. Gelée aux cerises.

Die materiellen Bestandtheile dieses Gelees sind sowol in dem Volumen eines drittel Qrt. ausgepreßten und klar filtrirten Safts von recht reifen sauren Kirschen, als einer gleichen von gekochten Kirschen gewonnenen Flüssigkeit, wozu die Steine noch besonders zermalmt und ausgezogen werden, enthalten. Ferner werden mit dem ausgekühlten Saft, ein halbes Qrt Rheinwein, dreißig Loth geklärter Zucker und drei und ein halbes Loth klar gekochte Hausenblase genau in Verbindung gebracht und diese ohngefähr ein und ein viertel Qrt. enthaltende Substanz, sofort in einer Form auf dem Eise gallertartig gebildet und ausgestürzt oder in gleicher, aber feiner Eigenschaft in Kristallbechern aufgetischt. Außer der Kirschenjahreszeit kann dieser Gelee mit in Flaschen eingemachtem Saft dieser Frucht, auch wol mit in Zucker eingekochten Fruchtsäften (III. Bd. III. Abschn.) angefertigt, eben sowol auch mit einem Theil Johannisbeersaft versetzt und muß in diesem Fall bei dem Zusammensatz auf dem Zuckerbestandtheil des Gelees Rücksicht genommen werden.

## Geschlagener Gelee. Gelée fouettée.

Diese aus einem trefflich bereiteten Rheinweingelee (dessen

Artikel) bestehende kalte Speise ist in einer schön gearbeiteten Cylinder- oder andere Form modellirt, sehr effektvoll. Zuerst wirddie Form einen Finger hoch mit klarem Gelee ausgegossen und unter der Zeit, daß dieser auf dem Eise gallert, die andere Substanz bis aufeinen geringen Theil mittelst einer Schlagruthe nach Art des Champagnergelee silberschaumartig geschlagen, nachdem dies erreicht, wird es sogleich auf den klaren Gelee gefüllt, die Form demnächst mit dem übrigen klaren Gelee voll gefüllt und sofort in Eis gestellt.

## Gelee von Liqueuren. Gelée aux liqueurs.

Dieser kann von allen Sorten feinen Liqueuren, die auf diesen Namen Anspruch machen, bereitet werden. Die Anfertigungsarten bleiben sich in sofern immer gleich, als ihre materiellen Bestandtheile rücksichtlich des mehr oder weniger Zuckertheile enthaltenden Liqueurs aus sechszehn bis vier und zwanzig Loth geläuterten Zucker, drei bis drei und einem halben Loth klar gekochter Hausenblase und nach Verhältniß seiner Stärke aus einem achtel bis einem viertel Qrt. des den Hauptgeschmack des Gelees bildenden Liqueurs bestehen. Eben so wol können die gallertartigen Bestandtheile desselben aus Kalbsfüßen- oder Hirschhorn-, auch nöthigenfalls aus Schweineschwartenstand genommen werden.

## Gelee von Erdbeeren. Gelée aux fraises.

Erfordert zu seinem Hauptbestandtheil zwei Pfd. der besten recht reifen Walderdbeeren, welche, nachdem sie verlesen und schnell in kaltem Wasser gewaschen sind, mit zwölf Loth ganz fein gestoßenem und gesiebten Zucker gut untermengt und sofort in einem porzellanenen oder irdenen Gefäß, bei einigemal wiederholtem Umrühren, vier und zwanzig Stunden über hingestellt werden. Nach dieser Zeit wird der von den Erdbeeren gewonnene Saft durch eine auf den Füßen eines umgekehrten Stuhls gebundene, recht rein gewaschene Serviette rein abfiltrirt und um dies besser zu erreichen, die Erdbeeren zuletzt mit einem achtel Qrt. recht reinen Wassers übergossen. Wenn der erste Durchfluß nicht klar genug scheint, wird er noch einmal durchgegossen, hierauf mit einem von zwanzig bis vier und zwanzig Loth Zucker und dem Saft von zwei Citronen klar geläuterten Zuckersyrup, ferner drei bis drei und einem halben Lth. klar gekochter Hausenblase und einem halben Qrt. Champagner genau vermischt und sofort in einer großen und der zum Garniren nöthigen kleinen Form auf dem Eise zum Gallern gestellt. Wenn es im Laufe dieses Abschnittes schon öfter geschehen, so kann es dennoch nicht oft genug erwähnt werden, daß die Zusammensetzung der Gelees von feinen Fruchtsäften niemals in verzinnten Gefäßen erfolgen darf, auch so viel als möglich das Modelliren in dergleichen Formen vermieden und statt dessen, wenn nicht gläserne oder porcellanene Modells vorhanden, diese Art Gelees in kristallenen oder porcellanenen Bechern, in den ersteren besonders effektvoll, auch wohl auf tiefen Assietten gegallert, aufgetischt werden.

## Eine andere Art Erdbeergelee. Gelée aux fraises d'une autre manière.

Die Erdbeeren werden mit, von einem Pfd. Zucker und dem Saft von einer Citrone geläutertem Zuckersyrup übergossen und nachdem sie über Nacht oder noch länger damit gestanden, durch eine rein gewaschene Serviette filtrirt; diese aus ohngefähr zwei drittel Qrt. bestehende Flüssigkeit wird sofort mit einem achtel Qrt. klarem Johannisbeersaft und drei und einem halben Loth klar gekochter Hausenblase genau in Verbindung gebracht und in Kristallbechern zum Gallern gestellt.

## Gelee von Johannisbeeren. Gelée aux groseilles à la colle de poisson.

Diese in einem und einem halben bis zwei Pfd. recht reifen abgebeerten Johannisbeeren enthaltene Hauptingredienz kann aus dem dritten Theil weißer Früchte bestehen, nachdem dieselben gewaschen sind, werden sie in einem unverzinnten Geschirr (Einmache- oder Schwungkessel I. Bd. Einl.) mit einer geringen Flüssigkeit anfangs auf einem gelinden Feuer unter öfterem Umrühren einige Male überkocht und der Saft davon sofort durch eine Serviette rein abgeklärt. Dieser zu der möglichst zulässigen Abkühlung gelangte Saft wird demnächst mit drei und einem halben Loth klar gekochter Hausenblase sehr behutsam, damit er nicht milchig wird, und von einem Pfd. klar geläutertem Zuckersyrup nebst einem halben Quart Rheinwein genau vermischt und demnächst auf dem Eise in Formen modellirt oder in Bechertassen von Kristall gegeben.

## Johannisbeergelee ohne Consistenzmittel. Gelée de groseilles.

Nachdem eine Metze recht reife Johannisbeeren abgebeert und gewaschen sind, werden sie in einem unverzinnten Geschirr (Einmache- oder Schwungkessel I. Bd. Einl.) auf die vorhin gezeigte Weise mehrere mal übergekocht und der Saft hievon durch eine recht rein gewaschene Serviette klar gegossen und leicht abgedrückt. Auf einem Pfd. solchen Johannisbeersafts wird ein Pfund Zucker genommen und dies auf dem Feuer in der Art gekocht, daß der bei dem Ankochen sich bildende Schaum sorgfältig abgenommen, das Abschäumen so oft als nothwendig wiederholt und das Kochen auf einem ziemlich starken Feuer unter stetem Aufziehen mit der unverzinnten Schaumkelle, um das Ueberlaufen des Saftes zu verhüten, so lange fortgesetzt wird, bis derselbe sich längs dem herausgehobenen Löffel ausdehnt und als ein breiter und gallertartiger Faden abtropft (Lappen oder Breitlaufzucker) oder der auf einem reinen Deckel gefallene Tropfen sich ziemlich erhaben erhält, er wird demnächst sogleich vom Feuer genommen und in kristallene oder porcellanene Becher gegossen. Dieser Johannisbeergelee muß allmählig kalt werden und an einen kühlen Ort zum Gallern gestellt werden. Auch kann der Zucker vor der Beimischung des Johannisbeersaftes erst bis zum Breitlauf (erster Grad) gekocht werden.

## Gelee von Himbeeren. Gelée aux framboises au sans colle de poisson.

Die Bereitungsart des Himbeergelee wiederholt sich in der des Johannisbeergelee mit Consistenzmittel, doch muß dieser Gelee mit einem achtel Qrt. Johannisbeersaft vermischt und so der Geschmack gehoben werden; seine Auftischung unterliegt ebenfalls verschiedenen Methoden, er wird sowol in schönen Formen als in Kristall- oder porcellanenen Bechern, auch wohl wie im nächstfolgenden Artikel aufgeführt, in einer tiefen Compotiere oder andern tiefen Assiette zum Gallern gebracht.

## Himbeergelee ohne Consistenzmittel. Gelée de framboises.

Zu dieser Bereitungsweise giebt der gleichnamige Artikel des Johannisbeergelee den Commentar. Der ausgedrückte Himbeersaft wird mit dem vierten Theil seines Inhaltes Johannisbeersaft vermischt, um hierdurch das Gallern zu befördern und den Gelee im Geschmack zu heben. Es wird sofort mit feinem Zucker, Pfund auf Pfund zu der nach Angabe des beziehungsweise angeführten Artikels, nach der vorhin gezeigten Kochmethode geschritten.

## Gelee von Aepfeln. Gelée de pommes.

Die Hauptingredienz besteht aus guten Borsdorfer Aepfeln, welche in dem Bedarfsquantum unsers aufgestellten Systems aus einer reichlichen Metze dieser Obstart besteht, von denen die angestoßenen schlechten Theile, die Stiele und Kerngehäuse gesondert, die Aepfel nächstdem recht sauber gewaschen und abgerieben, hierauf ungeschält in Stücke geschnitten und mit einer Flüssigkeit von ohngefähr drei Quart Wasser ein oder zweimal gekocht werden. Nachdem die Aepfel gut ausgekocht sind, wird der Saft von ihnen tüchtig durch eine recht rein gewaschene Serviette auf ein und ein halbes Pfund Zucker gedrückt, dies in einem unverzinnten Geschirr (Schwung- oder Einmachekessel I. Bd. Einl.) auf das Feuer gestellt und sobald der Siedegrad erfolgt, der sich entwickelnde Schaum sorgfältig davon abgenommen und zunächst mit dem mit etwas Wasser vermischten Saft von zwei bis drei Citronen nach und nach vermischt und fleißig geschäumt werden. Unter hierauf folgendem fortwährendem Rühren und Aufziehen mit einem unverzinnten Löffel, um das Ueberkochen zu verhindern, läßt man den Saft auf einem ziemlich starken Feuer zu dem vorhin gezeigten Grad von Einkochung (Lappet oder Breitlaufzucker Art.: Johannisbeergelee ohne Consistenzmittel) gelangen und gießt ihn sogleich in gläserne oder porcellanene Becher, auch in eine tiefe Assiette, worin nunmehr der Aepfelgelee an einen kalten Ort zum allmähligen Gallern gestellt wird. Das treffende Gelingen der auf diese Art bereiteten Geleen ist unbedingt von dem treffenden Grad der Einkochung des Fruchtsaftzuckers abhängig, daher bei der Bereitung auf die hier angegebenen Zeichen genau geachtet werden muß. So wenig als der zu lang oder zu flüssig gelassene, ist der entgegengesetzt zu kurz gekochte Aepfelsud zum Gallern fähig. Auch läßt sich, besonders der Aepfelgelee von unserm angenommenen System abweichend in größerer Quantität besser und gelungener anfertigen.

## Portugiesischer Gelee von Aepfeln. Gelée aux pommes à la Portugaise.

Zehn bis zwölf Stück der besten Borsdorfer Aepfel werden in Hälften geschnitten, die Kerngehäuse ausgedreht und sauber geschält, hierauf ein leichter Zuckersyrop von zehn bis zwölf Loth Zucker und dem Saft von einer Citrone treffend weich und kurz gekocht und recht trocken abgetropft. Zwanzig bis vier und zwanzig Loth Zukker werden mit dem Saft von zwei Citronen zu einem klaren Syrop gekocht, welcher im halb verkühlten Zustande mit drei und einem halben Loth klar gekochter Hausenblase und einer Bouteille Malaga oder zwei drittel Qrt. Madeira-Wein genau vermischt und sofort in einer schönen Cylinder- oder andern Form auf die Art gefüllt, daß wenn der bis zum vierten Theil in der Form gefüllte Gelee auf dem Eise die erforderliche Festigkeit erlangt hat, auf demselben zwei kranzförmige Lagen mit den noch einmal durchgeschnittenen Aepfeln gebracht, hierauf die Form bis zur Hälfte mit Gelee gefüllt und nachdem dieser sich gallertartig gestaltet hat, mit den übrigen Aepfelachteln die ganze Procedur noch einmal wiederholt und sofort die Form ganz gefüllt wird. Der Gelee wird zur bestimmten Zeit nach Angabe der Einleitung dieser Abtheilung gestürzt; eben so wol kann derselbe in kleinen Bechern, in der Mitte mit den Aepfelscheiben mit der bekannten Rücksicht belegt, gegeben werden.

## Gelee von Ananas. Gelée à l'ananas.

Ein gutes Exemplar dieser köstlichen Fruchtart wird in ganz dünne Scheiben oder ganz kleine Stücke geschnitten, hierauf mit dem nöthigen Wasser und etwas Zucker gekocht, zunächst in eine Terrine gegossen und gut zugedeckt, 12 bis 18 Stunden über hingestellt und nach dieser Zeit der Saft von der Frucht klar abgedrückt. Inzwischen werden 28 bis 30 Loth Zucker mit dem Saft von zwei Citronen klar gekocht, mit diesen der Ananassaft noch einige Minuten behutsam gekocht und das Ganze sofort durch eine reine Serviette geklärt. Nächstdem wird diese klare Substanz mit drei und einem halben Loth klar gekochter Hausenblase und zwei drittel Qrt. gutem Rheinwein genau vermischt, sofort in eine passende Form gegossen und aufs Eis gestellt.

## Eine andere Art Ananas-Gelee. Gelée à l'ananas en petits pôts.

Die Ananas werden sauber geschält, die zarten nicht faserigen Theile derselben in beliebige Scheibchen geschnitten, diese in einem Zuckersyrop von zehn bis zwölf Lth. Zucker gesotten und hierauf sehr gut abgetropft. Gleichzeitig mit der Bereitung der Ananasscheiben werden alle übrigen Abgänge dieser Frucht fein geschnitten oder gehackt und mit einer geringen Flüssigkeit ausgekocht, diese mit drei viertel bis einem Pfd. Zucker mit dem nöthigen Citronensaft nach Angabe des vorstehenden Artikels klar gekochten Zuckersyrup und in Verbindung des abgetropften Syrups der Ananasscheibchen, ferner mit drei und einem halben Lth. Hausenblase und zwei drittel Qrt. Rheinwein genau vermischt und der Gelee nach Anweisung des Artikels: Portugiesischer Aepfelgelee, mit den Ananasscheibchen in eine schöne Cylinderform gefüllt oder nach der modernen Art in kleine cristallene oder porcellanene Bechertassen auf dieselbe Weise eingelegt. Wenn dieser vortreffliche Gelee auf dem Eise sich zu einer zart gallertartigen Substanz gestaltet hat, wird er wie alle ähnlich bereiteten Geleen auf einer, mit einer Serviette zierlich belegten Schüssel zu zwölf bis vierzehn Bechern angerichtet. Niemals darf dieser Gelee aus den rohen oder ungekochten Säften von Ananas bereitet werden, weil alsdann vermöge der eigenthümlichen Bestandtheile dieser köstlichen Frucht der Gelee, trotz aller angewandten Consistenzmittel, nicht zum Gallern zu bringen ist.

## Gelee von Veilchen. Gelée aux violettes.

Dieser köstliche Gelee kann als der Typus des Lieblichen im Geschmack und Geruch dieser Art Speisen betrachtet werden, wenn nämlich die dazu nöthigen Ingredienzien passend und richtig gewählt und somit die Zusammensetzung desselben ebenfalls treffend ausgeführt ist. Wenn von den im Anfang des Frühlings erscheinenden lieblichen Blumen die Blättchen abgepflückt sind, werden sie in dem Quantum von ohngefähr drei bis vier Loth in einer kleinen Terrine etwas zerdrückt oder leicht zerrieben und mit einem von zehn bis zwölf Loth Zucker klar geläuterten und einem drittel Qrt. Flüssigkeit enthaltenen dünnen Syrop kochend überbrüht, sogleich genau zugedeckt und zwölf bis vier und zwanzig Stunden über hingestellt. Der Saft der Veilchen wird nach dieser Zeit durch eine recht rein gewaschene Serviette klar und leicht abgedrückt, zunächst mit dem indeß von zwölf bis vierzehn Loth mit etwas Citronensaft klar geläuterten Zuckersyrop, ferner mit drei bis drei und einem halben Loth klar gekochter lauwarmer Hausenblase und mit einem halben Qrt. Champagner genau vermischt, sofort in eine schöne Cylinder- oder andere Form gefüllt und aufs Eis zum Gallern gestellt. Wenn der Veilchen-Gelee zur bestimmten Zeit, nach Angabe der Einleitung dieser Abtheilung, gestürzt ist, wird er als besonderer Zierrath mit Pignolen (Pignen II. Abth. Art.: Creme von Pignolen) zierlich besteckt. Doch eben so effektvoll ist dieser Gelee, wenn er in kleinen Cristallbechern gegallert aufgetischt wird. So wie alle Gelees von feinen Früchten ohne Beimischung von Wein, nur aus reinen Fruchtsäften (I. Abth. Einl.), auch wohl mit einem kleinen Zusatz von echtem Kirschwasser bereitet werden, so kann auch der Veilchengelee, von dem Geschmack des Hausherrn oder andern Rücksichten bedingt, auf diese Art zusammengesetzt werden, verliert jedoch durch die letztere Zugabe eben sowol durch Beimischung von vieler Citronensäure, auch viel sauren Stoff enthaltenden Weine, namentlich Rheinwein seine eigenthümlich schöne veilchenblaue Farbe, die alsdann weniger charakteristisch und minder schön ins röthlich blaue spielend übergeht, daher bei der Bereitung des Veilchengelees in substanzieller Beziehung ein aufmerksames Auge gerichtet werden muß. Außer der Jahreszeit kann dieser Gelee von, in Flaschen durch kochendes Wasser bereitetem Veilchensaft (III. Band) gemacht werden.

## Gelee von Citronen. Gelée aux citrons.

Treffend zusammengesetzt und gut gehalten muß dieser Gelee als eine helle Substanz vorkommen. Vier bis fünf Citronen werden recht rein abgewischt, von einer der besten die äußere Schale ganz dünn, so daß nicht das mindeste von dem Weißen daranbleibt, abgeschält und der Saft von sämmtlichen Citronen ausgepreßt und hierauf durch eine Serviette oder doppeltes Haartuch mehrere mal gegossen. Ein bis ein und ein viertel Pfund ganz feiner Zucker wird mit dem mit etwas Wasser vermischten und nach und nach zugegossenen Citronensaft und den bemerkten Citronenschalen zum klaren hellen Syrup geläutert und zu einem drittel Qrt. Flüssigkeit gehalten, durchgegossen und im halb verkühlten Zustande mit drei und einem halben Loth klar gekochter, ohngefähr ein sechstel Quart Flüssigkeit enthaltenden Hausenblase und einem halben Quart Rheinwein genau vermischt und sofort in eine passende Form gefüllt und auf's Eis gestellt.

## Gelee von Weintrauben. Gelée aux grappes de raisins.

Die Hauptingredienz muß aus vortrefflichen gut gereiften in dem Bedarfsquantum von ohngefähr zwei Pfund abgebeerten Weintrauben bestehen, von welchen der Saft durch eine recht rein gewaschene geruchlose Serviette gepreßt, und dieser hierauf einige mal durch eine andere oder dieselbe wiederum gewaschene Serviette oder besser Filtrirsack mit Löschpapier geklärt wird. Demnächst wird von einem Pfd. Zucker, mit dem Saft von einer Citrone klar geläutertem zu einem viertel Qrt. Flüssigkeit eingekochtem Syrup mit drei bis drei und einem halben Loth klar gekochter eben so viel Flüssigkeit enthaltenden Hausenblase in Verbindung gebracht und dies mit dem Traubensaft und mit einem halben Qrt. Rheinwein genau vermischt. Wie schon bereits in dem Artikel: Gelee von Rheinwein bemerkt worden, muß man sich bei der Anfertigung dieser Art Speisen, vor dem Einfüllen in die Formen oder Becher, durch eine auf das Eis gestellte Probe von der Festigkeit derselben zu überzeugen suchen, um nach Befinden einer zu festen oder zu zarten Eigenschaft, diese sogleich abhelfen zu können, daher es nicht zu verwerfen ist, daß man von den verschiedenen Bestandtheilen eine Kleinigkeit zurückbehält. Denn wenn die Bereitung stets mit gleicher Aufmerksamkeit geleitet, so werden sich dennoch zuweilen andere Resultate hinsichtlich der Consistenz des Gelees zeigen, was theils in den eigenschaftlichen Bestandtheilen dieser Art kalter Speisen, aber mehr in der guten oder schlechten Beschaffenheit der Hausenblase liegt; auch wird die Consistenz noch von der kalten oder warmen Jahreszeit abhängig und müssen demgemäß in der Ersteren die Consistenzmittel gemäßigt und in der Letzteren gesteigert werden.

### Gelee in Galantine. Gelée en galantine.

Dieser besteht aus einem schönen klaren Gelee von Rheinwein, welcher nach Angabe des ersten Artikels dieser Abtheilung zusammengesetzt wird. Derselbe wird in eine, ein und einen halben Zoll breite, eben so hohe und vier bis fünf Zoll lange, fein gerippte sogenannte Hateleitform (I. Abschn. Artikel: Kalbsmilch in Hateletts) ohne alle Verzierung auf die Art gefüllt, daß die Formen zu einem Drittel angefüllt auf das Eis zum Gallern gestellt; nachdem dies erfolgt, mit Früchten (Confekten), theils halben Abrikosen, Amorellen, grünen Pflaumen, Pfirsichen und dergl. belegt und sofort mit dem übrigen Gelee bis die Formen voll sind, bedeckt werden. Eine zweite Methode läßt den Gelee allein in die Formen füllen und nachdem der Gelee auf dem Eise erstarrt und gestürzt ist, an den Seiten mit den Früchten zierlich belegen. Wegen seiner Einfachheit und des guten Geschmacks ist dieser Gelee besonders beliebt.

---

## II. Abth: Abgerührte Cremen (französische Cremen-Gallerte). Crêmes à la Française.

Von den in mancherlei Gestaltungen, und Varietäten bei der Kochkunst vorkommenden Gerichten dieser Art Speisen, spielen die abgerührten Cremen eine Hauptrolle. Ihres Charakters gemäß erscheinen sie in geschmackvoll gearbeiteten Formen modellirt und gestürzt mit einem effektvollen Aeußern, dann werden sie in lockerer

Qualität in Bechertassen oder Kristallgläsern aufgetischt, auch zuweilen in Becherformen modellirt und gestürzt; bald werden sie in glatte Modelle in geschmackvollen Schattirungen gefüllt und sofort ausgestürzt und eben sowol mit Fruchtmarmeladen als auch ganzen Früchten vermischt; bald in ihrem natürlichen Zustande angerichtet und mit kleinen Bisquit, Makronen, kleinen Baisees oder sonst einer Garnirung umlegt und endlich im compakt gehaltenen Zustande zu verschiedenen Füllseln bei vielen Backwerken (III. Bd.) gebraucht. Unter ihren materiellen Bestandtheilen bildet vorzüglich gute Sahne den Grundstoff, doch besteht dieser auch zuweilen aus einer den Hauptgeschmack bildenden Weinsorte; als consistente Ingredienz bei den gestürzten Cremen dieser Gattung hat unter den bewußten Consistenzmitteln die Hausenblase den Vorzug, sie wird der compakten Cremesubstanz wegen in etwas geringerer Quantität angewendet und auch etwas kürzer in ihrer Flüssigkeit gehalten, als es bei den Artikeln der klaren Gelees gezeigt worden, um bei der Vermischung nicht zu viel flüssige Theile in den Creme zu bringen. Die Bereitungsarten der Sahnen-Cremen, welche durch Infusion ihren Hauptgeschmack erhalten, bleiben sich in sofern mit einander gleich, als sie auf eine oder die andere Weise aufgetischt, in ihrem Charakter mit einander harmoniren. Sie erscheinen demgemäß als:

## Gestürzter Creme von Vanille. Crême moulée à la vanille.

Der Infusionsproceß ist bereits in den Artikeln der klaren Gelees gezeigt worden, zu diesem Creme wird in zwei drittel bis ein Quart guter Sahne eine Stange Vanille ausgezogen und wenn sich der Vanillegeschmack der Sahne hinlänglich mitgetheilt hat, diese durch ein feines Sieb gegossen und zum Verkühlen gestellt; auch kann die Vanille mit einem geringen Theile der bezeichneten Sahne ausgezogen und sofort mit der zurückgelassenen Sahne zusammengebracht werden, um dadurch eine schnellere Abkühlung zu erreichen. Nachdem dies erfolgt ist, werden acht bis zehn Eierdottern mit vierzehn bis sechszehn Loth fein gestoßenem Zucker und einer Messerspitze voll Salz ganz klar gerührt; nach und nach mit der mit Vanille geschwängerten Sahne vermischt uud dies auf einem ganz gelinden Feuer mittelst einer hölzernen Schlagruthe in ununterbrochenen Schwingungen auf die Art abgeschlagen, daß unter fortwährendem Rühren das Geschirr einige male vom Feuer genommen und sobald sich der Siedegrad bemerkbar gemacht und die Eier mit der Flüssigkeit sich dickflüssig verbunden haben, wird der Creme sogleich abgenommen und das Schlagen so lange fortgesetzt, bis der Creme beinahe verkühlt ist, welcher nunmehr mit zwei Loth klar-gekochter und bis zu dem Quantum von einem achtel Quart Flüssigkeit eingesottener Hausenblase sehr genau in Verbindung gebracht und hierauf durch ein Haartuch gedrückt wird. Nachdem eine kleine Probe die richtige Consistenz des Cremen angegeben hat, wird er in eine passende Form und in einige dergleichen kleine, als Garnirung benutzend, gegossen und sofort auf das Eis gestellt. An die Bereitung der abgeschlagenen Cremen ist die unerläßliche Bedingung geknüpft, daß das Abschlagen derselben besonders aufmerksam und praktisch geleitet wird. Sobald dies zu schnell auf einem zu starken Feuer erfolgt, erscheint der Creme unbedingt mit einem krausen zerstörten Aeußern; eine vollkommen glatte Außenseite wird ihm durch ein, auf einem gelinden Feuer nicht über die Zeit ausgedehntes geleitetes Schlagen, so daß der Creme mit erfolgtem Siedegrad sogleich vom Feuer entfernt und kalt gerührt wird, gesichert. Im Fall der Creme nach dem Abschlagen zu dick scheinen, und die dazu bestimmte Hausenblase ihn nicht flüssig genug machen sollte, wird ein wenig Sahne dazu angewendet, daher es sehr zweckmäßig ist, wenn stets etwas von dieser in Vorrath gehalten werden kann. Bei dem zum Modelliren bereiteten Cremen ist eine inwendige leichte Bestreichung der Form mit Mandelöl zwar zulässig aber nicht besonders empfehlenswerth; wenn gleich in dieser Beziehung die Stürzmethode ohne Anwendung von warmem Wasser, also ohne die geringste überfließende Flüssigkeit erfolgt, so geht auf der andern Seite das eigenthümliche glänzend flüssige Wesen der nach Angabe des Artikels: Gelee von Rheinwein, geführten Stürzmethode, verloren. In derselben Bereitungsweise und durch Vermittelung des Infusionsprocesses erscheinen noch:

## Gestürzter Creme von Orangenblüthe. Crême moulée à la fleur d'orange.

## Gestürzter Creme mit geröster Orangenblüthe. Crême moulée à la fleur d'orange pralinée.

## Gestürzter Creme von Thee. Crême moulée au thé.

## Gestürzter Creme von Kaffee. Créme moulée au café.

## Gestürzter Creme von Cacao. Crême moulée au cacao.

Bei der Bereitung der drei ersten Cremen werden jedesmal zwei Loth der bezeichneten Ingredienzien in der zum Creme bestimmten Sahne, das Geschirr genau verschlossen, ausgezogen und nach erfolgter Jufüsion der Creme angefertigt und beendet. Zu dem Kaffee-Creme werden acht bis zehn Loth in einer Kaffeetrommel gelbbraun geröstet, hierauf noch brennend heiß in die kochende Sahne gethan und fest zugedeckt hingestellt. Ein gleiches Verfahren wird mit dem Cacao beobachtet, doch wird, wenn der Cacao in die kochende Sahne geschüttet, eine halbe Stange Vanille beigefügt und die ganze Bereitungsart nach Angabe des ersten Artikels dieser Abtheilung geleitet.

## Gestürzter Creme von Marasquin. Crême moulée au marasquin.

Die Anfertigung ist von dem vorigen dadurch abweichend, daß keine Infusion irgend einer Art stattfindet, der Creme jedoch nach Vorschrift des ersten Artikels dieser Abtheilung mit Sahne bereitet und daß bei der Vermischung mit der Hausenblase ein achtel Qrt. Marasquin hinzugefügt, sofort in die Form gefüllt und auf das Eis gestellt wird.

## Gestürzter Creme von Chocolate. Crême moulée au chocolat.

Hierzu werden zehn bis zwölf Loth geriebene oder fein gebröckelte Chocolate mit Milch oder Sahne auf dem Feuer flüssig gemacht und wenn es nöthig durch ein Sieb gestrichen, sie wird hierauf entweder mit dem eben abgeschlagenen und vom Feuer genommenen Sahnen-Creme genau verbunden oder zu der aufgelöseten und kalt gerührten Chocolate, acht Eierdottern, vierzehn Loth Zucker und zwei drittel Qrt. Sahne genau vermischt und hiervon auf die bewußte Weise ein Creme abgeschlagen, welcher mit zwei Loth aufgelöster Hausenblase zur Zeit in genaue Verbindung gebracht und sofort in einer passenden Form auf das Eis gestellt wird.

## Gestürzter Creme von Rosen. Crême moulée à la rose.

Die Bereitungsart ist eine Wiederholung des Creme von Marasquin. Er wird nach dem Abschlagen mit drei bis vier Eßlöffeln voll Rosenessenz vermischt, doch auch zuweilen durch Vermittelung einer Infusion mit Rosenblättern gemacht, dem Creme wird bei der Vermischung mit Hausenblase so viel Altkermeßsaft beigemischt, daß dadurch eine rosenrothe Farbe hervorgebracht wird. Nachdem er zu der nöthigen Abkühlung gelangt ist, schließt sich das bewußte weitere Verfahren dieser Bereitung an. Eine gleiche Anfertigungsweise widerfährt dem:

## Gestürzten Creme von Orangenessenz. Crême moulée à l'essence d'orange

mit der Abweichung, daß dieser ohne Beimischung von Altkermeßsaft, also in seinem natürlichen Zustande gelassen wird.

## Gestürzter Creme von Erdbeeren. Crême moulée aux fraises.

Obgleich die Bereitung nach Angabe der vorstehenden Artikel fortgeführt wird, so erleidet dieselbe durch die im geringeren Bedarfsquantum anzuwendenden Ingredienzien eine Abweichung, weil der Creme durch die Vermischung mit den Früchten in seinem Volumen gesteigert wird. Den Grundstoff geben sowol Sahne als Wein und besonders durch letztern, wenn er in guter Qualität genommen wird, wird dieser Art kalter Speisen ein hoher Reiz und vorzüglicher Geschmack verliehen. In Folge dessen wird von einem halben Qrt. Sahne, oder einer gleichen Quantität Rhein-, Mosel-, Ungar-, Malaga- oder Madeirawein, zehn Eierdottern, vier und zwanzig bis acht und zwanzig Loth Zucker, zwei bis zwei und einem halben Loth Hausenblase, ein in etwas dicker Substanz gehaltener Creme mit der bewußten Rücksicht abgeschlagen und gleichzeitig ein halbes bis drei viertel Qrt. im Volumen enthaltende, sauber verlesene, recht reife Walderdbeeren durch ein Haartuch oder ganz feines Sieb gestrichen und nachdem der schon mit der Hausenblase versetzte Creme beinahe ganz kalt geworden, wird derselbe mit den mit etwas Alltermeßsaft vermischten Erdbeeren genau vermischt, so daß sich mit dem vortrefflichen Geschmack des auf diese Art gefertigten Cremes, zugleich ein schönes rothes Aeußere verbindet. Nachdem eine kleine Probe die richtige Consistenz angegeben, wird er sofort in einer schönen passenden Form in das Eis gestellt. — In gleicher Eigenschaft und derselben Bereitungsweise erscheinen noch:

## Gestürzter Creme von Himbeeren. Crême moulée aux framboises.

## Gestürzter Creme von Pfirsichen. Crême moulée aux peches.

## Gestürzter Creme von Abrikosen. Crême moulée aux abricots.

Hierzu wird von acht bis zehn Stück Aprikosen eine steife Marmelade gekocht, welche, wenn der Creme die nöthige Abkühlung erreicht hat, unter denselben gezogen wird; doch kann dieser Creme eben so gut mit einem drittel bis einem halben Pfd. etwas flüssiger Abrikosenmarmelade (Confekt) bereitet und alsdann weniger Zucker dazu genommen werden.

## Gestürzter Creme von Ananas. Crême moulée à l'ananas.

Dieser wird dem vorstehenden in sofern gleich bereitet, als eine ganz fein gehackte schöne Ananas ausgekocht und der Saft davon ausgepreßt wird. Doch kann dieser Creme ebenfalls von dem Syrup von eingemachten Ananas, auch von den eingemachten Früchten selbst angefertigt, in welchem Fall der Creme etwas dicker in Flüssigkeit gehalten und die Zucker-Ingredienz beinahe um die Hälfte im Quantum gemäßigt wird.

## Abgerührter Creme von Orangenschale. Crême française à l'écorce d'orange.

Die Bereitung ist von der vorstehenden abweichend. Es wird auf der rauhen Seite eines durchgeschlagenen Stück Zuckers die äußerste Schale von 2 schönen gelben Orangen leicht abgerieben und dieser Orangenzucker mit dem Rücken des Messers fein gerieben, nächstdem mit einem Eßlöffel voll (1 Loth) Mehl, 10 bis 12 Eierdottern, 12 bis 14 Lth. Zucker, einer Messerspitze voll Salz recht kar gerührt und nach und nach mit einem halben Qrt. guter Sahne in genaue Verbindung gebracht und sofort auf einem gelinden Kohlenfeuer mittelst einer hölzernen Ruthe oder Löffels bis zum Siedegrad abgerührt, so daß daraus eine dickflüssige zart aussehende Masse gebildet wird. Hieran schließt sich das Schneeschlagen des von den Eierdottern zurückgebliebenen Eiweißes, welches in recht glatter Substanz zu zwei Drittheilen mit dem indeß fortgerührten Creme in noch heißem Zustande sorgfältig glatt vermischt, hierauf auf eine kleine passende Schüssel oder Assiette angerichtet und wenn er ganz kalt geworden, mit durchgeschnittenen kleinen Löffelbisquits oder ganz kleinen Baisees garnirt, auch in kleinen Bechertassen aufgetischt wird. Mit zwei Loth Hausenblase vermischt, kann dieser Creme modellirt und gestürzt werden. In gleicher Bereitungsweise und Auftischung sind ferner zu bemerken:

## Abgerührter Creme von Apfelsinen. Crême francaise aux oranges douces.

## Abgerührter Creme von Citronen. Crême française aux citrons.

Doch wird bei der Zusammensetzung derselben und zwar nachdem sie abgerührt der nöthige Saft dieser Früchte noch hinzugefügt, wobei der Geschmack des Tischherrn oder des Verfertigers den Ausschlag giebt. — Auch werden diese Art Cremen zuweilen mit Orangenessenz oder Marasquin als Hauptgeschmack trefflich gehoben. Außer diesen Bereitungsarten kommen diese Cremen noch mit einem Grundstoff von Champagner oder Rheinwein, auch wol mit einer geringern Weinsorte angefertigt, vor.

## Abgerührter Creme (Savoyon) von Malaga. Savoyon au Malaga.

Nachdem zwei ganze Eier und zwölf Eierdotter recht klar gerührt sind, werden sie mit funfzehn Eierschalen (von einem großen Ei) voll Malaga oder einem halben bis zwei drittel Qrt. Malaga und dem Saft von zwei Citronen genau vermischt und durch ein Haarsieb geschüttet, nächstdem mit funfzehn Eierschalen voll fein gesiebtem und mit etwas abgeriebenen Citronenzucker vermischten Zucker und einer Messerspitze voll Salz vermengt und auf einem gelinden Kohlenfeuer mittelst einer hölzernen Schlagruthe bis zum Siedegrad abgeschlagen. Wenn während, oder nach Beendigung dieser Procedur, der Savoyon zu dick erscheint, wird er mit der nöthigen Quantität Malaga, ohne ihn vom Feuer zu nehmen, zu der treffenden Flüssigkeit gebracht und in kleine Bechertassen gefüllt.

## Savoyon von Champagner. Savoyon au vin de Champagne.

## Savoyon von Rheinwein. Savoyon au vin du Rhin.

## Savoyon von Ungarwein. Savoyon au vin de la Hongrie.

Sowol ihre Bereitungsarten als ihre Auftischung schließen sich ganz an vorstehende Angabe. Die treffend gelungene Anfertigung dieser Art Cremen wird ebenfalls von dem treffenden Abschlagen bedingt, welches wiederholentlich bemerkt niemals auf einem starken Feuer oder übereilt geschehen darf. Auch können die Savoyons von der mehr oder weniger strengen Haushaltsökonomie abhängig von einer geringern Sorte Wein bereitet werden.

## Vierfarbiger Creme. Crême à quatre couleurs.

Der Hauptbestandtheil dieses Cremes ist, ein nach Angabe des ersten Artikels dieser Abtheilung bereiteter Vanillen-Creme, dieser wird nach seiner beendeten Anfertigung in vier Theile geschieden, von denen der eine mit einer Auflösung von vier Loth Chocolate braun, der zweite mit einem Theelöffel voll Spinatmatte mattgrün, der dritte mit etwas Altkermeßsaft roth gefärbt und der vierte Theil in seiner natürlichen Farbe verbleibt. Diese vier Substanzen werden in nöthiger Abkühlung mit der bereits bekannten Rücksicht in einer besonders dazu gearbeiteten Form, vier- oder achtschichtig in gefällige Schattirungen gegossen, sofort auf Eis gestellt, zur Zeit mit der bewußten Vorsicht gestürzt und mit halb durchgeschnittenen kleinen Löffelbisquits oder Baisees garnirt. Das zu dieser Speise nöthige Modell besteht aus einer sieben Zoll hohen, unten sechs und einen halben Zoll und oben zwei Zoll breiten, nach inwendig geschweiften oder zusammengedrückten und einer Thurmspitze nicht unähnlichen, runden oder ovalen glatten Form von starkem, weißem Blech. Wenn dieser Creme zu bunt erscheint, kann er modern gehalten, zwei oder dreifarbig zusammengesetzt werden.

## Harlekin-Creme. Crême à l'Arlequin.

Er steht in naher Verwandtschaft mit dem vorigen und scheint eine Abart von diesem zu sein, oder es findet das umgekehrte Verhältniß statt. Es steht nicht als Norm fest, daß zu diesen beiden Gattungen Cremen der Hauptgeschmack von Vanille sein muß, im Gegentheil kann ihnen ein jeder andere Geruch und Geschmack mitgetheilt und so dieser Creme lieblich modificirt werden. Auch kann der Arlequin-Creme fünffarbig und zu den vorigen Bestandtheilen noch ein Theil Blancmanger (VII. Abth.) hinzugefügt werden. Diese Massen werden nunmehr in einer leicht mit Mandelöl ausgestrichenen glatten Form mit kleinen Bisquitstücken fächerartig und in die gefälligsten Schattirungen sorgsam und nett geordnet, sofort aufs Eis gestellt und die Stürzmethode zur Zeit möglichst ohne warmes Wasser, jedoch mit der größten Vorsicht, damit nichts zerstoßen wird, ausgeführt.

### Caramel-Creme. **Crême brûlée.**

Zu der Bereitungsart des Cremes selbst giebt der Artikel: Creme von Orangenschale den nöthigen Commentar, doch in Beziehung des Hauptgeschmacks können bedeutende Nüancen, sowohl durch den Infusionsproceß mitgetheilt, als durch Beimischung von feinen Liqueuren, auch durch Abreiben der äußern Schale von Früchten auf Zucker erlangt werden und besteht der Grundstoff in der Regel aus guter Sahne. Nachdem die Anfertigung des Creme treffend gelungen, wird derselbe auf eine passende kleinen Schüssel oder Assiette angerichtet und hierauf ohngefähr 10 bis 12 Loth klein geschlagener feiner Zucker in einem unverzinnten Caramellöffel mit einem achtel Qrt. Wasser gekocht, so wie derselbe zum starken Bruch eingekocht ist und anfängt sich gelb zu färben, mithin den Grad des Caramels (III. Bd. Art.: Caramelzucker) erreicht hat, wird er vom Feuer genommen und vermittelst eines Löffels oder eines spitzen Instruments unter den angerichteten Cremen dergestalt gerührt, daß auf der Oberfläche desselben davon wellenförmige oder krause Schattirungen hervorgebracht werden und der Creme sofort mit kleinen Bisquits garnirt. — Noch werden diese Art Cremen ohne Caramel mit Früchten, als Erdbeeren, Himbeeren und dergleichen vermischt, demgemäß diese zuvor stark in Zucker gemengt und die Cremen dazu in etwas compakter Substanz gehalten werden.

---

## III. Abth.: Geschlagene Cremen. (Geschlagene Sahne.) **Crêmes fouettées.**

Um diese Gerichte in ihrem höchsten Glanz und den ihnen unter den Cremen gebührenden ausgezeichneten Rang würdig herzustellen, ist es eine unerläßliche Bedingung, daß die aus Sahne bestehende Hauptingredienz in vorzüglich guter Qualität dazu angewendet wird. Die Sahne muß angenehm süß und so dick als möglich, dabei jedoch nicht über 24 Stunden alt und überhaupt von einem lieblichen Geschmack sein; ein in solcher Eigenschaft genommener

Grundstoff läßt nur die besten Resultate erwarten, dahingegen schlechte Sahne niemals im ganzen Zustande durchaus festschaumig geschlagen werden kann, sondern bei der größten Anstrengung nur auf der Oberfläche derselben sich lose Schaumtheile bilden, welche in diesem Falle abgenommen, zunächst auf ein Sieb abgetropft und sofort das Schlagen sowohl als das Abheben der Schaumtheile oft wiederholt werden muß. — Außerdem daß dieser Creme als selbstständige Speise vorkommt, wird er noch zu verschiedenen Backwerken (III. Band) gebraucht.

## Neapolitanischer geschlagener Creme. Crême fouëltée à la Napolitaine.

Zu dieser im einfachen Styl gehaltenen Speise wird ein Quart der besten Sahne in dem möglichst kältesten Zustand gebracht, also am besten einige Stunden auf Eis gestellt, demnächst in einer glatten, tiefen Schüssel oder einem kuppelförmigen Schwungkessel mittelst einer aus Drath geflochtenen Ruthe (I. Bd. Einl.) zu einem dicken fest anliegenden glatten Schnee oder Schaum geschlagen, dessen vollendete Eigenschaft sich dadurch kund giebt, daß der an der herausgehobenen Ruthe anliegende Schaum sich in aufrecht stehende Spitzen zeigt. Nachdem dies erreicht ist, wird die Sahne bis zum angenehm süßen Geschmack mit durch ein Trommelsieb gesiebtem ganz feinem Zucker und einem viertel Pfund körnig gestoßenen Makronen vermengt, demnächst in eine ähnliche Form, wie sie der Artikel: vielfarbiger Creme angiebt, gefüllt und sofort in klein gestampftes und mit etwas Salz vermischtes Eis eingegraben. Wenn der Creme vorsichtig auf eine passende kleine Schüssel oder Assiette gestürzt ist, wird derselbe noch mit fein gestoßenen Macronen bestreuet und unten herum mit kleinen Bisquits garnirt.

## Westphälischer geschlagener Creme. Crême fouëttée a la Vestphalienne.

Die im vorstehenden Artikel angegebene Procedur des Schaumschlagens wiederholt sich mit drei viertel Qrt. der besten Sahne und schließt sich hieran das Reiben eines halben bis drei viertel Pfundes recht guten Pumpernickels. Nachdem der Sahnenschaum den höchsten Grad von Festigkeit erlangt hat, wird er mit zwei Loth klar gekochter und in kurzer Flüssigkeit gehaltener Hausenblase auf die Art vermischt, daß, um das Amalgamiren gelungen auszuführen, die Hausenblase zuerst mit der nöthigen Quantität Zucker verrührt und genau in Verbindung gebracht, sofort nach und nach mit der geschlagenen Sahne vermischt und zuletzt mit dem geriebenen mit etwas Malaga genäßten Pumpernickel behutsam durcheinander gerührt wird, hierauf in eine passende Form gefüllt und aufs Eis gestellt und wenn er gestürzt und einer Garnirung bedarf, diese mit dem, in kleine Förmchen gefülltem Creme ausgeführt wird.

## Geschlagener Creme von Chokolate. Crême fouëttée au chocolat.

Nachdem zehn bis zwölf Loth Chokolate mit etwas Milch oder Wasser aufgelöset sind, wird sie mit einem bis ein und einem halben Loth aufgelöseter Hausenblase und zwölf bis vierzehn Loth Zukker genau vermischt und hierauf mit der unterdessen zum steifen Schaum geschlagenen Sahne in genaue Verbindung gebracht. Bei allen auf diese Weise geführten Vermischungen muß besonders auf den kalten Zustand der Sahne Rücksicht genommen und demgemäß die Hausenblase jedesmal vorher mit andern flüssigen Substanzen gut durcheinander gerührt werden, ehe sie unter die Sahne gebracht wird, damit keine Klümpchen entstehen.

## Geschlagener Creme nach Fürst Pückler. Crême fouettée à la prince Puckler. (Tutti-frutti.)

In Beziehung der Bereitungsart der geschlagenen Sahne giebt der erste Artikel dieser Abtheilung die nöthige Anweisung, weicht aber in der weitern Verfahrungsweise dadurch wesentlich ab, daß die geschlagene Sahne mit gemischten Früchten, sie bestehen in Confekten oder frischen Fruchtarten, in einer glatten hohen Form schichtweise geordnet wird. Als Confekt nimmt man ein achtel Pfd. Hagebutten, ein achtel Pfd. schwarze und eben so viel rothe Kirschen, etwas mehr grüne Pflaumen (Reine-claude) und einen gleichen Theil Aprikosen. Nachdem der Sahnenschaum den höchsten Grad von Festigkeit erreicht hat und auf vorstehende Weise gemischt ist, wird die Form einen Zoll dick damit gefüllt, auf diese eine Schicht mit den bezeichneten jedoch gut abgetropften Früchten gelegt, alsdann mit dieser Procedur auf dieselbe Weise fortgefahren bis die Form in wechselweisen Schichten gefüllt ist, welche hierauf gut in mit Salz gestampftem Eise gegraben, und nachdem der Creme recht kalt geworden und zur Zeit gestürzt ist, wird er mit kleinen Bisquits garnirt.

## Geschlagener Creme mit Erdbeeren Crême fouëttée aux fraises.

Die Bereitungsart wiederholt sich in der Art nach vorstehender Angabe, daß statt die geschlagene und auf die bewußte Weise mit einem und einem halben Loth aufgelöseter und mit Zucker verrührter Hausenblase vermischte Sahne mit Confekten oder Früchten in einer Forme geordnet wird, in diese ein drittel Qrt. im Volumen enthaltene gut verlesene und alsdann eine Zeitlang mit ganz feinem Zucker vermengt gewesenen recht reifen Walderdbeeren vermengt und sofort in einer passenden schön gearbeiteten Form modellirt wird. In gleicher Bereitungsweise und derselben Eigenschaft erscheint:

### Geschlagener Creme mit Himbeeren. Crême fouettée aux framboises.

In gleicher Bereitungsweise der Sahne erscheint:

### Geschlagener Creme mit Erdbeermus. Crême fouettée à la marmelade de fraises.

### Geschlagener Creme mit Himbeermus. Crême fouettée à la marmelade de framboises.

Wozu die in bester Qualität genommenen Früchte durch ein Haartuch oder feines Sieb gestrichen, hierauf mit der hinlänglichen Quantität ganz feinem Zucker und einem bis einem und einem halben Loth aufgelöseter Hausenblase durcheinander gerührt, sofort mit der zum steifen Schaum geschlagenen Sahne genau amalgamirt und der Creme in einem schönen Modell aufs Eis gestellt wird. Bei schlechter Sahne, wo die Schlageprocedur nach Angabe der Einleitung geschehen muß und daher nicht ein fest anliegender glatter Schaum zu erlangen ist, müssen alle Flüssigkeiten so viel als möglich vermieden, demzufolge der Erd- oder Himbeermus mit dem nöthigen Zucker zur steifen Marmelade gekocht, hierauf mit der in kurzer Flüssigkeit gehaltenen Hausenblase verrührt und sofort mit der geschlagenen Sahne vermischt werden. Eben so muß bei der Bereitung dieser Art Cremen, wo die Früchte einen materiellen Bestandtheil bilden, die Hauptingredienz um ein Dritttheil verringert werden. — Noch erscheinen die geschlagenen Cremen auf dreierlei Arten, sie werden sowol durch Beimischung von feinen Essenzen oder Liqueuren, als kurz gehaltenen Infusionen, auch durch infusirten Caramelzucker bereitet und dadurch im Geschmack trefflich modificirt. Die erstern zeigen sich als:

### Geschlagener Creme mit Orangenessenz. Crême fouettée à l'essence d'oranges.

### Geschlagener Creme mit Veilchenessenz. Crême fouettée à l'essence de violettes.

### Geschlagener Creme mit Rosenessenz. Crême fouettée à l'essence de roses.

### Geschlagener Creme mit Marasquin. Crême fouettée au marasquin.

### Geschlagener Creme mit Rum. Crême fouettée au rum.

### Geschlagener Creme mit Cürassao. Crême fouettée au curaçao (cuirasseau).

Außer diesen giebt es noch eine Menge Liqueure, die auf einen feinen Geschmack Anspruch machen und mit welchen die gut geschlagene mit dem nöthigen Zucker und Hausenblase vermischte Sahne in der erforderlichen Quantität amalgamirt werden kann.— Die geschlagenen Cremen durch Infusion bestehen aus:

Geschlagener Creme mit Kaffee. **Crême fouëttée au café.**

Geschlagener Creme mit Thee. **Crême fouëttée au thé.**

Geschlagener Creme mit Veilchenblätter. **Crême fouëttée aux violettes.**

Geschlagener Creme mit frischer Orangenblüthe. **Crême fouëttée à la fleur d'orange.**

Geschlagener Creme mit geröster Orangenblüthe. **Crême fouëttée à la fleur d'orange pralinée.**

Geschlagener Creme mit Vanille. **Crême fouëttée à la vanille.**

Ihre Bereitungsweisen bleiben sich alle gleich, doch ist hieran die unerläßliche Bedingung geknüpft, daß die hiezu zu benutzende Sahne ausgezeichnet gut sein muß, weil derselben durch den Infusionsproceß ein größerer Theil Flüssigkeit mitgetheilt wird. In ganz naher Verwandtschaft mit diesen stehen diejenigen Cremen, welche durch Caramelzucker charakterisirt werden, weil sie denselben Hauptgeschmack bei sich führen. Sechs Loth schön hellbraunfarbig gebrannter Caffee wird brennend heiß in einem viertel Qrt. kochenden Wassers infusirt und nachdem das vollkommen erreicht ist, die Flüssigkeit über 20 bis 24 Loth klein geschlagenem Zucker geseiet, welcher in einem unverzinnten Zuckerlöffel bis zum Bruch und bis derselbe anfängt sich an den Seiten merklich zu färben, gekocht; er wird hierauf sogleich vom Feuer genommen und so lange fortgerührt bis er sich verdickt oder erstarrt, in welcher Eigenschaft er im verkühlten Zustande fein gestoßen und gesiebt, zunächst mit etwas Hausenblase verrührt und sofort unter die zum schönen Schaum geschlagene Sahne gemischt wird. In gleicher Bereitungsweise wird dieser Creme von Thee, frischer und geröster Orangenblüthe, Vanille und dergleichen gemacht.

---

## IV. Abth.: Zusammengesetzte oder baierische Cremen. **Crêmes à la Bavaroise.**

Der materielle Grundstoff derselben ist aus zwei Hauptbestandtheilen zusammengesetzt, welche wir in den beiden letzten Abtheilungen zum größten Theil kennen gelernt haben. Das Zusammensetzen beider Cremen bleibt bei der ganzen Bereitungsart in sofern die schwierigste Aufgabe, weil in dieser Beziehung der treffendste Grad der Verkühlung (sieben bis acht Grad) des abgerührten Cremes durchaus nothwendig wird und demgemäß dieser Zustand genau aufgefaßt werden muß, ohne diese Bedingung ist eine genaue Vermischung nicht mehr möglich und die ganze Bereitungsweise alsdann als vollkommen mißlungen zu betrachten. Wenn der abgerührte Creme in zu warmem Zustande mit der geschlagenen Sahne vermischt wird, so bleibt diese als der leichtere Körper ohne Consistenzmittel oben und jener sinkt zu Boden, im umgekehrten Falle jedoch, wenn der Creme schon zu kalt oder zu gallern anfängt, ist eine genaue Verbindung auch nicht mehr möglich, sondern es entstehen von beiden Substanzen abgesonderte Theile und die Speise erscheint alsdann im höchsten Grade unansehnlich. Ein gleiches Verfahren muß ebenfalls beobachtet werden, wenn die geschlagene Sahne mit Reiß, Gries oder dergleichen vermischt wird. Eben so müssen zu diesen Arten Cremen die zum Modelliren bestimmten Formen leicht mit Mandelöhl ausgestrichen werden. Alle baierische Cremen, welche durch Infüsionen charakterisirt werden bleiben sich in der Anfertigung mit einander gleich, eben so sind diejenigen, welche Fruchtsubstanzen enthalten in der Bereitung wenig von einander abweichend und endlich tritt bei denjenigen ein gleiches Verhältniß ein, deren Hauptgeschmack durch Zusatz von feinen Essenzen und Liqueuren hervorgebracht wird.

## Baierischer Creme mit Orangenblüthe. Crême à la Bavaroise à la fleurs d'oranges.

Die Bereitungsweise des einen Hauptbestandtheils, nämlich des abgerührten Cremes ist von den gewöhnlichen dadurch abweichend, daß er um einen geringen Theil dicker in der Masse gehalten und rücksichtlich der Amalgamation mit dazu geschlagener Sahne hinlänglich süß gemacht wird; es bestehen demzufolge die Ingredienzien aus drei achtel Qrt. Sahne, welche mit einem und einem halben bis zwei Loth Orangenblüthe gut infüsirt werden, indessen acht bis zehn Eierdotter mit zwölf bis vierzehn Loth Zucker klar gerührt, nächstdem mit der mit Orangenblüthe geschwängerten Sahne, einem und einem halben bis zwei Loth aufgelöseter und zu einem achtel Qrt. Flüssigkeit eingesottener Hausenblase und einem Körnchen Salz vermischt und mittelst einer Schlageruthe auf einem ganz gelinden Feuer zu einer dickflüssigen Crememasse abgerührt werden. Sollte der Creme während des Abrührens zu dick scheinen, wird er ohne ihn vom Feuer zu nehmen, mit etwas Sahne verdünnt und so wie der Siedegrad erfolgt ist, sogleich vom Feuer genommen und so lange fortgerührt bis er den treffenden Grad der Abkühlung erreicht hat, demzufolge er sogleich sehr behutsam mit der geschlagenen Sahne in genaue Verbindung gebracht wird, deren Schlageprocedur mit der ganzen Bereitungsart vereinigt und zu diesem Zeitpunkt bereits beendet sein muß. Nachdem die Amalgamation treffend gelungen, wird der Creme, wie so eben bemerkt, in die Form gefüllt, sofort kalt gestellt und zur Zeit ohne Anwendung von warmem Wasser gestürzt. Durch den Infusionsproceß können ferner erlangt werden:

**Baierischer Creme mit Vanille. Crême à la Bavaroise à la vanille.**

**Baierischer Creme mit Kaffee. Crême à la Bavaroise au caffé.**

**Baierischer Creme mit Thee. Crême à la Bavaroise au thé.**

**Baierischer Creme mit Rosenblättern. Crême à la Bavaroise au roses.**

**Baierischer Creme mit Veilchenblättern. Crême à la Bavaroise au violettes.**

**Baierischer Creme von Cacao. Crême à la Bavaroise au cacao.**

Bei denjenigen Cremen, welche Fruchtsubstanzen enthalten, werden die Erdbeeren, Himbeeren, Kirschen und dergleichen kleine Fruchtarten gewöhnlich ganz unter den Cremen gemischt, können jedoch auch wie bereits bekannt, als Mus oder gekochte Marmelade darin gemengt werden; unbedingt in der Eigenschaft als Marmelade werden die Aprikosen und Pfirsischen angewendet und es erscheinen bei der Kochkunst von diesen Speisen:

**Baierischer Creme von Erdbeeren. Crême à la Bavaroise aux fraises.**

**Baierischer Creme von Himbeeren. Crême à la Bavaroise aux framboises.**

**Baierischer Creme von Abrikosen. Crême à la Bavaroise aux abricots.**

**Baierischer Creme von Pfirsischen. Créme à la Bavaroises aux pêches.**

**Baierischer Creme von Kirschen. Crême á la Bavaroise aux cerises.**

Durch Zusatz von Essenz und Liqueuren werden in gleicher Bereitung bei der Kochkunst bezeichnet:

**Baierischer Creme von Orangenessenz. Crême à la Bavaroise à l'essence d'oranges.**

### Baierischer Creme von Rosenessenz. **Crême à la Bavaroise à l'essence de roses.**

### Baierischer Creme von Marasquin. **Crême à la Bavaroise au marasquin.**

### Baierischer Creme von Arrak oder Rum. **Crême à la Bavaroise au rum.**

### Baierischer Creme von Punsch. **Crême à la Bavaroise au ponche.**

Ferner werden diese Cremen noch durch mancherlei Abstufungen bemerkbar und verschiedenartig charakterisirt, als:

### Baierischer Creme von Chocolade. **Crême à la Bavaroise au chocolat**

wobei acht Loth Chocolate auf die bewußte Weise flüssig gemacht, von welcher mit zehn bis zwölf Lth. Zucker, sechs Eierdottern, einem und einem halben Lth. aufgelöseter Hausenblase und einem halben Qrt. guter Sahne ein dickflüssiger Creme abgeschlagen, der hierauf mit der zu dem höchsten Grad von Festigkeit geschlagenen Sahne vermischt wird.

### Baierischer Creme von Mandeln. **Crême à la Bavaroise aux amandes.**

Hiezu werden ein halbes Pfund Mandeln gebrüht, abgezogen und mit etwas Milch ganz fein gerieben, demnächst mit einem halben Qrt. Milch bis zum Siedegrad ausgezogen und durch ein Haartuch gedrückt; mit dieser ohngefähr aus drei achtel Qrt. bestehenden Mandelmilch, sechs Eierdottern, zwölf Loth Zucker, einem und einem halben Loth aufgelöseter Hausenblase und einem Körnchen Salz wird ein dickflüssiger Creme abgeschlagen, welcher bis zum treffenden Grad von Abkühlung fortgerührt, mit einem halben Qrt. schaumig geschlagener Sahne genau vermischt wird.

### Baierischer Creme mit Reiß. **Crême à la Bavaroise au riz (à la Princesse).**

Ein viertel bis drittel Pfd. wohl blanchirter Reiß wird mit der nöthigen Auffüllung von, mit einer Stange Vanille infusirten Milch zu einer weichen dickflüssigen cremigen Masse gekocht und demnächst unter abwechselndem, doch behutsamem Rühren zu dem erforderlichen Grad von Abkühlung gebracht; gleichzeitig wird ein und ein halbes Loth aufgelösete Hausenblase mit zwölf bis vierzehn Loth fein gestoßenen Zucker verrührt und dies sammt der erforderlichen Quantität Reiß mit einem halben Quart zu einem festen zarten

Schnee geschlagener Sahne im richtigen Verhältniß genau verbunden, demnächst wird dies treffend gelungene Amalgama in eine passende mit Mandelöl leicht gestrichene Form gefüllt und sofort kalt gestellt. Mit dieser Bereitungsweise vereinigt sich noch, daß drei achtel Qrt. Sahne mit drei Eierdottern gebunden, zugleich mit dem nöthigen Zucker süß gemacht und im ganz kalten Zustande mit etwas geschlagener Sahne vermischt werden. Nachdem der baierische Reißcreme vorsichtig gestürzt ist, wird derselbe mit der liirten Sahne als Beiguß aufgetischt.

### Baierischer Creme mit Gries. Crême à la Bavaroise à la semoule.

In der Bereitung von der vorigen nur dadurch abweichend, daß statt des Reißes ein viertel Pfund Gries mit Milch zu einer flüssig cremigen Masse gekocht wird, welche mit Marasquin im Geschmack gehoben und zur nöthigen Abkühlung gelangt mit geschlagener Sahne im treffenden Verhältniß vermischt und sofort in der weitern Bereitungsweise nach vorstehender Angabe beendet wird.

---

## V. Abth.: Gestockte Cremen (süddeutsche). Crêmes au gésier (veloutés).

Sie sind in Beziehung ihrer materiellen Bestandtheile als die feinsten dieser Art kalten Speisen zu betrachten und obgleich in ihrer Zusammensetzung einfach, so ist ihre Bereitungsart oft schwierig und mißlingend. Zuvörderst spielt nun hiebei das hiezu nöthige eigenthümliche Consistenzmittel eine Hauptrolle, dies besteht in den innern Häuten von Hühnermagen, welche auf die Art ihre Vorbereitung erhalten, daß, nachdem sie ganz ausgeschnitten oder von dem Magen getrennt sind, mehrere male recht sauber gewaschen und hierauf an einem nicht feuchten Ort langsam getrocknet werden. Wenn demgemäß die nöthige Quantität zu einem Creme (12 bis 15 Stück) solcher Hühnermagenhäute gesammelt und getrocknet sind, so kann zu der Bereitung des gestockten Cremen geschritten werden, wenn nächstdem als unerläßliche Bedingung recht gute Sahne vorhanden oder zu haben ist. Wegen ihrer großen Feinheit werden diese Creme niemals modellirt und als gestürzte Cremen aufgetischt, können auch nur mittelst Infusion oder Zusatz von Essenzen ihren Hauptgeschmack erhalten und erscheinen demgemäß als:

### Gestockter Creme von Kaffee. Crême au gesier au café.

Nachdem sechs Lth. Kaffee gelbbraun gebrannt sind, werden sie brennend heiß in drei viertel Qrt. kochende Sahne geworfen, und eine halbe Stunde gut zugedeckt hingestellt, nachdem die Infusion vollkommen erreicht ist, wird die Sahne durchgegossen und mit vierzehn bis sechszehn Loth Zucker vermischt. Gleichzeitig werden die vorhin bezeichneten Hühnermagenhäute gröblich gestoßen, in ein Haartuch gethan und mit der lauwarmen (30 Grad) mit Kaffeegeschmack gesättigten Sahne drei bis viermal übergossen, wobei sie wiederholentlich gerührt und jedesmal eine kurze Zeit zugedeckt gelassen werden, das letzte mal werden die Hühnermagenhäute gut ausgedrückt, hierauf der Creme sogleich in Bechertassen gefüllt und schnell die Tassen, zu drei Viertheilen bespült, in kochendes Wasser mit der Vorsicht gestellt, daß dies niemals den Siedegrad vollkommen erreichen darf, sondern einige Grad unter diesem gehalten, auch daß der Creme von unten und oben von der Hitze gleichmäßig durchdrungen wird. Nachdem der Creme zu einer zart gallertartigen Substanz gebildet oder gestockt ist, wird er sogleich aus dem Wasser genommen, sofort aufs Eis oder an einem sehr kalten Ort gestellt und wenn die Bechertassen recht sauber abgewischt, auf eine mit einer Serviette zierlich belegten Schüssel angerichtet.

## Gestockter Creme von Thee. **Crême au gésier au thé**

bleibt sich in der Bereitungsart mit dem vorstehenden gleich; statt des Kaffees werden in drei viertel bis ein Quart guter Sahne zwei Lth. Peccothee ausgezogen und die Procedur mit den Hühnermagenhäuten nach Angabe des vorigen Artikels wiederholt und in Bezug auf das Dunstbad (Marienbad I. Bd. Einl.) und das Füllen in die Bechertassen dasselbe Verfahren beobachtet. — In gleicher Eigenschaft und derselben Bereitungsweise kommen noch vor:

## Gestockter Creme von Vanille. **Crême au gésier à la vanille.**

## Gestockter Creme von frischen Orangenblüthen. **Crême au gésier à la fleur d'orange.**

## Gestockter Creme von gerösteten Orangenblüthen. **Crême au gésier à la fleur d'orange pralinée.**

## Gestockter Creme von Cacao. **Crême au gésier au cacao.**

Die drei ersteren werden durch eine einfache Infusion gewonnen, bei den letztern wird die als Hauptgeschmack bezeichnete Ingredienz wie der Kaffee gelbbraun geröstet und die weitere Verfahrungsmethode streng nach dem Artikel des Kaffee-Cremen geleitet. Noch bemerken wir in der Kochkunst den:

## Gestockten Creme von Chocolade. Crême au gésier au chocolat.

Hierzu werden acht bis zehn Loth Chocolade auf einem Reibeisen gerieben und in ein Quart mit vierzehn Loth Zucker gesüßter Sahne gethan und nachdem dies etwas ausgezogen ist, wird es durch ein Haartuch gedrückt, sofort die Procedur mit den Hühnermagenhäuten begonnen und in der fernern Bereitungsweise nach Angabe des ersten Artikels dieser Abtheilung verfahren. Diese Gattung Cremen mit Essenz-Zusatz bestehen aus:

## Gestockter Creme mit Marasquin. Crême au gésier au marasquin.

## Gestockter Creme mit Orangenessenz. Crême au gésier à l'essence d'orange.

## Gestockter Creme mit Rosenessenz. Crême au gésier à l'essence de rose.

## Gestockter Creme mit Rum. Crême au gésier au rum.

Ihre Anfertigungsarten bleiben sich alle gleich und wird drei viertel Quart der besten Sahne mit einem achtel Quart Marasquin oder Rum, auch eben so gut von einem andern feinen Liqueur nebst dem nöthigen Zucker zum Süßmachen vermischt, sofort die Hühnermagenhäute-Procedur vorgenommen und der Creme in dem Dunstbade zu einer fein gallertartigen Substanz gebildet. Zu dem Creme mit Rosenessenz kommt außerdem ein geringer Theil aufgelösete Cochenille, indem der zu diesem Zweck gebrauchte Alkermeßsaft im Dunstbade seine schöne Farbe verliert. — Wie schon in der Einleitung dieser Abtheilung bemerkt worden, geschieht es zuweilen, daß die Bereitung dieser Gattung Cremen mißglückt, welches entweder den Ingredienzien oder der Bereitungsweise zuzuschreiben ist. Entweder waren die Hühnermagenhäute schlecht und verdorben oder diese Ingredienz vielleicht auch in zu geringer Quantität gebraucht, oder die Sahne war zu alt und zu dünn, auch ist auf das Dunstbad vielleicht nicht die nothwendige Aufmerksamkeit verwandt, daß es etwa gekocht hat oder nicht zu dem erforderlichen Hitzegrad gesteigert worden ist. Ein solcher mißrathener Creme kann höchstens noch durch Versetzung von Eiern zu einem ihm noch verwandten mangelhaften Dünstcremen (folgende Abth.) umgestaltet werden. Wie schon einmal erwähnt, müssen die von den Hühnermagen getrennten Häute in mehremals gewechseltem jedoch kaltem Wasser sorgfältig gewaschen werden, damit sie durchaus keinen schlechten Geschmack behalten, aber auch nichts von ihren eigenthümlich gallertartigen Bestandtheilen einbüßen, und nachdem sie langsam getrocknet worden, an einem nicht feuchten oder dumpfigen Ort, jedoch niemals zu lange aufbewahrt und bei dem Gebrauch die erforderliche Quantität genommen werden.

## VI. Abth.: Dunst-Cremen (englische). Crêmes à l'Anglaise.

Diese Art Cremen sind mit den vorstehenden in sofern verwandt, als sie in der formellen Bereitungsweise rücksichtlich des Garmachens nicht von einander abweichen. Sie werden eben sowol wie die gestockten Cremen in Bechertassen aufgetischt, kommen aber auch im gestürzten Zustande, sowol in großen als kleinen Formen modellirt vor, in welcher Eigenschaft sie besonders in ersterer Gestaltung durch consistenzielle Mittel (Eier) in der Substanz etwas fester gemacht werden. An ihre treffend und gelungene Anfertigung knüpft sich die Hauptbedingung, daß das zum Garmachen erforderliche Dunstbad (Marienbad I. Bd Einl.) niemals bis zum Siedegrad gesteigert werden darf, in diesem Falle verlieren die englischen Cremen ihre zarte gallertartige Substanz, zerrinnen und lösen sich in der Art von den Bechern oder Formen, daß sie zusammenfallen und eine wässerige Flüssigkeit absondern, demgemäß die Speise im durchlöcherten und unansehnlichen Zustande erscheint, mithin ihre Bereitungsart als verfehlt zu betrachten ist.

### Englischer Dunst-Creme mit Vanille. Crême à l'Anglaise à la vanille.

Man läßt eine Stange Vanille in einem reichlichen halben bis zwei drittel Quart guter Sahne infusiren und wenn dies vollkommen erfolgt ist, wird die mit Vanillengeschmack gesättigte Sahne kalt gestellt; auch kann der Infusionsproceß eben sowol durch einen Theil dieser Sahne geschehen und somit durch Vermischung mit der kalt gelassenen Sahne sogleich zur fernern Bereitung geschritten werden. Zu dem Ende rührt man drei ganze Eier und neun Eierdotter mit vierzehn Loth feinem Zucker und einem Körnchen Salz recht klar, vermischt dies mit einem halben Quart oder zwölf Stück complett gefüllten großen Eierschalen voll der bezeichneten Sahne und nachdem die Masse durch ein Haartuch gedrückt worden, wird sie sogleich in dem bekannten Dunstbad zu einer zart gallertartigen Substanz gebildet. — Wie schon in der Einleitung dieser Abtheilung erwähnt, finden in Beziehung des Formellen dieser Art Speisen verschiedene Methoden statt; soll der Dunstcreme in Bechertassen oder in einem zum Tafelservice gehörenden Gefäß unausgestürzt, aufgetischt werden, wird derselbe in möglichst zarter und feiner Substanz angefertigt, demzufolge die Consistenz durch einen jedesmal vorhergegangenen kleinen Versuch genau erprobt und demzufolge als Auflösungs- oder Bindungsmittel Flüssigkeit oder Eier angewendet wird. Diese Versuchsmethode ist deswegen nicht zu tadeln, weil sie zu den sichersten Resultaten führt. Der in erster Eigenschaft bereitete und recht kalt gewordene Dunstcreme wird ohne Saucen-Begleitung auf eine mit einer Serviette zierlich belegten

Schüssel angerichtet; der zum Stürzen bestimmte hingegen wird entweder in kleine Becher- oder in andere große, sowol platte als mit Conturen modellirte, mit auch ohne Cylinder gearbeitete, leicht mit geklärter Butter ausgestrichene Formen gefüllt und sämmtliche auf die eine oder die andere Weise bereitete Cremen mit der bereits bekannten Rücksicht gar gemacht. Alle in beinahe halb verkühltem Zustande gestürzte englische Cremen werden mit dem nöthigen Theil, mit einigen Eierdottern gebundener, mit der erforderlichen Quantität Zucker gesüßter und mit Vanillengeschmack infusirter flüssig gebundener Sahne überzogen, und bei den in großen Cylinderformen modellirten englischen Cremen, die liirte (gebundene) Sahne in die durch das Rohr gebildete Oeffnung mit der Vorsicht gefüllt, daß der Creme schon ganz kalt geworden und dabei nicht auseinanderplatzt.

## Dunstcreme mit Kaffee. Crême à l'Anglaise au café.

Wie bereits schon öfter in diesem Abschnitte Erwähnung geschehen, wird die Sahne durch sechs bis acht Loth gelbbraun gebrannten Kaffee infusirt und mit dieser reichlich mit Kaffeegeschmack gesättigten Flüssigkeit nach Angabe des vorstehenden Artikels die Masse zusammengesetzt, welche nächstdem in Tassen gefüllt, hierauf im Dunstbade gar gemacht und sofort bewußtermaßen aufgetischt wird. In gleicher Bereitung und Eigenschaft ist der:

## Dunstcreme mit Cacao. Crême à l'Anglaise au cacao.

Nachdem uns die Bereitungsweise dieser Cremen bekannt geworden, so können wir diejenigen, welche mittelst Infusion gewonnen, und alle auf einerlei Art angefertigt werden, als:

## Englischer Creme mit Thee. Crême à l'Anglaise au thé,

## Englischer Creme mit Orangenblüthe. Crême à l'Anglaise à la fleur d'orange,

## Englischer Creme mit Anis. Crême à l'Anglaise à l'anis,

## Englischer Creme mit Chocolade. Crême à l'Anglaise au chocolat

und dergleichen mehr in den vorstehenden Abtheilungen aufgeführten Infusionsingredienzien bezeichnen. -- Eben so gut lassen sich diese Cremen durch Zusatz von Essenzen oder Liqueuren bereiten. Außerdem erscheinen sie noch als:

### Wein=Dunstcreme. Crême à l'Anglaise au vin.

bei deren Bereitung der Grundstoff statt der infusirten Sahne aus Wein besteht, durch dessen Sorte die Dunstcremen charakterisirt werden. Am passendsten läßt sich der Rheinwein, doch auch Malaga und Moselwein hierzu benutzen und wird diese Art kalter Speisen gewöhlich in möglichst zarter Substanz mit denselben materiellen Bestandtheilen als die Sahnencremen dieser Gattung angefertigt, auch außerdem im Geschmack durch die äußere Schale von Citronen oder Orangen trefflich gehoben.

---

## VII. Abth.: Mandel= und Nuß=Cremen. (Blancmanger.) Blanc-manger.

Diese unterscheiden sich von den übrigen Cremen sowol durch ihr eigenthümlich liebliches schneeweißes Ansehen als durch ihren Geschmack. Obgleich der Grundstoff dieser einladenden, behaglich wohlthuenden kalten Speisen, aus den feinern Bestandtheilen von Kernen zusammengesetzt ist, von welchen sie ihren Hauptgeschmack erhalten, so können sie dessen ungeachtet durch Infusion und Zusatz von Essenzen oder Liqueuren sehr angenehm im Geschmack modificirt und gehoben werden. — Wie wir bereits im Laufe des ersten und zweiten Bandes dieses Lehrbuchs bemerkt haben werden, stellt die Bereitung gewisser Speisen oft eine Hauptbedingung auf, ohne welche ein treffendes Gelingen derselben niemals ausführbar ist, eine solche Bedingung eben fordert die Bereitung der Blancmanger (Weisessen), die von Anfang bis zu Ende der Bereitung in einer außerordentlich großen Reinlichkeit bestehen muß, wenn sie ihren eigenthümlichen Charakter getreu, in ganz weißem Zustande aufgetischt werden soll; ferner darf die dazu bestimmte Sahne niemals alt, oder schon einen säuerlichen Geschmack bei sich führen, gewöhnlich wird dadurch bei der Vermischung mit den Kernbestandtheilen ein Zusammenlaufen oder Gerinnen veranlaßt und der Erfolg ist ein völlig mißrathener Blancmanger, der nicht weiter gebraucht werden kann.

### Mandel=Creme (Blancmanger). Blanc-manger.

Das Bedarfsquantum der Mandeln stellt sich zwischen vierzehn bis sechszehn Loth nebst einigen bittern heraus, sie werden in nicht vollkommen siedendem Wasser gebrüht, demnächst abgezogen, mehrere Male gewaschen und in ganz kaltem Wasser einige Zeit gelassen, um sie recht spröde und weiß zu erhalten, sofort abgetrocknet und in einem Marmormörser unter wiederholtem Zugießen von etwas Milch, damit sie nicht ölig werden, zu einem feinen Brei gerieben. Die=

ser Brei wird zunächst mit drei viertel bis einem Quart kochender Sahne aufgerührt und an der Seite eines gelinden Feuers ausgezogen, demnächst durch ein ganz weißes, recht reines Haartuch gedrückt, wobei von der unten durchgelaufenen Flüssigkeit wiederholentlich etwas nach oben gebracht und mit einer reinen Holzkelle leicht gestrichen, damit der Geschmack rein aus den Mandeln gepreßt wird. Mit dieser Procedur wird gleichzeitig drei Loth gute weiße Hausenblase nach Angabe des ersten Artikels dieses Abschnittes gekocht und bis zu einem sechstel Qrt. Flüssigkeit eingesotten; mit dieser und mit sechszehn bis zwanzig Loth vom weißesten Zucker wird zunächst die Mandelflüssigkeit vermischt, welche hierauf noch einmal recht sauber durchgegossen wird und wenn sich mit einer schneeweißen Farbe die treffendste Consistenz verbindet, wird der Blancmanger sofort in eine mit Mandelöl leicht ausgestrichene, passende große und einige zur Garnitur dienende kleine Formen gefüllt, nachdem auf das Eis oder an einen sehr kalten Ort gestellt und zur Zeit sehr vorsichtig gestürzt. — Eben so gut kann der in etwas feinerer Substanz gehaltene Blancmanger auch in Bechertassen, kleinen Crystallgläsern gegallert und aufgetischt werden. Wie schon bekannt, kann diese treffliche kalte Speise durch Infusion oder Zusatz im Geschmack angenehm gehoben werden, erstere erfolgt mit Vanille, frischer und getrockneter Orangenblüthe, Zimmet und Citronenschale, letzterer durch den Zusatz von der nöthigen Quantität Orangenessenz, auch Rosen- und Nelkenessenz, Marasquin und verschiedenen anderen feinen Liqueuren. Eben sowol kann der Stand von Kalbsfüßen, doch nur mit der größten Sauberkeit behandelt, als Consistenzmittel gebraucht werden.

### Creme von Wallnüssen (Blancmanger). **Blanc-manger aux noix.**

Die Hauptingredienz hierzu muß im frischen Zustande genommen, damit der Kern noch weich und derselbe sich von der noch nicht festgetrockneten Haut leicht abziehen läßt. Von einem Schock dergleichen großen Wallnüsse werden die von den Schalen und Häuten gesonderten Kerne in einem Marmormörser mit von Zeit zu Zeit wiederholter Benässung von Milch fein gerieben, sofort mit drei viertel Qrt. guter Sahne nach voriger Angabe ausgezogen und demnächst durch ein Haartuch gedrückt; hierauf wiederholt sich die fernere Bereitungsweise nach derselben Vorschrift und wenn die Zusammensetzung treffend gelungen, wird die Masse bevor sie zum Gallern in die Form gefüllt, noch mit einem achtel Qrt. Marasquin vermischt, auf welchen Zusatz rücksichtlich der dadurch mehr entstandenen Flüssigkeit aufmerksam gemacht wird.

### Creme von Haselnüssen (Blancmanger). **Blanc-manger aux avelines.**

Die aus den Schalen genommenen Kerne dieser Nüsse unterliegen derselben Vorbereitungsmethode wie die Mandeln, geben in derselben Quantität genommen fast einen gleichen Ertrag, werden ebenso gerieben, mit drei viertel Qrt. guter Sahne ausgezogen und in der weiteren Zusammensetzung nach Anweisung des Artikels: Mandelcreme verfahren. Die fertige Blancmangersubstanz kann sowol mit Marasquin als mit einigen Eßlöffeln Orangenessenz vermischt werden. Sie wird sofort in die passende Form geschüttet und auf Eis zum Gallern gestellt.

## Creme von Pinien (Pincolenkerne) (Blancmanger). Blanc-manger aux pignons.

Diese bei der Kochkunst noch nicht sehr bekannte und hier die Hauptrolle spielende Ingredienz wird von einem im südlichen Europa besonders in Italien heimischen und zum Geschlecht der Kiefern gehörenden Baum gewonnen; die etwa einen halben Zoll langen, länglich platten weißen Kerne liegen in den Vertiefungen, welche auf der inneren Fläche der Zapfenschuppen befindlich sind, diese werden zu dem Ende von den vier Zoll langen, eirunden Zapfen abgemacht und die Kerne herausgenommen, sie gleichen im Geschmack den Mandeln, werden wie diese sowol frisch als getrocknet auf dieselbe Weise vorbereitet und schließt sich die weitere Anfertigungsart des Pinien-Cremens an die Vorschrift des Mandel-Cremenartikels.

## Creme von Pistazien. Crême au pistaches.

Diese länglich eckigen auf der einen Seite runde und auf der andern platten Kerne, stecken in einer doppelten Schale, sind wie die Mandeln mit einem Häutchen umgeben und von blaßgrüner Farbe mit einem angenehm bittern Geschmack. Ihre Vorbereitung wiederholt sich in der der Mandeln, sie werden nach derselben wie diese gerieben und die Bereitung des Cremen hierauf wie die von Mandeln fortgesetzt; hieraus gestaltet sich nun eine blaßgrüne Substanz, welche durch einen Theelöffel voll zarter Spinatmatte (I. Bd. II. Absch.) in der Farbe und durch ein Glas guten Marasquin im Geschmack trefflich gehoben und sofort in das Eis zum Gallern gestellt wird. Bei einer größeren Tischgesellschaft oder doppelten Auftischung geben der Mandel- und der Pistazien-Creme, der eine ganz weiß und der andere blaßgrün gestaltet, einen herrlichen Effekt.

## Gestreifter Mandelcreme. Blanc-manger en ruban.

Er besteht aus der Hälfte Pistazien- und der Hälfte Mandel-Creme und wird in einer glatten Form, oder in kleinen Becherformen durch streifenweises Aufgießen gewonnen, wozu beide Substanzen bekanntlich zu der nöthigen Abkühlung gelangt sein müssen, bevor die Streifen beide mit einander abwechselnd gegossen werden können; doch darf dies nicht dicker als einen drittel Zoll hoch geschehen, damit wenn der Creme gestürzt die weißen und grünen Streifen in gefälligen zarten Nüancen hervortreten und der dadurch zu erreichende Effekt nicht verfehlt wird. Zu dieser Gattung von Speisen gehört noch der:

### Creme von Cacaobohnen. Crême au cacao.

Zwölf Loth dergleichen Bohnen werden gelbbraun geröstet und nachdem sie verkühlt sind, in einem Marmormörser gestoßen und von Zeit zu Zeit mit etwas Milch benässet, demnächst in drei viertel Qrt. mit Vanille infüsirter Sahne ausgezogen, sofort durch ein Haartuch gedrückt und nachdem die Zusammensetzung mit zwei und einem halben Loth Hausenblase und vierzehn bis sechszehn Loth Zucker geschehen, noch einmal das Durchgießen wiederholt und in die dazu bestimmte Form zum Gallern gefüllt.

### Mandel-Creme nach französischer Art. Blancmanger à la Française (Orgeade).

Nachdem zwanzig bis vier und zwanzig Loth mit einigen bittern vermischte Mandeln abgezogen und mit etwas Wasser recht fein gerieben sind, werden sie in einem weißen Gefäß mit drei viertel Qrt. ganz reinem frischem Wasser mit einer recht saubern hölzernen Kelle gut durcheinander gerührt und nachdem dies eine halbe Stunde gestanden, durch ein recht rein gewaschenes Haartuch oder eine nicht zu feste Serviette mit einige Male wiederholtem Ueberfüllen der durchgedrückten Flüssigkeit rein ausgepreßt und diese Mandelmilch mit vierzehn bis sechszehn Loth des weißesten Zuckers, zwei bis drei Loth aufgelöseter und bis zu einem sechstel Qrt. Flüssigkeit eingesottener Hausenblase genau vermischt, sofort in eine mit Mandelöl ausgestrichene Form, oder statt dessen in kleine Bechertassen zum Gallern gefüllt. Die erstere Art wird bewußtermaßen gestürzt und diese in den Tassen aufgetischt, welche demgemäß in etwas feinerer Consistenz angefertigt wird. In Frankreich und an einigen Orten Süddeutschlands wird dieser Blancmanger seines natürlichen Geschmacks wegen jenem mit Sahne bereiteten vorgezogen.

---

## VIII. Abth.: Flommri. Flommri.

Diese Art kalte Speisen unterscheiden sich wesentlich durch ihre compaktere Masse, sie haben zu ihren Bestandtheilen alle Arten in Körnern vorkommende Ingredienzien oder deren mehligen Substanzen, welche theils in Milch, theils in Wein zu einer dick cremigen

Masse aufgelöset, in kleinen oder großen Formen modellirt und gestürzt und mit einer passenden flüssigen Sauce gegeben werden; jedoch haben sie von allen in diesem Abschnitt vorkommenden kalten Speisen den niedrigsten Rang und werden bei ausgezeichnet vornehmen Tafeln nie, oder doch nur höchst selten aufgetischt; dessen ungeachtet bleiben sie, wenn sie gut bereitet werden, besonders in den Haushaltungen der mittleren Stände eine sehr beliebte und oft vorkommende Speise.

## Quisell. Quiselle.

Wenn gleich diese aus einer besonders eigenthümlichen Zusammensetzung hervorgehende Speise in Beziehung ihrer sie charakterisirenden Ingredienzien eigentlich nicht zu der Klasse der in dieser Abtheilung vorkommenden Gerichte gezählt werden kann, so dürfte sie jedoch als fertiges Gericht vermöge ihres sehr weißen Ansehens auf denselben Rang Anspruch machen. — Zwei bis drei Metzen Haferschrot werden in einem eichenen Faß mit der nöthigen Quantität warmes Wasser (zehn bis funfzehn Qrt.) eingerührt, hierauf drei bis vier Stücke angebranntes eichnes Holz (Feuerbrände) brennend in dieses eingemischte Haferschrot gesteckt (darin gelöscht), dies läßt man nun an einem ziemlich warmen Ort vier bis fünf Tage stehen, bis sich der Gährungsproceß eingestellt und das Gemeisch anfängt zu säuren; alsdann wird die Flüssigkeit durch ein Tuch rein von den Hülsen ausgedrückt und diese ausgepreßte Flüssigkeit wieder in das indeß ausgespülte Faß gethan, welche nun so lange darin bleibt bis die mehlige Substanz sich ganz klar am Boden abgesetzt hat, so daß die Flüssigkeit rein davon abgegossen werden kann. Der dadurch erlangte mehlige Satz wird hierauf mit frischem Wasser angefüllt und noch einige Tage bei einige mal wiederholtem Wechseln mit frischem Wasser hingestellt, wenn die letzte Flüssigkeit abgegossen ist, wird der Satz mit drei Qrt. roher Milch auf einem gelinden Feuer so lange gerührt, bis er sich zusammenzieht, mithin die noch darin enthaltenen unsauberen Theile abgesondert, demnächst durch ein Sieb gegossen und dies Verfahren noch einige Male auf dieselbe Weise wiederholt, bis sich der Satz mit der Milch vollkommen gereinigt hat. Er wird demnächst mit dem nöthigen Zucker, einem Körnchen Salz zu einer ganz weißen cremigen Masse gekocht, welche sofort in mit etwas Milch benäßte Formen gegossen, hierauf auf das Eis gestellt und nachdem der Quisell im recht kalten Zustande gestürzt, wird er wie der englische Creme mit einem Theil mit einigen Eierdottern gebundener und gehörig gesüßter stark mit Vanillengeschmack infusirter Sahne aufgetischt. Diese Speise kann auch von fein gestoßener Hafergrütze, welche im Bedarfsquantum um die Hälfte verringert, bereitet werden.

## Flommri von Reißmehl. Flommri de crème au riz.

Zwölf bis vierzehn Loth verlesenes Reißmehl oder Caroliner

Reißgries wird gut gewässert und abgeschwemmt und mit der dazu erforderlichen Milch und einem Stück Zimmet, auf einem sehr gelinden Feuer, unter oft wiederholtem Umrühren zu einem ziemlich dicken Brei gekocht, welcher mit zwölf Loth Zucker, einem Theil auf Zucker abgeriebener Citronenschale und einem Körnchen Salz vermischt und nachdem der Zimmt herausgenommen, in mit Milch benäßte Formen, auch in Tassen oder kleine Becherformen gefüllt und sofort kalt gestellt wird. Nachdem dies erfolgt ist, wird ohne Benutzung von warmem Wasser der Flommri ausgestürzt und entweder mit einer leicht mit Eierdottern gebundener, gehörig gesüßter und mit Zimmet und Citronenschale im Geschmack gehobener Sahne, oder mit einem drittel Qrt. zu Schaum geschlagener Sahne (III. Abth.) aufgetragen; auch kann die leicht gebundene (liirte) Sahne mit etwas geschlagener Sahne vermischt und als Beiguß zu dem Flommri gegeben werden.

## Flommri von Reiß. Flommri de riz.

Er wird in der Bereitung nur durch die Hauptzuthat, die aus einer gleichen Quantität Reiß besteht, welcher jedoch, ohne darin zu rühren, gekocht, trefflich im Geschmack mit Zimmt, Citronenschale und Zucker gehoben und wenn die Masse zu dick scheint mit etwas flüssig gebundener Sahne versetzt und hierauf in die Form gefüllt und kalt gestellt wird. Zu diesem Flommri können sowol eine der vorstehend bezeichneten Saucen als auch eine dünn gehaltene schmackhafte Obst-Sauce aus Kirschen, Himbeeren oder Johannisbeeren bestehend, doch nur in der nöthigen Quantität nach Angabe ihrer Artikel (I. Bd. II. Abschn.) angefertigt, gegeben werden.

## Flommri von Gries. Flommri de semoule.

Quantität und Bereitung desselben ist mit dem Flommri von Reißmehl ganz gleich, auch dieser muß wie alle andere Flommri niemals zu fest gekocht und als sehr zweckmäßig vor dem Einfüllen in die Form ebenfalls mit liirter oder etwas geschlagener Sahne genau versetzt werden.

## Flommri von Buchweizengrütze. Flommri de blé sarrasin.

Wiederholt sich in der Bereitung ebenfalls nach Vorschrift des ersten Artikels dieser Abtheilung, doch bleibt dieser Flommri natürlich und ohne Vermischung von Cremearten. Er wird statt dessen mit einer Johannisbeer-Sauce aufgetragen, und ist eine Lieblingsspeise der mittlern und niedern Stände; doch muß an der Sauce nur nicht der Zucker vergessen werden, wie ich das Glück gehabt habe, ihn oft anzutreffen; er kann alsdann nur als ein den Gaumen zusammenziehendes Mittel und nichts weniger als ein wohlschmeckendes Gericht betrachtet werden. In gleicher Bereitung und Eigenschaft ist der:

## Flommri von Schwadengrütze. Flommri de manne,

zu bemerken. Diese Art feine Grütze verlangt ebenfalls ein sorgsames Wässern, Verlesen und Abschwemmen und muß auf einem gelinden Feuer langsam und lange gekocht werden, sie ist von feinem gutem Geschmack und als Flommri besonders zu empfehlen, derselbe wird mit einer Milch- oder Sahnen-Sauce gegeben.

## Flommri von Hafergrützseim. Flommri de crême d'avoine.

Ein Pfund gute Hafergrütze wird bei einige Male wiederholtem Wechseln mit frischem Wasser aufgestellt und zuletzt bis zum Siedegrad gebrüht, hierauf auf ein Sieb, ohne sie abzukühlen, abgetropft, demnächst mit zwei Qrt. Milch, einem Stück Zimmt, der dünnen Schale von einer halben Citrone auf einem gelinden Feuer eine Stunde sachte gekocht, sodann durch ein ganz weißes Haartuch gestrichen und der davon erhaltene weiße dicke Seim mit zwölf bis vierzehn Loth feinem Zucker und etwas Salz zu einer dickcremigen Masse eingekocht, welche sofort in mit Milch genäßte Formen gefüllt, nachdem der Flommri ganz kalt geworden, gestürzt und mit einem halben Qrt. mit Zimmt und Citronenschalengeschmack, mit vier Eierdottern gebundener und sattsam gesüßter Sahne überzogen. Das Einrühren des Haferseims muß sehr vorsichtig geschehen, daß er nicht ansetzt, wodurch er fleckig und unansehnlich wird und seine weiße Farbe verliert.

## Flommri von türkischem Weizen. Flommri de blé de Turquie.

Er wird von dem feinen Griesmehl des türkischen Weizens gemacht und richtet sich die Bereitung nach Vorschrift des Flommrigriesartikels; der von dem türkischen Weizen gekochte Creme muß dickflüssig und der Gries dabei weich gekocht sein. Wenn er gestürzt ist, wird er mit einer gleichen Sauce als der Hafergrützflommri gegeben. In gleicher Bereitung und mit demselben Ansehen kommt noch der:

## Flommri von Hirse. Flommri de millet,

vor. Diese drei letzten Flommris können kurz vor dem Einfüllen oder auch während des Kochens mit einem Stückchen frischer Butter versetzt werden.

## Flommri von Reißgries mit Kirschen. Flommri de riz aux cerises.

Aus einer halben Metze saure Kirschen werden die Stiele und die Steine herausgenommen, hierauf die Kirschen mit Zimmet, Citronenschale und einem halben Qrt. Wasser gekocht und demnächst der Saft davon rein ausgepreßt, auch die Steine gröblich gestoßen und in etwas Wasser heiß ausgezogen. In der Hälfte dieses mit einem drittel Qrt. weißen Wein vermischten Saftes werden ein drittel Pfd. gut gewässertes und verlesenes Reißmehl, auch guter Gries zu einem dickflüssigen Brei gekocht, während der Zeit mit achtzehn bis zwanzig Loth Zucker vermengt und in mit Wein benäßten Formen modellirt. Der andere Theil Saft wird gleichzeitig mit dem nöthigen Zucker und einem Theelöffel trocken bereiteter Mehlschwitze (I. Bd. Einl.) und der Kirschsteininfusion zur dünnflüssigen Sauce gekocht und mit dieser kalt gewordenen Sauce der aus den Formen gestürzte Flommri überzogen.

## Flommri von Johannisbeeren. Flommri de riz aux groseilles.

Die Bereitung wie die vorige; statt des Kirschsaftes wird aus der einer drittel Metze rother mit etwas weißen vermischten recht reifen Johannisbeeren gekochte Saft genommen, wobei natürlich die Zuckerzuthat gesteigert werden muß.

## Flommri von Sago. Flommri de sagou.

Die aus einem halben Pfd. Sago bestehende Hauptingredienz unterliegt einer sorgfältigen warmen Auswässerung, wird demnächst einige Minuten in Wasser gekocht, hierauf gut abgekühlt, abgetropft und verlesen und mit einem Stück Citronenschale, einem halben Qrt. Medoc etwas Wasser und einem halben Pfd. Zucker zu einer steifen Masse gekocht, welche sofort bis auf einen geringen Theil in mit Wein benäßten Formen modellirt und zur Zeit gestürzt wird. Ueberzogen wird dieser Flommri mit einer Sauce, welche durch eine genaue Mischung von einem viertel Quart Medok, einem viertel Pfund Zucker und einem viertel Pfund körnig gemachtem Johannisbeergelee und sechs Eßlöffeln voll der zurückgelassenen und durchgestrichenen Flommrimasse besteht.

## Flommri von Graupenseim. Flommri de crême d'orge.

Die Bereitungsweise desselben ist mit dem Flommri von Hafergrützseim (dessen Artikel) in sofern übereinstimmend, daß, als die in dem Quantum eines Pfundes bestehende Perlgraupen nicht blanchirt, sondern nach dem Abschwemmen und Verlesen sogleich in Milch, aber in einem bedeutend längeren Zeitmaaß behutsam gekocht werden. Das weitere Verfahren jedoch schließt sich an die Angabe des oben beziehungsweise angedeuteten Artikels.

## Flommri von Salep. Flommri de salep.

Acht Loth Salep werden mit einem halben Quart Wasser recht klar gerührt und in einem halben Qrt. mit Zimmet und einem halben Pfund Zucker aufgekochten Rheinwein in genaue Verbindung gebracht, mit diesem zu einer dickcremigen Substanz gekocht, welche, nachdem sie noch mit etwas Citronenzucker und Saft vermischt, in mit Wein benäßte Bechertassen gefüllt und sofort kalt gestellt wird. Den eigenschaftlichen Bestandtheilen des Saleps gemäß muß diese Kochprocedur in sehr kurzer Zeit beendigt sein.

# VIII. Abschnitt.

## Compotes von Früchten. (Gedämpftes Obst.) Compotes.

Nach der auf deutsche Art geführten großen Tafelordnung würden der Reihefolge nach, nun diese beinahe am Schluß der Mahlzeit noch wohlthuend zum Genuß einladenden, kleinen, zierlichen Speisen folgen und demgemäß die Anweisungen zur Bereitung derselben in diesem Abschnitt ihren Platz finden. Wegen den so mannigfaltigen Zusammensetzungen dieser Art Obstgerichte bilden sie in der Kochkunst gleichfalls einen ausgedehnten Wirkungskreis und erfordern sowol zu ihren Vorbereitungen als Zusammenstellungen besonders in Hinsicht der Anrichtemethode Talent und Geschicklichkeit, wozu in individueller Beziehung ein richtiges Augenmaaß dadurch wichtig wird, daß die zu den verzierten Compoten nöthigen Gestaltungen der Obstarten treffend gewählt und bei dem Zusammenstellen und Anrichten derselben ein nicht zu buntes, jedoch geschmackvoll verziertes Aeußere beobachtet, deren Conturen richtig ausgeführt und demzufolge ein zierlich ansprechendes Gericht aufgetischt wird. — Mit diesem Talent muß sich jedoch die praktische Kunst vereinigen, den verschiedenartig gestalteten Obstarten auch bei dem Kochen diese Form zu erhalten, daher eine vorzügliche Aufmerksamkeit und Eigenheit darauf verwendet werden, daß diese Obstformen in treffend weichem Zustande gekocht, mithin nicht entzwei gehen dürfen und somit ein ausgezeichnetes Compote davon angerichtet werden kann. Obgleich die materiellen Bestandtheile dieser Art Speisen in Obstarten enthalten sind, so kommen sie doch zuweilen in verziertem und gemischtem Zustande in Vereinigung von Reiß- und andern Cremen vor, in Folge dessen dieser Abschnitt in zwei Abtheilungen zerfallen und die Bereitungsarten der einfachen- und diejenigen der verzierten- oder gemischten Compoten, enthalten wird.

---

## I. Abth.: A. Einfache Compoten von frischen Früchten. Compotes simples.

### Compote von Aepfeln. Compote de pommes.

Unter allen zu dieser Gattung von Speisen zu benutzenden Obstarten spielen die Aepfel eine Hauptrolle und unter diesen vielen Spielarten sind wieder die Borsdorfer, Renetten, Pepins und Calvilles die vorzüglichsten. Es werden funfzehn bis sechszehn Borsdorfer Aepfel von einander geschnitten, mit einem Messer oder mittelst eines runden Ausdrehers (I. Bd. IV. Abschn. Art.: gefüllte Gurken) die Kerngehäuse glatt ausgehohlt, hierauf recht rein und glatt geschält und in mit etwas Citronensaft gemischtes Wasser gethan, alsdann in sechszehn bis zwanzig Loth mit einem drittel Qrt. Wasser klar gekochtem Zucker mit der dünnen Schale von einer Citrone und einem achtel Qrt. Rheinwein in einem flachen Geschirr gut zugedeckt auf einem ganz gelinden Feuer treffend weich gekocht, so daß sie schön ganz bleiben und dabei verschäumt werden; nächstdem werden die Aepfel auf ein Sieb zum Abtropfen gezogen und der Saft durch eine ganz reine Serviette oder Haartuch geseiet. Dieser wird nun zu dem Grad: Breitlaufzucker eingekocht, daß wenn man den Löffel hinein getaucht und schnell wieder herausgezogen hat, der Zuckersud sich längs des Löffels ausdehnt und breit abtropft. Nachdem die Aepfel recht sauber angerichtet sind, wird kurz vor der Auftischung der Aepfelsud glänzend darüber gegossen.

### Aepfel-Compote mit Gelee. Compote de pommes au gelée.

Zu diesem wird die Zuckeringredienz um ein drittel im Quantum gesteigert und noch die rein gewaschenen Schalen und Abgänge der Aepfel besonders ausgekocht, hierauf durch eine Serviette klar gegossen und zu dem Aepfelsud gethan, welcher zunächst mittelst Abschrecken von kaltem Wasser und Citronensaft recht klar und zu dem Grad eingekocht wird, daß wenn man etwas davon abtropfen läßt, dieses sich gallertartig gestaltet und wird nach dieser Probe der Sud sofort auf einen Teller gegossen und kalt gestellt. Nachdem dies erreicht, werden von diesem Gelee feine Streifen geschnitten und die bereits angerichteten Aepfel gitterartig damit belegt, oder es werden von dem Gelee kleine runde, länglich runde, lange viereckige, zugespitzte dreieckige oder jede andere beliebige Form geschnitten und das Compote geschmackvoll damit verziert.

## Einfacher Aepfel-Mus (Marmelade). Marmelade simple de pommes.

Wird am besten von großen Renett- oder Calvilleäpfeln bereitet. Nachdem eine Mandel von diesen in Vierteln geschnitten, die Kerngehäuse ausgeschnitten und geschält sind, werden sie mit etwas ganz dünner Citronenschale, einem achtel Qrt. Rheinwein, dem Saft von einer Citrone, vierzehn bis sechszehn Loth Zucker und einer geringen Flüssigkeit von Wasser in einem passenden gut verschlossenen Geschirr auf einem gelinden gleichmäßigen Feuer ganz weich gedünstet und wenn gleichzeitig alle Feuchtigkeit eingedampft, durch ein feines Sieb gestrichen und im kalten Zastande angerichtet.

## Aepfel-Mus (bürgerlich). Marmelade de pommes à la bourgeoise.

Nachdem die Nebeningredienzien nach der Haushaltsökonomie geregelt sind, wird die im vorigen Artikel angegebene eben so vorbereitete Hauptingredienz mit ein wenig Wasser, einem viertel Pfd. Zucker, Zimmet und Citronenschale aufgestellt und gekocht und demnächst durchgestrichen.

## Aepfel-Mus mit Gelee. Marmelade de pommes au gelée.

Zu demselben werden die gut gewaschenen Schalen und Abgänge der Aepfel besonders ausgekocht, der durch eine Serviette gegossene Sud mit sechszehn bis zwanzig Loth Zucker und einem achtel Qrt. Rheinwein nach Angabe des zweiten Artikels dieser Abtheilung klar und hierauf eingekocht und auch die Anrichtemethode der Aepfelmarmelade nach jenem Artikel geleitet.

## Geschmorte Aepfel. Pommes poêlées.

Aus funfzehn bis zwanzig kleinen Borsdorfer Aepfeln werden mit einem kleinen Ausstecher die Kerngehäuse ausgestochen und die Aepfel sofort recht glatt und sauber geschält, hierauf in einem mit frischer Butter leicht belegten flachen Geschirr mit zehn Loth fein gestoßenem Zucker, einem achtel Qrt. Wein und dem Saft von einer Citrone bei von oben und unten gleichmäßig eindringender Hitze oft wiederholentlich begossen in treffend weichem Zustande auf die Art geschmort, daß die Aepfel dabei mit einer schönen Glasur überzogen, welche sofort im kalt gewordenen Zustande angerichtet werden.

## Scheibenäpfel. Pommes émincées.

Sie können von allen Arten Aepfeln bereitet werden, nachdem sie in Vierteln und die Kerngehäuse ausgeschnitten und geschält sind, werden sie quer in einen achtel Zoll dicke Scheiben geschnitten, hierauf mit zwölf Loth feinem Zucker untermengt und mit einem viertel Qrt. Wein, dem Saft von einer Citrone behutsam geschmort und wenn dies treffend erfolgt ist, mit einem drittel Pfund sauber vorbereiteten und rund gekochten Corinthen vermischt.

## Gebratene Aepfel. Pommes au four.

Aus funfzehn bis achtzehn Stück mittelmäßig großen Borsdorfer Aepfeln, werden mit einem kleinen runden Ausstecher die Kerngehäuse ausgestochen und die Aepfel im ungeschälten Zustande auf einem, mit einem wenig ganz frischer Butter belegten flachen Geschirr geordnet, hierauf werden in die, durch die ausgestochnen Kerngehäuse entstandenen Löcher sauber vorbereitete und vorgekochte Corinthen gefüllt, die Aepfel zunächst mit sechszehn bis achtzehn Loth fein gestoßenem Zucker, etwas ganz frischer Butter und dem Saft von einer Citrone belegt und in einem etwas scharf erhitzten Ofen in schöner brauner Farbe gebraten. Nachdem dies treffend erreicht, werden die Aepfel angerichtet, der Satz von dem Geschirr mit Wein losgekocht und dies sofort über die Aepfel gefüllt, welche sowol kalt als warm aufgetischt werden.

## Rothes Birnen=Compote. Compote de poires (rouge).

Hierzu werden feste Birnen (I. Bd. VIII. Abschn. XLVII. Abth.) genommen, die großen in dem Bedarfsquantum von vierzehn bis sechszehn Stück in Hälften geschnitten, die Kerngehäuse ausgedreht, hierauf glatt geschält und in frisches Wasser gethan, die kleinern Birnen bleiben ganz, es werden nur von diesen oben die Blüthenaugen ausgestochen, der halb abgestutzte Stiel geglättet und die Birnen sofort glatt geschält. Aus diesem Wasser genommen, läßt man sie mit der hinlänglichen Quantität Wasser, einem Stückchen Zimmet und Citronenschale, dem Saft von einer Citrone, vierzehn Loth gutem Zucker im weiß verzinnten, gut verschlossenen Geschirr auf einem gelinden gleichmäßigen Feuer recht lange kochen, bis sie eine schöne rothe Farbe bekommen haben, und hierauf mit etwas Rheinwein kurz einschmoren. Wenn nach Beseitigung des Zimmets und der Citronenschale die Birnen angerichtet sind, wird der Sud zu der nöthigen Einkochung gebracht, um im kalt gewordenen Zustande die Birnen damit blank überziehen zu können.

## Bürgerliches Birnen=Compote. Compote de poires à la Bourgeoise.

Werden mit sehr wenig Zucker und ohne Wein gekocht, oder auch bei dem Aufstellen mit einigen Eßlöffeln voll reinen Weinessig benässet, wovon sie bei einem langsamen vorsichtigen Kochen eine schön hochrothe Farbe bekommen. Bei dem Anrichten des Compotes wird die recht dünn geschälte mitgekochte Citronenschale in feine Fädchen geschnitten und die Birnen oben damit belegt.

## Weißes Birnen-Compote. Compote de poires (blanche).

Hierzu müssen schon ziemlich reife Birnen genommen, welche, damit sie recht weiß bleiben, nicht lange kochen dürfen, ebenso können auch schon ganz reife Früchte (Beurre blanc) dazu gebraucht werden, sobald sie gut in Acht genommen und nicht entzwei gekocht werden. Ihre Vorbereitung schließt sich soweit an die vorstehende Angabe und es wird gleichzeitig vierzehn bis sechszehn Loth feiner Zucker klar gekocht, worin die Birnen mit etwas Citronensaft und Wein gesotten, demnächst vorsichtig aus dem Sud gehoben werden, worauf dieser bis zu dem Grad eingekocht wird, um die angerichteten Birnen im kalt gewordenen Zustande damit blank überziehen zu können. — Bei dem noch unreifen Obst zum weißen Birnen-Compote bedient man sich der Methode, daß die Birnen im ganzen und ungeschälten Zustande im Wasser drei viertel weich gesotten, demnächst in kaltes Wasser gezogen, sofort von einander geschnitten, die Kerngehäuse ausgedreht und geschält und in einem halben Pfd. klarem Zucker, etwas Wein und Citronensaft fertig gesotten werden; übrigens wird die fernere Bereitungsweise wie die vorige beendet.

## Compote von frischen Pflaumen. Compote de prunes.

Die Bereitung erscheint auf verschiedene Methoden. Bei der ersten werden die in dem Bedarfsquantum von einer viertel bis einer drittel Metze genommenen Pflaumen in der Länge durchgeschnitten und die Steine herausgenommen, sofort ein halbes Pf. Zucker klar gekocht und die Pflaumen hierin in Verbindung von etwas Wein gesotten, welches sehr behutsam in einem breiten Geschirr geschehen muß, damit sie im schönen glatten und ganzen Zustande erhalten werden. Nachdem sie kalt geworden, werden sie sauber angerichtet, der Sud durchgegossen, derselbe zu der nöthigen Kürze eingekocht und die angerichteten Pflaumen kalt damit überzogen. — Die zweite Methode läßt die Pflaumen mit abgestutztem Stiel im ganzen Zustande, sie werden rund herum mit einer Nadel bestochen, in kaltes Wasser gethan, mit diesem auf ein sehr gelindes Feuer gestellt und sobald sie anfangen weich zu werden, in frisches Wasser gezogen, demnächst gut abgetropft und in sechszehn bis achtzehn Loth klar gekochtem Zucker sehr behutsam geschmort, wenn sie kalt geworden, sauber angerichtet, sofort der durchgegossene Sud zu der erforderlichen Einkochung gebracht, mit welchem die Pflaumen, sobald er verkühlt, überzogen werden. — Bei der dritten Art werden die Pflaumen nur so lange in kochendem Wasser gelassen, bis sich die Haut abziehen läßt, kommen hierauf ebenfalls in kaltes Wasser und nachdem die Haut abgezogen oder abgeschält ist, läßt man sie wie die vorigen in gekochtem Zucker sehr behutsam gar schmoren. Doch muß bei allen der Geschmack mit etwas Rheinwein, auch nöthigenfalls mit etwas Zimmet und Citronenschale gehoben werden.

## Pflaumen-Marmelade. Marmelade de prunes.

Wenn sie in dem Zuckersyrup weich geworden sind, werden sie durch ein feines Sieb gestrichen, hierauf in zu flüssiger Substanz unter immerwährendem Rühren eingekocht und sofort angerichtet.

## Compote von Mirabellen. Compote de mirabelles.

Die Bereitungsweise dieser kleinen runden Pflaumenart schließt sich ganz an die Angabe des Pflaumencompotes zweiter Methode.

## Compote von grünen Pflaumen (Reineclaude). Compote de prunes de reine-claude.

Die Früchte müssen ausgewachsen, schön grün, sich aber noch im festen Zustande befinden, sie werden in dem Bedarfsquantum von einer drittel Metze überall mit einer Nadel gestochen, die Stiele abgestutzt und hierauf in frisches Wasser geworfen; demnächst in einem unverzinnten Geschirr unter wiederholtem behutsamen Durcheinanderrühren auf das Feuer gestellt, doch bevor sie den Siedegrad erreichen, abgenommen und nachdem sie in ein anderes Gefäß behutsam übergeleert und kalt geworden sind, in dem ersten Geschirr mit demselben Wasser das Aufstellen auf einem schwachen Feuer wiederholt, wobei zu dem Wasser noch der Saft von einer Citrone hinzugefügt wird. Sind unter leisem Hin- und Herbewegen die Pflaumen recht schön grün geworden, werden sie in kaltes Wasser gezogen und recht gut abgetropft. Mit dieser Procedur vereinigt sich das Läutern eines Pfundes Zucker, in welchem nunmehr die Pflaumen sehr behutsam gesotten und hierauf kalt gestellt werden und nachdem dies erfolgt ist, wird der davon abgegossene Zuckersud mit etwas Rheinwein zu der nöthigen Einkochung gebracht, in diesem die Pflaumen noch einmal aufgekocht und im kalt gewordenen Zustande mit ihrem klaren Syrup angerichtet.

## Compote von Kirschen. Compote de cerises.

Wenn die Bereitung des Pflaumencompotes verschiedenartig ist, so hat das von Kirschen zweierlei Methoden. Sie werden entweder mit darin gelassenen Steinen oder ausgekernt bereitet, doch kommt das erstere Compote nicht auf vornehmen Tafeln vor. Zu dem Compote mit Steinen werden von den in dem Bedarfsquantum von einer drittel Metze genommenen Kirschen, nur die Stiele halb abgestutzt und wenn sie gewaschen und gut abgetropft sind, wird auf jedes Pfd. dergleichen Kirschen, ohngefähr ein halbes Pfd.

Zucker geläutert und dieser so weit eingekocht, bis der an dem herausgenommenen Schaumlöffel hängen gebliebene Zuckersud durch die Löcher des Löffels sich blasen läßt (Flug-Zucker): hierin werden sofort die Kirschen unter wiederholtem Verschäumen gedämpft und nächstdem kalt gestellt. Ist nach dieser Zeit der Sud zu dünn geworden, wird er, wenn die Kirschen angerichtet sind, etwas eingekocht und diese damit überzogen. — Zu dem Compote ohne Steine wird das Quantum um ein Drittel gesteigert, die entstielten Kirschen sofort ausgekernt, in zu demselben Grad eingekochtem Zucker gesotten und rücksichtlich des nach dieser Procedur zu viel gewordenen Saftes wird derselbe abgegossen, hierauf eingekocht und wieder mit den Kirschen behutsam vermischt. Bei beiden Compoten kann Zimmet und Citronenschale hinzugefügt, auch kann es eben sowol von sauren als süßen Kirschen bereitet werden.

## Compote von Abrikosen. Compote d'abricots.

Der verschiedenartige Zustand dieser Früchte, besonders in den nördlichen Ländern, wo sie sehr ungleich reifen, bestimmen ihre Behandlungsweise. Die ganz reif oder schon überreif gewordenen, also weichen, oder schön rothgelb farbigen Abrikosen werden sogleich in den Zuckersud gesotten, grüne und harte hingegen zuvor in Wasser gekocht und zunächst in kaltes Wasser gethan. Es werden zu dem Ende sechszehn bis zwanzig Stück Abrikosen von einander geschnit: und sauber geschält, ihrer Eigenschaft nach auf die eine oder die andere Weise, aber alle zuletzt in zwanzig bis vier und zwanzig Loth geklärtem und so weit eingekochtem Zucker, bis ein zwischen Daumen und Zeigefinger genommener Tropfen bei dem Auseinandermachen sich als ein kleiner gleich wieder vergehender Faden zeigt (Faden-Zucker) sehr behutsam und oft wiederholentlich verschäumt, treffend weich gesotten und sobald dies erfolgt ist, kalt gestellt. Wenn sich nach dieser Zeit zu viel Sud zeigt, wird derselbe von den Abrikosen abgegossen, hierauf eingekocht und wieder mit den Abrikosen vereinigt, welche sofort sauber angerichtet und mit den aus den Steinen genommenen und abgezogenen Kernen belegt werden.

## Compote von unreifen Abrikosen. Compote d'abricots verts.

Diese unterliegen einer besonderen Behandlungsweise, sie werden in eine von Büchenholz gekochte, klar abgegossene, heiße Lauge gelegt, bis die darauf befindliche Wolle sich ablöst, und dabei öfters umgerührt, demnächst in kaltes Wasser gethan, mit einem Tuch abgerieben und wieder in frisches Wasser gethan; nach dem Abtropfen werden sie mit einer Nadel bestochen, hierauf in einem unverzinnten Geschirr so lange gekocht, bis sie dem Druck des Fingers nachgeben und wenn sie vom Feuer abstehend kalt geworden, das Aufstellen auf ein schwaches Feuer wiederholt und so lange gekocht bis man einen Stecknadelknopf leicht in die Früchte eindrücken kann.

Gleichzeitig wird ein Pfd. Zucker geläutert und nicht ganz so kur als der vorige eingekocht, in welchem nun die in frisches Wasser gethanenen und gut abgetropften Abrikosen auf die Art gekocht werden, daß man sie nach dem Verschäumen, auf heißer Asche ohngefähr eine halbe Stunde ziehen läßt; sofort in ein irdenes Gefäß übergeleert und mit Papier überdeckt. Am nächstfolgenden Tage werden die Abrikosen auf ein Sieb abgetropft, der Sud mit einem achtel Qrt. Rheinwein und etwas Citronensaft zu dem bekannten Grad eingekocht und wieder mit den Aprikosen vereinigt, welche sofort im kalt gewordenen Zustande angerichtet werden.

## Compote von ganzen Abrikosen. Compote d'abricots entiers.

In nicht zu reif gewordenem Zustande erhalten diese auf einer Seite einen kleinen Einschnitt, aus welchem die Steine herausgeschoben und worauf die Abrikosen an mehreren Stellen gestochen werden. Sie werden sodann mit vielem Wasser aufgestellt und wenn sie treffend weich geworden, in frisches Wasser gethan, demnächst auf ein Sieb gut abgetropft und in drei viertel Pfd. klar bis zum Faden eingekochtem Zucker, behutsam überkocht und verschäumt. Ist der Zuckersud während des Verkühlens zu flüssig geworden, wird er abgegossen, besonders eingekocht und wieder mit den Abrikosen vereinigt, welche sofort sauber angerichtet werden.

## Abrikosenmarmelade als Compote. Compote de marmelade d'abricots.

Zwanzig Abrikosen werden von einander geschnitten und mit zwanzig Loth Zucker auf dem Feuer zu einem ziemlich festen Mus gekocht, welcher sofort durchgestrichen und mit kleinen Bisquits angerichtet wird.

## Compote von Pfirsichen. Compote de pêches.

Zwölf bis vierzehn schöne, reife aber nicht zu weiche Pfirsiche werden von einander geschnitten, sauber und glatt geschält und in zwanzig bis vier und zwanzig Loth klar gekochtem Zucker in treffend weichem Zustande sehr langsam gesotten, sodann herausgenommen und der Sud davon zu dem Grad (Lappen-Zucker) eingekocht, daß die kalt gewordenen und angerichteten Pfirsiche damit blank überzogen werden können.

## Geschmortes Pfirsichcompote. Compote de pêches poëllées.

Nach der vorstehend erhaltenen Vorbereitung werden die Pfirsiche auf einem breiten flachen Geschirr gereihet, mit fein gestoßenem Zucker und etwas Rheinwein gedeckt und im Ofen oder einer

Bratenröhre auf die Art gar gemacht, daß die Pfirsiche dabei blank glacirt und nachdem sie angerichtet der Satz von dem Geschirr mit Wein losgekocht und unter die Pfirsiche gegossen wird. Sowol bei diesen als den geschmorten Aepfeln wird im Nothfall zum Glaciren eine glühende Schaufel benutzt.

## Pfirsichmarmelade als Compote. **Marmelade de pêches.**

Ihre Bereitungsart unterscheidet sich von der der Aprikosenmarmelade etwa dadurch, daß wegen der weniger sauren Bestandtheile dieser Früchte etwas weniger Zucker gebraucht wird.

## Compote von Erdbeeren. **Compote de fraises.**

In dem Quantum von ohngefähr einem und einem halben Pfd. werden recht schöne reife Walderdbeeren sauber verlesen, sodann rasch im frischen Wasser gewaschen und auf ein Sieb gut abgetropft, nächstdem mit vierzehn Loth ganz fein gestoßenem Zucker vermengt und unter einige Male wiederholtem sanften Umschwingen zwei Stunden marinirt, nächstdem werden die Erdbeeren nochmals auf ein Sieb geschüttet und der gut abgetropfte Saft mit noch zwölf Loth Zucker klar und zum Faden eingekocht (Artikel: Compote von Abrikosen) und mit diesem im kalt gewordenen Zustande die Erdbeeren vermischt, die sofort sauber angerichtet werden.

## Erdbeermarmelade. **Marmelade de fraises.**

Nachdem die Erdbeeren durch ein feines Sieb gestrichen sind, werden sie mit sechszehn bis zwanzig Loth fein gestoßenem Zucker auf einem nicht zu starken Feuer unter immerwährendem Rühren zu einem steifen Mus eingekocht, welcher sofort angerichtet und kalt geworden mit kleinen Bisquits garnirt wird.

## Compote von Himbeeren. **Compote de framboises.**

Ihre Bereitungsart wird durch den Artikel des Erdbeercompote commentirt. Bei diesem Compote wird zuweilen Johannisbeergelee (VII. Abschn.) als Garnitur benutzt.

## Himbeermarmelade als Compote. **Marmelade de framboises.**

Eben so schließt sich die Bereitungsart derselben an die der Erdbeermarmelade an, sie wird gleichfalls mit kleinen Bisquits angerichtet.

## Compote von Ananas. Compote d'ananas.

Zwei Stück dieser ausgezeichnet schönen Früchte werden rein geschält und von den holzigen Theilen getrennt, dann in einen achtel Zoll starke Scheiben geschnitten und in vier und zwanzig bis acht und zwanzig Loth klar und flüssig gekochtem Zucker zwanzig bis dreißig Minuten auf die Art vorsichtig gekocht, daß sie gut verschäumt und das Geschirr geschlossen gehalten wird; auf gleiche Weise müssen sie erkalten und nachdem dies erfolgt ist, wird der Sud abgegossen und mit etwas Rheinwein zu dem erforderlichen Grad eingekocht, wieder mit dem Ananas vereinigt und im kalt gewordenen Zustande angerichtet.

## Compote von Melonen. Compote de melons.

Die hierzu zu benutzende Frucht darf nicht überreif sein und zu lange gelegen haben; die formelle Behandlungsweise ist in so fern relativ, als die zwei Finger breit geschnittenen hierauf sauber geschälten und von den Kernen und wässerigen Theilen geschiedenen Streifen, entweder in ovale auch wol eckige Stücke geschnitten und sauber abgerundet werden, alsdann in kochendes Wasser blanchirt und abgekühlt und nach dem vollkommenen Abtropfen in der verhältnißmäßig nöthigen Quantität klar gekochtem Zucker (auf einem Pfd. Frucht ein halbes Pfd. Zucker) im treffend weichen Zustande recht klar gesotten werden. Nachdem das Compote kalt geworden, wird es sauber angerichtet und der etwa zu flüssig gewordene Sud zu der erforderlichen Einkochung gebracht und sobald er kalt ist, die Melonen damit überzogen. Bei sehr reifen und weichen Melonen unterbleibt das Vorkochen (Blanchiren) im Wasser, diese werden nach erhaltener Form sogleich in dem Zuckersyrup gesotten.

## Compote von Johannisbeeren. Compote de groseilles.

Man bereitet dies Compote sowol von weißen als rothen Johannisbeeren und zwar auf zweierlei Arten. Bei der einen werden die entstielten Beeren schnell in kaltes Wasser gewaschen; auf jedes Pfd. solcher gut abgetropften Beeren wird zwanzig bis vier und zwanzig Loth feiner Zucker klar und zum Flug eingekocht (Artikel: Compote von Kirschen) in diesem die Johannisbeeren einige Male überwällt und nachdem sie gut verschäumt sind, sofort in ein anderes Geschirr gethan. Nachdem das Compote kalt geworden, wird der Saft abgegossen oder die Johannisbeeren auf ein Sieb zum Abtropfen geschüttet und der Sud unter wiederholtem Schäumen zu dem ersten Grad eingekocht, mit welchem nun die Johannisbeeren wiederum vermischt und sofort kalt gestellt und angerichtet werden. — Die zweite Art besteht aus dem:

## Compote von Johannisbeeren ohne Kerne. Compote de groseilles égrenées.

Hierzu werden die entstielten Johannisbeeren mittelst eines zugespitzten Federkiels oder eines ähnlichen hölzernen Speiles sehr vorsichtig ausgekernt, damit die Beeren möglichst ganz erhalten werden; sie werden hierauf wie die vorigen sehr behutsam gesotten und in der weitern Behandlungsweise das vorstehende Verfahren beobachtet.

## Compote von Stachelbeeren. Compote de groseilles vertes.

Die hiezu zu brauchenden Früchte müssen in noch ganz unreifem Zustande und noch nicht vollkommen ausgebildet sein, sie werden von den Blüthen und Stielen gesäubert, demnächst in frisches Wasser geworfen, aus diesem gewaschen und abgetropft in kochendes Wasser gethan und dabei gut zugedeckt. Sobald sie anfangen weich werden zu wollen, was sehr bald erfolgt, müssen sie sogleich sehr behutsam in frisches Wasser gezogen werden, und wenn diese Procedur gelungen ausgeführt ist, die gut verkühlten und abgetropften Stachelbeeren in ohngefähr auf jedes Pfund derselben zwanzig bis vier und zwanzig Loth mit etwas Zimmet und dünner Citronenschale geläutertem und bis zum Fluge eingekochtem Zucker unter sanftem Hin- und Herbewegen aufgekocht und verschäumt werden. Nachdem sie so lange abgestanden, bis sie beinahe verkühlt sind, wird das Aufstellen auf einem schwachen Feuer in der Art wiederholt, daß sie nur heiß werden, demnächst in kalt gewordenem Zustande angerichtet und der etwa zu viel Flüssigkeit enthaltende Saft mit etwas Rheinwein zu dem erforderlichen Grad eingekocht und die Stachelbeeren damit überzogen.

## Compote von Weinbeeren. Compote de verjus.

Hiezu werden grüne noch nicht reife, aber doch schon vollkommen ausgebildete Beeren genommen, welche auf dieselbe Weise wie die Johannisbeeren ausgekernt und demnächst in einem unverzinnten Einmachekessel mit kochendem Wasser gethan werden, hierin müssen sie so lange zugedeckt bleiben bis sie oben schwimmen, sie werden hierauf sogleich zurückgestellt und sobald sie kalt geworden, das Aufstellen auf schwachem Feuer wiederholt, bis die Beeren wieder grün geworden und sofort in kaltes Wasser gezogen, aus welchem sie genommen und abgetropft, ganz wie die Stachelbeeren gekocht und die weitere Bereitungsweise nach Angabe desselben Artikels beendet wird. Sowol diese als die Stachelbeeren müssen bei der Bereitung besonders gut in Acht genommen, damit sie so viel als möglich ganz erhalten werden.

## Compote von Preißelbeeren. Compote d'airelles rouges.

Sie werden in schönem rothen Zustande gewählt, sauber gewaschen und in einem Durchschlag gut abgetropft, hierauf auf jedes Pfund Beeren vierzehn bis sechszehn Loth Zucker mit etwas Zimmet und Citronenschale klar gekocht, in welchem nunmehr die Preißelbeeren behutsam gekocht und verschäumt und wenn sie kalt geworden, nach Beseitigung des Zimmet und der Citronenschale angerichtet werden. Sollte unter dieser Zeit der Sud durch den Saft der Früchte zu flüssig geworden sein, so wird er von diesem abgesondert, besonders eingekocht und wenn er kalt geworden, wieder über die Preißelbeeren gefüllt.

## Weißes Compote von Quitten. Compote de coins blanche.

Diese Frucht muß besonders gut gewählt werden und aus großen gelben recht reif gewordenen Quitten bestehen, welche in dem Bedarfsquantum von acht bis zehn Stück in Vierteln geschnitten, die Kerngehäuse rein ausgehöhlt, hierauf sauber und glatt geschält und in mit etwas Citronensaft vermischtes Wasser geworfen werden. Wenn alle so weit beendet sind, werden sie in kochendes Wasser gethan und darin so lange gekocht bis sie sich halb weich anfühlen, wobei man die Vorsicht gebrauchen muß, sie oft zu untersuchen, weil sie ihren eigenthümlichen Bestandtheilen nach oft sehr ungleich weich kochen; sie werden hierauf sogleich wieder in frisches Wasser gethan, aus diesem genommen und rein abgetropft in vier und zwanzig bis acht und zwanzig Loth klar und flüssig gekochtem Zucker, dem Saft von einer und einer halben Citrone und etwas Rheinwein auf einem schwachen gleichmäßigen Feuer behutsam gesotten und wenn sie nun in diesem vollkommen weich geworden sind, sogleich kalt gestellt. Nachdem dies erfolgt ist, wird der Sud rein abgegossen, dieser sofort bis zum Faden eingekocht und wieder mit den Quitten vereinigt, welche man auf einem gelinden Feuer noch einmal aufkochen läßt und sodann im kalt gewordenen Zustande sauber angerichtet.

## Rothes Compote von Quitten. Compote de coins (rouge.)

Um die Quitten in schön rother Farbe aufzutischen, wird dasselbe Verfahren wie bei den Birnen beobachtet. Die Früchte werden demzufolge nicht blanchirt, oder wenn sie einmal vorgekocht sind, in demselben Wasser wieder aufgestellt, wobei man sogleich den Zukker, auch etwas Zimmet und dünn abgeschälte Citronenschale hinzufügt und so die Quitten auf einem schwachen gleichmäßigen Feuer gut zugedeckt recht lange kochen läßt, wodurch sie eine schöne rothe Farbe erhalten. Sollten die Quitten bald weich werden und ein mehrstündiges ununterbrochenes Kochen nicht vertragen können, so wird durch Bedecken mit blauem Zuckerpapier das Rothwerden der

Früchte beschleunigt. Sie werden mit etwas Rheinwein zur möglichsten Kürze eingeschmort, wenn dennoch im kalt gewordenen Zustande bei dem Anrichten der Sud zu flüssig scheint, wird die bekannte Methode angewendet.

## Quitten-Marmelade. Marmelade de coins.

Nachdem die Früchte einige Zeit vorgekocht sind, werden sie wie die Aepfel zu Marmelade aufgestellt, wobei sie in der Bereitung von jenen dadurch abweichen, daß sie länger kochen, daher in mehr Flüssigkeit gehalten werden müssen. Die Marmelade wird mit Wein und Citronensaft im Geschmack gehoben.

## Compote von Berberisbeeren (Berberitzen). Compote d'épines-vinettes.

Diese Beeren müssen ebenfalls schön roth und reif gewählt und nachdem solche abgebeert, sauber gewaschen und abgetropft sind, wird wegen der enthaltenden vielen Säure dieser Beeren, Frucht und Zucker zu gleichen Bestandtheilen genommen, demzufolge die Berberitzen in dem klar gekochten Zucker einige Minuten überwellt und gut geschäumt und sodann kalt gestellt werden. Nach Verlauf von zwölf Stunden werden die Berberitzen auf ein Sieb geschüttet und der davon abgetropfte Sud zu dem erforderlichen Grad eingekocht und hierauf wieder mit den Beeren in Verbindung gebracht, welche sofort verkühlt angerichtet werden.

## Compote von Heidelbeeren. Compote de myrtilles ou airelles.

Ein Quart im Volumen enthaltene recht reife Heidebeeren (Besinge) werden sauber verlesen und gewaschen und in acht bis zwölf Loth mit etwas Wasser aufgelösetem Zucker mit etwas Zimmet und Citronenschale auf einem ziemlich starken Feuer bei wiederholtem behutsamen Aufrühren eingekocht, und nachdem dies erfolgt ist, und die Heidebeeren kalt geworden sind, der etwa in zu großer Flüssigkeit hervorgetretene Saft besonders eingekocht und wieder mit den Beeren vermischt. Bei der Absonderung des Zimmets und der Citronenschale kann letztere in feine Streifen (Faden) geschnitten und das angerichtete Compote damit belegt werden.

## Compote von Hagebutten. Compote de gratte-cus.

An die treffende und gelungene Bereitung dieses Compotes ist ebenfalls die unerläßliche Bedingung geknüpft, daß die Hagebutten wohl gereift, schön roth und groß, auch dabei noch fest sind. Es werden ohngefähr von ein und einem halben Pfund solcher Exemplare Stiel und Augen weggeschnitten und oben und unten ein kleiner Einschnitt gemacht und aus diesen Oeffnungen mittelst eines breit zugespitzten Federkiels alle Kerne und filzigen Theile rein herausgenommen, sie werden sofort in frisches Wasser gethan, aus diesem und anderm Wasser mehrere mal sorgsam gewaschen und demnächst in kochendem Wasser auf einem schwachen gleichmäßigen Feuer so lange auf dem Siedegrad gehalten, bis die Hagebutten weich geworden sind. Hierauf werden sie sogleich in frisches Wasser gethan und nach dem Abkühlen und Abtropfen in ein Pfd. klar eingekochtem Zucker (Art. Compote von Aepfeln) auf einem schwachen Feuer mit etwas Wein einige mal durchgekocht und verschäumt und wenn sie nächstdem verkühlt sind, wird der Sud von den Früchten abgegossen, bis zum Faden eingekocht und mit den Hagebutten leise durchgeprözelt, welche sofort in kalt gewordenem Zustande angerichtet werden.

## Compote von Apfelsinen. Compote d'oranges douces.

Von sechs bis acht Stück schönen Apfelsinen wird sowol die äußere gelbe als die weiße Haut mit der Vorsicht rein abgeschält, daß dabei die Früchte nicht gedrückt werden, demnächst wird zwischen den, durch die innere weiße Haut gebildeten Abtheilungen, das zarte Fleisch in dicken nach innen spitz zulaufenden Scheiben sauber und glatt ausgeschnitten; diese Scheiben von den noch daran haftenden Kernen geschieden, zunächst mit einem halben Pfunde ganz fein gestoßenem Zucker behutsam durchmengt und eine Stunde hingestellt; nach dieser Zeit die Apfelsinen auf ein Sieb geschüttet, und der abgetropfte Saft mit demjenigen, welcher indeß von den Abgängen abgedrückt worden, durch ein reines Haartuch geklärt, welcher hierauf mit noch sechs bis acht Loth Zucker und Rheinwein klar und zu dem nöthigen Grad eingekocht wird. Nachdem die Apfelsinen sauber angerichtet sind, werden sie mit dem unterdeß kalt gewordenen Sud blank überzogen.

## Compote von Orangen (Pomeranzen). Compote d'oranges.

Hiezu nimmt man zehn bis zwölf Stück schöne gelbe Orangen, welche besonders sauber und nett auf die Art geschält werden müssen, daß die obere und untere Haut ganz glatt und gleichmäßig davon abgenommen, aber durchaus nicht bis auf das Fleisch geschnitten wird, sondern dies mit einer ganz dünnen Lage der weißen Haut gedeckt bleibt. Die Früchte werden hierauf in frisches Wasser geworfen und aus diesem in viel kochendes Wasser gethan, in welchem sie so lange gekocht werden, bis ein starker Nadelknopf leicht in die Orangen eindringt, zunächst wieder in frisches Wasser geworfen und bei täglich zweimal wiederholtem Wechseln mit frischem Wasser zwei Tage darin gelassen. Nach dieser Zeit wird drei viertel Pfund Zucker klar gekocht, die unterdeß aus dem Wasser genommenen und gut abgetropften in saubere Viertel geschnittenen und von den Kernen geschiedenen Orangen vorsichtig darin gesotten und gut geschäumt und sofort hingestellt. Am andern Tage werden die Orangen behutsam auf ein Sieb geschüttet, der durchgetropfte Saft zum Faden eingekocht, in diesem die Früchte sachte durchgeprözelt und wenn sie kalt geworden, sauber angerichtet und mit ihrem Syrup überzogen. Auch werden die Orangen, statt in Vierteln geschnitten, ganz gelassen.

## Compote von Maronen. Compote de marrons.

Von einem und einem halben Pfd. auserlesenen schönen großen Maronen wird die äußere Schale abgenommen, die Maronen hierauf in kochendem Wasser mit einer halben in Stücken geschnittenen Citrone und einer guten Hand voll Kleie auf einem sehr schwachen Feuer so lange gekocht bis eine Stecknadel leicht eindringt, sie werden hierauf theilweise mit einem Schaumlöffel herausgenommen, alsdann die Haut rein davon abgezogen und die Maronen in frisches Wasser gethan. Gut abgetropft, kommen sie in einem Pfund klar und bis zum Faden eingekochtem Zuckersyrup, werden in diesem mit dem Saft von einer Citrone und etwas Orangenblüthwasser auf einem ganz schwachen Feuer angezogen oder nur einmal aufgekocht; nachdem sie kalt geworden, werden sie sofort sauber angerichtet und der etwa zu flüssig gewordene Sud noch etwas eingekocht und wenn er verkühlt, die Maronen damit überzogen.

## Italienisches Maronencompote. Compote de marrons à l'Italienne.

Hiezu werden die Maronen an den Spitzen übers Kreuz eingeschnitten und in einer Kaffeetrommel, eisernen Pfanne oder einem andern passenden Geschirr so lange über Kohlen geröstet bis sie anfangen zu knacken und aufzuspringen; sie werden sodann rein abgeschält, doch so, daß sie hiebei nicht zerdrückt werden und auf ein breites flaches Geschirr (Platfond Einl.) gereihet, zunächst mit einem von zwölf bis vierzehn Loth Zucker gekochten dickflüssigen Syrop übergossen, hierin ein wenig geschmort, nächstdem mit fein gestoßenem Zucker überstreuet und mit der glühenden Schaufel blank glasirt. Nachdem die Maronen angerichtet, wird der klare Syrop mit dem Saft von einer bittern Pomeranze und einer halben Citrone im Geschmack gehoben und in treffender Substanz unter die Maronen gegossen.

## Compote von Feigen. Compote de figues.

Eine in den nördlichen Ländern selten zubereitete, doch in ihrem Vaterlande Asien, auch in dem südlichen Europa auf mancherlei Art benutzte Frucht. Bei uns kommen in Gestalt und Farbe verschiedene Abarten vor, es giebt länglich runde, lange, grüne und violette Feigen, wovon die erstere die vorzüglichste, weil die letztere schwerer reif wird. Diese aus dem südlichen Europa, aus Cypern und Indien, jedoch im trockenen Zustande zu uns gelangte Südfrucht, ist bei weitem süßer und schmackhafter, sie wird in diesem Zustande unzubereitet gespeist. Den nicht ganz reifen frischen Feigen werden die Stiele sauber gestutzt dann blanchirt, nächstdem in wenig Flüssigkeit mit einem Theil Wein oder der erforderlichen Quantität Zucker sehr behutsam gesotten, wenn sie hierauf weich und kalt geworden, werden sie nett angerichtet und der Sud zu der nöthigen Einkochung gebracht, über dieselben gezogen. Die noch nicht halb reif gewordenen Früchte werden in Wasser etwas vorgekocht.

## Compote von Mohrrüben. Comople de carottes.

Man wählt hierzu schön rothfarbige schmackhafte Mohrrüben. (Eigenschaftl. Abhand. I. Bd. VIII. Absch. X. Abth. Wurzelarten) Die kleinen oder jungen werden in einen Zoll lange gleichmäßige Rüben- oder länglich runde Formen zugestutzt, die großen hingegen in einen Zoll lange und einen achtel Zoll starke Faden (Filets) geschnitten, alsdann in Wasser, zwei Theelöffel voll Salz in getroffenem ziemlich weichen Zustande gekocht, mit einem Schaumlöffel in kaltes Wasser gehoben und nächstdem auf ein Sieb gut abgetropft. Unterdeß werden auf ein und ein halbes Pfund solcher Mohrrüben zwanzig bis vier und zwanzig Loth Zucker mit dem Saft von einer Citrone flüssig gekocht und in diesem die Mohrrüben sachte geprözelt, wenn sie hierauf kalt geworden sauber angerichtet und der Sud in getroffener Flüssigkeit darüber gegossen.

## Marmelade von Mohrrüben. Marmelade de carottes.

Hierzu können größere, jedoch nicht zu alte Mohrrüben benutzt werden; nach dem Putzen wird von denselben das Herz oder das gelbe Mark herausgeschnitten und die Außenseiten in dem nöthigen Bedarfsquantum wie die vorigen getroffen weich gekocht, sobald sie abgekühlt und gut abgetropft sind, werden sie durch ein feines Sieb gestrichen und gleichzeitig eine nach obiger Angabe verhältnißmäßige Quantität Zucker zu dem Grad eingekocht, daß wenn man die Finger in kaltes Wasser, dann schnell in den kochenden Zucker taucht und eben so schnell wieder in das kalte Wasser zurückfährt, der Zukker sich von den Fingern ohne zu brechen, lösen und zur Kugel drehen läßt (schwacher Bruch-Zucker); mit diesem wird der Mohrrübenmus vermischt und auf einem ganz schwachen Feuer genau verbunden. Bei dieser Procedur bestimmt jedoch der mehr oder weniger flüssige Theile enthaltende Mohrrübenmus den Zuckergrad und kann demgemäß sowohl Flug- als Fadenzucker gebraucht werden.

## B. Compote von trockenem Obst. Compotes de fruits secs.

Unter den in trockenem Zustande als Compote vorkommenden Obstarten haben die Pflaumen und unter diesen wiederum die Catharinenpflaumen den Vorzug, außerdem geben die geschälten Pflaumen ohne Steine (Prünellen) ein sehr beliebtes Compote. (Die Backmethode des Obstes III. Bd. IV. Abschn.)

### Compote von trockenen Pflaumen. Compote de prunes sèches.

Außer den sehr bemerkbaren wesentlichen Abweichungen unterscheidet sich in der Kochart das trockene von dem frischen Obst noch dadurch, daß es niemals gleich mit Zucker gesüßt, sondern dieser erst später dazu gegeben wird. Die in dem Bedarfsquantum von ohngefähr einem Pfund Catharinen- oder andern trockenen Pflaumen bestehende Hauptingredienz wird in lauwarmem Wasser sorgfältig gewaschen und in einem passenden Geschirr mit der nöthigen Flüssigkeit von Wasser, einem Stückchen Zimmet und dünn abgeschälter Citronenschale aufgestellt und nach dem Ankochen auf einem schwachen gleichmäßigen Feuer treffend weich gekocht, kurz zuvor ehe dies erfolgt ist, werden nach Beseitigung des Zimmets und der Citronenschale die Pflaumen mit einem sechstel Quart Rheinwein zu der erforderlichen Kürze eingesotten, und nachdem das Compote kalt geworden, die Pflaumen sauber und nett angerichtet, der zurückgebliebene Sud mit zwölf bis vierzehn Loth Zucker zu einem klaren braunen Syrop eingekocht und wenn derselbe kalt geworden, die Pflaumen damit reichlich überzogen.

### Compote von Pflaumen ohne Steine. Compote de prunes sans noyaux.

In der Kochart mit den vorigen gleich; die Pflaumen, worin sich noch die Steine befinden, erhalten eine viertelstündige Vorkochung, so daß die Steine mittelst eines spitzen kleinen Messers, womit an der Seite eine kleine Oeffnung gemacht, herausgedrückt werden. Was diejenigen Pflaumen betrifft, aus welchen schon im rohen Zustande die Steine genommen und welche ohne dieselben gebacken sind, so werden diese ohne weiteres nach Angabe des vorigen Artikels aufgestellt und weichen sowol diese als die ersten in der weitern Bereitung nicht mehr von einander ab. — Doch erfordert die Bereitung eine vorzügliche Aufmerksamkeit, daß die Pflaumen nicht zu weich gekocht, demzufolge ein unansehnliches Compote aufgetischt wird.

## Compote von geschälten Pflaumen ohne Steine (Prünellen). Compote de pruneaux.

Nachdem sie sorgfältig gewaschen, werden sie mit der nöthigen Flüssigkeit von Wasser, einem Stück Zimmet und Citronenschale aufgestellt und vorsichtig gesotten und sobald sie treffend weich geworden, mit zehn bis zwölf Loth Zucker, einem sechstel Quart Rheinwein zu der erforderlichen Kürze von Flüssigkeit eingesotten und sofort im kalt gewordenen Zustande stückweise angerichtet.

## Bürgerliches Pflaumen-Compote. Compote de prunes à la Bourgeoise.

Sie werden auf vorstehende Weise vorbereitet und aufgestellt, werden treffend weich und zu der nöthigen Kürze eingekocht, wenn sie kalt geworden, angerichtet, hierauf der Sud mit vier bis sechs Loth Zucker aufgekocht, mit dem Saft von einer halben Citrone im Geschmack gehoben und unterdeß derselbe verkühlt, wird die dünn abgeschälte mit den Pflaumen gekochte, Citronenschale in feine Faden (Filets) geschnitten und die angerichteten Pflaumen damit belegt, auch rund herum mit dünn geschnittenen halben Citronenscheiben umkränzt und das Compote mit dem Sud überzogen.

## Compote von trockenen Aepfeln. Compote de pommes sèches.

Von den geschälten dieser trockenen Obstart wird ein Pfund im warmen Wasser etwas aufgelöset, wenn die Aepfel ganz sind, werden sie von einandergeschnitten oder auch in diesem Zustand gelassen und die von den Kerngehäusen zurückgebliebenen Kerne und holzigen Theile vorsichtig ausgeschnitten, hierauf die Aepfel gut gewaschen und mit der nöthigen Flüssigkeit, Zimmet und dünn abgeschälter Citronenschale aufgestellt. Während der Siedezeit müssen die Aepfel wegen der, sie stets nach oben haltenden Leichtigkeit öfters umgeschüttelt und dabei behutsam zu Werke gegangen werden, weil sie in einer kürzeren Zeit als die Pflaumen weich werden; sie werden hierauf, zu der nöthigen kurzen Flüssigkeit gelangt, mit einem sechstel Quart Rheinwein und zehn bis vierzehn Loth Zucker im Geschmack gehoben, und wenn sie kalt geworden und angerichtet sind, der etwa zu viel Flüssigkeit enthaltende Sud noch etwas eingekocht und die Aepfel damit überzogen.

## Compote von trockenen Birnen. Compote de poires sèches.

Von den trockenen Obstarten bedürfen diese das längste Zeitmaaß zum Weichkochen. Von den in dem Bedarfsquantum von einem bis einem und einem viertel Pfd. genommenen Obst bleiben die im ganzen Zustande gebackenen kleinen Birnen ganz und es wird ihnen nur der Stiel halb abgestutzt; die größern werden durchgeschnitten und die Kerngehäuse rein herausgehöhlt, alle recht sauber lauwarm gewaschen und auf die bekannte Weise aufgestellt, sie müssen zuweilen zwei Stunden kochen und muß dies wie bei allen trockenen Obstarten auf einem sehr schwachen gleichmäßigen Feuer geschehen. Nachdem sie zu der nöthigen Kürze von Flüssigkeit eingesotten, werden sie mit zehn bis vierzehn Loth Zucker mit etwas Wein und Citronensaft im Geschmack gehoben und nachdem sie kalt geworden, wie bewußt angerichtet.

## Compote von trockenen Kirschen. Compote de cerises sèches.

Dieses muß von schönem großen nicht zu trockenem und zu lange gelegenem Obst bereitet werden. Ihre Vermischung und Kochart schließt sich an die vorstehende Angaben, sie werden nächstdem mit vierzehn bis sechszehn Loth Zucker und Medoc oder Rheinwein im Geschmack gehoben und sofort auf die bewußte Weise angerichtet.

## Bürgerliches Compote von trockenen Kirschen. Compote de cerises à la Bourgeoise.

Ihre Bereitungsweise wiederholt sich nach Angabe des bürgerlichen Pflaumencompote-Artikels.

## Compote von Rosinen. Compote de raisins.

Hierzu werden entweder schöne große Traubenrosinen oder noch besser große türkische Rosinen genommen. Außer dem sorgfältigen Waschen in warmem Wasser werden nach einer geringen Auflösung in heißem Wasser aus der ersteren Sorte die Steine mittelst eines spitzigen Instruments sehr vorsichtig, damit die Rosinen nicht entzwei gemacht werden, herausgenommen, und die Rosinen mit der nöthigen Flüssigkeit von Wasser, einem Stück Zimmet und Citronenschale so lange gekocht, bis sie sich kugelrund ausgedehnt haben, sie werden demnächst zu der nöthigen Kürze von Flüssigkeit eingesotten, mit einem viertel Quart Rheinwein und acht bis zehn Loth Zucker im Geschmack gehoben und nachdem sie kalt geworden, nett angerichtet, sodann mit drei Loth feinfadig (in Filets) geschnittenem Citronat belegt und mit dem zu der erforderlichen Einkochung gelangten Sud überzogen.

## Compote von Corinthen. Compote de raisins de Corinthe.

Die Anfertigungsart stützt sich ganz auf die Vorschrift des vorstehenden Artikels, die Corinthen werden ebenfalls durch ein anhaltendes langes und schwaches Kochen schön rund auflaufen und können mit feinfadig geschnittenem Citronat, auch mit der dünn abgeschälten bei den Corinthen mitgekochten und hierauf eben so geschnittenen Citronenschale belegt werden.

### Compote von trockenen Feigen. Compote de figues sèches.

Eigenschaftl. Nachweisung: Art. Compote von frischen Feigen. Bei dem Kochen derselben wird die bekannte Methode so weit ausgedehnt als die zarteren Bestandtheile dieser Früchte ihre Siedezeit bestimmen, welche demgemäß mit der nöthigen Rücksicht geleitet werden muß. Sie werden hierauf mit Wein im Geschmack gekräftigt und der Zuckerzusatz durch die mehr oder weniger enthaltenden süßen Stoffe dieser Südfrüchte bestimmt. Die Anrichtemethode schließt sich an die Anweisungen der vorstehenden Artikel.

### Compote von Datteln. Compote de dattes.

Die eigentliche Heimath des überaus nützlichen wohlthätigen Baumes (Dattelpalme), von welchem diese Früchte genommen werden ist das südliche Asien und Afrika; doch wächst derselbe, wenn gleich nicht zu solcher Vollkommenheit, auch im südlichen Europa, namentlich in Italien, Spanien und Portugal; die Früchte werden dort sowol roh als verschiedentlich bereitet gegessen; der ausgepreßte Saft derselben giebt einen herrlichen Syrop, welcher zum Einmachen anderer Datteln gebraucht wird. Das Mark der jungen Bäume liefert den Sago und aus den jungen noch nicht völlig entfalteten Blättern wird ein Gemüse (Palmkohl) und in Zucker eingemacht ein Confekt (Palmkäse) bereitet und endlich die Früchte im getrockneten Zustande verschickt, welche bei uns zuweilen als Compote vorkommen. In der Gestalt gleichen die einzelnen Früchte den Eicheln, haben die Größe von Pflaumen und umschließt das saftige süße Fleisch derselben einen harten gekerbten langen Kern, getrocknet sind sie von braunrother Farbe. — Die Bereitungs- und Kochart des Dattelcompots schließt sich an diejenige des Feigencompots, auch wird die Siedezeit nach dem mehr oder weniger trockenen Zustand der Früchte in 20 bis 30 Minuten beendet und der Zucker nach den vielen süßen Bestandtheilen dieser Früchte geregelt, der Geschmack mit Wein und Citronensaft gehoben und der Compote auf die bekannte Weise angerichtet. Eben so kann diesen Südfrüchten nach einer geringen Vorkochung die Haut abgezogen und der Kern herausgeschoben werden.

---

## II. Abth.: Verzierte oder gemischte Compotes. Compotes décorées ou mêlées.

### Spiegel-Compote. Compote au miroir.

Hierzu gehören zwanzig bis vier und zwanzig auserlesene Borsdorfer Aepfel, um dies Compote in gelungener Ausführung aufzutischen; sie werden sauber und glatt geschält und mittelst eines sogenannten Ausdrehers (I. Bd. IV. Abschn. Art.: Gefüllte Gurken) aus dem dicken Fleische rund herum die erforderliche Quantität kleine runde glatte Kugeln zwei drittel Zoll im Durchmesser haltend ausgedreht und diese sofort in mit etwas Citronensaft vermischtes Wasser geworfen, aus diesem genommen werden sie in zwei oder dreimalen mit der größten Vorsicht, damit sie ihre Form behalten und nicht entzwei kochen, in zwölf bis vierzehn Loth nicht zu flüssig gekochtem Zucker mit etwas Citronensaft gesotten und behutsam auf ein großes Sieb abgetropft. Nächstdem wird von allen Abgängen der Aepfel mit etwas Rheinwein und dem von den Aepfelkugeln zurückgebliebenem Sud nach Angabe ihres Artikels eine in festester Eigenschaft gehaltene Marmelade bereitet und aus den rein gewaschenen Schalen der Aepfel mit vierzehn bis sechszehn Loth Zucker und Wein ein Gelee nach Vorschrift des Art.: Aepfelcompote mit Gelee, angefertigt, und dieser, wenn er den nöthigen Grad von Einkochung erreicht hat, auf einen geraden glatten Deckel oder zinnernen Teller gegossen. Nachdem alles so weit treffend ausgeführt und hierauf kalt geworden ist, schließt sich hieran das saubere Anrichten, welches freilich sowol von dem Talent des Verfertigers als der Haushaltsökonomie bedingt, eine relative Aufgabe bleibt. In geschmackvollen Nüancen ausgeführt, erfordert das Anrichten noch rothe und schwarze eingemachte Kirschen, auch wol Mirabellen und Reineclauden und die in Zucker gemengt gewesenen und gut abgetropften Scheiben von zwei Apfelsinen (Art.: Compote von Apfelsinen). Zuerst wird auf einem passenden Compotiere, mit dem nöthigen Raum am äußern Rand, von der Marmelade eine runde oben gewölbte oder flache Form gebildet, unten herum an dieser, mit den Apfelsinen in aufrechter Stellung und gleichmäßigen Zwischenräumen, so daß die Marmelade in diesen ungedeckt erscheint, ein schöner Kranz gebildet, an welchem sich die Aepfelkugeln in zwei oder drei Reihen auf die Art schön kranzförmig anschließen, daß oben ein runder Raum von ohngefähr vier Zoll im Durchmesser verbleibt, welcher mit zwei Sorten van den oben bezeichneten gut abgetropften Confekten geschmackvoll belegt und mit einem eben so groß geschnittenen Stück Aepfelgelee spiegelartig gedeckt wird, als Schluß wird hierauf das Ganze noch mit dem übrig gebliebenen und in runden oder dreieckig spitzen Formen geschnittenen Aepfelgelee am innern Rand der Assiette zierlich garnirt. — Das Spiegelcompote kann auch ohne Confekt und nur mit Apfelsinenscheiben belegt, auch ohne Beimischung anderer Früchte angefertigt werden.

## Vierfeldiger Compote. Compote en carré.

In formeller Beziehung der äußern Gestaltung der Hauptingredienzien steht die Bereitung dieses Compotes in Verwandtschaft mit dem vorigen; er wird sowol aus frischen Früchten als Aepfeln, Birnen, schwarzen Kirschen und grünen Mirabellen, auch wenn keine frischen Früchte zu haben sind, von dergleichen Confekten bereitet. Die im vorigen Artikel gezeigte Gestaltung der Aepfel erfolgt zu diesem Compote sowol mit acht bis zehn Stück großen Borsdorfer Aepfeln, als einer gleichen Quantität harter Kochbirnen. Die Aepfelkugeln werden in recht weiß gehaltenem glatten Zustande auf die vorhin bezeichnete Weise und die eben so geformten Birnen mit zehn Lth. Zucker roth gesotten, die Kirschen und Mirabellen nach Angabe ihrer Artikel (I. Abth.) mit der größten Vorsicht gekocht und da die Bestandtheile derselben die Hälfte des Compotes ausmachen, zu einem Drittel des dort angegebenen Quantums angefertigt. Wenn alle Früchte im schön gehaltenen ganzen Zustande in einem klaren Syrop gehörig süß gekocht und ausgekühlt sind, und ein kleiner abgerührter Creme (VII. Abschn. II. Abth.) von einem drittel Qrt. Sahne, sechs Eiern, einem halben Eßlöffel voll Mehl und acht Loth Zucker bereitet worden, erfolgt die Anrichtemethode, welche am besten und geeignetsten in einem achteckigen Compotiere und zwar auf die Art auszuführen ist, daß die richtige Mitte von dem Creme eingenommen und die vier Ecken mit den vier verschiedenen Fruchtarten in gleichmäßig mit Creme abgetheilten Feldern mit der Vorsicht sauber gefüllt werden, daß ein Ineinanderlaufen verhütet und sofort der Compote mit einem feinen Kranz von kleinen Bisquits aufgetischt wird. Der Viereckcompote läßt sich auch ohne Creme anfertigen und von bloßen Früchten mit kleinen Bisquits im Viereck anrichten. Eben so wird mit den Früchten abgewechselt, die sowol in rothen und weißen Johannisbeeren, als grünen Pflaumen (Reineclauden) und schwarzen Kirschen bestehen.

## Kaiser-Compote. Compote à l'empereur.

Die Hauptbestandtheile desselben sind zehn bis zwölf Stück mittel- und gleichmäßig große schöne Renett- oder dergleichen große Borsdorferäpfel und ein in fester Eigenschaft gehaltener abgerührter Creme. Die Aepfel werden mit einem, den dritten Theil ihres Umfanges enthaltenden runden Ausstecher in der richtigen Mitte ausgestochen, hierauf quer durchgeschnitten diese Hälften recht glatt geschält und gleichmäßig abgerundet, nächstdem in einem kurzen Zukkersyrop von zwölf bis sechszehn Loth Zucker, etwas Citronensaft und Wein im treffend weichen und ganzen Zustande gekocht und sofort vorsichtig abgetropft. An die Zubereitung dieser Aepfel schließt sich die Anfertigung eines im vorigen Artikel, aber mit um die Hälfte gesteigertem Ingredienzien-Quantum, abgerührten festen Cremes, der mit dem abgetropften Saft der Aepfel und abgeriebenem Citronenzucker im Geschmack gehoben, im kalt gewordenen Zustande in der Mitte eines Compotiers in Pyramide geordnet, hierauf mit den indeß mit Citronatstifteln bestochenen Aepfeln an den Seiten und oben recht geschmackvoll belegt und wenn demnächst noch die in der Mitte befindlichen Vertiefungen der Aepfel mit eingemachten Glaskirschen, schwarzen Kirschen, oder dicker Apricosenmarmelade gefüllt und das Ganze mit fein gesiebtem Zucker bestreut ist, wird der Compote in einer mäßigen Hitze eine halbe Stunde leicht gebacken und schön glacirt und sowol als kalte denn als warme Speise aufgetischt.

## Abgetheilter Compote. Compote élagée.

Wenn dieser Compote treffend bereitet und geschmackvoll angerichtet werden soll, so muß auf die hiezu nöthigen beiden Hauptbestandtheile, nämlich auf die Gestaltung und Kochmethode der ganzen Aepfel sowol, als auf die Bereitung der Aepfelmarmelade, eine vorzügliche Aufmerksamkeit gerichtet werden. Die formelle Behandlungsweise von einem Dutzend Borsdorfer Aepfeln schließt sich mit der Abweichung an die Angabe des vorigen Artikels, daß der benöthigte Ausstecher um ein Drittel kleiner und statt die Aepfel in Hälften zu theilen, diese in einen viertel Zoll dicke radförmige schön gleichmäßig abgerundete kleinere Scheiben geformt, demnächst in einem kurzen Zuckersyrop nach vorstehender Anweisung in schönem ganzen Zustande gekocht und abgetropft werden. Die von zwölf bis funfzehn Stück Renett- oder andern weichen Aepfeln mit den reinen Abfällen der schon geschälten ganzen Aepfel, acht Loth Zucker und dem durchgetropften Saft der Aepfelscheiben bereitete Marmelade muß zu der möglichsten Kürze eingekocht, so daß sie im kalt gewordenen Zustande als eine feste compakte Masse erscheint. Mit dieser Arbeit vereinigt sich das von sämmtlichen reinen und sauber gewaschenen Schalen der Aepfel mit zwölf bis vierzehn Loth Zucker treffende Anfertigen eines klaren zu der nöthigen Kürze eingesottenen und auf ein grades flaches Geschirr (Teller oder Deckel) einen sechstel Zoll dick gegossenen Aepfelgelees (I. Abth. Art.: Aepfel-Compote mit Gelee). Wenn nach diesem alle so vorbereiteten Gegenstände ganz kalt geworden, erfolgt die Anrichtemethode auf folgende Weise: Zuerst wird mit Beachtung des nöthigen Raumes an dem Rand des Compotiere mit der Marmelade, welche zur Abwechselung noch mit etwas Aprikosenmarmelade vermischt werden kann, ein dem Durchmesser der Aepfelscheiben gleichkommender hoher Boden geformt, welcher, nachdem er schön gleichmäßig geglättet und geebnet, an den Außenseiten mit den indeß mit Angelika und Pignolen (Art. Kais. Comp.) besteckte Aepfelscheiben in aufrechter Stellung belegt wird, zunächst diesem Verfahren wird mit der übrigen Marmelade eine, einen Zoll breit zurückweichende zweite Abstufung in Boden- oder Kranzform ausgeführt, worauf ein Belegen an den Aussenseiten desselben mit den übrigen Aepfelscheiben wie das erste mal erfolgt und kann als Steigerung des schönen Aeußern mit einem dritten eben so abweichenden Kranz die ganze Procedur noch einmal wiederholt werden. Die oben befindliche Vertiefung wird entweder mit Johannisbeer-, Erdbeer-, Mirabellen- oder anderm Confekt oder mit den etwa übrig gebliebenen Aepfelscheiben gefüllt; zum Schluß das Ganze unten herum und die Flächen der Abstufungen mit dem in zierlichem Dreieck geschnittenen oder rund ausgestochenen Aepfelgelee geschmackvoll belegt und in jede der in der Mitte der Aepfelscheiben befindlichen Vertiefung eine Glaskirsche gesteckt.

## Quadrillen=Compote. Compote en quadrille.

Die treffend und gelungene Ausführung sowol als die geschmackvolle Anrichtemethode dieses Compotes beruht hauptsächlich auf eine nach vorstehender Angabe bereitete compakte und schmackhafte Aepfelmarmelade, welche von einem Dutzend Renett- oder Calvilläpfeln mit den zurückgebliebenen saubern Abgängen der aus zehn Stück geschälten großen Borsdorfer- oder Renett Aepfeln gedrehten kleinen Kugelformen gemacht wird. Die Aepfelkugeln werden auf die bekannte Weise vorsichtig gekocht und von sämmtlichen rein gewaschenen Schalen mit zwölf Lth, Zucker, etwas Rheinwein und dem durchgetropften Saft der Aepfelkugeln ein klarer Aepfelgelee bereitet (I. Abth. Art.: Aepfelcompote mit Gelee). Die Anrichtemethode des Quadrillencompotes erfordert eine genaue Rücksicht in der Ausführung, so daß mit der Aepfelmarmelade in der richtigen Mitte des vier- oder achteckigen Compotiers ein glatter zwei Zoll hoher schmaler Kranz mit einer zwei und einen halben Zoll im Durchmesser haltenden Vertiefung gestaltet wird, an dessen Außenseiten sich vier gleichmäßige Abtheilungen, ebenfalls von Aepfelmarmelade geformt, schließen. Nachdem alles schön geebnet und geglättet, werden die vier bezeichneten Felder mit grünen Pflaumen (Reineclauden), weißen Johannisbeeren, rothen und schwarzen Kirschen einzeln gefüllt und in die mittlere Vertiefung ein Theil der bezeichneten Aepfelkugeln gethan. Die noch übrigen Aepfel werden mit kurzgekochtem Aepfelsyrop gemischtem Altkermeßsaft roth gefärbt und mit diesen Aepfeln im Verein des in zierlichen Stückchen geschnittenen Aepfelgelees der Compote auf die Art verziert, daß dadurch nicht eine zu bunte geschmacklose Speise aufgetischt, sondern die Verzierung correkt und elegant gehalten wird.

## Eine andere Art Quadrillen=Compote. Compote en quadrille d'une autre manière.

Weicht in der Bereitung von dem vorstehenden dadurch ab, daß er aus lauter frischen Früchten, als Aepfeln, Birnen, geschälten frischen Pflaumen und frischen schwarzen Kirschen gemacht wird. Die in zierlichen Vierteln geschnittenen und geschälten Aepfel und Birnen, die aus den Steinen genommenen und geschälten halben Pflaumen und die von den Kernen gesonderten Kirschen werden ein jedes nach Angabe ihrer in der ersten Abtheilung enthaltenen Artikels als Compote und zwar die Birnen roth gekocht und im kalt gewordenen Zustande mit der dazu benöthigten Aepfelmarmelade in Quadrille angerichtet, wobei als Steigerung im schönen Aeußern die mittlere Vertiefung noch von zwei Stück Früchten bereiteten Apfelsinen-Compote (I. Abth. dessen Art.) eingenommen werden kann.

## Malthefer Reiß=Compote. Compote de riz à la Maltoise.

Dies in seinem schönen Aeußern glanzvolle Compote kann leicht durch eine zu starke Verzierung von Früchten und farbigem Reiß überladen und demzufolge geschmacklos aufgetischt werden. Alle verzierte oder gemischte Compotes erscheinen in ihrem größten Glanze, wenn sie bei stattfindenden größern Tafeln oder Gesellschaften, die von einer Speise eine mehrfache Auftischung nöthig machen, auf mehreren Compotieren oder Assietten zugleich angerichtet werden können; sie erscheinen alsdann ohne dabei ins Bizarre oder Abgeschmackte zu fallen, was bei dem partiellen Anrichten zuweilen unvermeidlich wird, in mannichfaltigern Nüancen gearbeitet und zusammengestellt werden und können was insbesondere die Verzierung anbetrifft, einen größeren Spielraum entwickeln. Ein halbes Pfd. guter Reiß wird nach vorhergegangenem Blanchiren (Aufkochen im Wasser), Abkühlen und Verlesen in einem passenden Geschirr in viel reinem Wasser mit einigen Messerspitzen voll Salz weich, jedoch im körnigen Zustande gekocht, zunächst gut abgekühlt und auf einem großen Siebe oder einer Serviette von aller Flüssigkeit abgetropft. Indessen wird von vierzehn bis sechszehn Loth Zucker mit etwas Wasser und Citronensaft ein klarer Syrop gekocht und dieser zum schwachen Bruchzucker eingesotten, (man taucht den Finger in kaltes Wasser, schnell in den Zucker und eben so schnell wieder in das Wasser; läßt sich hiernach der Zucker vom Finger lösen, ohne daß er bricht und hängt er sich noch an den Zähnen, so ist er zum schwachen Bruch eingesotten), mit diesem Zucker wird nunmehr der Reiß vorsichtig und genau vermischt zunächst mit einem Glas Marasquin im Geschmack gehoben, und sofort auf einer Assiette auch einem runden oder viereckigen Compotiere angerichtet, welches in individueller Beziehung dem Talent in sofern überlassen bleibt, als von dem Reiß halb runde, dreieckige oder ovale Fächer oder in der richtigen Mitte ein Ritterkreuz davon gestaltet, deren Außenseiten und Flächen mit als Compote bereiteten Apfelsinenscheiben zierlich besteckt, auch mit geschmackvollen Modells von einem Theil mit Altkermessaft gefärbtem Reiß im schönen Aeußern trefflich nüancirt werden. Mit diesem Verzieren vereinigt sich zugleich das Füllen der Fächer, welche sowohl von allen Arten Compoten von frischen Früchten als: Pfirsischen, Aprikosen, in walzen- oder kugelförmigen Gestalt gebrachten kleinen weißen Aepfeln und rothen Birnen, grünen und geschälten Pflaumen, rothen und schwarzen Kirschen, als dergleichen verschiedenartigen Fruchtconfekten eingenommen werden, deren Bereitungsarten in ihren Artikeln (I. Abth.) und als theilweise Bestandtheile eines Ganzen nach der dort aufgeführten Bedarfsquantums-Angabe ohngefähr um zwei Drittheile verringert werden können.

## Schön gezierter Compote. Compote à la belle vue.

Der Hauptbestandtheil desselben ist in einer Mandel schöner Borsdorfer Aepfeln enthalten, welche nachdem sie in lange Hälften getheilt aus dem Kerngehäuse gedreht, glatt geschält und abgerundet sind, in einem Zuckersud von vierzehn Loth Zucker und Citronenschale, dem Saft von einer Citrone, etwas Rheinwein und einem achtel

Qrt. Wasser im treffend weichen Zustande gesotten, zunächst aus dem Sud gehoben und gut abgetropft werden. Gleichzeitig werden die reingewaschenen Schalen und Abfälle der Aepfel mit der nöthigen Flüssigkeit ausgekocht und von dieser Auskochung ein mit zehn bis zwölf Loth Zucker, dem durchgetropften Saft der Aepfelhälften, ein zu der erforderlichen Kürze (Perlzucker, wenn bei dem Kochen des Zuckers sich perlenähnliche Bläschen zeigen), eingesottener und auf einem flachen Geschirr (Deckel oder Teller) einen viertel Zoll dick aufgegossener Gelee bereitet. Nachdem alles gehörig ausgekühlt ist, werden die Aepfeln mit Angelikastiffteln und Pignolen (VII. Absch. VII. Abth. Artikel: Creme von Pinien) abwechselnd bestochen und hierauf in Vereinigung von schönen rothen Glaskirschen nnd in Zucker eingemachten grünen Bohnen, ferner mit dem in beliebige runde oder ovale Stückchen geformten, dreieckig oder lanzettförmig geschnittenen Apfelgelee auf einen passenden Compotiere geschmackvoll angerichtet.

## Schwedischer Compote. Compote à la Suédoise.

Von acht bis zehn gleichmäßig großen, schönen Renettäpfeln werden mittelst eines fingerdicken runden Ausstechers die Kerngehäuse ausgestochen, hierauf aus jedem der Aepfel drei radförmige Stück· geschnitten, welche in einem kurzen Zuckersyrup von zwölf bis vierzehn Loth Zucker und Citronensaft zur Hälfte weich gekocht und sofort gut abgetropft, oder auch im rohen Zustande mit acht Lth. fein gestoßenem Zucker, abgeriebenem Citronenzucker und einem Glas Franzbranntwein oder Rum eine Stunde marinirt werden. Nächstdem knüpft sich die gelungene Bereitung dieses Compotes an die Bedingung einer von zehn bis zwölf Stück großen Reinett- oder Calviläpfeln mit den geschälten Abgängen und zwölf Loth Zucker in festester Eigenschaft bereiteten Aepfelmarmelade, welche in den vierten Theil ihres voluminösen Inhaltes noch mit fester Aprikosenmarmelade vermischt wird. Diese Marmelade wird mit Beobachtung des nöthigen Raumes am innern Rand auf eine der Hitze widerstehende Schüssel (Assiette, Compotiere) in gewölbter oder erhabener Form gebracht und mit den bezeichneten, gegenseitig an den Kanten aufliegenden Aepfelringen in ihrer ganzen Ausdehnung von unten bis oben belegt; hierauf alles mit Aepfelmarmelade leicht überstrichen und nachdem dies geschehen, mit sehr fein gestoßenem und gesiebtem Zucker bestäubt und zunächst in einem ziemlich stark erhitzten Ofen fünfzehn bis zwanzig Minuten, die rohen Apfelscheiben n einem etwas längeren Zeitmaaß mit einer braunkrustigen Glasur gebacken werden. Er kann sofort als warmer oder später als kalter Compote aufgetischt, auch nöthigenfalls mit einer glühenden Schaufel in der Glasur nachgeholfen werden. Dieser Compote erscheint auch als:

## Gestaffelt schwedischer Compote. Compote à la Suédoise en gradins.

Die formelle Bereitungsweise der Aepfel bleibt sich mit der vorigen in so fern gleich, als die Aepfelringe in etwas kleinerer Form und demzufolge aus Borsdorfer oder einer andern kleinen Apfelsorte bestehen kann; daher das Bedarfsquantum um etwas gesteigert, auch die Apfelringe treffend und durchaus nicht im zu weichen Zustande, in dem bekannten Zuckersyrup gesotten werden, auch eben so die Marmelade nach vorstehender Angabe aber in etwas stärkerer Quantität bereitet wird. Mit diesen vorbereiteten und gänzlich ausgekühlten Gegenständen wird nun ein staffelförmiger Compote auf die Art gebildet, daß zuerst mit der Marmelade eine fingerhohe Unterlage gemacht, über diese an den Seiten herum mit den Aepfelringen, dessen jede mittlere Vertiefung mit einer gut abgetropften Glaskirsche gefüllt, ein flacher Kranz gelegt wird, dann werden mittelst eines naßgemachten Messers mit Apfelmarmelade die Ringe leicht und dünn überzogen, der mittlere Raum glatt gestrichen und geebnet und nächstdem mit einer fingerbreiten Zurückweichung nach innen, so daß die Apfelringe zur Hälfte zu sehen bleiben, eine zweite Unterlage von Aepfelmarmelade geordnet, ein zweiter Kranz von Apfelringen gebildet und diese Procedur in einer dritten und vierten Unterlage, mit einem darauf gelegten Kranz wiederholt wird. Das Ganze wird hierauf oben mit Aepfelmarmelade gefüllt, die richtige Mitte von einem gefüllten schönen Apfelring eingenommen und nachdem die Speise mit feinem Zucker bestreut, wird sie entweder im Ofen oder mit der glühenden Schaufel glacirt. — Als ausgezeichnet in der Ausführung erscheint dieser Compote wenn die Aepfelringe von verschiedener Größe gestaltet, so daß jede Unterlage seine eigene Form, demgemäß die unterste Schicht von den großen Aepfelringen und in Abstufungen folgend, die oberste Lage von den kleinern Aepfelringen eingenommen wird.

## Gemischte Aepfelmarmelade. Marmelade mêlée de pommes.

Diese Marmelade wird von mehr als einer Mandel weicher großer Aepfel mit zehn bis zwölf Loth Zucker, Citronenschale, Citronensaft und Wein in dickflüssiger doch nicht fester Substanz angefertigt und mit einem halben Pfd. recht sauber gewaschenen und verlesenen und hierauf rund gekochten Corinthen vermischt. Zugleich wird von den rein gewaschenen Schalen und Abgängen der Aepfel mit vierzehn bis sechszehn Loth Zucker, etwas Rheinwein und Citronensaft auf die schon bekannte Weise ein klarer Aepfelgelee bereitet, der ein viertel Zoll dick auf einen Teller oder einen, eine gleichmäßige Fläche enthaltenden Deckel gegossen wird. Nachdem die gemischte Aepfelmarmelade in wenig erhabener Form angerichtet ist, werden von dem indeß ganz kalt gewordenen Aepfelgelee einen sechstel Zoll starke Streifen geschnitten und mit diesen auf der Aepfelmarmelade auf die Art ein Gitter gebildet, daß in der richtigen Mitte zuerst ein Kreuz gelegt, von beiden Seiten desselben mit immer ein wenig mehr abgekürzten Geleestreifen in kleinen Abweichungen bis zum Rand des Compotieres fortgefahren und als Schluß die Außenseite rund herum mit im spitzen Dreieck geschnittenen Apfelgelee garnirt wird. — Die Mischung der Apfelmarmelade geschieht nicht unbedingt allemal mit Corinthen, eben sowol kann diese auch mit türkischen Rosinen, kleinen als Compote vorgekochten Kirschen auch aus den Steinen genommenen Mirabellen ausgeführt werden.

## Zierlich eingefaßte Marmelade. Marmelade de pommes en balustrade.

Die nach Angabe des vorstehenden Artikels im gleichen Quantum, aber in bedeutend festerer Substanz bereitete Marmelade, so daß sie in dieser Beziehung zwischen der zum schwedischen Compote nöthigen und derjenigen im vorigen Artikel aufgeführten Apfelmarmelade den Mittelweg hält, wird in, möglichst auf Eis recht kalt gewordenem Zustande, mit Beobachtung des erforderlichen äußern Raumes am Rande der Compotiere ein zwei Zoll hoher und einen und einen halben Zoll breiter turbanähnlicher Kranz dressirt, der entweder in oben abgerundeter oder eckig flacher, an den Seiten glatter oder gerippten Form gebildet, welcher demnächst mit einigen farbigen Confecten, als Hagebutten, eingemachten grünen Bohnen, oder dergleichen Pflaumen, rothen Kirschen oder mit Altkermeßsaft roth gefärbte Apfelmarmelade, ferner mit Abrikosenmarmelade oder Apfelsinenscheiben leicht und geschmackvoll verziert wird, wobei jedoch eine Ueberladung und ein Abttopfen der Säfte durchaus vermieden, das Gauze sauber gehalten und in richtigen Conturen ausgeführt werden muß. Die Ausfüllung des innern mittleren Raumes bleibt in sofern relativ als dies von den Umständen, auch dem Geschmack des Tischherrn bedingt, und in individueller Beziehung dem Verfertiger überlassen bleibt, es können in denselben alle mögliche Confecte, als rothe und weiße Johannisbeeren, Erdbeeren, Mirabellen, grüne nnd blaue Pflaumen, rothe und schwarze Kirschen, ganze Abrikosen oder Pfirsiche, Preißelbeeren und dergleichen mehr aufgenommen werden; ferner werden in die Balustrade sowol als Compote gekochte Melonenscheiben, dann ebenso geschnittene und roth gekochte Quitten oder Birnen, als dergleichen weiß gekochte Aepfelscheiben auch eine jede andere passende Fruchtart gefüllt

## Mazedonier-Compote. Compote à la Macedoine.

Dieser aus vielfältigen Bestandtheilen zusammengesetzter und gemischter Compote, erleidet darum eine seltnere Auftischung, weil es seines Charakters gemäß, aus einem bunten, wenig Verehrer findenden Amalgama besteht. Es wird sowol aus frischen als trockenen Früchten bereitet, welche nach Angabe ihrer in der ersten Abtheilung enthaltenen Artikel als Compote in kurzem Sud gekocht und als einzelne Bestandtheile eines Ganzen in geringer Quantität genommen werden. So erscheint dies aus trockenem Obst bestehende Compote von einem viertel Pfd. Catharinen-Pflaumen, einem viertel Pfd. türkischen Rosinen, einem viertel Pfd. Corinthen und einem viertel Pfd. theils gebackenen Aepfeln, theils Birnen und Kirschen. Da bei dem Kochen das Zeitmaaß ihres Weichwerdens von einander abweicht, so muß jede Obstart besonders gekocht und nachdem dies erreicht, der von allem Obst zusammengebrachte Saft mit zwölf bis vierzehn Loth Zucker und einem sechstel Qrt. Rheinwein zu der erforderlichen Kürze eingesotten und entweder das Obst behutsam vereinigt oder ein jedes besonders in abwechselnden Feldern oder Abstufungen angerichtet, mit dem bezeichneten Saft reichlich überzogen und kann unten rund herum mit sägeförmig gekerbten, von den Kernen gesonderten, halben Citronenscheiben garnirt werden. Der in frischen Früchten vorkommende Mazedonier-Compote besteht in, aus den Kerngehäusen gedrehten und glatt geschälten Apfelhälften oder Vierteln, eben solchen roth gekochten Birnen, auch Quitten und Melonenscheiben, ferner aus den Steinen genommenen halben Pflaumen und eben solchen ganzen Kirschen. Bei dem Anrichten können die schön ganz und weiß gehaltenen Aepfel mit etwas Apfelgelee gedeckt, den äußern Kranz bilden und so in Abstufungen mit den rothen Birnen oder Quitten, dann den gelben Melonenscheiben, dann den blauen oder grünen Pflaumen fortgefahren, der mittlere Raum zugleich mit derselben Frucht in glatter Unterlage geebnet und mit den schwarzen Kirschen die Anrichtemethode beendet und so der Compote im gemischten Zustande in trefflichen Nüancirungen aufgetischt werden.

## Dressirter Reiß-Compote. Compote de riz dressée.

Die sonderbare Zusammensetzung von verschiedenem Obst und Reiß und besonders als zu denen, das Auge ergötzenden verzierten Gerichten gehörend, wird demzufolge nur bei stattfindenden Prachttafeln, Bällen, großen Frühstücken oder dergl. Festen mehr, wo nach neuer deutscher Anrichtemethode von einem Gericht mehrere Schüsseln zugleich aufgetischt, bereitet. Er steht in naher Verwandtschaft mit dem Malthefer Reiß-Compote und kann in individueller Beziehung von dem Talent und dem Geschmack des Verfertigers sowol, als dem des Tischherrn abhängig in abwechselnden trefflich gezeichneten Conturen ausgeführt werden. Freilich erhalten diese Gerichte erst durch oft wiederholte Manipulationen in der Bereitung jene Sicherheit und feinen Takt der Composition, wodurch sie als der Typus des Schönen betrachtet werden können. Obgleich die Bereitungsweise dieser Art Speisen sich jenen vorstehenden füglich anschließt, so bildet dennoch bei diesen der Reiß den materiellen Hauptbestandtheil und kann demzufolge als der Grundstoff derselben betrachtet werden. Um nun einen eleganten Bau mit dem Reiß aufführen zu können, ist es zuvörderst von großer Wichtigkeit, daß derselbe von der besten Qualität genommen und im treffenden Zustande gekocht wird. Man lasse drei viertel Pfd. bei wiederholtem Abwechseln mit frischem Wasser gewaschenen Reiß, eine Minute in vielem Wasser kochen, hierauf mit vielem kaltem Wasser abkühlen und verlesen und in einem mit etwas frischer Butter belegten breiten Geschirr mit einem Qrt. Sahne, einigen Messerspitzen voll Salz, zwei Loth ganz frischer Butter und später mit zehn Loth Zucker über einem ganz gelinden Kohlenfeuer zu einer cremigen weichen Masse ausquillen, welche nicht zu fest, aber die Consistenz besitzen muß, um im kalt gewordenen Zustande, jede beliebige Form davon machen zu können, zu welchem Behuf er mit dem Löffel einige Male durchgerührt wird. Nachdem dies vollkommen erreicht ist, und der Reiß durch etwas abgeriebenen Citronenzucker und ein achtel Qrt. Marasquin im Geschmack trefflich gehoben worden, wird derselbe von der mit ihm vorzunehmenden Gestaltung bedingt, entweder in eine mit etwas Milch inwendig benäßte Form oder Casserolle oder auf ein flaches Geschirr zum Auskühlen geschüttet und sobald dies complett erfolgt ist und sich dieser Zubereitung die Anfertigung eines von acht bis zehn Stück in Hälften gebrachte Pfirsichen- und ein dergleichen noch um ein Drittel stärkeres Ingredienzien-Quantum genommenen Abrikosen-Compotes angeschlossen hat, wird zur Dressur des Compotes geschritten, der nun in folgenden Gestaltungen vorkommt:

## Gestaffelter Reiß-Compote. Compote de riz en gradins.

Zuerst wird von dem bezeichneten Reiß auf der Compotiere oder Assiette eine, einen Zoll hohe Unterlage gebildet, deren äußere Oberfläche mit den noch ein oder zwei Mal gespaltenen Pfirsich- oder Aprikosenhälften recht sauber eingefaßt und hierauf die dadurch entstandenen Zwischenräume und die mittlere Vertiefung mit Reiß sauber ausgefüllt und glatt geebnet werden; zunächst wird mit Reiß eine einen fingerbreit zurückweichende zweite Schicht gemacht und nachdem die äußere Oberfläche derselben mit etwas kleinern Abrikosenscheiben bekränzt worden, wird dasselbe Verfahren mit einer dritten und vierten, jedesmal mit kleinern Pfirsich- und Abrikosenspalten abwechselnd bekränzten Schicht wiederholt und die obere Mitte mit einer mit Reiß zusammengesetzten Abrikosenmarmelade bepflanzt. Nächstdem erhält der Reiß an seinen Außenseiten eine aus kleinen geschmackvollen Modells bestehende Verzierung, welche aus dem übrig gebliebenen mit Alkermeßsaft roth gefärbten und mit einem Messer zusammengekneteten Reiß gemacht, wodurch der Compote im schönen Aeußern gesteigert und sofort als ein schönes Ganze aufgetischt wird.

## Pyramidenartiger Reiß-Compote. Compote de riz en pyramide.

Die Hauptbestandtheile sind ein Pfd. auf die vorhin gezeigte Weise gekochter Reiß und zwanzig bis vier und zwanzig Stück ganz kleiner Borsdorfer- oder eine andere Art kleiner Aepfel, von welchen mittelst eines kleinen runden Ausstechers die Kerngehäuse ausgestochen, und wenn nächstdem die Aepfel recht glatt geschält und abgerundet sind, werden sie zugleich in viererlei gegenseitig etwas abweichende große und kleine Gestalten dressirt, hierauf in einem leichten kurzen Zuckersyrup von zwölf bis vierzehn Loth Zucker treffend aber durchaus nicht zu weich gesotten und sofort gut abgetropft. Hieran schließt sich der im richtigen Triangel aufgeführte, elegante Bau einer Pyramide auf die Art an, daß zuerst mit dem Reiß eine einen Zoll hohe Unterlage geformt, welche an jede ihrer Breiten auf der äußern Oberfläche mit drei Aepfeln bepflanzt, deren Zwischenräume und Spalten und die mittlere Vertiefung mit Reiß ausgefüllt und geebnet werden. Alsdann kommen zwischen diese Aepfel sechs in der Kleinheit darauf folgende andere Aepfel und wird demnächst das eben gezeigte Verfahren hinsichtlich der Spalten und Räume auf dieselbe Weise wiederholt. Hieran reihet sich nun mittelbar über die ersten Aepfel, eine mit neun Stück noch kleinern Aepfeln ausgeführte dritte, und an diese mittelbar über die zweite Apfelschicht eine mit sechs Stück noch kleinern Aepfeln geleitete vierte Aufpflanzung auf die Art an, daß durch die jedesmalige Aufschichtung mit kleinern Aepfeln die Form sich in ihren Dimensionen verringert nnd dabei so gehalten wird, daß sie nach inwendig zurückweicht, mithin dadurch eine dreieckige Pyramide entsteht. Wenn diese in gleichmäßigen sich gegenseitig begränzenden Profilen gelungen aufgeführt ist, wird sie zum Schluß mit gelbem oder rothfarbigen Reiß und zwei verschiedenen Confekten oder Marmeladen mittelst eines einen Zoll breiten spitz zulaufenden vorne stumpfen Instruments im orientalischen Geschmack gehaltenen Conturen bezeichnet und sofort aufgetischt.

## Turbanartiger Reiß-Compote. Compote de riz en turban.

Der Reiß kann füglich zu diesem Compote in einer dazu passenden Cylinderform (I. Bd. Einl.) modellirt und nachdem er ausgestürzt, der Türkenbund davon gebildet werden, oder er wird aus freier Hand auf dem zum Anrichten bestimmten Compotiere oder Assiette elegant dressirt. So wie schon einmal bemerkt worden, muß zu diesem sowol als anderen Gerichten, welche in ihren Combinationen aus geformtem Reiß bestehen, dieser stets treffend, in der richtigen, nicht zu festen und nicht zu weichen Consistenz gekocht werden, damit der Reiß die ihm gegebene Form annimmt und auch behält. Aus dem zwei und einen halben bis drei Zoll hohen, unten zwei Zoll breiten, oben in seinen Dimensionen etwas schmälern abgerundeten dressirten Reißrand wird mit einem spitz zulaufenden, vorne stumpfen Instrument eine türkenbundähnliche Form nachgebildet, welche in ihren möglichst scharf ausgedrückten Conturen mit trocken abgetropften frischen Früchten und wenn dies die Jahreszeit nicht gestattet, mit dergleichen Confekten, auch farbigem Reiß geschmackvoll verziert wird, so daß daraus ein schönes sich selbst empfehlendes Ganze hervorgeht, das sein innerer Raum von einem nach Angabe ihrer Artikel (I. Abth.) bereiteten und im Ingredienzien Quantum um ein Drittel verringerten Compote von Mirabellen, Glaskirschen, Nattkirschen, grünen oder blauen, auch geschälten Pflaumen, ferner von weißen Aepfel- oder rothen Birnenvierteln, auch Melonenscheiben und dergleichen andern Früchten mehr, angefüllt und der Compote sofort aufgetischt wird.

## Carthäuser Aepfel-Compote. Charlreuse de pommes.

Es erfordert in seinen inhaltigen Bestandtheilen, zwanzig bis vier und zwanzig Stück der besten Renettäpfel, von welchen, nachdem sie recht sauber geschält, rund herum mittelst eines einen Zoll im Durchmesser haltenden runden langen Ausstechers gleichmäßige Walzenformen ausgestochen, die an den Enden genau in ganz gleicher Länge abgestutzt werden. Gleichzeitig wird von allen Abgängen der Aepfel mit acht bis zehn Loth Zucker auf die bekannte Weise eine ganz feste Marmelade bereitet, welche in den dritten Theil ihres voluminösen Inhaltes mit fester Aprikosenmarmelade vermischt wird. Inzwischen ist der Saft der Apfelsprossen zu einem dicken Syrup eingesotten und die Hälfte desselben mit Altkermeßsaft roth gefärbt, in diesem werden nun die Hälfte der Apfelsprossen behutsam gewendet und mit der anderen Hälfte der Aepfel mit dem weißgelassenen Zuckersyrup dasselbe Verfahren beobachtet und sofort das ordnungsmäßige Einlegen in eine Form auf folgende Weise begonnen. Diese Form kann aus einem ganz glatten, sechs Zoll langen, vier Zoll breiten und zwei und einen halben Zoll hohen ovalen, oder einem, eine gleiche Ausdehnung enthaltenden runden, auch aus einem in etwas größern Umfange mit einem Rohr oder Cylinder versehenen, jedoch immer mit dem zum Compote bestimmten kleinen Schüssel harmonirenden Modell bestehen, welches auf der unteren Fläche mit einem feinen Papierblatte glatt belegt, hierauf mit Apfelscheiben, die zu diesem Behufe dazu vorbereitet werden, oder auch mit einem Theil der bezeichneten Apfelsprossen nett belegt wird, alsdann werden die Seitenwände der Form, mit den übrigen Aepfeln, roth und weiß mit einander abwechselnd in aufrechter Stellung mittelst etwas Apfelmarmelade dicht an einander gestellt, genau bepflanzt, zunächst alle Räume und Spalten mit Apfelmarmelade glatt und fest ausgestrichen und geebnet und der innere Raum ebenfalls mit Apfelmarmelade fest ausgefüllt. Nachdem die Form einige Stunden an einen recht kalten Ort gestellt, wird mit einem ganz dünnen Messer an den Seiten der Form behutsam herumgefahren, alsdann der Inhalt derselben auf eine passende Assiette sehr vorsichtig ausgestürzt und wenn mit gleicher Aufmerksamkeit das Papierblatt abgehoben ist, das Compote sofort aufgetischt.

## Gemischter Carthenser-Compote. Charlrense mêlée de pommes.

In der Bereitungsart von der vorstehenden dadurch abweichend, daß die Apfelstäbchen in Verbindung von achtzehn bis zwanzig schönen Hagebutten (Confekt) und eben so viel als Compote gekochten Melonenscheibchen in trefflichen Nüancen, auf den Boden der Form gelegt werden, jedoch das mittlere Inhaltsprodukt des Compotes ebenfalls aus fester mit Abrikosenmus vermischter Apfelmarmelade besteht, die noch mit acht bis zehn Loth vorbereiteten und vorgekochten Corinthen, auch wohl kleinen Kirschen vor dem Einfüllen vermischt wird, dem zufolge die Aepfel-Ingredienz um ein Drittel im Quantum verringert werden kann.

Gedruckt bei C. Feister.

# Inhaltsverzeichniſs

des

## zweiten Bandes.

---

### I. Abſchnitt. I. Abtheilung.


| | Seite |
|---|---|
| Eingangsſchüſſeln. Feine Fleiſchſpeiſen. Entrées. | 1 |
| I. Abtheilung. Rind. Boeuf. . . . . . | 2 |
| Verzierte Rindergaumenpopietten. Popiettes de palais de boeuf à la Conti . . . . . . . . . . . . | — |
| Einfache Rindergaumenpopietten. Popiettes de palais de boeuf à l'Espagnole. . . . . . . . . . . | 4 |
| Rinderpopietten mit Matroſenragout. Popiettes de palais de boeuf en matelote. . . . . . . . . | — |
| Gratin von Rindergaumenpopietten. Gratin de palais de boeuf. | — |
| Rinderzungenſtücke auf franzöſiſche Art. Filets de langue de boeuf à la Française. . . . . . . . . | 5 |
| Rinderzungenſtücke mit Matroſenragout. Filets de langue de boeuf en matelote . . . . . . . . . . . | 6 |
| Rinderzungenſtücke in Papilloten (Papierwickeln). Langue de boeuf en papillotes. . . . . . . . . . | — |
| Gratin von Rinderzunge. Langne de boeuf en gratin. . . | — |
| Rindermaulragout. Muſe de boeuf en ragout. . . . . | 7 |
| Timbal von Rinder-Amouretten. Timbale d'amourettes de boeuf. | — |
| Rinder-Amouretten-Timbal nach Touloufer Art. Timbale d'amourettes de boeuf à la Toulouse. . . . . | 8 |
| Ochſenbrägen (Gehirn). Cervelle de boeuf. . . . . | — |
| II. Abtheil. Kalb. Veau. . . . . . . . | 9 |
| Saute von Kalb. Sauté de veau. . . . . . . . | — |
| Kalbs-Saute mit Bechamelle. Sauté de veau à la bechamelle. | 10 |
| Deutſche Kalbsſchnittchen. Sauté de veau à l'Allemande. . . | — |
| Gratinirte Kalbsſchnittchen. Sauté de veau gratiné. . . | — |

| | Seite |
|---|---|
| Kleine Zartfilets von Kalb nach französischer Art. Filets mignons de veau à la Française. . . . . . . . . | 11 |
| Kleine Zartfilets von Kalb nach Conti. Filets mignons de veau à la Conti. . . . . . . . . . . . | — |
| Glacirte Kalbs-Popietten als Eingangschüssel. Popiettes de veau glacés pour Entrée. . . . . . . . . | — |
| Verzierte Kalbspopietten. Popiettes de veau à la Conti. . . | 12 |
| Pannirie Kalbspopietten als Eingangsschüssel. Popiettes à la broche pour Entrée. . . . . . . . . . | — |
| Blanquette von Kalb (Blankette). Blanquette de veau . . | — |
| Kalbsblanquette mit Kräutern. Blanquette de veau à la poulette | 13 |
| Kalbsblanquette mit Champignons. Blanquette de veau aux champignons. . . . . . . . . . | — |
| Gemischtes Blanquette. Blanquette de veau mêlée. . . | — |
| Hachee von Kalb. Hachée de veau (Hachis). . . . . | 14 |
| Emince von Kalb (Eminze). Emincée de veau. . . . | — |
| Kalbs-Coteletten als Eingangsspeise. (Entrée) Cotelettes de veau pour Entrée. . . . . . . . . . . . | — |
| Gefüllte Kalbs-Coteletten. Cotelettes de veau en surprise. . | — |
| Sautirte Kalbs-Coteletten. Cotelettes de veau sautees. . . | 15 |
| Kleine Frikandeaus als Eingangsspeise (Entrée). Petits fricandeaux pour Entrée. . . . . . . . . . | — |
| Einfaches Kalbfleisch-Frikassee. Fricassée de veau. . . . | — |
| Kalbfleisch-Frikassee mit Majoran. Fricassée de veau au marjolaine. | 16 |
| Kalbfleisch-Frikassee mit Kräutern. Fricassée de veau à la poulette. | — |
| Kalbfleisch-Frikassee mit Blumenkohl. Fricassée de veau aux choux-fleurs. . . . . . . . . . . | 17 |
| Kalbfleisch-Frikassee mit Selleri. Fricassée de veau au céleri. . | — |
| Kalbfleisch-Frikassee mit Spargel. Fricassée de veau aux asperges. | — |
| Deutsch bürgerliches Frikassee. Fricassée de veau à la Bourgeoise. | — |
| Klein bürgerliches Frikassee. Fricassée à la paysanne. . . | 18 |
| Deutsch bürgerliches Pupeton. Fricassée de veau en poùpeton. | — |
| Deutsch bürgerliche warme Schüsselpastete. Paté chaud de veau sur le plat. . . . . . . . . . . . | — |
| Braun Kalbfleisch nach bürgerlicher Art. Poitrine de veau au roux. | 19 |
| Kalbs-Tendrons (Brustknorpelstücke) als Eingangsspeise. Tendrons de veau pour Entrée. . . . . . . . . | — |
| Kalbs-Tendrons mit Ravigote. Tendrons de veau à la ravigote. | 20 |
| Kalbs-Tendrons auf Villeroi-Art. Tendrons de veau à la Villeroi. | — |
| Kalbs-Tendrons nach St. Menehoult. Tendrons de veau à la St. Menehould. . . . . . . . . . . . | — |
| Kalbsmilch auf Dauphin-Art. Ris de veau à la Dauphin. . | 21 |
| Kalbsmilch-Grenadins. Grenadins de ris de veau. . . . | — |
| Kalbsmilch nach englischer Art. Ris de veau à l'Anglaise. . | — |
| Kalbsmilch in Süpreme. Ris de veau au sùpreme. . . | 22 |
| Kalbsmilchspießchen in Aspic. (Kalte Speise). Ris de veau en hatelets. . . . . . . . . . . . . | — |
| Kalbsbrägen mit kalter Ravigote. Cervelles de veau en ravigote froide. . . . . . . . . . . . | 23 |
| Verzierter Kalbsbrägen mit Mayonaise. Cervelles de veau en mayonaise décorée. . . . . . . . . . . | — |
| Kalbsbrägen mit Remoulade. Cervelles de veau en remoulade. | 24 |
| Kalbsbrägen auf Tartarenart. Cervelles de veau à la Tartare. | — |
| Kalbsbrägen in Aspic. Cervelles de veau en aspic. . . | — |

| | Seite |
|---|---|
| Kalbsbrägen mit holländischer Sauce. Cervelles de veau à la Hollandaise. . . . . . . . . . . . | 25 |
| Kalbsbrägen mit Parmesankäse. Cervelles de veau au parmesan. | — |
| Kalbszungen in Gratin. Langues de veau en gratin. . . | — |
| Kalbszungen mit Rosinen. Langues de veau au ragout de raisins. | — |
| Kalbszungen mit Madeira. Langues de veau au vin de Madeire. | 26 |
| Kalbsschweife. Queues de veau. . . . . . . . . | — |
| Kalbsgekröse nach französischer Art. Fraise de veau à la Française. | 27 |
| Kalbsgekröse nach deutscher Art. Fraise de veau à l'Allemande. | — |
| Kalbsgekröse nach italienischer Art. Fraise de veau à l'Italienne. | — |
| Kalbsgeschlinge. Mou de veau. . . . . . . . | 28 |
| Gehackte Kalbsgeschlinge. Mou de veau en hachée. . . | — |
| Kalbsnieren. Rognons de veau. . . . . . . . | — |
| Kalbskopf. Tête de veau. . . . . . . . . | — |
| Kalbsleber. Kalbsfüße. Foie de veau. Pieds de veau. . . | — |
| **III. Abtheil. Hammel. Mouton.** . . . . . | 29 |
| Pain von Hammel nach spanischer Art. Pain de mouton à l'Espagnole. | — |
| Pain von Hammel mit Trüffelragout. Pain de mouton au ragout de truffes. . . . . . . . . . | — |
| Pain von Hammel in Haricot. Pain de mouton aux haricots. | — |
| Haschee von Hammel. Hachée de mouton (Hachis). (Gehäcke). | 30 |
| Morgenrothfarbiges Haschee von Hammel. Hachée de mouton à l'aurore. . . . . . . . . . . . . . . | — |
| Haschee von Hammel mit Champignons. Hachée de mouton aux champignons. . . . . . . . . . . . | — |
| Emince von Hammel (Eminze). Emincée de mouton. . . | 31 |
| Emince von Hammel mit Gurken. Emincée de mouton aux concombres. . . . . . . . . . . . . . | — |
| Hammel-Emince nach Pompadur Emincé de mouton à la Pompadour. | — |
| Hammel-Tendrons. (Brustknorpelstücke.) Tendrons de mouton. . | — |
| Hammel-Tendrons mit Reiß. Tendrons de mouton au riz. . | 32 |
| Bürgerliches Hammelfleisch mit Zwiebeln. Viande de mouton à la Bourgeoise. . . . . . . . . . . . . | — |
| Hammelrippen nach Soubise. Cotèlettes de mouton à la Soubise. | — |
| Hammelrippen nach der Minute. Cotelettes de mouton à la minute. | 33 |
| Hammelrippen nach Dienerin-Art. Cotelettes de mouton à la servante. . . . . . . . . . . . . . . | — |
| Hammelzungen. Langues de mouton. . . . . . . | 34 |
| Gratin von Hammelzungen. Gratin de langues de mouton. . | — |
| Hammelbrägen. Cervelles de mouton, . . . . . . | — |
| Hammelschweife. Queues de mouton. . . . . . | — |
| Terrine von Hammelschweifen. Terrine au queues de mouton. | — |
| Hochepot von Hammelschweifen (Hoschepot). Hochepot au queues de mouton. . . . . . . . . . . . | 35 |
| Hammelfüße. Pieds de mouton. . . . . . . . | — |
| Hammelfüße auf bürgerliche Art. Pieds de mouton à la Bourgeoise. | 36 |
| **IV. Abtheil. Lamm. Agneau.** . . . . . . | — |
| Epigramm von Lamm. Epigramme d'agneau. . . . . | — |
| Lammfleischragout mit Spargel. Ragout d'agneau aux asperges. | 37 |
| Lammragout mit Sauerampfer. Ragout d'agneau à l'oseille. . | — |
| Lammragout mit Hopfen. Ragout d'agneau au houblon. . | 38 |
| Lammragout mit Blumenkohl. Ragout d'agneau aux choux-fleurs. | — |

Seite
Lammragout mit Kräutern. Ragout d'agneau à la poulette. . 38
Lamm-Cotelettten. Cotelettes d'agneau. . . . . . . —
Lammsgeschlinge. Mou d'agneau. . . . . . . . —

V. Abtheil. Schwein. Cochon. . . . . . . . 39

Schweine-Mürbebraten mit Apfelsinen. Filets mignons de cochon aux l'oranges. . . . . . . . . . . —
Schweine-Mürbebraten in Frikandeau's. Filets mignons de cochon en fricandeaux. . . . . . . . 40
Saute von Schweine-Filets. Sauté de filets mignons de cochon. —
Bürgerlich bereiteten Mürbebraten. Filets mignons de cochon à la Bourgeoise. . . . . . . . . . . —
Schweinezungen nach italienischer Art. Langues de cochon à l'Ialienne. . . . . . . . . . . . —
Lioneser Schweinezungen. Langues de cochon à la Lionaise. . 41
Schweine-Carbonaden als Eingangsspeise. Carbonades de cochon pour Entrée. . . . . . . . . . . —
Schweineschweife. Queues de cochon. . . . . . . —
Schweineohren. Oreilles de cochon. . . . . . . 42
Parmesaner Schweineohren. Oreilles de cochon à la Parma. . —
Schweinefüße. Pieds de cochon. . . . . . . . —

VI. Abtheil. Wildes Schwein. Sanglier. . . . —

Filets von Wildschwein in Crustade. Filets de sanglier en croustade. —
Escalopen von wildem Schwein in Timbal. Escalopes de sanglier en timbale. . . . . . . . . . 44
Saute von wildem Schwein. (Sotee.) Sautée de sanglier. . 45
Cotelettten von wildem Schwein als Eingangsspeise. Cotelettes de sanglier pour Entrée. . . . . . . . . —
Emince von wildem Schwein. Emincée de sanglier. . . —
Gewöhnliches Ragout. Ragout à l'ordinaire. . . . . 46

VII. Abtheil. Elen-, Roth- und Dammhirsch. Elan, cerf et daim. . . . . . . . . . —

Emince von Wild. Emincée de Vénaison. . . . . —
Depece von Wild mit Parmesan. Depecée de venaison au parmesan. —
Haschee von Wild. Hachée de venaison. (Hachis.) . . 47
Haschee von Wild nach italienischer Art. Hachée de venaison à l'Italienne. . . . . . . . . . . —
Pain von Wild. Pain de venaison. . . . . . . —
Gefüllter Wildpain. Pain de venaison farçi. . . . . 48
Eskalopen von Wild in Butterteigrand. (Vol-au-vent.) Escalopes en vol-au-vent. . . . . . . . . . —
Gewöhnliches Wildragout. Ragout de venaison à l'ordinaire. . 49
Junges Hirschgeweih. Cornichons de cerf. . . . . 50

VIII. Abtheil. Reh. Gems. Chevreuil. Chamois. . —

Verzierte Grenade von Reh. Grenade de chevreuil decorée. . —
Reh-Filets nach französischer Art. Filets de chevreuil à la Française. 51
Gespickte Rehpopietten. Popiettes de chevreuil. . . . —
Verzierte Rehpopietten. Popiettes de chevreuil à la Conti. . 52
Sautee von Reh. Sautée de chevreuil. . . . . . —
Warme dressirte Pastete nach Lignowsky. Paté chaud dressé à la Lignowsky. . . . . . . . . . . —

Seite

Warme Schüsselpastete nach Trappe. Paté chaud sur le plat à la Trappe. . . . . . . . . . . . . . 54
Timbal von Reh. Timbal de chevreuil. . . . . . . 55
Rehzungen. Langues de chevreuil. . . . . . . . —
Gewöhnliches Rehragout. Ragout de chevreuil à l'ordinaire. . —

IX. Abtheil. Hase. Lièvre. . . . . . . . . 56

Civet von Hasen (Ciwet). Civet de lièvre. . . . . . —
Warme Hasenpastete mit Sauerkohl. Paté chaud de lièvre à la chou-croute. . . . . . . . . . . . . . —
Hasenfilets mit Orangen. Filets de lièvre aux l'oranges. . . 57
Sautee von Hasen. Sautée de lievre. . . . . . . 58
Escalopen von Hasen. Escalopes de lièvre. . . . . . —
Kronenförmige Hasenfilets. Filets de lièvre en couronne. . —
Hasenkuchen. Gateau de lièvre. . . . . . . . —
Hasenpfeffer. Civet de lievre à la Bourgeoise. . . . . 59

X. Abtheil. Kaninchen. Lapin. (Lapereau.) . . —

Kaninchenfilets nach französischer Art. Filets de lapereaux à la Française. . . . . . . . . . . . . . —
Frikassee von Kaninchen. Fricassée de lapins. . . . . 60
Gibelotte von Kaninchen. Lapins en gibelotte. . . . . —
Mayonaise von Kaninchen. Mayonaise de lapereaux. . . 61
Kaninchen in Papilloten. Lapereaux en papillotes. . . —
Glacirte Kaninchenfilets. Filets de lapereaux glacés. . . —
Sautee von Kaninchen. Sautée de lapereaux. . . . . 62
Marinade von Kaninchen. Marinade de lapereaux. . . . —
Kronenförmige Kaninchen-Filets. Filets de lapereaux en couronne. —

XI. Abtheil. Schildkröte. Tortue. . . . . . —

Frikandeaus von Schildkröte. Tortue en fricandeaux. . . —
Grenadins von Schildkröte. Tortue en grenadins. . . . 63
Schildkrötenragout als Eingangspeise. Ragout de tortue pour Entrée. —
Schildkrötenragout nach englischer Art. Ragout de tortue à l'Anglaise. —

XII. Abtheil. Puter. Calecutischer Hahn. Dindon. Dinde. . . . . . . . . . . . . . 64

Turban von Puter. Dindon en turban. . . . . . . —
Blanquette von Puter. (Blankette.) Blanquette de dindon. . 65
Gemischtes Puter-Blanquette nach Mailander Art. Blanquette de dindon mêlée à la Milanaise. . . . . . . . —
Popietten von Puter. Popiettes de dindon. . . . . . 66
Morgenrothfarbige Puter-Filets. Filets de dindon à l'aurore. . —
Scharlachartige Puterstücke. Dindon à l'écarlate. . . . 67
Gefüllte Puter-Eskalopen. Escalopes de dindons farçis. . . —
Eskalopen von Puterkeulen. Escalopes de cuisses de dindons. . —
Emince von Puterkeulen. Emincée de cuisses de dindon. . 68
Haschee von Puter (Gehäcke). Hachée de dindon (Hachis). . —

XIII. Abtheil. Kapaun, Pularde, junges Huhn, Küchlein. Chapon, poûlarde, poûlet, poûlette. . . . . —

Dressirte Reiß-Casserolle von Kapaun. Casserolle au riz dressée de chapons. . . . . . . . . . . . . . —
Geformte Reiß-Casserolle. Casserolle au riz moûlée. . . 70

Seite

Einfache Reiß-Casserolle. Casserolle au riz simple. . . 70
Reiß-Turban. Turban au riz. . . . . . . . . —
Poularden in Supreme. Poulardes au suprême. . . . —
Geflügelbrüste nach italienischer Art. Poulardes à l'Italienne. . 71
Kapaunenbrüste nach Conti. Chapons à la Conti. . . . 72
Hühnerbrüste nach Voppaliere. Poulets à la Voppalière. . . 73
Pularden nach Ritterart. Poulardes à la Chevaliere. . . —
Finanzielle Hühnerbrüste. Poulets à la financière. . . . 74
Kapaunen nach St. Cloud. Chapons à la St. Cloud. . . —
Capilotade von Geflügel. Poulets en capilotade. . . . 75
Einfaches Hühner-Frikassee. (Eingemachtes.) Fricassée de poulets. —
Gemischtes Hühner-Frikassee. Fricassée de poulets mêlée. . 76
Hühner-Frikassee mit Kräutern. Fricassée de poulets aux fines herbes. —
Hühner-Frikassee mit Petersilienblättern. Fricassée de poulets à la pluche. . . . . . . . . . . . . —
Hühner-Frikassee mit Majoran. Fricassée de poulets au marjolaine. —
Deutsches Hühner-Frikassee. Fricassée de poulets à l'Allemande. 77
Deutsch bürgerliches Hühner-Frikassee. Fricassée de poulets à la Bourgeoise. . . . . . . . . . . . —
Hühner-Frikassee in Butterteigrand. (Vol-au-Vent.) Fricassée de poulets en vol-au-vent. . . . . . . . —
Deutsch bürgerliche Schüsselpastete von Hühnern. Paté chaud de poulets sur le plat. . . . . . . . . . 78
Kari-Frikassee Fricassée de poulets au Kari. . . . . —
Depecee von Geflügel. Depecée de volaille. . . . . —
Depecee von Geflügel auf Mailänder Art. Depecée de volaille à la Milanaise. . . . . . . . . . . —
Blanquette von Kapaun. Blanquette de chapons. . . . 79
Blanquette von Kapaunen in Bechamelle. Blanquette de chapons à la béchamelle, . . . . . . . . . —
Gemischtes Kapaunen-Blanquette. Blanquette de chapons mêlée. —
Escalopen von Kapaunen. Escalopes de chapons. . . . —
Haschee von Kapaunen. (Gehäcke.) Hachée de chapons. (Hachis.) —
Neapolitanischer Timbal. Timbal à la Napolitaine. . . . —
Geflügel-Grenade. Grenade de volaille. . . . . . 80
Poularden in Bigarrüre. Poulardes en bigarrure. . . . 81
Hühnerbrüste in halber Trauer. Poulets en demi-deuil. . . 82
Einfache Hühnerbrüste. Filets simples de poulets. . . . —
Ballonsartige Hühnerkeulen. Cuisses de poulets en ballons. . 83
Ballonsartige Hühnerkeulen nach französischer Art. Cuisses de poulets en ballons à la Française. . . . . . . —
Hühnerkeulen als Entchen. Cuisses de poulets en cannetons. . —
Sautee von Geflügel. Sautée de volaille. . . . . 84
Cotelетten von Geflügel. Cotelettes de volaille. . . . —
Eskalopen von Kapaunen. Escalopes de chapons. . . . —
Kapaunenflügeln in der Terrine. Terrine aux d'ailerons de chapons. 85
Celestiner Küchlein. Poulettes à la Célestine. . . . —
Küchlein nach baierscher Art. Poulettes à la Bavaroise. . 86
Frikassee von Küchlein. Fricassée de poulettes. . . . —
Kaltes Frikassee von Hühnern. Fricassée de poulets chaude-froide. —
Kaltes Hühner-Frikassee nach Ravigote-Art Fricassée de poulets chaude-froide à la ravigôte. . . . . . . . 87
Püree von Kapaunen in Spiegelgallert (Aspic). Purée de chapons en aspic. . . . . . . . . . . . . —

Seite

Salat von Geflügel. Salade de volaille. . . . . . 88
Mayonaise von Geflügel mit Gartengewächs. Mayonaise de volaille à la jardinière. . . . . . . . . . 89
Einfache Hühner-Mayonaise. Mayonaise simple de poùlets. . —
Verzierte Hühner-Mayonaise. Mayonaise decorée de poulets. . 90
Verzierte Hühnerbrüste in Mayonaise. Filets de poùlets décorés en mayonaise. . . . . . . . . . . 91
Gestürzte oder geformte Mayonaise. Mayonaise decorée moulée. —
Filets von Hühnern in kalter Ravigote. Filets de poulets à la ravigote froide. . . . . . . . . . . . 92

XIV. Abtheil. Taube. Pigeon. . . . . . . —

Matrosengericht von Tauben. Matelotte de pigeonneaux. . —
Matrosengericht von Tauben mit Krebsen. Matelotte de pigeonneaux aux écrevisses. . . . . . . . . 93
Einfaches Tauben-Frikassee. Fricassée de pigeons. . . . —
Gefüllte Täubchen. Pigeonneaux farçis. . . . . . —
Compote von Täubchen. Compote des pigeonneaux. . . 94
Gefüllte Täubchen auf Prinzessin-Art. Pigeonneaux farçis à la Princesse. . . . . . . . . . . . . —
Tauben auf französische Art. Pigeons à la Françaˈse. . —

XV. Abtheil. Gans. Ente. Oie. Canard. . . 95

Salmi von Gans oder Ente. Oie ou canard en salmi. . . —
Lyoneser Gänsefleisch. Cuisses d'oie à la Lyonaise. . . . 96
Glacirte Gänsestücke mit Maronenpüree. Filets d'oies glacés à la purée de marons. . . . . . . . . —
Civet von Enten. Civet de canards. . . . . . . —
Gratin von Gänselebern. Foies gras d'oies en gratin. . . 97
Sautee von Gänselebern. Sautée de foies gras d'oies. . . —

XVI. Abtheil. Wilde Gans. Wilde Ente. Oie sauvages. Canard sauvage. . . . . . . . —

Salmi von wilden Enten. Salmi de canards sauvages. . . 98
Civet von wilden Enten. Civet de canards sauvages. . . —
Sautee von wilden Enten. Sautée de canards sauvages. . —
Warme Pastete von wilden Enten. Paté chaud de canards sauvages. —

XVII. Abtheil. Fasan. Faisan. . . . . . . —

Fümet von Fasanen. Faisans en fumet. . . . . . —
Auflauf von Fasanen. Soufflé de faisans. . . . . . 99
Warme dressirte Pastete von Fasanen. Paté chaud dressé de faisans. 100
Salmi von Fasanen. Salmi de faisans. . . . . . . —
Kaltes Salmi von Fasanen. Salmi chaud-froid de faisans. . 101
Kaltes Fasanen-Salmi in Püree. Salmi chaud-froid de faisans en purée. . . . . . . . . . . . . —
Fasanen-Püree in Spiegelgallert. (Aspic.) Purée de faisans en aspic. —
Kaltes Fasanen-Salmi im Spiegel. Salmi chaud-froid de faisans au miroir. . . . . . . . . . . . . 102
Fasanenbrüste nach Voppaliere. Filets de faisans à la Voppalière. 103
Turban von Fasanen. Faisans en turban. . . . . . —
Blanquette von Fasanen. Blanquette de faisans. . . . 104
Einfache Fasanenbrüste. Filets simples de faisans. . . . —
Cotelettten von Fasanen. Cotelettes de faisans. . . . —

| | Seite |
|---|---|
| Eskalopen von Fasanen. Escalopes de faisans. . . . | 104 |
| Sautee von Fasanen. Sautée de faisans. . . . . . . | 105 |
| Fasanen nach Perigueux-Art. Faisans à la Périgueux. . . | — |
| Fasanen nach Montgelas. Faisans à la Montgelas. . . . | — |
| Fasanen nach Stadthalter-Art. Faisans à la Gouverneur. . | — |
| **XVIII. Abtheil. Rebhuhn. Haselhuhn. Schneehuhn. Perdrix. Gélinotte de bois. Gélinotte blanche.** . | — |
| Rebhühner auf englische Art. Perdreaux à l'Anglaise. . . | 106 |
| Eine andere Art englischer Rebhühnchen. Autre manière de perdreaux à l'Anglaise. . . . . . . . . . . | 107 |
| Gedämpfte Rebhühnchen nach französischer Art. Perdreaux étouffés à la Française. . . . . . . . . | — |
| Deutsche Spieß-Rebhühnchen. Perdreaux brochés à l'Allemande. | — |
| Gefüllte Rebhühner nach französischer Art. Perdrix farçis à la Française. . . . . . . . . . . . | 108 |
| Flamänder Rebhühner. Perdrix à la Flamande. . . . | — |
| Rebhühnerbrüste mit Püree. Filets de perdreaux à la purée. . | — |
| Rebhühner nach Montgelas. Perdrix à la Montgelas. . . | 109 |
| Rebhühner nach Perigueux-Art. Perdrix à la Périgueux. . . | — |
| Rebhühnerbrüste in Papilloten. Filets de perdreaux en papillotes. | — |
| Rebhühnerbrüste in halber Trauer. Filets de perdreaux en demie-deuil. . . . . . . . . . . . . | 110 |
| Auflauf von Reb- oder Haselhühnern. Soufflée de perdrix ou gélinottes. . . . . . . . . . . . | — |
| Salmi von Rebhühnern. Salmi de perdrix. . . . . . | — |
| Haselhühner-Salmi nach Königin-Art. Salmi de gélinottes à la Reine. . . . . . . . . . . . | — |
| Eine andere Art Königin-Salmi. Salmi à la Reine d'une autre manière. . . . . . . . . . . | 111 |
| Haselhühner-Tafel-Salmi. Salmi de gélinottes à la maitresse. | — |
| Jäger-Salmi von Rebhühnern. Salmi de perdrix au chasseur. | 112 |
| Kaltes Rebhühner-Salmi. Salmi froid de perdrix. . | — |
| Deutschbürgerliches Ragout von Rebhühnern. Ragout de perdrix à l'Allemande-bourgeoise. . . . . . . . | — |
| Rebhühnchen nach polnischer Art. Perdreaux à la Polonaise. . | 113 |
| Rebhühnerbrüste nach französischer Art. Filets de perdrix à la Française. . . . . . . . . . . . | — |
| Fümet von Rebhühnern. Perdrix en fumet. . . . . | — |
| Blanquette von Reb- oder Haselhühnern. Blanquette de perdrix ou gélinottes. . . . . . . . . . | — |
| Warme dressirte Pastete von Rebhühnern. Paté chaud dressé de perdrix. . . . . . . . . . . . | 114 |
| Coteletten von Rebhühnern. Cotelettes de perdrix. . . | — |
| Eskalopen von Rebhühnern. Escalopes de perdrix. . . . | — |
| Sautee von Rebhühnern. Sautée de perdrix. . . . . | — |
| Braisirte Rebhühner. Perdrix à la braise. . . . . | — |
| **XXI. Abtheil. Auerhahn (Huhn). Coq de bruyère (Poule). Birkhahn (Huhn). Coq de bois (Poule).** . | 115 |
| Warme Pastete von Auer- oder Birkhahn. Paté chaud de coq de bruyère ou de bois. . . . . . . . | — |
| Salmi von Birkhühnern. Salmi de poules de bois. . . | 116 |
| Haschee von Birkhühnern. Hachée de poules de bois. . . | — |

Seite

Morgenrothfarbigen Haschee von Birkhühnern. Hachée (Hachis) de poulets de bois à l'aurore. . . . . . . 116

XX. Abtheil. Waldschnepfe, Becassine, Stumpf-, Moos- und Pfuhlschnepfe. Bécasse, Bécassine, Bécasseau. . —

Waldschnepfen auf französische Art. Bécasses à la Française. . 117
Waldschnepfen-Salmi mit Schnepfenbrod. Salmi de becasses aux croutons farçis. . . . . . . . . . . . 118
Waldschnepfen-Tafel-Salmi. Salmi de bécasses pour la table. —
Kaltes Waldschnepfen-Salmi. Salmi chaud-froid de bécasses. . —
Fümet von Waldschnepfen oder Becassinen. Fumet de bécasses ou bécassines. . . . . . . . . . . . . . 119
Warme dressirte Pastete von Waldschnepfen. Paté chaud dressé de bécassines. . . . . . . . . . . . . —

XXI. Abtheil. Krammetsvogel. Wachtel Grive. Caille. 120

Krammetsvögel nach Düfour. Grives à la Dufoûr. . . . 121
Gratin von Krammetsvögeln. Grives en gratin. . . . —
Gefüllte Wachteln. Cailles farçis. . . . . . . . 122
Wachteln in Umschlag. Cailles en surtoût. . . . . —
Crustade von Krammetsvögeln. Grives en croustade. . . —
Kaltes Krammetsvögel-Salmi. Salmi chaud-froid de grives. . 123
Kaltes Salmi von Krammetsvögeln nach Düfour. Salmi froid de grives à la Dufoûr. . . . . . . . . . . 124
Wachteln in Pupeton. Cailles en poûpeton. . . . . —
Gedämpfte Wachteln oder Krammetsvögel. Cailles ou grives poëllées. —
Sautee von Wachteln. Sautée de cailles. . . . . 125
Wachteln in Surprise. Cailles en sûrprise. . . . . —

XXII. Abtheil. Lerche. Ortolan. Aloûette. Ortolan. . —

Lerchen in großen Zwiebeln. Alouettes aux gros oignons. . 126
Lerchen mit Reiß. Alouettes au riz. . . . . . . —
Lerchen in Domino. Alouettes en domino. . . . . 127
Gratin von Lerchen. Alouettes en gratin. . . . . —
Crustade von Lerchen. Alouettes en croustade. . . . —
Sautee von Lerchen. Sautée d'alouettes. . . . . 128
Lerchen in Pflaumenform. Alouettes en forme de prunes. . —

---

## II. Abschnitt.

Fische. Zwischenschüsseln von Fischen im zerschnittenen Zustande. Poissons. Plats d'entremets de poissons. 129

I. Abtheil.: Zander. Sandbarsch. Sandre. . . 130

Aufgerollte Zanderstücke nach Conti. Popiettes de sandre à la Conti. —
Aufgestellte Zanderrolleten. Popiettes de sandre à la maitre d'hôtel. —
Gefüllte Zanderstücke nach Küchenmeister-Art. Filets de sandre à la maitre d'hôtel. . . . . . . . . 131
Warme Schüsselpastete von Zander. Paté chaud sur le plat de sandre. . . . . . . . . . . . . . —
Gratin von Zander. Sandre en gratin. . . . . . . —
Blanquette von Zander. Sandre en blanquette. . . . 132

Seite

Zanderblanquette mit Kräutern. Blanquette de sandre aux fines herbes. . . . . . . . . . . . . 132
Zanderblanquette in Bechamelle. Blanquette de sandre à la béchamelle. . . . . . . . . . . . . —
Sautee von Zander mit Bechamelle. Sautée de sandre à la béchamelle. . . . . . . . . . . —
Sautee von Zander mit Austernragout. Sautée de sandre au ragout d'huitres. . . . . . . . . . 133
Zanderstücke mit holländischer Sauce. Sandre à la Hollandaise. —
Zanderstücke mit Benting-Sauce. Sandre à la Benting. . . —
Filets von Zander in Mayonaise. Filets de sandre en mayonaise. —
Verzierte Zanderstücke in Mayonaise. Filets de sandre décorés en mayonaise. . . . . . . . . . 134
Zander-Blanquette in Mayonaise nach Gärtner-Art. Blanquette de sandre en mayonaise à la jardinière. . . . . —
Zander-Salat. Salade de poisson. . . . . . . . . —

II. Abtheil. Hecht. Brochet. . . . . . . 135

Sclavonischer Hecht. Brochet à l'Esclavone. . . . . . —
Bürgerlicher Petersilienfisch. Brochet à la Bourgeoise. . . —
Hecht mit holländischer Sauce. Brochet à la Hollandoise. . 136
Hecht mit Benting-Sauce. Brochet à la Benting. . . . . —
Schüsselhecht. Brochet sur le plat. . . . . . . . —
Kleine Blauhechte. Brochetons au bleu. . . . . . . —
Deutschgekochter Hecht. Brochet à l'Allemande. . . . 137
Kleine Brathechte. Brochetons frits. . . . . . . —

III. Abtheil. Karpfen. Carpe. . . . . . . —

Frikandeau's von Karpfen. Fricandeaux de carpes. . . —
Große Karpfenknefs auf finanzielle Art. Grands quenelles de carpe à la finançière. . . . . . . . . 138
Matrosengericht. Matelotte. . . . . . . . . . —
Bürgerlicher Bier-Karpfen. Carpe au bière à la Bourgeoise. . 139
Polnischer (Schlesischer) Karpfen. Carpe a la Polonaise (à la Silesienne). . . . . . . . . . . 140
Blauer Karpfen. Carpe au bleu. . . . . . . . 141
Gebackener Karpfen. Carpe au four. . . . . . . . —
Karpfen auf Ravigote-Art. Carpe à la Ravigote. . . . . —

IV. Abtheil. Aal. Anguille. . . . . . . . . 142

Einfache Aalrollade mit Remoulade. Roulade d'anguille à la remoulade. . . . . . . . . . . . . . —
Kleine Aalspießchen. Hatelets d'anguille. . . . . . . —
Kleine Aalspießchen auf der Rost. Hatelets d'anguille sur le gril. 143
Bürgerlicher Stückenaal. Anguille à la Bourgeoise. . . . . —
Bürgerlicher Bieraal. Anguille au bière à la Bourgeoise. . —
Warme Schüsselpastete von Aal. Paté chaud d'anguille. . . 144
Ausgelegte (verzierte) Aalrollade. Roulade d'anguille décorée. —

V. Abtheil. Flußbars. Barsch. Perche. . . . . 145

Holländischer Waterfisch (Suppfisch). Perches en watersotjen. —
Deutsche Watersotjen. Perches à l'Allemande. . . . . . —
Englische Barse. Perches à l'Anglaise. . . . . . . 146
Barse auf holländische Art. Perches à la Hollandaise. . . —

| | Seite |
|---|---|
| Sautee von Barsen mit Austern. Sautée de perches aux huîtres. | 146 |
| Sautee von Barsen mit Muscheln. Sautée de perches aux moules. | — |
| Filets von Barsen auf Haushofmeister Art. Filets de perches à la maitre d'hôtel. . . . . . . . . . | — |
| Gratin von Barsen. Gratin de perches. . . . . . . | 147 |
| Tartaren Barse. Perches à la Tartare. . . . . . | — |
| Tartarenbarse in Filets. Filets de perches à la Tartare. . | — |
| VI. Abtheil. Kaulbarsch. Petit perche de rivière. . | — |
| Kaulbarse in Bier. Petits perches de rivière à la bière. . | 148 |
| Kaulbarse auf englische Art. Petits perches de rivière à l'Anglaise. | — |
| Kaubarse auf bürgerliche Art. Petits perches de rivière à la Bourgeoise. . . . . . . . . . . . | — |
| Kaulbarse mit Kräutern. Petits perches de rivière aux fines-herbes. | — |
| VII. Abtheil. Karausche. Corassin. . . . . . | 149 |
| Karauschen mit Dill. Corassins à l'anet. . . . . . | — |
| Karauschen in Court-Bouillon (kurzer Brühe). Corassins au court-bouillon. . . . . . . . . . | — |
| Karauschen mit Maibutter. Corassins au beurre de mai. . | 150 |
| Karauschen mit Petersilie. Corassins au persil. . . . | — |
| VIII. Abtheil. Güster. Bliche. . . . . . . | — |
| Güster mit Speck und Zwiebeln. Bliches au lard et aux oignons. | — |
| Güster mit Dill. Bliche à l'anet. . . . . . . . | 151 |
| IX. Abtheil. Giebel. Meunier. . . . . . . | — |
| Giebel in Bier. Meunier à la bière. . . . . . . | — |
| Giebel mit Petersilie. Meunier au persil. . . . . . | — |
| X. Abtheil. Uekelei. Alburne. . . . . . . | — |
| Uekelei mit Speck und Bollen. Alburne au lard et aux oignons. | — |
| Bier-Uekelei. Alburne à la bière. . . . . . . . | 152 |
| Saure Uekelei. Alburne aigre. . . . . . . . | — |
| XI. Abtheil. Elritze. Véron. . . . . . . | — |
| Elritzen in kurzer Brühe. Vérons au court-bouillon. . . | — |
| Gebackene Elritzen. Vérons frits. . . . . . . | — |
| XII. Abtheil. Döbel. Têtard. . . . . . . | 153 |
| Döbel in Bier. Têtards à la bière. . . . . . . | — |
| Bratdöbel. Têtards frits. . . . . . . . . | — |
| XIII. Abtheil. Aland. Göse. Têtard. Jese. . . | — |
| Aland in der Marinade. Têtard en marinade.. . . . | — |
| Gebratener Aland. Têtard en friture. . . . . . | 154 |
| XIV. Abtheil. Blei. Brassen. Brême. . . . . | — |
| Blei mit Kräutern. Brême aux fines-herbes. . . . . | — |
| XV. Abtheil. Plötze. Gardon. . . . . . . | — |
| Plötzen mit Petersilie. Gardons au persil. . . . . | — |
| Plötzen mit Zwiebeln. Gardons aux oignons. . . . . | — |

Seite

XVI. Abtheil. Gründling. Goujon. . . . . . 155
Gründlinge auf englische Art. Goujons à l'Anglaise. . . —
Gründlinge mit Kräutern. Goujons aux fines-herbes. . . —

XVII. Abtheil. Breitfisch. Bonite. . . . . . . —
Breitfisch in Bier. Bonite à la bière. . . . . . . —

XVIII. Abtheil. Schlei. Tanche. . . . . . —
Matrosengericht von Schleien. Matelotte de tanches. . . 156
Bürgerliche Bier-Schleie. Tanches à la Bourgeoise. . . —
Schleie auf französische Art. Tanches à la Française. . . —
Schleie auf der Rost. Tanches sur le gril. . . . . . —

XIX. Abtheil. Quappe. Aalraupe. Lotte. . . . 157
Quappe auf polnische Art. Lotte à la Polonaise. . . . —
Bügerlich gekochte Quappe. Lotte à la Bourgeoise. . . . —

XX. Abtheil. Kleine Maräne. Maraine. . . . . —
Maränen in kurzer Brühe. Maraine au court-bouillon. . . —
Maränen in der Marinade. Maraines en marinade. . . 158
Gebackene Maränen. Maraines en friture. . . . . . —

XXI. Abtheil. Kleine Flußforelle. Truite. . . . . —
Blaugekochte Forellen. Truites au bleu. . . . . . . —
Forellen blau mit Butter-Sauce. Truites au bleu et au beurre lié 159
Forellen mit holländischer Sauce Truites à la Hollandaise. . —
Forellen mit Aspic (Spiegelgallert). Truites en aspic. . . —
Aspic von Forellen. Truites en aspic moulé. . . . 160

XXII. Abtheil. Lachs, Salmen. Saumon. . . . . —
Lachs auf schweizerische Art. Saumon à la Suisse. . . . —
Lachs auf italienische Art. Saumon à l'Italienne. . . . 161
Finanzieller Lachs. Saumon à la financière. . . . . . —
Sautee von Lachs. Sautée de saumon. . . . . . 162
Dessauer Lachs als Mittelspeise. Saumon à la Dessau pour Entremêt. —
Mayonaise von Lachs. Mayonaise de saumon. . . . . —
Lachsstücke in Spiegelgallert. Filets de saumon en aspic. . —
Verzierte Lachsstücke mit Mayonaise. Filets de saumon decorés en l'orgnette. . . . . . . . . . . . . —
Salat von Lachs. Salade de saumon. . . . . . . 163
Popietten von Lachs. Saumon en popiettes. . . . . —
Geröstete Lachsstücke. Filets de saumon grillés. . . . —

XXIII. Abtheil. Salbling. Salvelin. Schwarzreiterl. Salvelin. . . . . . . . . . . . —
Blau gesottener Schwarzreiterl. Salvelin au bleu. . . . 164
Schwarzreiterl mit holländischer Sauce. Salvelin à la Hollandaise. —
Schwarzreiterl in Aspic. Salvelin en aspic. . . . . —

XXIV. Abtheil. Schnäpel. Ombre. . . . . . —
Schnäpel auf der Rost. Ombre sur le gril. . . . . . —
Schnäpel auf Dessauer Art. Ombre à la Dessau. . . . —
Schnäpel mit holländischer Sauce. Ombre à la Hollandaise. . —

| | Seite |
|---|---|
| XXV. Abtheil. Stint. Eperlan. . . . . . | 164 |
| Stinte mit holländischer Sauce. Eperlans à la Hollandaise. . | 165 |
| Saure Stinte. Eperlans au vinaigre. . . . . . . | — |
| XXVI. Abtheil. Häring. Hareng. . . . . . . | — |
| Frische Häringe auf der Rost. Harengs frais sur le gril. . | 166 |
| Frische Häringe mit holländischer Sauce. Harengs frais à la Hollandaise. . . . . . . . . . . . | — |
| Härings-Pastete. Paté chaud de harengs. . . . . . | — |
| Häringsrolletten mit Kräutern. Roulettes de harengs aux fines herbes. . . . . . . . . . . . | 167 |
| Einsalzen der Häringe. Manière pour la saumure des harengs. | — |
| XXVII. Abtheil. Steinbutte. Turbot. . . . . | — |
| Gratin von Steinbutte. Gratin de turbot. . . . . . | 168 |
| Steinbuttstücken auf Küchenmeister-Art. Filets de turbot à la maître d'hotel. . . . . . . . . . . . | — |
| Blanquette von Steinbutte in Bechamelle. Blanquette de turbot à la béchamelle. . . . . . . . . . . | — |
| Blanquette von Steinbutte in Butterteigrand. Blanquette de turbot en vol-au-vent. . . . . . . . . . | — |
| Salat von Steinbutte. Salade de turbot. . . . . | — |
| XXVIII. Abtheil. Scholle. Plie. . . . . . | — |
| XXIX. Abtheil. Seezunge. Sole. . . . . . | — |
| Seezungenstücke auf der Schüssel. Soles sur le plat. . . | 169 |
| Seezungenstücke mit holländischer Sauce und Erdtoffeln. Soles à la Hollandaise. . . . . . . . . . | — |
| Seezungenstücke mit brauner Butter und Mostrich. Soles au beurre noir et à la moutarde. . . . . . . . . | — |
| XXX. Abtheil. Flunder. Kliesche. Limande. . . | — |
| XXXI. Abtheil. Glattroche. Stachelroche. Raie. . | — |
| Glatt- oder Stachelroche mit Carelet-Sauce. Raie à la sauce Carelet. . . . . . . . . . . . . | — |
| Glatt- und Stachelroche mit brauner Butter und Mostrich. Raie au beurre noir et à la moutarde. . . . . . . | — |
| XXXII. Abtheil. Glattbutte. Carrelet. . . . . | 170 |
| Glattbutte mit brauner Butter. Carrelet au beurre noir. . | — |
| Glattbutte mit Sauerampfer-Püree. Carrelet à la purée d'oseille. | — |
| XXXIII. Abtheil. Dorsch. Merluche. . . . . . | — |
| Dorsch mit holländischer Sauce. Merluche à la Hollandaise. . | — |
| Dorsch mit brauner Butter. Merluche au beurre noir. . . | — |
| XXXIV. Abtheil. Weißling. Wittling. Merlan. . | — |
| Weißlingstücke auf Küchenmeister-Art. Filets de merlans à la maitre d'hôtel. . . . . . . . . . . | 171 |
| Weißlingstücke auf der Rost. Merlans sur le gril et en hatelets. | — |
| Weißlingstücke gebacken. Filets de merlans frits. . . . | — |
| Weißlingstücke mit holländischer Sauce. Merlans à la Hollandaise. | — |
| Weißlingstücke mit Petersilie. Merlans au persil. . . . | — |

Seite

XXXV. Abtheil. Makrele. Maquereau. . . . . 171
Makrelen auf pikardische Art. Maquereaux à la Picardienne. . —
Gebackene Makrelen. Maquereaux frits. . . . . . . 172
Makrelen auf englische Art. Maquereaux à l'Anglaise. . . —
Flamänder Makrelen. Maquereaux à la Flamande. . . . —

XXXVI. Abtheil. Seedrache. Schlangenfisch. Vive. —
Seedrachen (Schlangenfische) auf italienische Art. Vives à l'Italienne. 173
Schlangenfische auf der Rost. Vives sur le gril. . . . —
Schlangenfische auf venetianische Art. Vives à la Vénetienne. . —
Schlangenfische auf Pariser Art. Vives à la Parisienne. . . —

XXXVII. Abtheil. Kabeljau. Cabliau. . . . 174
Kabeljau mit holländischer Sauce. Cabliau à la Hollandaise. . —
Kabeljau mit brauner Butter und Mostrich. Cabliau au beurre noir et à la moutarde. . . . . . . . . . —
Kabeljau mit Sauce Carrelet. Cabliau à la sauce carrelet. . —
Kabeljau in Gratin. Cabliau en gratin. . . . . . . —

XXXVIII. Abtheil. Schellfisch. Aigrefin. . . . . —

XXXIX. Abtheil. Stockfisch. Morue. . . . . . 175
Stockfisch im trockenen Zustande. Morue sec. . . . . —
Stockfisch in Butterteigrand. Morue en vol-au-vent. . . —
Stockfisch mit Bechamelle. Morue à la béchamelle. . . 176
Stockfisch auf Küchenmeister-Art. Morue à la maitre d'hôtel. . —
Stockfisch mit brauner Butter. Morue au beurre noir. . . —
Stockfisch mit holländischer Sauce. Morne à la Hollandaise. . —

XL. Abtheil. Laberdan. Cabliau salé. . . . . . —

XLI. Abtheil. Murene. Murène. . . . . . . 177
Muräne auf der Rost. Murène sur le gril. . . . . —
Muräne in Court-Bouillon. Murène en court-bouillon . . —
Muräne auf der Schüssel. Murène sur le plat. . . . —
Muräne auf italienische Art. Murène à l'Italienne. . . . —

XLII. Abtheil. Klippfisch. Bacaliau. . . . . . —

XLIII. Abtheil. Barbe. Barbillon. . . . . . —

XLIV. Abtheil. Flußkrebs. Ecrevisse. . . . . . 178
Natürlich gesottene Krebse. Ecrevisses au naturel. . . . —
Krebse mit Creme- (Sahnen-) Sauce. Ecrevisses à la crême. 179
Krebse mit Kräuter-Sauce. Ecrevisses aux fines-herbes. . —
Krebse auf französische Art. Ecrevisses à la Française. . . —
Grenade von Krebsen. Grenade d'écrevisses. . . . . 180

XLV. Abtheil. Hummer. Seekrebs. Homard. . . —
Hummer auf französische Art. Homard à la Française. . . 181
Hummer mit Parmesan. Homard au parmesan. . . . —

XLVI. Abtheil. Taschenkrebs. Krabbe. Seespinne. Crabe. Boursière. . . . . . . . . . 182
Taschenkrebs auf französische Art. Boursière à la Française. . —
Taschenkrebs in Schalen. Boursière en coquille. . . . —

| | Seite |
|---|---|
| XLVII. Abtheil. Strandkrabbe. Cervette. . . . | 182 |
| Krabbenbrödchen. Cervettes en canapées. . . . . . | — |
| Krabben mit Remouladen-Sauce. Cervettes à la remoulade. . | 183 |
| XLVIII. Abtheil. Auster. Huitre. . . . . . | — |
| XLIX. Abtheil. Muschel. Moûle. . . . . . | — |
| L. Abtheil. Schnecke. Escargot. Limaçon. . . | 184 |

# III. Abschnitt.

## Kalte Zwischenspeisen. Entremets froids.

### Von kalten Pasteten überhaupt, mit Einschluß der:

| | |
|---|---|
| Kalten Pastete von Fasanen. . . . . . . . . | 185 |
| Kalte Pastete von Rebhühnern. Paté froid de perdrix. . . | 188 |
| Kalte Pastete von Rebhühnern auf Perigueux-Art. Paté froid de perdreaux à la Perigueux. . . . . . . | — |
| Kalte Pastete von Haselhühnern. Paté froid de gélinottes. . | 189 |
| Kalte Pastete von Puter. Paté froid de dindon. . . . | — |
| Kalte Pastete von Trappe. Paté froid d'outarde. . . . | — |
| Kalte Pastete von Auerhahn. Paté froid de coq de bruyère. . | 190 |
| Kalte Pastete von Birkhühnern. Paté froid de poules de bois. | — |
| Kalte Pastete von Kapaun, Poularden oder Hühnern. Paté froid de volaille. . . . . . . . . . . | — |
| Kalte Pastete von Hirsch oder Reh. Paté froid de cerf ou chevreuil. . . . . . . . . . . | — |
| Kalte Pastete von Hasen. Paté froid de lièvres. . . . | 191 |
| Kalte Gänseleberpastete. Paté froid de foies gras . . . | — |
| Strasburger Gänseleberpastete. Paté froid à la Strasbourg. . | 192 |
| Toulouser Entenleberpastete. Paté froid à la Toulouse. . . | 193 |
| Freienwalder Schinkenpastete. Paté froid de jambon à la Freienwalde. . . . . . . . . . . . . | — |
| Eine andere Art Schinkenpastete. Paté froid de jambon d'une autre manière. . . . . . . . . . | — |
| Französische Schinkenpastete Paté froid de jambon à la Française. | 194 |
| Kalte Fischpastete. Paté froid de poisson . . . . . | — |
| Verzierte Puterrollade (Galantine). Galantine de dindon. . | 195 |
| Einfache Puterrollade. Roulade de dindon. . . . . | — |
| Verzierte Rollade von Trappe. Galantine d'outarde. . . . | 196 |
| Verzierte Gansrollade (Galantine- Galantine d'oie. . . . | — |
| Einfache Gansrollade. Roulade d'oie. . . . . . | — |
| Rollade von Auerhahn. Roulade de coq de bruyère. . . . | — |
| Einfache Rollade von zahmen Schweinekopf. Hure de cochon en roulade. . . . . . . . . . . . | — |
| Geräucherte Schweinekopfrollade. Roulade fumée de hure de cochon. | 197 |
| Preßkopf. Tète pressée de cochon. . . . . . . | — |
| Modener Schweinsfüße. Pieds de cochon à la Modène. . . | 198 |
| Verzierte Schweinekopfrollade. Hure de cochon en gallantine. | — |
| Rollade von Spanferkel. Cochon de lait en roulade. . . | — |
| Galantine von Spanferkel. Cochon de lait en galantine. . | 199 |

Seite
Französische Spanferkelrollade. Cochon de lait en galantine à la Française. . . . . . . . . . . 199
Wildschweinskopf. Hure de sanglier. . . . . . . 200
Einfacher Wildschweinskopf in Scheiben. Hure de sanglier en tranches. . . . . . . . . . . —
Wildschweinskopf auf Cumberlands-Art. Hure de sanglier à la Cumberland. . . . . . . . . . 201
Rollade von Wildschweinskopf. Hure de sanglier en roulade. —
Sülze. Hure de cochon en menu-de-roi. . . . . . —
Sülze von Kalbs- und Schweineohren. Oreilles de veau et cochon en menu-de-roi. . . . . . . . 202
Gemischter Pain. Fleischkäse. Gateau. Pain mêlée. . . —
Wildpain (Fleischkäse). Pain de gibier. . . . . . . —
Kalbfleisch-Pain. Pain de veau. . . . . . . . 203
Hammelfleisch-Pain. Pain de mouton. . . . . . . —
Rebhühnerkäse. Pain de perdrix. . . . . . . . —
Kapaunkäse auf Portugieser Art. Pain de chapon à la Portugaise. 205
Leberpain. Pain de foie. . . . . . . . . . —
Cervelat-, Schlackwurst. Cervelas. . . . . . . . —
Salami. Salami. . . . . . . . . . . . 206
Bratwurst. Saucisses. . . . . . . . . . . —
Saucisses. Saucissons. . . . . . . . . . . —
Feine Blutwurst. Boudin noir. . . . . . . . —
Gewöhnliche Blutwurst. Boudin noir à la paysanne. . . 207
Feine Leberwurst. Boudin blanc. . . . . . . . —
Trüffelwurst. Boudin blanc aux truffes. . . . . . 208
Gewöhnliche Leberwurst. Boudin blanc à l'ordinaire. . . —
Zungenwurst. Boudin aux langues. . . . . . . —
Pökelfleisch im Allgemeinen. De la viande salée. . . . 209
Rauchfleisch im Allgemeinen. De la viande fumée. . . . —
Geräucherte Zungen auf französische Art. Langues fumées à la Française. . . . . . . . . . . . . 210
Bereitung der Aufsätze von Fettsockeln. Préparation de' socles en graisse. . . . . . . . . . . . —
Bereitung des Luftspeckes. Manière de préparer le lard. . 211
Gänse-Weißsauer. Oie à la Flamande. . . . . . . —

## IV. Abschnitt.

### Braten. Rôtis. Plats de rôts.

Vom Braten im Allgemeinen. Diverses manières pour faire le rôt. . . . . . . . . . . . . 213
Ueber das Braten insbesondere. Observation pour rôtir. . 215

#### Ueber die verschiedenartigen Braten selbst. Observations pour les rôts mêmes.

Rinderbraten. Roastbeef. Roastbeef. . . . . . . 216
Rinderfilet, Mürbebraten. Filet de boeuf. . . . . . 217
Hammelkeule. Gigot de mouton. . . . . . . . -
Kalbskeule. Cuissot de veau. Kalbsnierenstücke. Longes de veau. —

| | Seite |
|---|---|
| Elen-, Roth- und Dammhirschkeule. Cuissot d'élan, de cerf et de daim. . . . . . . . . . . . . | 218 |
| Gems. Reh. Chamois. Chevreuil. . . . . . . | — |
| Elen-, Roth- und Dammhirschzimmer. Filets d'élan, de cerf et de daim. . . . . . . . . . . . . | — |
| Zahmes und wildes Schwein. Cochon. Porc. Sanglier. . | — |
| Spanferkel. Cochon de lait. . . . . . . . . . | 219 |
| Lamm, Hase, Kaninchen. Agneau, lièvre, lapereau. . . . | — |
| Gans, Ente. Oie, canard. . . . . . . . . . | — |
| Wilde Gans. Wilde Ente. Oie sauvage. Canard sauvage . | 220 |
| Puter. Trappe. Auerhahn. Dindon. Outarde. Coq de bruyère. | — |
| Kapaun. Fasan. Birkhahn. Chapon. Faisan. Coq de bois. . | 221 |
| Perlhuhn. Poularde. Junges Huhn. Küchlein. Pintade. Poularde. Poulet. Poulette. . . . . . . . . . | — |
| Taube. Rebhuhn. Haselhuhn. Pigeon. Perdrix. Gélinotte. . | — |
| Waldschnepfe. Becassine. Moor-, Moosschnepfe. Bécasse. Bécassine. Bécasseau. . . . . . . . . . . . | — |
| Krammetsvogel. Wachtel. Grive. Caille. . . . . . . | 222 |
| Ortolanen. Lerchen und übrige Gattungen kleiner Vögel. Ortolans. Alouettes et autres sortes de petits oiseaux. . . | — |
| Gebratene Fische. Poissons pour rôts. . . . . . . | 223 |

## V. Abschnitt.

### Salat. De la salade.

| | |
|---|---|
| Gestürzter Wurzelsalat. Salade moulée à la jardinière. . . | 224 |
| Gärtnersalat. Salade à la jardinière. . . . . . . | 225 |
| Sardellen-Salat. Salade d'anchois. . . . . . . | 226 |
| Italienischer Salat. Salade à l'Italienne. . . . . . | — |
| Einfacher Wurzelnsalat. Salade de racines. . . . . | — |
| Häringssalat. Salade de harengs. . . . . . . . | 227 |
| Bürgerlicher Häringssalat. Salade de harengs à la Bourgeoise. | — |
| Erdtoffelsalat. Salade de pommes de terre. . . . . . | 228 |
| Gestürzter Erdtoffelsalat. Salade moulée de pommes de terre. | — |
| Gurkensalat. Salade de concombres . . . . . . . | — |
| Grüner Kräutersalat. Salade aux fines-herbes. . . . | 229 |
| Grüner Salat. Salade verte. . . . . . . . . | — |
| Salat nach Königsberger-Art. Salade à la Königsberg. . . | — |
| Kohlsalat. Salade de choux. . . . . . . . . | — |
| Sellerisalat. Salade de célerie. . . . . . . . | — |
| Rother Rübensalat. Salade de betteraves. . . . . . | 230 |
| Bohnensalat. Salade d'haricots verts. . . . . . . | — |
| Speck- (gebrühter) Salat. Salade au lard. . . . . . | — |

## VI. Abschnitt.

**Mehlspeisen. Plats d'entremets sucrés et nonsucrés en patisserie.**


Seite

I. Abtheil. Auflauf- oder Cremen-Mehlspeisen. Soufflés. 232
Auflauf von Orangenblüthe. Soufflé à la fleur d'orange. . —
Auflauf von Vanille. Soufflé à la vanille. . . . . . 233
Auflauf von Orangenblüthessenz. Soufflé à l'essence d'orange. —
Auflauf von candirter Orangenschale. Soufflé à l'écorce d'orange candie. . . . . . . . . . . . 234
Auflauf von Citronat. Soufflé au citronnat cedrat. . . —
Auflauf von Apfelsinen. Soufflé d'oranges douces. . . —
Auflauf von Kaffee. Soufflé à l'essence de café. . . . —
Auflauf von Ananas. Soufflé à l'ananas. . . . . . —
Auflauf von Thee. Soufflé au thé. . . . . . . —
Auflauf von Marasquin. Soufflé au marasquin. . . . 235
Auflauf von bitteren Pommeranzen. Soufflé aux bigarades. . —
Auflauf von bitteren Makronen. Soufflé de macarons. . . —
Auflauf von Mandeln. Soufflé d'amandes. . . . . —
Auflauf von Hasel- oder Wallnüssen. Soufflé d'avelines ou de noix. —
Auflauf von Mandelmilch. Soufflé au lait d'amandes. . . 236
Auflauf von Pistazien. Soufflé de pistaches. . . . . —
Auflauf von Chocolade. Soufflé de chocolat. . . . . —
Auflauf von Cacao. Soufflé de cacao. . . . . . . —
Auflauf von gerösteter Orangenblüthe. Soufflé à la fleur d'orange pralinée. . . . . . . . . —
Auflauf von Punsch. Soufflé au ponche . . . . . 237
Auflauf von Erdtoffelmehl. Soufflé à la fécule de pommes de terre. . . . . . . . . . . —
Auflauf von Pumpernickel. Soufflé de pompernickel. . . —
Auflauf von Maronen (echten Kastanien). Soufflé de marrons. —
Auflaufmehlspeise von Erdtoffeln. Soufflé de pommes de terre. —
Auflauf von Reiß. Soufflé à la purée de riz. . . . 238
Reiß-Auflauf mit Aprikosen. Soufflé de riz aux abricots. . —
Reiß-Auflauf mit Aepfeln. Soufflé de riz aux pommes. . . 239
Reiß-Auflauf mit Reine-Clauden. Soufflé de riz aux reine-claudes. —
Reiß-Auflauf mit Kirschen-Confekt. Soufflé de riz aux cerises. . —
Auflauf von Gries. Soufflé de semoule. . . . . . —
Gries-Auflauf mit Pfirsichen. Soufflé de semoule aux pêches. —
Gries-Auflauf mit Mirabellen. Soufflé de semoule aux mirabelles. —
Auflauf von geschnittenen Nudeln. Soufflé de nouilles. . . —
Auflauf von Vermicellen. Soufflé de vermicelles. . . . 240
Citronenmehlspeise. Soufflé de citrons. . . . . . —
Apfelsinenmehlspeise. Soufflé d'oranges douces. . . . —
Eine andere Art Citronenmehlspeise. Soufflé de citrons d'une autre manière. . . . . . . . . . 241
Reiß-Mehlspeise. Soufflé de riz. . . . . . . —
Omeletten-Auflauf. Omelette soufflé. . . . . . —
Nonnenkästchen. Caisses à la Religieuse. . . . . 242
Auflauf von Bisquit. Soufflé de bisquit. . . . . —

II. Abtheil. Fruchtmehlspeisen. Soufflés de fruits. . 243
Mehlspeise von Aprikosen. Soufflé d'abricots. . . . . —

| | Seite |
|---|---|
| Mehlspeise von Aepfelmarmelade. Soufflé à la marmelade de pommes. . . . . . . . . . . | 243 |
| Aepfelmehlspeise auf spanische Art. Soufflé de pommes à l'Espagnole. . . . . . . . . . . . | — |
| Dauphineer Aepfelmehlspeise. Soufflé de pommes à la Daúphinée. | 244 |
| Mehlspeise von Aepfeln und Corinthen. Soufflé de pommes aux raisins de Corinthe. . . . . . . . . | — |
| Mehlspeise von Quitten. Soufflé de coins. . . . . | 245 |
| Mehlspeise von Pfirsichen. Soufflé de pêches. . . . | — |
| Mehlspeise von Himbeeren. Soufflé de framboises. . . . | — |
| Mehlspeise von Kirschen. Soufflé de cerises. . . . . | — |
| Mehlspeise von Pflaumen. Soufflé de prunes. . . . . | — |
| Pflaumenmehlspeise auf französische Art. Soufflé de prunes à la Française. . . . . . . . . . . | 246 |
| Kirschmehlspeise auf französische Art. Soufflé de cerises à la Française. . . . . . . . . . . . | — |
| Aprikosenmehlspeise auf Linzer Art. Soufflé d'abricots à la Linz. | — |
| Aepfelmehlspeise auf Linzer Art. Soufflé de pommes à la Linz. | — |
| Mehlspeise von Stachelbeeren. Soufflé de groseilles vertes. . | 247 |
| Mehlspeise von Erdbeeren. Soufflé de fraises. . . . . | — |
| Mehlspeise von Birnen (Beurres blancs). Soufflé de beurrés blancs. | — |
| Mehlspeise von trockenen Pflaumen. Soufflé de prunes secs. . | — |
| Mehlspeise von trockenen Kirschen. Soufflé de cerises secs. . | — |
| **III. Abtheil. Flankmehlspeisen. Flancs.** . . . | **248** |
| Aprikosenflank. Flanc d'abricots. . . . . . . . | — |
| Flank von Aepfeln. Flanc de pommes. . . . . . | 249 |
| Flanc von Birnen (Beurre blanc). Flanc de beurrés blancs. . | — |
| Flanc von Pflaumen. Flanc de prunes. . . . . . . | — |
| Französischer Flank. Flanc à la Française. . . . . | 250 |
| Nudelnflank. Flanc de nouilles. . . . . . . | — |
| Parmesanerflank. Flanc au parmesan. . . . . . | — |
| Schweitzerflank. Flanc à la Suisse. . . . . . | 251 |
| **IV. Abtheil. Strudelmehlspeisen. Stroudel.** . . . . | **—** |
| Rahmstrudeln. Stroudel à la crême. . . . . . . | — |
| Münchener Strudeln. Stroudel à la Munich. . . . . | 252 |
| Rameln. Ramel. . . . . . . . . . . . | — |
| Krebsstrudeln. Stroudel aux écrevisses. . . . . . | 253 |
| Eine andere Art Krebsstrudeln. Stroudel aux écrevisses d'une autre manière. . . . . . . . . . | — |
| Spinatstrudeln. Stroudel d'épinards. . . . . . . | 254 |
| Eine andere Art Spinatstrudeln. Stroudel d'épinards d'une autre manière. . . . . . . . . . . | — |
| Augsburger Stroudel. Stroudel à la Augsbourg. . . . | — |
| Reißstrudeln. Stroudel de riz. . . . . . . . | — |
| Griesstrudeln. Stroudel à la semoule. . . . . . | 255 |
| Strudeln von Reißmehl. Stroudel à la crême de riz. . . | — |
| Strudeln von durchgestrichenem Reiß. Stroudel à la purée de riz. | — |
| Chocoladenstrudeln. Stroudel au chocolat. . . . . . | — |
| Markstrudeln. Stroudel à la moëlle. . . . . . . | — |
| Cremé-Strudeln. Stroudel à la crême. . . . . . . | — |
| Baierische Strudeln. Stroudel à la Bavaroise. . . . | — |

Seite

V. Abtheil. Pfannenmehlspeisen. Pannequets. Pannequets. 256

Pannequets auf Pariser Art. Pannequets à la Parisienne (roche de cancat.) . . . . . . . . . —
Panequets auf deutsche Art. Pannequets à l'Allemande. . . 257
Plinzen mit Vanille. Pannequets à la crême de vanille. . . —
Plinzen mit Aepfelmus. Pannequets à la marmelade de pommes. —
Plinzen mit Pflaumenmus. Pannequets à la marmelade de prunes. —
Cölestiner Omeletten. (Französische Eierkuchen.) Omelettes à la Célestine. . . . . . . . . . . . 258
Omeletten mit Confitüren. Omelettes aux confitures. . . —
Schnee-Omeletten. Omelettes à la neige. . . . . . —
Panequets auf englische Art. Pannequets à l'Anglaise. . . 259
Panequets auf holländische Art. Pannequets à la Hollandaise. . —
Aepfel-Eierkuchen. Omelettes de pommes à l'Allemande. . —
Gewöhnliche Eierkuchen. Omelettes bourgeoises à l'Allemande. 260
Panequets nach Frangipane. Panequets à la Frangipane. . —
Aepfel Schmarrn. Pommes risolées à l'Allemande. . . 261
Mehl-Schmarrn. Omelettes risolées. . . . . . . —

VI. Abtheil. Gestürzte Mehlspeisen. Soufflés moulés. . —

Wiener Mehlspeise. Nouilles à la Viennoise. . . . . . —
Sächsische Mehlspeise. Soufflé moulé à la Saxonne. . . 262
Figaro Mehlspeise. Soufflé moulé à la Figaro. . . . —
Gestürzte Bisquitmehlspeise. Soufflé moulé de bisquits. . . 263
Gestürzte durchgestrichene Reißmehlspeise. Soufflé moulé de purée de riz. . . . . . . . . . . . . —
Gestürzte Griesmehlspeise. Soufflé moulé de semoule. . . 264
Reißkuchen. Gateau de riz. . . . . . . . —
Bisquitmehlspeise. Soufflé de bisquit. . . . . . .
Gestürzte Krebsmehlspeise. Soufflé moulé d'écrevisses. . . 265
Schweitzer-Brei. Bouillie à la Suisse. . . . . . —
Milchschaberl. Pate delayée à la crême. . . . . 266
Insprucker Mehlspeise. Soufflé moulé à la Inspruck. . . —

VII. Abtheil. Nockel- (Nocken) und Nudelmehlspeisen. Noques et nouilles soufflées. . . . . . . 267

Badener Nockeln, Nocken. Noques à la Bade. . . . . —
Baierische Nocken. Noques à la Bavaroise. . . . . . —
Wiener Nocken. Noques à la Viennoise. . . . . . —
Sächsische Nocken. Noques à la Saxonne. . . . . . 268
Palfynudeln. Nouilles à la Palfy. . . . . . . . —
Wiener Flecknudeln. Nouilles à la Viennoise. . . . . —
Backnudeln. Nouilles gratinées. . . . . . . . —
Wiener Fleckerl. Nouilles frits à la Viennoise. . . . 269

VIII. Abtheil. Schaum- oder Schneemehlspeisen. Soufflés méringués. . . . . . . . . . . —

Quittenschnee. Soufflé méringué de coins. . . . . —
Aprikosenschnee. Soufflé méringué d'abricots. . . . 270
Himbeerschnee. Soufflé méringué de framboises. . . . —
Erdbeerschnee. Soufflé méringué de fraises. . . . . —
Aepfelschnee. Soufflé méringué de pommes. . . . . —
Birnenschnee. Soufflé méringué de poirs. . . . . —
Hagebuttenschnee. Soufflé méringué de gratte-cus. . . —
Pflaumenschnee. Soufflé méringué de prunes. . . . 271
Kirschenschnee. Soufflé méringué de cerises. . . . —

Seite

IX. Abtheil. Teigmehlspeisen. Soufflé en pâte. . 271
Krebswuchteln. Raviolis aux écrevisses. . . . . . —
Wuchteln mit Confituren. Raviolis aux confitures. . . . 272
Krebs-Dampfnudeln. Nouilles étouffées aux écrevisses. . —
Eine andere Art Krebsdampfnudeln. Nouilles étouffées d'une autre manière. . . . . . . . . . . 273
Baierische Dampfnudeln. Nouilles étouffées à la Bavaroise. . —
Eine andere Art echt baierischer Dampfnudeln. Nouilles etouffées à la Bavaroise. . . . . . . . . . —
Baierische Dukatennudeln. Nouilles en ducats à la Bavaroise. . 274
Gestürzte Dukatennudel-Mehlspeise. Nouilles moulées en ducats. —
Baierische Mehlspeise. Soufflé en pâte à la Bavaroise. . . 275
Englische Dampfnudeln. Nouilles étouffées à l'Anglaise. . —
Dessauer Fastenspeise. Soufflé en pâte à la Dessau. . . 276
Bisquitschaberl. Soufflé de bisquit délayée. . . . —
Schmankerl. Schmankerl. . . . . . . . . —

X. Abtheil. Eiermehlspeisen. Soufflés aux oeufs. . 277
Eierkäse. Oeufs caillés. . . . . . . . . . —
Schneeberg. Oeufs à la neige. . . . . . . . 278
Eiermehlspeise auf englische Art. Oeufs à l'Anglaise. . . —
Eiermehlspeise auf französische Art. Oeufs à la Française. . —
Eiermehlspeise auf polnische Art. Oeufs à la Polonaise. . . 279
Eiermehlspeise mit Pistazien. Oeufs aux pistaches. . . . —
Eiermehlspeise mit Mandeln. Oeufs aux amandes. . . . —
Eiermehlspeise nach burgundischer Art. Oeufs à la Bourguignonne. 280
Gefüllte Eier Oeufs farçis. . . . . . . . . —
Portugieser Eiermehlspeise. Oeufs à la Portugaise. . . —

XI. Abtheil. Ausgebackene Mehlspeisen. Beignets. . 281
Gebackene Apfelschnitte. Beignets de pommes. . . . —
Gefüllte Aepfel-Beignets. Beignets de pommes en surprise. . 282
Beignets von Aprikosen. Beignets d'abricots. . . . —
Beignets von Pfirsichen. Beignets de pêches. . . . 283
Beignets von Apfelsinen. Beignets d'oranges douces. . . —
Beignets von Erdbeeren. Beignets de fraises. . . . —
Beignets von Orangen (Pommeranzen). Beignets d'oranges. . 284
Beignets von Quitten. Beignets de coins. . . . . —
Beignets von Birnen. Beignets de poires. . . . . —
Beignets von Pflaumen. Beignets de prunes. . . . —
Beignets von Kirschen. Beignets de cerises. . . . 285
Beignets von Reine-Clauden. Beignets de reine-claudes. . —
Beignets von Mirabellen. Beignets de mirabelles. . . . —
Englische Beignets. Beignets à l'Anglaise. . . . —
Salzburger Beignets. Beignets à la Salzbourg. . . . 286
Beignets nach Frangipane. Beignets à la Frangipane. . . —
Wiener Beignets. Beignets à la Viennoise. . . . . —
Beignets von Reiß. Beignets de riz. . . . . . 287
Gebackener Reiß. Riz à la Prussienne. . . . . . —
Beignets von Gries. Beignets de semoule. . . . . —
Beignets von Reißmehl. Beignets de crême de riz. . . 288
Sächsische Beignets Beignets à la Saxonne. . . . . —
Wulquens. Voulquens. . . . . . . . . . —

Seite

XII. Abtheil. Charlotten. Charlottes. . . . 289
Aepfel-Charlotte. Charlotte de pommes. . . . . —
Charlotte von Aprikosen. Charlotte d'abricots. . . . . 290
Charlotte von Pflaumen. Charlotte de prunes. . . . —
Aepfel-Charlotte nach Meklenburger Art. Charlotte de pommes à la Meckelbourg. . . . . . . . . . . —
Apfel-Charlotte nach Karthäuser-Art. Charlotte de pommes à la Chartreuse. . . . . . . . . . . . 291
Kalte Aepfel-Charlotte. Charlotte froide de pommes. . . 292
Eine andere Art kalter Charlotte. Charlotte froide d'une autre manière. . . . . . . . . . . —
Farbige Charlotte. Charlotte pittoresque. . . . . . —
Birnen-Charlotte. Charlotte de poires. . . . . . . 293
Französische kalte Charlotte. Charlotte froide à la Française. —
Kirschen-Charlotte. Charlotte de cerises. . . . . . 294
Eine andere Art Kirschen-Charlotte. Charlotte de cerises d'une autre manière. . . . . . . . . . . —

XIII. Abtheil. Käsemehlspeisen. Plats d'entremets nonsucrés en patisserie. . . . . . . 295
Genueser Mehlspeise. Monestra genovesa. . . . . —
Parmesaner Mehlspeise. Agroletta di Parma. . . . . 296
Mehlspeise von Macaroni. Soufflé de Macaroni. . . . —
Münchener Mehlspeise. Soufflé à la Munich. . . . . 297
Macaroni mit Parmesankäse. Macaroni au Parmesan. . . —
Römische Mehlspeise. Granelata di Roma. . . . . —
Baierische Mehlspeise. Pate royale à la Bavaroise. . . . 298
Mehlspeise von Bücklingen. Harengs saurets pour Entremet. . —
Mailänder Mehlspeise. Entremet à la Milanaise. . . . 299
Mehlspeise von geschnittenen Nudeln. Entremet de nouilles. . —
Nockeln mit Parmesan. Noques au Parmesan. . . . . —
Mehlspeise von Rindermark. Entremet de moëlle de boeuf. . 300
Mehlspeise von Endivien. Entremet d'endives. . . . —
Mehlspeise von Lachs. Entremet de saumon. . . . . 301
Gebackener Reiß. Riz gratiné. . . . . . . —
Pelou von Reiß. Riz en Pelou. . . . . . . —
Polenta. Polenta. . . . . . . . . . . . 302

XIV. Abtheil. Pudding. Pouding. . . . . . —
Pudding nach Rodney. Pouding à la Rodney. . . . . 303
Pudding von Reiß. Pouding au riz. . . . . . . —
Englischer Pudding. Pouding à l'Anglaise. . . . . . 304
Englischer Pudding nach bürgerlicher Art. Pouding à la Bourgeoise. —
Eine andere Art bürgerlicher Pudding. Pouding à l'Anglaise d'une autre manière. . . . . . . . . —
Pudding von Sago. Pouding au sagou. . . . . . 305
Pudding von Maronen. Pouding au marrons. . . . . —
Erdtoffelpudding. Pouding aux pommes de terre. . . . 306
Griespudding. Pouding de semoule . . . . . . —
Plumppudding. Plumppouding. . . . . . . . —
Englischer Scheiben-Plumppudding. Plumppouding en tranches. 307
Pudding nach Chipolata. Pouding à la Chipolata. . . . —
Pudding von Erdtoffelmehl. Pouding de fécule de pommes de terre. 308
Fisch-Pudding. Pouding de poissons. . . . . . . —

Seite
Fleisch-Pudding. Pouding de viande. . . . . . . 308
Leber-Pudding (Leberkuchen). Pouding de foie de veau. . . —
Leber-Pudding nach bürgerlicher Art. Pouding de foie à la Bourgeoise. . . . . . . . . . . 309

XV. Abtheil. Gewöhnliche Milchspeisen. Entremets au lait. . . . . . . . . . . . —

Cascha. Cacha. . . . . . . . . . . . 310
Eine andere Art Cascha. Cascha d'une autre manière. . . —
Sächsischer Brei. Bouillie à la Saxonne. . . . . . —
Münchnerbrei. Bouillie à la Munich. . . . . . 311
Milch-Reiß. Riz au lait. . . . . . . . . —
Milch-Reiß nach Meklenburger Art. Riz au lait à la Meckelbourg. —
Buchweizengrütze in Milch nach Meklenburger Art. Blé sarrasin à la Meckelbourg. . . . . . . . . —
Dicke Buchweizengrütze. Blé sarrasin au beurre noir. . . 312
Schwadengrütze. Hirse. Graine de Pologne. Millet. . . —
Arme Ritter mit Sauce. Pains perdus à la sauce. . . —
Mohnpilen. Bouillie au graines de pavot. . . . . . —
Salepbrei. Bouillie de salep. . . . . . . . . 313

# VI. Abschnitt.

## Gelees, Gallerte, Sülzen und Cremen. Gelées et Crêmes.

I. Abtheil. Klare Gelees. Gelées claires. . . . . 315

Gelee von Rheinwein. Gelée au vin du Rhin. . . . 317
Gelee von Malaga. Gelée au malaga. . . . . . . 320
Gelee von Madeira. Gelée au vin de Madère. . . . —
Gelee von Marasquin. Gelée au marasquin. . . . . —
Gelee von Orangenblüthe. Gelée à la fleur d'orange. . . —
Punsch-Gelee. Gelée au ponche. . . . . . . . 321
Gelee von Vanille. Gelée à la vanille. . . . . . —
Gelee mit Orangenschale. Gelée à l'écorce d'orange. . . 322
Thee-Gelee. Gelée au thé . . . . . . . . —
Kaffee-Gelee. Gelée au café. . . . . . . . —
Rosen-Gelee. Gelée à la rose. . . . . . . . —
Gelee von Tokayer Wein. Gelée au vin de Toquai. . . 323
Klarer Gelee von Champagner. Gelée au vin de Champagne. —
Geschlagener Gelee von Champagner. Gelée argentée au vin de Champagne. . . . . . . . . . —
Hirschhorn-Gelee. Gelée de corne de cerf. . . . . —
Kalbsfüße-Gelee. Gelée de pieds de veau. . . . . 324
Gelee von Angelika. Gelée d'angélique. . . . . . 325
Gelee von Apfelsinen. Gelée aux oranges douces. . . . —
Gelee von Apfelsinen in ihren Schalen. Gelée aux oranges douces en écorces. . . . . . . . . . 326
Gelee von Apfelsinen in Körbchen. Gelée aux oranges douces en petits paniers. . . . . . . . . . —

| | | Seite |
|---|---|---|
| Gestreifter Apfelsinengelee. | Gelée aux oranges douces en rubans. | 326 |
| Gelee von Pumpernickel. | Gelée au pompernickel. | 327 |
| Marmorirter Gelee. | Gelée marbrée. | — |
| Speckgelee. | Gelée en deux couleurs. | 328 |
| Brunnenkressen-Gelee. | Gelée au cresson de fontaine. | — |
| Aprikosengelee. | Gelée aux abricots. | 329 |
| Gelee von Pfirsichen. | Gelée aux pêches. | — |
| Gelee von Berberitzen. | Gelée aux épines vinettes | 330 |
| Gelee von Nelken. | Gelée aux oeillets. | — |
| Gelee von Kirschen. | Gelée aux cerises. | — |
| Geschlagener Gelee. | Gelée fouettée. | — |
| Gelee von Liqueuren. | Gelée aux liqueurs. | 331 |
| Gelee von Erdbeeren. | Gelée aux fraises. | — |
| Eine andere Art Erdbeergelee. | Gelée aux fraises d'une autre manière. | 332 |
| Gelee von Johannisbeeren. | Gelée aux groseilles à la colle de poisson. | — |
| Johannisbeergelee ohne Consistenzmittel. | Gelée de groseilles. | — |
| Gelee von Himbeeren. | Gelée aux framboises. | 333 |
| Himbeergelee ohne Consistenzmittel. | Gelée de framboises. | — |
| Gelee von Aepfeln. | Gelée de pommes. | — |
| Portugiesischer Gelee von Aepfeln. | Gelée aux pommes à la Portugaise. | 334 |
| Gelee von Ananas. | Gelée à l'ananas. | — |
| Eine andere Art Ananas-Gelee. | Gelée à l'ananas en petits pots. | 335 |
| Gelee von Veilchen. | Gelée aux violettes. | — |
| Gelee von Citronen. | Gelée aux citrons. | 336 |
| Gelee von Weintrauben. | Gelée aux grappes de raisains. | — |
| Gelee in Galantine. | Gelée en galantine. | 37 |
| **II. Abtheil. Abgerührte Cremen (französische Cremen-Gallerte).** | **Crêmes á la Française.** | — |
| Gestürzter Creme von Vanille. | Crême moulée à la vanille. | 338 |
| Gestürzter Creme von Orangenblüthe. | Crême moulée à la fleur d'orange. | 339 |
| Gestürzter Creme mit gerösteter Orangenblüthe. | Crême moulée à la fleur dorange pralinée. | — |
| Gestürzter Creme von Thee. | Crême moulée au thé. | — |
| Gestürzter Creme von Kaffee. | Crême moulée au café. | — |
| Gestürzter Creme van Cacao. | Creme moulée au cacao. | — |
| Gestürzter Creme von Marasquin. | Crême moulée au marasquin. | 340 |
| Gestürzter Creme von Chocolate. | Crême moulée au chocolat. | — |
| Gestürzter Creme von Rosen. | Crême moulée à la rose. | — |
| Gestürzter Creme von Orangeneſſenz. | Crême moulée à l'essence d'orange. | — |
| Gestürzter Creme von Erdbeeren. | Crême moulée aux fraises. | — |
| Gestürzter Creme von Himbeeren. | Crême moulée aux framboises. | 341 |
| Gestürzter Creme von Pfirsichen. | Crême moulée aux pêches. | — |
| Gestürzter Creme von Aprikosen. | Crême moulée aux abricots. | — |
| Gestürzter Creme von Ananas. | Crême moulée à l'ananas. | — |
| Abgerührter Creme von Orangenschale. | Crême française à l'écorce d'orange. | 342 |
| Abgerührter Creme von Apfelsinen. | Crême française aux oranges douces. | — |

Seite
Abgerührter Creme von Citronen. Crême moulée aux citrons. 342
Abgerührter Creme (Savoyon) von Malaga. Savoyon de Malaga. —
Savoyon von Champagner. Savoyon au vin de Champagne. . 343
Savoyon von Rheinwein. Savoyon au vin du Rhin. . . —
Savoyon von Ungarwein. Savoyon au vin de la Hongrie. . —
Vierfarbiger Creme. Crême à quatre couleurs. . . . —
Arlequin-Creme. Crême à l'Arlequin. . . . . . —
Caramel-Creme. Crème brulée. . . . . . . . 344

III. Abtheil. Geschlagene Cremen. (Geschlagene Sahne). Crêmes fouettées. . . . . . . —

Neapolitanischer geschlagener Creme. Crême fouettée à la Neapolitaine. . . . . . . . . . . . . 345
Westphälischer geschlagener Creme. Créme fouettée a la Vestphalienne. . . . . . . . . . . —
Geschlagener Creme von Chokolate. Crême fouettée au chocolat. 346
Geschlagener Creme nach Fürst Pückler. Crême fouettée à la prince Puckler. (Tutti-frutti.) . . . . . . . —
Geschlagener Creme mit Erdbeeren. Crême fouettée aux fraises. —
Geschlagener Creme von Himbeeren. Crème fouettee aux framboises. 347
Geschlagener Creme mit Erdbeermus. Crême fouettée à la marmelade de fraises. . . . . . . . . . . —
Geschlagener Creme mit Himbeermus. Crême fouettée à la marmelade de framboises. . . . . . . . . —
Geschlagener Creme mit Orangenessenz. Crême fouettée à l'essence d'orange. . . . . . . . . . . . —
Geschlagener Creme mit Veilchenessenz. Crême fouettée à l'essence de violettes. . . . . . . . . . —
Geschlagener Creme mit Rosenessenz. Crême fouettée à l'essence de roses. . . . . . . . . . . . —
Geschlagener Creme mit Marasquin. Crême fouettée au marasquin. —
Geschlagener Creme mit Rum. Crême fouettée au rum. . . —
Geschlagener Creme mit Cüraſſao. Crême fouettée au curaçao (cuirasseau). . . . . . . . . . . —
Geschlagener Creme mit Kaffee. Crême fouettée au café. . . 348
Geschlagener Creme mit Thee. Crême fouettée au thè. . . —
Geschlagener Creme mit Veilchenblättern. Crème fouettée aux violettes. . . . . . . . . . . . —
Geschlagener Creme mit frischer Orangenblüthe. Crême fouettée à la fleur d'orange. . . . . . . . . —
Geschlagener Creme mit geröſteter Orangenblüthe. Crême fouettée à la fleur d'orange pralinée. . . . . . —
Geschlagener Creme mit Vanille. Creme fouettée à la vanille. —

IV. Abtheil. Zusammengesetzte oder baierische Cremen. Crèmes à la Bavaroise. . . . . . . —

Baierischer Creme mit Orangenblüthe. Crême à la Bavaroise à la fleur d'orange. . . . . . . . . 349
Baierischer Creme mit Vanille. Crême à la Bavaroise à la vànille. . . . . . . . . . . . . 350
Baierischer Creme mit Kaffee. Crême à la Bavaroise au café. —
Baierischer Creme mit Thee. Crême à la Bavaroise au thé. . —
Baierischer Creme mit Rosenblättern. Crème à la Bavaroise au roses. 350

Seite

Baierischer Creme mit Veilchenblättern. Crême à la Bavaroise au violettes. . . . . . . . . . . . 350
Baierischer Creme von Cacao. Crême à la Bavaroise au cacao. —
Baierischer Creme von Erdbeeren. Crême à la Bavaroise aux fraises. —
Baierischer Creme von Himbeeren. Crême à la Bavaroises aux framboises. . . . . . . . . . . —
Baierischer Creme von Aprikosen. Crême à la Bavaroise aux abricots. . . . . . . . . . . . —
Baierischer Creme von Pfirsichen. Crême à la Bararoise aux pêches. —
Baierischer Creme von Kirschen. Crême à la Bavaroise aux cerises. —
Baierischer Creme von Orangenessenz Crême à la Bavaroise à l'essence d'oranges. . . . . . . . . . . —
Baierischer Creme von Rosenessenz. Crême à la Bavaroise à l'essence de roses. . . . . . . . . . 351
Baierischer Creme von Marasquin, Crême à la Bavaroise au marasquin. . . . . . . . . . . —
Baierischer Creme von Arrak oder Rum. Crême à la Bavaroise au rum. —
Baierischer Creme von Punsch. Crême à la Bavaroise au ponche. —
Baierischer Creme von Chocolade. Crême à la Bavaroise au chocolat. —
Baierischer Creme von Mandeln. Crême à la Bavaroise aux amandes. —
Baierischer Creme mit Reiß. Crême à la Bavaroise au riz (à la Princesse.) . . . . . . . . . . . —
Baierischer Creme mit Gries. Crême à la Bavaroise à la semoule. 352

V. Abtheil. Gestockte Cremen (süddeutsche). Crêmes au gésier (veloutés). . . . . . . . —

Gestockter Creme von Kaffee. Crême au gésier au café. . . —
Gestockter Creme von Thee. Crême au gésier au thé. . . 353
Gestockter Creme von Vanille. Crême au gésier à la vanille. . —
Gestockter Creme von frischen Orangenblüthen. Crême au gésier à la fleur d'orange. . . . . . . . . —
Gestockter Creme von gerösten Orangenblüthen. Crême au gésier à la fleur d'orange pralinée. . . . . . . —
Gestockter Creme von Cacao. Crême au gésier au cacao. . —
Gestockter Creme von Chocolade. Crême au gésier au chocolat. 354
Gestockter Creme mit Marasquin. Crême au gésier au marasquin. —
Gestockter Creme mit Orangenessenz. Crême au gésier à l'essence d'orange. . . . . . . . . . . . —
Gestockter Creme mit Rosenessenz. Crême au gésier à l'essence de rose. . . . . . . . . . . —
Gestockter Creme mit Rum. Crême au gésier au rum. . . —

VI. Abtheil. Dunst-Cremen (englische). Crême à l'Anglaise. . . . . . . . . . . . . 355

Englischer Dunst-Creme mit Vanille. Crême à l'Anglaise à la vanille. —
Dunstcreme mit Kaffee. Crême à l'Anglaise au café. . . 356
Dunstcreme mit Cacao. Crême à l'Anglaise au cacao. . . —
Englischer Creme mit Thee. Crême à l'Anglaise au thé. . . —
Englischer Creme mit Orangenblüthe. Crême à l'Anglaise à la fleur d'orange. . . . . . . . . . . —
Englischer Creme mit Anis. Crême à l'Anglaise à l'anis. . —
Englischer Creme mit Chocolade. Crême à l'Anglaise au chocolat. —
Wein-Dunstcreme. Crême à l'Anglaise au vin. . . . . 357

Seite

VII. Abtheil. Mandel- und Nuß-Cremen. (Blancmanger.) Blancmangers. . . . . . . . . 357
Mandel-Creme (Blancmanger). Blanc-manger. . . . . —
Creme von Wallnüssen (Blancmanger). Blancmanger aux noix. 358
Creme von Haselnüssen (Blancmanger). Blanc-manger aux avelines. —
Creme von Pinien (Pineolenkerne) (Blancmanger). Blanc-manger aux pignons. . . . . . . . . . . 359
Creme von Pistazien. Crême au pistaches. . . . . —
Gestreifter Mandelcreme. Blanc-manger en ruban. . . . —
Creme von Cacaobohnen. Crême au cacao. . . . . 360
Mandel-Creme nach französischer Art. Blanc-manger à la Française (Orgeade). . . . . . . . . . —

VIII. Abtheil. Flommri. Flommri. . . . . —
Quisell. Quiselle. . . . . . . . . . . . 361
Flommri von Reißmehl. Flommri de crême au riz. . . —
Flommri von Reiß. Flommri de riz. . . . . . 362
Flommri von Grieß. Flommri de semoule. . . . . —
Flommri von Buchweizengrütze. Flommri de blé sarrasin. . —
Flommri von Schwadengrütze. Flommri de manne. . . . 363
Flommri von Hafergrützseim. Flommri de crême d'avoine. . —
Flommri von türkischem Weizen. Flommri de blé de Turquie. —
Flommri von Hirse. Flommri de millet. . . . . . —
Flommri von Reißgries mit Kirschen. Flommri de riz aux cerises. . . . . . . . . . . . . 364
Flommri von Johannisbeeren. Flommri de riz aux groseilles. —
Flommri von Sago. Flommri de sagou. . . . . . —
Flommri von Graupenseim. Flommri de crême d'orge. . . —
Flommri von Salep. Flommri de salep. . . . . 365

## VIII. Abschnitt.

Compotes von Früchten. (Gedämpftes Obst.) Compotes. 366

I. Abtheil. A. Einfache Compote von frischen Früchten. Compotes simples. . . . . . . . . . 367
Compote von Aepfeln. Compote de pommes. . . . . —
Aepfel-Compote mit Gelee. Compote de pommes au gelée. . —
Einfacher Aepfel-Mus (Marmelade). Marmelade simple de pommes. . . . . . . . . . . . . 368
Aepfelmus (bürgerlich). Marmelade de pommes à la bourgeoise. —
Aepfel-Mus mit Gelee. Marmelade de pommes au gelée. . —
Geschmorte Aepfel. Pommes poêllées. . . . . . —
Scheibenäpfel. Pommes émincées. . . . . . —
Gebratene Aepfel. Pommes au four. . . . . . 369
Rothes Birnen-Compote. Compote de poires (rouge). . . —
Bürgerliches Birnen-Compote. Compote de poires à la Bourgeoise. —
Weißes Birnen-Compote. Compote de poires (blanche). . . 370
Compote von frischen Pflaumen. Compote de prunes. . . —
Pflaumen-Marmelade. Marmelade de prunes. . . . 371
Compote von Mirabellen. Compote de mirabelles. . . —

| | Seite |
|---|---|
| Compote von grünen Pflaumen (Reineclaude). Compote de reineclaudes. . . . . . . . . . . | 371 |
| Compote von Kirschen. Compote de cerises. . . . . | — |
| Compote von Aprikosen. Compote d'abricots. . . . . | 372 |
| Compote von unreifen Aprikosen. Compote d'abricots verts. . | — |
| Compote von ganzen Aprikosen. Compote d'abricots entiers. . | 373 |
| Aprikosenmarmelade als Compote. Compote de marmelade d'abricots. | — |
| Compote von Pfirsichen. Compote de pêches. . . . | — |
| Geschmortes Pfirsichcompote. Compotes de pêches poëllées. . | — |
| Pfirsichmarmelade als Compote. Marmelade de pêches. . . | 374 |
| Compote von Erdbeeren. Compote de fraises. . . . . . | — |
| Compote von Himbeeren. Compotes de framboises. . . | — |
| Himbeermarmelade als Compote. Marmelade de framboises. . | — |
| Compote von Ananas. Compote d'ananas. . . . . | 375 |
| Compote von Melonen. Compote de melons. . . . . | — |
| Compote von Johannisbeeren. Compote de groseilles. . . | — |
| Compote von Johannisbeeren ohne Kerne. Compote de groseilles égrenées. . . . . . . . . . . . . | 376 |
| Compote von Stachelbeeren. Compote de groseilles vertes. . | — |
| Compote von Weinbeeren. Compote de verjus. . . . . | — |
| Compote von Preißelbeeren. Compote d'airelles rouges. . . | 377 |
| Weißes Compote von Quitten. Compote de coins (blanche). . | — |
| Rothes Compote von Quitten. Bompote de coins (rouge). . | 377 |
| Quitten Marmelade. Marmelade de coins. . . . . . | 378 |
| Compote von Berberisbeeren (Berberitzen). Compote d'épines-vinettes. . . . . . . . . . . . . | |
| Compote von Heidelbeeren. Compote de myrtilles ou airelles. . | — |
| Compote von Hagebutten. Compote de gratte-cus. . . . | — |
| Compote von Apfelsinen. Compote d'oranges douces. . . | 379 |
| Compote von Orangen (Pomeranzen). Compote d'oranges. . | — |
| Compote von Maronen. Compote de marrons. . . . | 380 |
| Italienisches Maronencompote Compote de marrons à l'Italienne. | — |
| Compote von Feigen. Compote de figues. . . . . . | — |
| Compote von Mohrrüben. Compote de carottes. . . . | 381 |
| Marmelade von Mohrrüben. Marmelade de carottes. . . | — |
| **B. Compote von trockenem Obst. Compote de fruits secs.** | **382** |
| Compote von trockenen Pflaumen. Compote de prunes sèches. . | — |
| Compote von Pflaumen ohne Steine. Compote de prunes sans noyaux. . . . . . . . . . . . . | 383 |
| Compote von geschälten Pflaumen ohne Steine (Prünellen). Compote de pruneaux. . . . . . . . . . . | — |
| Bürgerliches Pflaumen-Compote. Compote de prunes à la Bourgeoise. . . . . . . . . . . . . | — |
| Compote von trockenen Aepfeln. Compote de pommes sèches. | — |
| Compote von trockenen Birnen. Compote de poires sèches. . | — |
| Compote von trockenen Kirschen. Compote de cerises sèches. . | 384 |
| Bürgerliches Compote von trockenen Kirschen. Compote de cerises à la Bourgeoise. . . . . . . . . . | — |
| Compote von Rosinen. Compote de raisins. . . . . | — |
| Compote von Corinthen. Compote de raisins de Corinthe. . | — |
| Compote von trockenen Feigen. Compote de figues sèches. . | 385 |
| Compote von Datteln. Compote de dattes. . . . . | — |

Seite

II. Abtheil. Verzierte oder gemischte Compotes. Compotes décorées ou mêlées. . . . . . . . 385
Spiegel-Compote. Compote au miroir. . . . . . . —
Vierfeldiger Compote. Compote en carré. . . . . . 386
Kaiser-Compote. Compote à l'empereur. . . . . . 387
Abgetheilter Compote. Compote étagée. . . . . . . 388
Quadrillen-Compote. Compote en quadrille. . . . . . 389
Eine andere Art Quadrillen-Compote. Compote en quadrille d'une autre manière. . . . . . . . . —
Maltheser Reiß-Compote. Compote de riz à la Maltoise. . —
Schön gezierter Compote. Compote à la belle vue. . . 390
Schwedischer Compote. Compote à la Suédoise. . . . 391
Gestaffelt schwedischer Compote. Compote à la Suédoise en gratins. 392
Gemischte Aepfelmarmelade. Marmelade mêlée de pommes. . —
Zierlich eingefaßte Marmelade. Marmelade de pommes en balustrade. . . . . . . . . . . . . . 393
Macedonier-Compote. Compote à la Macedoine. . . . —
Dressirter Reiß-Compote. Compote de riz dressée. . . . 394
Gestaffelter Reiß-Compote. Compote de riz en gratins. . . 395
Pyramidenartiger Reiß-Compote. Compote de riz en pyramide. —
Turbanartiger Reiß-Compote. Compote de riz en turban. . 396
Carthäuser Aepfel-Compote. Chartreuse de pommes. . . 397
Gemischter Carthäuser-Compote. Chartreuse mêlée de pommes. 398

# Druckfehler.

Seite 3 Zeile 14 von unten statt $\frac{1}{4}$ Bouteille lies $\frac{1}{4}$ Qrt. Madeira.
— 6 — 7 „ „ statt wiederholentlich l. wiederholt umgedreht.
— 12 — 6 von oben statt einer l. eine.
— 14 — 6 „ „ statt Emincé l. Emincée.
— 42 — 5 „ „ statt der l. denn als.
— 44 — 5 von unten statt einer l. eine.
— 80 — 14 „ „ statt Granade l. Grenade.
— 231 — 1 von oben statt Plats d'entremets l. Entremets.
— 266 — 7 „ „ statt deliée l. delayée.
— 269 — 2 von unten statt de coins l. au coins.
— 276 — 22 von oben statt delié bisquit l. bisquit delayée.
— 303 — 18 von unten statt au l. de.
— 305 — 18 von oben und Zeile 10 von unten statt au und aux lies de.
— 306 — 6 „ „ statt aux l. de pommes de terre.
— 312 — 16 von unten statt au graine l. de graine.

Kolibri 360 GmbH
Ferdinand-Jühlke-Straße 7
99095 Erfurt, Deutschland
produktsicherheit@kolibri360.de